AF292790

SINTEREISEN UND SINTERSTAHL

VON

DR. R. KIEFFER UND DR. W. HOTOP

UNTER MITARBEIT VON

H. J. BARTELS UND DIPL.-ING. F. BENESOVSKY

METALLWERK PLANSEE GES. M. B. H., REUTTE IN TIROL

MIT 264 TEXTABBILDUNGEN

SPRINGER-VERLAG WIEN GMBH 1948

ISBN 978-3-7091-3952-3   ISBN 978-3-7091-3951-6 (eBook)
DOI 10.1007/978-3-7091-3951-6

Vorwort.

Im Sommer 1943 erschien unser Buch „Pulvermetallurgie und Sinterwerkstoffe", das schon nach kürzester Frist vergriffen war. Eine zweite Auflage dieses Buches, die auf vielseitigen Wunsch gegen Ende 1944 praktisch fertiggestellt war, konnte infolge der Nachkriegsschwierigkeiten bis zum heutigen Tag noch nicht erscheinen. Bei dieser zweiten Auflage mußten wir uns aus Zeitgründen auf nur geringfügige Änderungen beschränken, obwohl schon zum damaligen Zeitpunkt infolge der starken Entwicklung insbesondere auf dem Gebiet des Sintereisens und Sinterstahls eine grundlegende Umarbeitung eines Teiles des Buches wünschenswert gewesen wäre.

Bei genauerer Betrachtung dieser Entwicklung, die dem Außenstehenden in den letzten Jahren infolge sehr starker Einschränkungen in den wissenschaftlich-technischen Veröffentlichungen und infolge des weitgehenden Versiegens des ausländischen Schrifttums mehr oder weniger verborgen bleiben mußte, stellte es sich heraus, daß man den Neuentwicklungen im Rahmen einer allgemeinen Darstellung der Pulvermetallurgie nicht mehr voll gerecht werden konnte. Wir planten daher schon 1944, zu gegebener Zeit die Behandlung des Sintereisens und Sinterstahls aus der Darstellung der allgemeinen Pulvermetallurgie herauszulösen und in einer Monographie gesondert darzustellen. Der Ausführung dieses Planes konnten wir uns infolge verschiedener günstiger Umstände unmittelbar nach Kriegsende mit ganzer Kraft widmen.

Es war unsere Absicht, dieses Buch nicht als eine nur einem bestimmten Teilgebiet der Pulvermetallurgie gewidmete Ergänzung der früheren Darstellung, sondern als selbständige Behandlung der Eisenpulvermetallurgie erscheinen zu lassen. Dies zwang jedoch dazu, manche Dinge der allgemeinen Pulvermetallurgie, die in unserem früheren Buch bereits behandelt wurden, erneut zur Darstellung zu bringen. Das geschah dann allerdings unter besonderer Berücksichtigung der Eisenpulvermetallurgie und des neuesten Entwicklungsstandes. Für dieses Buch standen uns eine Vielzahl eigener Entwicklungs- und Versuchsarbeiten zur Verfügung, die hier erstmalig ohne gesonderte Veröffentlichung an anderer Stelle verwertet wurden. Erfreulicherweise wurden uns nach Kriegsende auch die Arbeiten auf dem Gebiet der Eisenpulvermetallurgie zugänglich, die in den letzten Jahren im Ausland und insbesondere in den USA. erschienen waren. Durch Berücksichtigung dieses Schrifttums bis zum Sommer 1947 wurde uns so eine ziemlich lückenlose Darstellung der neuesten Entwicklung möglich. Die am Schlusse des vorliegenden Buches gegebene alphabetische Zusammenstellung der gebräuchlichsten Ausdrücke der Pulvermetallurgie nebst einer textlichen Erläuterung soll dazu beitragen, möglichst bald zu einer einheitlichen Nomenklatur auf dem Gebiet der Pulvermetallurgie zu kommen.

Die verhältnismäßig schnelle Fertigstellung des neuen Buches wäre uns unmöglich gewesen, wenn uns nicht in den Herren H.-J. Bartels und Dipl.-Ing. F. Benesovsky zwei wertvolle Mitarbeiter zur Verfügung gestanden hätten, die sich nicht nur an der Niederschrift einiger Kapitel, sondern vor allen Dingen auch an der Durchführung vieler noch erforderlicher Versuchsarbeiten, sowie an der Zusammenstellung von Zahlentafeln und Abbildungen unermüdlich beteiligten. Die beiden Genannten unterzogen sich darüber hinaus, insbesondere nach dem Fortgang des Rechtsunterzeichneten von Reutte, dem Studium des ausländischen Schrifttums und ordneten die dabei gewonnenen neuen Erkenntnisse in den schon weitgehend fertiggestellten Text in passender Weise ein. Für ihre vorbildliche Mitarbeit gebührt ihnen unser besonderer Dank.

Auch den Herren Obering. F. Krall und Dr. Ing. K. Konopicky sind wir zu großem Dank verpflichtet. Ersterer beteiligte sich an der Niederschrift des Kapitels 8 über die technologischen Einrichtungen der Eisenpulvermetallurgie, letzterer nahm tätigen Anteil bei der Abfassung einiger Unterabschnitte des 3., 4. und 11. Kapitels. Unser Dank gilt fernerhin den Herren Obering. C. Ballhausen, Prof. Dr. W. Köster und Dipl.-Ing. K. Meier, die sich der Mühe unterzogen, das Manuskript kritisch zu überlesen. Insbesondere sei aber auch Herrn Prof. Dr. W. Seith gedankt, der uns manch wertvollen Hinweis gab. Bei der Herstellung von Zeichnungen und Abbildungen halfen in uneigennütziger Weise die Betriebsassistenten A. Ihrenberger, B. Natter und H. Wagner. Auch ihnen gilt unser herzlicher Dank. Nicht zuletzt leistete uns Frl. Z. Leitner bei der Niederschrift und Durchführung der Korrekturen durch ihre unermüdliche und gewissenhafte Mitarbeit wertvollste Dienste, für die ihr bestens gedankt sei. Der Springer-Verlag in Wien übernahm schon zu einem Zeitpunkt, als sich infolge der Nachkriegsereignisse noch kaum überblicken ließ, wann die Voraussetzungen für den Druck des Buches erfüllt sein könnten, die Herausgabe und ermutigte uns so, die einmal begonnene Arbeit fortzusetzen und schnell zum Abschluß zu bringen. Bei der Drucklegung kam er uns trotz der noch immer herrschenden Schwierigkeiten in vorbildlicher Weise entgegen und sorgte für eine würdige Ausstattung des Buches, wofür ihm unsere besondere Anerkennung ausgesprochen sei.

Reutte in Tirol, im Frühjahr 1948.

R. Kieffer und W. Hotop.

Inhaltsverzeichnis

Erster Teil.

Ausgangsstoffe u. Arbeitsverfahren der Eisen-Pulvermetallurgie.

Seite

Zweiter Teil.

Sintereisen und Sinterstahl als Werkstoff.

Ausgangsstoffe und Arbeitsverfahren der Eisen-Pulvermetallurgie.

I. Geschichtliche Entwicklung und Gründe für die Anwendung der Pulvermetallurgie beim Eisen.

In wissenschaftlichen Erörterungen über die geschichtliche Entwicklung der Pulvermetallurgie gebrauchten E. H. Schulz[1] und später H. W. Greenwood[2] unabhängig voneinander die sehr treffende Formulierung, daß die Frühgeschichte der Metallurgie in vielen Fällen die Frühgeschichte der Pulvermetallurgie schlechtweg ist. Dies gilt um so mehr dann, wenn man zum Begriff Pulvermetallurgie neben der Verarbeitung der Metallpulver zu Sinterkörpern auch die vielgestaltigen Herstellungsverfahren der Pulver selbst zählt, wie es der üblichen hüttenmännischen Bedeutung des Wortes Metallurgie entspricht. Viele Parallelen zwischen der ursprünglichen Art der Eisenerzeugung in Luppenfeuern, der Weiterverarbeitung der Luppen durch Feuerschweißen und der heutigen Herstellung von Sinterstahl zeigen, daß es sich bei der Eisen-Sintertechnik von heute um eine moderne Renaissance der Pulvermetallurgie handelt[3-6]. Der Zusammenhang fällt nur dadurch nicht sofort ins Auge, weil bei den alten Eisengewinnungsverfahren die Reduktion der Eisenoxyde (im festen Zustand) und das an-

---

[1] Schulz, E. H.: Persönliche Mitteilung 1941.

[2] Greenwood, H. W.: Met. Ind., London: **60**, 1942, S. 77-79 u. 112-114.

[3] Smith, C. S.: s. Powder Metallurgy, Am. Soc. Met., Cleveland (Ohio) 1942, S. 4-17.

[4] Skaupy, F.: Koll. Z. **104**, 1943, S. 142-144 u. Koll. Z. **109**, 1944, S.41-42.

[5] Kieffer, R. u. W. Hotop: Pulvermetallurgie und Sinterwerkstoffe, Berlin: Springer-Verlag, 1943, S. 1-11.

[6] Price, G. H. S.: Metal Treatment **12**, 1946, S. 275-86.

schließende Verschweißen des reduzierten, in Form eines porösen Kristallhaufwerkes vorliegenden Eisens zu einer teigigen Luppe in einem Arbeitsgang erfolgte; der Pulverzustand trat daher in der Regel nicht in Erscheinung.

Die frühgeschichtliche Art der Eisenerzeugung, die auf über 6000 Jahre v. Chr. zurückgeht, dürfte sich wie folgt vollzogen haben[1, 2, 3]. In ofenähnlichen niedrigen Feuerstellen, die in ihrer ersten primitiven Form Erdgruben darstellten (Abb. 1a), wurde ein Holzkohlefeuer mit natürlichem Zug entfacht. Das Erz-Holzkohle-Gemisch wurde dann auf dem Feuer verhüttet und solange Gemisch aufgegeben, bis sich eine genügend große Luppe unter der hocheisenhaltigen Schlacke gebildet hatte. Aus diesen Luppenfeuerstellen entwickelten sich dann mehr oder minder hohe, sorgfältig aufgemauerte Schachtöfen (Abb. 1b), deren Feuerloch mit Lehm ausgekleidet wurde. An der Herdsohle wurde ein wagerechter Kanal angebracht, wo die in Gebläsen erzeugte Verbrennungsluft zugeführt und die geschmolzene Schlacke abgezogen werden konnte. Der Schlackenkanal diente auch gleichzeitig als Ausziehloch für die Luppe. Allerdings erwies sich eine Trennung der Wind-, Schlacken- und Luppenöffnungen schon sehr bald als zweckmäßig. In dieser einfachen Form wird auch heute noch bei den primitiven Völkern, insbesondere bei den Negern Zentralafrikas, Eisenerz mit natürlichem Zug oder mit Gebläse verhüttet.

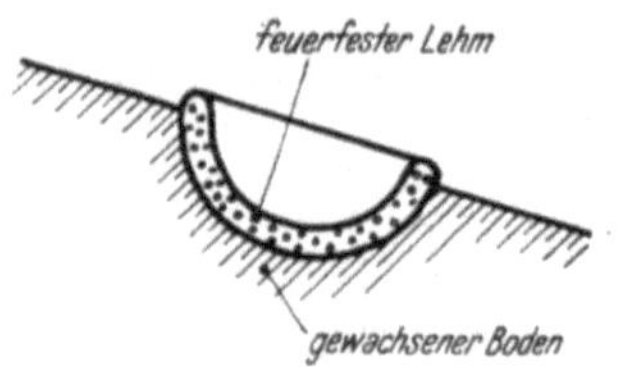

Abb. 1a. Rennfeuer, primitive Ausführung in Erdgruben (R. Durrer).

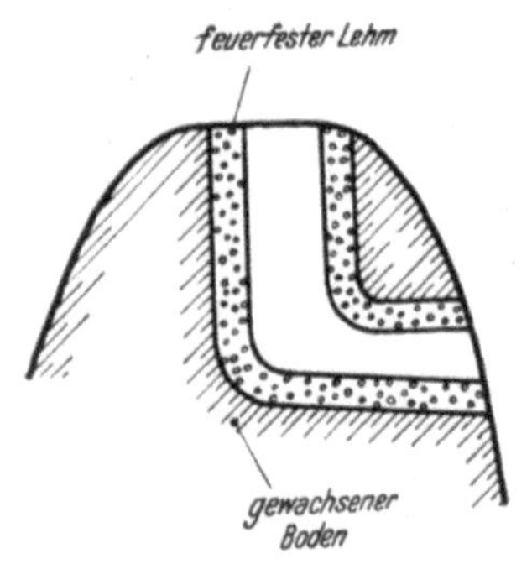

Abb. 1b. Rennfeuer, aufgemauerter Schachtofen mit natürlichem Zug (R. Durrer).

Durch die verhältnismäßig niedrigen Temperaturen bei der Eisenerzreduktion bildete sich ein teigiger, kohlenstoffarmer, gut schmiedbarer Eisenklumpen, die Luppe. Abb. 2 zeigt Luppen aus einem Gräberfund bei Ninive.

[1] Johannsen, O.: Geschichte des Eisens, Düsseldorf, Verlag Stahleisen: 1925, S. 6-7.

[2] Durrer, R.: Die Metallurgie des Eisens, Berlin, Verlag Chemie: 1942, S. 6-7.

[3] Ullmann, F.: Enzyklopädie der technischen Chemie, 2. Auflage, Berlin-Wien: Urban & Schwarzenberg, 1929, Bd. 4, S. 210-211.

Das Gefüge der Luppe hat nach Untersuchungen von H. C. H. Carpenter und J. M Robertson[1] viel Ähnlichkeit mit dem der heutigen Schwammeisenblöcke. Sie stellt ein poröses Agglomerat von Ferritkristallen mit eingelagerten Kohlestückchen und Schlackenresten dar. Die ungebundene Kohle und gegebenenfalls geringe Mengen bei hohen Reduktionstemperaturen gebundenen Kohlenstoffs waren — abgesehen von einer späteren Möglichkeit der Zementation — die chemische Voraussetzung für die Erzeugung von höhergekohlten Stahlformkörpern (z. B. für Werkzeuge und Waffen) aus den Luppen. Vergleicht man die Luppen

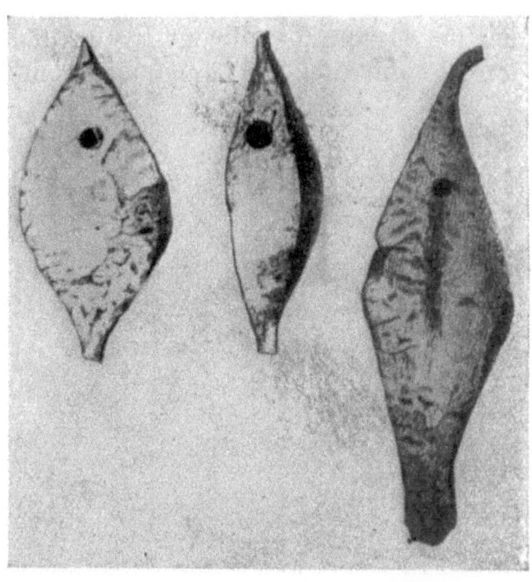

Abb. 2. Eisenluppen, gefunden in Ninive (V. Place).

außer mit Schwammeisenkuchen auch mit den unverformten Carbonyleisen- und Carbonylstahlblöcken von E. K. Offermann[2] und von L. Schlecht, W. Schubardt und F. Duftschmid[3, 4], so ergibt sich für den Pulvermetallurgen von heute eindeutig, daß die Luppe als „das frühgeschichtliche Sintereisenerzeugnis" anzusprechen ist. Das Hämmern und Schmieden der aus den Reduktionsöfen gezogenen oder auf Schweißtemperatur erhitzten Luppen zu dichten Metallkörpern beliebiger Form und Größe entspricht — abgesehen vom Ausquetschen flüssiger Schlackenreste — weitgehend der Art, wie heute aus gerüttelten und gesinterten Carbonyleisenblöcken Reineisenstäbe und -bleche gewonnen werden[3, 4, 5].

Von alten indischen Eisenhüttenleuten sind uns bis heute mehrere Tonnen schwere, aus Luppen feuergeschweißte Formkörper erhalten geblieben. Der bedeutendste ist die berühmte Säule von Delhi aus dem 4. Jahrhundert mit einer Länge von 7,25 m und einem Durchmesser von 40 cm bei einem Gewicht von 6 Tonnen (Abb. 3). Bemerkenswert sind auch die beiden eisernen Torbalken der schwarzen Pagode zu Kanaruk aus dem 13. Jahrhundert mit den Abmaßen 10,7 m Länge bei 20 cm Durchmesser bzw. 7,8 m Länge bei 28 cm Stärke[1].

Die frühgeschichtliche Sintertechnik hat aus dem Unvermögen heraus, die Schmelztemperatur des reinen Eisens und selbst die bedeutend niedrigere des Roheisens zu beherrschen, technische Großleistungen der Schmiedekunst vollbracht. Die gleichen thermischen Gründe sind später bestimmend gewesen bei der Herstellung von gesinterten Schmuckstücken aus Platin-, Gold- und Kupferpulver durch die Inkas[2, 3], von Reinplatin Anfang des 19. Jahrhunderts[4, 5] und von Wolfram und Molybdän zu Beginn des 20. Jahrhunderts[6].

Abb. 3. Säule von Delhi (R. Hadfield).

Was die Herstellung von höhergekohltem Stahl aus Luppen anbetrifft — seine Wärmebehandlung scheint den Hethitern schon 1200 v. Chr. bekannt gewesen zu sein — so war die chemische Voraussetzung dafür in mechanischen Beimengungen von Holzkohlestückchen, in dem Vorhandensein von lokal gebildetem Roheisen und nicht zuletzt

---

[1] Johannsen, O.: Geschichte des Eisens, Düsseldorf, Verlag Stahleisen: 1925, S. 11.

[2] Greenwood, H. W.: Met. Ind., London: 60, 1942, S. 77-79 u. S. 112-114.

[3] Kieffer, R. u. W. Hotop: Pulvermetallurgie und Sinterwerkstoffe, Berlin: Springer-Verlag, 1943, S. 218ff.

[4] Wollaston, H. W.: Phil. Trans. roy. Soc. London 119, 1829, S. 1-8.

[5] Ogburn, S. C.: J. Chem. Education 5, 1928, S. 1371-1384.

[6] Coolidge, C.: J. Am. Inst. Electr. Engng. 29, 1910, S. 953.

in der Möglichkeit der Zementation im Holzkohlefeuer gegeben. Die Luppe als Sintereisenrohling für die Herstellung von Stahl war chemisch erheblich unreiner als das heutige marktgängige Roheisen. Abgesehen von höheren Gehalten an Phosphor und Schwefel — je nach den verhütteten Erzen — war der Siliziumgehalt und der vorhandene Schlackeninhalt ein Mehrfaches des heute üblichen. Bei der ursprünglichen Stahlherstellung spielten daher bei der Weiterverarbeitung der Luppen auf Stahl besondere Homogenisierungsverfahren eine entscheidende Rolle. Die älteste Technik bestand darin, die Luppen auf Feinbleche auszuschmieden, diese zu paketieren und wiederum im Holzkohlefeuer zu verschweißen. Durch oftmaliges Wiederholen dieser Einzeloperationen gelangte man durch eine zwangsläufige Feinverteilung der Kohle, durch Diffusion und Zementation zu einem verhältnismäßig homogenen Stahl bestimmten Kohlungsgrades, dessen reicher Schlackeninhalt in feindisperser Form verteilt vorlag.

Eine jüngere Technik bestand darin, den intensiv durchgeschmiedeten Stahlformkörper wieder zu zerfeilen, das erzeugte Stahlpulver anrosten zu lassen und es durch Feuerschweißung erneut zu Formkörpern zu versintern. Dieser Vorgang wurde gegebenenfalls mehrfach wiederholt. Das Eisenoxyd des Rostes ermöglichte die erwünschte teilweise Oxydation (Frischung) der Eisenbegleiter und diente der notwendigen Schweißschlackenbildung. Die Araber sollen, ebenso wie die alten Schmiede des Siegerlandes, diesen typischen Sinterweg vor dem Jahre 1000 n. Chr. beschritten haben[1, 2, 3]. Eine genaue Beschreibung dieses Verfahrens, *Sinterstahl* aus Stahlpulver zu gewinnen, finden wir im Amelungenlied und der Siegfriedsage wiedergegeben, wo über die Herstellung des Schwertes Mimung durch den Schmied Wieland ausführlich berichtet wird. Das Zerfeilen des Schwertes, das bereits Stahlcharakter hat, wird von Wieland zweimal durchgeführt und das Stahlpulver vor dem Verschweißen Mastvögeln zusammen mit ihrem Futter verabreicht. Der Verdauungsvorgang bewirkt ein Anrosten des Pulvers und der Vogelmist sogar neben einer Zementation eine beachtliche Stickstoffaufnahme beim Verschweißen der Stahlpulverteilchen, wie von K. Daeves[1] nachgewiesen wurde. K. Daeves vertritt sogar die Ansicht, daß der so erzeugte Sinterstahl besondere Güteeigenschaften aufgewiesen haben muß, was mit der feinen Verteilung und Versinterung von Stahlteilchen, die zähe Kerne bei harten Karbid-

---

[1] Daeves, K.: Rdsch. dtsch. Techn. **20**, 1940, Nr. 26, S. 1-2.

[2] Skaupy, F.: Koll. Z. **109**, 1944, S. 41-42.

[3] Johannsen, O.: Geschichte des Eisens, Düsseldorf: Verlag Stahleisen, 1925.

bzw. Nitridhüllen aufwiesen, zu erklären ist. Diese alte Arbeitsweise entspricht der modernen Technik „Sintern—Pulverisieren—Sintern", wie sie zur Erzeugung von besonders dichten, graphit- und sauerstofffreien Hartmetallkörpern vorgeschlagen[1] und auch mehrfach praktisch angewendet wurde. Auch die Einsatzmöglichkeit von gepulvertem Sinterschrott bei der Erzeugung von gesintertem Hartmetall, Sintermagneten und Sintereisenteilen ist in diesen alten Berichten gewissermaßen vorgezeichnet.

Metallurgisch dürfte interessieren, welche Eigenschaften die frühgeschichtlichen Sintereisen- und Sinterstahlteile gehabt haben mögen. In Ermangelung von Luppen, die nach den alten Verfahren im Rennfeuer aus Eisenerzen im festen Zustand reduziert worden waren, prüften die Verfasser Sintereisen- bzw. Sinterstahlteile, die aus schwedischem Schwammeisenpulver hergestellt wurden. Die Analyse des Pulvers geht aus Zahlentafel 1 hervor. Das Pulver

Zahlentafel 1. *Analyse von rohem Schwammeisenpulver.*

$$
\begin{aligned}
&O \;\ldots\ldots\; 2{,}28\%,\\
&C \;\ldots\ldots\; 0{,}3\%,\\
&Si \ldots\ldots\; 1{,}5\%,\\
&Mn \ldots\ldots\; \text{Spuren},\\
&P \;\ldots\ldots\; 0{,}015\%,\\
&S \;\ldots\ldots\; 0{,}015\%,\\
&TiO_2 \;\ldots\; 0{,}24\%,\\
&V_2O_5 \;\ldots\; 0{,}15\%,\\
&Fe \;\ldots\ldots\; 95{,}50\%.
\end{aligned}
$$

wurde absichtlich keiner magnetischen Reinigung und Nachreduktion unterzogen, um sich den Verhältnissen, wie sie in den Luppen vorlagen, möglichst anzunähern. Es wurde mit einem Druck von ca. 5 t/cm² zu Vierkantstäben von etwa $30 \times 30 \times 300$ mm verpreßt und anschließend bei 1250° zwei Stunden lang unter Schutzgas gesintert. Daraufhin wurden die Stäbe warm zu Rundstäben von etwa 10 mm Durchmesser ausgeschmiedet und aus ihnen Zerreißstäbe herausgearbeitet. Die ermittelten Festigkeitseigenschaften im normal geglühten Zustand gehen aus Zahlentafel 2 hervor. Zum Vergleich sind die Werte für geschmiedetes Carbonyleisen[2] und für Siemens-Martin-Stahl gemäß DIN 1611 mit aufgeführt. Das Gefüge des aus Schwedenschwammpulver hergestellten Stabes geht aus Abb. 4, dasjenige von geschmiedetem Carbonyl-

---

[1] Kieffer, R. u. W. Hotop: Pulvermetallurgie und Sinterwerkstoffe, Berlin: Springer-Verlag, 1943, S. 133.

[2] Offermann, E. K.: Mitt. Kohle-Eisenforschung 1, 1936, S. 89.

Zahlentafel 2. *Eigenschaften von geschmiedetem Sintereisen aus rohem Schwamm-eisenpulver im Vergleich zu normal geglühtem Carbonylsintereisen und einem niedrig gekohlten SM-Stahl nach DIN 1611.*

Eigenschaften	gesintertes u. geschmiedetes Schwammeisen	Carbonyl-sintereisen	SM-Stahl St. 34.11
Kohlenstoffgehalt %	0,03	0,02	0,12
Zugfestigkeit σ_B kg/mm²	28,0	30	34 bis 42
Streckgrenze σ_S kg/mm²	20,2	17	19
Einschnürung %	53	81	62
Dehnung δ_5%	27	40	30
Dehnung δ_{10}%	22	30	25
Kerbschlagzähigkeit mkg/cm².......	19	23,5	15

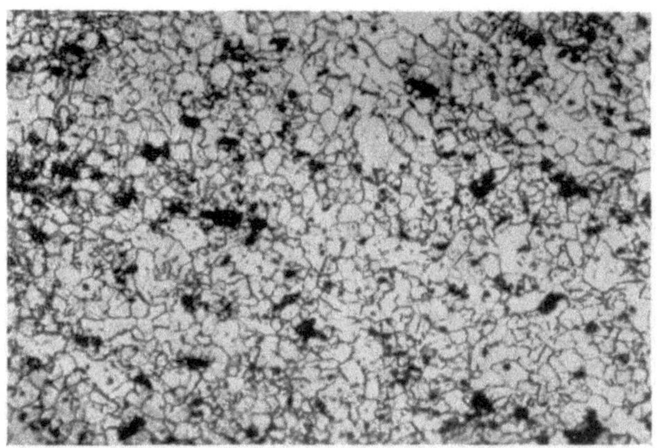

Abb. 4. Gefüge von gesintertem und geschmiedeten Schwamm-eisen aus Schwedenschwammpulver (normal geglüht). $\times$ 150.

eisen aus Abb. 5 hervor. Wie zu erwarten, zeichnet sich das Carbonylsintereisen durch ein sauberes, feinkörniges Gefüge aus. Auch das Schliffbild des gesinterten und geschmiedeten Schwammeisens, in dem nicht nur an den Korngrenzen, sondern auch innerhalb der einzelnen Kristallite Einlagerungen und Verunreinigungen zu erkennen sind, entspricht den Erwartungen. Sicherlich sehr aufschluß-reich sind die Festigkeitseigenschaften gemäß Zahlentafel 2. Die Festigkeitseigenschaften des geschmiedeten Schwammeisens und damit höchstwahrscheinlich diejenigen der alten Luppen ent-sprechen bis auf eine deutlich geringere Zugfestigkeit weitgehend denjenigen eines modernen SM-Stahles St. 34.11. Geschmiedetes Carbonylsintereisen hat wegen des völligen Fehlens jeglicher Ver-unreinigungen bessere Dehnungs- und Zugfestigkeitseigenschaften.

Zahlentafel 3. *Eigenschaften von aus rohem Schwammeisenpulver hergestelltem Sinterstahl mit 0,40% C im Vergleich zu Carbonylsinterstahl mit 0,34% C und SM-Stahl mit 0,35% C.*

Eigenschaften	Schwammeisen-Sinterstahl geschmiedet	Carbonyl-Sinterstahl	SM-Stahl St. 50.11
Zugfestigkeit σ_B kg/mm²	51	48	50 bis 60
Streckgrenze σ_S kg/mm²	27	26	27
Einschnürung %	45	57	48
Dehnung δ_5 %	20	31	22
Dehnung δ_{10} %	16	23	18
Kerbschlagzähigkeit mkg/cm²	8	10	10

Aus einer Mischung von Schwedenschwammpulver mit 1% Graphit wurde in einer zweiten Versuchsreihe in analoger Weise wie oben beschrieben Sinterstahl hergestellt. Die Sinterung wurde in CO-haltiger Wasserstoff-Atmosphäre ebenfalls bei etwa 1250⁰ vorgenommen. Der Kohlenstoffgehalt nach der Sinterung betrug 0,40%. Die mechanischen Eigenschaften des so erzeugten Sinterstahls

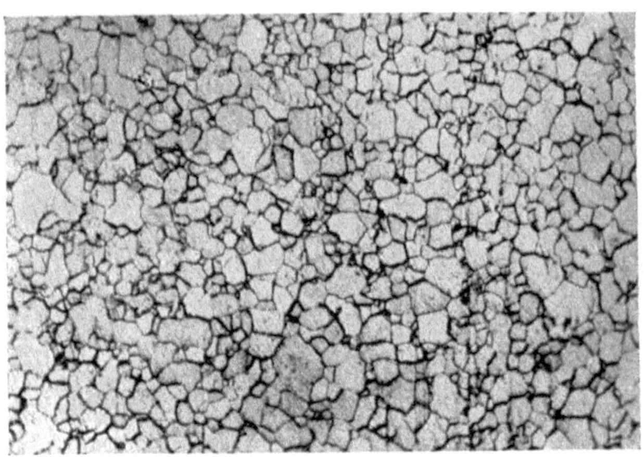

Abb. 5. Gefüge von geschmiedetem Carbonylsintereisen (normal geglüht). ✕ 150.

gehen aus Zahlentafel 3 hervor. Auch hier sind zum Vergleich die Festigkeitseigenschaften von Carbonylsinterstahl mit 0,34% Kohlenstoff und von SM-Stahl nach DIN 1611 mit 0,35% Kohlenstoff im normal geglühten Zustand mit aufgeführt.

Bei dem aus Schwammeisen hergestellten Sinterstahl machen sich die Verunreinigungen im Gefüge deutlich bemerkbar. Der eingebrachte Kohlenstoff liegt in Form von lamellarem Perlit vor. Dagegen zeigt in Übereinstimmung mit Untersuchungsbefunden von E. K. Offermann (s. S. 173) der Carbonylsinterstahl eine sogenannte anormale Gefügeausbildung. Diese besteht in einer ungleichmäßigen Verteilung des Kohlenstoffs, der nicht in Form von lamellarem Perlit, sondern unregelmäßig zusammengeballtem, körnigen Zementit vorliegt.

Verfolgen wir die Geschichte des Eisens und Stahls weiter über solche Luppen, die unfreiwillig unter teilweisem Schmelzen hergestellt wurden, über die Roheisenerzeugung und das Frischen des Roheisens, vom Puddelverfahren zum Bessemerverfahren und den modernen Schrottschmelzverfahren, so sehen wir, daß sich die Eisenhüttenkunde in den letzten Jahrhunderten dank den Massenfertigungsmöglichkeiten, die im Schmelzverfahren liegen, fast ausschließlich der flüssigen Phase bediente. Die Herstellung von Sintereisen und Sinterstahl aus Pulvern und Pulverkuchen war fast vollständig in Vergessenheit geraten, bis sich etwa um 1930 im Zuge der großtechnischen Erzeugung von Carbonyleisenpulver die Frage erhob, ob dieser besonders reine Rohstoff eine Basis für die Herstellung von Reineisen und Stahl auf dem Sinterwege bilden könne. Bei den positiv verlaufenen Versuchen von L. Schlecht, W. Schubardt und F. Duftschmid[1,2] handelt es sich im wahrsten Sinne des Wortes um eine Renaissance der alten pulvermetallurgischen Verfahren. Auf diese richtunggebenden Arbeiten der vorgenannten Forscher paßt sehr gut das Wort von F. Skaupy, „daß jede anscheinend neue Technik sich bei genauer Betrachtung nur als die wesentlich verstärkte Auffrischung einer alten Technik auf Grund neuer Kenntnisse und stark veränderter äußerer Bedingungen erweist."[3]

In Fortführung der Arbeiten von L. Schlecht, W. Schubardt und F. Duftschmid beschrieb 1936 E. K. Offermann[4] in einer ausgezeichneten Arbeit die Herstellung und Eigenschaften von *Stahl* aus Carbonyleisenpulver. Unter hüttenmännischen Bedingungen wurden bis zu zwei Tonnen schwere Blöcke aus Sintereisen und Sinterstahl hergestellt und weiterverarbeitet. Dabei wurden die genauen Bedingungen abgeklärt, unter denen aus einem Gemenge von kohlenstoff- und sauerstoffhaltigem Carbonyleisenpulver Reinst-

---

[1] Schlecht, L., W. Schubardt u. F. Duftschmid: Z. Elektroch. **37**, 1931, S. 485-492.

[2] Duftschmid, F., L. Schlecht u. W. Schubardt: Stahl u. Eisen **52**, 1932, S. 845-849.

[3] Skaupy, F.: Koll. Z. **109**, 1944, S. 41-42.

[4] Offermann, E. K.: Mitt. Kohle-Eisenforschung **1**, 1936, S. 85-120.

eisen und unter Zuhilfenahme von Kohlungsmitteln, wie z. B.
Ruß, Holzkohle, Graphit, Steinkohlepulver und Kokspulver, homogener Stahl entsteht. Auf die grundlegenden Ergebnisse dieser
Pionierarbeit wird später noch genauer eingegangen werden
(s. S. 172).

Das Carbonyleisenpulver bildete in der Folge auch die Grundlage für die Erzeugung von Reinsteisen in Form von Blechen
und Drähten, von Eisen-Nickel-Kobalt- und Eisen-Nickel-Molybdän-
Legierungen als Werkstoffe für die Hochvakuumtechnik, wie sie
in den Jahren 1931 bis 1937 auf den Markt kamen[1, 2].

Die schon 1908 gewonnenen Erkenntnisse, daß poröse Eisen-
sinterkörper als Filter, Lager, Gleitkörper usw. verwendet werden
können[3], wurden erst ab 1930 praktisch ausgewertet. Ab 1935
traten poröse Sintereisenlager immer stärker in Konkurrenz zu den
porösen Bronzelagern.

Einen starken Aufschwung nahm die Eisen-Pulvermetallurgie
kurz vor und während des zweiten Weltkrieges mit dem Einsatz von
porösen Sintereisen-Führungsringen an Stelle von Kupfer-, bzw.
kupferplattierten Eisen- und Weicheisen-Führungsbändern. Von
deutscher und verbündeter Seite wurden fast ausschließlich Sinter-
eisenringe in der Munitionsfertigung eingesetzt. Sinterstahl fand
übrigens nicht als reiner Kohlenstoffstahl, sondern zunächst als
legierter Magnetstahl auf der Basis Eisen-Nickel-Aluminium bzw.
Eisen-Nickel-Kobalt-Aluminium seine erste großtechnische Anwendung. Es handelt sich hier um eine freiwillige, nicht wie in den
Anfängen der Pulvermetallurgie üblich, zwangsläufige Anwendung
der Sintertechnik. Die gesinterten Magnetstähle sind auf Grund
ihres feinkörnigen Gefüges dem geschmolzenen Magneten in mancher
Hinsicht, insbesondere bezüglich der Bruchfestigkeit und Bearbeitbarkeit überlegen.

Die Carbonylstähle hatten sich seinerzeit nicht durchsetzen
können, da die Anwendung der Sintertechnik nur eine Verteuerung
der Gestehungskosten und sogar einen gewissen Qualitätsabfall,
abgesehen allerdings von einer besseren Schweißbarkeit, mit sich
brachte. Es mußten erst die Erkenntnisse aus anderen Sinter-
gebieten hinzukommen, nämlich

1. die Zweckmäßigkeit, Sinterkörper unmittelbar auf Fertigform pressen zu können (Beispiele: Hartmetallegierungen, Diamant-

---

[1] **Kieffer**, R. u. W. **Hotop**: Pulvermetallurgie und Sinterwerkstoffe,
Berlin: Springer-Verlag, 1943, S. 185ff., 200ff.

[2] **Espe**, W. u. M. **Knoll**: Werkstoffe der Hochvakuumtechnik, Berlin:
Springer-Verlag, 1936, S. 59ff., 83ff., 95ff., 335 u. 348.

[3] D.R.P. 218887 (1908).

metallwerkstoffe, poröse Lager, Sintermagnete und gesinterte Verbundwerkstoffe);

2. die Möglichkeit, durch die Vorteile des Auf-Formpressens erhebliche Formgebungsarbeit, insbesondere spanabhebende Bearbeitung und Schleifarbeit einsparen zu können.

Etwa um 1938 einsetzend und seit dem zweiten Weltkrieg in stürmischer Entwicklung, beginnt der Einsatz von Sintereisen und insbesondere Sinterstahlkörpern im Maschinenbau und in der Fahrzeugindustrie[1]. Auch die Flugzeug- und Waffenindustrie, typische Massenfertiger, melden sich als Bedarfsträger von Fertigformkörpern aus Sinterstahl[2]. Die Ölpumpenzahnräder mögen als Schulbeispiel dieser Entwicklung angeführt werden[3, 4].

Die Meilensteine der geschichtlichen Entwicklung der Eisen-Pulvermetallurgie sind in Zahlentafel 4 aufgezeigt. Wie sich die Eisen-Pulvermetallurgie in das Gesamtbild der Pulvermetallurgie einreiht, haben die Verfasser in ihrem Buch „Pulvermetallurgie und Sinterwerkstoffe" näher ausgeführt[5]. Es scheint außer Zweifel, daß die Verarbeitung der Edelmetalle in der Frühzeit der Geschichte ebenfalls auf dem Sinterwege vor sich ging. Mit der geschmolzenen Bronze und dem flüssigen Roheisen hat jedoch die Schmelzmetallurgie die Pulvermetallurgie schwerpunktsmäßig verdrängt. Mit der Beherrschung höherer Temperaturen, d. h. mit der Entwicklung geeigneter Öfen, entfiel der Zwang, metallische Formkörper im festen Zustand *unterhalb* ihres Schmelzpunktes gewinnen zu müssen. Die Zwangsläufigkeit der Anwendung des Sinterverfahrens tritt in der Neuzeit bei der Gewinnung von duktilem Wolfram und Molybdän, bei der Herstellung von Metallkohlen aus Kupfer-Graphit, bei Kupfer-Wolfram-Verbundmetallen, bei Diamantmetallwerkstoffen, bei porösen Lagern und Sinterhartmetallen wiederum verstärkt in Erscheinung. Auf dem Schmelzwege sind die aufgezählten Sinterwerkstoffe — sei es aus thermischen, sei es aus strukturellen Gründen — nicht zu erzeugen. Es ist daher besonders bedeutungsvoll, daß der Aufschwung der Eisen-Pulvermetallurgie in den letzten Jahren nur zu einem Teil auf dem Zwang zur Anwendung des Sinter-

---

[1] Wiemer, H.: Stahl u. Eisen **62**, 1942, S. 800-801, u. **63**, 1943, S. 30-31.

[2] Perry, H. W.: Aircraft Engng. **15**, 1943, S. 305-306.

[3] Anonym: Machinery, London, **61**, 1942, S. 203-206.

[4] Lenel, F. V.: Met. & Alloys 12, 1940, S. 472.
      s. Powder Metallurgy, Am. Soc. Met., Cleveland (Ohio) 1942, S. 502-11.

[5] Kieffer, R. u. W. Hotop: Pulvermetallurgie und Sinterwerkstoffe, Berlin: Springer-Verlag, 1943, S. 185ff.

Zahlentafel 4. *Geschichtliche Entwicklung der Eisen-Pulvermetallurgie.*

Zeitpunkt	Werkstoffe und Geräte
ca. 6000 v. Chr.	Eiserne Waffen, Spieße, Beile, Gebrauchsgegenstände und Werkzeuge aus feuergeschweißten Luppen (Inder, Hethiter, Ägypter, Mittelmeervölker, zentralafrikanische und mongolische Völker).
ca. 1200 v. Chr.	Kenntnisse über Herstellung von Stahl aus Luppen und seiner Wärmebehandlung (Hethiter).
ca. 400 v. Chr.	Keltische, sogenannte „Hallstätter" Eisenkultur.
ca. 400 bis 1300 n. Chr.	Aus Luppen feuergeschweißte tonnenschwere Säulen, Blöcke und Balken (Indien). Herstellung von Stahlwaffen durch Zerfeilen von Stahlkörpern und Feuerverschweißen des Stahlpulvers (germanische Völker und Araber).
1908	Poröse Eisenkörper für Lager usw. (D.R.P. 218 887 Löwendahl).
1930 bis 1936	Erzeugung von Carbonyleisenpulver, Carbonyleisen und Carbonylstählen (Mittasch, Schlecht, Duftschmid u. Schubardt). Erzeugung von Carbonylstählen in großtechnischem Maßstab (Offermann).
1934 u. ff.	Maschinenteile aus Sintereisen und Sinterstahl, legierte Sinterstähle, Sintermagnete. Verstärkte Erzeugung von porösen Eisenlagern, Sintereisenführungsringe.

verfahrens (Beispiele: poröse Eisenlager, Filter und Führungsringe) beruht, daß er jedoch in nicht geringerem Maße durch die freiwillige Anwendung des Sinterverfahrens bedingt ist, und zwar bei solchen Formkörpern, die noch vor 10 bis 20 Jahren nur für schmelzmetallurgisch herstellbar gehalten wurden. Wie R. Walzel[1] sicher mit Recht feststellt, ist damit für die Herstellung von Stahlformstücken eine Entwicklung angebahnt worden, deren Bedeutung in mancher Hinsicht mit der Umwälzung verglichen werden darf, die das Bessemerverfahren durch die Möglichkeit der Massenherstellung von Flußstahl gebracht hat.

---

[1] Walzel, R.: Persönliche Mitteilung 1943.

II. Die Herstellung der Pulver.

A. Geschichtlicher Überblick.

Einen breiten Raum in der Eisen-Pulvermetallurgie nimmt die Herstellung der für Sintereisen und Sinterstahl brauchbaren Pulver ein. Die vielfältigen Verfahren, die zur Herstellung von Pulvern beliebiger Metalle und Metallegierungen vorgeschlagen und angewandt worden sind, wurden fast ausnahmslos auch zur Herstellung von Eisenpulvern eingesetzt[1].

In der Frühgeschichte des Eisens herrschte ein schwammartiges Pulver vor, das praktisch allerdings fast stets in der Form von bereits mehr oder weniger verschweißten *Luppen* in Erscheinung trat. Im Altertum bis zum Mittelalter spielte ein *stahlartiges Eisenpulver*, das durch Feilen von kompakten Stahlteilen gewonnen wurde, bei der Herstellung von Waffen und Geräten eine gewisse Rolle[2, 3]. Bei den ersten wissenschaftlichen Untersuchungen auf dem Sintereisengebiet bediente man sich des *Ferrum reductum* aus reinsten Eisenoxyden und des *Elektrolyteisenpulvers*[4, 5]. Beide Pulver fanden übrigens auch für medizinische Zwecke Verwendung. Das aus der Gasphase gewonnene *Carbonyleisenpulver*[6, 7] eröffnete eine neue Ära der Eisen-Pulvermetallurgie. Es verdrängte zu einem großen Teil das für die Herstellung von Massekernen durch mechanische Zerkleinerung von Drähten hergestellte *Hametag-Pulver*[8] und auch das Elektrolyteisenpulver. Das aus Schwedenerz gewonnene, gegebenenfalls durch Magnetscheider gereinigte *Schwammeisenpulver*[9] bildete lange Zeit die Grundlage für die Eisen-Pulvermetallurgie in den Vereinigten Staaten.

---

[1] **Kieffer**, R. u. W. **Hotop**: Pulvermetallurgie und Sinterwerkstoffe, Berlin: Springer-Verlag, 1943, S. 12-26 u. 185-187.

[2] **Johannsen**, O.: Geschichte des Eisens, Verlag Stahleisen, Düsseldorf: 1925, S. 23.

[3] **Daeves**, K.: Rdsch. dtsch. Techn. **20**, 1940, Nr. 26, S. 1-2.

[4] a) **Sauerwald**, F. u. G. **Elsner**: Z. Elektroch. **31**, 1925, S. 15-18;
b) **Sauerwald**, F. u. E. **Jaenichen**: Z. Elektroch. **31**, 1925, S. 18-24;
c) **Sauerwald**, F. u. St. **Kubik**: Z. Elektroch. **38**, 1932, S. 33-41.

[5] D.R.P. 316 748 (1916), 306 772 (1916), 483 998 (1922), E.P. 312 441 (1928).

[6] **Mittasch**, A.: Z. ang. Ch. **41**, 1928, S. 827-833.

[7] **Mittasch**, A.: Koll. Z. **104**, 1943, S. 139-141.

[8] **Podszus**, E.: Koll. Z. **54**, 1931, S. 124, **56**, 1931, S. 122, **64**, 1933, S. 129,

[9] **Durrer**, R.: Die Metallurgie des Eisens, Berlin: Verlag Chemie, 1942. S. 417 ff.

Mit der sprunghaften Entwicklung der Pulvermetallurgie des Eisens in den letzten Jahren trat im In- und Ausland im Zuge der Massenfertigung von Sintereisen immer stärker die Frage nach der Erzeugungsmöglichkeit von großen Mengen mehr oder minder reinen und billigen Eisenpulvers in den Vordergrund[1,2,3]. Die *mechanisch* hergestellten Pulver, die einerseits durch *mechanische Zerkleinerung* von Drahtstückchen, Blechschnitzeln, Granalien und Spänen, andererseits duich *Zerstäuben*, *Zerschleudern* und *Verdüsen* von flüssigem Eisen oder Stahl gewonnen werden, stellen den Hauptanteil der Eisenpulverwelterzeugung dar[4,5]. Neuerdings treten die physikalisch - chemisch hergestellten *Reduktionspulver*, die von reinen Erzen, Pyritabbränden, Walzsinter oder anderen technisch reinen Oxyden ausgehen, zu ihnen in wirksame Konkurrenz[6]. Carbonyl- und Elektrolyteisenpulver treten mengenmäßig den genannten Pulvern gegenüber in den Hintergrund, obwohl sich beide Pulversorten bei der Erzeugung von Hochvakuumwerkstoffen, Sintermagneten und Massekernen feste Anwendungsgebiete sichern konnten.

Über Einzelheiten dieser nur in großen Zügen gestreiften Entwicklung der letzten Jahre auf dem Eisenpulvergebiet findet der Leser, der sich genauer informieren will, Näheres in Sammelreferaten[7-10], in zusammenfassenden Patentbesprechungen[11,12,13] und in einer Reihe von weiteren in- und ausländischen Veröffentlichungen allgemeinen Charakters[14-27], so weit diese nicht schon oben zitiert wurden.

---

[1] Allen, A. H.: s. Iron Age **148**, 1941, 30. Ok., S. 29-35 u. 100; s. H. Wiemer: Stahl u. Eisen **62**, 1942, S. 800-801.

[2] Allen, A. H.: Steel **104**, 1939, S. 43-54.

[3] Anonym: Steel **108**, 1941, S. 76-78 u. 94.

[4] Podszus, E.: Koll. Z **54**, 1931, S. 124; **56**, 1931, S. 122; **64**, 1933, S. 129.

[5] Bernstorff, H.: Chem. Fabrik **16**, 1943, S. 89-93 u. 102-105.

[6] Eisenkolb, F.: Koll. Z. **104**, 1943, S. 236-246.

[7] Wulff, J.: Met. Progr. **38**, 1940, S. 665-668 u. 720; s. H. Wiemer: Stahl u. Eisen **63**, 1943, S. 30-31.

[8] Peters, F. P.: Met. & Alloys **12**, 1940, S. 471-478.

[9] Wulff, J.: Met. Progr. **40**, 1941, S. 785-788 u. 838; s. Iron Age **148**, 1941, S. 29-35 u. 100; s. H. Wiemer: Stahl u. Eisen **62**, 1942, S. 800-801.

[10] Peters, F. P.: Met. & Alloys **14**, 1941, S. 721-30 u. 733.

[11] Reitstötter, J.: Koll. Z. **103**, 1943, S. 182-184.

[12] Waeser, B.: Koll. Z. **109**, 1944, S. 52-60.

[13] Deller, A. W.: s. Powder Metallurgy, Am. Soc. Met., Cleveland (Ohio), 1942, S. 551-603.

[14] Jones, W. D.: Foundry Trade J. **59**, 1938, S. 401-402.

[15] Jones, W. D.: Steel **106**, 1940, S. 48 u. 50.

[16] Fellows, A. T.: Met. & Alloys **12**, 1940, S. 288-291.

B. Herstellung der Pulver auf der Eisenbasis.

Man kann gemäß Zahlentafel 5 die verschiedenen Herstellungsverfahren für Eisenpulver in zwei Hauptgruppen unterteilen: *mechanische* und *physikalisch-chemische* Verfahren. Es versteht sich von selbst, daß Kombinationen beider Gruppen möglich sind und häufiger zwangsläufig vorkommen. So müssen beispielsweise die

Zahlentafel 5. *Herstellungsverfahren der verschiedenen Eisenpulver.*

1. Mechanische Verfahren	2. Physikalisch-chemische Verfahren

a) Grob- und Feinzerkleinerung
  α) Grobzerkleinerung in Stampfmühlen, Backenbrechern, Spänebrechern usw.
  β) Vermahlen in Trommelmühlen, Siebkugelmühlen, Rohrmühlen, Kollergängen usw.
  γ) Zerkleinern in Wirbelschlagmühlen, Schlagkreuz-, Schlagstift-, Schlagscheiben- und Schlagnasenmühlen.
 	
b) Granulieren und Zerstäuben
  α) Granulieren in Wasser mit anschließender Feinzerkleinerung.
  β) Zerstäuben oder Verdüsen mit Luft und/oder Wasser bzw. Wasserdampf.
  γ) Zerstäuben bzw. Zerschleudern mit Luft und/oder Wasser bzw. Wasserdampf bei gleichzeitiger mechanischer Einwirkung.
	a) Gewinnung aus der Gasphase
	  α) Carbonylverfahren.
	  β) Kondensation (Hochtemperaturvergasung nach Kohlmeyer).
	  γ) Solutierverfahren.
	
	b) Reduktion von Metallverbindungen bei höherer Temperatur
	  α) mit festen Reduktionsmitteln,
	  β) mit gasförmigen Reduktionsmitteln, gegebenenfalls unter Druck.
	
	c) Elektrolyse von wäßrigen Lösungen
	  α) zu brüchigen Kathoden,
	  β) zu lockeren Pulveragglomeraten.

---

[17] Comstock, G. J.: Steel **106**, 1940, S. 54-55; s. B. Kalling u. J. Rennerfelt: Jernkont. Ann. **123**, 1939, S. 115-154; s Stahl u. Eisen **59**, 1939, S. 1077-1082.

[18] Comstock, G. J.: Heat. Treat. Forg. **27**, 1941, S. 131-134.

[19] Anonym: Engineer, London, **174**, 1942, Nr. 4519, S. 155; **174**, 1942, Nr. 4523, S. 235.

[20] Anonym: Iron Coal Tr. Rev. **145**, 1942, Nr. 3889, S. 765-766.

[21] Hüttig, G. F. u. K. Arnestad: Z. anorg. Ch. **250**, 1942, S. 1-9.

[22] Hüttig, G. F. u. H. Bludau: Z. anorg. Ch. **250**, 1942, S. 36-41.

[23] Hüttig, G. F.: Koll. Z. **99**, 1942, S. 262-277.

[24] Lenel, F. V.: Engineering **156**, 1943, Nr. 4057, S. 305.

[25] Jones, W. D.: Overseas Engineer **16**, 1943, S. 132-135.

[26] Dawihl, W. u. U. Schmidt: Stahl u. Eisen **65**, 1945, S. 9-14.

[27] Eisenkolb, F.: Arch. Metallkde. **1**, 1947, S. 327-35.

physikalisch-chemisch gewonnenen Pulver stets einer mechanischen Aufbereitung in mehreren Stufen unterzogen werden, so daß der physikalisch-chemische Teil der Herstellung oft sehr stark gegenüber der mechanischen Grob- und Feinzerkleinerung in den Hintergrund tritt.

1. Mechanische Verfahren.

a) Grob- und Feinzerkleinerung.

Eines der ältesten und einfachsten Verfahren zur Herstellung von groben Pulvern besteht in der *maschinellen Ablösung* kleiner Metallteilchen von kompakten Metallen durch Verspanen mit Schneidwerkzeugen, durch Schaben, Fräsen, Abschleifen und Feilen. So hergestelltes Eisenfeilspanpulver hat zwar für pyrotechnische Zwecke, nicht aber in der Pulvermetallurgie Anwendung gefunden.

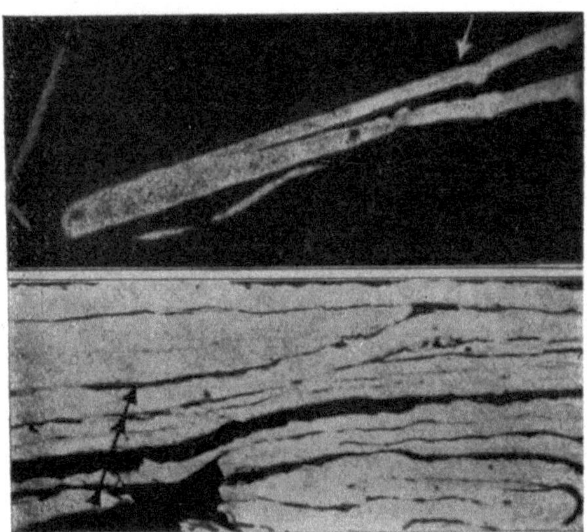

Abb. 6. Stampfpulver, Oxyde auf einzelnen Lamellen,
0,5 μ dick, ($\times$ 2000). (W. Dawihl u. U. Schmidt).

Während *Stampfmühlen* fast ausschließlich zur Herstellung folien- und blättchenartiger Pulver aus Messing, Bronze und Aluminium verwendet werden[1-5] und das seinerzeit so erfolgreiche Ver-

---

[1] Chaston, J. C.: Metal Treatment 1, 1935, S. 3-10 u. 12; s. Elektr. Nachr.-Wesen 14, 1936, S. 135-146.

[2] Smalley, O.: Met. Ind., London 24, 1924, S. 273-274, 297-298, 445-446, 493-494, 569-570; 25, 1924, S. 169 u. 369; 27, 1925, S. 1-2; 93, 185-186, 283-284, 575-576.

fahren des Auswalzens von Spänen nach Bessemer fast vollkommen verdrängt haben, hat Stampfpulver aus Eisen keine Bedeutung in der Pulvermetallurgie erlangt. Die Stampfpulverteilchen weisen infolge ihres blätterteigartigen Aufbaus ungünstige Preßeigenschaften auf, wie von W. Dawihl und U. Schmidt[6] neuerdings nachgewiesen wurde (s. Abb. 6). Selbst nach einer zweistündigen Glühbehandlung bei 1400⁰ erholen sich die hochkaltverformten Pulverteilchen noch nicht vollständig und zeigen höhere Werte der Mikrohärte als beispielsweise Hametag- und Schleuderpulver.

Backen-, Hammer- und Walzenbrecher finden zum *Grobzerkleinern* von Schwammeisenkuchen, spröden Kathoden aus Elektrolyteisen, von heißgewalzten, brüchigen Nickel-Eisenplatten sowie von erschmolzenen Eisenvorlegierungen umfassende Anwendung. Sie sind heute als unentbehrliche Aufbereitungsmaschinen bei der Pulvererzeugung anzusprechen. Abb. 7 zeigt einen Backenbrecher bei der Grobzerkleinerung einer Eisen - Aluminium - Vorlegierung für Sintermagnete. Zur Grobzerkleinerung von Stahlspänen dienen marktgängige Spänebrecher, die das Gut (kurze, lange oder wollige Späne) auf eine ziemlich einheitliche Stückgröße vorbrechen.

Abb. 7. Backenbrecher.

Die *Feinzerkleinerung* schließt sich an die Grobzerkleinerung an, da diese nur selten ein unmittelbar gebrauchsfähiges Pulver liefert. Die gebräuchlichsten Hartzerkleinerungsmaschinen sind Kugelmühlen, Schwingmühlen, Hammermühlen, Walzenmühlen, Rohrmühlen, Wirbelschlagmühlen, sowie Schlagstift-, Schlag-

---

[3] v. Schlenck, O.: Met. Ind., New York **15**, 1917, S. 77-78, 161-163, 200-203, 298-300.

[4] Edwards, J. D. u. R. B. Mason: Industr. Engng. Chem., Anal, ed. **6**, 1934, S. 159-161.

[5] Chaston, J. C.: Metal Treatment **4**, 1938, S. 49-52.

[6] Dawihl, W. u. U. Schmidt: Stahl u. Eisen **65**, 1945, S. 9-14.

nasen- und Schlagscheibenmühlen. Wegen Einzelheiten der Arbeitsweise dieser Maschinen sei auf das einschlägige Fachschrifttum[1, 2] sowie auf eine bemerkenswerte Arbeit von C. Mittag[3] verwiesen. Die verschiedenen Mühlenarten können zur Vermeidung eines übermäßigen Verschleißes mit Manganhartstahlplatten, Auftropfhartlegierungen oder mit Sinterhartmetallplättchen ausgekleidet werden. Auch bei den Schlagorganen haben sich Stellitüberzüge und Auflagen von Sinterhartmetall sowie Schläger aus massivem Hartmetall bewährt. Als Beispiele seien einige typische, mechanisch hergestellte Eisenpulver eingehender besprochen.

Rohrmühlenpulver. Im Zuge der Massenfertigung von Sintereisen und Sinterstahl erwies es sich als ebenso vorteilhaft wie wirtschaftlich, die aus der Zementindustrie bekannten Hochleistungsanlagen zur Zerkleinerung, nämlich Kombinationen von Backenbrechern und Rohrmühlen (Abb. 8) zur Feinstmahlung von Sinter

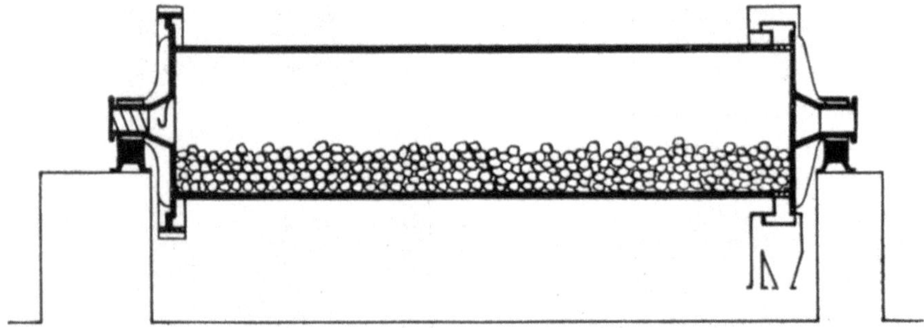

Abb. 8. Rohrmühle (C. Mittag).

eisenschrott, Gußeisenschrott und -spänen, Roheisenbruch, versprödeten Stahlspänen sowie von Vorlegierungen des Eisens mit Aluminium, Titan, Chrom usw. heranzuziehen. Abb. 9 zeigt eine Aufnahme von Rohrmühlenpulver, das aus Sintereisenschrott gewonnen wurde. Das Rohrmühlenpulver zeigt eine entfernte Ähnlichkeit mit dem Korn des Hametagpulvers. Besonders wirtschaftlich ist die Herstellung von Gußeisenpulver aus Gußeisenspänen in der Rohrmühle. Dabei ergibt sich ein Pulver gemäß Abb. 10. Das von W. D. Jones[4] erwähnte, mechanisch hergestellte Gußeisenpulver „Pacteron"[4] dürfte vorteilhaft durch Zerkleinerung von

[1] Hütte, 26. Aufl., Berlin: W. Ernst & Sohn, 1938, Bd. IV, S. 348-359.

[2] Ullmann, F.: Enzyklopädie der technischen Chemie, 2. Aufl., Berlin-Wien: Urban & Schwarzenberg, 1932, Bd. **10**, S. 587-597.

[3] Mittag, C.: Tech. Mitt. Krupp **10**, 1942, S. 46-54.

[4] Jones, W. D.: Iron Coal Tr. Rev. **137**, 1938, S. 1013-1014.
Foundry Trade J. **59**, 1938, S. 401-402.
Met. Ind., London, **54**, 1939, S. 51-55.

Hartgußgranalien in Rohrmühlen herzustellen sein. Dieses Pacteronpulver soll sich bei der Herstellung druckgesinterter Gußeisenformkörper bewährt haben (siehe S. 255).

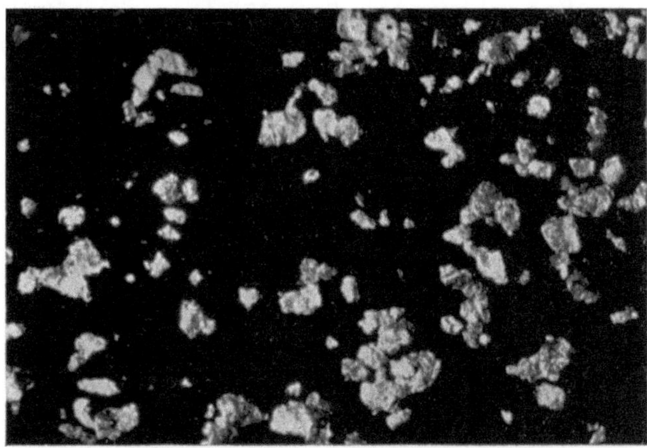

Abb. 9. Eisenpulver aus Sintereisenschrott, hergestellt durch
Vermahlen in einer Rohrmühle (× 25).

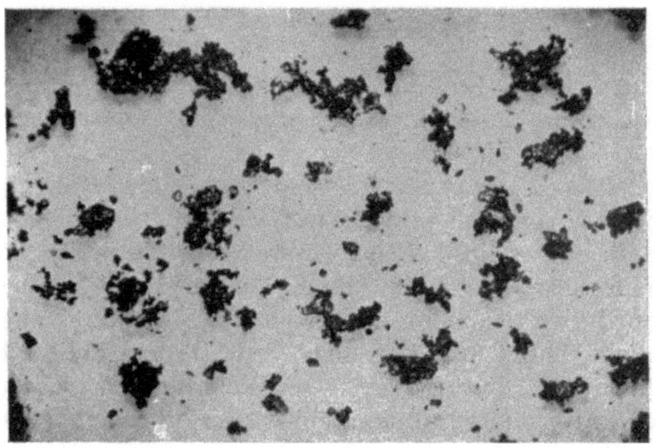

Abb. 10. Gußeisenpulver aus Gußeisenspänen, hergestellt durch
Vermahlen in einer Rohrmühle (× 75).

Vorlegierungspulver. Bei der Herstellung von legierten Sinterstählen, beispielsweise von Sintermagneten, verwendet man vorteilhaft feingepulverte, geschmolzene Vorlegierungen, die in ihrer Zusammensetzung zweckmäßig einer spröden intermetallischen Verbindung oder einer spröden intermediären Phase entsprechen. Es kommen z. B. Vorlegierungen der Systeme Fe-Al, Fe-Mn, Fe-Cr,

2*

Fe-Si, Fe-Ti, Fe-S, Fe-P, Fe-Mo, Fe-W, Fe-V, Fe-Al-Ti, Fe-Mn-C, Fe-Cr-C und Fe-Cr-Al in Frage. Die geschmolzenen, sorgfältig von Schlacke gereinigten Blöcke werden vorzerkleinert und dann einem Backenbrecher aufgegeben, der die Legierungen auf etwa Erbsenkorngröße bricht (s. Abb. 7, S. 17). Die weitere Zerkleinerung erfolgt in Schlagstift-, Schlagnasen- oder Schlagscheibenmühlen; die Feinstzerkleinerung vollzieht sich am besten in Trommel- oder Schwingmühlen (Abb. 11).

Abb. 11. Schwingmühle (Hersteller: Siebtechnik, Mühlheim/Ruhr).

Eisen-Nickel-Legierungspulver. Bei der Herstellung von Massekernen, Sintermagneten und Eisen-Nickel-Molybdänlegierungen für die Hochvakuumtechnik spielt Eisen-Nickel-Legierungspulver eine hervorragende Rolle[1, 2, 3]. Bei der Erzeugung eines für diese Zwecke geeigneten Pulvers macht man sich den Umstand zunutze, daß Eisen-Nickel-Schmelzen, die nicht mit Mangan und Magnesium entschwefelt bzw. desoxydiert werden, zwar noch warmwalzbar, aber stark kaltbrüchig anfallen. Abb. 12 zeigt einen solchen Eisen-Nickel-Gußblock, der aus schwach zusammenhaftenden, langen, nadelförmigen Kristallen besteht. Führt man den Warmwalzprozeß bei fallender Temperatur so durch, daß bei dem letzten

---

[1] Chaston, J. C.: Metal Treatment 1, 1935, S. 3-10; s. Elektr. Nachr.-Wes. **14**, 1936, S. 135-146.

[2] Speed, B. u. G. W. Elmen: J. Amer. Inst. electr. Engng. **40**, 1921, S. 596-609.

[3] Legg, V. E. u. F. J. Given: Bell Syst. Techn. J. **19**, 1940, S. 385-406, s. Met. Progr. 38, 1940, S. 284 u. 304-05, s. Elektrotechn. Z. **63**, 1942, S. 194.

Walzstich die kritische Temperatur unterschritten wird, bei der
die Kristallite zusammenhalten, so zerfallen die Platten in mehr
oder minder große Bruchstücke (s. Abb. 13). Diese lassen sich
dann leicht weiterbrechen, zerkleinern und in Trommelmühlen
feinmahlen. Man erhält
ein Pulver mit einer ziemlich gleichmäßigen Korn-
größe von etwa 0,075 mm.
Eisen-Nickel-Legierungs-
pulver läßt sich übrigens
vorzüglich auch in den
im nächsten Abschnitt
beschriebenen Wirbel-
schlagmühlen unter Ver-
wendung von Eisen-

Abb. 12. Spröder Eisen-Nickel-Gußblock
(C. Chaston).

Nickel-Blechschnitzeln oder Drahtstückchen herstellen. Das so
gewonnene Pulver weist die für Hametagpulver typische Tellerstruktur auf, wie aus Abb. 14 hervorgeht.

Abb. 13. Bruchstücke von Eisen-Nickel-Legierung nach
dem Warmwalzen (C. Chaston).

Wirbelschlagpulver (Hametag-Verfahren). Vermahlt man duktile
Metalle in Kugelmühlen, so runden sich größere Körner ab, ohne
sich weiter abzumahlen, kleinere Körner flachen sich ab, setzen sich
an den Mühlenwandungen und an den Kugeln fest und werden
gegebenenfalls sogar zu rundlichen Agglomeraten wieder kalt
zusammengeschweißt. Durch einen solchen Kaltverschweißungs-
prozeß dürften übrigens die Goldnuggets aus Goldstaub entstanden
sein. Einen großen technischen Fortschritt brachte daher die von
E. Podszus[1] entwickelte Wirbelschlagmühle, die die Feinst-

---

[1] Podszus, E.: Koll. Z. **54**, 1931, S. 124; **56**, 1931, S. 122; **64**, 1933,
S. 129.

mahlung von zähen Metallen und Legierungen zu Pulvern beliebiger Korngröße erlaubt. Das Wirbelschlagverfahren, das sich als „Hametagverfahren" in die Technik einführte, wurde in zahlreichen, der Hartstoff Metall AG., Berlin-Köpenick erteilten Patenten eingehender beschrieben[1]. Abb. 15a zeigt eine derartige Wirbelschlagmühle im Prinzip, während Abb. 15b den Mühlengang einer Großanlage von Wirbelschlagmühlen mit einer Leistungsfähigkeit

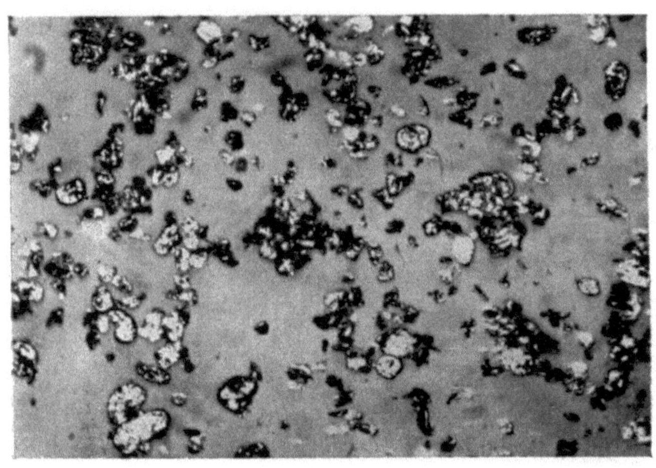

Abb. 14. Eisen-Nickel-Legierungspulver mit etwa 50% Nickel, durch Vermahlen von Spänen nach dem Hametag-Verfahren hergestellt (× 150).

von etwa 500 t pro Monat wiedergibt. Die Mühle besteht im wesentlichen aus einem Behälter, in dem auf je einer Welle zwei einander gegenüberstehende Propeller oder Schläger aus Hartmanganstahl oder Sinterhartmetall angebracht sind. Diese drehen sich in entgegengesetzter Richtung mit sehr hoher, aber zwangsläufig gleicher Geschwindigkeit. Sie zertrümmern dabei mechanisch das Mahlgut und erzeugen überdies zwei gegeneinander gerichtete, sehr schnelle Gasströme, die die Pulverteilchen aufwirbeln. Die Pulverteilchen stoßen hierbei gegeneinander, wodurch eine weitere Zerkleinerung bewirkt wird. Die Mühlen können automatisch nachbeschickt werden. Das fertige Mahlgut wird laufend durch Siebe ausgeschieden. Zur Beschickung der Mühlen eignen sich Drahtstücke, Späne, spröde Bruchstücke kompakter Metalle und Legierungen sowie Granulate. Zur Vermeidung von Oxydfilmen auf den Pulverteilchen sowie von

---

[1] D.R.P. 395075 (1922), 400307 (1921), 405381 (1922), 411238 (1922), 412197 (1922), 412378 (1922), 424344 (1924), 435147 (1923), 439023 (1924), 442151 (1925), 442152 (1925), 448608 (1925), 450837 (1925), 491924 (1928).

Pulverstaubexplosionen wird meistens in inerter oder reduzierender Atmosphäre (Stickstoff bzw. Generatorgas oder Leuchtgas) gearbeitet. Durch geeignete Wahl der Abmessungen und Ausbildung der Schläger sowie ihrer Umlaufgeschwindigkeit gelingt es, Pulver verschiedener Körnung und Korngestalt zu erzielen. Meistens

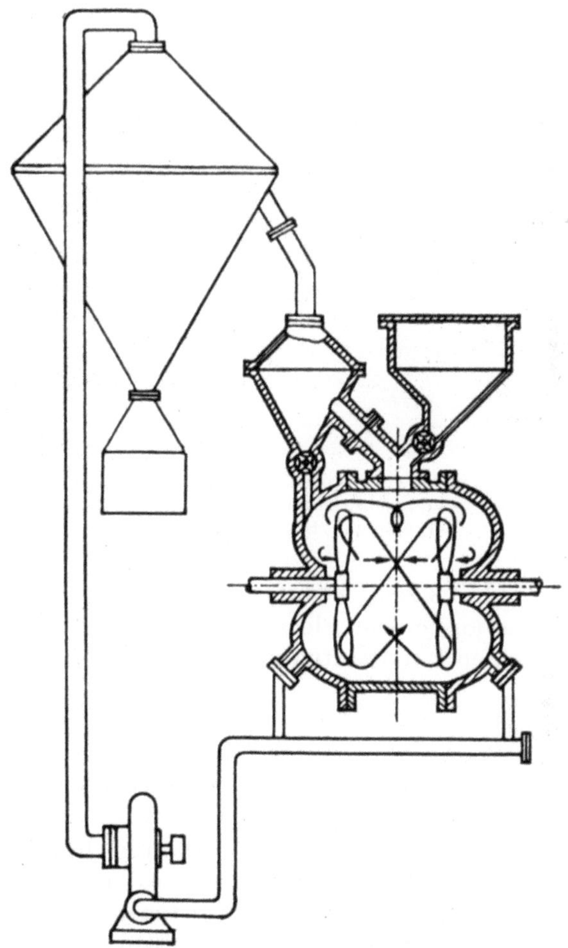

Abb. 15a. Hametag-Wirbelschlagmühle, Schemazeichnung
(Hartstoff-Metall A. G., Berlin-Köpenick).

haben die Pulverteilchen eine charakteristische „tellerartige" Form (Abb. 16). Die geglühten Hametagpulver haben ausgezeichnete Preßeigenschaften und finden in der Pulvermetallurgie weitgehende Anwendung, so z. B. Eisenpulver für die Fertigung von Maschinenteilen und porösen Lagern und Eisen-Nickelpulver für die Herstellung von Massekernen. In den Wirbelschlagmühlen lassen sich auch vorteilhaft Späne und Blechabfälle von legierten und unlegierten Stählen vermahlen. Das in Abb. 17 dargestellte Pulver wurde aus Siemens-Martin-Stahlspänen (ca. 0,6% C)

Abb. 15b. Mühlengang einer mit Hametag-Wirbelschlagmühlen ausgerüsteten Großanlage mit einer Leistungsfähigkeit von etwa 500 t/Monat (A. G. für Bergbau und Hüttenbedarf, Salzgitter).

hergestellt; Abb. 18 zeigt ebenfalls in der Wirbelschlagmühle vermahlene Späne aus einem Chrom-Nickel-Stahl mit ca. 18% Cr und 8% Ni. Die beiden Pulveraufnahmen weisen charakteristische Unterschiede auf, die zweifellos durch die stark unterschiedliche Zähigkeit der beiden verschiedenen Ausgangswerkstoffe bedingt sind. Die nach dem Hametagverfahren hergestellten Pulver weisen naturgemäß infolge der erlittenen Schlagarbeit einen verhältnismäßig hohen Grad an Kaltverformung auf. Vor dem Verpressen müssen diese Pulver daher stets bei Temperaturen zwischen 700 und 900° ausgeglüht werden.

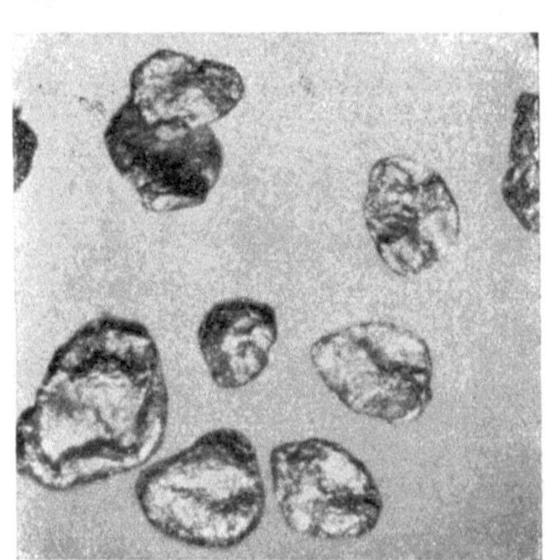

Abb. 16. Nach dem Hametag-Verfahren gewonnenes Eisenpulver mit „Tellerstruktur" (× 25).

Pulver aus Stahlspänen. Zerkleinerte Stahlspäne haben anfänglich in der Pulvermetallurgie keine besondere Rolle gespielt, da selbst in den Randzonen entkohltes Stahlpulver[1] schlechte Preßeigen-

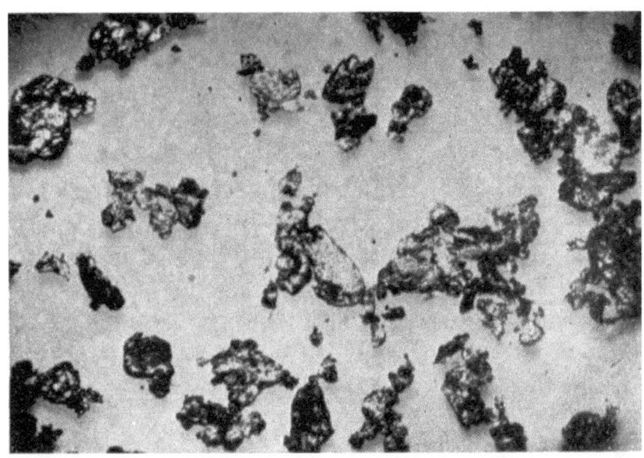

Abb. 17. Nach dem Hametag-Verfahren hergestelltes Stahlpulver aus Spänen eines Siemens-Martin-Stahles mit etwa 0,6 % C. (× 75).

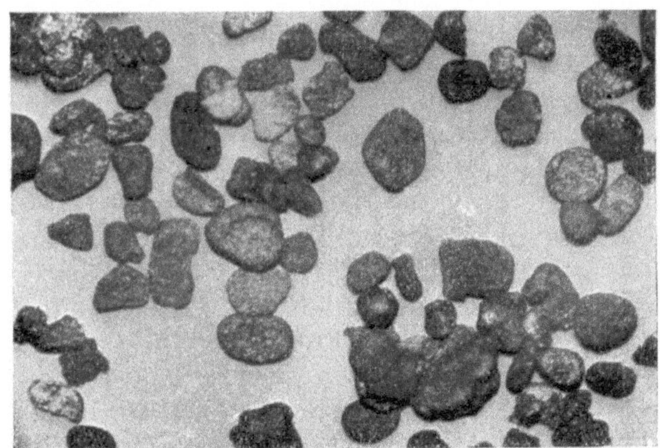

Abb. 18. Nach dem Hametag-Verfahren hergestelltes Stahlpulver aus Spänen eines Chrom-Nickel-Stahls mit etwa 18 % Cr und 8 % Ni. (Siebfraktion 0,1 bis 0,15 mm). (× 75).

schaften aufweist und sich dieses Pulver daher zunächst nur zum Verschneiden mit anderen Eisenpulversorten eignet. Nach verstärkter Einführung der Heißpreßtechnik setzte sich jedoch in den Vereinigten Staaten auch die Verwendung von pulverisierten Stahl-

---

[1] Anonym: Engineer **169**, 1940, S. 230.

spänen in der Massenfertigung von Sinterstahlteilen durch[1]. Die Späne werden zweckmäßig in Spänebrechern grob vorgebrochen und anschließend in Schlagscheibenmühlen weiter vermahlen. Das sich ergebende verhältnismäßig grobe Stahlpulver läßt sich nach einem Entspannungsglühen zu grobporigen, nicht sehr festen Körpern verpressen. Verdichtet man diese Körper allerdings aus der Sinterhitze heraus heiß nach, so ergeben sich Sinterstahlkörper mit beachtlichen Festigkeitswerten, die nur noch entgratet und kalibriert werden müssen (s. S. 251). Nach einem anderen Vorschlag[2] werden Stahlschnitzel, insbesondere Drehspäne mit einem Kohlenstoffgehalt von 0,2 bis 0,4% auf ca. 0,8% C gasaufgekohlt, durch Abschrecken gehärtet und die versprödeten Späne dann auf die gewünschte Korngröße vermahlen. Zur Erzeugung besserer Preßeigenschaften wird das Pulver unter Wasserstoff erneut geglüht und hierbei eine bestimmte Wiederentkohlung erzielt.

b) Granulieren und Zerstäuben.

Das *Granulieren* von geschmolzenem Metall durch Eingießen in Wasser ist ein sehr altes, bereits zur Herstellung von Bleischrott geübtes Verfahren. Aus geschmolzenem Eisen, Siemens- oder Bessemerstahl, Roheisen und Gußeisen lassen sich auf diese Art und Weise bequem verhältnismäßig grobe Pulvergemische granulieren, die Korngrößen zwischen 0,15 mm und mehreren Millimetern aufweisen. Ein solches Granulat läßt sich sehr gut als Rohstoff zur Beschickung der Hametagmühlen einsetzen. Das erzielte Feinkorn gleicht vollkommen dem aus Blechabfällen oder Drahtstückchen gewonnenen Pulver, so daß ein Rückschluß auf das Ausgangsmaterial meist nicht mehr möglich ist. Ein Granulationspulver ist auch das nach dem Rennerfelt-Kalling-Verfahren[3, 4] hergestellte Roheisenpulver, das nach entsprechender Entkohlung ursprünglich als eine Art „Edelschrott" in Konkurrenz zu anderem hochwertigen Stahlschrott gedacht war und heute steigende Bedeutung für die Eisen-Pulvermetallurgie gewinnt. Flüssiges Roheisen wird durch Eingießen in Wasser granuliert und das Granulat in einem Drehrohrofen in einem Gasstrom aus Kohlenoxyd-Kohlendioxyd reduziert und entkohlt. Abb. 19 zeigt die von Rennerfelt und Kalling benutzte Vorrichtung zum Granulieren des Roheisens, Abb. 20 den zum

---

[1] Anonym: Steel **102**, 1941, S. 76-78 u. 94.
[2] A. P. 2164198 (1939).
[3] Kalling, B. u. J. Rennerfelt: Stahl u. Eisen **59**, 1939, S. 1077-1082. J. Iron Steel Inst. **140**, 1939, S. 137-60.
[4] Durrer, R.: Die Metallurgie des Eisens, Berlin: Verlag Chemie, 1942, S. 456-458.

Glühen des Granulates verwendeten Trommelofen. Nach G. C. Comstock kann die Glühung mit dem kohlendioxydhaltigen Schutzgas so gelenkt werden, daß sowohl reines Eisenpulver, Pulver mit mittlerem und solches mit eutektoidem Kohlenstoffgehalt anfällt[1]. In entsprechenden Zerkleinerungsanlagen wird das geglühte Granulat auf die gewünschte Korngröße vermahlen. Bei Verwendung eines so gewonnenen

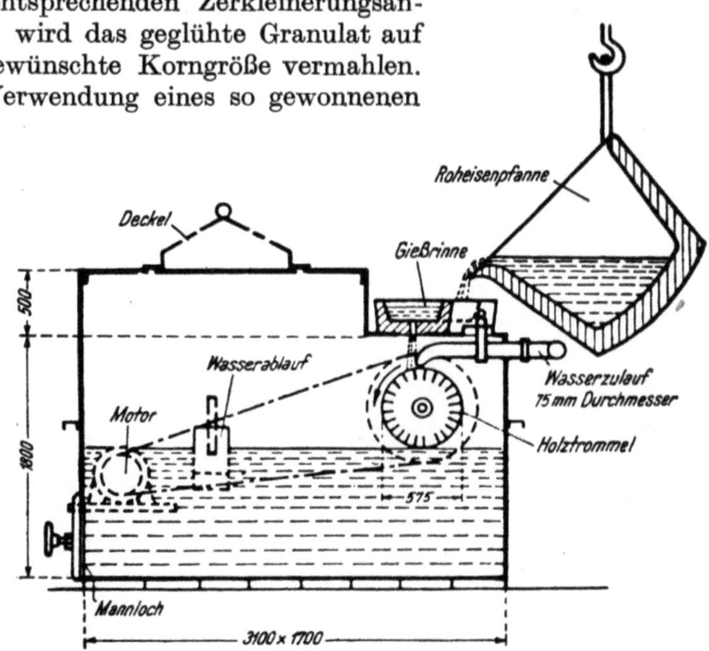

Abb. 19. Vorrichtung zum Granulieren von Roheisen nach Rennerfelt-Kalling (R. Durrer).

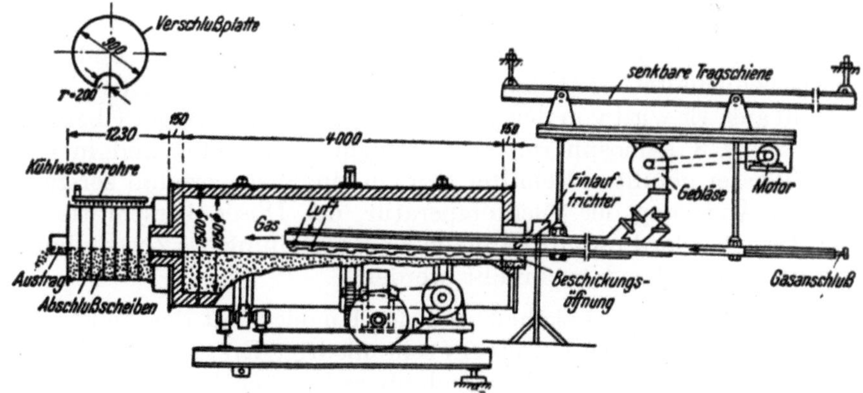

Abb. 20. Trommelofen zum Glühen des nach Rennerfelt-Kalling hergestellten Granulates (R. Durrer).

[1] Comstock, G. J.: Steel **106**, 1940, S. 54-55.

Pulvers mit einer Korngröße $< 0,15$ mm und Anwendung eines Preßdruckes von 8t/cm² erzielt man nach G. C. Comstock bei Sinterkörpern eine Dichte von 89,5% der theoretischen Dichte und eine Zugfestigkeit von ca. 41 kg/mm². Diese Werte lassen auf einen Ausgangskohlenstoffgehalt im geglühten Pulver von etwa 0,5 bis 0,7% schließen.

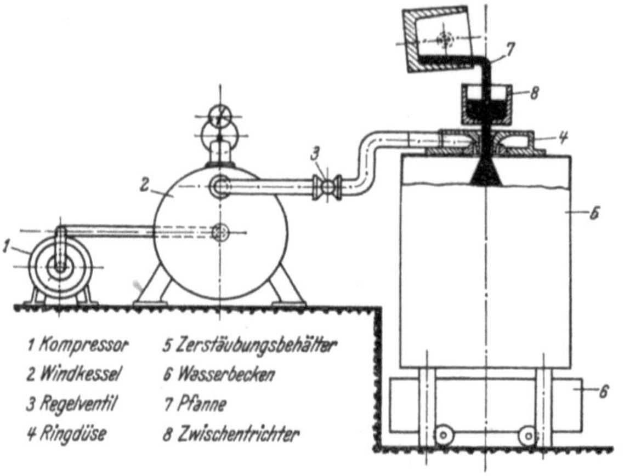

Das *Zerstäuben* von geschmolzenen Metallen in Wasser mit Hilfe von Preßluft oder Wasserdampf, ein Verfahren, das insbesondere für Kupfer- und Aluminiumpulver im großen angewandt wird, hat sich auch zur Gewinnung von Eisenpulver eingeführt[1]. Solches Pulver ist als *Druckverdüsungs-* oder „*D-Pulver*" auf dem Markt und besteht neben spratzigen Teilchen überwiegend aus rundlichen, zum Teil sogar ideal kugeligen, kompakten Körnern. Zum Zerstäuben der Eisenschmelze (Ausgangsmaterial: kohlenstoff- und siliziumarmer Hochfrequenz-, Bessemer- oder Elektrostahl) verwendet man die in Abb. 21 schematisch wiedergegebene Apparatur. Die Schmelze wird in Pfannen abgegossen und auf die Zwischenbehälter von einer oder mehreren Zerstäubungsapparaturen verteilt. Am Boden des Zwischenbehälters tritt dann ein mehrere Millimeter starker Metallstrahl aus. Er wird von der aus einer Ringdüse mit einem Überdruck von 2 bis 8 Atmosphären austretenden Luft erfaßt und in einen mit Wasser gefüllten Behälter bzw. in ein Austragsgefäß zerstäubt. Durch Änderung der Gießtemperatur, des Düsenquerschnitts und des Druckes der Preßluft kann die Kornverteilung des Zerstäubungspulvers weitgehend beeinflußt werden.

Infolge der Kompaktheit und der Kugelgestalt der Teilchen ist das Füllvolumen des D-Pulvers sehr niedrig. Erst nach sehr hoher Vorglühung ergibt sich eine annehmbare Verpreßbarkeit. Glüht man

Abb. 21. Zerstäubungsanlage für die Gewinnung von Eisenpulver nach dem Druckverdüsungsverfahren (H. Buchholtz, G. Naeser u. H. Scholz).

---

[1] D.R.P. 514623 (1928), 534681 (1930), 685576 (1937); A.P. 1963893 (1932); E.P. 403469 (1931).

beispielsweise ein Pulver gemäß Abb. 22 bei etwa 1050°, so verschweißen die Pulverteilchen unter Kornwachstum zusammen und nach Wiederzerkleinerung des so vorgeglühten Pulvers ergibt sich ein Pulver gemäß Abb. 23, das nur noch verhältnismäßig wenige

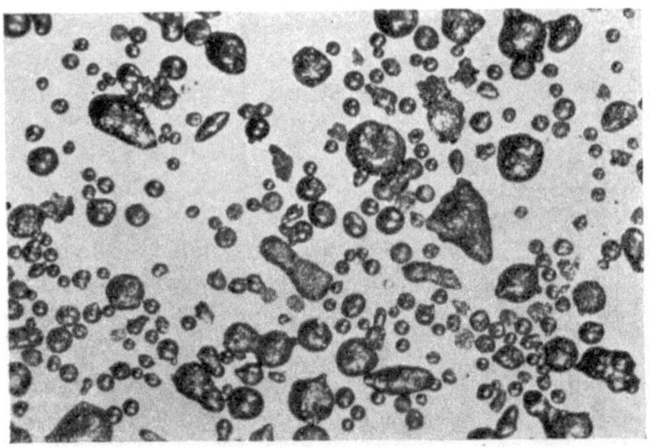

Abb. 22. „D-Pulver" ungeglüht (× 25).

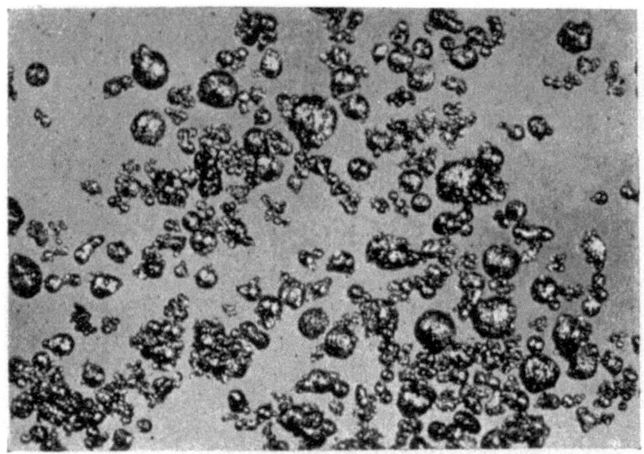

Abb. 23. Nach dem Druckverdüsungsverfahren hergestelltes
Eisenpulver gemäß Abb. 22 nach Glühung bei 1050° (×25).

der in preßtechnischer Hinsicht unerwünschten kugeligen Anteile aufweist. Durch Glühen einer Mischung des Verdüsungspulvers mit 10 bis 30% Feinstpulver $< 0,06$ mm, vorzugsweise in Form von Reduktionspulver, läßt sich dieser Effekt nach eigenen Untersuchungen noch wesentlich verstärken.

Einen wesentlichen Fortschritt gegenüber dem Verdüsungs-verfahren brachte das von G. Naeser und H. Steffe entwickelte *Roheisen-Zunder-Verfahren.* Das nach diesem Verfahren gewonnene sogenannte „RZ-Pulver" weist einen porösen Gefügeaufbau mit dünnen Schwammeisenschichten auf den Einzelkörnern auf[1]. Ähnlich wie beim Rennerfelt-Kalling-Verfahren wird von Roheisen oder aufgekohltem Schrott oder einem Sonderroh-eisen mit niedrigem Silizium-gehalt nach Art des Stürzel-berger-Roheisens[2] oder schließlich von einer beliebig hergestellten hochkohlenstoffhaltigen Stahl-schmelze ausgegangen. Durch Zer-stäuben des flüssigen Stahls mit Preßluft in einer Apparatur ge-

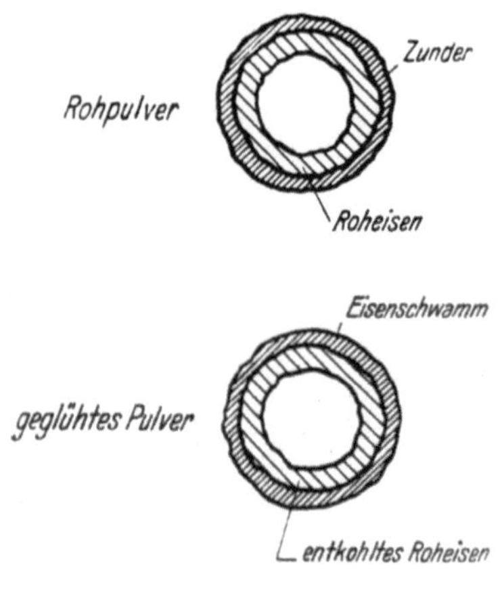

Abb. 24. RZ-Pulver, Schemazeich-nung, oben: Rohpulver, unten: geglühtes Pulver (G. Naeser).

mäß Abb. 21, S. 28, wird unter geeigneten Bedingungen ein Fein-pulver mit unmittelbar gebrauchsfähiger Korngrößenverteilung erhalten. Durch die hochgespannte Preßluft überziehen sich die zerstäubten Roheisentröpfchen vor dem Einfallen in das Wasser des Austragsgefäßes mit einer starken Oxyd- bzw. Zunderschicht.

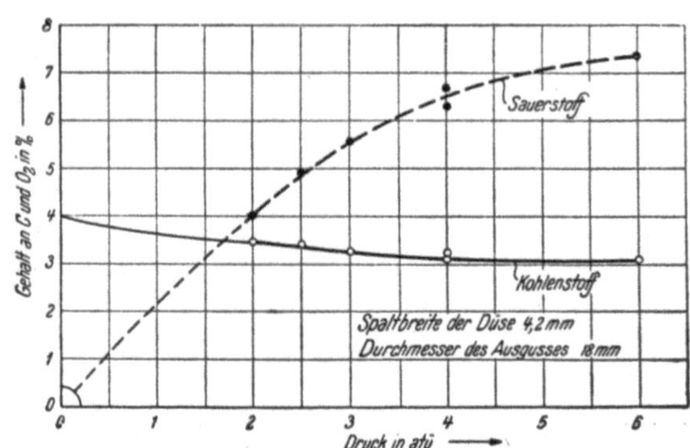

Abb. 25. Einfluß des Luftdruckes beim Zerstäuben auf den Kohlenstoff-, bzw. Sauerstoffgehalt von Roheisen-zunderpulver, hergestellt nach dem RZ-Verfahren (H. Scholz).

---

[1] Scholz, H.: s. Powder Met. Bull. **2**, 1947, S. 30-34.
[2] Durrer, R.: Die Metallurgie des Eisens, Berlin: Verlag Chemie, 1942, S. 444 ff.

Diese Zunderschicht bedingt durch Frischwirkung eine schwache
Entkohlung der Tropfen, die sich dabei unter Kohlenoxyd-
entwicklung zu Hohlkugeln aufblasen, die teilweise sogar auf-
platzen (Abb. 24). Durch Variation des Luftdruckes beim Zerstäuben
und durch Veränderung der Düsenform und ihres Durchmessers
kann das für die Endglühung richtige Sauerstoff-Kohlenstoff-Ver-
hältnis des Ausgangspulvers eingestellt werden. Auch die Kornverteilung läßt sich durch die genannten Faktoren weitgehend beeinflussen. Abb. 25 zeigt beispielsweise den Einfluß des Zerstäu-

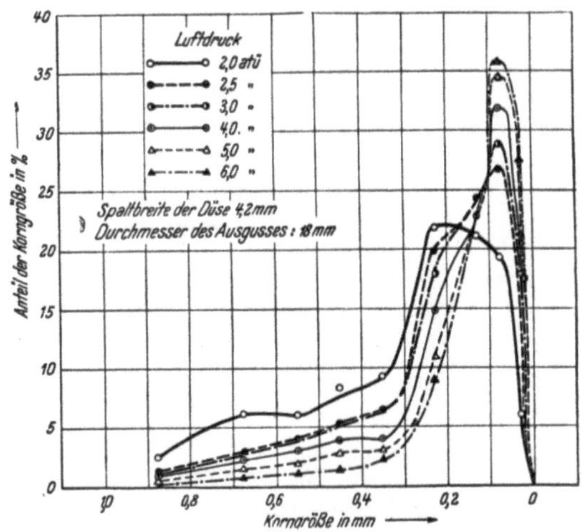

Abb. 26. Einfluß des Luftdruckes beim Zerstäuben auf
die Sienanalyse von Roheisenzunderpulver, hergestellt
nach dem RZ-Verfahren (H. Scholz).

bungsdruckes auf den Kohlenstoff- bzw. Sauerstoffgehalt im Rohpulver, Abb. 26, seinen Einfluß auf die Siebanalyse.

Durch Glühen des zerstäubten Rohpulvers unter Schutzgas
oder vorzugsweise unter dem beim Glühen selbst erzeugten Kohlen-
oxyd-Kohlendioxyd-Schutzgas erzielt man ein sehr gut verpreßbares
Eisenpulver, das sich gefügemäßig aus einem entkohlten Eisenkern
und einer Schwammeisenschicht aufbaut (s. Abb. 24). Um die
Reaktionszeit bei der Endglühung des Pulvers so weit wie möglich
abzukürzen, glüht man gewöhnlich bei 950 bis 1000° (s. Abb. 27).
Als Glühöfen eignen sich gasbeheizte Durchlauföfen oder Kammeröfen, in die das Gut in geschlossenen Glühtöpfen eingesetzt wird.

Beim sogenannten *DPG-Schleuderverfahren*, das von der Deutschen Pulvermetallurgischen Gesellschaft inFrankfurt a. M. entwickelt wurde, vollzieht sich die Zerstäubung unter gleichzeitiger

Schlagwirkung[1, 2]. Man gewinnt dadurch ein Eisenpulver beliebiger Korngröße mit veränderlicher Korngestalt. Bei der in Abb. 28

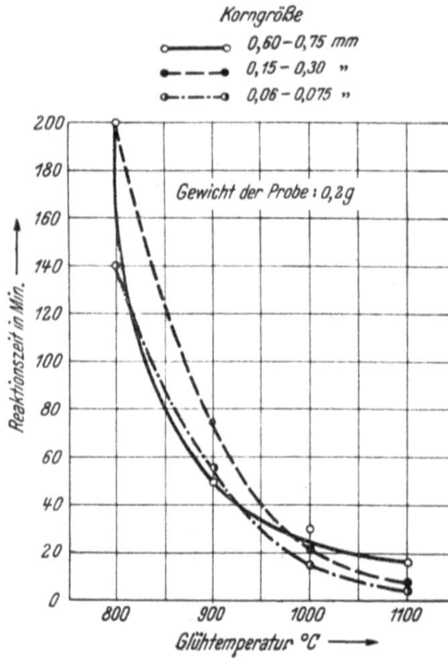

Abb. 27. Einfluß der Glühtemperatur auf die Reaktionszeit des Roheisenzunderpulvers, hergestellt nach dem RZ-Verfahren (H. Scholz).

schematisch dargestellten Anlage durchläuft der aus einer Düse austretende flüssige Eisenstrahl einen konischen Wasserstrahl. Dabei mischt er sich mit Wassertröpfchen, belädt sich mit Wasserdampf und wird danach unmittelbar durch eine schnell rotierende Scheibe mit Schlagorganen erfaßt und zu feinsten Teilchen zerschlagen bzw. zerschleudert. Die Kornzusammensetzung und die Form der Pulverteilchen des Schleuderpulvers (s. Abb. 29 a, b) können durch die Umlaufgeschwindigkeit des Drehkörpers, durch Art und Einstellung der Wasserdüse sowie durch die Stärke des Eisenstrahls und dessen Temperatur beeinflußt werden. Eine höhere Drehzahl des Schlagkörpers führt zumeist zu feinerem Pulver, doch besteht

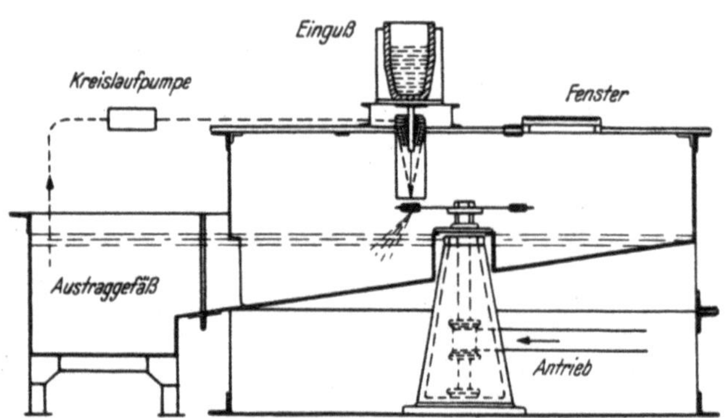

Abb. 28. Herstellung von Eisenpulver nach dem DPG-Schleuderverfahren, schematisch.

ein Drehzahlgrenzwert, oberhalb dessen die Feinheit des Pulvers nicht mehr beeinflußt wird. Das Pulver wird kontinuierlich als

---

[1] Schweiz.P. 206995 (1938).
[2] B. I. O. S.: Final Rep. Nr. 1223, 1323 (1946).

Naßschlamm ausgetragen, getrocknet, gesiebt und vor dem Verpressen in der Regel reduzierend nachgeglüht. Die Sauerstoffaufnahme
bei dem Schleudervorgang ist verhältnismäßig gering und beträgt je
nach Korngröße und Arbeitsbedingungen zwischen 1 und 3%. Die
feinsten Pulverteilchen sind auf Grund ihrer verhältnismäßig größeren
Oberfläche am stärksten oxydiert. Die Leistung einer einzelnen

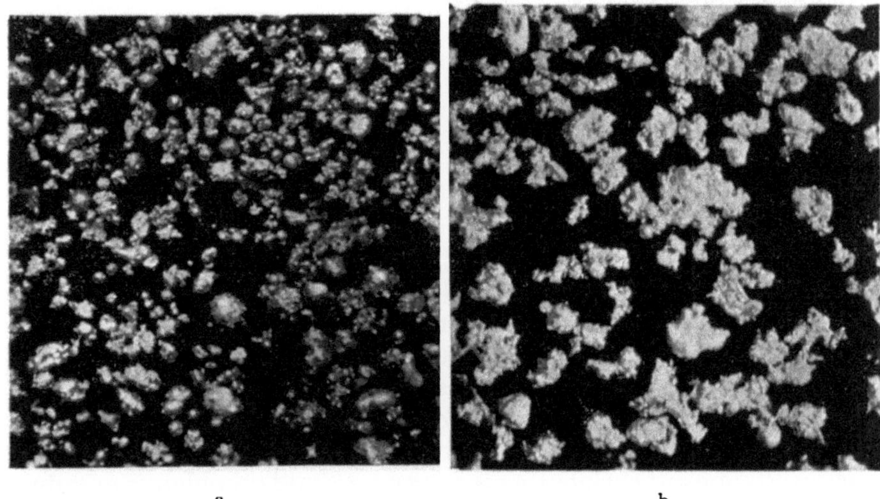

a   b

Abb. 29a und b. Eisenpulver, gewonnen nach dem DPG-Schleuderverfahren: a) teilweise
kugelig; b) vorwiegend spratzig (× 20).

Schleuder beträgt etwa 1000 kg/Stunde. Ähnlich wie das Zerstäu-
bungsverfahren mit Preßluft ist das Schleuderverfahren sehr wirtschaftlich, da man einerseits Rohmetallschmelzen beliebiger Art
(im Falle des Eisens beispielsweise Roheisen, Kupolofeneisen,
Siemens-Martin-Stahl, Bessemerstahl, Elektrostahl, Gußeisen usw.)
verarbeiten kann und andererseits die Apparatur einen bemerkenswert geringen Verschleiß bei kleinem Energieverbrauch aufweist.

Zur Herstellung von Weicheisenpulver geht man zweckmäßig
von einer möglichst mangan-, silizium-, phosphor-, schwefel- und
kohlenstoffarmen Eisenschmelze aus (im Hochfrequenzofen umgeschmolzenes SM-Armcoeisen). Die Glühung des Schleuderpulvers
nimmt man in elektrisch- oder gasbeheizten Durchlauföfen bei Temperaturen zwischen 900 und 1000° vor[1]. Es kann hierbei mit Wasserstoff, Generator- oder Wassergas als Glühatmosphäre gearbeitet
werden. Fester Kohlenstoff in Form von Ruß oder Graphit bzw.
Zusätze von Roheisen- oder Gußeisenpulver (als Kohlenstoffträger)

---

[1] s. Metal Powder Rep. 1, 1946. S. 67-68.

Zahlentafel 6. *Eigenschaften einiger nach dem DPG-Verfahren erzeugter*

C-Gehalt vor der Reduktion %	C-Gehalt nach der Reduktion %	O-Gehalt vor der Reduktion %	
		Heißextraktion [1]	Naeser [2]
0,14	—		2,07
0.49	0,03		2,30
0,76	0,04		3,19
1,28	0,05	3,0	3,14
1,46	0,05	2,8	2,96
1,56	0,06	2,5	2,90
1,78	0,06		3,50
1,96	0,10		2,90
2,41	0,14		3,10

[1] Bestimmungsverfahren s. S. 69.   [2] Bestimmungsverfahren s. S. 71ff.

können gegebenenfalls zusätzlich als „Desoxydationsmittel" verwendet werden. Werden weniger hohe Forderungen bezüglich des Phosphor-, Schwefel- und Siliziumgehalts im Eisenpulver gestellt, so zerschleudert man zweckmäßig nach einem Vorschlag von F. Pölzguter[1] Bessemerstahl. Zur Erzielung eines mehr zerklüfteten, aufgelockerten Kornes empfiehlt es sich, den Bessemerstahl in der Pfanne auf C-Gehalte bis zu etwa 2% aufzukohlen. Ein Pulver aus aufgekohltem Bessemerstahl kann, ähnlich wie beim RZ-Pulver üblich, in geschlossenen Behältern ohne zusätzliches Schutzgas geglüht werden. Die Gehalte an Kohlenstoff und Sauerstoff sowie die Füll- und Klopfvolumina einiger Bessemerstahlpulver vor und nach dem Glühen „im eigenen Gas" gehen aus Zahlentafel 6 hervor[2]. Die Analyse der übrigen Stahlbegleiter ergab im Mittel folgende Werte:

$$\begin{aligned}
\text{Si} \quad & 0,1 \;\;-0,15\% \\
\text{Mn} \quad & 0,03-0,08\% \\
\text{P} \quad & 0,07-0,09\% \\
\text{S} \quad & 0,07-0,08\%
\end{aligned}$$

Durch eine Wasserstoffglühung kann der Schwefelgehalt noch um etwa die Hälfte erniedrigt werden.

Siliziumarmes Gußeisenschleuderpulver erzeugt man am besten aus Stürzelberger-Roheisen, das sich bekanntlich durch seinen niedrigen Si-Gehalt auszeichnet. Gußeisenpulver wird ebenso wie Roheisenpulver in Verbindung mit Weicheisenpulver vorteilhaft

---

[1] Pölzguter, F.: Persönliche Mitteilung, 1943.
[2] Timmerbeil, H.: Dissertation, Aachen 1944.

Bessemerstahlpulver vor und nach dem Glühen im eigenen Gas (H. Timmerbeil).

O-Gehalt nach der Reduktion %		Füllvolumen cm³/100 g		Klopfvolumen cm³/100 g	
Heiß-extraktion	Naeser	vor der Reduktion	nach der Reduktion	vor der Reduktion	nach der Reduktion
	—	30	33,5	25	27,5
	0,58	30,7	33,5	27,7	28
	0,83	30	34	26,7	29
0,59	0,80	32	34	28,2	29
0,63	0,56	33	35	26,5	30
0,89	1,11	32	35	27,4	29
	0,83	32,5	34	27,8	28
	0,76	33,5	35,5	28,1	29
	0,99	33	32,5	27,4	27

zur Erzeugung von Sinterstahl eingesetzt[1]. Übrigens läßt sich auch Eisen-Nickelpulver zur Erzeugung von Massekernen, Sintermagneten und anderen legierten Stählen wirtschaftlich nach dem DPG-Schleuderverfahren herstellen. Das Pulver muß natürlich vor dem Einsatz reduzierend geglüht werden.

2. Physikalisch-chemische Verfahren.

a) Gewinnung aus der Gasphase.

Das durch Zersetzen von Eisencarbonyl hergestellte sogenannte *Carbonyleisenpulver* hat seit seiner Erzeugung in großtechnischem Maßstab[2] die Entwicklung der Eisen-Pulvermetallurgie so wesentlich beeinflußt[3, 4, 5], daß an dieser Stelle näher auf die Gewinnung eingegangen werden muß. Das Eisenpentacarbonyl $Fe(CO)_5$ wurde 1891 von L. Mond[6, 7] in London und gleichzeitig von M. Berthelot[8] in Paris laboratoriumsmäßig dargestellt und studiert. Die großtechnische Herstellung gelang der IG-Farbenindustrie erst im und kurz nach dem ersten Weltkrieg.

Eisencarbonyl ist eine gelbliche, bei 103° siedende Flüssigkeit,

---

[1] A.P. 2238382 (1938).

[2] Mittasch, A.: Z. ang. Ch. **41**, 1928, S. 827-833.

[3] Schlecht, L., W. Schubardt u. F. Duftschmid: Z. Elektroch. **37**, 1931, S. 485-492.

[4] Duftschmid, F., L. Schlecht u. W. Schubardt: Stahl u. Eisen **52**, 1932, S. 845-849.

[5] Mittasch, A.: Koll. Z. **104**, 1943, S. 139-141.

[6] Mond, L. u. F. Quincke: Chem. N. **63**, 1891, S. 301; **64** 1891, S. 20.

[7] Mond, L. u. C. Langer: J. chem. Soc. London **59**, 1891, S. 1090.

[8] Berthelot, M.: C. r. Acad. Sci. **112**, 1891, S. 1343.

die sich bereits bei 60° in Gegenwart von feinverteiltem Eisen bildet, bei 200° aber wieder quantitativ gemäß der Gleichung

$$\mathrm{Fe\,(CO)_5} \xrightleftharpoons{\hspace{1cm}} \mathrm{Fe + 5\,CO}$$

in Eisen und Kohlenoxyd zerfällt. Die Bildung des Pentacarbonyles geht bereits bei normalem Druck durch Überleiten von Kohlenoxyd über aktives Eisenpulver (wasserstoffreduziertes Eisenoxalat) vonstatten. Auf Grund der Reaktionsgleichung vollzieht sich die Carbonylbildung unter erhöhtem Druck jedoch erheblich schneller und vollständiger. Großtechnisch wird die Erzeugung heute in druckfesten, zylindrischen, mit Kupfer ausgekleideten Gefäßen von 8 m Höhe und 50 cm Durchmesser bei 150 bis 200° und Drücken von 150 bis 200° Atm. vorgenommen.[1] Als Ausgangsmaterial für die Druckreaktion wird vorteilhaft stückiger, gerösteter Pyrit eingesetzt, der vorher mit Wasserstoff zu porösem Eisenschwamm reduziert wird. Es kann natürlich auch unmittelbar von Schwammeisen ausgegangen werden. Wählt man als Ausgangsmaterial stückigen Eisenschrott, so erhält man höhere Ausbeuten bei allerdings verlängerter Reaktionszeit.

Aus dem die Reaktionsgefäße verlassenden Druckgas wird das Carbonyl, das eine Konzentration bis zu 6 % erreicht, durch Tiefkühlung abgeschieden und das Kohlenoxyd im Kreislauf zurückgeführt. Nach etwa 4 bis 5 Tagen hat sich bei den oben angegebenen Bedingungen etwa 70 % des Metalls zu Carbonyl umgesetzt. Ausgesprochene Kontaktgifte, die die Umsetzungsgeschwindigkeit zwischen Eisen- und Kohlenoxyd verringern, konnten nach A. Mittasch[2] nicht aufgefunden werden. Ammoniak, Wasserstoff und Kohlenoxyd-

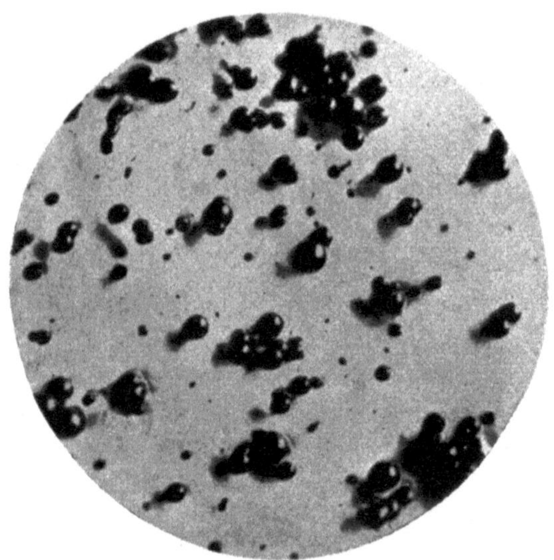

Abb. 30a. Carbonyleisenpulver in Aufsicht (× 1000). (Abb. 30a—c nach L. Schlecht, W. Schubardt und F. Duftschmid.)

---

[1] Colclough, T. P.: Iron Age **157**, 1946, Nr. 8, S. 48-49.

[2] Mittasch, A.: Z. ang. Ch. **41**, 1928, S. 827-833.

sulfid sollen in kleinen Mengen für die Bildung günstig sein.

Die thermische Zersetzung des Eisencarbonyles in Carbonyleisenpulver und Kohlenoxyd wird bei einer Temperatur von 240° unter Atmosphärendruck vorgenommen. Der unverdünnte oder mit einem inerten Gas, z. B. Stickstoff, verdünnte Carbonyldampf wird in den durch Strahlung erhitzten freien Raum eines Zersetzungsgefäßes von 3 m Höhe und 1 m Durchmesser kontinuierlich eingeleitet und dort aufgespalten[1]. Die Korngröße des sich bildenden Pulvers ist unter anderem durch die Strömungsgeschwindigkeit des Gases und die Temperatur des Zersetzungsraumes beeinflußbar[2].

Das gebildete Eisenpulver sammelt sich am Boden des Zersetzungsgefäßes und wird laufend ausgetragen. Die sich primär

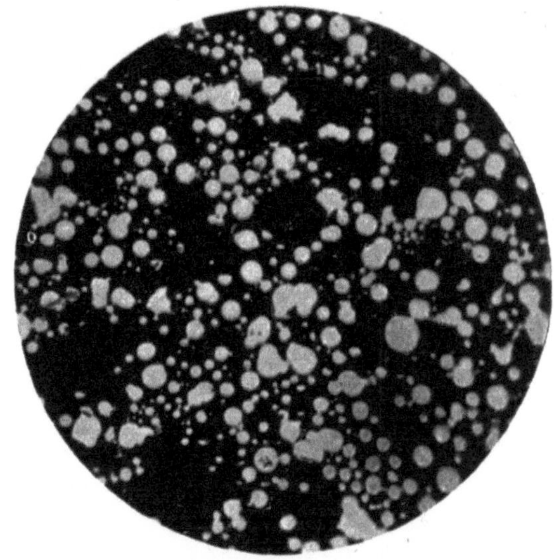

Abb. 30b. Carbonyleisenpulver im Anschliff (×1000).

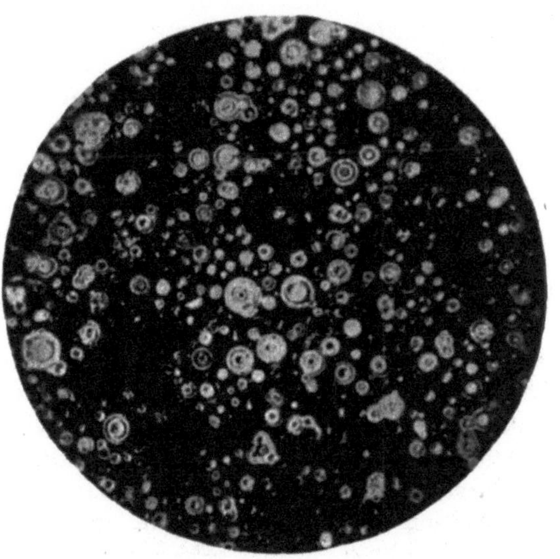

Abb. 30c. Carbonyleisenpulver im Anschliff geätzt (×1000).

bildenden Keime, auf denen sich sekundär mehrere Kugelschalen aufbauen, haben nach R. Brill[3] eine Größe von etwa 0,01 μ. Die

[1] D.R.P. 500 692 (1924).
[2] Pfeil, L. B.: Iron Steel Inst., Spec. Rep. Nr. 38, London 1947, S. 47-58.
[3] Brill, R.: Z. Kryst. 68, 1928, S. 387-403.

Sekundärteilchen haben gewöhnlich einen Durchmesser von 1 bis 10 μ. Die typische Kugelform des im freien Raum erzeugten Carbonyleisenpulvers und der schalenartige Aufbau geht aus Abb. 30a bis c hervor. Da das Eisencarbonyl vollkommen frei von den üblichen Eisenbegleitern Schwefel, Phosphor, Mangan, Silizium, Arsen, Kupfer usw. ist, erhält man ein Eisenpulver sehr hoher Reinheit, das lediglich noch gewisse Gehalte an Kohlenstoff und Sauerstoff aufweist. Das Vorhandensein von Kohlenstoff und Sauerstoff im Pulver ist auf chemische Reaktionen zwischen dem frisch gebildeten Eisenpulver und dem Kohlenoxyd im heißen Zersetzungsraum zurückzuführen. Folgende Reaktionen spielen hierbei eine entscheidende Rolle:

$$3\ Fe + 2\ CO \rightleftarrows Fe_3C + CO_2$$
$$2\ CO \rightleftarrows C + CO_2$$
$$3\ Fe + C \rightleftarrows Fe_3C$$
$$Fe + CO_2 \rightleftarrows FeO + CO$$

Wenn man dafür Sorge trägt, daß das Carbonyleisenpulver nur möglichst kurzzeitig im heißen Zersetzungsraum mit Kohlenoxyd in Berührung kommt, kann man die Aufkohlung und Oxydation stark zurückdrängen und zwar unter 1 bis 1,5 % Kohlenstoff bzw. Sauerstoff. Durch einen Zusatz von trockenem Ammoniakgas zum Carbonyldampf läßt sich außerdem der Gehalt an freiem Kohlenstoff auf Werte von weniger als 0,03 % herabsetzen. Allerdings zeigt ein nach diesem Verfahren gewonnenes Pulver meist einen kleinen Stickstoffgehalt.

Es ist überraschend, daß Carbonyleisenpulver eine außerordentlich hohe Härte aufweist. Man beobachtete Vickershärten bis zu 850 Einheiten[1]. Diese hohe mechanische Härte und die mit ihr verbundene magnetische Härte ist für die Verwendung des Pulvers in Massekernen von großer Bedeutung. Sofern ein weiches Pulver benötigt wird, wird das Pulver einer Glühbehandlung unter Wasserstoff unterworfen, wobei auch die Restgehalte an Kohlenstoff und Sauerstoff größtenteils entfernt werden.

Bereits bei niedrigen Temperaturen kann eine vollkommene Entkohlung und Desoxydation erreicht werden. Bei 250° tritt die Entkohlung unter Bildung von Methan ein[1]. Bei höheren Temperaturen bis maximal 600° erzielt man eine Frischwirkung unter Bildung von Kohlensäure und Kohlenoxyd. Die gleiche Reaktion ist später bei anderen Eisenpulvergewinnungsverfahren ausgenutzt worden. Höhere Glühtemperaturen sind nicht zu emp-

---

[1] Pfeil, L. B.: Iron Steel Inst., Spec. Rep. Nr. 38, London 1947, S. 47-58.

[2] Schlecht, L., W. Schubardt u. F. Duftschmid: Z. Elektroch. **37**, 1931, S. 485-492.

fehlen, da sich der beim Glühen entstehende Pulverkuchen dann nur noch schwierig zerkleinern läßt. Das Pulver, das heute von der IG-Farbenindustrie auf den Markt gebracht wird, ist fast ausschließlich unter Wasserstoff geglüht und enthält weniger als 0,08% Kohlenstoff und Sauerstoff.

Es war oben gesagt worden, daß das Carbonyleisenpulver bei der Zersetzung des Carbonyls im freien Raum mit idealer Kugelgestalt anfällt. Durch Abscheiden des Pulvers an festen Oberflächen kann man allerdings nach A. Mittasch[1] auch schwammartige, kristallinisch verfilzte oder auch traubenartige Gebilde erhalten. Unter bestimmten Arbeitsbedingungen kann das Carbonyleisen sogar in Form von hochaktiven lockeren, watteähnlichen Flocken abgeschieden werden, von denen nur 5 bis 10 Gramm auf 1 Liter gehen.

Erhebliche Mengen an Eisencarbonyl fallen auch zwangsläufig infolge des Eisengehaltes der Nickelerze bei der Herstellung von Nickelcarbonyl an. Will man reines Nickelpulver erhalten, so muß man die beiden Carbonyle durch fraktionierte Destillation voneinander trennen (Siedepunkt des Nickelcarbonyls Ni (CO)$_4$: 43°, Fe (CO)$_5$: 103°). Sollen auf dem Sinterwege Legierungen erzeugt werden, die gleichzeitig Nickel und Eisen enthalten (Beispiele: gesinterte Dauermagnete auf der Basis Eisen-Nickel-Aluminium, weichmagnetische Eisen-Nickel-Legierungen, Eisen-Nickel-Molybdän-Legierungen für vakuumtechnische Zwecke), so empfiehlt sich der Einsatz von Eisen-Nickel-Carbonylmischpulver. Zwecks Erzeugung eines derartigen Mischpulvers unterläßt man die oben erwähnte Trennung des Nickel- und Eisencarbonyls und steuert bei der Zersetzung der Carbonyle direkt auf die Erzeugung eines Pulvergemisches bzw. eines Eisen-Nickellegierungspulvers hin. Wasserstoffgeglühtes Eisen-Nickelcarbonylpulver zeigt bereits einen hohen Grad von Mischkristallbildung.

Die Möglichkeit, Legierungspulver aus Eisen, Kobalt, Molybdän, Wolfram und anderen Carbonylbildnern außer Nickel herzustellen[2], wird anscheinend großtechnisch noch nicht ausgewertet. Seit 1940 wird auch in Amerika in größerem Maßstab Carbonyleisenpulver insbesondere zur Erzeugung von Massekernen gewonnen[3].

E. J. Kohlmeyer und H. Spandau[4] berichten über ein neues, sehr interessantes Verfahren zur Herstellung von Eisenpulver durch *Vergasung von Eisen*. Auf eine hochgekohlte Eisenschmelze mit

---

[1] Mittasch, A.: Z. ang. Ch. **41**, 1928, S. 827-833.
[2] E.P. 284087 (1927), 367996 (1931), 423823 (1934).
[3] Comstock, G. J.: Steel **108**, 1941, S. 88.
[4] Kohlmeyer, E. J. u. H. Spandau: Arch. Eisenhüttenwes. **18**, 1944-45, S. 1-6.

ca. 4,3 % C wird Luft oder noch besser Sauerstoff aufgeblasen, wobei sich ein feiner Rauch bildet, der aus feinsten, rundlichen Teilchen besteht, die Eisengehalte zwischen 81 und 96% aufweisen. In Abb. 31 a bis c sind drei verschiedene Ausschnitte aus den umfangreichen Versuchen zu sehen. Die Verdampfung des Eisens soll über einen Molkomplex FeCO vor sich gehen. Wie aus dem dritten Ausschnitt in Abb. 31 hervorgeht, kann man die hochgekohlte Eisenschmelze statt mit Luft oder Sauerstoff auch mit Eisenoxydpillen „frischen", um die Bildung von hocheisenhaltigem Rauch unter explosionsartigen Erscheinungen herbeizuführen. Wenn für laufende Zuführung von Kohlenstoff in die Eisenschmelze gesorgt wird, kann das Verfahren zur Herstellung von feinstem Eisenpulver mit Kugelgestalt kontinuierlich gestaltet werden.

Abb. 31a bis c. Herstellung von Eisenpulver durch Verdampfung (E. J. Kohlmeyer u. H. Spandau). a) Vergasen von Eisen bei Aufblasen von Luft auf den offenen Tiegel.

Der Vollständigkeit halber sei noch das *Solutierverfahren* zur Vergasung von Metallen im Lichtbogenofen erwähnt[1]. Es wird nach H. Masukowitz bereits großtechnisch zur Herstellung von Blei-, Mennige- und Zinkweißpulver angewendet und dürfte geeignet sein, auch Metalle und Metallverbindungen mit höherem Schmelzpunkt wie z. B. Eisen über die Gasphase in Feinpulverform zu gewinnen.

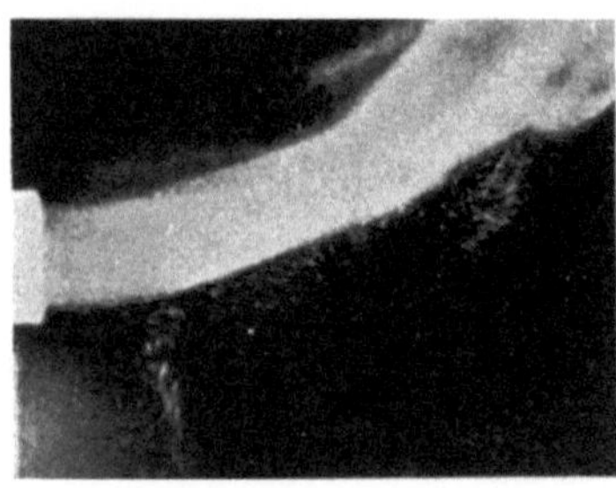

b) Gasentwicklung bei geschlossenem Tiegel.

b) Reduktion von Eisenverbindungen bei höheren Temperaturen.

Als Metallverbindungen des Eisens zur Herstellung von Reduktionspulvern kommen einerseits vornehmlich die Oxyde Fe_2O_3 und Fe_3O_4 aus Erzen oder Konzentraten, aus abgeröstetem Pyrit, aus Walzsinter und Zunder, aus teilweise oder vollkommen oxydierten

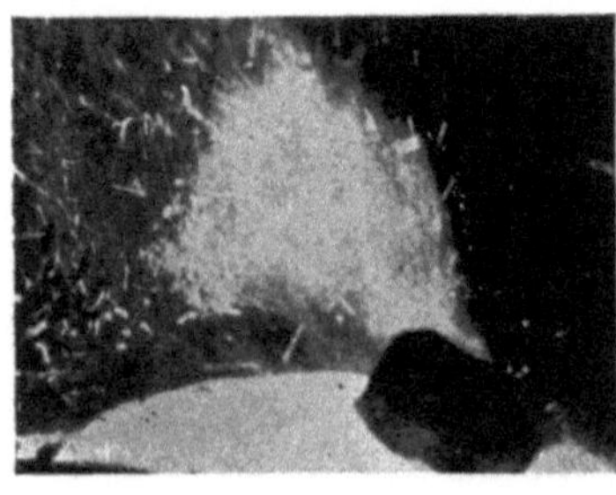

c) Gasentwicklung beim Aufwerfen einer Eisenoxydpille auf das flüssige Eisen.

---

[1] Masukowitz, H.: Elektrowärme 8, 1938, S. 3-7.

Spänen und Schrottabfällen oder schließlich aus aufgearbeiteten Beizablaugen, andererseits Chloride, Oxalate, Formiate und andere Salze in Frage. Als Reduktionsmittel können sowohl feste Reduktionsmittel wie Kohle oder Ruß, als auch gasförmige wie Kohlenoxyd, Generatorgas, Wassergas, Naturgas oder Wasserstoff bei normalem oder auch erhöhtem Druck dienen.

a) Reduktion mit festen Reduktionsmitteln. Der bedeutendste Vertreter dieser Gruppe ist das *Schwammeisenpulver*, das vorzugsweise aus reinen Schwedenerzen gewonnen wird. Eine besonders ausführliche Zusammenstellung über die Reduktionsmöglichkeiten von Eisenoxyden zu Eisenschwamm gibt R. Durrer in seinem Buch „Die Metallurgie des Eisens"[1]. Hier werden fast 70 verschiedene Schwammeisenverfahren angeführt bzw. besprochen. Während früher nur an den Einsatz von Schwammeisen bei der Stahlherstellung gedacht war, ist das Schwammeisenpulver seit der sprunghaften Entwicklung der Eisen-Pulvermetallurgie in den letzten 5 bis 10 Jahren zu einem wertvollen und begehrten Rohstoff geworden. Es nimmt daher nicht wunder, daß sich im neueren Schrifttum des In- und Auslandes insbesondere Amerikas eine Reihe von Arbeiten und Sammelreferaten[2-11] finden, die sich mit der Herstellung und Verwendungsmöglichkeit von Schwammeisenpulver beschäftigen. Solange lediglich an den Einsatz von Schwammeisenpulver an Stelle von hochwertigem Schrott bei der Stahlherstellung gedacht werden konnte, zwang die Konkurrenz zum Hochofen die Erfinder und Entwickler von Verfahren zur direkten Gewinnung von Eisen, äußerst knapp zu kalkulieren. Daher konnten sich viele Schwammeisenverfahren, die in metallurgischer und apparativer Hinsicht einwandfrei arbeiteten, in der Praxis nicht einführen. Es behaupteten sich zunächst nur schwedische Schwammeisenverfahren, die auf hochwertigen Schwedenerzen basierten. Auch von

---

[1] Durrer, R.: Die Metallurgie des Eisens, Berlin 1942, S. 410ff.
[2] Allen, A. H.: Steel **104**, 1939, S. 43-54.
[3] Fellows, A. T.: Met. & Alloys **12**, 1940, S. 288-291.
[4] Comstock, G. J.: Steel **106**, 1940, S. 54-55; s. B. Kalling u. J. Rennerfelt: Jernkont. Ann. **123**, 1939, S. 115-154; s. Stahl u. Eisen **59**, 1939, S. 1077-1082.
[5] Clark, F. H.: Min. & Metallurgy **21**, 1940, S. 22.
[6] Comstock, G. J.: Heat. Treat. Forg. **27**, 1941, S. 131-134.
[7] Wulff, J.: Met. Progr. **40**, 1941, S. 785-.788 u. 838; s. Iron Age **148**, 1941, S. 29-35 u. 100; s. H. Wiemer, Stahl u Eisen **62**, 1942, S. 800-801.
[8] Allen, A. H.: s. Iron Age **148**, 1941, 30. Okt., S. 29-35 u. 100.
[9] Anonym: Engineer, London **174**, 1942, Nr. 4519, S. 155; **174**, 1942, Nr. 4523, S. 235.
[10] Anonym: Iron Coal Tr. Rev.: **145**, 1942, Nr. 3889, S. 765-766.
[11] Luyken, W. u. H. Kirchberg: Arch. Metallkde. **1**, 1947, S. 335-45.

diesen sind nach M. Tigerschiöld[1] nur die folgenden fünf, in Skandinavien entwickelten Verfahren aussichtsreich:

1. Höganäs-Verfahren,
2. Kalling-Verfahren,
3. Norsk-Staal-Verfahren,
4. Wiberg-Verfahren,
5. Ekelund-Verfahren.

Da technische Eisenpulver für Sinterzwecke heute 0,4 bis 0,8 Goldschilling pro Kilogramm kosten und für besonders reine Spezialpulver sogar bis zu 2,50 Goldschilling erzielt werden, dürften viele Schwammeisenverfahren in solchen Ländern, die nicht über so günstige Rohstoffbedingungen wie Skandinavien verfügen, gegebenenfalls wieder Bedeutung erlangen. Dies gilt um so mehr, als viele Sintereisen- und Sinterstahlerzeugnisse zurzeit und wahrscheinlich noch für einen längeren Entwicklungszeitraum einen höheren Rohstoffpreis vertragen. Der Frage der Erzaufbereitung und -konzentrierung sowie der magnetischen Reinigung an verschiedenen Stellen des Reduktionsprozesses wird hierbei besondere Aufmerksamkeit zu schenken sein. Verschiedene Veröffentlichungen und Untersuchungen bestätigen diese Ausführungen, die um so mehr gelten, wenn an Stelle von Erzen Walzsinter eingesetzt wird, der als besonders hochwertiges „Erz" zu betrachten ist.

Als bedeutendstes Verfahren, das mit Kohle als Reduktionsmittel arbeitet, sei zunächst das *Höganäs-Verfahren*[2, 3] besprochen. Dieses hat sich als eines der wenigen direkten Verfahren zur Eisengewinnung einführen und halten können. Während in Deutschland, Japan und den Vereinigten Staaten Großanlagen mit Kapazitäten von 20.000 bis 30.000 t/Jahr zum Erliegen kamen, werden heute in Schweden nach wie vor 25.000 t/Jahr allein nach dem Höganäs-Verfahren erzeugt. Hierfür dürfte im wesentlichen die günstige Transportlage und das eng beieinanderliegende Vorkommen von hochwertigen Erzen, Kohle und keramischem Tiegel-Rohmaterial verantwortlich sein. Über die Art, wie in Schweden heute das in Kuchenform in den Handel kommende Höganäs-Schwammeisen gewonnen wird, sind keine sehr ausführlichen Einzelheiten bekannt geworden[4, 5]. Die Schwammeisenerzeugung dürfte ungefähr wie folgt

---

[1] Tigerschiöld, M.: Blad Bergshandteringens Vänner **20**, 1932, S.240.

[2] Sieurin, E.: Jernkont. Ann **95**, 1911, S. 448; Stahl u. Eisen **31**, 1911, S. 1391, 1518.

[3] Anonym: Stahl u. Eisen **32**, 1912, S. 830.

[4] D.R.P. 249031 (1910), 478563 (1927).

[5] Durrer, R.: Die Metallurgie des Eisens, Berlin: Verlag Chemie, 1942 S. 417 ff.

vor sich gehen: Der feingemahlene Magnetit (Korngröße $<0{,}5$ mm) oder „Schlich" wird mit feingemahlener, relativ aschereicher Kohle schichtweise in flache, keramische Tassen gefüllt und in gasbeheizten Muffel- oder Ringöfen so gestapelt, daß ein freier Gasverkehr zwischen den glühenden Tassen möglich ist. Die Durchreduktion und anschließende Abkühlung des Gutes dauert einige Tage. Bei Erzen mit 60 bis 65% Fe-Gehalt erübrigt sich meist magnetisches Rösten und Konzentration der Erze. Kontinuierlich arbeitende, gasbeheizte Tunnelöfen, wie sie in der Keramik üblich sind, verwendet man anscheinend nicht. Die Schwierigkeiten des Materialtransportes und der richtigen Gasführung scheinen bei Durchlauföfen größer zu sein als die energetischen Nachteile der diskontinuierlich arbeitenden Muffelöfen. Das Reduktionsgut pflegt bei der Abkühlung, die ohne zusätzliches Schutzgas vor sich geht, wieder schwach zu oxydieren. Es hat daher eine braunschwarze bis braungraue Färbung und enthält noch etwa 2 bis 3% Sauerstoff, meist in Form von FeO. Der Eisenschwamm, der etwa mit einer Dichte von ca. 2 Gramm/cm³ anfällt, wird zu runden scheibenartigen Kuchen von etwa 270 mm Durchmesser und 50 bis 60 mm Stärke gepreßt, wodurch sein Raumgewicht auf etwa 5 g/cm³ ansteigt. Nicht nachgepreßter Eisenschwamm ist nicht transport- und lagerfähig, da er ungenügende Festigkeit aufweist und das Bestreben hat, Wasser aufzunehmen. Durch Kammwalzen oder ähnliche Grobzerkleinerungsaggregate lassen sich die Kuchen leicht zerkleinern. Die Feinzerkleinerung geschieht am besten mit Schlagmühlen, die mit Magnetscheidern kombiniert sind. Eine typische Analyse des Rohschwammes vor der Magnetscheidung ist in Zahlentafel 1, S. 6, wiedergegeben. In den Magnetscheidern wird die unmagnetische, hauptsächlich Quarz, Aluminiumoxyd und Kalziumoxyd enthaltende Gangart ausgeschieden, das Feinpulver gesammelt und das Überkorn weiter vermahlen und neu gesichtet. Je nach der Güte der Erze und der Magnetscheider können SiO_2-Gehalte unter 0,5% und in Sonderfällen sogar unter 0,2% erzielt werden. Das so hergestellte Schwammeisenpulver kann unmittelbar verpreßt werden[1] oder auch anderen Pulvern ohne Vorglühung zugesetzt werden. Für hochwertigere Sintereisenerzeugnisse empfiehlt es sich jedoch, das Pulver einer reduzierenden Glühung zu unterziehen, wodurch der Sauerstoffgehalt leicht auf 0,5% zu senken ist und ein sehr gut preßfähiges Pulver erzielt wird (Abb. 32). Wieviel von der etwa 25.000 t betragenden Jahreserzeugung Schwedens an Schwammeisenpulver für pulvermetallurgische Zwecke ver-

---

[1] Vogt, H.: Gesundh.-Ing. 59, 1936, S. 628-30; Forschungen, Fortschritte 13, 1937, S. 119-120.

wendet wird, ist schwer zu sagen; wahrscheinlich wird etwa die Hälfte allein für Massekerne, Maschinenteile und Sintereisenlager verbraucht.

Zu den Schwammeisenverfahren, die wie das Höganäs-Verfahren mit festem Kohlenstoff als Reduktionsmittel arbeiten, gehört auch

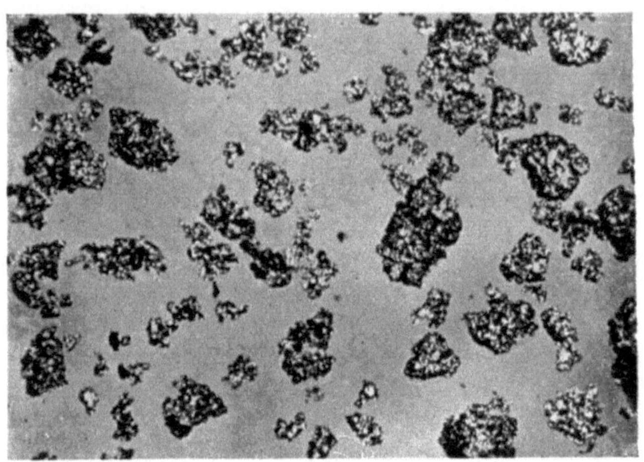

Abb. 32. Nach dem Höganäsverfahren hergestelltes Schwamm-eisenpulver, gereinigt und unter Wasserstoff geglüht (× 25).

das *Kalling-Verfahren*[1, 2]. Das Gut wird durch einen Drehrohrofen gemäß Abb. 33 durchgesetzt. Dabei wird das Erz in Form von Schlich einem zentralen Rohr aufgegeben und Kohle durch einen

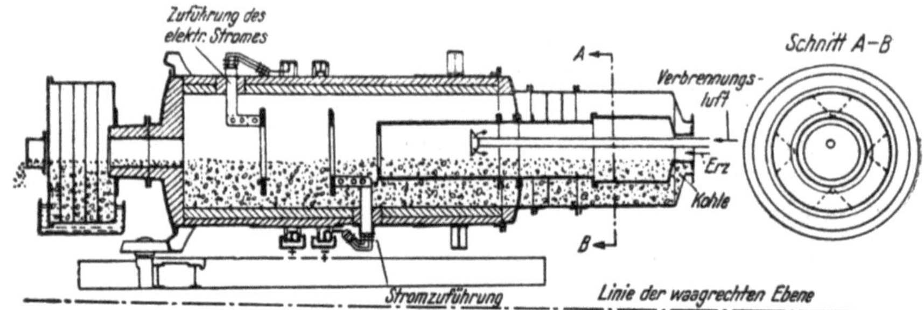

Abb. 33. Reduktionsofen nach Kalling (R. Durrer).

dieses umgebenden Mantel zugeführt. Die Erhitzung der Beschickung geschieht im eigentlichen Reduktionsraum mit elektrischer Energie,

---

[1] Kalling, B.: Tekn. Tidskr. **62**, 1932, S. 48 u. **63**, 1933, S. 65.

[2] Tigerschiöld, M.: Blad Bergshandteringens Vänner **20**, 1932, S. 267; Stahl u. Eisen **52**, 1932, S. 1245.

die mit Hilfe von zwei Schleifringen zugeführt wird. Die kohlenoxydhaltigen Reaktionsgase strömen durch das zentrale Rohr nach rechts ab, reduzieren hierbei den Schlich vor und verbrennen dann mit der durch ein besonderes Rohr zugeführten Luft. Die Verbrennungsgase werden zum Vorwärmen der Beschickung ausgenutzt. Um ein Zusammenbacken des Reduktionsgutes zu verhindern und um einen leichteren Stromdurchgang durch das Kohle-Erz-Gemisch zu erzielen, wählt man einen erheblichen Kohleüberschuß.

Im Hinblick auf die mangelnden Zufuhren an Schwedenschwamm ging man in Amerika seit 1940 verstärkt dazu über, Reduktionspulver mangels geeigneter hochprozentiger Erze aus technisch reinen Oxyden, wie z. B. Walzsinter, Zunder, Beizrückständen, oxydiertem Schrott usw. herzustellen[1]. Man baute dabei auf weiter zurückliegenden umfangreichen Forschungsarbeiten von H. G. S. Anderson[2] auf, die sich eingehend mit der Herstellungsmöglichkeit von Schwammeisenpulver aus verschiedenen heimischen Erzen und Walzzunder beschäftigten. In die Untersuchungen wurden Magnetite, Hämatite, Limonite sowie Walzzunder einbezogen, wobei als Reduktionsmittel fester Kohlenstoff und kohlenstoffhaltige Gase unter Verwendung marktgängiger Ofentypen versucht wurden. Bei Anwendung einer Temperatur von 1050° wickelte sich die Reduktion in 10 bis 20 Minuten ab. Bei zwei Versuchsöfen, die mehrere Jahre einwandfrei arbeiteten, ging man von 60 bis 65%igem Magnetit in einer Körnung von 0,6 mm und von gepulvertem Halbkoks mit 12% flüchtigen Bestandteilen aus. Je nach der Güte der Erze und der Magnetscheidung wurde ein Schwammeisenpulver mit 80 bis 98% Fe erzielt. Eisenschwamm aus Walzzunder fiel in dem gleichen Ofen nach der Magnetscheidung mit einer Reinheit von 98% an. Zwei solcher Öfen mit einer Tagesleistung von je 50 t wurden nach Japan geliefert, wo sie zur Erzeugung von Schwammeisen eingesetzt wurden.

Da die Reduktionskraft der Kohle unter normalen Arbeitsbedingungen nur etwa zur Hälfte durch Bildung von CO neben CO_2 ausgenutzt wird, wurde von E. Edwin[3] vorgeschlagen, die *Reduktion von Eisenerzen unter Druck* durchzuführen bei gleichzeitigem Zuschlag von gebranntem Kalk zur Bindung der jeweils gebildeten Kohlensäure.

Gemäß der Gleichung

$$Fe_2O_3 + 1{,}5\ C + 1{,}5\ CaO \rightleftharpoons 2\ Fe + 1{,}5\ CaCO_3 + 11{,}8\ Cal.$$

[1] Allen, A. H.: s. Iron Age 148, 1941, 30. Okt., S. 29-35 u. 100.

[2] Allen, A. H.: Steel 104, 1939, S. 43-54.

[3] Edwin, E.: T. Kjemi Bergves. Metall 2, 1942, S. 23-31; s. Stahl u. Eisen 63, 1943, S. 180.

wickelt sich die Reduktion mit positiver Wärmetönung ab. Dem Nachteil der Erstellung einer Druckapparatur für die Reduktion steht die positive Wärmetönung aus der Reaktion

$$CaO + CO_2 \;\rightleftarrows\; CaCO_3 + 42,5 \text{ Cal.}$$

gegenüber. Bei Betrachtung der Gesamtenergiebilanz darf man allerdings nicht außer acht lassen, daß bei der Erzeugung des gebrannten Kalks ein erheblicher Kohleaufwand nötig ist. Bei praktischen Druckreduktionsversuchen nach dem Edwinschen-Verfahren, die von L. Heller[1] durchgeführt wurden, wurde bei Einsatz von skandinavischem Erz ein Reduktionsgrad von 90% erzielt. Ob sich die Erzeugung von Druckreduktionspulver einführen wird, und ob dieses Pulver mit herkömmlich erzeugtem Schwammeisenpulver konkurrieren kann, bleibt den Ergebnissen einer von Edwin geplanten Großanlage vorbehalten.

Die Heranziehung von Walzzunder an Stelle von Erz für die Erzeugung von Schwammeisenpulver ist schon mehrfach erwähnt worden. Von den in der Praxis bewährten Verfahren kommt in diesem Zusammenhang dem *Neuwirth-Warbichler-Verfahren*[2] besondere Bedeutung zu. Es wird hierbei von Walzzunder ausgegangen, der nach Feinzerkleinerung zunächst mittels Magnetscheidern gereinigt wird. Der gemahlene Zunder wird daraufhin mit ca. 20% Steinkohle und Sulfitablauge vermischt und brikettiert. Die Briketts werden in gichtgasbeheizte, senkrechte Schachtöfen, so wie sie zur Kokserzeugung üblich sind, eingesetzt. Von unten wird zusätzlich Gichtgas in den Ofen eingeblasen. Das Zusammenbacken der Briketts und das Ankleben an der Ofenwandung wird durch Kokszuschläge verhindert. Die reduzierten Briketts enthalten noch 2 bis 5% Sauerstoff und ca. 0,5% Schwefel. Durch Nachglühen des aus den Briketts erhaltenen Pulvers unter Wasserstoff, beispielsweise in Durchlauföfen, kann ein besserer Reduktionsgrad und eine Herabsetzung des Schwefelgehaltes auf weniger als 0,3% erzielt werden. Nach einer Grob- und Feinzerkleinerung wird das Pulver in Magnetscheidern von der Kohleasche und von restlichen nichtmetallischen Verunreinigungen befreit. Eine typische Analyse des so hergestellten Walzzunder-Eisenpulvers geht aus Zahlentafel 7 hervor. Der Schwefelgehalt des Pulvers wirkt sich auf die Zerspanbarkeit der daraus gefertigten Sinterkörper, wie zu erwarten, günstig aus. Abb. 34 zeigt aus Walzzunder hergestelltes Schwammeisenpulver.

Die Besprechung der Verfahren zur Erzeugung von Schwammeisenpulver durch feste Reduktionsmittel möge durch Mitteilung

---

[1] Heller, L.: Stahl u. Eisen **63**, 1943, S. 180.
[2] Neuwirth, F. u. P.: Warbichler: Persönliche Mitteilung, 1943.

Zahlentafel 7. *Chemische Analyse von Walzzunder-Eisenpulver, gewonnen nach dem* N e u w i r t h -W a r b i c h l e r-*Verfahren.*

Fe 96,5%,
C 0,45%,
Si....... 0,25%,
Mn...... 0,33%
P 0,039%,
S 0,36%,
O ..... 2,07%.

von sehr aufschlußreichen Versuchsergebnissen von F. Eisenkolb abgeschlossen werden. F. Eisenkolb[1] reduzierte Walzzunder mit Hilfe von Holzkohle und untersuchte eingehend die Verwendbarkeit des so hergestellten Pulvers für Sinterzwecke. Für die Reduktions-

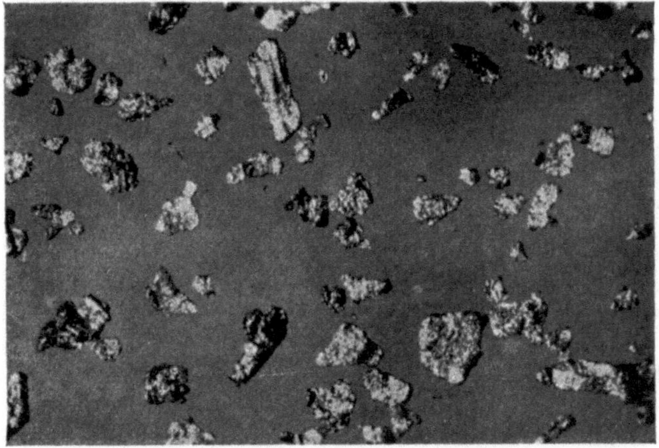

Abb. 34. Aus Walzzunder hergestelltes Schwammeisenpulver
unter Wasserstoff geglüht (× 25).

versuche wurde der Zunder auf eine Korngröße von etwa 0,3 mm vermahlen. Das Holzkohlepulver, das einen Aschegehalt von 1,8 % aufwies, wurde mit einer Korngröße von < 0,06 mm verwendet. Die Glühung des Zunder-Holzkohlegemisches wurde in einem elektrisch beheizten Muffelofen bei ca. 950⁰ vorgenommen. Der Einfluß der Glühtemperatur auf die Reduzierbarkeit des Walzzunders geht aus Zahlentafel 8 hervor. Durch Nachbehandlung des so gewonnenen Eisenpulvers mit Wasserstoff konnte eine erhebliche Entschwefelung und Vervollständigung des Reduktionsgrades und damit eine wesentliche Verbesserung der Preßbarkeit des Pulvers erzielt werden. Die unterschiedliche Reduzierbarkeit verschiedener Zundersorten ist nach F. Eisenkolb auf verschieden hohen Ver-

---

[1] Eisenkolb, F.: Koll. Z. **104**, 1943, S. 236-246.

Zahlentafel 8. *Einfluß der Temperaturen auf die Reduzierbarkeit von gemahlenem Walzzunder** durch Holzkohle* (F. Eisenkolb).

Temperatur	Dauer bis zum Aufhören der Gasentwicklung	Gesamt-reduktions-dauer in Minuten	Analyse in %		
			C	S	Fe
850°	nach 3½ Stunden noch nicht abgeschlossen ..	210	0,21*	0,206	88,2
900°	2 Stunden 10 Minuten ..	135	0,20*	0,230	94,7
950°	45 Minuten	50	0,19	0,234	98,5
1000°	25 Minuten	30	0,16	0,252	98,8

*Nach Abtrennen der noch vorhandenen Holzkohle.

** Ausgangsanalyse: 0,11% C; 0,18% Si; 0,30% Mn; 0,013% S; 74,9% Fe.

Zahlentafel 9. *Einfluß des Siliziumgehaltes auf die Reduzierbarkeit von Walzzunder durch Holzkohle bei 950°* (F. Eisenkolb).

Mischung	Reduktionsdauer in Stunden	Analyse in %		
		C	S	Fe
Ausgangszunder-pulver (Si-Gehalt: 0,17%)	1	0,14	0,235	98,5
Walzzunder	1	0,13*	0,250	95.6
+ 0,5% SiO₂	2	0,07	0,241	97,5
Walzzunder	1	0,50*	0,278	93,7
+ 1% SiO₂	2	0,14*	0,240	95,6

* Analyse nach Entfernung der überschüssigen Holzkohle.

unreinigungen, insbesondere durch SiO_2, zurückzuführen. So setzen Aluminiumoxyd und Kieselsäure in Mengen von 0,5 bis 1% die Reduzierbarkeit bereits erheblich herab. Das wird durch die in Zahlentafel 9 mitgeteilten Versuchsergebnisse erläutert.

β) Reduktion mit gasförmigen Reduktionsmitteln. Beim Einsatz von hochwertigen Erzen und Walzzunder zur Erzeugung eines besonders reinen Eisenpulvers für Sinterzwecke gewinnt die Reduktion mit gasförmigen Reduktionsmitteln steigende Bedeutung. Die Vergasung der Kohle zu *Kohlenoxyd* außerhalb des Reduktionsraumes vermeidet die Einführung der Kohlenasche in den Schwamm und erlaubt ferner die Verwendung minderwertiger Kohlen. Die Anwendung von *Wasserstoff* als Reduktionsmittel kommt bei einer Massenfertigung nur dort in Frage, wo bei chemischen Großverfahren Abfallwasserstoff anfällt oder besonders billiger Strom zur elektrolytischen Gewinnung des Wasserstoffes zur Verfügung steht. In Amerika sind in neuerer Zeit mit positivem Erfolg Versuche durchgeführt worden, die Reduktion von Erzen bzw. Walzzunder mit *Naturgas* durchzuführen[1].

[1] Allen, A. H.: Steel **104**, 1939, S. 43-54.

Von den Reduktionsverfahren, die mit gasförmigen Reduktionsmitteln arbeiten, haben zwei in Skandinavien entwickelte Verfahren. nämlich das *Norsk-Staal* oder *Edwin-Verfahren* und das *Wiberg-Verfahren*, größere technische Bedeutung erlangt. Diesen beiden Verfahren gegenüber treten alle anderen Verfahren, die einerseits mit Wasserstoff, andererseits mit Naturgas arbeiten, an Bedeutung erheblich zurück. Ihrer Bedeutung gemäß sollen die beiden erstgenannten Verfahren ausführlicher behandelt werden, während alle übrigen Verfahren der Vollständigkeit halber zwar aufgezählt, aber nur kurz referiert werden sollen.

Bei dem *Norsk-Staal-Verfahren*[1] wird reduzierendes, möglichst stickstoffarmes, im wesentlichen aus Kohlenoxyd bestehendes, auf etwa 1000⁰ erhitztes Gas durch (Schachtofen) oder über (Drehofen) das Erz geleitet. Das Gas gibt hierbei seine Wärme teilweise an die Beschickung ab und reduziert das auf diese Weise erhitzte Erz. In dem Maße, in dem die Wärmeübertragung und die Reduktion vor sich gehen, wird das Gas abgekühlt und oxydiert. Das den Reaktionsraum verlassende, stark kohlensäurehaltige Gas wärmt in einem Rekuperator das Frischgas vor, wird gewaschen, in einem Hochspannungs-Lichtbogenofen (Schönherr-Ofen) auf etwa 1600⁰ erhitzt und durch Kohlenwasserstoffe (beispielsweise Öl oder Teer) teilweise chemisch gemäß der Reaktionsgleichung

$$CO_2 + C = 2\,CO$$

regeneriert. Diese etwa 1600⁰ heißen Gase werden zur völligen Regenerierung über Koks geleitet, dem zur Verschlackung der Asche Kalkstein beigefügt ist, und dann mit 1000⁰ bis 1050⁰ in den Reduktionsraum geführt, der gegebenenfalls durch eine elektrische Heizvorrichtung in der Wandung eine zusätzliche Beheizung erfährt. Die Reduktion wird also mit Gas im Kreisprozeß durchgeführt. Der Prozeß wird je nach dem zu verhüttenden Erz und dem zu erzeugenden Eisen geleitet[2]. Abb. 35 zeigt nach I. Bull-Simonsen[3] das Schema des Gasumlaufes in einer Norsk-Staal-Anlage; aus Abb. 36 sind Einzelheiten der Gasregeneration und der Beschickungsweise des Reduktionsofens ersichtlich. Bis 1932 war in Bochum in Westfalen eine derartige Anlage mit einer Kapazität von ca. 20.000 Jahrestonnen in Betrieb, die in metallurgischer Hinsicht hervorragend gearbeitet hat[4, 5]. Die Anlage wurde in der Krisenzeit

[1] Edwin, E.: Tekn. Tidskr. (Bergvetensk.) 56, 1926, S. 41; s. R. Durrer, Die Metallurgie des Eisens, Berlin: Verlag Chemie, 1942, S. 421.

[2] Durrer, R.: Die Metallurgie des Eisens, Berlin: Verlag Chemie, 1942, S. 421.

[3] Bull-Simonsen, I.: Stahl u. Eisen 52, 1932, S. 457.

[4] Goerens, P. u. K. Gebhard: Rev. techn. Luxembourgeoise 25, 1933, S. 30.

[5] Tigerschiöld, M.: Blad Bergshandteringens Vänner 20, 1932, S. 261.

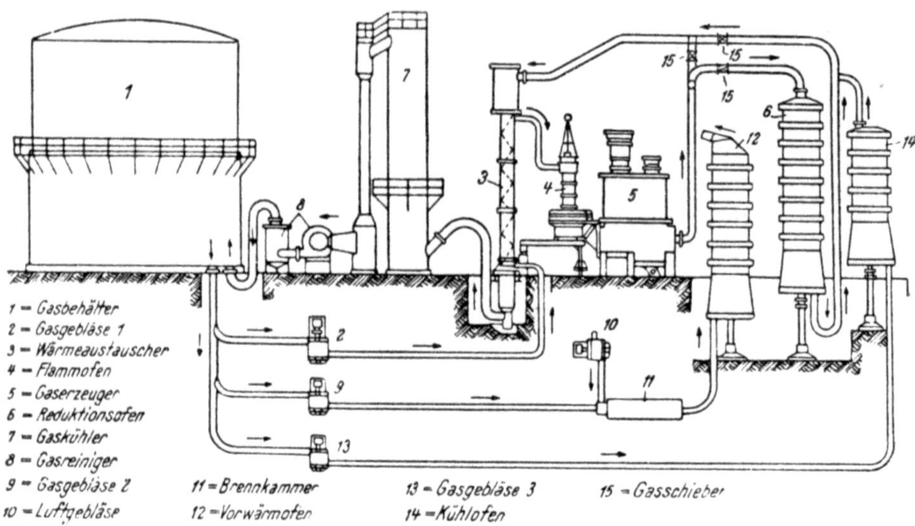

Abb. 35. Schema des Gasumlaufs in der Norsk-Staal-Anlage in Bochum
nach Bull-Simonsen (R. Durrer).

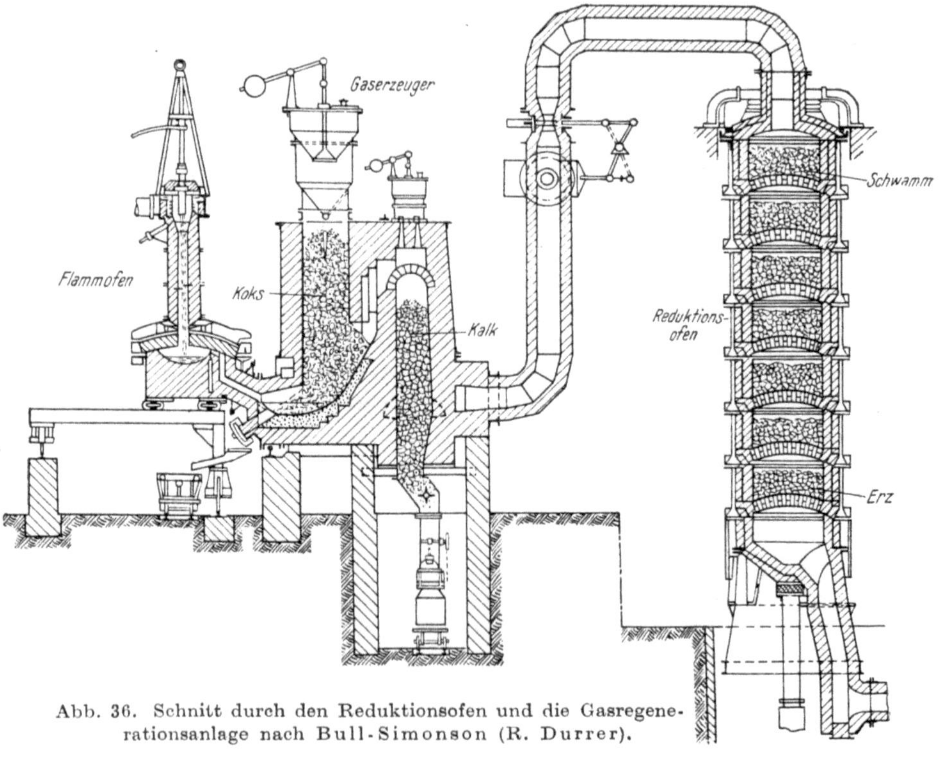

Abb. 36. Schnitt durch den Reduktionsofen und die Gasregene-
rationsanlage nach Bull-Simonson (R. Durrer).

aus wirtschaftlichen Gründen stillgelegt, da zur damaligen Zeit der erzeugte Schwamm noch ausschließlich für die Stahlerzeugung gedacht war und eine Verwendung in der Eisen-Pulvermetallurgie noch nicht in Frage kam.

Auch beim *Wiberg-Verfahren*[1] dient Kohlenoxyd als Reduktionsmittel. In einer hochofenähnlichen Anlage durchströmt das Gas, das auf 900 bis 1000° erhitzt wird, im Gegenstrom hochprozentiges Erz. Vom Norsk-Staal-Verfahren unterscheidet sich das Wiberg-Verfahren im wesentlichen dadurch, daß die Gase nach erfolgter Reduktion nicht vollständig, sondern nur zum Teil abgezogen werden. Der verbleibende Rest streicht weiter durch den Schachtofen und reduziert das Erz vor. An einer weiter nach dem Begichtungsende zu liegenden Stelle wird Luft eingeführt, die mit dem Rest des Gases verbrennt. Dadurch wird das Erz vorgewärmt, geröstet und so für die anschließende Reduktion vorbereitet. Man erzielt auf diese Weise eine weitgehende Ausnutzung des Gases. Abb. 37 erläutert in schematischer Darstellung die Arbeitsweise und insbesondere die Gasführung des Wiberg-Verfahrens. Eine in Söderfors errichtete Anlage mit einer Jahresleistung von 10.000 t Eisenschwamm hat nach R. Durrer[2, 3] bereits Anfang 1938 mit etwa einem Drittel ihrer Leistungsfähigkeit, d. h. mit etwa 8 t/Tag zur vollen Zufriedenheit gearbeitet.

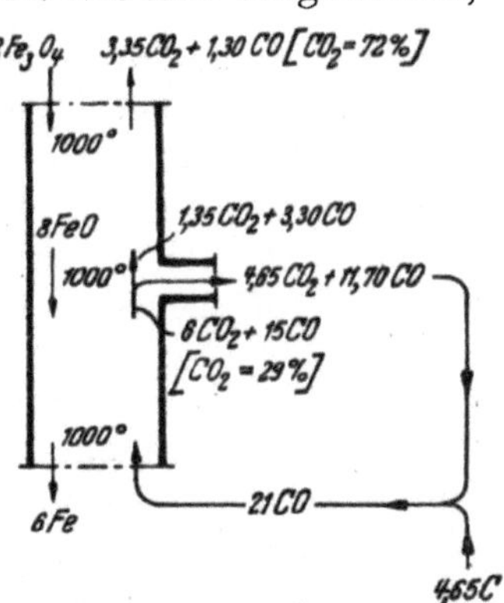

Abb. 37. Schematische Darstellung der Arbeitsweise und der Gasführung beim Wiberg-Verfahren (R. Durrer).

H. G. S. Anderson[4] untersuchte in Amerika die Reduktionsmöglichkeiten von Erzen und Walzzunder mit *Naturgas*. Zur Vermeidung eines Zusammensinterns wurde den Erzen bei diesen Versuchen 10 bis 15 % Koks zugesetzt. Es zeigte sich, daß die bei der Spaltung von Naturgas oder anderen kohlenstoffhaltigen Gasen entstehende amorphe Kohle das beste Reduktionsmittel für Eisenoxyd darstellt. Aus Walzzunder erhält man bei 1050° schon nach einer Reduktionsdauer von 15 Minuten ein vollständig durchreduziertes Schwammeisen, das sich für Sinterzwecke hervorragend eignet.

[1] Wiberg, M.: Trans. Am. electrochem. Soc. **51**, 1927, S. 279; Stahl u. Eisen **47**, 1927, S. 1914.

[2] Durrer, R.: Stahl u. Eisen **63**, 1943, S. 700-703.

[3] Durrer, R.: Die Metallurgie des Eisens, Berlin: Verlag Chemie, 1942, S. 426.

[4] s. A. H. Allen: Steel **104**, 1939, S. 43-54.

Aus Hämatiten und Limoniten lassen sich ohne magnetisches Rösten Pulver mit nur 80 bis 85% Eisen herstellen.

Mit der Reduktion von verschiedenen Erzen, Hämatit, oolithischen Roheisenerzen, Brauneisenstein, Walzzunder, oxydierten Spänen und Schrott durch Wasserstoff haben sich versuchsmäßig eine Reihe von Forschern beschäftigt[1-6]. Dabei konnte übereinstimmend festgestellt werden, daß eine gute Durchreduktion bis zum Kern der Eisenteilchen nur bei hochporösen Erzen erzielt werden kann. Offenbar bilden sich bei der Reduktion mittels Wasserstoff Zonen von metallischem Eisen um die Pulverteilchen, welche für Wasserstoffgas, nicht aber für den bei der Reduktion gebildeten Wasserdampf durchlässig sind[7]. Als zweckmäßig hat sich die Reduktion in zwei Stufen bei Temperaturen zwischen 650 und 800° erwiesen. Zwischen den beiden Stufen wird das teilweise reduzierte Erz gemahlen, wodurch die oben erwähnten Eisenschalen zerstört und dem Wasserstoff ungehemmter Zutritt zu dem Korninneren ermöglicht wird. Nach eigenen Versuchen ist es auf jeden Fall zweckmäßig, die Reduktion in der zweiten Stufe durch einen Rußzusatz von 0,5 bis 1% zu unterstützen. Auch kleine Mengen von Halogen-Verbindungen sollen sich als Zusatz bei der Reduktion von Eisenoxyden mit Wasserstoff bewährt haben[8, 9].

c) Herstellung aus Salzen.

Bei dem großen Bedarf an Eisenpulver in den letzten Jahren hat man auch versucht, die beim Beizen von Eisen und Stahl anfallenden verhältnismäßig großen Mengen an *Eisensulfat*, die sich leicht auf kristallisches $FeSO_4 . 7 H_2O$ aufarbeiten lassen, für die Eisenpulvergewinnung nutzbar zu machen. Das Verfahren ist im Prinzip sehr einfach. Im Drehrohrofen wird das Sulfat bei mäßiger Temperatur entwässert und in das Monohydrat $FeSO_4 . 1 H_2O$ überführt. Bei etwa 800° wird ebenfalls im Drehrohrofen das Monohydrat zersetzt, wobei unter Entweichen von Schwefeldioxyd Eisenoxyd (Fe_2O_3) in sehr feiner Verteilung entsteht. Die Reduktion des Fe_2O_3 ergibt ein sehr reines Eisenpulver mit ausgezeichneten

---

[1] Koprzywa, R.: Nowosti Techniki 9, 1940, S. 25.

[2] Kalina, M. H. u. T. L. Joseph: Iron Age 148, 1941, 11. Dez., S. 39-43.

[3] Mathy, M. u. P. Mathy: Mem. Assoc. Ing. Ecole, Liège, 1943, S. 107-115.

[4] Eisenkolb, F.: Koll. Z. 104, 1943, S. 236-246.

[5] F.P. 856330 (1937).

[6] Specht, O. G. u. C. A. Zapffe: Am. Inst. min. metallurg. Engrs., Techn. Publ. Nr. 1960 (1946).

[7] Wiberg, M.: Jernkontorets Ann. 124, 1940, S. 179.

[8] Sedlatschek, K.: Z. anorg. allg. Ch. 250, 1942, S. 23-34.

[9] A.P. 2217569 (1940).

Preßeigenschaften bei allerdings sehr hohem Füllvolumen. Die Stärke des Verfahrens liegt neben der verhältnismäßig geringen Zahl der Arbeitsstufen insbesondere darin, daß als Nebenprodukt die außerordentlich wertvolle Schwefelsäure gewonnen wird. Die großtechnische Durchführung dürfte nach noch ausstehender Klärung von fertigungstechnischen Einzelheiten insbesondere bei der Reduktion des Fe_2O_3 vornehmlich davon abhängen, ob es möglich ist, die an vielen Einzelstellen anfallenden Beizablaugen und -rückstände zentral zu erfassen.

Auf ähnliche Weise kann man aus einer innigen Mischung von feingemahlenem Eisen- und Nickelsulfat durch Verglühen zu Oxyd und Reduzieren desselben sehr reine, gut verpreßbare Fe-Ni-Legierungspulver der verschiedensten Zusammensetzung herstellen[1].

In diesem Zusammenhang muß schließlich noch ein ebenfalls weitgehend chemisches Verfahren zur Gewinnung von Eisenpulver erwähnt werden, bei dem Eisenschrott als Ausgangsmaterial dient. Schrott wird in wäßriger *Salzsäure* gelöst. Aus der dabei entstehenden Chloridlösung wird durch Einleiten von Salzsäuregas Eisen-II-chlorid als $FeCl_2 . 2\,H_2O$ ausgefällt, durch Zentrifugieren von der Mutterlauge abgetrennt und getrocknet. Das trockene Chlorid wird mittels Wasserstoff bei 600 bis 650° zu Eisenpulver reduziert. Das dabei entstehende Salzsäuregas wird wieder in den Prozeß zurückgeführt und dient einerseits zur Herstellung der Lösungsflüssigkeit, andererseits zur Ausfällung des Dihydrates. Verwendet man den bei der Schrottauflösung entstehenden Wasserstoff als Reduktionsmittel, so stellt das Verfahren einen vollständig in sich abgeschlossenen Kreisprozeß dar. In laboratoriumsmäßigem Maßstab hat sich die einwandfreie Durchführungsmöglichkeit des Verfahrens erwiesen[2], die Übersetzung des Verfahrens in großtechnischen Maßstab steht noch aus. Es dürften hierbei nicht unerhebliche Werkstoffschwierigkeiten in apparativer Hinsicht zu überwinden sein.

d) Elektrolytische Herstellung von Eisenpulver.

α) *Abscheidung aus wäßrigen Lösungen.* Bei der Elektrolyse von wäßrigen Lösungen kann man an der Kathode je nach Wahl der Abscheidungsbedingungen Niederschläge mit stark voneinander abweichenden Eigenschaften erhalten[3]. Die Art des erhaltenen Niederschlages wird beispielsweise durch folgende Faktoren beeinflußt:

---

[1] E.P. 578 193 (1942).
[2] Zapf, G.: Persönliche Mitteilung, 1941.
[3] Passer, M.: Koll. Z. **97**, 1941, S. 272-280.

1. Stromdichte, insbesondere an der Kathode,
2. chemische Zusammensetzung und Konzentration des Elektrolyten,
3. Temperatur des Bades,
4. Bewegung des Elektrolyten,
5. Größe und Anordnung der Elektroden,
6. Bewegung der Elektroden beispielsweise durch Erschütterung oder Rotation.

Will man auf elektrolytischem Wege ein Metallpulver erzeugen, so stehen dafür grundsätzlich drei verschiedene Wege zur Verfügung.

a) Man scheidet einen harten und spröden Niederschlag ab, der anschließend durch Grobzerkleinerung und Mahlen in ein Pulver gewünschter Korngröße überführt wird.

b) Das Metall wird in Form eines schwamm- oder baumartigen Niederschlages abgeschieden, der sich leicht zu Pulver verarbeiten läßt.

c) Man wählt die Abscheidungsbedingungen so, daß das betreffende Metall unmittelbar in Pulverform anfällt.

Zur Erzeugung von Elektrolyteisenpulver werden besonders die beiden ersten Wege beschritten. Für den gewünschten lockeren Aufbau des kathodischen Eisenniederschlages ist vor allem eine hohe Kathodenstromdichte günstig. Im Zusammenwirken mit einer hohen Säurekonzentration begünstigt sie das Auftreten von viel Wasserstoff an der Kathode, der eine starke Auflockerung des Niederschlages bewirkt. Die Korngröße des erzeugten Pulvers kann in weiten Grenzen durch Änderung der Zusammensetzung des Elektrolyten, der Temperatur des Bades und durch Einstellung einer bestimmten Kathodenstromdichte geändert werden. Häufig setzt man dem Elektrolyten auch Kolloide wie z. B. Gelatine oder durch konzentrierte Schwefelsäure verkohlten Traubenzucker zu. Die Kolloide sollen dabei als Keime für die raschere Abscheidung der metallischen Kristallite dienen, die Bildung größerer Kristallite verhindern und so die Gleichmäßigkeit und Feinheit des erzeugten Pulvers günstig beeinflussen. Das Pulver fällt entweder selbst von der Kathode ab oder wird durch Strömung des Elektrolyten weggetragen. Im letzteren Falle sorgt man für schnellen Umlauf des Elektrolyten an der Kathode vorbei. Arbeitet man auf einen schwammartigen Niederschlag an der Kathode hin, so kann man ihn durch Kratzen oder Schaben mit einem geeigneten Werkzeug, bei rotierenden Kathoden beispielsweise durch einen federnden Messerkontakt, von der Kathode abstreifen. Das Abschaben geschieht fortlaufend oder in nicht zu langen Zwischenräumen. Dadurch wird das Aufwachsen großer Mengen von Metallpulver auf der Kathode und damit eine Vergrößerung der wirksamen Oberfläche vermieden. Eine derartige Vergrößerung der Oberfläche würde infolge der Verminderung der Stromdichte die Abscheidungsbedingungen für Pulver in ungünstiger Weise beeinflussen. Gelegentlich verwendet man auch Klopfvorrichtungen zur Erschütterung der Kathode und periodische Unterbrechungen des Stromes, um ein Abfallen des Pulvers zu erleichtern. Die aufgeführten Maßnahmen und viele andere Vorschläge sind in einem umfangreichen Patentschrifttum beschrieben, auf das in diesem Zusammenhang verwiesen sei[1-4].

Aus einigen konkreten Beispielen mögen 2 Einzelheiten über die Gewinnung von Elektrolyteisenpulver entnommen werden. Nach C. F. Burgess und C. Hambuechen[5] elektrolysiert man eine umlaufende, schwach schwefelsaure Lösung von Ferrosulfat, Ammoniumsulfat und Ammoniumchlorid. Das Metall wird auf polierten Stahlkathoden (Analyse s. Zahlentafel 10) mit einer Stromdichte von 1,3 bis 1,7 Ampere/dm², bei einer Badspannung von 1,3 Volt unter Verwendung von Anoden aus weichem Stahl niedergeschlagen. Nachdem der Niederschlag bei einer Stromausbeute von ca. 90% eine Dicke von ca. 3 bis 6 mm erreicht hat, werden die Kathoden entfernt, gewaschen, der Niederschlag abgestreift, in kleine Stücke gebrochen und in einer konischen Kugelmühle auf eine Korngröße von 0,075 bis 0,2 mm vermahlen.

Zahlentafel 10. *Zusammensetzung der für die Herstellung von Elektrolyteisenpulver benützten Kathode und Anode* (C. F. Burgess u. C. Hambuechen).

| | Analyse in % | | | | |
	C	Si	Mn	P	S
Kathode	0,014	0,028	0,029	0,013	0,003
Anode	0,06	0,23	0,4	0,05	0,10

Das Pulver ist infolge des Gehaltes an adsorbiertem Wasserstoff hart und spröde und weist einen Sauerstoffgehalt von ca. 3% auf. Infolgedessen ist es in diesem Zustand nicht zu verpressen. Durch Wasserstoffglühung bei ca. 850° entfernt man nicht nur den absorbierten Wasserstoff, sondern erreicht auch eine gute Desoxydation.

---

[1] Rossmann, J.: Met. Ind. New York **30**, 1932, S. 321-322, 396-397, 436, 468-469.

[2] Reitstötter, J.: Koll. Z. **103**, 1943, S. 182-184.

[3] Waeser, B.: Koll. Z. **109**, 1944, S. 52-60.

[4] Skaupy, F.: Metallkeramik, 3. Aufl., Berlin: Verlag Chemie, 1943, S. 25-26.

[5] Burgess, C. F. u. C. Hambuechen: Trans. Am. electroch. Soc. **5**, 1904, S. 201; Stahl u. Eisen **2**, 1904, S. 789.

Um 1916 errichteten die Langbein-Pfannhauser-Werke gemeinsam mit Siemens & Halske[1] zwei Anlagen für die Herstellung von je 200 Monatstonnen Elektrolyteisenpulver. In diesen Anlagen wurde die Elektrolyse mit Lösungen durchgeführt, die pro Liter 450 Teile Eisenchlorür und 500 Teile Kalziumchlorid enthielten. Die Temperatur des Bades lag knapp unterhalb des Siedepunktes. Die Zellen wurden aus Granitplatten zusammengesetzt und mittels eiserner Schlangen, die im Nebenschluß zu den Kathoden lagen, durch Dampf geheizt. Kieselgurdiaphragmen dienten zur Trennung der Anoden- und Kathodenräume. Das so gewonnene Elektrolyteisenpulver soll weniger als 0,008 % S, weniger als 0,007 % P neben analytisch kaum nachweisbaren Spuren von C enthalten haben. Das so erzeugte Pulver, das nach entsprechender Glühung als äußerst weich und geschmeidig geschildert wurde, kam in den letzten Jahren des ersten Weltkrieges hauptsächlich in Form von Weicheisenbändern an Stelle von kupfernen Granatführungen zum Einsatz. Der Energieverbrauch der Anlage war hoch; er betrug etwa 3 kWh pro 1 kg Elektrolyteisen. Nach neuesten Angaben[2] beträgt aber der Stromverbrauch bei der großtechnischen Elektrolyse einer Chloridlösung bei einer Stromstärke von 2,7 A/dm² und einer Spannung von 1,4 V, wobei das Metall in Form einer dichten, aber spröden Kathode abgeschieden wird, nur etwa 1,6 kWh pro 1 kg Elektrolyteisen.

Auf Grund der Erfahrungen, welche in einer halbtechnischen Anlage gesammelt wurden, beschreibt G. E. Gardam[3] die Herstellung von Elektrolyteisenpulver. Der Elektrolyt enthält etwa 5 % Eisen(II)sulfat und 5 % Ammoniumsulfat bei einem p_H von 2,2 bis 2,8. Es wird mit kaltem, schwachbewegtem Elektrolyten gearbeitet. Eine Anode besteht aus Armco-Eisen, eine zweite Anode aus Blei befindet sich in einem mit verdünnter Schwefelsäure gefülltem Diaphragma. Die Kathoden bestehen aus nickelplattierten Messingrohren und sind wassergekühlt. Bei einer Kathodenstromdichte von 21,5 bis 25,3 A/dm² scheidet sich ein schwammiger Niederschlag ab, der in Intervallen von etwa 2 Stunden von den Kathoden abgestreift wird. Im Hinblick auf die Herstellung eines trockenen und beständigen Pulvers ist die Nachbehandlung von besonderer Wichtigkeit. Der Pulverschlamm wird abwechselnd mit reinem Wasser und 1%iger Schwefelsäure und anschließend mit zitronensäurehaltigem Wasser gewaschen. Zwecks Neutralisation wird darauf noch eine Behandlung mit verdünntem

---

[1] Anonym: Z. Elektroch. 15, 1909, S. 595.
[2] Trask, H. V.: Met. Progr. 50, 1946, S. 279-82.
[3] Gardam, G. E.: Iron Steel Inst., Spec. Rep. Nr. 38, London 1947, S. 3-7

Ammoniak vorgenommen und endlich wird der Niederschlag solange mit reinem Wasser gewaschen, bis die ablaufende Flüssigkeit
farblos ist. Das abgenutschte Pulver wird mit Aceton schwach
benetzt und im Vakuum oder unter Schutzgas getrocknet. Das
Eisenpulver enthält neben den üblichen geringfügigen Verunreinigungen etwa 1% Sauerstoff und muß also vor der Verarbeitung
reduziert werden.

Der Einsatz von Elektrolyteisenpulver kommt aus preislichen
Gründen für die Massenfertigung von Sintereisen und Sinterstahl

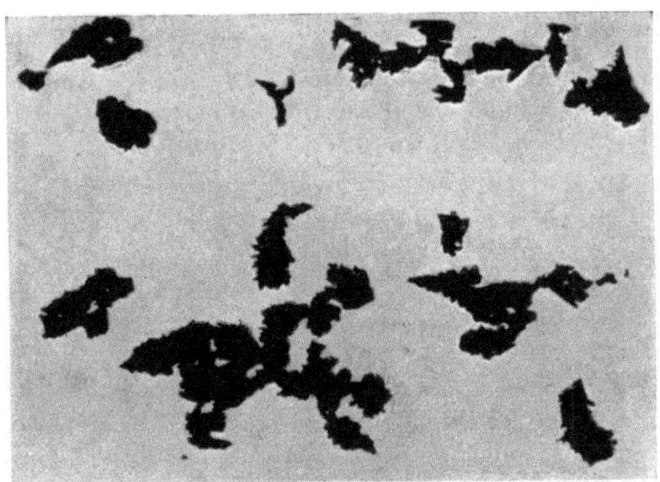

Abb. 38. Elektrolyteisenpulver (× 150).

wohl nur in Betracht, wenn die örtlichen Bedingungen eine billige
Erzeugung erlauben. Infolge seiner guten Preßeigenschaften und
sehr guten Reinheit nach einer geeigneten Glühbehandlung
wird Elektrolyteisenpulver aber bei der Erzeugung von Spezialwerkstoffen wie Massekernen, Reinsteisen für vakuumtechnische
Zwecke und Sintermagneten seinen Platz in der Eisen-Pulvermetallurgie behaupten.

Elektrolyteisenpulver weist die für alle elektrolytisch erzeugten
Metallpulver charakteristische mehr oder weniger dentritische,
farnartige Korngestalt auf (Abb. 38). Dadurch kann man unver-
mahlenes Elektrolyteisenpulver von den Pulvern anderer Herstellungsart leicht unterscheiden. Die weiteren Eigenschaften
werden im nächsten Kapitel besprochen.

Übrigens ist es auch möglich, auf elektrolytischem Wege Eisen-
Nickel-Legierungspulver zu erhalten[1]. Zu diesem Zweck verwendet

---

[1] E.P. 312441 (1928).

man zwei in leinenen Säcken getrennt angeordnete Anoden, von denen die eine aus Nickel, die andere aus Eisen besteht. Als Kathode dient ein Kupferrohr, von dem der lockere Niederschlag mit einem keramischen Kratzer laufend entfernt wird.

β) Elektrolyse aus Salzschmelzen. Die elektrolytische Abscheidung von Metallpulvern aus Salzschmelzen ist ebenso möglich wie aus wäßrigen Lösungen. Dieses Verfahren ist bei bestimmten Metallpulvern wie z. B. Thorium, Tantal und Uran ein vielfach geübtes Herstellungsverfahren. Patentvorschlägen[1,2] zufolge soll sich die elektrolytische Abscheidung von Eisenpulver aus entsprechenden Salzschmelzen ebenfalls empfehlen. Im Falle von Eisenpulver wird sich ein derartiges Verfahren aus apparativen und Preisgründen bei der Fülle der anderen bekannten und auch ausgeübten Verfahren wirtschaftlich kaum durchsetzen können.

e) Spezielle Herstellungsverfahren für Legierungspulver.

Über ein interessantes Verfahren zur Herstellung von Stahlpulver aus nichtrostendem Cr Ni-Stahl (18/8) berichtet J. Wulff[3,4]. Er geht von Schrott aus, der bei der Verarbeitung korrosionsbeständiger Legierungen anfällt. Zur Gewinnung des Pulvers wird der Schrott zunächst bei Temperaturen von 500 bis 800⁰ geglüht, um Verunreinigungen und Karbide an den Korngrenzen zur Ausscheidung zu bringen. Diese Verunreinigungen können, soweit ihre Potentialdifferenz gegen die reinen Kristalle dazu ausreicht, weggeätzt werden. Zu diesem Zweck behandelt man nach dem Abkühlen den Schrott mehrere Stunden lang bei 80 bis 100⁰ mit schwefelsaurer Kupfersulfatlösung. Das korrodierte Material wird zunächst gut ausgewaschen und dann mechanisch weiterzerkleinert. Man erhält ein sehr reines und weiches Stahlpulver, das aus Einkristallteilchen besteht, deren Größe durch die Korngröße des Ausgangsmaterial bedingt ist. Man kann die Korngröße im übrigen durch die Abkühlungsgeschwindigkeit bei der Glühbehandlung beeinflussen und erhält bei geeigneter Auswahl der Ausgangssubstanz ein Pulver mit einer Teilchengröße von weniger als 0,5 mm. Zwecks Entfernung der Kupferspuren wird das Pulver nachträglich noch mit verdünnter Salpetersäure behandelt.

---

[1] Schwed. P. 65 381 (1917).
[2] A.P. 2 413 411 (1943).
[3] Wulff, J.: s. Iron Age 148, 1941, 30. Okt., S. 29-35 u. 100.
     s. Powder Metallurgy, Am. Soc. Met., Cleveland (Ohio) 1942, S. 137-44.
[4] A.P. 2 407 862 (1941).

C. Herstellung der übrigen Pulver.

(Legierungszusätze für Sinterstahl.)

Bei der Herstellung von Sinterstahl kann man die gewünschten Legierungszusätze in Form der reinen Pulver oder auch in Form gepulverter, auf dem Schmelzwege erzeugter Vorlegierungen einbringen. Es würde im Rahmen dieses Buches zu weit führen, wollte man auch die Herstellung aller dieser Pulver ausführlich besprechen. Wer sich darüber genauer unterrichten will, sei auf das Fachschrifttum verwiesen[1, 2, 3]. Hier wollen wir uns auf eine kurze Übersicht und auf die Anführung entsprechender Schrifttumshinweise beschränken.

1. Kohlenstoff.

Soweit der Kohlenstoff nicht über mechanisch hergestelltes bzw. geschleudertes Roh- oder Gußeisenpulver in Sinterstähle eingebracht wird, setzt man ihn meistens in Form von Graphitpulver zu. Praktisch sind alle marktgängigen, aschearmen Graphitpulversorten verwendbar, wenn sie eine genügend feine Korngröße aufweisen. Im Hinblick auf die verhältnismäßig geringen Mengen, die stets als Zusatz in Frage kommen, ist auch Graphitpulver mit Aschegehalten bis etwa 3 % brauchbar. In Sonderfällen kommt die Anwendung von Flammruß und Gasruß in Frage.

2. Nickel.

Zur Erzeugung von nickellegierten Sinterstählen verwendet man am vorteilhaftesten Carbonylnickelpulver. Dieses Pulver wird in ähnlicher Weise wie Carbonyleisenpulver erzeugt[4, 5, 6]. Es hat eine sehr geringe Korngröße von 0,1 bis ca. 3 μ und zeichnet sich durch seine sehr große Reinheit (ca. 0,04 % C, 0,012 % Fe, 0,09 % Sauerstoff) aus. Gegebenenfalls kann man auch Nickel-Eisen-Carbonyl-Mischpulver[7] verwenden. Auch der Einsatz von auf mechanischem Wege zerkleinerten, geschmolzenen Nickel-Eisen-Legierungen (s. S. 20) kommt in Frage. Durch Reduktion von Nickeloxalat oder chemisch gefälltem reinen Nickeloxyd mittels Wasserstoff läßt sich ebenfalls ein sehr reines Pulver mit guten Preßeigenschaften erzeugen, das meist geringe Mengen an Alkalien aufweist.

---

[1] Skaupy, F.: Metallkeramik, 3. Aufl., Berlin: Verlag Chemie, 1943, S. 16ff.

[2] Kieffer, R. u. W. Hotop: Pulvermetallurgie und Sinterwerkstoffe, Berlin: Springer-Verlag, 1943, S. 12ff.

[3] Jones, W. D.: Principles of Powder Metallurgy, Verlag Edward Arnold & Co., London: 1937, S. 171.

[4] Hamprecht, G. u. L. Schlecht: Metallwirtsch. 12, 1933, S. 281-284.

[5] Colclough, T. P.: Iron Age 157, 1946, Nr. 8, S. 48-49.

[6] Price, G. H. S.: Metal Treatment 13, 1946, S. 208-12.

[7] E.P. 284087 (1927), 367996 (1931), 423823 (1933); D.R.P. 511564 (1926).

3. Kobalt.

Kobaltpulver wird hauptsächlich durch Wasserstoffreduktion von Kobaltoxyd oder Kobaltoxalat gewonnen[1]. Auch durch mechanische Zerkleinerung von Kobaltwürfeln und -zylindern hergestelltes Pulver befindet sich auf dem Markt. Die Kobaltrondellen und -würfel werden ähnlich wie Nickelrondellen durch Reduktion der Oxyde mittels Kohlenstoff in Form von Preßlingen aus Oxyd und Kohlenstoff erzeugt. Sie stellen damit gewissermaßen Sintererzeugnisse dar. Mechanisch aus Rondellen zerkleinertes Kobaltpulver hat nicht die gleiche gute Sinterfähigkeit wie Reduktionspulver.

4. Phosphor, Schwefel, Silizium, Bor, Mangan.

Phosphor, Schwefel, Silizium, Bor und Mangan werden am besten in Form gepulverter, mehr oder minder hochprozentiger, auf dem Schmelzwege erzeugter Eisenvorlegierungen in Sinterstähle eingebracht[2, 3]. Man kann auch ein hochlegiertes Sonderroheisen erschmelzen, durch Zerschleudern auf die gewünschte Korngröße bringen und das Pulver anschließend reduzierend glühen. Sorgt man für die Anwesenheit von genügend freiem Kohlenstoff, so läßt sich Mangan auch in Form von Braunstein in Sinterstahl einsetzen[4]. Da aluminothermisch gewonnenes Manganmetall selbst genügend spröde ist, kann man auch von Manganmetallpulver ausgehen.

5. Chrom, Molybdän, Wolfram.

Chrompulver wird vorzugsweise durch mechanischeZerkleinerung von aluminothermisch oder elektrolytisch erzeugtem Metall gewonnen[5, 6]. Für die Herstellung von Chromlegierungen kann man auch von gepulvertem Ferrochrom oder von Eisen-Chrom-Vorlegierungen mit weiteren Legierungszusätzen ausgehen.

Molybdän und Wolfram werden in bekannter Weise aus den betreffenden Trioxyden durch Reduktion mittels Kohlenstoff oder Wasserstoff erzeugt[7]. Selbstverständlich sind auch in diesem Falle gepulverte Ferrolegierungen brauchbar.

6. Vanadin, Niob, Tantal.

Die Herstellungsverfahren für die reinen Metallpulver sind zu kostspielig, um ihren Einsatz in dieser Form bei der Herstellung

---

[1] Sykes, W. P.: Trans. Am. Soc. Steel Treating **21**, 1933, S. 385-423.
[2] A.P. 1, 491673 (1924).
[3] Jones, W. D.: Iron Coal Tr. Rev. **137**, 1938, S. 1013-1014.
Foundry Trade J. **59**, 1938, S. 401-402.
[4] Hamprecht, G. u. L. Schlecht: Metallwirtsch. **12**, 1933, S. 281-284.
[5] Kroll, W.: Z. anorg. allg. Ch. **226**, 1935, S. 23-32.
[6] Colclough, T. P.: Powder Met. Bull. 1, 1946, S. 25.
[7] Kieffer, R. u. W. Hotop: Pulvermetallurgie und Sinterwerkstoffe, Berlin: Springer-Verlag, 1943, S. 226ff. u. 243ff.

von entsprechend legierten Sinterstählen zu erlauben[1]. Jedoch läßt sich aus den Ferro-Legierungen der genannten Metalle durch Grob- und Feinzerkleinerung brauchbares Pulver gewinnen.

7. Aluminium.

Aluminium wird in Sinterlegierungen (Sintermagnete, Heizleiter legierungen auf der Basis Eisen-Aluminium bzw. Eisen-Chrom-Aluminium) fast ausschließlich in Form einer gepulverten, auf dem Schmelzwege erzeugten Eisen-Aluminium-Vorlegierung eingebracht[2]. Die Vorlegierung hat dabei vorzugsweise eine Zusammensetzung, die spröden intermetallischen Verbindungen entspricht. Bewährt haben sich Vorlegierungen mit ca. 50 % Aluminium, Rest Eisen. Natürlich ist auch an den Einsatz anderer Al-Vorlegierungen wie z. B. Al-Si, Al-Ti, Al-Ti-Ni usw. zu denken, falls die Zusammensetzung der gewünschten Endlegierung dies erfordert.

8. Titan, Zirkon.

Auch diese beiden Elemente kann man in Form von gepulverten, spröden Ferrolegierungen in Sinterstahl einbringen. Besser, allerdings wesentlich kostspieliger, ist die Verwendung von Titan- und Zirkonpulver, die durch Elektrolyse aus Salzschmelzen oder durch Reduktion von Doppelsalz mit Alkali- oder Erdkalimetallen gewonnen werden[3, 3a]. Von P. R. Kalischer[4, 5] wird die Verwendung von Titanhydrid als Desoxydationsmittel bei der Herstellung von Sinterstahl empfohlen.

9. Blei, Zink, Zinn, Kupfer.

Die genannten Metalle lassen sich durch Zerstäuben leicht in Pulverform gewinnen. Auch die Elektrolyse von wäßrigen Lösungen führt zu brauchbaren Pulvern[6]. Sorgt man für reduzierende Arbeitsbedingungen bei der Sinterung (was praktisch stets der Fall ist), so läßt sich Blei auch vorteilhaft über Bleiglätte in entsprechende Sinterlegierungen einführen[7, 8].

---

[1] Kieffer, R. u. W. Hotop: Pulvermetallurgie und Sinterwerkstoffe, Berlin: Springer-Verlag, 1943, S. 178ff., 254, 264.

[2] A.P. 2, 192742 (1937); D.R.P. 731409 (1939), 736436 (1939), 737312 (1940); E.P. 510588 (1938).

[3] Kroll, W.: Z. anorg. allg. Ch. 234, 1937, S. 42-50.

[3a] Dean, R. S., J. R. Long, F. S. Wartmann u. E. L. Anderson: Am. Inst. min. metallurg. Emgrs., Techn. Publ. Nr. 1961 (1946).

[4] Kalischer, P. R.: Am. Inst. min. metallurg. Engrs., Techn. Publ. Nr. 1302 (1941).

[5] Kalischer, P. R.: Iron Age 149, 1942, 12. Feb., S. 46-51.

[6] Chaston, J. C.: Metal Treatment 1, 1935, S. 3-10; s. Elektr. Nachr.-Wes. 14, 1936, S. 135-146.

[7] Koehler, M.: Demag-Nachr. 14, 1940, S. 29-35.

[8] Kieffer, R. u. W. Hotop: Pulvermetallurgie und Sinterwerkstoffe, Berlin: Springer-Verlag, 1943, S. 205ff.

III. Eigenschaften der Pulver.

A. Einführung.

1. Überblick über die wichtigsten Eigenschaften und Hinweis auf die notwendige Vorbehandlung der Pulver.

Der Verarbeiter von Eisenpulver befindet sich in der glücklichen Lage, auf eine ganze Fülle von Eisenpulvern verschiedenster Herstellungsart und damit sehr unterschiedlicher Eigenschaften zurückgreifen zu können. Um so wichtiger ist es aber für ihn, anhand möglichst eindeutiger Kenngrößen von vornherein über die Eigenschaften des Pulvers Aufschluß zu bekommen, damit er schnell entscheiden kann, welches Pulver für einen bestimmten Verwendungszweck am besten geeignet ist. Das Preß- und Sinterverhalten eines Pulvers wird naturgemäß durch seine chemischen und physikalischen Eigenschaften bestimmt. In chemischer Hinsicht sind die Gehalte des betreffenden Eisenpulvers an Sauerstoff, Kohlenstoff, Silizium, Kieselsäure, Schwefel und Phosphor von entscheidender Bedeutung. Von den physikalischen Eigenschaften interessieren vor allen Dingen die Korngestalt einschließlich Oberflächenbeschaffenheit der Teilchen, die Korngröße, die Kornverteilung, das Füll- und Klopfvolumen bzw. die Füll- und Klopfdichte, der Füllfaktor sowie das Fließverhalten des Pulvers. Soweit das Preßverhalten in unmittelbarem Zusammenhang mit den oben aufgeführten chemischen und physikalischen Eigenschaften steht, wird es schon hier behandelt werden. Der Auswirkung von äußeren Einflüssen dagegen, wie der Höhe des angewandten Preßdruckes und der Art der Druckanwendung auf die Eigenschaften der Preßkörper, ist ein besonderes Kapitel gewidmet (s. S. 118ff.).

Die verschiedenen auf dem Markt erhältlichen Eisenpulver sind in der Form, wie man sie vom Erzeuger angeliefert bekommt, in den meisten Fällen nicht unmittelbar zu verpressen. Lediglich Carbonyleisenpulver und die Reduktionspulver (aus chemisch reinen Oxyden, aus Schwammeisen und aus Walzzunder) sind auf Grund ihrer Herstellungsweise häufig direkt einsatzfähig. Alle übrigen Pulver werden zweckmäßig vom Verbraucher vor dem Verpressen einer geeigneten *Vorbehandlung* unterzogen, entweder, weil sie auf Grund ihrer Herstellungsweise einen zu hohen Sauerstoff-, Kohlenstoff- oder Schwefelgehalt aufweisen (Elektrolyteisen, DPG-Eisen, Walzsintereisen) oder, weil sie infolge von Kaltverformung zu hart, spröde und elastisch sind (mechanisch hergestellte Pulver wie z. B. Hametagpulver) oder schließlich, weil sie beim Herstellungsprozeß mit ungünstiger Korngestalt, Korngröße und Korngrößenverteilung anfallen (D-Pulver). Die Vorbehandlung besteht vornehmlich in einem Glühprozeß unter reduzierenden Bedingungen bei Temperaturen zwischen 600 und 1000°. Als Glühöfen kommen die gleichen Typen in Frage, die auch für die Sinterung angewandt werden (s. S. 295). Da die Pulver bei dem Glühen meist mehr oder weniger stark zusammenbacken, ergibt sich als zweiter Arbeitsgang der Vorbehandlung eine Wiederzerkleinerung der Pulverkuchen in geeigneten Zerkleinerungsaggregaten, wobei eine neuerliche Kaltverformung der Pulverteilchen zu vermeiden ist. In Frage kommen Backenbrecher, Kollergänge, Schlagstift-, Schlagscheiben- und Schlagnasenmühlen (z. B. Konduxmühle) (s. S. 17). Das so erhaltene Pulver wird meistens gesiebt, um unerwünschte, etwa noch vorhandene Grobkornanteile abzutrennen und nochmals zwecks Homogenisierung nachgemischt.

Durch die geschilderte Vorbehandlung werden die Pulvereigenschaften gegenüber dem Anlieferungszustand sowohl in chemischer als auch in physikalischer Hinsicht oft entscheidend verändert.

Es erscheint daher notwendig, die Eigenschaften der Pulver im Anlieferungszustand und ihre Veränderung durch die so wichtige Glühbehandlung nebeneinander zu besprechen.

Da die Änderung der Pulvereigenschaften sich vornehmlich auf das Preßverhalten auswirkt, möge zu seiner Bestimmung zunächst etwas gesagt werden.

2. Bestimmung des Preßverhaltens der Pulver.

Das Preßverhalten ist als die fertigungstechnisch wichtigste Eigenschaft anzusprechen. Für dieses Verhalten sind zwei Größen von Bedeutung, nämlich die *„Verdichtbarkeit"*, die angibt, welche Dichte man bei Anwendung eines bestimmten Druckes für den Preßling erzielen kann, und die *„Kantenfestigkeit"* der Preßlinge.

Zur Bestimmung der *Verdichtbarkeit* preßt man möglichst einfache Formkörper, beispielsweise Zylinder, deren Durchmesser zweckmäßig größer ist als die Höhe, mit einem bestimmten Druck. Folgende Versuchsbedingungen haben sich auf Grund umfangreicher eigener Erfahrungen bestens bewährt und dürften geeignet sein, als Normwerte für eine Standardprobe angenommen zu werden. Man füllt in eine mit Hartmetall ausgekleidete zylinderische Matrize von 20 mm Durchmesser das zu untersuchende Pulver unter Konstanthaltung der Füllhöhe. Um Preßlinge von ca. 10 bis 15 mm Höhe zu erhalten, wählt man als Füllhöhe den 2,5- bis 3fachen Betrag der gewünschten Höhe, also rund 30 mm. Das so

eingefüllte Pulver wird mit drei verschiedenen Standard-Preß-
drucken (2 bzw. 4 bzw. 6 t/cm²) in der gefedert aufgehängten
Matrize zusammengepreßt. Durch die Federung des Matrizenmantels erreicht man eine doppelseitige Durchpressung von oben
und von unten. Durch Verwendung der Hartmetallauskleidung
setzt man die Reibung zwischen Matrizenwand und Pulver weitgehend herab. Infolge des geringen Verschleisses der Hartmetallauskleidung ist ein derartiges Preßwerkzeug für Probepressungen
fast unbegrenzt brauchbar. Durch Auswiegen und Ausmessen
des erhaltenen Preßlings läßt sich bequem die zu dem betreffenden Preßdruck gehörige Dichte in g/cm³ errechnen. Um die
Verdichtbarkeit verschiedener Pulver miteinander vergleichen zu
können, ist es zweckmäßig, aus der Preßdichte den bei Anwendung
eines bestimmten Preßdruckes erreichten Prozentsatz der Dichte
des kompakten Metalls zu errechnen. Dieser Zahlenwert wird in
Übereinstimmung mit der in der Keramik üblichen Bezeichnungsweise mit „*Raumerfüllung*" bezeichnet.*) Für die Errechnung der
Raumerfüllung wird in den vorliegenden Zahlentafeln eine Reindichte von 7,83 g/cm³ für technisch reines Eisen, für Carbonyl- und
Elektrolyteisen eine solche von 7,86 g/cm³ angenommen. Enthält
das Eisenpulver noch andere Bestandteile (z. B. höhere Kohlenstoff-
und Siliziumgehalte), so muß die Teilchendichte des Pulvers pyknometrisch ermittelt werden (z. B. Gußeisen, Schwammeisen).

J. C. Leadbeater[3] und Mitarbeiter, welche sich eingehend mit
der Bestimmung der Teilchendichte verschiedener Eisenpulver beschäftigt haben, benützten Xylol als Pyknometerflüssigkeit. Es
ist zu beachten, daß die so bestimmte Teilchendichte nicht nur
abhängig ist von den Verunreinigungen des Pulvers wie z. B. Oxyden
und Schlacken oder von Legierungsbestandteilen (Kohlenstoff,
Silizium u. a.), sondern auch vom Volumen der geschlossenen
Poren, in welche auch bei Anwendung von Vakuum die Pyknometerflüssigkeit nicht eindringen kann. Bei der Teilchendichte handelt
es sich also, insbesondere bei hochporösen Pulvern (z. B. Schwammeisenpulver), welche verhältnismäßig viele geschlossene Poren aufweisen, noch nicht um eine Reindichte.

---

*) Die Raumerfüllung stimmt mit dem von den Verfassern vor-
geschlagenen Begriff „relative Verdichtungszahl"[1] überein. Dieser Ausdruck soll im Interesse einer einheitlichen Nomenklatur in Zukunft fallen
gelassen werden[2].

[1] Kieffer, R. u. W. Hotop: Pulvermetallurgie und Sinterwerkstoffe,
Berlin: Springer-Verlag, 1943, S. 35.

[2] Bartels, H.-J., W. Hotop u. R. Kieffer: Arch. Metallkde 1, 1947,
S. 311-15.

[3] Leadbeater, J. C., L. Northcott u. F. Hargreaves: Iron Steel
Inst., Spec. Rep. Nr. 38, S. 15-36, London 1947.

Der von kompakten Metallteilchen erfüllte Raum und der im Preßling vorhandene „*Porenraum*" machen den Gesamtraum des Preßlings aus. Der Prozentsatz des Porenraums am Gesamtvolumen wird als „*Porositätsgrad*" bezeichnet. *Die Summe aus Raumerfüllung und Porositätsgrad ergibt 100%.*

Unter der *Kantenfestigkeit* eines Pulvers versteht man die Fähigkeit desselben, einen mehr oder minder form- und kantenbeständigen Preßling bei Anwendung eines vorgegebenen Druckes zu bilden. Der Preßling kann hierbei beliebige Gestalt haben. Zweckmäßig ist es jedoch, bei den entsprechenden Preßversuchen einfache Körper, beispielsweise Zylinder oder rechteckige Stäbe, zu pressen. Preßlinge aus runden, kugeligen Pulvern, wie z. B. Carbonyleisen oder auch Zerstäubungspulver, weisen bei verhältnismäßig guter Verdichtbarkeit eine geringe Form- und Kantenbeständigkeit auf. Bei Preßlingen aus diesen Pulversorten lassen sich daher die Kanten durch Reiben leicht brechen oder abrunden. Nadelige, zackige und schwammartige Pulver wie z. B. Elektrolyt- und Schwammeisenpulver, ergeben sehr formbeständige Preßlinge.

F. Eisenkolb[1] hat versucht, gewisse quantitative Aussagen über die Kantenfestigkeit von Preßlingen aus verschiedenen technischen Eisenpulvern zu machen. Da zu diesem Zweck Angaben über Dichte und Zugfestigkeit des Preßlings im ungesinterten Zustand nicht genügen, preßt er bei gleichbleibender Pulvereinwaage kleine zylindrische Preßlinge, wobei der Preßdruck solange vermindert wird, bis der Preßling beim Ausheben aus dem Preßwerkzeug zerfällt (Grenzpreßdruck). Der Quotient aus Dichte und Grenzpreßdruck ergibt dann eine, für jedes Pulver in bezug auf die Kantenfestigkeit charakteristische Größe.

B. Die chemischen Eigenschaften der Pulver.

1. Anforderungen der Praxis hinsichtlich der Reinheit der Pulver.

Die Reinheit der Eisenpulver, wie sie durch chemische Analyse zu ermitteln ist, bestimmt maßgeblich ihren Einsatz in den verschiedensten Sintererzeugnissen.

Für die Herstellung von Reinsteisen, Eisen-Nickel-Molybdän-Legierungen und Eisen-Nickel-Legierungen für die Hochvakuumtechnik und für weichmagnetische Werkstoffe sowie in gewisser Weise für Dauermagnetwerkstoffe auf der Basis Eisen-Nickel-Aluminium werden hohe Anforderungen bezüglich der chemischen Reinheit der zum Einsatz vorgesehenen Pulver ge-

---

[1] Eisenkolb, F.: Stahl und Eisen, **66/67**, 1947, S. 78-82.

stellt. In den genannten Fällen ist die vollkommene Abwesenheit, von Silizium, Mangan, Schwefel, Phosphor, Kohlenstoff und Sauerstoff erwünscht. Unter Wasserstoff fast kohlenstoff- und sauerstofffrei geglühtes Carbonyleisenpulver hat sich für die vorgenannten Anwendungszwecke bestens bewährt. Durch Wasserstoffreduktion von chemisch reinem Eisenoxyd gewonnenes Eisenpulver kommt ebenfalls in Frage, wenn es wirtschaftlich genug herstellbar ist. An Stelle von Carbonyleisenpulver läßt sich auch gut reduziertes Elektrolyteisenpulver für alle die Zwecke einsetzen, bei denen es auf geringe Gehalte der üblichen Eisenbegleiter ankommt.

Durch mechanische Zerkleinerung hergestellte Eisenpulver (Hametagpulver, Rohrmühlenpulver etc.) weisen dieselbe chemische Analyse auf wie das Ausgangsmaterial. Diese Pulver enthalten allerdings meist zusätzlich Verunreinigungen aus den Mahlaggregaten in Form von Mangan und Kohlenstoff. Granulations-, Schleuder- und Zerstäubungspulver stimmen in ihrer chemischen Zusammensetzung mit den Schmelzen überein, aus denen sie gewonnen werden. Auf Grund ihrer Herstellungsart fallen die letztgenannten Pulver allerdings mit einem mehr oder weniger hohen Sauerstoffgehalt an, der durch reduzierende Glühung vor dem Verpressen beseitigt werden muß. Die genannten Pulver können überall da eingesetzt werden, wo die üblichen Stahlbegleiter nicht stören oder gegebenenfalls sogar erwünscht sind, wie z. B. bei der Herstellung von porösen Lagern und Maschinenteilen aus Sintereisen oder Sinterstahl.

Während bei kompakten Eisenpulvern (Schleuderpulver, Verdüsungspulver, mechanisch hergestellte Pulver) im Hinblick auf ihre Preß- und Sintereigenschaften Siliziumgehalte von mehr als $0,15\%$ störend wirken, setzen weit höhere Gehalte von etwa $0,3$ bis $0,5\%$ Si in Schwammeisenpulver die Verdichtbarkeit und die nach dem Sintern erzielbaren Festigkeitseigenschaften nicht so stark herab. Das ist wahrscheinlich darauf zurückzuführen, daß das Silizium in letzteren Pulvern in Form von feinstverteilten SiO_2-Einlagerungen und nicht in Form von SiO_2-Häuten vorhanden ist.

Bei der Reduktion von Eisenoxyden durch Kohle oder kohlenstoffhaltige Substanzen muß beachtet werden, daß die Verunreinigungen des Reduktionsmittels (Aschegehalt) in das durch die Reduktion erhaltene Eisenpulver eingehen. Daher empfiehlt sich in solchen Fällen häufig eine Nachreinigung mittels Magnetscheidern. Übrigens ist es stets angebracht, sich bei der Beurteilung des Einflusses der im Pulver vorhandenen Verunreinigungen klar zu machen, in welcher Form diese Verunreinigungen wie z. B. Sauerstoff und Kohlenstoff vorliegen. Sauerstoff kann beispielsweise als Oxydhaut, als Oxydeinschluß, als gelöstes Oxyd oder in Form von adsorbierten Gasen (O_2, H_2O, CO, CO_2) vorhanden sein[1]. Aus Oxyden reduzierte Metallpulver enthalten den Sauerstoff meist in Form gleichmäßiger, die Kristallagglomerate durchziehender Oxydeinschlüsse. Bei elektrolytisch oder durch Granulierung bzw. durch Schleudern gewonnenen Pulvern tritt der Sauerstoff vorzugsweise als Oxydhaut auf. Bei den aus dem Schmelzfluß erzeugten Granulations- und Schleuderpulvern ist dabei zu beachten, daß der Sauerstoff mit Vorliebe das vorhandene Silizium unter Bildung von SiO_2-Häuten bindet, wodurch die Preßeigenschaften des betreffenden Pulvers in ungünstiger Weise beeinflußt werden.

Pulver mit großer spezifischer Oberfläche, wie z. B. Carbonyleisenpulver und gewisse Reduktionspulver, können neben gasförmigem Sauerstoff auch Wasserstoff und Stickstoff in kleinen Mengen an der Oberfläche adsorbieren, worauf C. J. Leadbeater und Mitarbeiter hingewiesen haben[2].

Der Kohlenstoff schließlich liegt meist als freie Kohle (Graphit), als gebundene Kohle (Karbid) oder in fester Lösung vor. Gewisse Mengen können auch in Form von adsorbiertem CO_2 bzw. CO vorhanden sein. Im Gußeisenpulver liegt beispielsweise stets ein mehr oder weniger großer Anteil des Kohlenstoffs in Form von freiem Graphit vor.

2. Bestimmung der chemischen Eigenschaften.,

Für die Bestimmung der *Begleitelemente* Silizium, Mangan, Phosphor, Schwefel sowie für gegebenenfalls vorhandene Legierungsbestandteile wie Nickel, Chrom, Aluminium, Titan, Vanadin usw. kommen die gleichen Bestimmungsverfahren in Frage, wie sie in jedem Eisenhüttenlaboratorium seit Jahren üblich sind. Über diese Verfahren existiert ein ausgezeichnetes Spezialschrifttum, auf das in diesem Zusammenhang verwiesen sei[3, 4].

Wie schon oben häufiger zum Ausdruck gebracht, kommt dem *Sauerstoffgehalt* im Eisenpulver eine ganz besondere Bedeutung zu. Der Sauerstoffgehalt bestimmt entscheidend das Preßverhalten des Pulvers und insbesondere bei oxydationsempfindlichen Sinterkörpern, die beispielsweise Aluminium, Titan, Chrom und Silizium enthalten,

---

[1] Dawihl, W. u. U. Schmidt: Stahl u. Eisen **65**, 1945, S. 9-14.

[2] Leadbeater, C. J., L. Northcott u. F. Hargreaves: Iron Steel Inst., Spec. Rep. Nr. 38, London 1947, S. 15-36.

[3] Handbuch für das Eisenhüttenlaboratorium, Bd. 2, Die Untersuchung der metallischen Stoffe, Verlag Stahleisen, Düsseldorf: 1941.

[4] Weihrich, R.: Die chemische Analyse in der Stahlindustrie, 2. Aufl., Bd. XXXI der Sammlung: Die chemische Analyse, herausgeg. W. Böttger, Stuttgart: F. Enke, 1939.

auch das Sinterverhalten und den endgültigen Gehalt an Nichteisenmetalloxyden. Die laufende Überwachung des Sauerstoffgehaltes der zur Verwendung kommenden Eisenpulver ist daher eine Forderung, auf die im praktischen Betrieb nicht verzichtet werden kann. Grundsätzlich könnten zur Bestimmung des Sauerstoffes in Eisen-, Stahl- und Legierungspulvern alle Verfahren angewandt werden, die auch zur Bestimmung des Sauerstoffes in geschmolzenem Eisen und Stahl gebräuchlich sind. Allerdings ist es notwendig, gewisse Abänderungen in der Versuchseinrichtung sowie in der Durchführung des Verfahrens vorzunehmen, da die Eisenpulver meist erheblich mehr Sauerstoff enthalten als das geschmolzene Material. Im Eisenhüttenlaboratorium werden vornehmlich zwei Verfahren angewandt, die zunächst kurz erläutert werden sollen.

a) Wasserstoffreduktionsverfahren[1, 2].

Grundlage des Verfahrens: Der an Eisen gebundene Sauerstoff wird im Vakuum mit Wasserstoff umgesetzt und das gebildete Wasser zur Auswaage gebracht. Dabei wird auch der an Mangan, Kupfer, Nickel, Wolfram und Molybdän gebundene Sauerstoff erfaßt, nicht aber der an Silizium, Aluminium und Titan gebundene. Nicht anwendbar ist das Verfahren bei Stählen mit über $0,2\%$ Kohlenstoff, $0,05\%$ Silizium und $0,10\%$ Aluminium und Phosphor.

Ausführung des Verfahrens: Die erforderliche Versuchseinrichtung besteht im wesentlichen aus einer elektrolytischen Wasserstoffentwicklungsanlage, der Wasserstofftrocknungsbatterie, dem Reaktionsgefäß aus Quarzglas und den Mikroabsorptionsröhrchen. Die Apparatur muß evakuiert werden können. Bei der Ausführung der Bestimmung wird die gewogene Eisenprobe unter Zusatz von desoxydiertem Zinn in dem vorher evakuierten Reaktionsgefäß bei etwa 1100^0 mit einwandfrei getrocknetem Wasserstoff umgesetzt. Das gebildete Wasser wird in Absorptionsröhrchen, welche mit Phosphorpentoxyd gefüllt sind, aufgefangen und zur Wägung gebracht.

Ein etwas abgeändertes Verfahren kann nach H. Petersen[3] auch für Stähle mit mehr als $0,2\%$ C benützt werden. Dabei wird das sich bei der Umsetzung bildende kohlenoxydhaltige Gasgemisch durch Überleiten über einen Katalysator in Methan und Wasser zerlegt. Letzteres wird ebenfalls in Phosphorpentoxyd absorbiert, gewogen und auf Sauerstoff umgerechnet. Das geschilderte Wasserstoffreduktionsverfahren liefert bei der Untersuchung von Eisen-

---

[1] Ledebur, A.: Stahl u. Eisen 2, 1882, S. 193-197.

[2] Oberhoffer, B.: Stahl u. Eisen 38, 1918, S. 105-110; 40, 1920, S. 812-814; s. Handbuch für das Eisenhüttenlaboratorium, Bd. 2, Düsseldorf: Verlag Stahleisen, 1941, S. 431 ff.

[3] Petersen, H.: Arch. Eisenhüttenwes. 3, 1929-30, S. 459-472.

pulvern sehr gute Resultate. Es ist aber langwierig und erfordert eine verwickelte Versuchseinrichtung. Über eine Vereinfachung des Verfahrens unter Verzicht auf meist unnötig hohe Genauigkeit wird weiter unten berichtet.

b) Heißextraktionsverfahren[1].

Grundlage des Verfahrens: Bei der Umsetzung der Eisen- oder Stahlprobe mit Kohlenstoff im Vakuum bei 1600 bis 2000° bildet sich ein CO-CO_2-haltiges Gasgemisch. Dieses kann durch Mikrogasanalyse zerlegt werden. Aus dem Ergebnis der Analyse wird auf den Sauerstoffgehalt der Probe geschlossen. Das Verfahren ist bei allen Eisen- und Stahlsorten anwendbar und erfaßt auch den an Aluminium, Silizium, Mangan und Titan gebundenen Sauerstoff. Bei Gehalten über 0,5 Mangan und über 0,3% Aluminium ist eine Abänderung notwendig.

Ausführung des Verfahrens: Die Versuchseinrichtung besteht im wesentlichen aus dem Vakuum-Röhrenofen, dem Mikrogasanalysator und der Evakuierungseinrichtung. Bei der Durchführung der Bestimmung wird die gewogene Probe im Graphittiegel des Vakuum-Röhrenofens bei etwa 1600 bis 1700° ungefähr ein bis zwei Stunden entgast. Das gebildete Gasgemisch wird im Mikrogasanalysator auf den Gehalt an CO_2, CO, H_2 und N untersucht. Das Verfahren hat den Nachteil, daß die Versuchseinrichtung außerordentlich verwickelt und schwer zu handhaben ist.

c) Weitere Verfahren für Sauerstoffbestimmung.

Die beiden bisher genannten Verfahren konnten sich für die Bestimmung von Sauerstoff in Eisen-, Stahl- und Legierungspulvern als normale Betriebskontrolle nicht durchsetzen, weil sie viel zu hohe apparative Anforderungen stellen und die Bestimmungen viel zu lange Zeit erfordern. Es hat daher nicht an Bemühungen gefehlt, andere Bestimmungsverfahren auszuarbeiten, welche die bekannten Methoden vereinfachen und insbesondere die Versuchsdauer abkürzen.

α) Chlorierungsverfahren[2, 3].

Grundlage des Verfahrens: Durch Umsetzung von Eisen oder

---

[1] Thanheiser, G. u. E. Brauns: Arch. Eisenhüttenwes. **9**, 1935-36, S. 435-439; s. Handbuch für das Eisenhüttenlaboratorium, Bd. 2, Düsseldorf: Verlag Stahleisen, 1941, S. 433 ff.

[2] Wasmuth, R. u. P. Oberhoffer: Arch. Eisenhüttenwes. **2**, 1928-29, S. 829-842; s. Handbuch für das Eisenhüttenlaboratorium, Bd. 2, Düsseldorf: Verlag Stahleisen, 1941, S. 446.

[3] Wiemer, H.: Persönliche Mitteilung, 1942.

Stahl mit gasförmigem Chlor bildet sich Eisenchlorid, welches bei etwa 350^0 flüchtig ist. Eisen kann auf diese Weise von Al_2O_3 und SiO_2 getrennt werden. Nach Beobachtungen von W. Oelsen und P. Göbbels[1] setzt sich ebenfalls das Eisenoxydul bei 300 bis 500°C nach der Gleichung:

$$6\ FeO + 3\ Cl_2 \longrightarrow 2\ Fe_2O_3 + 2\ FeCl_3$$

quantitativ um. Das Eisenoxyd verbleibt dann zusammen mit dem Aluminiumoxyd und der Kieselsäure im Rückstand.

Ausführung des Verfahrens: Die verhältnismäßig einfache Versuchseinrichtung besteht im wesentlichen aus dem Reaktionsrohr aus hochschmelzendem Glas, welches an einem Ende kugelförmig erweitert ist, sowie aus der Trocknungs- und Reinigungsanlage für das gasförmige Chlor, welches einer Druckflasche entnommen wird. Bei der Durchführung der Bestimmung wird das Pulver oder der zerkleinerte Pulverpreßling in einem glasierten Porzellanschiffchen in das Reaktionsrohr gebracht und bei etwa 350^0 in absolut trockenem Chlorstrom zersetzt, was etwa 1½ bis 2 Stunden erfordert. Dabei verflüchtigt sich das Eisenchlorid und kondensiert sich im kugelförmigen Ansatz des Reaktionsrohres. Der im Schiffchen verbleibende Rückstand, der im wesentlichen aus Fe_2O_3, Al_2O_3 und SiO_2 besteht, wird gelöst und das Eisen nach bekannten Verfahren bestimmt. Daraus kann der an das Eisen gebundene Sauerstoff errechnet werden. Das Verfahren ist einfach durchführbar und soll bei einer großen Anzahl von Eisenpulvern mit den verschiedensten Sauerstoffgehalten von 0,1 bis 13% Sauerstoff sehr gut vergleichbare Werte geliefert haben.

β) Aluminiumdiffusionsverfahren[2].

Grundlage des Verfahrens: In Anlehnung an die Sauerstoffbestimmung in regulinischem Stahl mit Hilfe der Diffusion von Aluminium und dessen Umsetzung zu Aluminiumoxyd[3] wird das Eisen- oder Stahlpulver mit Aluminiumpulver oder Eisen-Aluminium-Vorlegierungspulver gemischt. Durch Glühen bei Temperaturen unterhalb des Eisenschmelzpunktes wird eine Umsetzung des an das Eisen gebundenen Sauerstoffs mit Aluminium zu Al_2O_3 erzielt. Dieses kann nach den bekannten analytischen Methoden bestimmt werden. Das Verfahren erfaßt auch den an Chrom, Titan, Wolfram und Vanadin sowie auch teilweise den an Silizium gebundenen

---

[1] Oelsen, W. u. P. Göbbels: Unveröffentlichter Bericht des Kaiser-Wilhelm-Institutes für Eisenforschung, Düsseldorf: 1942.

[2] Konopicky, K. u. L. Prantner: Sauerstoffbestimmung in legierten Stahlpulvern, erscheint demnächst.

[3] Gotta, A.: Arch. Eisenhüttenwes. **17**, 1943-44, S. 53-55.

Sauerstoff. Es führt nicht zum Ziel bei gleichzeitiger Anwesenheit von größeren Mengen von Kohlenstoff und Sauerstoff in unlegiertem Eisenpulver.

Ausführung des Verfahrens: Bei der Ausführung der Bestimmung wird das Eisenpulver mit der ebenfalls gepulverten Eisen-Aluminium-Vorlegierung (50 : 50) gemischt und zu kleinen zylindrischen Körpern verpreßt. Der Preßling wird dann in den auf 1200° erhitzten, mit trockenem Wasserstoff beschickten Röhrenofen gebracht und etwa 15 Minuten auf dieser Temperatur gehalten, dann rasch abgekühlt. Nach Entfernung der oberflächlichen Oxydschicht wird der Kern des Sinterkörpers zerspant und in Salzsäure gelöst. Der unlösliche Rückstand wird mit Natriumsuperoxyd aufgeschlossen und das Aluminium unter Zusatz von Weinsäure mit Ortho-Oxychinolin bestimmt.

Das Verfahren gibt gut vergleichbare Resultate, die mit den bei der Wasserstoffreduktion erhaltenen gut übereinstimmen.

γ) Kohlenstoffreduktionsverfahren[1].

Grundlage des Verfahrens: Das Eisen- oder Stahlpulver wird in sauerstofffreier Stickstoffatmosphäre mit Kohlenstoff bei Schmelztemperatur umgesetzt und das gebildete Kohlenoxyd nach Oxydation zu Kohlendioxyd als solches durch Absorption in Natronkalk bestimmt.

Ausführung des Verfahrens: Die verhältnismäßig einfache Versuchseinrichtung besteht aus einer Gasreinigungsanlage für den Stickstoff, der einer Druckflasche entnommen wird, sowie drei Rohröfen. Im ersten Ofen erfolgt die restlose Entfernung des Sauerstoffs durch Überleiten des Stickstoffs über glühende Kupferspäne. Der zweite Ofen dient zur Aufnahme der Probe und im dritten Ofen wird das gebildete CO-haltige Gasgemisch über glühendem Kupferoxyd quantitativ in CO_2 umgesetzt. Dieses wird in zwei U-Röhrchen, die mit Natronkalk gefüllt sind, absorbiert. Bei der Durchführung der Bestimmung wird die Eisenpulverprobe mit einem großen Überschuß von Graphit gemischt, in einem Schiffchen, in den auf etwa 1200° angeheizten Ofen eingeschoben und ein flotter Strom von absolut trockenem, sauerstofffreiem Stickstoff übergeleitet. Nach etwa 15 Minuten ist die Reaktion beendet. Das gebildete Kohlendioxyd, welches in den Natronkalkröhrchen absorbiert wurde, kann ausgewogen werden. Das verhältnismäßig einfache Verfahren liefert leider keine gut reproduzierbaren Werte.

---

[1] Naeser, G.: Persönliche Mitteilung, 1942.

δ) *Abgeändertes Kohlenstoffreduktionsverfahren*[1].

Grundlage des Verfahrens: Die in Eisen- oder Stahlpulvern enthaltenen Oxyde werden bei geeigneten Versuchsbedingungen mit Kohlenstoff unter Vermeidung von Vakuum zu Kohlenoxyd umgesetzt. Dieses wird gasvolumetrisch bestimmt. Als Schutzgas wird sauerstoffreier Stickstoff verwendet. Das Verfahren ist bei allen Eisenpulvern anwendbar. Auch der an Silizium, Aluminium und Titan gebundene Sauerstoff soll dabei erfaßt werden.

Ausführung des Verfahrens: Die Versuchseinrichtung besteht im wesentlichen aus einem elektrischen Ofen, in dem sich ein unten geschlossenes Rohr befindet, das den zur Aufnahme der Probe bestimmten Graphittiegel enthält. Zum Auffangen und Abmessen des gebildeten Kohlenoxyds dient eine Gasbürette. Bei derAusführung der Bestimmung wird das Eisen- oder Stahlpulver zu einer Pastille verpreßt und in den Graphittiegel gebracht, der sich in dem auf etwa 1300⁰ erhitzten Reaktionsrohr befindet. Durch ein auf den Tiegel aufgesetztes Graphitrohr wird das gebildete CO_2 quantitativ zu CO reduziert. Nach etwa sechs bis acht Minuten kann auf der Gasbürette die Volumenzunahme abgelesen werden, welche nach Reduktion auf 0⁰ und 760 mm Barometerstand sofort die gebildete Menge CO anzeigt. Durch entsprechende Teilung der Bürette kann auch sofort der Gehalt an Sauerstoff abgelesen werden. Dieses Verfahren erfordert keine besonders verwickelte Versuchseinrichtung und ist vor allem sehr rasch durchzuführen. Es ist als Schnellverfahren gut geeignet und ergibt sehr gut vergleichbare Werte, die befriedigend mit den bei der Wasserstoffreduktion gefundenen übereinstimmen.

ε) *Vereinfachtes Wasserstoffreduktionsverfahren* (Kieffer-Hotop).

Grundlage des Verfahrens: Der an Eisen gebundene Sauerstoff wird bei 1200 bis 1300⁰ durch Wasserstoff reduziert. Durch Gewichtsverlust des Probekörpers wird der Sauerstoffgehalt unter Berücksichtigung des Kohlenstoffgehalts vor und nach dem Sintern bestimmt. Zwecks Verringerung des Fehlers wählt man große Einsatzgewichte. Der an Silizium, Aluminium, Titan, Chrom gebundene Sauerstoff wird nicht erfaßt.

Ausführung des Verfahrens: Man preßt aus dem zu untersuchenden Eisenpulver beliebige Formkörper von etwa 40 bis 50 g. Etwa fünf bis zehn derartige Preßlinge werden gewogen und in einem Sinterofen bei 1250 bis 1300⁰ unter Wasserstoff gesintert. Bei kohlenstoffhaltigen Pulvern bestimmt man zusätzlich den C-Gehalt des Pulvers und der Sinterkörper. Der nach dem Sintern ermittelte

---

[1] Naeser, G.: Persönliche Mitteilung, 1944.

Gewichtsverlust ist unter Berücksichtigung des C-Gehaltes vor und nach dem Sintern ein Maß für den an Eisen gebundenen Sauerstoffgehalt des Pulvers.

Dieses Verfahren hat sich z. B. bei der laufenden Betriebsüberwachung von Carbonyleisen-, Elektrolyteisen-, Hametageisen-, DPG-Schleuder- und RZ-Pulver ausgezeichnet bewährt. Man erhält schnell und zuverlässig Vergleichsdaten, aus denen man Folgerungen hinsichtlich des bei der Vorbehandlung erzielten Reduktionsgrades ziehen kann.

d) Bestimmung adsorbierter Gase.

Von J. C. Leadbeater und Mitarbeitern[1] wurde darauf hingewiesen, daß Pulver mit großer spezifischer Oberfläche, wie Carbonyleisen- und gewisse Reduktionspulver ein beträchtliches Adsorptionsvermögen nicht nur für Sauerstoff, Wasserdampf und Kohlendioxyd, sondern auch für *Stickstoff* und *Wasserstoff* aufweisen können (s. S. 67). Die Bestimmung dieser adsorbierten Gase kann nach H. A. Sloman[2] durch Vakuumaufschlußverfahren erfolgen. Einige Angaben über den Wasserstoff- und Stickstoffgehalt von unbehandelten Eisenpulvern sind in Zahlentafel 11 zu finden.

3. Beeinflussung der chemischen Eigenschaften durch die Vorbehandlung der Pulver; Auswirkung auf das Preßverhalten.

Um einen Überblick zu geben, mit welcher chemischen Zusammensetzung man bei den auf dem Markt befindlichen Eisenpulvern rechnen muß, sind die Analysenwerte der wichtigsten Pulver in Zahlentafel 11 zusammengestellt. Die angegebenen Gehalte sind aus einer großen Anzahl vorliegender Resultate als typisch herausgegriffen worden. Man sieht aus der Aufstellung, daß fast alle Rohpulver mit mehr oder weniger hohen Gehalten an Kohlenstoff und insbesondere Sauerstoff anfallen, die sich auf das Preßverhalten und die Eigenschaften der Enderzeugnisse nachteilig auswirken. Es ist daher unumgänglich notwendig, die verschiedenen Pulver vor ihrer Verarbeitung zu Preßkörpern einer reduzierenden Vorbehandlung bei Temperaturen zwischen 600 und 1000° zu unterziehen. Als Glühatmosphäre führen Wasserstoff und gespaltenes Ammoniakgas zu optimalen Preßeigenschaften der Pulver. Bei weniger hohen Anforderungen kommen als Schutzgase aber auch teilweise verbranntes Leuchtgas, Propan, Holzkohlegeneratorgas

---

[1] Leadbeater, J. C., L. Northcott u. F. Hargreaves: Iron Steel Inst., Spec. Rep. Nr. 38, S. 15-36, London 1947.
[2] Sloman, H. A.: J. Iron Steel Inst., 1941, S. 298, 1943, S. 235; J. Inst. Met. 71, 1945, S. 391.

Zahlentafel 11. *Chemische Zusammensetzung einer Reihe marktgängiger Eisenpulver im Anlieferungszustand.*

Lfd. Nr.	Pulver	Analyse in %						sonstige Bestandteile[1]
		O	C	Si	Mn	P	S	
1	Carbonyleisen A 0,1 bis 5 μ	2,0	1,2	0,01	0,008	0,002[1]	0,002	—
2	Carbonyleisen C 0,1 bis 5 μ	0,08	0,05	0,01	0,008	0,002	0,002	$\{$ H_2 0,004 N_2 0,03
3	Elektrolyteisen $<$ 0,06 mm	3,5	0,01	0,01	0,01	0,005	0,003	$\{$ H_2 0,007 N_2 0,014
4	Ferrum reductum $<$ 0,05 mm	0,4	0,05	0,35	0,15	0,01	0,01	—
5	Schwammeisen (Höganäs) $<$ 0,4 mm	1,7	0,05	0,12	0,06	0,004	0,006	$\{$ V_2O_5 0,15 SiO_2 1,5 TiO_2 0,19
6	Walzsinter W (DPG-Lurgi) $<$ 0,4 mm	1,6	0,20	0,30	0,36	0,030	0,20	—
7	Walzsinter (Neuwirth-Warbichler) $<$ 0,4 mm	2,5	0,30	0,40	0,30	0,040	0,40	—
8	Hametag-Pulver $<$ 0,4 mm aus SM-Stahl (Wirbelschlagverfahren)	0,5	0,09	0,04	0,31	0,024	0,03	—
9	Schleuderpulver (DPG-Verfahren) mit niedrigem C-Gehalt aus Elektrostahl $<$ 0,4 mm	3,9	0,15	0,13	0,17	0,030	0,025	—
10	Schleuderpulver (DPG-Verfahren) mit höh. C-Gehalt aus Bessemerstahl, nach dem Schleudern $<$ 0,4 mm	2,3	1,8	0,15	0,25	0,10	0,05	—
11	Schleuderpulver (DPG-Verfahren) gemäß 10 nach dem Glühen im eigenen Gas $<$ 0,4 mm	0,8	0,1	0,15	0,25	0,09	0,04	—
12	Gußeisenschleuderpulver (DPG-Verfahren) aus Stürzelberger-Roheisen $<$ 0,15 mm	2,0	3,7	0,11	0,25	0,05	0,03	—
13	D-Pulver $<$ 0,4 mm (Druckverdüsungsverfahren)	2,0	0,08	0,10	0,05	0,04	0,03	—
14	RZ-Pulver $<$ 0,4 mm (Roheisen- Zunderverfahren Mannesmann) nach dem Schleudern	2,6	3,3	0,15	0,20	0,07	0,05	—
15	RZ-Pulver $<$ 0,4 mm gemäß 14 nach dem Glühen im eigenen Gas	1,0	0,1	0,15	0,20	0,06	0,04	—

[1] Sämtliche Pulver enthalten neben adsorbierten Gasen noch geringe Mengen anderer Metalle (Ni, Cr, Al, Pb, Cu u. a.).

oder sogar gewöhnliches Generatorgas in Frage (s. S. 307). Als Pulverglühöfen (s. S. 295) dienen bei kleineren und mittleren Leistungen am besten Durchsatzöfen mit Nickel-Chrom-, Siliziumkarbid- oder Molybdän-Heizstäben.

Es empfiehlt sich sogar, bereits reduzierend vorbehandelte Pulver, die längere Zeit gelagert haben, vor dem Verpressen erneut zu glühen. Dies gilt besonders für Feinstpulver mit der um ein Vielfaches gegenüber Grobpulver größeren Oberfläche der Pulverteilchen. Aus der großen Oberfläche heraus erklärt sich die starke Neigung der Feinpulver, bei Lagerung an Luft durch Adsorption von Sauerstoff und Wasserdampf mehr oder weniger starke Oxydhäute zu bilden. Durch die Reduktionsglühung werden die Oxydhäute, Oxydeinschlüsse, Feuchtigkeitsfilme, adsorbierte Gase und unverhältnismäßig hohe Gehalte an Kohlenstoff und Schwefel weitgehend entfernt.

Im folgenden sei die praktische Durchführung der reduzierenden Nachbehandlung bei den in Zahlentafel 11 zusammengestellten marktgängigen Eisenpulvern und deren Einfluß auf die chemischen Eigenschaften eingehender besprochen. Die beiden an der Spitze angeführten Carbonyleisenpulver „A" und „C" unterscheiden sich durch ihren Kohlenstoff- und Sauerstoffgehalt. Wie schon früher erwähnt (s. S. 38), kann man bei der Erzeugung von Carbonyleisenpulver auf einen mehr oder weniger hohen Gehalt an Sauerstoff und Kohlenstoff hinarbeiten. Sintert man ein solches kohle- und sauerstoffhaltiges Pulver (Qualität „A"), so erhält man, sofern die Gehalte der beiden Begleitelemente entsprechend aufeinander abgestimmt sind, einen fast kohlenstoff- und sauerstofffreien Sinterkörper. Ein derartiges Pulver kommt also für Verbraucher in Frage, die große Blöcke aus Carbonyleisenpulver herstellen und verarbeiten wollen. Für die Herstellung physikalischer Werkstoffe genügt die mit dieser Behandlung erzielbare Reinheit im allgemeinen jedoch nicht. Hier hat es sich als zweckmäßig erwiesen, das Pulver einer weiteren Glühbehandlung unter strömendem Wasserstoff zu unterziehen, wobei der Kohlenstoff und Sauerstoff fast gänzlich entfernt werden. Ein derart vorbehandeltes Pulver wird von der IG-Farbenindustrie unter der Qualitätsbezeichnung „C" in den Handel gebracht. Die restlose Befreiung von Kohlenstoff und Sauerstoff verläuft zwar am schnellsten bei Temperaturen zwischen 900 und 1000°, doch erfordert das starke Zusammenbacken und Sintern der selbst locker geschichteten Carbonylpulver in der Praxis niedrigere Glühtemperaturen (600 bis 800°) und zum Ausgleich entsprechend längere Glühzeiten. Selbst bei Verwendung der Pulverqualität „C" ist eine Wasserstoffglühung bei Temperaturen um 600° dann zu empfehlen, wenn das Pulver längere Zeit vor der Verarbeitung gelagert hat.

Zahlentafel 12. *Einfluß einer mehrmaligen Reduktionsbehandlung bei 850° auf den Sauerstoffgehalt und die Verdichtbarkeit von Elektrolyteisenpulver (Korngröße < 0,06 mm).*

Behandlungszustand	O-Gehalt[1] %	Dichte in g/cm³ bei einem Preßdruck (t/cm²) von			Raumerfüllung in % bei einem Preßdruck (t/cm²) von			Porositätsgrad in % bei einem Preßdruck (t/cm²) von		
		2	4	6	2	4	6	2	4	6
Anlieferung	3,5	4,69	5,07	n. b.	59,7	64,5	n. b.	40,3	35,5	n. b.
einmal reduziert	1,5	5,15	6,02	6,49	65,5	76,6	82,6	34,5	23,4	17,4
zweimal „	1,0	5,30	6,20	6,72	67,4	78,9	85,5	32,6	21,1	14,5
dreimal „	0,5	5,35	6,28	6,80	68,1	79,9	86,5	31,9	20,1	13,5
viermal „	0,25	5,40	6,35	6,83	68,7	80,8	86,9	31,3	19,2	13,1

[1] Bestimmt nach dem vereinfachten Wasserstoffreduktionsverfahren, S. 72.

Zahlentafel 13. *Einfluß einer Wasserstoffglühung auf die chemischen Eigenschaften und die Verdichtbarkeit von durch Holzkohle reduziertem Walzzunder (F. Eisenkolb).*

Behandlungszustand	Analyse in %			Dichte in g/cm³ (Preßdruck 2,5 t/cm²)	Raumerfüllung in % (Preßdruck 2,5 t/cm²)	Porositätsgrad in % (Preßdruck 2,5 t/cm²)
	C	S	Fe			
Ausgangspulver	0,12	0,400	97,0	5,07	64,5	35,5
1 Stunde geglüht bei 600°	0,09	0,385	97,7	5,24	66,7	33,3
1 „ „ „ 700°	0,08	0,380	98,5	5,38	68,4	31,6
1 „ „ „ 800°	0,07	0,240	98,5	5,37	68,3	31,7
1 „ „ „ 900°	0,07	0,228	98,8	5,45	69,3	30,7
1 „ „ „ 950°	0,07	0,190	98,5	5,28	67,2	32,8

Bei dem unter Nr. 3 in Zahlentafel 11 aufgeführten Elektrolyteisenpulver handelt es sich um ein Pulver, das durch Feinmahlung von elektrolytisch abgeschiedenem „Rohferrum" auf eine Korngröße von $< 0{,}15\,\mathrm{mm}$ erhalten wurde. Bei sonst ausgezeichneter chemischer Reinheit weist das Pulver im Anlieferungszustand neben einem hohen Wasserstoffgehalt einen sehr hohen Sauerstoffgehalt auf, weswegen es ohne Vorglühung nicht zu verarbeiten ist. Aus dem ungeglühten Pulver hergestellte Preßlinge sind nicht kantenfest und fallen nach kurzer Lagerzeit wieder auseinander. Bei der Reduktion und Behandlung eines derartigen Pulvers muß man vorsichtig sein. Das Pulver neigt wegen der Pyrophorität seiner Feinstanteile bei der nachträglichen Zerkleinerung der Glühkuchen zur Selbstentzündung. Um dieser Gefahr zu begegnen, reduziert man zweckmäßig bei nicht zu hohen Temperaturen, wodurch man ein zu starkes Zusammenbacken des Pulvers vermeidet. Dafür muß man eine längere Reduktionszeit oder bei Benutzung eines kontinuierlich arbeitenden Durchsatzglühofens mit konstantem Vorschub eine Reduktion in mehreren hintereinander geschalteten Stufen in Kauf nehmen. Aus Zahlentafel 12 geht das Ergebnis einer vierstufigen, bei 850° durchgeführten Reduktionsbehandlung in bezug auf den Sauerstoffgehalt und das Preßverhalten des Pulvers hervor. Wie man sieht, gelangt man auf diese Weise zu einem Pulver mit sehr niedrigem Sauerstoffgehalt, das eine ausgezeichnete Verdichtbarkeit aufweist. Das Pulver hat zum Schluß eine hellgraue Farbe und kann Carbonyleisenpulver auch bei der Herstellung legierter Sinterkörper mit oxydationsempfindlichen Komponenten gut ersetzen. Für das unter Nr. 4 aufgeführte „ferrum reductum" gelten hinsichtlich seiner Verwendbarkeit ähnliche Gesichtspunkte wie für Elektrolyteisenpulver. Da dieses Pulver schon vom Hersteller durch Wasserstoffreduktion von chemisch reinem Oxyd gewonnen wird, erübrigt sich häufig eine Wasserstoffnachbehandlung beim Verarbeiter. Was die reduzierende Nachbehandlung anbetrifft, liegen die Verhältnisse bei dem nach dem Höganäsverfahren erzeugten Schwammeisenpulver Nr. 5 ähnlich wie bei den ersten vier Pulvern der Zahlentafel 11. Hier nimmt der Verarbeiter nur dann eine reduzierende Glühbehandlung vor, wenn die Preßeigenschaften des Pulvers im Anlieferungszustand nicht ausreichen. Neuerdings werden von den Erzeugern von Schwedenschwamm magnetgereinigte, gut nachreduzierte Pulver auf den Markt gebracht.

Die unter Nr. 6 und 7 aufgeführten Walzsinterpulver werden im Hinblick auf ihren Sauerstoff-, Kohlenstoff- und Schwefelgehalt meist einer reduzierenden Nachbehandlung unter Wasserstoff oder kohlenoxydhaltigem Schutzgas unterzogen. Aus Zahlentafel 13 geht der Einfluß einer Wasserstoffnachbehandlung auf die chemischen Eigenschaften und die Verdichtbarkeit eines Pulvers gemäß Nr. 7 nach Untersuchungen von F. Eisenkolb[1] hervor. Man sieht, daß bereits bei 600° die Entkohlung und Entschwefelung einsetzen und auch die Verdichtbarkeit des Pulvers verbessert wird. Eine stärkere Wirkung allerdings ist erst bei Temperaturen von 800° aufwärts zu erkennen. Nach einer zweistündigen Sinterung von Preßlingen bei 1050° wird fast vollständige Entkohlung und Entschwefelung erreicht. Mit steigender Glühtemperatur backt das lose in die Glüh-schiffchen eingebrachte Pulver naturgemäß immer fester zusammen. Bei 950° erhält man schon eine derartig feste Pulvermasse, daß sich der Kuchen nur schwierig wieder zu Pulver zerreiben läßt. Das macht sich infolge der Kaltverfestigung der Pulverteilchen beim Zerkleinern deutlich in einem Rückgang der Verdichtbarkeit be-merkbar. Um eine Qualitätsverminderung des Pulvers zu ver-meiden, ist es daher angebracht, die Glühtemperatur nicht zu hoch zu wählen.

Das durch Zerkleinern von Drahtstückchen nach dem Hametag-Verfahren hergestellte Pulver Nr. 8 (Zahlentafel 11) weist von vorn-herein einen verhältnismäßig niedrigen Sauerstoffgehalt auf. Bei diesem Pulver könnte man auf die reduzierende Vorbehandlung vor dem Verpressen verzichten, wenn die Pulverteilchen nicht auf Grund des Herstellungsprozesses einen verhältnismäßig hohen Grad an Kaltverformung aufwiesen. Durch diese Kaltverformung sind die Teilchen derart hart, spröde und elastisch, daß sie sich praktisch zu keinem kantenbeständigen, spaltstellenfreien Körper verpressen lassen. Aus Zahlentafel 14 geht die Wirkung einer Reduktions-glühung unter Wasserstoff bei verschieden hohen Temperaturen auf die Preßeigenschaften hervor. Man erkennt, daß mit steigender Glühtemperatur eine erhebliche Verbesserung der Verdichtbarkeit eintritt. Das Maximum wird allerdings schon bei Glühtemperaturen von 750 bis 850° erreicht, woraus zu erkennen ist, daß oei Anwendung derartiger Glühtemperaturen eine genügende Entfestigung der Pulverteilchen erreicht ist. Man kann daher bei diesem Pulver ohne Schaden auf höhere Glühtemperaturen als 850° verzichten, es sei denn, daß man aus Leistungsgründen höhere Temperaturen bei entspre-chend verkürzten Glühzeiten anwenden will. Unter Nr. 9 bis 12 sind in Zahlentafel 11 vier nach dem DPG-Schleuderverfahren er-zeugte Pulver aufgeführt, die sich im wesentlichen durch ihren verschieden hohen Kohlenstoffgehalt unterscheiden. Den nach dem DPG-Verfahren erzeugten Eisen-, Stahl- und Gußeisenpulvern kommt in neuerer Zeit eine stetig steigende Bedeutung zu, einer-

---

[1] Eisenkolb, F.: Koll. Z. **104**, 1943, S. 236-246.

Zahlentafel 14. *Einfluß der Glühtemperatur auf den Sauerstoffgehalt und die Verdichtbarkeit von Humetaypulver (Korngröße < 0,4 mm).*

Behandlungszustand	O-Gehalt[1] %	Dichte in g/cm³ bei einem Preßdruck (t/cm²) von			Raumerfüllung in % bei einem Preßdruck (t/cm²) von			Porositätsgrad in % bei einem Preßdruck (t/cm²) von		
		2	4	6	2	4	6	2	4	6
Anlieferung............	0,35	n. b.	5,30	5,84	n. b.	67,7	74,6	n. b.	32,3	25,4
1 St. geglüht bei 400°..	0,35	n. b.	5 19	5,82	n. b.	66,4	74,3	n. b.	33,6	25,7
1 ,, ,, ,, 600°..	0,30	5,27	6 13	6,64	67,3	78,3	84,8	32,7	21,7	15,2
1 ,, ,, ,, 800°..	0,03	5,79	6,51	6,97	73,9	83,1	89,0	26,1	16,9	11,0
1 ,, ,, ,, 1000°..	0,04	5,85	6,62	7,04	74,7	84,5	89,9	25,3	15,5	10,1

[1] Bestimmt nach dem vereinfachten Wasserstoffreduktionsverfahren, S. 72.

Zahlentafel 15. *Einfluß der Glühtemperatur auf den Sauerstoffgehalt und die Verdichtbarkeit von DPG-Schleuderpulver (Korngröße < 0,4 mm).*

Behandlungszustand	O-Gehalt[1] %	Dichte in g/cm³ bei einem Preßdruck (t/cm²) von			Raumerfüllung in % bei einem Preßdruck (t/cm²) von			Porositätsgrad in % bei einem Preßdruck (t/cm²) von		
		2	4	6	2	4	6	2	4	6
Anlieferung............	3,9	4,57	4,95	5,23	58,3	63,2	66,7	41,7	36,8	33,3
1 St. geglüht bei 600°..	3,4	4,64	5,17	5,48	59,2	66,0	69,9	40,8	34,0	30,1
1 ,, ,, ,, 700°..	3,3	4,76	5,37	5,71	60,8	68,5	72,9	39,2	31,5	27,1
1 ,, ,, ,, 800°..	1,8	5,09	5,79	6,18	65,0	73,9	78,8	35,0	26,1	21,2
1 ,, ,, ,, 900°..	0,82	5,32	6,12	6,50	67,9	78,2	83,0	32,1	21,8	17,0
1 ,, ,, ,, 1000°..	0,16	5,43	6,19	6,54	69,3	78,9	83,5	30,7	21,1	16,5

[1] Bestimmt nach dem vereinfachten Wasserstoffreduktionsverfahren, S. 72.

seits wegen der Wirtschaftlichkeit des Herstellungsverfahrens, andererseits wegen ihrer in verschiedener Hinsicht günstigen Eigenschaften, worauf an passender Stelle später noch eingegangen werden soll. Der verhältnismäßig hohe Sauerstoffgehalt dieser Pulver ist charakteristisch für das Herstellungsverfahren. Selbstverständlich sind derartige Pulver im ungeglühten Zustand nur schwer zu verpressen. Durch reduzierende Glühbehandlung bei möglichst hohen Temperaturen kann man den Sauerstoffgehalt aber ohne Schwierigkeiten so weit senken, daß man ein Pulver mit sehr guten Preßeigenschaften erhält. Das geht für ein Pulver gemäß Nr. 9 aus Zahlentafel 15 hervor. Mit steigender Glühtemperatur wird der erzielte Reduktionsgrad stetig verbessert. — Erzeugt man von vornherein ein Pulver mit höherem Kohlenstoffgehalt gemäß Nr. 10, so kann der im Pulver enthaltene Kohlenstoff bei der nachfolgenden Glühbehandlung an Stelle von Schutzgas einen großen Teil der Reduktionsarbeit selbst übernehmen. Durch Glühen im „eigenen Gas" erhält man aus Pulver Nr. 10 ein Pulver gemäß Nr. 11, das ohne zusätzliche Wasserstoffbehandlung schon für gewisse Zwecke brauchbar ist. — Das aus Stürzelberger-Roheisen hergestellte Gußeisenpulver Nr. 12 weist neben dem bemerkenswert geringen Si-Gehalt einen Kohlenstoffgehalt von fast 4% auf. Durch Wasserstoffglühung dieses Pulvers bei ca. 800° erhält man ein hellgraues, fast sauerstofffreies, gut verpreßbares Gußeisenpulver mit ca. 2,5 bis 2,6% Kohlenstoff, das sich bei der Herstellung von Sinterstahl bewährt. Über ein derartiges Gußeisenpulver, dessen Kohlenstoffgehalt teils in freier, teils in gebundener Form vorliegt, kann der Kohlenstoffgehalt zum Teil oder vollständig in Sinterstahl mit 0,6 bis 0,9% Endkohlenstoffgehalt eingebracht werden[1].

Durch Verdüsen einer Eisenschmelze mittels Preßluft erhält man das „Druckverdüsungs-" oder kurz „D-Pulver" (Nr. 13). Es ähnelt in chemischer Hinsicht bei allerdings etwas geringerem Sauerstoffgehalt dem Schleuderpulver. Durch reduzierende Nachbehandlung unter Wasserstoff oder kohlenoxydhaltigem Schutzgas ist der Sauerstoffgehalt in analoger Weise wie beim DPG-Pulver zu beseitigen. Infolge der ungünstigen kugeligen Korngestalt der kompakten Pulverteilchen hat dieses Pulver nur beschränkte Anwendung gefunden (s. Abb. 22). Eine wesentliche Fortentwicklung des D-Pulvers ist das unter Nr. 14 aufgeführte RZ-Pulver. Durch Glühen des Roheisen-Zunderpulvers in abgeschlossenen Behältern unter dem sich beim Glühprozeß aus dem Pulver entwickelnden eigenen CO-CO_2-Schutzgas erhält man ein Pulver gemäß Nr. 15, das für manche Zwecke schon einsatzfähig ist. Wünscht man noch niedrigere

---

A.P. 2238382 (1938).

Sauerstoffgehalte und ein verbessertes Preßverhalten, so sind diese Eigenschaften durch Nachreduktion mittels Wasserstoff zu erzielen.

Entsprechend ihrer Bedeutung wurde die Reinigung der Eisenpulver durch eine reduzierende Glühbehandlung besonders ausführlich besprochen. In der allgemeinen Pulvermetallurgie kommt in gewissen Fällen noch eine Reinigung der Pulver durch Behandlung mit Säuren in Frage[1]. Eine derartige chemische Vorbehandlung kann in der Eisen-Pulvermetallurgie nur bei gewissen säurebeständigen Legierungspulvern angewendet werden.

In der Eisen-Pulvermetallurgie spielt aber noch eine rein physikalische Methode zur Reinigung der Pulver eine gewisse Rolle, nämlich die *Magnetscheidung*. Durch sie wird eine Reinigung des Pulvers von nichtmetallischen Begleitern wie z. B. Kieselsäure, Gangart, Schlacken usw. erreicht. Als Beispiele seien erwähnt die magnetische Aufbereitung von Schwammeisenpulver und Walzzunder, wobei sich Si-Gehalte von weniger als 0,2% erreichen lassen.

C. Die physikalischen Eigenschaften der Pulver.

Die physikalischen Eigenschaften der Pulver, die für das Preß- und Sinterverhalten von entscheidender Bedeutung sind, waren schon oben aufgezählt worden. Es sind die Korngestalt, die Korngröße, die Korngrößenverteilung, das Füll- und Klopfvolumen, der Füllfaktor, das Fließverhalten und schließlich die Härte der Pulverteilchen. Wir wollen uns zunächst mit der exakten Definition und der Bestimmung der genannten Kenngrößen befassen und dabei die Eigenarten der verschiedenen Eisenpulver zunächst nur erläuternd streifen. Der Beeinflussung der Eigenschaften durch die wichtige reduzierende Vorbehandlung und der Auswirkung auf das Preßverhalten ist später ein besonderer Abschnitt gewidmet.

1. Definition und Bestimmung der verschiedenen Eigenschaften.

a) Korngestalt.

Unter der Korngestalt eines Pulvers versteht man die durch das Pulverherstellungsverfahren bedingte charakteristische äußere Gestalt der Teilchen. Es wurde in Kapitel II eine ganze Reihe von mikroskopischen Aufnahmen der verschiedenen Eisenpulver gezeigt. Es dürfte bei der Betrachtung dieser Bilder deutlich geworden sein, wie sehr gerade diese für das Preßverhalten so wichtige Eigenschaft

---

[1] **Kieffer**, R. u. W. **Hotop**: Pulvermetallurgie und Sinterwerkstoffe, Berlin: Springer-Verlag, 1943, S. 42.

je nach dem Herstellungsverfahren des Pulvers wechseln kann. Die durch mechanische Verfahren in Stampf- und Wirbelschlagmühlen gewonnenen Eisenpulversorten haben gewissermaßen zweidimensionalen Charakter und weichen daher am meisten von der Kugelgestalt ab. Breite und Länge der mechanisch hergestellten Pulverteilchen beträgt meistens ein Vielfaches der Teilchendicke, bei Stampfpulver z. B. oft bis zum Hundertfachen (s. Abb. 6, S. 16). Bei Stampfpulver haben die blättchenförmigen, flittrigen Teilchen ungleichmäßige, zackige Ränder; bei Wirbelschlagpulver sind die Ränder oft umgebördelt, so daß Pulver mit tellerartigem Aussehen entstehen (s. Abb. 16, S. 24). — Granulations-, Zerstäubungs- und Schleuderpulver weisen größtenteils kugelige Gestalt auf (s. Abb. 22, S. 29, Abb. 29a, S. 33). Sie ähneln darin dem aus der Gasphase abgeschiedenen Carbonylpulver, das meistens aus idealen Kugeln, allerdings erheblich geringerer Korngröße, besteht (s. Abb. 30a, S. 36). Durch besondere Maßnahmen beim Herstellungsprozeß, unter anderem durch Zerschleudern höher gekohlter Schmelzen, kann man Granulations- bzw. Schleuderpulver mit stark zerklüfteter Oberfläche erhalten (s. Abb. 29b, S. 33). — Eisenpulver, das durch Reduktion mittels Wasserstoff aus Eisenoxyd oder durch Kohlenstoffreduktion von Erzen oder Walzzunder hergestellt wurde, zeigt kristallinisch verfilzte, nadelige, häufig schwammige Haufwerke bzw. Agglomerate, die meist die gleiche Korngröße aufweisen, wie das Ausgangsmaterial (s. Abb. 32, S. 44). — Elektrolytisch gewonnenes Pulver zeigt schließlich gewöhnlich dendritische, farnartige Struktur (s. Abb. 38, S. 57) und läßt damit leicht auf das Herstellungsverfahren schließen. Für die Betrachtung des Preßverhaltens reicht die gegebene Charakterisierung der Korngestalt der Pulverteilchen zunächst aus. Für das Verständnis der Sintervorgänge jedoch muß man neben dem Gefügeaufbau der Pulverteilchen und dem verschiedenen Grade der Gefügestabilität der verschieden erzeugten Pulver vor allen Dingen die Oberflächenbeschaffenheit der Teilchen bis herab zu atomaren Dimensionen in Betracht ziehen. Auf Einzelheiten wird wegen des engen Zusammenhangs mit den Sintervorgängen S. 150 ff. eingegangen.

Zur Untersuchung der Korngestalt ist zu sagen, daß zur subjektiven Beobachtung die Lupe, besser Stereolupe, sowie das Mikroskop, auch das Metallmikroskop, in Betracht kommt, wobei die gewählte Vergrößerung der Korngröße der Teilchen anzupassen ist. Wünscht man Pulveraufnahmen anzufertigen, so eignen sich dazu die bekannten auf dem Markt befindlichen Metallmikroskope sowie normale Mikroskope, sofern eine Epi-Beleuchtung vorhanden ist. An Stelle des Metallschliffes legt man eine sehr dünne Glasplatte

(10 bis 15 μ dick) auf, die als Träger für das zu untersuchende Pulver
dient. Entweder streut man das Pulver sehr dünn auf diese Glasplatte auf und legt sie mit der Pulverseite nach oben auf den Objekt-
tisch des Metallmikroskops, oder man bringt durch eine Aufschläm-
mung des Pulvers in Azeton dieses auf der Glasoberfläche zum Haften und kann nunmehr den Objektträger mit der Pulverseite nach
unten auflegen. Hat man keine dünne Glasplatte zur Verfügung,
so streut man ein wenig Pulver auf die angefeuchtete Schichtseite
einer unentwickelten Photoplatte und verfährt nun in der gleichen
Weise wie schon oben geschildert. Durch Beleuchtung des Pulvers
mittels der eingebauten Beleuchtungsvorrichtung erhält man sehr
schön plastisch die hell erscheinenden Pulverteilchen. Sofern das
Mikroskop eine Einrichtung für Dunkelfeldbeleuchtung besitzt,
empfiehlt sich deren Verwendung bei höheren Vergrößerungen
(ca. 100fach und mehr), um die Aufnahme plastischer zu machen.
Um scharfe Bilder zu erzielen, ist es im Hinblick auf die meistens
recht geringe Tiefenschärfe der Mikroskopobjektive zu empfehlen,
die Vergrößerung nicht zu hoch zu wählen. Die mikroskopische
Betrachtung vermittelt naturgemäß nur ein rein qualitatives
Bild über die Korngestalt. Versuche, die Korngestalt quantitativ
zu erfassen, wurden in der Keramik von R. H. S. Robertson
und B. S. Emödi[1] durchgeführt. Die beiden Forscher führen den
„Rauhigkeitsgrad" oder die „Rugosität" eines Pulvers ein, wobei
sie das Verhältnis der gemessenen spezifischen Oberfläche zur unter
der Annahme von lauter kugeligen Teilchen berechneten Oberfläche
ermitteln. Dabei wird die spezifische Oberfläche nach dem Verfahren der Luftdurchlässigkeit eines, aus dem Pulver gebildeten
Diaphragmas nach F. M. Lea und R. W. Nurse[2] bestimmt.
Neuerdings haben sich J. C. Leadbeater und Mitarbeiter[3]
ebenfalls mit der zahlenmäßigen Erfassung der Korngestalt (Kornform) von Eisenpulvern verschiedener Herstellungsart beschäftigt.
Sie ermitteln den sogenannten *Formfaktor* des Pulvers, welchen
sie als das statistische Mittel des Verhältnisses von Länge zu Breite
der Teilchen definieren. Die Bestimmung des Formfaktors geschieht
durch Ausmessen von etwa 200 Pulverteilchen unter dem Mikroskop
mittels eines Okularmikrometers in der vor G. Martin und Mitarbeitern[4] angegebenen Weise (vgl. S. 90). Der Formfaktor schwankt

---

[1] Robertson, R. H. S. u. B. S. Emödi: Nature, London: **152**, 1943,
S. 539-540.

[2] Lea, F. M. u. R. W. Nurse: J. Soc. Chem. Ind. **58**, 1939, S. 277-83.

[3] Leadbeater, J. C., L. Northcott u. F. Hargreaves: Iron Steel Inst.
Spec. Rep. Nr. 38, London 1947, S. 15-36.

[4] Martin, G., C. E. Blythe u. H. Tongue: Trans. Am. Ceram. Soc. **23**,
1923/24, S. 61.

bei technischen Eisenpulvern in den Grenzen von etwa 1 bis 5, kann natürlich wie z. B. bei Stampfmühlenpulver noch wesentlich höher liegen. Bei verschiedenen Kornklassen ein und desselben Pulvers ist der Formfaktor meist verschieden groß. Die feinsten Pulverteilchen weisen im allgemeinen die niedrigsten Werte auf, was bedeutet, daß die kleinsten Teilchen sich der Kugelform am meisten nähern.

Die schon oben erwähnte *spezifische Oberfläche* ist nach C.J.Leadbeater und Mitarbeitern[1] eine für Eisenpulver ebenfalls wichtige Größe. Die Vorgänge bei der Verdichtung und bei der Sinterung, sowie das Adsorptionsvermögen für Gase wie Sauerstoff, Wasserstoff und Stickstoff werden von dieser Größe beeinflußt. Die spezifische Oberfläche eines Pulvers wird definiert als die Gesamtoberfläche der Teilchen pro Gewichtseinheit. Wenn die Pulverteilchen eine geometrisch einfache und gleiche Korngestalt hätten, dann wäre es möglich, die spezifische Oberfläche aus der Korngrößenverteilung zu errechnen. Die Bestimmung der spezifischen Oberfläche kann nach einer Reihe von Methoden erfolgen, welche sehr ausführlich in der Literatur beschrieben sind[2, 3, 4]. Die Luftdurchlässigkeitsmethode von F. M. Lea und R. W. Nurse[5] wurde von J. C. Leadbeater und Mitarbeitern[1] auf ihre Brauchbarkeit hin zur Bestimmung der spezifischen Oberfläche von Eisenpulvern verschiedener Herstellungsart geprüft. Sie fanden, daß die Werte, die man erhält, in erster Linie abhängig sind von der Korngestalt und der Korngröße des Pulvers. Folgende Werte sind z. B. charakteristisch:

Elektrolyteisenpulver: mittlere Korngröße 66 μ,
                        spez. Oberfläche 534 cm²/g.
Reduktionspulver: mittlere Korngröße 64 μ,
                        spez. Oberfläche 1036 cm²/g.
Carbonyleisenpulver: mittlere Korngröße 7 μ,
                        spez. Oberfläche 3459 cm²/g.

b) Korngröße und Korngrößenverteilung.

Eine exakte Definition für den Begriff „Korngröße" existiert leider in der Pulvermetallurgie noch nicht, obwohl über die Bestimmung selbst, insbesondere auf dem Gebiete der Brennstoffe

---

[1] Leadbeater, J. C., L. Northcott u. F. Hargreaves: Iron Steel Inst. Spez. Rep. Nr. 38, London 1947, S. 15-36.

[2] Symposium on New Methods for Particle Size Determination in the Sub-Sieve Range, Am. Soc. Test. Mat., Philadelphia 1941.

[3] Dallavalle, J. M.: Micromeritics, New York, Pitman Publ. Corp., 1943.

[4] Rogers, Ch. R.: s. Powder Metallurgy, Am. Soc. Met., Cleveland (Ohio) 1942, S. 216-220.

[5] Lea, F. M. u. R. W. Nurse: J. Soc. Chem. Ind. 58, 1939, S. 27-783.

und Keramik, eine ganze Reihe von Veröffentlichungen vorhanden sind[1, 2, 3, 4, 5]. Solange man Pulver aus kugelförmigem oder annähernd kugelförmigen Teilchen vor sich hat, stößt eine exakte Definition nicht auf Schwierigkeiten. Anders wird es dagegen, wenn, wie es in der Pulvermetallurgie häufig der Fall ist, unregelmäßig geformte Körner mit unter Umständen stark zerklüfteter Oberfläche vorliegen. Statt bei der Bestimmung der Korngröße stillschweigend — wie es heute meistens noch geschieht — eine wenigstens annähernd kugelförmige Gestalt der Teilchen vorauszusetzen, wäre es daher richtiger, von vornherein im Sinne von H. W. Gonell[6] von einem Äquivalentdurchmesser zu sprechen. Unter diesem wäre dann der Durchmesser des kugelförmig gedachten Teilchens zu verstehen, welches mit dem ursprünglichen Teilchen flächen- oder volumgleich ist.

Ein Pulver, dessen Einzelteilchen alle ein und dieselbe Größe aufweisen, gibt es praktisch nicht. Vielmehr setzt sich jedes Pulver aus Teilchen zusammen, deren Größe sich kontinuierlich über einen mehr oder minder großen Bereich erstreckt. Diesen Bereich teilt man aus praktischen Gründen in eine Reihe von Kornklassen auf. Die zahlenmäßige Angabe in Prozent über den Anteil der verschiedenen in einem Pulver vorhandenen Kornklassen vermittelt einen Überblick über die sogenannte *„Korngrößenverteilung"*. Die Korngröße der für Sinterzwecke eingesetzten Eisenpulver bewegt sich meist zwischen 0,1 und etwa 500 μ. Die feinsten Teilchen mit Korngrößen zwischen 0,1 und 5 μ weist Carbonyleisen auf. Auch Reduktionspulver aus Eisenformiat oder gefälltem Eisenoxyd sind äußerst feinkörnig. Bei ihnen kann man mit Korngrößen zwischen 0,1 und 20 μ rechnen. Alle anderen Eisenpulver haben ein gegenüber den genannten Pulvern wesentlich gröberes Korn. Hametagpulver beispielsweise für die Fertigung von porösen Lagern hat eine Korngröße zwischen 5 und 300 μ, Schwammeisenpulver für Maschinenteile eine solche zwischen 10 und 600 μ. Zur Herstellung von Sinterstahl benutzt man vorteilhaft Schleuderpulver und gegebenenfalls Gußeisenpulver mit einer Korngröße zwischen 10 und 150 μ, für poröse Lager, Führungsringe usw. kommt Schleuderpulver, Hame-

---

[1] Determination of Particle Size in the Sub-Sieve Range, British Coal Utilisation, Research Association, London 1944.

[2] Fairs, G. L.: J. Soc. Chem. Ind. 62, 1943, S. 374.

[3] Hawksley, P. G. W.: British Coal Utilisation, Research Association 8, 1944, S. 245.

[4] Chamot, E. M. u. C. W. Mason: Handbook of Chemical Microscopy, Bd. I, London 1938, J. Wiley Co.

[5] Kalischer, P. R.: Trans. Electrochem. Soc. 85, 1944, S. 153.

[6] Gonell, H. W.: Ch. Fabr. 6, 1933, S. 77-81 u. 227-233.

tagpulver, Walzsinter- oder schließlich RZ-Pulver mit einer Korngröße zwischen 30 und 400 μ in Frage.

Zur Bestimmung der Korngrößenverteilung wendet man je nach der mittleren Größe der Pulverteilchen verschiedene Verfahren wie z. B. die Siebanalyse, die mikroskopische Untersuchung und die Windsichtung an. Von den genannten Verfahren kommt in der Eisen-Pulvermetallurgie vornehmlich der Siebanalyse größere Bedeutung zu, da man es meistens mit gröberen technischen Pulvern mit einer Korngröße von mehr als 50 μ zu tun hat.

α) Siebanalyse. Für Pulver mit Korngrößen oberhalb rund 50 μ verschafft man sich einen Überblick über die Korngrößenverteilung durch die Siebanalyse. Zur Ausführung der Siebanalysen sind eine Reihe geeigneter Geräte auf dem Markt (Abb. 39). Sie können Siebeinsätze verschiedener Maschenweite aufnehmen. Die Siebe bestehen aus Metall- oder Seidengeweben, die neuerdings genormt sind. Zur Kennzeichnung des betreffenden Siebes kann die Maschenzahl pro Längen- oder Flächeneinheit herangezogen werden. Da bei dieser Bezeichnungsweise die „lichte Maschenweite" als entscheidende Größe von der Stärke des verwendeten Drahtes zur Herstellung des Gewebes abhängig bleibt, bezeichnet man neuerdings in Deutsch-

Zahlentafel 16. *Übersicht über deutsche*

Maschenzahl je cm² etwa	Bezeichnung[1]	
	alt	neu[2]
16	DIN 4	DIN 1,5
25	„ 5	„ 1,2
36	„ 6	„ 1,0
64	„ 8	„ 0,75
100	„ 10	„ 0,6
144	„ 12	„ 0,5
196	„ 14	„ 0,43
256	„ 16	„ 0,40
400	„ 20	„ 0,30
576	„ 24	„ 0,25
900	„ 30	„ 0,20
1600	„ 40	„ 0,15
2500	„ 50	„ 0,12
3600	„ 60	„ 0,10
4900	„ 70	„ 0,091
6400	„ 80	„ 0,075
10000	„ 100	„ 0,06

Deutsche Normsiebe

[1] Drahtgewebe nach DIN 1171.
[2] Siebnummer entspricht der lichten Maschenweite in mm.
[3] Siebe des U.S. Bureau of Standards.
[4] Siebnummer entspricht der Maschenzahl pro Zoll linear.

land die genormten Siebe nicht mehr nach der Anzahl der Maschen pro Längen- oder Flächeneinheit, sondern nur noch nach der lichten Maschenweite. Zahlentafel 16 gibt einen Überblick über die Bezeichnung, die lichte Maschenweite und die Maschenzahlen pro

Abb. 39. Apparat zur Bestimmung der Siebanalyse (Hersteller: Siebtechnik, Mühlheim/Ruhr).

und amerikanische Normsiebe.

	Amerikanische Normsiebe[3]	
Siebnummer[4]	Lichte Maschenweite in mm	Drahtdurchmesser in mm
14	1,41	0,61
16	1,19	0,54
18	1,00	0,48
20	0,84	0,42
25	0,71	0,37
30	0,59	0,33
35	0,50	0,29
40	0,42	0,25
45	0,35	0,22
50	0,297	0,188
60	0,250	0,162
70	0,210	0,140
80	0,177	0,119
100	0,149	0,102
120	0,125	0,086
140	0,105	0,074
170	0,088	0,063
200	0,074	0,053
230	0,062	0,046
270	0,053	0,041
325	0,044	0,036

Flächeneinheit bei einer Reihe von genormten deutschen Sieben
(DIN-Vorschrift 1171). Die in der dritten Rubrik genannten Zahlen
der neuen DIN-Bezeichnung geben direkt die lichte Maschenweite
des betreffenden Siebes an. Die gleiche Zahlentafel enthält eine
Übersicht über amerikanische Normsiebe des U. S. Bureau of
Standards.

Bei Ausführung einer Siebanalyse ist die Festlegung einer Stan-
dardmessung zu empfehlen. Zweckmäßig werden 100 g Pulver
eine bestimmte Zeit mechanisch durch geeignete Vorrichtungen in
vollkommen geschlossenen Siebbehältern gerüttelt. Die nach dem
Rütteln auf den einzelnen Sieben anfallenden Pulvermengen werden

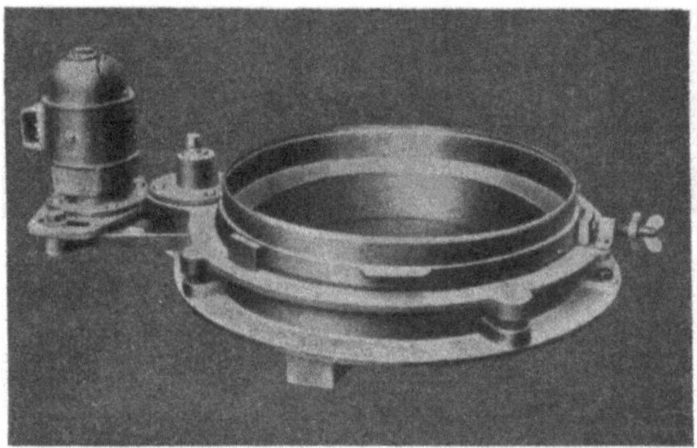

Abb. 40.   Schwingsieb (Hersteller: Siebtechnik, Mühl-
heim/Ruhr).

gewogen. Das jeweilige Gewicht ergibt bei Einsatz von 100 g sofort
den Prozentsatz der betreffenden Kornklasse. Natürlich werden die
durch verschieden lange Rüttelzeiten bedingten Unterschiede im
Analysenergebnis um so kleiner, je länger die Rüttelzeit ist. Etwa
20 Minuten sind für die vollständige Trennung der Kornklassen erforderlich. Für den praktischen Betrieb reicht jedoch eine Rüttelzeit von 5 bis 10 Minuten, um einen ins Gewicht fallenden Fehler
zu vermeiden. Verwendet man n Siebeinsätze, so erhält man bei
der Siebanalyse n + 1 Kornklassen. Meistens begnügt man sich
mit der Aufteilung des Pulvers in 4 bis 5 Kornklassen. Bei Pulvern
mit stark zerklüfteter Oberfläche (z. B. Feilspäne) ist es zweckmäßig, die Siebanalyse nicht maschinell, sondern von Hand durchzuführen, wobei das Pulver mit Hilfe eines Pinsels oder einer Feder
durch die Siebe getrieben wird.

In großtechnischem Maßstab wird die Siebung zur Herstellung
von Pulvern einheitlicher Korngröße herangezogen. Man bedient
sich dabei häufig elektrisch betriebener Schwingsiebe (s. Abb. 40).

Eine mit derartigen Sieben ausgerüstete Großanlage zeigt Abb. 41. Um den Siebdurchsatz erheblich zu steigern, ist es zweckmäßig, das Siebgut an einer Seite zulaufen zu lassen und das Sieb von Zeit zu Zeit mittels Magnetplatte oder aufgegebenen Dauermagnetkörpern zu reinigen, während die Rüttelvorrichtung weiterläuft. Man erzielt auf diese Weise eine sehr schnelle und gründliche Reinigung des Gewebes.

Auf die Anführung von Zahlenwerten über die Siebanalysenergebnisse der verschiedensten Eisenpulver soll an dieser Stelle verzichtet werden. Entsprechendes Zahlenmaterial wird unter Punkt 2 dieses Abschnittes nachgetragen (vgl. Zahlentafel 17, S. 98). Hingewiesen sei schon an dieser Stelle auf recht interessante Gesetzmäßigkeiten, die die Korngrößenverteilung von Metall- und speziell von Eisenpulver beherrschen und auf die von K. Konopicky[1] hingewiesen wurde.

Abb. 41. Mit Schwingsieben ausgerüstete Groß-Siebanlage. (A. G. für Bergbau und Hüttenbedarf, Salzgitter).

Durch mechanische Zerkleinerung gewonnene Pulver, wie z. B. das Hametagpulver, Elektrolyteisenpulver aus spröden Kathoden, Stampfpulver und mechanisch zerkleinerte Drehspäne gehorchen dem aus der Keramik bekannten Exponentialgesetz für die Kornverteilung von Mahlgütern von Rosin-Rammler[2]. Das Korngrößenverteilungsgesetz bei Schleuder- und Verdüsungspulver sowie bei unmittelbar pulverförmig abgeschiedenem Elektrolyteisen entspricht hingegen einer Wahrscheinlichkeitsfunktion. Werden die letztgenannten Pulver bei der Reduktionsbehandlung hoch geglüht und wird der so erhaltene Pulverkuchen anschließend mechanisch mittels Backenbrechern, Kollergängen oder Wirbelschlagmühlen wieder zerkleinert, so gehorchen die durch mechanische Zerkleinerung erhaltenen reduzierten Pulver, wie zu

---

[1] Konopicky, K.: Körnungsgesetze an Metallpulvern, erscheint demnächst.

[2] Rosin, P. u. E. Rammler: Zement **23**, 1933, S. 427.

erwarten, nunmehr dem Exponentialgesetz der Zerkleinerung. Die graphische Darstellung der durch Siebanalyse ermittelten Korngrößenverteilung auf einem doppelt logarithmischen Papier vermittelt einen schnellen Überblick über wichtigste Pulverkenngrößen. Die hier nur angedeuteten Zusammenhänge werden auf S. 100 ff. noch eingehender besprochen.

β) Mikroskopische Korngrößenbestimmung. Von den Verfahren zur direkten Bestimmung der Korngröße ist noch die mikroskopische Ausmessung der Pulverteilchen zu nennen, der in der Eisen-Pulvermetallurgie allerdings nur eine untergeordnete Bedeutung zukommt. Zur Ausführung der Bestimmung kommen folgende Wege in Frage:

1. Man benutzt eine dünne Glasplatte als Objektträger und verfährt wie auf Seite 82 bei Besprechung der Pulveraufnahmetechnik ausführlich beschrieben.

2. Man bettet das Pulver in durchsichtige Kunstharzmassen (z. B. Plexigum) ein, in dem man das Kunstharzpulver mit dem Eisenpulver mischt und das Gemenge in einer kleinen Presse unter gleichzeitiger Anwendung von Wärme (etwa 100°) preßt.

3. Nach L. Schlecht, W. Schubardt und F. Duftschmid[1] tränkt man Pulverpreßlinge mit Wasserglas. Die getränkten Preßlinge werden vakuumgetrocknet und haben dann einen genügend festen Zusammenhalt. Für die Durchführung der Korngrößenbestimmung müssen die nach Methode 2 und 3 hergestellten Proben wie metallographische Schliffe weiterbehandelt werden.

Die erste Methode gestattet die unmittelbare Ermittlung der Korngröße einzelner Pulverteilchen und, wenn man eine genügende Anzahl von Pulverteilchen ausmißt, auch einen Überblick über die Korngrößenverteilung des Pulvers.

Bei der mikroskopischen Korngrößenbestimmung ist zu berücksichtigen, daß die Größe oder der Durchmesser eines Teilchens nur dann physikalisch definiert ist, wenn das zu messende Objekt eine geometrisch regelmäßige Form hat. Bei der Korngrößenbestimmung unregelmäßig geformter Teilchen ist man gezwungen, sich auf eine oder mehrere Bezugsgrößen zu stützen. So kann man z. B. den Durchmesser eines, der projizierten Fläche des Teilchens entsprechenden, flächengleichen Kreises, oder den Durchmesser einer Kugel flächengleicher oder volumengleicher Form, ermitteln[2]. Ein Verfahren, bei welchem der Durchmesser eines, der projizierten Teilchenfläche entsprechenden, flächengleichen Kreises bestimmt wird, wurde von G. Martin und Mitarbei-

---

[1] Schlecht, L., W. Schubardt u. F. Duftschmid: Z. Elektroch. **37**. 1931, S. 485-492.

[2] Steinherz, A. R.: J. Soc. chem. Ind. **65**, 1946, S. 314-20.

tern[1] ausgearbeitet und von H. Heywood[2] überprüft. Man mißt dabei unter dem Mikroskop den Korndurchmesser in zwei senkrecht zueinander stehenden Richtungen. Die Martinsche Methode wurde von C. J. Leadbeater und Mitarbeitern für die Bestimmung der Korngröße an einer Anzahl von Eisenpulvern verschiedener Herstellungsart mit bestem Erfolg benützt[3].

Demgegenüber bietet die zweite und dritte Methode nur die Möglichkeit, die Korngröße von einheitlichen Pulvern zu bestimmen. Bei Anfertigung des Schliffes schneidet man nämlich die Körner mit gleicher Wahrscheinlichkeit in allen möglichen Abständen vom Kugelmittelpunkt. Daher kann man keine direkte Aussage über die wahre Korngröße der gemessenen Teilchen machen. Man erhält lediglich einen Mittelwert der Korngröße (d), den man unter Berücksichtigung der Beziehung

$$d = \frac{\pi}{4} \times D = 0,79 \, D^4$$

in den wahren Durchmesser D umrechnen muß.

Bezüglich der Ausmessung der Korngröße von sehr feinen Pulvern sei im übrigen auf Ausführungen von F. Skaupy[5] verwiesen, die sich unter anderem mit einem von A. H. M. Andreasen[6] entwickelten mikroskopischen Zähl- und Wägeverfahren beschäftigen.

γ) Indirekte Methoden. Indirekte Methoden zur Korngrößenbestimmung, wie z. B. die Sedimentation, die Schlämmung, die Windsichtung, die Farbstoffabsorption und die Auflösungsgeschwindigkeit spielen in der Eisen-Pulvermetallurgie eine nur untergeordnete Rolle[7]. Bei der Abtrennung der Feinstpulveranteile aus Pulvergemengen scheint übrigens die Windsichtung noch die beste Möglichkeit zu sein. So ist es beispielsweise für die Herstellung von Sinterstählen erwünscht, das besonders geeignete Feinstpulver < 0,06 mm kontinuierlich aus Trommel- oder Wirbelmühlen abzusichten.

c) Füll- und Klopfvolumen (Füll- und Klopfdichte).

Unter dem *Füllvolumen* eines Pulvers versteht man das Volumen, das 100 g des betreffenden Pulvers nach loser Einfüllung in einen

---

[1] Martin, G., C. E. Blythe u. H. Tongue: Trans. Am. Ceram. Soc. **23**, 1923/24, S. 61.

[2] Heywood, H.: Proc. Inst. Mechan. Engnrs. **125**, 1933, S. 383-459.

[3] Leadbeater, C. J., L. Northcott u. F. Hargreaves: Iron Steel Inst., Spec. Rep. Nr. 38, London 1947, S. 15-36.

[4] Skaupy, F.: Metallkeramik, 3. Aufl., Berlin: Verlag Chemie, 1943, S. 48ff.

[5] Skaupy, F.: Metallkeramik, 3. Aufl., Berlin, 1943, S. 50ff.

[6] Andreasen, A. H. M.: VDI-Forschungshefte Nr. 399, 1939.

[7] Steinour, H. H.: Iron Age **155**, 1945, Nr. 20, S. 65-71.

geeichten Meßzylinder einnehmen (Maßgröße : cm³/100 g). In analoger Weise versteht man unter dem *Klopfvolumen* das Volumen, das 100 g eines Pulvers nach genügend häufigem Aufklopfen eines geeichten Meßzylinders einnehmen (Maßgröße : cm³/100 g). Insbesondere die erste der beiden genannten Größen spielt aus preßtechnischen Erwägungen für die Beurteilung eines Pulvers eine große Rolle. Man möchte nämlich beim Pressen komplizierter Formkörper, bei der Herstellung von Hohlzylindern, deren Höhe ein Mehrfaches des Durchmessers bzw. der Dicke beträgt, und schließlich beim Einsatz mechanischer Pressen mit automatischer Füllung der Matrizen von vornherein wissen, welche Füllhöhe man für ein bestimmtes Pulver vorsehen muß, um eine bestimmte Preßlinghöhe zu erhalten. Die Beantwortung dieser Frage ist, wie im nächsten Abschnitt bei Besprechung des sogenannten Füllfaktors gezeigt wird möglich, wenn man das Füllvolumen bzw. die Fülldichte des Pulvers kennt. Die Fülldichte läßt sich leicht aus dem Füllvolumen errechnen. Sie ist der reziproke Wert des auf 1 g bezogenen Füllvolumens.

Bei der betriebsmäßigen Bestimmung des Füllvolumens läßt man 100 g Pulver locker in einen geeichten Meßzylinder einrieseln. Man streicht die Oberfläche ohne Druckanwendung plan und liest das eingenommene Volumen des Pulvers ab. Die Fülldichte kann sofort durch Rechnung ermittelt werden.

Nach **J. C. Leadbeater** und Mitarbeitern[1] ist es für die Bestimmung des Füllvolumens bzw. der Fülldichte nicht gleichgültig, in welcher Weise man das Pulver in den Meßzylinder einfließen läßt. Je feiner der Einlaufstrahl und je langsamer das Pulver einrieselt, um so höhere Füllvolumina und niedrigere Fülldichten erhält man. Die Autoren schlagen daher eine Standardmethode vor. Man läßt das abgewogene Pulverquantum durch einen Trichter mit einem Stiel von 2 cm Länge und einer Ausflußöffnung von 2 mm, aus 10 cm Abstand in kleinen Mengen in den Meßzylinder einrieseln. Zweckmäßig wird eine Mensur von 25 cm³ Inhalt benützt. Die Oberfläche wird vorsichtig glatt gestrichen und das Volumen abgelesen.

Da sich nicht alle Pulversorten beim lockeren Einfüllen in den Meßzylinder gleichmäßig verteilen und gelegentlich infolge Brückenbildung zwischen den Teilchen Hohlräume auftreten, die das Meßergebnis fälschen würden, pflegt man zusätzlich das Klopfvolumen zu bestimmen. Zur Ermittlung dieser Kenngröße werden wie bei der Ermittlung des Füllvolumens 100 g Pulver in einen geeichten Meß-

---

[1] Leadbeater, J. C., L. Northcott u. F. Hargreaves: Iron Steel Inst., Spec. Rep. Nr. 38, London 1947, S. 15-36.

zylinder gefüllt und durch Klopfen von Hand oder mit Hilfe einer Klopfapparatur (Abb. 42) eine möglichst dichte Packung des Pulvers bewirkt. Wenn sich das Pulver nicht mehr weiter setzt, d. h. wenn Volumenkonstanz erreicht ist, wird das eingestellte Volumen der Pulversäule abgelesen. Das ist bei Benutzung der in Abb. 42 dargestellten Apparatur meist nach 3 Minuten Klopfen der

Abb. 42. Apparat zur Bestimmung des Klopfvolumens.
(Hersteller: W. Uhland, Leipzig).

Fall. Das Klopfvolumen ist meistens 20 bis 25% kleiner als das Füllvolumen. Analog zur Fülldichte errechnet man aus dem Klopfvolumen die Klopfdichte*).

Bei der Bestimmung des Klopfvolumens bzw. der Klopfdichte gelangt man nach J. C. Leadbeater und Mitarbeitern[2], je nachdem ob das Klopfen in vertikaler oder horizontaler Richtung, ob es von Hand, maschinell oder elektromagnetisch erfolgt, in verschieden langen Klopfzeiten bzw. bei verschieden großen Klopfzahlen zur dichtesten Packung. Sie stellen ferner fest, daß die Korngestalt einen Einfluß auf die Anzahl der Schläge hat, die erforderlich ist,

---

*) Die im Schrifttum gelegentlich anzutreffenden Ausdrücke „Schüttvolumen", „Schüttelvolumen und Rüttelvolumen" sollten in Zukunft im Interesse einer einheitlichen Nomenklatur entfallen[1].

[1] Bartels, H. J., W. Hotop u. R. Kieffer: Arch. Metallkde. 1, 1947, S. 311-15.

[2] Leadbeater, J. C., L. Northcott u. F. Hargreaves: Iron Steel Inst., Spec. Rep. Nr. 38, London 1947, S. 15-36.

um zu konstanten Volumen zu kommen. So hat z. B. Carbonyleisen nach etwa 50 Schlägen die dichteste Packung erreicht, während bei gewissen voluminösen Reduktionspulvern viel höhere Klopfzahlen erforderlich sind.

d) Füllfaktor.

Das für das Verpressen eines Pulvers so äußerst wichtige Verhältnis der notwendigen Füllhöhe zur gewünschten Preßlingshöhe wird als „Füllfaktor" bezeichnet. Es ist leicht einzusehen, daß der gleiche Zahlenwert erhalten wird, wenn man das Verhältnis aus der gewünschten Dichte des Preßlings (kurz „Preßdichte" genannt) und der Fülldichte bildet. Man sieht daraus, daß sich durch Ermittlung des Füllvolumens, aus dem sich ja die Fülldichte leicht errechnen läßt, sofort die Möglichkeit ergibt, den Füllfaktor für eine gewünschte Preßdichte zu bestimmen.

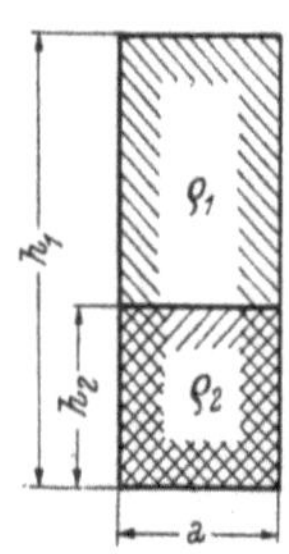

Abb. 43. Veranschaulichung des Zusammenhangs zwischen Füllhöhe und Füllfaktor.

Diese wichtigen Zusammenhänge sollen an Hand zweier Abbildungen noch näher erläutert werden. Ein Pulver mit der Füllhöhe h_1 (Abb. 43) möge in einer zylindrischen Matrize mit der Grundfläche a zu einem Preßling mit der Preßlingshöhe h_2 bei gleicher Grundfläche verdichtet werden. Bezeichnen wir die Fülldichte mit ρ_1, die Preßdichte mit ρ_2, so besteht folgende Beziehung:

$$a \cdot h_1 \cdot \rho_1 = a \cdot h_2 \cdot \rho_2$$

Das Gewicht der Füllung muß nämlich stets gleich sein dem Gewicht des Preßlings, wenn man der Einfachheit halber von Pulververlusten beim Pressen absieht. Daraus folgt:

$$\frac{h_1}{h_2} = \frac{\rho_2}{\rho_1} = \text{Füllfaktor.}$$

Die Zusammenhänge zwischen der Fülldichte bzw. dem Füllvolumen eines bestimmten Eisenpulvers und dem für die Einstellung einer bestimmten Preßdichte erforderlichen Füllfaktor sind für die in der Eisen-Pulvermetallurgie praktisch vorkommenden Dichten der Preßlinge zwischen 5,6 und 7,4 g/cm³ in Abb. 44 graphisch dargestellt. Die Darstellung ergibt sich zwangsläufig aus den oben aufgezeigten Zusammenhängen. Die gezeigte graphische Darstellung wird zweckmäßig stets dann herangezogen, wenn es sich darum handelt, den Füllfaktor bzw. die notwendige Füllhöhe bei der Matrizenherstellung für bestimmte Sintereisen- bzw. Sinterstahlteile zu bestimmen.

e) Fließverhalten.

Beim Verpressen von Eisenpulver auf vollautomatisch arbeitenden, mechanischen Pressen oder auf hydraulischen Pressen mit automatischer Füllung der Preßmatrizen spielt das „Fließverhalten" des Pulvers eine bedeutende Rolle. Für diese, der Viskosität von Flüssigkeiten ähnliche Größe benutzte man bisher den Ausdruck „Fließfaktor"*) und man verstand darunter die Menge Pulver, die pro Zeiteinheit aus einer bestimmten Öffnung bei gegebenem Nei-

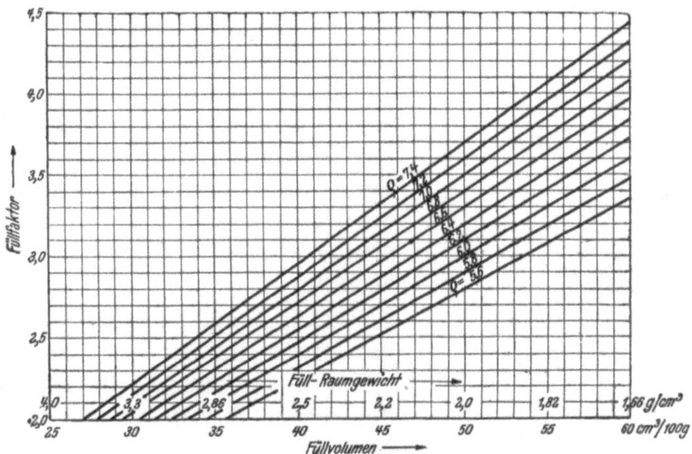

Abb. 44. Zusammenhang zwischen Fülldichte bzw. Füllvolumen
und dem Füllfaktor bei verschiedenen Preßdichten.

gungswinkel des Ausfließgefäßes austritt[1]. Leider liegen bis zum Augenblick keinerlei Abmachungen über die zweckmäßigsten Versuchsbedingungen bei Bestimmung dieser Größe vor[2, 3]. Auf Grund

---

*) Der Ausdruck „Fließfaktor" ist in diesem Zusammenhang nicht exakt, da ein „Faktor" eine dimensionslose oder unbenannte Zahl darstellt. Im vorliegenden Fall liegt aber eine Größe vor, die die Dimensionen Masse und Zeit miteinander verknüpft. J. C. Leadbeater und Mitarbeiter[4] geben neuerdings eine Formel für den Zusammenhang von Fließfaktor, Ausflußzeit, Probenmenge und Radius der Ausflußöffnung an, welche lautet:

$$K = \frac{t \cdot r^n}{w}$$

K = Fließfaktor
t = Ausflußzeit in Sekunden
r = Radius der Ausflußöffnung
w = Gewicht der Pulvermenge
n = Faktor etwa 2,58.

[1] Bailey, L. H.: s. Powder Metallurgy, Am. Soc. Met., Cleveland (Ohio).
[2] Hardy, Ch.: Symposium on Powder Metallurgy, Am. Soc. Test. Mat., Philadelphia 1943, S. 1-7.
[3] Greenwood, H. W.: Metallurgia 30, 1944, S. 178.
[4] Leadbeater, J. C., L. Northcott u. F. Hargreaves: Iron Steel Inst., Spec. Rep. Nr. 38, London 1947, S. 15-36.

eigener umfangreicher Untersuchungen haben sich folgende Versuchsbedingungen als zweckmäßig erwiesen. Die Ergebnisse dieser Versuche stehen in voller Übereinstimmung mit unabhängig hiervor durchgeführten Versuchen von K. Konopicky[1] sowie J. C. Leadbeater und Mitarbeitern[2].

1. Man benutzt als Ausfließgefäß einen geerdeten Metalltrichter mit einem Winkel von 60⁰ und einer Ausfließöffnung von 4 mm Durchmesser (genaue Abmessungen des Ausfließgefäßes s. Abb. 45).

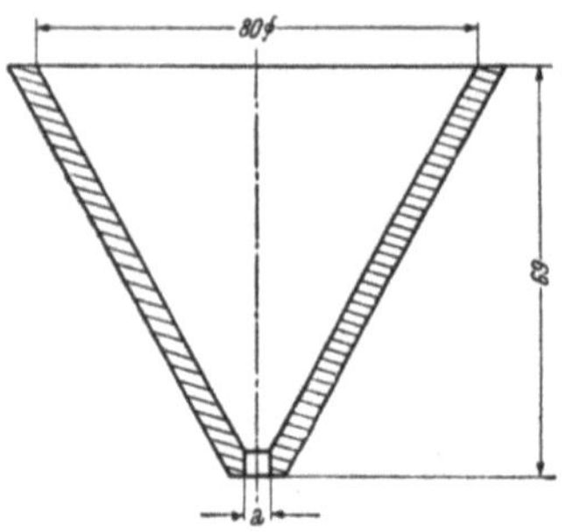

Abb. 45. Ausfließtrichter zur Bestimmung des Fließverhaltens von Pulvern.

2. Man füllt in den Trichter eine bestimmte Pulvermenge, zweckmäßig 100 g, und ermittelt mit der Stoppuhr die für das Ausfließen dieser Pulvermenge notwendige Zeit in Sekunden. Die Ausflußzeit ist direkt proportional der aufgegebenen Pulvermenge und innerhalb gewisser Grenzen indirekt proportional der Fläche der Austrittsöffnung.

3. Die versuchsmäßige Bestimmung der pro Zeiteinheit ausfließenden Pulvermenge ist abzulehnen, da sich hierbei Fehler einschleichen, die sich bei Ermittlung der Ausflußzeit für eine bestimmte Pulvermenge vermeiden lassen.

Die früher übliche Definition des Fließverhaltens wäre somit durch folgende neue Definition zu ersetzen: Unter dem Fließverhalten eines Pulvers versteht man die Ausflußzeit einer bestimmten Pulvermenge (100 g) aus einem trichterförmigen Gefäß (Winkelöffnung 60⁰) mit festgelegtem Durchmesser der Ausflußöffnung (4 mm).

Da das Fließverhalten stark von der Luftfeuchtigkeit und der Temperatur der Arbeitsräume abhängt, ist es angebracht, vor der Prüfung das Pulver im Trockenschrank bei 100⁰ zu trocknen und unmittelbar anschließend bei einer Raumtemperatur von 20⁰ die Prüfung vorzunehmen. Unter Beachtung dieser Bedingungen kann man damit rechnen, vergleichbare Versuchsergebnisse zu erhalten. Wie zu erwarten, wird das Fließverhalten der Pulver durch ihren Reduktionsgrad, durch die Korngestalt, die Korngröße und die Korngrößenverteilung mehr oder weniger stark beeinflußt. Einzelheiten werden im nächsten Abschnitt an entsprechender Stelle mitgeteilt.

---

[1] Konopicky, K.: Persönliche Mitteilung, 1944.
[2] Leadbeater, J. C., L. Northcott u. F. Hargreaves: Iron Steel Inst., Spec. Rep. Nr. 38, London 1947, S. 15-36.

2. Beeinflussung der physikalischen Eigenschaften durch die Vorbehandlung des Pulvers; Auswirkung auf das Preßverhalten.

a) Durch Glühen unter reduzierenden Bedingungen.

Die physikalischen Eigenschaften der Pulver werden durch die meistens vom Verarbeiter vorzunehmende Glühbehandlung mehr oder weniger stark verändert. Wenn auch die Eigenschaften im Anlieferungszustand von gewissem Interesse sind, so sind selbstverständlich für die Weiterverarbeitung der Pulver im wesentlichen die Eigenschaften des geglühten, preßfertigen Pulvers entscheidend. Zunächst sei der Einfluß der Glühbehandlung auf Korngestalt, Korngröße, Korngrößenverteilung, Füllvolumen und Klopfvolumen besprochen.

α) Korngestalt, Korngröße, Korngrößenverteilung. Beim Glühen backen die locker geschichteten Pulverteilchen zusammen und zwar um so stärker, je höher die gewählte Glühtemperatur ist. Es tritt eine Agglomerierung der Pulverteilchen, insbesondere der Feinstanteile auf. Hierdurch tritt eine Verlagerung der *Korngrößenverteilung* im Sinne höherer Anteile gröberer Pulverklassen auf, wie aus Zahlentafel 17 hervorgeht. In ihr sind die Siebanalysen der acht wichtigsten technischen Eisenpulver im Anlieferungszustand und nach einstündigem Glühen bei 850° unter Wasserstoff aufgeführt. Aus der Fülle vorliegender Analysenresultate sind typische Zahlenwerte herausgegriffen worden. Die Glühung der Pulver wurde im Durchsatzofen mit Molybdänheizleitern (s. Abb. 146, S. 298) vorgenommen. Die Wiederzerkleinerung der Pulverkuchen geschah mittels Backenbrecher und Kollergang.

Selbst der mit steigender Glühtemperatur immer stärker werdende Verbackungseffekt der Pulverteilchen ist aus der Siebanalyse deutlich zu ersehen, wie aus Zahlentafel 18 hervorgeht. In ihr sind die Siebanalysen für drei technisch besonders wichtige Eisenpulver, nämlich Hametagpulver, Schwammeisenpulver und DPG-Schleuderpulver im Anlieferungszustand und nach jeweils einstündiger reduzierender Glühbehandlung bei 600 bis 1000° und üblicher Wiederzerkleinerung zusammengestellt.

Glüht man Feinstpulver, so kann man bei gegebenenfalls mehrmaliger Wiederholung der Glühbehandlung schwammartige, gröbere Pulverteilchen aufbauen und hierdurch den Charakter des Ausgangspulvers grundsätzlich ändern. Der Feinstanteil von Hametagpulver beispielsweise läßt sich wegen seiner Feinkörnigkeit und Flittrigkeit selbst bei Anwendung verhältnismäßig hoher Preßdrücke zu keinem kantenbeständigen Preßling verarbeiten, da dieses Pulver

Zahlentafel 17. *Siebanalysen einer Reihe von Eisenpulvern im Anlieferungszustand und nach einstündigem Glühen bei 850°.*

Lfd. Nr.	Pulver	Anlieferungszustand						Geglüht bei 850°					
		Kornverteilung in % für DIN-Siebe						Kornverteilung in % für DIN-Siebe					
		$>0,3$	0,3 bis 0,2	0,2 bis 0,15	0,15 bis 0,1	0,1 bis 0,06	$<0,06$	$>0,3$	0,3 bis 0,2	0,2 bis 0,15	0,15 bis 0,1	0,1 bis 0,06	$<0,06$
1	Reduktionspulver aus technischen Oxyden (Beizrückstände)	7	13	12	15	17	36	18	27	16	16	12	11
2	Reduktionspulver aus technischen Oxyden (Walzsinter)	10	24	17	23	14	12	20	38	19	13	6	4
3	Reduktionspulver aus Schwedenerz (Höganäsverfahren)	2	14	17	30	20	17	2	14	20	35	20	10
4	RZ-Pulver (Roheisen-Zunder-Verfahren Mannesmann)	17	18	12	19	20	14	13	19	16	20	16	16
5	Hametag-Pulver (Wirbelschlagverfahren)	5	26	19	17	17	16	2	26	22	24	16	10
6	Schleuderpulver (DPG-Verfahren)	4	6	15	22	25	16	2	18	20	30	18	12
7	D-Pulver (Druckverdüsungsverfahren).	12	13	13	17	22	23	16	24	18	21	12	9
8	Elektrolyteisen fein	—	—	—	—	2	98	—	—	—	5	7	88

Zahlentafel 18. *Abhängigkeit der Korngrößenverteilung verschiedener Eisenpulver von der Höhe der Glühtemperatur.*

Behandlungszustand	Schwammeisenpulver				DPG-Schleuderpulver				Hametag-Pulver			
	Kornverteilung in % für DIN-Siebe											
	0,4 bis 0,3	0,3 bis 0,15	0,15 bis 0,06	$<0,06$	0,4 bis 0,3	0,3 bis 0,15	0,15 bis 0,06	$<0,06$	0,4 bis 0,3	0,3 bis 0,15	0,15 bis 0,06	$<0,06$
Anlieferung	2	31	50	17	3	31	48	18	3	44	35	18
geglüht bei 600°	2	31	50	17	2	29	52	17	2	43	37	18
„ „ 700°	1	30	52	17	1	29	53	17	3	45	38	14
„ „ 800°	1	34	53	12	1	30	53	16	2	47	38	13
„ „ 900°	2	34	54	10	1	37	54	8	2	52	39	7
„ „ 1000°	2	40	52	6	1	41	54	4	2	56	36	6

sehr stark zu Schieferungen neigt. Glüht man ein derartiges Pulver etwa eine Stunde lang bei 950 bis 1000° unter Wasserstoff (zweckmäßigerweise verwendet man nassen Wasserstoff), so wird aus dem Pulver, das vorher nur Teilchen mit einer Korngröße $< 0,06$ mm enthielt, ein Pulver mit einer Siebanalyse gemäß Zahlentafel 19.

Um den Unterschied der Siebanalyse verschiedener Pulver deutlicher zu machen, als es in Tabellenform gemäß Zahlentafel 17 möglich ist, empfiehlt sich eine graphische Darstellung der Kornverteilung, wie sie für Hametagpulver und feines Elektrolyteisenpulver in Abb. 46 gezeigt wird (Kurve 1 bzw. 2). In dieser Abbildung ist die mittels Siebanalyse ermittelte Korngröße μ des Pulvers in Abhängigkeit vom prozentualen Durchgang α der Gesamtpulvermenge aufgetragen. Der Bruchteil der Menge des Pulvers, der zwischen zwei Werten von μ liegt, ist dann durch den Anstieg der Kurve zwischen diesen beiden Werten gegeben. Noch besser ist es, den Differentialquotienten $\dfrac{d\,\alpha}{d\,\mu} = K$ zu bilden und ihn als Funktion von μ aufzutragen. Auch das ist in Abb. 46 für die beiden genannten Pulver geschehen (Kurve 1′ und 2′). K wird als Kornhäufigkeit für die Korngröße μ bezeichnet. Die Ableitungskurve zeigt sofort an, bei welcher Korngröße die Hauptmenge des Pulvers liegt, in unserem Falle für Elektrolyteisenpulver bei 18 μ und für Hametagpulver bei 160 μ. $\displaystyle\int_{\mu_1}^{\mu_2} K\, d\mu$

Zahlentafel 19. *Veränderung der Korngrößenverteilung von Hametag-Feinst-pulver $< 0{,}06$ mm durch Glühen bei 1000°.*

Kornverteilung in % für DIN-Siebe			
0,4 bis 0,3	0,3 bis 0,15	0,15 bis 0,06	$< 0{,}06$
1	12,1	55,7	31,2

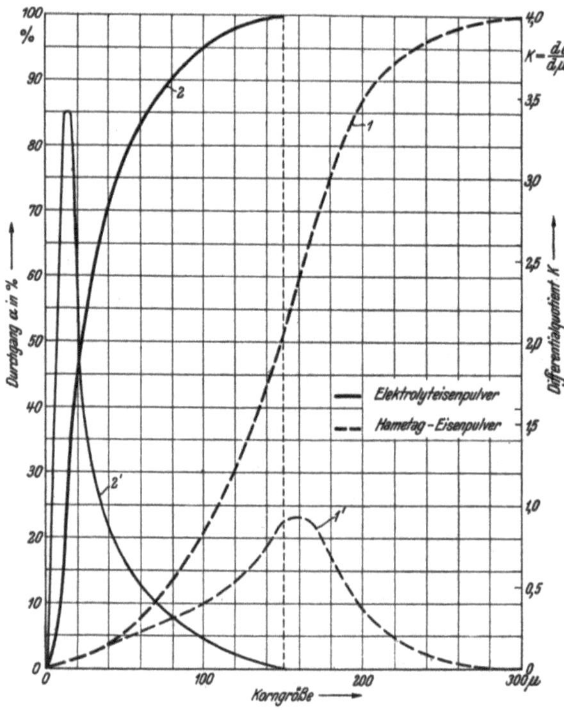

Abb. 46. Graphische Darstellung der Kornverteilung von Hametag- und Elektrolyteisenpulver nebst zugehöriger Kornhäufigkeitskurve.

ergibt den Bruchteil des Pulvers, dessen Korngröße zwischen den Grenzen μ_1 und μ_2 liegt. $\int_0^\infty K\, d\mu$ ist natürlich 100, da der Bruchteil des Pulvers in Prozenten angegeben wird. Bezüglich weiterer Einzelheiten zu dieser Darstellung der Kornverteilung sei auf Ausführungen von F. Skaupy[1] verwiesen.

Auf Seite 89 war schon angedeutet worden, daß von K. Konopicky[2] auf interessante Gesetzmäßigkeiten hingewiesen wurde, die die Korngrößenverteilung von Metallpulvern betreffen. K. Konopicky machte in diesem Zusammenhang auf einen auffallenden Unterschied im Schrifttum über gesinterte Metalle und in Veröffentlichungen aus dem Gebiet der feuerfesten Stoffe aufmerksam. Während sich im Schrifttum über gesinterte Metalle nur andeutungsweise und oft recht geheimnisvoll Hinweise darauf finden, daß die

---

[1] Skaupy, F.: Metallkeramik, 3. Aufl., Berlin: Verlag Chemie, 1943, S. 44ff.

[2] Konopicky, K.: Körnungsgesetze in Metallpulvern, erscheint demnächst.

Korngrößenverteilung des Pulvers für gewollte physikalische Eigenschaften des Sinterprodukts von großer Bedeutung sein kann, liegen auf dem Gebiet der feuerfesten Stoffe eine Unsumme an Veröffentlichungen und Patenten vor, die sich sehr eingehend mit der Beeinflussung der Eigenschaften des gebrannten Steins durch die Aufbereitung der Rohstoffe beschäftigen. Der Grund dafür ist leicht verständlich. In der Keramik handelt es sich im Vergleich zur Pulvermetallurgie um riesige Pulvermengen, die verarbeitet werden müssen. In der Keramik werden praktisch alle zur Verwendung kommenden Rohstoffe, wie Oxyd- und Silikatgesteine, mechanisch aufbereitet und in Pulverform übergeführt. Daher hat man sich in diesem Industriezweig schon recht frühzeitig mit den Zerkleinerungsvorgängen und ihrer möglichst wirtschaftlichen Durchführung intensiv beschäftigt. Hinzu kam, daß bei der Entwicklung der Sondersteine (Magnesit-, Chromerz-, Sillimanitsteine), bei denen man im Gegensatz zur Herstellung von plastischen, keramischen Massen, wie Porzellan und Schamottsteinen, von gekörnten, unplastischen Rohstoffen ausgeht, schon sehr bald offenbar wurde, daß die Aufbereitung der Rohstoffe, insbesondere die Körnungszusammensetzung ein äußerst wichtiger Faktor bei der Formgebung und für die Erzielung besonderer Eigenschaften am gebrannten Stein ist. Schwindmaß, Porositätsgrad, Festigkeit, Gasdurchlässigkeit, Empfindlichkeit gegen Wärmestoß usw. werden z. B. bei Silikat-, Magnesit- und Chromerzsteinen vom Körnungsaufbau in außergewöhnlichem Ausmaß beeinflußt. Rosin und Rammler[1, 2] suchten den Zusammenhang zwischen den verschiedenen Korngrößen und ihren Mengen bei siebloser Mahlung keramischer Massen erstmalig zu erfassen. Sie stellten ein empirisches Verteilungsgesetz auf, das als Exponentialgesetz einer Wahrscheinlichkeitsverteilung entspricht. Das Gesetz lautet:

$$R = e^{-bx^n}$$

Darin bedeutet R den Rückstand auf dem Sieb mit der lichten Maschenweite x, b eine Konstante, n einen Exponenten, der ein Maß für die Verteilungsbreite des Pulvers darstellt.

Logarithmiert man diese Gleichung zweimal, so erhält man

$$\ln . (\ln R) = -n . \ln b x.$$

Setzt man $\qquad \ln . (\ln R) = R^*$ und

$\qquad\qquad \ln b x \quad = x^*,$ so ergibt sich

$\qquad\qquad R^* \qquad = -n . x^*.$

Das ist aber die Gleichung einer Geraden. In einem Diagrammblatt, in dem auf der Ordinate der Rückstand mit fallender Cha-

---

[1] Rosin, P. u. E. Rammler: Zement **23**, 1933, S. 427.
[2] Rosin, P., E. Rammler u. K. Sperling: Glückauf **69**, 1933, S. 465.

rakteristik in doppelt logarithmischem Maßstab und auf der Abszisse die Korngröße bzw. Siebmaschenweite in einfach logarithmischem Maßstab aufgetragen ist, muß sich die Korngrößenverteilung als Gerade darstellen.

Von J. G. Benett[1] wurde ein entsprechendes Diagrammblatt angegeben (Abb. 47). Ihm liegt das Kornverteilungsgesetz von Rosin-Rammler in folgender Schreibweise zu Grunde:

$$R = 100 \cdot e^{-(x/F)^n}$$

Darin ist:

R die Menge des Rückstandes auf dem Sieb mit der Maschenweite x in Prozenten,

F ein Maß für die Feinheit des Mahlgutes; es stellt jeweils die Korngröße dar, für die $R = \dfrac{100}{e} = 36{,}8\,\%$ ist

der Exponent n ein Maß für die Kornverteilung innerhalb des durch F charakterisierten Feinheitsbereiches.

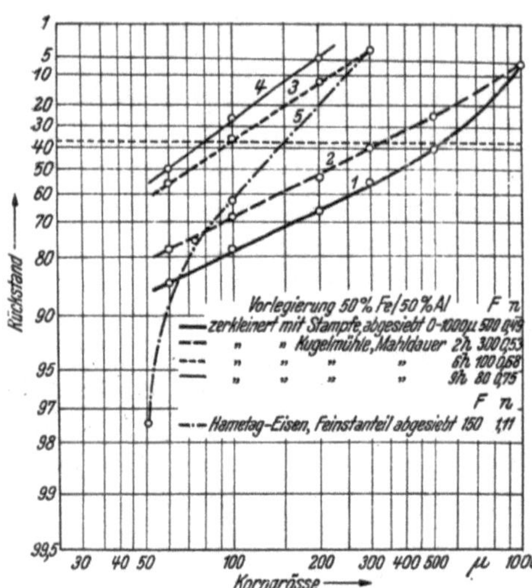

Abb. 47. Diagrammblatt nach Bennett zur Auswertung von Siebanalysen von Mahlgütern; Mahlkurven für Fe-Al-Vorlegierung und Hametag-Wirbelschlagpulver (K. Konopicky)

n ist nach den Ausführungen weiter oben nichts anderes als die Steigung der Kornverteilungsgeraden. Durch $^1/n$ wird die „Verteilungsbreite" des Pulvers angegeben. Das Diagrammblatt gemäß Abb. 47 enthält als Beispiel hierfür die vier Mahlkurven einer zerkleinerten, geschmolzenen Eisen-Aluminium-Legierung mit 50 % Aluminium nach verschieden langer Mahldauer. Man erkennt, daß sich die Kornverteilung des Mahlgutes in dem neuen Diagrammblatt tatsächlich als Gerade darstellt. Mit fortschreitender Mahldauer wird die Gerade zu feinerer Korngröße, d. h. nach links oben verschoben. K. Konopicky konnte erstmalig für metallische Stoffe die Gültigkeit des Gesetzes von Rosin-Rammler nachweisen. Bei der Überprüfung der verschiedensten oxydischen, silikatischen und metallischen Mahlgüter fiel es K. Konopicky auf, daß in vielen Fällen die Mahlgüter in den feineren Anteilen weitgehend dem Exponentialgesetz folgen, in den gröberen Anteilen

---

[1] Bennett, J. G.: J. Inst. Fuel 15, 1936, Oktoberheft.

von der Geraden aber nach oben abweichen (s. Kurve 1 in Abb. 47).
Er konnte nachweisen, daß dieses Abweichen mit dem bei der Grob-
und Halbfeinzerkleinerung üblichen dauernden Absieben des Mahlgutes in Zusammenhang steht. Bekanntlich wird bei diesen Zer-
kleinerungen das Mahlgut aus dem Mahlraum entfernt, über ein
Sieb geführt und der Überlauf in die Mühle zurückgebracht. Es
wird also aus einem Mahl-
gut, das z. B. dem Mahl-
gesetz von Rosin-Ramm-
ler gehorcht, der Grob-
anteil entfernt. Eine
Durchrechnung zeigt, daß
durch die Entfernung des
Grobanteils eines Mahl-
gutes die Körnungsver-
teilung für den Restteil
(das ist das Mahlgut der
technischen Mühlen) tat-
sächlich eine nach oben
aufgebogene Kurve gibt,
die sich asymptotisch der
Ordinate über der Grenz-
korngröße nähert. Durch
Entfernen des Feinstanteils
wird die Verteilungskurve
entsprechend nach unten
gebogen, wie ebenfalls aus
Abb. 47 hervorgeht, die

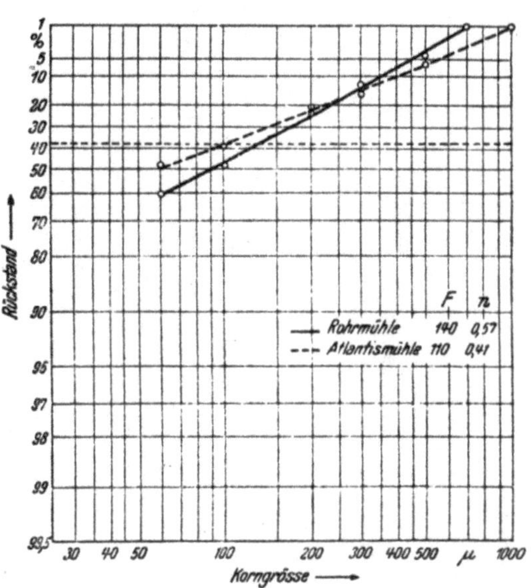

Abb. 48. Graphische Darstellung der Siebanalyse für zwei Pulver gemäß Zahlentafel 20
(K. Konopicky).

zusätzlich die Kornverteilung für Hametagpulver enthält, von
dem der Feinstanteil abgesiebt wurde (Kurve 5). Da durch Absiebung des Grob- oder Feinstanteils der Feinheitsgrad des Gutes

Zahlentafel 20. *Korngrößenverteilung für zwei Pulver I und II aus gleichem
Werkstoff, in verschiedenen Mahlaggregaten vermahlen* (K. Konopicky).

Pulver	Kornverteilung in % für DIN-Siebe						
	2 bis 1	1 bis 0,5	0,5 bis 0,3	0,3 bis 0,2	0,2 bis 0,1	0,1 bis 0,06	$< 0,06$
I	—	4	8	10	26	12	40
II	1	5	8	7	17	12	50

zu feinerem bzw. gröberem Korn verschoben wird, ist es nicht
angängig, Mahlgüter, deren Herstellungsart nicht bekannt ist, zur
Überprüfung des Zerkleinerungsgesetzes heranzuziehen.

Jedes Mahlgut kann durch zwei Kennwerte festgelegt werden,
nämlich durch den Feinheitsgrad F und die Verteilungsbreite $1/n$.
Diese Kennwerte sind eindeutiger als die vergleichende Angabe von
Siebanalysen. Zahlentafel 20 enthält nach K. Konopicky die Siebanalysen für zwei verschiedene Pulver. Obwohl das Pulver II einen
größeren Anteil an Grobkorn, allerdings auch an Feinkorn laut
Siebanalyse aufweist, ergibt sich aus der graphischen Darstellung
der beiden Siebanalysen gemäß Abb. 48, daß das Pulver I durch-
schnittlich etwas gröber ist und nur eine geringere Verteilungsbreite
hat als das Pulver II (vgl. die Kennwerte F und $1/n$!).

Aus der Kornverteilungsgeraden für Hametagpulver, die in
Abb. 47 dargestellt ist, ermittelt sich ein ziemlich hoher Wert für n.
Bei der Zerkleinerung von spröden Ferro-Legierungen und Magnetlegierungen auf der Basis Eisen-Nickel-Aluminium liegt der Exponent n bei 0,8 bis 1,5.
Zwecks Aufklärung dieses
Unterschiedes im Expo-
nenten für das zähe
Hametageisen und die
spröden Ferro-Legierun-
gen wurden Ferro-Alumi-
nium-Legierungen ver-
schiedenen Eisengehaltes
zerkleinert, bei denen
ein kontinuierlicher Übergang von spröden zu
zähen Legierungen be-
steht. Das Untersu-
chungsergebnis geht aus
Abb. 49 hervor. Beim Ver-
gleich der erhaltenen
Kennwerte ergibt sich
folgendes: Bei spröden
Legierungen hat n einen
Wert von etwa 0,8 bis
1,0; dieser Wert steigt mit

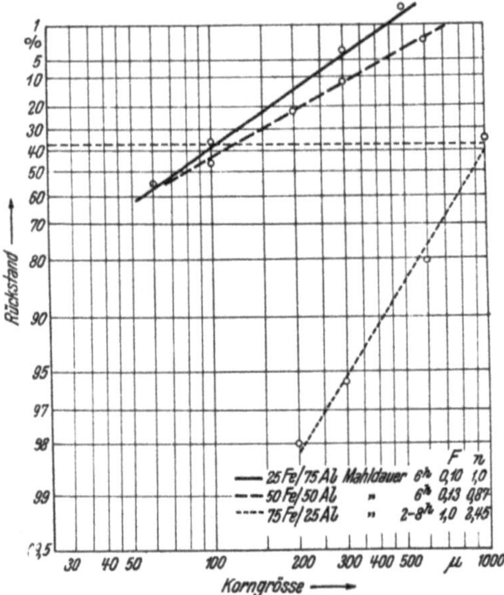

Abb. 49. Mahlkurven für Eisen-Aluminium-
Vorlegierungen mit verschieden hohem Aluminiumgehalt (K. Konopicky).

zunehmender Zähigkeit rasch wesentlich an. Parallel hierzu geht,
daß die spröden Legierungen durch das Mahlen in der Kugelmühle
deutlich verfeinert werden, während bei den zähen Legierungen
der Mahlvorgang nach zwei Stunden unter den gegebenen Versuchsbedingungen zum Stillstand kommt.

K. Konopicky konnte weiterhin zeigen, daß das Rosin-
Rammlersche Gesetz auch für zerkleinerte Dreh- und Feilspäne

gilt. Da es sich um sehr zähe Werkstoffe handelt, ist auch in diesem Fall der Exponent n sehr hoch (1,3 bis 3,4) und zwar um so höher, je höher die mechanische Festigkeit ist. Vollkommen gleichlaufend mit den Ergebnissen an zerkleinerten Drehspänen ist die Korngrößenverteilung bei Feilspänen (n ~ 2,15), die durch Behandeln von Stahl StC 10.61 mit der Vorfeile erhalten wurden.

Bei dem Versuch, die Gültigkeit des Gesetzes von Rosin-Rammler für Schleuder- und Verdüsungspulver im Anlieferungszustand nachzuprüfen, stellte K. Konopicky fest, daß diese Pulver dem Gesetz *nicht* gehorchen. Das gleiche gilt für ein Pulver, das elektrolytisch direkt in Pulverform abgeschieden wird.

In dem Gesetz von Rosin-Rammler ist neben der Gaussschen Verteilungskurve auch eine die Mahlarbeit charakterisierende Funktion enthalten. Da bei der Herstellung von Pulver durch Zerteilen aus dem flüssigen Zustand praktisch keine Zerkleinerungsarbeit zu leisten ist, war es naheliegend, die reine Wahrscheinlichkeitsfunktion zu prüfen, wobei als Merkmalswert nicht die Korngröße, sondern ihr Logarithmus gewählt wird. Dies entspricht der gleichen Korngrößenteilung, die bei der Darstellung des Mahlgesetzes von Rosin-Rammler in Anwendung kommt. Die Auswertung der Siebanalysen von Schleuderpulver, RZ-Pulver und D-Pulver (s. Zahlentafel 17, S. 98), in einem entsprechenden Diagrammblatt (Wahrscheinlichkeitsfunktion gegen Logarithmus der Siebgröße) aufgetragen, ergaben eine ausgezeichnete Bestätigung der von K. Konopicky gemachten Annahmen (Abb. 50).

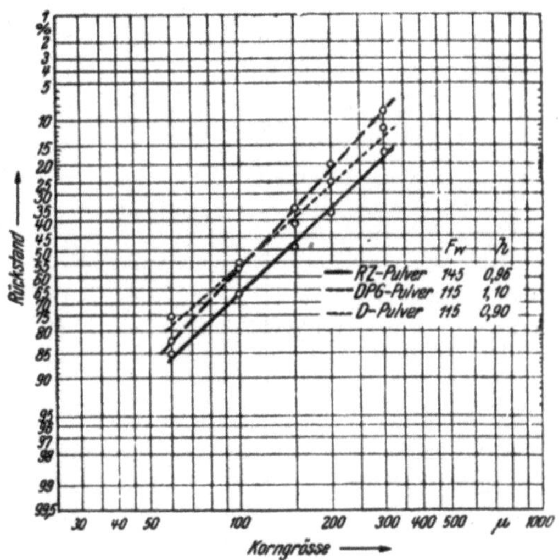

Abb. 50. Kornverteilungskurven für verschiedene Schleuder- und Verdüsungspulver (K. Konopicky).

K. Konopicky konnte nachweisen, daß eine Kornverteilung nach der Wahrscheinlichkeitsfunktion auch weitgehend für elektrolytisch hergestellte Metallpulver gilt. Er schließt daraus, daß die Wahrscheinlichkeitsfunktion für alle Pulver, die ohne wesentliche Zerkleinerungsarbeit hergestellt werden, Gültigkeit besitzt.

Die neuere Art der Darstellung der Siebanalyse von Metall-

Zahlentafel 21. *Füll-, Klopf- und Preßvolumen, sowie Füll- und Klopfdichte einer Reihe von Eisenpulvern im Anlieferungszustand und nach einstündigem Glühen bei 850°.*

Lfd. Nr.	Pulver	Anlieferungszustand				Geglüht bei 850°				Preß-volumen cm³/100 g	Preßdichte g/cm³
		Füllvolumen cm³/100 g	Fülldichte g/cm³	Klopfvolumen cm³/100 g	Klopfdichte g/cm³	Füllvolumen cm³/100 g	Fülldichte g/cm³	Klopfvolumen cm³/100 g	Klopfdichte g/cm³		(Preßdruck 2 t/cm²)
1	Reduktionspulver aus technischen Oxyden (Beizrückstände)	70	1,43	49	2,04	72	1,39	51	1,96	20,3	4,93
2	Reduktionspulver aus technischen Oxyden (Walzsinter).............	62	1,61	53	1,89	63	1,59	54	1,85	19,0	5,26
3	Reduktionspulver aus Schwedenerz (Höganäsverfahren)	44	2,27	35	2,86	46	2,17	38	2,63	18,9	5,30
4	RZ-Pulver (Roheisen-Zunder-Verfahren)	45	2,23	38	2,63	48	2,08	38	2,63	18,2	5,48
5	Hametagpulver (Wirbelschlagverfahren)	41	2,44	30	3,33	51	1,96	37	2,71	17,3	5,80
6	Schleuderpulver (DPG-Verfahren)................	31	3,23	25	4,00	33	3,06	26	3,85	18,9	5,29
7	D-Pulver (Druckverdüsungsverfahren)	21	4,77	18	5,56	30	3,33	25	4,00	16,9	5,91
8	Elektrolyteisenpulver fein	36	2,78	23	4,35	37	2,70	24	4,17	18,9	5,29
9	Carbonyleisenpulver C	29	3,45	23	4,35	29*	3,45	23	4,35	18,8	5,32

* Nicht nachgeglüht, da schon beim Hersteller geglüht.

pulvern wurde deshalb so ausführlich behandelt, um nachzuweisen, welche Vorteile mit dieser auf den ersten Blick zunächst recht abstrakten Darstellungsart verbunden sind. Die Darstellung ermöglicht die Charakterisierung der Kornverteilung des Pulvers durch zwei Kennwerte, die einen Vergleich verschiedener Pulver in eindeutiger Weise möglich machen. K. Konopicky[1] hat angeregt, sämtliche Pulvereigenschaften in einem Kennblatt zusammenzufassen. In diesem Kennblatt spielt auch eine besondere Art der Darstellung der Preßkurve eines Pulvers eine wichtige Rolle. Die Besprechung der Eigenschaften der Preßkörper in Abhängigkeit von der Höhe des Preßdruckes ist dem nächsten Kapitel vorbehalten. Daher wird das erwähnte Kennblatt erst später an passender Stelle behandelt werden (s. S. 132).

β) Füllvolumen, Klopfvolumen. Die Korngestalt, Korngröße und Korngrößenverteilung beeinflussen ihrerseits das Füll- und Klopfvolumen. Um hierüber einen Überblick zu gewinnen, sind in Zahlentafel 21 die Füll- und Klopfvolumina der gleichen acht Eisenpulver aufgeführt, deren Siebanalyse in Zahlentafel 17 mitgeteilt wurde. Als neuntes Pulver ist zum Vergleich Carbonyleisenpulver der Qualität C aufgenommen worden, also ein Pulver, das bekanntlich aus sehr feinen Kugelteilchen mit einer Korngröße von wenigen μ besteht.

Auf das Füll- und in gewisser Weise auch auf das Klopfvolumen wirkt sich vornehmlich die Korngestalt des Pulvers aus. Bei den unter Nr. 1 und 2 aufgeführten Pulvern handelt es sich um aus technischen Oxyden hergestellte Pulver mit sehr voluminösen Pulverteilchen, deren Einzelkörner meistens aus vielen kleinen Teilchen aufgebaute Pulveragglomerate darstellen. In die gleiche Pulverkategorie gehört eigentlich das unter Nr. 3 aufgeführte Schwammeisenpulver, das allerdings schon auf Grund der verschiedenen Manipulationen, die mit ihm bei der Reinigung mittels Magnetscheidern und bei der Zerkleinerung vorgenommen wurden, in Pulverteilchen von verhältnismäßig kleiner Korngröße zerfallen ist, wie auch aus der Siebanalyse schon hervorgeht. Daher ist das Füllvolumen bei diesem Pulver merklich geringer als bei den anderen beiden Reduktionspulvern. Das unter Nr. 4 aufgeführte Roheisenzunderpulver verdankt sein verhältnismäßig hohes Füllvolumen der Hohlkugelgestalt der Pulverteilchen. Das nur um wenig geringere Füllvolumen des Hametagpulvers ist auf die schon früher erwähnte Tellerstruktur dieses Pulvers zurückzuführen. Beim DPG-Schleuderpulver (Nr. 6), Druckverdüsungspulver (Nr. 7) und Carbo-

---

[1] **Konopicky, K.:** Körnungsgesetze an Metallpulvern, erscheint demnächst.

nyleisenpulver (Nr. 9) handelt es sich um Pulver mit größtenteils bzw. praktisch ausschließlicher Kugelgestalt. Von ihnen lagert sich das D-Pulver, das vornehmlich aus glatten Kugeln mittlerer Größe besteht (s. Abb. 22, S. 29), am dichtesten. Daß sich das Carbonyleisenpulver trotz idealer Kugelgestalt der Pulverteilchen nicht so dicht wie das D-Pulver lagert, ist einerseits auf die Einheitlichkeit der Korngröße, andererseits auf die äußerste Feinheit des Carbonyleisenpulvers zurückzuführen. Beim DPG-Pulver wirkt sich deutlich die spratzige Korngestalt eines Teiles der Pulverteilchen in Richtung auf ein höheres Füll- und Klopfvolumen aus. Für das verhältnismäßig hohe Füllvolumen des Elektrolyteisenpulvers (Nr. 8) ist einerseits die Feinheit des Pulvers, andererseits die farnartige, dendritische Korngestalt der Pulverteilchen verantwortlich zu machen. Vergleicht man Zahlentafel 17 und Zahlentafel 21, so stellt man fest, daß aus der Siebanalyse keineswegs auf die Höhe des Füll- und Klopfvolumens

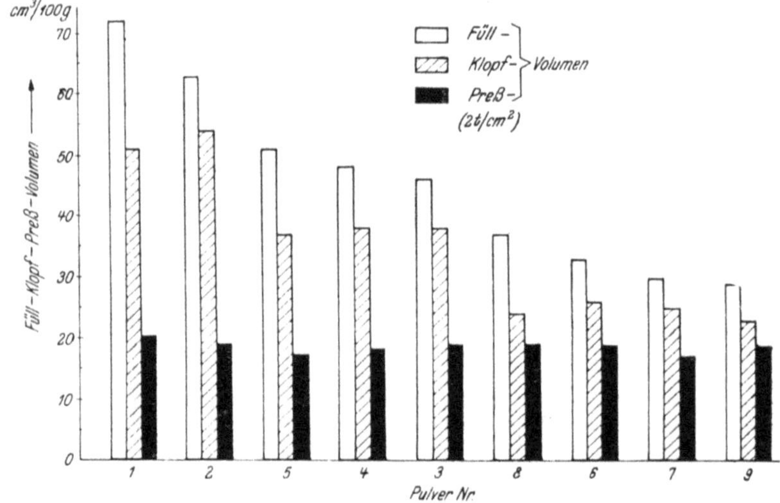

Abb. 51. Graphische Darstellung der Füll-, Klopf- und Preßvolumina einer Reihe von Eisenpulvern, geordnet nach fallendem Füllvolumen. (Pulverbezeichnung s. Zahlentafel 21.)

geschlossen werden kann. Das ist nicht überraschend, wenn man bedenkt, daß die Siebanalyse nur einen sehr groben Überblick über die Korngröße vermittelt und daß sie die Korngestalt weitgehend unberücksichtigt läßt. In Zahlentafel 21 sind zum Vergleich auch die Füll- und Klopfvolumina der Pulver nach einer Glühbehandlung bei 850⁰ aufgeführt. Man sieht daraus, daß durch die Glühbehandlung die beiden Volumina zu höheren Werten verschoben werden. Hier wirkt sich offenbar der Verbackungseffekt der Glühbehandlung, der bekanntlich aus feineren Pulverteilchen voluminöse, grobkörnige

Teilchen aufbaut, aus. Der gleiche Effekt war schon in Zahlentafel 17 deutlich geworden, aus der eine Verlagerung der Korngrößenverteilung im Sinne höherer Anteile gröberer Pulverklassen durch die Glühbehandlung hervorging.

Es erhebt sich nun die Frage, in welcher Weise sich die Korngestalt, die Korngröße, die Korngrößenverteilung, das Füll- und das Klopfvolumen auf das Preßverhalten, insbesondere auf die Verdichtbarkeit des Pulvers auswirken. Eine Beantwortung dieser Frage im Hinblick auf den Zusammenhang zwischen Füll- und Klopfvolumen und damit indirekt der Korngestalt und der Verdichtbarkeit ist schon in Zahlentafel 21 versucht worden. In der letzten Spalte dieser Zahlentafel findet sich das sogenannte „Preßvolumen", in diesem Falle ermittelt bei Anwendung eines Druckes von 2 t/cm², als ungefähren Ausdruck für die Verdichtbarkeit des Pulvers. Praktisch bestimmt man diese Größe, indem man in einer federnd aufgehängten, hartmetallausgekleideten Matrize zylindrische Preßlinge von ca. 10 mm Höhe mit einem Preßdruck von 2 t/cm² preßt und die dabei erzielte Dichte ermittelt. Der reziproke Wert der Dichte multipliziert mit 100 ergibt das Preßvolumen für 100 g Pulver, das sich mit dem Füll- und Klopfvolumen des Pulvers leicht vergleichen läßt. Um diesen Vergleich so anschaulich wie möglich zu machen, sind in Abb. 51 die Füll-, Klopf- und Preßvolumina der geglühten Pulver

Zahlentafel 22. *Abhängigkeit des Füll- und Klopfvolumens sowie der Preßdichte verschiedener Eisenpulver von der Höhe der Glühtemperatur.*

Behandlungszustand	Schwammeisenpulver			DPG-Schleuderpulver			Hametag-Pulver		
	Füll-volumen cm³/100 g	Klopf-volumen cm³/100 g	Dichte g/cm³ (Preßdruck 2 t/cm²)	Füll-volumen cm³/100 g	Klopf-volumen cm³/100 g	Dichte g/cm³ (Preßdruck 2 t/cm²)	Füll-volumen cm³/100 g	Klopf-volumen cm³/100 g	Dichte g/cm³ (Preßdruck 2 t/cm²)
Anlieferung	44	35	4,78	31	25	4,57	41	30	n. b.
geglüht bei 600⁰	44	35	4,71	31	26	4,64	42	30	5,27
„ „ 700⁰	44	36	5,21	32	26	4,76	44	32	5,48
„ „ 800⁰	46	38	5,27	33	26	5,09	51	37	5,79
„ „ 900⁰	52	41	5,31	36	29	5,32	54	37	5,80
„ „ 1000⁰	54	43	5,33	36	29	5,43	55	38	5,85

Zahlentafel 23. *Abhängigkeit des Füll- und Klopfvolumens sowie der Preßdichte verschiedener Eisenpulver von der Korngröße.*

Kornverteilung	Schwammeisenpulver			DPG-Schleuderpulver			Hametag-Pulver		
	Füll-volumen cm³/100 g	Klopf-volumen cm³/100 g	Dichte g/cm³ (Preßdruck 4 t/cm²)	Füll-volumen cm³/100 g	Klopf-volumen cm³/100 g	Dichte g/cm³ (Preßdruck 4 t/cm²)	Füll-volumen cm³/100 g	Klopf-volumen cm³/100 g	Dichte g/cm³ (Preßdruck 4 t/cm²)
Gesamtkorn............	46	38	6,15	33	26	5,99	51	37	6,51
0,3 bis 0,15	48	39	6,12	36	30	5,73	44	32	6,39
0,15 „ 0,06	48	39	6,06	34	28	5,70	66	45	6,24
0,06	43	34	5,88	33	27	5,65	76	46	6,07

gemäß Zahlentafel 21 graphisch dargestellt und zwar nicht in der Reihenfolge der Zahlentafel 21, sondern geordnet nach fallendem Füllvolumen. Die unter den einzelnen Kolumnen angegebene Nummer bezieht sich auf die laufende Nummer gemäß Zahlentafel 21. Aus dieser Darstellung geht sehr klar hervor, daß man aus der Höhe des Füll- oder Klopfvolumens keineswegs auf die Verdichtbarkeit eines Pulvers schließen darf, obwohl die ersten vier Pulver der Abb. 51 zunächst diesen Schluß nahe legen. Von viel entscheidenderem Einfluß auf die Verdichtbarkeit ist sicherlich die Duktilität (Reduktionsgrad), die Korngrößenverteilung, die Korngröße und gegebenenfalls die Korngestalt. Um hierüber etwas Näheres sagen zu können, ist in Zahlentafel 22 zunächst die Abhängigkeit des Füll- und Klopfvolumens sowie der Verdichtbarkeit von der Höhe der Glühtemperatur bei drei wichtigen technischen Eisenpulvern, nämlich bei Schwammeisenpulver, DPG-Schleuderpulver und Hametagpulver gezeigt. Der Einfachheit halber wurde wieder die *Verdichtbarkeit* durch Angabe der Dichte der Preßlinge bei Anwendung eines Preßdruckes von 2 t/cm² ausgedrückt. Bei sämtlichen drei Pulvern steigt, wie aus Zahlentafel 22 hervorgeht, mit steigender Glühtemperatur das Füllvolumen infolge Agglomerierung der Pulverteilchen. Gleichzeitig steigt deutlich die Verdichtbarkeit. Dieses Ergebnis steht auf den ersten Blick offenbar im Gegensatz zu den ersten vier Pulvern gemäß Abb. 51. Es leuchtet ein, daß aus Zahlentafel 22 im wesentlichen geschlossen werden kann, daß mit Verbesserung des Reduktionsgrades*) eines Pulvers die Verdichtbarkeit erheblich gesteigert wird. Die gleichzeitige Vergrößerung der Füllvolumina und in gewisser Weise auch der Klopfvolumina ist dabei von sekundärer Bedeutung.

Auch wirken sich die Korngröße und Korngrößenverteilung auf die Verdichtbarkeit in gesetzmäßiger Weise aus. Um diese Beziehung deutlich werden zu lassen, ist es wichtig, daß man seiner Betrachtung jeweils Pulver gleicher Korngestalt zu Grunde legt. Man darf also beispielsweise als Feinstpulver nicht etwa Carbonyleisenpulver und als Grobpulver die grobe Fraktion eines mechanisch hergestellten Pulvers zum Vergleich heranziehen. Schlüsse kann man nur ziehen, wenn man von ein und demselben Pulver durch Aussiebung Siebfraktionen verschiedener Kornklassen herstellt und die verschiedenen Kornklassen in ihren Eigenschaften miteinander vergleicht. Das ist in Zahlentafel 23 für Schwammeisen-, DPG-Schleuder- und Hametagpulver geschehen. Für die bei 850⁰ eine Stunde lang unter Wasserstoff geglühten Pulver wurde nach der Zerkleinerung einerseits für das Gesamtkorn, andererseits für verschiedene Siebfraktionen das Füll- und Klopfvolumen sowie die Verdichtbarkeit, ausgedrückt durch die Preßdichte bei 4 t/cm² Preßdruck, bestimmt. Bei Betrachtung der Versuchsergebnisse kommt man zu folgenden Erkenntnissen:

1. Die Siebfraktionen eines Pulvers verhalten sich beim Pressen ungünstiger als das Gesamtkorn. Für die Erreichung einer möglichst hohen Raumerfüllung sind also Pulvermischungen aus verschiedenen Korngrößen günstiger als Siebfraktionen einheitlicher Korngröße.

2. Ein Zusammenhang zwischen der Korngröße eines Pulvers und dem Füll- und Klopfvolumen besteht infolge des Einflusses der Korngestalt häufig nicht.

3. Mit zunehmender Korngröße der Siebfraktionen eines Pulvers steigt im allgemeinen die Verdichtbarkeit, worin sich gegebenenfalls der höhere Sauerstoffgehalt des Feinpulvers auswirkt.

Bei Besprechung des Einflusses der bisher behandelten physikalischen Eigenschaften auf die Preßeigenschaften des Pulvers war lediglich die Verdichtbarkeit zur Diskussion herangezogen worden. Wie weiter oben schon erwähnt, zieht man aber zur Beurteilung der Preßeigenschaften eines Pulvers nicht nur die Verdichtbarkeit, sondern auch die Kantenfestigkeit der aus dem Pulver hergestellten Kaltpreßlinge heran. Da die Kantenfestigkeit keineswegs der Ver-

---

*) Siehe frühere Ausführungen über Zusammenhang zwischen O-Gehalt und Verdichtbarkeit (S. 73ff.).

dichtbarkeit parallel läuft, ist es notwendig, sie mit wenigen Worten gesondert zu betrachten. Die Kantenfestigkeit hängt im wesentlichen von der Korngestalt und nur in untergeordnetem Maße von der Korngröße ab. Je vielgestaltiger und unregelmäßiger die Oberfläche eines Pulvers ist, umso besser ist die Kantenfestigkeit der Preßlinge, da sich die einzelnen Pulverteilchen beim Pressen verzahnen und verfilzen. Pulver mit regelmäßiger, glatter kugeliger Oberfläche weisen in den meisten Fällen eine verhältnismäßig schlechte Kantenfestigkeit auf. Als Beispiel seien Carbonyleisen- und D-Pulver genannt. Auch Preßlinge aus flittrigen, flachen Pulverteilchen wie z. B. Hametagpulver haben keine besonders gute Kantenfestigkeit. Charakteristische Beispiele für Pulverpreßlinge mit sehr guter Kantenfestigkeit bilden Walzsinterpulver, Schwammeisenpulver und Elektrolyteisenpulver. Da sich eine vielgestaltige und unregelmäßige Oberfläche der Pulverteilchen meistens in einem hohen Füllvolumen des betreffenden Pulvers ausdrückt, kann man im großen und ganzen aus einem hohen Füllvolumen eines Pulvers auf eine gute Kantenfestigkeit der betreffenden Preßlinge schließen. Über den Einfluß der Korngröße ist nur soviel zu sagen, daß bei gleicher oder zumindest sehr ähnlicher Korngestalt Formlinge aus feinerem Pulver eine bessere Kantenfestigkeit aufweisen als aus gröberem Pulver. Bei der Herstellung von Maschinenteilen aus Sintereisen und Sinterstahl verwendet man auch aus diesem Grunde lieber Feinpulver als Grobpulver, obwohl die gröberen Pulver an sich eine bessere Verdichtbarkeit haben (s. Zahlentafel 23, S. 110).

γ) *Füllfaktor.* Auf S. 94 war das für das Verpressen eines Pulvers so äußerst wichtige Verhältnis der notwendigen Füllhöhe zur gewünschten Preßlingshöhe als sogenannter „Füllfaktor" eingeführt worden. Der Füllfaktor kann im Hinblick auf seine Wichtigkeit beim Bau der Preßmatrizen die Wahl eines bestimmten Eisenpulvers für einen bestimmten Verwendungszweck maßgeblich beeinflussen. Insbesondere beim Pressen von Maschinenteilen, bei denen häufig verschiedene Höhen des Preßlings in Preßrichtung vorkommen, die ihrerseits entsprechende Füllräume benötigen, die nur durch Stempelunterteilung des Werkzeuges zu erreichen sind, muß man von dem zu verwendenden Pulver einen möglichst kleinen Füllfaktor fordern, selbst wenn viele andere Gründe für die Wahl eines anderen Pulvers sprechen sollten. An sich ist aus Abb. 44, S. 95 ohne weiteres die Beziehung zwischen Füllvolumen und Füllfaktor eines Pulvers abzulesen. Für den Betriebsmann sind darüber hinaus in Zahlentafel 24 die Füllfaktoren für die wichtigsten Eisenpulver bei verschiedenen Preßdichten nochmals zusammengestellt. Die Daten beziehen sich auf Pulver, die bei 850° eine Stunde unter

Zahlentafel 24. *Füllfaktor von Eisenpulvern verschiedener Herstellungsart für verschiedene Preßdichten.*

Lfd. Nr.	Pulver[1]	Füllvolumen cm³/100 g	Füllfaktor für Preßdichte von g/cm³			
			5,8	6,2	6,6	7,0
1	Reduktionspulver aus technischen Oxyden (Beizrückstände)	72	4,17	4,46	4,75	5,04
2	Reduktionspulver aus technischen Oxyden (Walzsinter)	63	3,65	3,91	4,16	4,41
3	Reduktionspulver aus Schwedenerz (Höganäsverfahren)	46	2,67	2,85	3,04	3,22
4	RZ-Pulver (Roheisen-Zunder-Verfahren, Mannesmann)	48	2,78	2,98	3,17	3,36
5	Hametag-Pulver (Wirbelschlagverfahren)	51	2,96	3,16	3,37	3,57
6	Schleuderpulver (DPG-Verfahren)	33	1,91	2,05	2,18	2,31
7	D-Pulver (Druckverdüsungsverfahren)	30	1,74	1,86	1,98	2,10
8	Elektrolyteisenpulver fein	37	2,14	2,29	2,44	2,59
9	Carbonyleisenpulver C[2]	29	1,68	1,80	1,91	2,03

[1] Pulver 1 Stunde unter Wasserstoff bei 850° geglüht.
[2] Vom Hersteller geglüht.

Wasserstoff geglüht wurden. Gemäß Zahlentafel 24 hat Carbonyleisenpulver den günstigsten Füllfaktor. Dieses Pulver hat infolge seiner Klebeeigenschaften und Neigung zur Brückenbildung aber ein äußerst schlechtes Fließverhalten, worauf im nächsten Abschnitt noch eingegangen wird, so daß es insbesondere bei schmalen und engen Füllräumen trotz seines niedrigen Füllfaktors häufig nicht in Frage kommt. Das D-Pulver mit ebenfalls sehr günstigem Füllfaktor hat infolge seiner mangelhaften Sintereigenschaften keine besondere Bedeutung in der Eisen-Pulvermetallurgie erlangt. Als nächst günstiges Eisenpulver erscheint im Hinblick auf den kleinen Füllfaktor das DPG-Schleuderpulver. Da es in dieser Hinsicht allen anderen Pulvern weit überlegen ist, wie aus Zahlentafel 24 hervorgeht, hat es sich für die Herstellung von komplizierten Maschinenteilen bewährt.

δ) Fließverhalten. Im vorigen Abschnitt war bei der Besprechung des Füllfaktors kurz erwähnt worden, daß in manchen Fällen auch das Fließverhalten eines Pulvers über seine Verwendbarkeit für einen bestimmten Zweck entscheiden kann, selbst wenn andere

Eigenschaften günstig sind. Als Beispiel war Carbonyleisenpulver erwähnt worden. Wählt man die auf S. 96 erwähnten Versuchsbedingungen für die Bestimmung des Fließverhaltens, so kommt man zu recht interessanten Ergebnissen. Wie schon auf S. 96 angedeutet, wirkt sich zunächst die Luftfeuchtigkeit auf das Fließverhalten der Pulver aus. Zur Bestimmung dieses Einflusses wurden verschiedene Pulver, die zwar geglüht, aber nach der Glühung einige Monate gelagert waren, auf ihr Fließverhalten untersucht und mit Proben aus den gleichen Pulvern, die aber vor der Prüfung bei 100° im Trockenschrank getrocknet worden waren, verglichen. Die erhaltenen Versuchsergebnisse finden sich in Zahlentafel 25. Wie zu erwarten, zeigen die ungetrockneten, länger gelagerten Pulver ein deutlich schlechteres Fließverhalten, was zweifellos auf Feuchtigkeitsfilme auf den einzelnen Pulverteilchen, die ein leichtes Verkleben der Teilchen untereinander bewirken, zurückzuführen ist.

Der Einfluß des Reduktionsgrades auf das Fließverhalten der Pulver geht aus Zahlentafel 26 hervor. In dieser Zahlentafel finden sich Versuchsergebnisse, die an Hametag-, Schwammeisen- und

Zahlentafel 25. *Fließverhalten verschiedener geglühter Eisenpulver nach dreimonatiger Lagerung bzw. Trocknung bei 100°.*

Lfd. Nr.	Pulver	Fließverhalten sec/100 g	
		ungetrocknetes Pulver	getrocknetes Pulver
1	Hametag	29	24
2	Schwammeisen	44	24
3	DPG-Schleuderpulver	29	17
4	D-Pulver	14	9
5	RZ-Pulver.....................	34	21
6	Elektrolyteisen < 0,06	fließt nicht	fließt nicht
7	Carbonyleisen C	fließt nicht	fließt nicht

Zahlentafel 26. *Einfluß der Glühtemperatur auf das Fließverhalten verschiedener Eisenpulver.*

Zustand	Fließverhalten sec/100 g für:		
	Hametag-Pulver	Schwammeisenpulver	DPG-Schleuderpulver
Anlieferung	25,8	34,0	18,0
geglüht bei 600°	25,8	31,1	17,4
„ „ 700°	30,0	29,0	17,0
„ „ 800°	31,2	29,0	17,0
„ „ 900°	33,0	28,0	19,2
„ „ 1000°	34,0	27,5	19,2

DPG-Schleuderpulver im Anlieferungszustand und nach Glühen
bei verschieden hohen Temperaturen erhalten wurden. Die Versuchsergebnisse wurden ermittelt am Gesamtkorn. Bezüglich der Siebanalyse sei auf Zahlentafel 17, S. 98 verwiesen. Mit zunehmender
Glühtemperatur verschlechtert sich offenbar das Fließverhalten.
Hier wirkt sich zweifellos die Korngestalt des Pulvers maßgeblich
aus. Mit zunehmender Glühtemperatur kommt es zur Agglomerierung von Pulverteilchen und zur Bildung von größeren Körnern
mit vielgestaltiger Oberfläche. Je unregelmäßiger und aufgerauhter
die Oberfläche, umso größer die gegenseitige Behinderung der
Pulverteilchen beim Fließen. Beim Schwammeisenpulver, welches
aus schwammartigen, rauhen Agglomeraten aufgebaut ist, scheint
diese Annahme nicht zuzutreffen. Man kann dies so erklären, daß
mit steigender Glühtemperatur im Gegensatz zu den anderen Pulvern
die Pulverteilchen durch Verdichtung und Verformung ihre ur-
sprüngliche Rauhigkeit verlieren und glatter werden.

Was den Einfluß der Korngröße anbetrifft, so geht aus Zahlentafel 27 wohl eindeutig hervor, daß im allgemeinen feinere Pulver
schlechter fließen als gröbere. Um den Einfluß der Korngestalt so
weit wie möglich auszuschalten, ist es natürlich wichtig, daß man
zum Vergleich Siebfraktionen verschiedener Korngröße von ein
und demselben Pulver heranzieht. Das Verhalten der Fraktion
> 0,15 mm des DPG-Schleuderpulvers bildet übrigens keine Aus-
nahme von der mitgeteilten Regel, daß feinere Pulver im allgemeinen schlechter fließen als gröbere. Bei dieser Pulverfraktion
wirkt sich offenbar die Korngestalt aus. Es ist bekannt, daß DPG-
Pulver aus spratzigen und kugeligen Teilchen besteht. Die spratzigen
Teilchen finden sich meist in der gröberen Fraktion, in diesem
Falle > 0,15 mm. In Zahlentafel 27 sind übrigens für das Hametagpulver die Werte des ungeglühten Pulvers ebenfalls für die einzelnen
Fraktionen mit aufgeführt, während bei den anderen beiden Pulvern lediglich die Werte für die bei 800° geglühten Pulver angegeben sind. Vergleicht man beim Hametagpulver den geglühten

Zahlentafel 27. *Einfluß der Korngröße auf das Fließverhalten verschiedener
Eisenpulver.*

Korngröße	Fließverhalten sec/100 g für:			
	Hametag-Pulver		Schwammeisen-pulver	DPG-Schleuderpulver
	ungeglüht	geglüht		
0,3 bis 0,15 mm ..	24,5	27,5	27,0	21,0
0,15 bis 0,06 mm .	37,0	45,5	25,5	17,7
0,06 mm	fließt nicht	fließt nicht	34,5	19,2

und ungeglühten Zustand, so stellt man fest, daß das ungeglühte
Pulver ein besseres Fließverhalten aufweist als das geglühte Pulver.
Auch hierin äußert sich zweifellos der dominierende Einfluß der
Korngestalt. Die ungeglühten Pulverteilchen dürften eine wesent-
lich glattere Oberfläche als die geglühten Pulverteilchen haben.

Will man das Fließverhalten von Elektrolytfeinpulver
$< 0{,}15$ mm und Carbonyleisenpulver, dessen Korngröße bekanntlich nur wenige μ beträgt, unter den Versuchsbedingungen gemäß
S. 96 bestimmen, so stellt man fest, daß beide Pulver überhaupt
nicht ausfließen. Hier wirkt sich im Falle des Elektrolyteisens nicht
nur die Feinheit der Korngröße, sondern auch die farnartige, dendritische Korngestalt der Pulverteilchen aus, im Falle des Carbonyleisens die äußerste Feinheit des Pulvers und seine Neigung zum
Kleben, Backen und zur Brückenbildung.

Auch Hametag-Feinstpulver $< 0{,}06$ mm fließt sowohl im ungeglühten als auch im geglühten Zustand (siehe Zahlentafel 27)
aus einem Trichter mit 4 mm Öffnung nicht aus. Um Feinstpulver
in ihrem Fließverhalten miteinander vergleichen zu können, ist
es notwendig, Trichter mit verschieden großer Öffnung bereitzu-
halten. Man kann dann durch Vorversuche die Öffnung bestimmen,
durch die alle miteinander zu vergleichenden Pulver hindurch
fließen und wählt diesen Trichter zur Bestimmung der Ausflußzeit für 100 g Pulver.

b) Durch Mahlen, Trommeln, Feinstmahlen und Naßmahlen.

Neben der Glühbehandlung, der im Hinblick auf die Beeinflussung der physikalischen Eigenschaften der Pulver die größte
Bedeutung zukommt, spielt noch eine mechanische Vorbehandlung des Pulvers vor dem Verpressen eine Rolle. Diese mechanische
Vorbehandlung besteht einerseits in einem Mahlen, das bis zur
Feinst- oder Trommelmahlung bzw. in besonderen Fällen einer
Naßmahlung fortgesetzt werden kann oder in einem Verpressen
des Pulvers unter Drücken, die nur einen Bruchteil des beim endgültigen Pressen anzuwendenden Preßdruckes ausmachen, und
nachfolgendem neuerlichen Zerkleinern. Die Feinstmahlung in
Form einer Trocken- oder Naßmahlung besteht bei Einstoffpulvern
meist in einer Zertrümmerung der vielgestaltigen Kristallite und
Herabsetzung der absoluten Korngröße, oder einer Verdichtung
von porösen Kristallagglomeraten. Durch diese Maßnahme, durch
die die zahlreiche Erhebungen und Verästlungen aufweisende
Oberfläche der Teilchen mehr oder weniger geglättet wird, sinkt,
wie zu erwarten, das Füll- bzw. Klopfvolumen entsprechend ab.
Als Beleg für diese Tatsache seien in diesem Zusammenhang Ver-

Zahlentafel 28. *Einfluß einer mechanischen Nachbehandlung auf die Eigenschaften von Walzsinterpulver* (F. Eisenkolb).

Behandlung	Klopfvolumen cm³/100 g	Kornverteilung in % für DIN-Siebe			Preß-dichte g/cm³	Zugfestigkeit kg/mm²	
		> 0,15	0,15 bis 0,06	< 0,06		un-gesintert	ge-sintert[1]
Anlieferungszustand	62	39,4	37,4	22,5	5,82	0,28	10,3
2 Stunden in der Reibschale (Retschmühle) zerkleinert..........	37	10,5	40,3	43,5	5,72	0,08	10,1
Mit 0,5 t/cm² vorgepreßt und wieder zerrieben .	43	43,2	39,0	17,4	5,75	0,18	10,1

[1] Gesintert 2 Stunden bei 1050° unter Wasserstoff.

suchsergebnisse von F. Eisenkolb[1] mitgeteilt (s. Zahlentafel 28). Walzsinterpulver hat bei hervorragenden Preß- und Sintereigenschaften leider den Nachteil, ein verhältnismäßig hohes Füll- und Klopfvolumen aufzuweisen. Wie aus Zahlentafel 28 hervorgeht, erreicht man sowohl durch zweistündiges Mahlen des Pulvers in der Retschmühle als auch durch gelindes Vorpressen (0,5 t/cm²) und erneutes Zerkleinern der Preßlinge eine erhebliche Herabsetzung des Klopfvolumens. Was die Korngrößenverteilung des nachbehandelten Pulvers anbetrifft, so verschiebt sie sich bei den gemahlenen Proben nach dem feinen Anteil, was auf eine Zerstörung von größeren Teilchen zurückzuführen ist, während bei den durch Vorpressen mit nachfolgender Zerkleinerung behandelten Pulvern der Anteil an gröberen Teilchen etwas ansteigt. Wichtig ist, daß durch die erwähnte Behandlung der Pulver die Verdichtbarkeit des Pulvers und die nach dem Pressen und Sintern erhaltenen mechanischen Eigenschaften der Sinterkörper praktisch nicht gemindert werden. Als Maß für die Verdichtbarkeit wurde bei diesen Versuchen von F. Eisenkolb die erzielte Dichte bei Anwendung eines Preßdruckes von 3 t/cm² gewählt. Es ist festzustellen, daß die Verdichtbarkeit durch die mechanische Nachbehandlung etwas abgenommen hat. Das gleiche gilt für die Zugfestigkeit im ungesinterten Zustand, während nach dem Sintern die Festigkeit praktisch gleich der des im Anlieferungszustand verpreßten Pulvers ist. Die Abnahme der Festigkeit im ungesinterten Zustand bestätigt, daß durch das Mahlen bzw. Vorpressen die Teilchen glatter geworden sind, so daß sie sich nicht mehr so gut ineinander verzahnen können wie die unbehandelten Pulverteilchen.

---

[1] Eisenkolb, F. Koll.: Z. **104**, 1943, S. 236-246.

Zahlentafel 29. *Wirkung der Feinstmahlung auf das Füllvolumen und die Dichte nach dem Sintern von Carbonyleisenpulver* (E. K. Offermann).

Mahldauer Stunden	Füllvolumen cm³/100 g	Dichte nach dem Sintern g/cm³
12	30 bis 32	5,2 bis 5,9
96	25 bis 26	7,1

Auch bei Carbonyleisenpulver wirkt sich, wie aus Versuchen von E. K. Offermann[1] hervorgeht, eine Langzeittrommelung günstig aus. Trommelt man diese Pulver beispielsweise statt 12 Stunden 96 Stunden, so wird dadurch das Füllvolumen um ca. 20% erniedrigt und die Dichte nach dem Sintern fast um 25% erhöht (s. Zahlentafel 29). Bei Mehrstoffsystemen führt die Feinstmahlung zu einer Homogenisierung des Gemenges; es kann auch ein filmartiger Überzug der einen Komponente auf der anderen erfolgen.

Die in der Pulvermetallurgie oft angewendete *Naßmahlung*[2] kann auch bei Eisenpulvern angewandt werden. Die Naßmahlung erlaubt wegen der erzielten Kornverfeinerung und besseren Verteilung der Ausgangskomponenten eine Herabsetzung der Sintertemperaturen und Sinterzeiten. Trotz der Möglichkeit ihrer Anwendung hat sich die Naßmahltechnik in der Eisen-Pulvermetallurgie noch nicht in nennenswertem Maße durchsetzen können. Das mag darin begründet sein, daß die Möglichkeit einer Oxydation des Mahlgutes bei der Naßmahlung und bei der anschließenden Trocknung des Naßschlammes häufig die Vorteile dieses Verfahrens hinfällig werden läßt.

IV. Das Pressen und die Eigenschaften der Preßkörper.

A. Einleitung.

Schon im vorigen Kapitel wurde bei der Besprechung der Eigenschaften der verschiedenen Eisenpulver das Preßverhalten gestreift. Das geschah aus dem Grunde, weil sich im Preßverhalten sowohl die physikalischen Eigenschaften als auch die chemische Zusammensetzung der Pulver ausdrücken und daher eine Trennung der Besprechung der Eigenschaften der Pulver von jener des Preßverhaltens nicht möglich ist. Die Ausführungen beschränkten sich allerdings darauf, die Ergebnisse im Vergleich zur Änderung der

---

[1] Offermann, E. K.: Mitt. Kohle-Eisenforschung 1, 1936, S. 96.
[2] Kieffer, R. u. W. Hotop: Pulvermetallurgie und Sinterwerkstoffe, Berlin: Springer-Verlag, 1943, S. 44.

Eigenschaften der Pulver wiederzugeben; doch wurde bewußt auf die Vorgänge beim Pressen selbst nicht eingegangen. Ebenso blieb der Einfluß der Bedingungen beim Pressen selbst auf die Eigenschaften der Preßkörper unberücksichtigt.

Als Maß für das Verhalten des Pulvers beim Preßvorgang wurde die Verdichtbarkeit festgestellt, die angibt, welche Dichte das Pulver in Abhängigkeit vom Preßdruck annimmt. Zur Herstellung befriedigender Formkörper ist noch eine genügende Kantenbeständigkeit notwendig, über die allerdings nur qualitative Aussagen gemacht werden können (s. S. 65). Als Einleitung zu den weiteren Ausführungen seien nochmals kurz die wichtigsten Aussagen über die Verdichtbarkeit in Beziehung zu anderen Pulvereigenschaften wiederholt:

1. Je besser die Reduktion der Pulver, umso besser die Verdichtbarkeit (s. Zahlentafeln 12, 13, 14 und 15, S. 76 u. 79).

2. Selbst bei niedrigem Sauerstoffgehalt haben Eisenpulver, die auf Grund ihres Herstellungsprozesses einen hohen Grad an Kaltverformung aufweisen, eine schlechte Verdichtbarkeit (s. Zahlentafel 14, S. 79).

3. Zwischen dem Füll- und Klopfvolumen und der Verdichtbarkeit besteht keine feste Beziehung (s. Zahlentafel 21, S. 106 und Abb. 51, S. 108), doch ist, ähnliche Korngestalt vorausgesetzt, der Preßkörper um so dichter, je niedriger das Füll- oder Klopfvolumen des Pulvers ist.

4. Die Gesamtkörnung eines Pulvers hat bei kleinerem Füll- und Klopfvolumen eine bessere Verdichtbarkeit als jede durch Aussiebung aus dem betreffenden Pulver hergestellte Fraktion. Von den Fraktionen hat das gröbere Pulver eine bessere Verdichtbarkeit als das feinere Pulver (s. Zahlentafel 23, S. 110).

Das vorliegende Kapitel soll nun den Eigenschaften der Preßkörper selbst gewidmet sein, wobei stets Eisenpulver verschiedener Herstellungsart einander gegenüber gestellt werden. Die allgemeinen Vorgänge und Gesetzmäßigkeiten beim Verpressen von Metallpulvern dürfen im Hinblick auf das Vorhandensein umfangreichen, modernen Schrifttum [1-6] als bekannt vorausgesetzt werden. Sie lassen sich kurz wie folgt zusammenfassen:

[1] Kieffer, R. u. W. Hotop: Pulvermetallurgie und Sinterwerkstoffe, Berlin: Springer-Verlag, 1943, S. 75 ff.

[2] Skaupy, F.: Metallkeramik, 3. Aufl., Berlin: Verlag Chemie, 1943, S. 74 ff.

[3] Jones, W. D.: Principles of Powder Metallurgy, London: E. Arnold, 1937, S. 17 ff.

[4] Sauerwald, F.: Metallwirtsch. 20, 1941, S. 649-655 u. 671-677.

[5] Sauerwald, F.: Koll. Z. 104, 1943, S. 144-160.

[6] Balschin, M. J.: Vestn. Metalloprom. (russ.), 1936, Nr. 17, S. 87-120; Nr. 18, S. 82-99.

1. Würden die Oberflächen der Pulverteilchen glatt und frei von adsorbierten Stoffen, insbesondere Gasen oder Oxydhäuten sein, so würden schon bei einem locker eingefüllten Pulver die Anziehungskräfte zwischen den einzelnen Pulverteilchen einen gewissen Zusammenhalt des Pulvers bewirken.

2. Die unregelmäßige und vielgestaltige Ausbildung der Oberflächenpartie der einzelnen Pulverteilchen ist zusammen mit den immer bestehenden Fremdschichten auf der Oberfläche die Ursache, daß bei einem locker eingefüllten Pulver die Anziehungskräfte zwischen den einzelnen Pulverteilchen praktisch nicht zur Wirkung kommen.

3. Durch *Klopfen* des Pulvers führen folgende Vorgänge von der einfachen Lagerung zur dichteren Packung:

a) Das Einbrechen von Brückenbildungen,

b) die Ineinanderlagerung und Anpassung von Teilchen durch Gleiten,

c) das Ausfüllen von Hohlräumen zwischen größeren Teilchen durch kleinere.

4. Durch den *Preßvorgang* vergrößert sich die zur gegenseitigen Anziehung der Pulverteilchen beitragende Oberfläche und zwar um so mehr, je bildsamer das betreffende Metallpulver ist. Dabei wirken sich folgende Faktoren in Richtung der Vergrößerung der gesamten Berührungsfläche der Pulverteilchen aus:

a) Vernichtung der Brücken,

b) in anfangs vorhandene Hohlräume werden kleinere Teilchen hineingedrückt,

c) es erfolgt eine gegenseitige Anpassung der Pulverteilchen unter Verformungserscheinungen der Körner, die ihrerseits von der Bildsamkeit des betreffenden Metallpulvers abhängig sind,

d) mikroskopische und submikroskopische Unregelmäßigkeiten der Teilchen (Zacken, Nadeln usw.) werden abgerieben. In diesem Zusammenhang weist F. Sauerwald[1] mit Recht darauf hin, daß nach der elastischen Verformung bei sehr niedrigen Drücken die plastische Verformung der Pulverteilchen in zunehmendem Maße eine Rolle spielt, wobei man die Oberflächenpartien der Teilchen von dem kompakten Inneren derselben unterscheiden muß. Die von F. Sauerwald in ihrer Bedeutung besonders erkannten Oberflächenrauhigkeiten zweiter Art werden naturgemäß viel früher einer plastischen Verformung ausgesetzt sein als die inneren Partien des Korns, da die spezifische Belastung infolge ihres geringen Querschnitts zuerst die Fließgrenze überschreitet.

---

[1] Sauerwald, F.: Koll. Z. **104**, 1943, S. 155ff.

Neben der Dichtesteigerung hat der Preßdruck durch folgende Wirkungen eine erhebliche Zunahme der Anziehungskräfte und damit eine Festigkeitssteigerung der Preßlinge zur Folge:

e) Durch den Druck scheuern sich viele Körner aneinander, wodurch die Oxyd- und Gashäutchen an zahlreichen Stellen abgeschabt werden und reine Oberflächen miteinander in Berührung kommen.

f) Bei dem Gegeneinanderdrücken der Pulverteilchen kommt es wahrscheinlich gleichzeitig zu örtlichen Temperaturerhöhungen von sehr kurzer Dauer[1], die eine teilweise Neugruppierung der Metallatome an den Berührungsflächen ermöglichen (Atomplatzwechsel, Warmverschweißung).

g) Schließlich besitzt für die Festigkeitssteigerung beim Preßvorgang ein mechanisches Ineinanderverzahnen und -verfilzen der Pulverteilchen eine gewisse Bedeutung.

Wie ordnen sich nun die Ergebnisse, die man bei der Untersuchung des Preßvorgangs an Eisenpulvern verschiedener Herstellungsart erhält, in die skizzierten allgemeinen Gesetzmäßigkeiten ein? Die Beantwortung dieser Frage läßt es zweckmäßig erscheinen, eine Unterteilung vorzunehmen, einerseits in die Auswirkung der Höhe des aufgewandten Preßdruckes, andererseits in den Einfluß der Art der Druckanwendung.

B. Eigenschaften von Eisenpulverpreßkörpern in Abhängigkeit von der Höhe des aufgewandten Preßdrucks.

Die wichtigste Frage bei der Herstellung von Preßkörpern ist die Wirkung der Höhe des Preßdrucks auf die erzielte Dichte bzw. die erreichte Raumerfüllung, weil die verbleibende Porosität der Preßlinge entscheidend alle übrigen Eigenschaften der Preßlinge und auch die Eigenschaften der Sinterkörper maßgeblich beeinflußt. Erst in zweiter Linie interessiert die Härte, die Zug-und Druckfestigkeit sowie die elektrische Leitfähigkeit der Kaltpreßkörper.

1. Die Dichte bzw. Raumerfüllung.

Beobachtet man die Vorgänge beim Pressen von Pulvern, so erkennt man, daß das Zusammendrücken der Pulverteilchen bei geringen spezifischen Preßdrücken leicht vor sich geht und daß mit zunehmender Zusammenpressung der notwendige Preßdruck für eine Weiterverdichtung sehr rasch ansteigt. Trägt man die Dichte in Abhängigkeit vom Preßdruck auf, so erhält man Kurven, die im Bereich niedriger Drucke mehr oder weniger steil ansteigen

---

[1] Fast, J. D.: Philips techn. Rdsch. 4, 1939, S. 321-328.

und dann mit steigendem Druck immer flacher werdend sich asymptotisch der Reindichte nähern. Bei grundsätzlich gleichem Kurvenverlauf ergeben sich bei Betrachtung der Verhältnisse für Eisenpulver verschiedener Herstellungsart charakteristische Unterschiede zwischen den einzelnen Pulvern, in denen sich die durch die Herstellungsart bedingten unterschiedlichen Pulvereigenschaften deutlich zeigen.

In Zahlentafel 30 ist die Abhängigkeit der Dichte und der Raumerfüllung einer Reihe von Eisenpulvern von der Höhe des Preßdruckes bis zu extrem hohen Preßdrücken von 30 t/cm² zusammengestellt. Mit Ausnahme von Carbonyleisenpulver wurden sämtliche Pulver einer Wasserstoffglühung bei 850⁰ vor dem Pressen unterzogen. Gepreßt wurden von 8 t/cm² ab zylindrische Preßlinge von 10 mm Durchmesser und 6 mm Höhe. Als Preßform diente eine gefederte, mit Hartmetall ausgekleidete Matrize; hierdurch wurde eine zweiseitige Druckanwendung erreicht und die Reibung zwischen Preßwand und Pulver so weit wie möglich herabgesetzt. Beide Maßnahmen ergeben eine möglichst hohe Dichte und gleichmäßige Dichteverteilung in den Preßkörpern (s. S. 285 ff.). Für die Anwendung von Drücken oberhalb 8 t/cm² kam ein besonders exakt ausgeführtes Werkzeug, bei dem auch die Preßstempel aus Sinterhartmetall bestanden, zur Verwendung. Um gewissermaßen auch den Anschluß an den Preßdruck 0 zu gewinnen, sind in Zahlentafel 30 auch die Werte für die Fülldichte bzw. die Raumerfüllung beim Füllen mit eingetragen. Bei der Berechnung der Raumerfüllung aus der Dichte wurde für sämtliche technischen Eisenpulver eine Reindichte von 7,83 g/cm³, für Carbonyl- und Elektrolyteisen eine solche von 7,86 g/cm³, zu Grunde gelegt. Bei dem Reduktionspulver aus Schwedenerz Nr. 1, welches etwa 2% mineralische Verunreinigungen enthält, wurde pyknometrisch ein Wert von 7,60 g/cm³, bei dem Gußeisenschleuderpulver Nr. 5 eine Reindichte von 7,10 g/cm³ ermittelt und dieser Wert für die Berechnung der Raumerfüllung eingesetzt. Auf Grund der in Zahlentafel 30 angegebenen Werte ist in Abb. 52 die Dichte einiger besonders wichtiger Eisenpulver in Abhängigkeit von der Höhe des Preßdruckes im karthesischen Koordinatensystem graphisch dargestellt worden. Für den Preßdruck 0 könnte man die Fülldichte einsetzen. Wenn dieser Wert auch theoretisch als für die Preßkurve zutreffend angenommen werden darf, so weicht der Wert für den Preßdruck 0 in der Praxis von ihm doch ab. Die Erschütterungen der Presse dürften stets ein mehr oder weniger starkes Zusammenrütteln des eingefüllten Pulvers zur Folge haben, wes-

Zahlentafel 30. *Füll- und Preßdichte sowie Raumerfüllung einer Reihe von geglühten Eisenpulvern in Abhängigkeit von der Höhe des angewandten Preßdruckes.*

Lfd. Nr.	Pulver[1]	Fülldichte g/cm³	Dichte in g/cm³ bei einem Preßdruck (t/cm²) von									Raumerfüllung in % bei einem Preßdruck (t/cm²) von									
			2	4	6	8	10	15	20	25	30	0	2	4	6	8	10	15	20	25	30
1	Reduktionspulver aus Schwedenerz (Höganäsverfahren) ...	2,17	5,30	6,15	6,55	6,82	7,00	7,35	7,43	7,47	7,50	28,5	69,8	80,9	86,2	89,7	92,1	96,7	97,8	98,3	98,7
2	RZ-Pulver (Roheisen-Zunder-Verfahren)	2,08	5,48	6,43	6,94	7,18	7,28	7,44	7,48	7,49	7,52	26,6	69,9	82,1	88,6	91,7	92,9	94,9	95,5	95,6	96,0
3	Hametagpulver (Wirbelschlag-verfahren)..........	1,96	5,80	6,51	6,97	7,21	7,38	7,57	7,61	7,66	7,68	25,3	74,0	83,1	89,0	92,0	94,1	96,6	97,1	97,8	98,1
4	Weicheisenschleuder-pulver (DPG-Verfahren)	3,04	5,29	6,09	6,45	6,62	6,85	7,27	7,45	7,54	7,64	38,9	67,6	77,8	82,4	84,5	87,5	92,8	95,1	96,2	97,6
5	Gußeisenschleuderpulver (DPG-Verfahren)	2,86	n.b.	5,02	5,65	6,03	6,25	6,65	6,80	6,88	6,90	40,3	n.b.	70,7	79,6	84,9	88,9	93,7	95,8	96,9	97,2
6	D-Pulver (Druckverdüsungs-verfahren)..........	3,33	5,91	6,67	7,03	7,20	7,32	7,49	7,55	7,60	7,64	42,7	75,5	85,2	89,8	91,9	93,5	95,6	96,4	97,0	97,6
7	Elektrolyteisen fein	2,70	5,34	6,35	6,83	7,15	7,29	7,53	7,58	7,61	7,64	34,4	67,9	80,8	86,9	91,0	92,8	95,8	96,5	96,9	97,2
8	Carbonyleisen C	3,45	5,32	6,07	6,65	6,95	7,18	7,42	7,50	7,51	7,53	43,9	67,7	77,2	84,6	88,5	91,4	94,4	95,5	95,6	95,8
9	Sinterstahlpulver[2]	3,00	5,09	5,84	6,35	6,68	6,84	7,12	7,22	7,25	7,26	39,7	67,3	77,3	84,1	88,4	90,5	94,2	95,5	95,9	96,1

[1] Siebanalyse s. Zahlentafel 17, S. 98.
[2] Besteht aus: 75 T. Weicheisen, 25 T. Gußeisen, 0,4 T. Graphit.

wegen für den Preßdruck 0 praktisch stets ein Wert zwischen der
Füll- und Klopfdichte einzusetzen ist. Die graphische Darstellung
vermittelt naturgemäß über das unterschiedliche Preßverhalten
der verschiedenen Pulver einen klareren Überblick, als die Zusammenstellung der Versuchsdaten in einer Zahlentafel. Man liest sofort
ab, daß zur Erreichung einer Dichte von beispielsweise 7,0 g/cm³
für das D-Pulver und praktisch auch für das Hametagpulver ein
Preßdruck von rund 6 t/cm² erforderlich ist, für Schwammeisen-

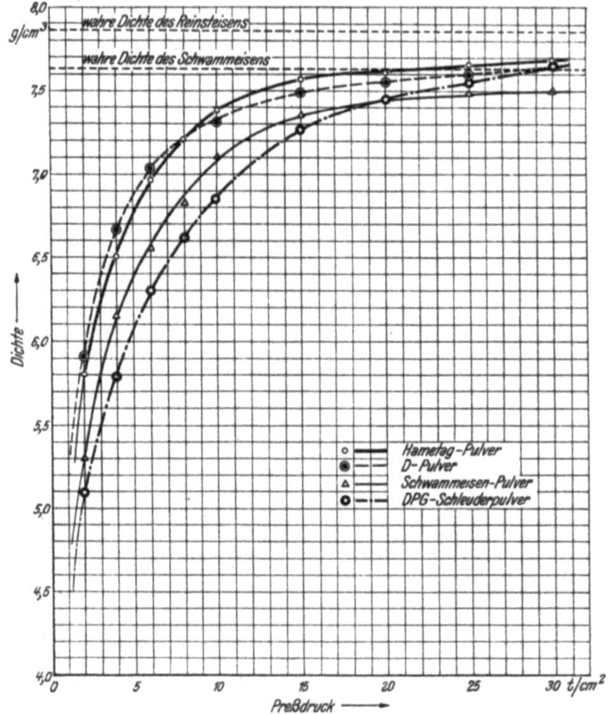

Abb. 52. Preßdichte einiger wichtiger Eisenpulver in Abhängigkeit von der Höhe des Preßdruckes, dargestellt im
karthesischen Koordinatensystem.

pulver hingegen schon 9 t/cm² und für Schleuderpulver sogar ein
solcher von über 11 t/cm². Da die beiden letztgenannten Preßdrücke
schon oberhalb des den üblichen Preßwerkzeugen zumutbaren
Druckbereichs liegen, ergibt sich daraus, daß es beim Einfachpreßverfahren unmöglich ist, bei Verwendung von Schwammeisen- und
Schleuderpulver Preßdichten von 7,0 g/cm³, d. h. einen Porositätsgrad von weniger als 11% zu erreichen. Neben der unterschiedlichen chemischen Zusammensetzung, insbesondere der Art und

Verteilung der Verunreinigungen wie Sauerstoff und SiO_2 wirken sich in diesem unterschiedlichen Preßverhalten die durch die Herstellung bedingten Unterschiede in der Korngestalt und Bildsamkeit der Pulverteilchen aus. Naturgemäß verschwinden diese Unterschiede mit steigendem Preßdruck immer mehr und man darf annehmen, daß bei extrem hohen Preßdrücken alle Preßkurven für technisch reine Eisenpulver asymptotisch zusammenlaufen. Das laut Abb. 52 abweichende Verhalten des Schwammeisenpulvers erklärt sich durch den wesentlich höheren Gehalt an Begleitelementen, der zu einer geringeren Reindichte führt. Es ist naheliegend anzunehmen, daß für den Zusammenhang zwischen der Verdichtung eines Pulvers und dem angewandten Preßdruck gesetzmäßige Zusammenhänge bestehen, da z. B. bei ein- und demselben Pulver verschiedene Versuchsdurchführungen immer wieder die gleichen Werte ergaben. M. J. Balschin[1] hat sich wohl als Erster bemüht, die physikalischen Zusammenhänge zu erfassen und eine Gesetzmäßigkeit aufzufinden. Er geht von folgender Überlegung aus:

Im Verlaufe des Zusammenpressens hat der Stempel der Preßform eine gewisse Arbeit zu leisten, um eine weitere Verdichtung zu erreichen. Dieser Energieaufwand setzt sich im wesentlichen aus folgenden Anteilen zusammen:

1. Energieaufwand zur Überwindung der Kohäsionskräfte zwischen den Pulverteilchen bei der Änderung ihrer Lage während des Preßvorganges.

2. Energieaufwand für die Verformung der Teilchen bzw. die Umwandlung von Einzelteilchen in ein Konglomerat (soweit die Preßkörper wieder zerkleinert werden können, drückt sich dies in einer Vergröberung der Kornanteile aus).

3. Energieaufwand zur Überwindung der elastischen und bleibenden Spannungen im vorgeformten Preßkörper, d. h. zur Überwindung der inneren Reibung.

Mit zunehmender Verdichtung des Werkstücks steigt der zur weiteren Zusammendrückung erforderliche Druck rasch an, was hauptsächlich durch folgendes bedingt wird:

1. Die Kohäsionskräfte nehmen mit Vergrößerung der Berührungsfläche der Teilchen und Verringerung des Berührungsabstandes zwischen ihnen rasch zu.

2. Mit steigender Verdichtung werden immer mehr Zonen der einzelnen Körner verformt und damit kalt verfestigt; sie bieten daher einer weiteren Gestaltsänderung immer größeren Widerstand.

---

[1] **Balschin**, M. J.: Vestn. Metalloprom. (russ.), 1936, Nr. 17, S. 87-120; Nr. 18, S. 82-99.

3. Mit steigender Dichte des Preßlings steigt die innere Reibung, da jede weitere Verformung zuerst den bestehenden Zusammenhang der einzelnen Partikel lösen muß.

Auf Grund dieser theoretischen Überlegungen versuchte M. J. Balschin eine mathematische Beziehung zwischen Preßdruck und Preßdichte zu finden. Als wichtigste Gleichung leitet er die Beziehung ab:

$$(1) \qquad \log p = -\,L\,V_0 + C.$$

In dieser Gleichung ist p der Preßdruck, V_0 das relative spezifische Volumen, d. h. das Verhältnis des Volumens des Preßlings zum Volumen des kompakten Stückes und L und C sind zwei Konstanten. Die von M. J. Balschin angegebenen Belegkurven lassen erkennen, daß diese Gleichung nur einen sehr schmalen Ausschnitt des Preßvorganges wiedergibt und zwar jenen bei niedrigen Preßdrücken, während sie bei mittleren und hohen Preßdrücken vollkommen versagt, was auch durch die im folgenden wiedergegebenen Versuche der Anwendung ultrahoher Preßdrücke bestätigt wird.

Diese Unzulänglichkeiten veranlaßten M. J. Balschin, auch noch andere Gleichungen für die Wiedergabe des Verpressungsvorganges abzuleiten und zu diskutieren. Die Gleichung:

$$(2) \qquad p\,V_o^{m} = \text{const.}$$

ähnelt der Beziehung, welche von Boyle-Mariotte für Gase abgeleitet wurde. In der Gleichung bedeutet p den Preßdruck, V_0 das relative spezifische Volumen, d. h. das Verhältnis des Preßlingsvolumens zum Volumen des kompakten Körpers und m ist ein Faktor, der bei den von M. J. Balschin untersuchten Pulvern von 1 bis 30 schwankt, meist aber 4 bis 10 beträgt.

Eine weitere, von ihm angegebene Beziehung lautet:

$$(3) \qquad \log \frac{p}{p'} = N\,(D_o - D'_o)$$

In dieser Gleichung bedeutet p und p' den Preßdruck, D_0 die relative spezifische Dichte, d. h. das Verhältnis der Dichte des kompakten Körpers zur Preßdichte beim Preßdruck p, D'_0 die relative spezifische Dichte beim Preßdruck p' und N ist eine Konstante.

Auch durch diese beiden Gleichungen kann der Preßvorgang keinesfalls richtig mathematisch wiedergegeben werden.

K. Konopicky[1], der sich ebenfalls mit der mathematischen Formulierung für den Preßvorgang beschäftigte, fand, daß die Gleichung

$$(4) \qquad P = A \log \frac{V_o}{V_p}$$

die Versuchsergebnisse nicht nur qualitativ, sondern auch quanti-

---

[1] Konopicky, K.: Gesetzmäßigkeiten beim Pressen von Metallpulvern, erscheint demnächst.

tativ in einem sehr weiten Bereich bestätigt. In dieser Gleichung stellt P den angewandten Preßdruck, V_0 den extrapolierten Wert des Porositätsgrades für P = O, V_p den Porositätsgrad für den Preßdruck P und A eine Konstante dar. Man erhält den Wert V_0 und A, indem man die Gleichung (4) für verschiedene Wertepaare von P und V_p zu lösen sucht.

Zur Auswertung der Gleichung benutzt man ein logarithmisches Diagrammblatt, in welchem auf der Abszisse der Preßdruck P linear, auf der Ordinate die Raumerfüllung in logarithmischer Teilung aufgetragen ist.

In dem Koordinatenblatt entspricht die Konstante A dem Wert tg $(90 - \alpha)$, wobei α den Neigungswinkel der Preßgeraden mit der Abszisse darstellt. Zur vereinfachten Ablesung ist der Maßstab so gewählt worden, daß A bei tg $(90 - \alpha) = 1$ d. h. $\alpha = 45^0$ ein Wert von 100 kg/mm² zukommt.

Wenn das in Gleichung (4) angegebene logarithmische Gesetz Gültigkeit hat, müssen sich die Preßkurven in dem gewählten Diagrammblatt als Geraden darstellen. Die Auswertung der in Zahlentafel 30 angegebenen Daten zeigt, daß, worauf schon K. Konopicky hinwies, die angeführte Gesetzmäßigkeit im Druckbereich unterhalb 1 t/cm² keine Gültigkeit hat. Es scheinen in diesem Druckbereich die elastischen Verformungen und das Verfilzen bei nadeligen Rohstoffen das Zusammendrücken in erster Linie zu bestimmen. Die neuerdings durchgeführten Versuche mit sehr hohen Preßdrücken zeigen weiter an, daß das angeführte Gesetz ab etwa 7 t/cm² oder, vielleicht richtiger, ab einer Raumerfüllung von 90 % nicht mehr zutrifft. Die Gültigkeit des logarithmischen Gesetzes erstreckt sich also nur über einen verhältnismäßig schmalen Druckbereich, allerdings einen Bereich, der glücklicherweise technisch vornehmlich in Frage kommt. Die Darstellung der Preßkurve im logarithmischen Diagrammblatt bringt gegenüber der Darstellung im karthesischen Koordinatensystem gewisse Vorteile mit sich, wie an verschiedenen Beispielen weiter unten noch gezeigt wird. Man kann aus der Neigung der Geraden im logarithmischen Diagrammblatt schnell auf die bildsamen Eigenschaften des betreffenden Pulvers oder Pulvergemisches schließen. Je größer die Steigung, um so bildsamer ist das betreffende Pulver.

Hat man nur zwei Punkte der Preßkurve ermittelt, so kann man aus der logarithmischen Darstellung ohne weiteres auf die bei einem beliebigen Preßdruck erreichte Raumerfüllung schließen, mit der Einschränkung allerdings, daß man nur Preßdrücke bis höchstens 8 t/cm² betrachtet. Umgekehrt kann man aus der Preßgeraden im logarithmischen Diagrammblatt ablesen, welcher Preßdruck für die Erreichung einer vorgegebenen Dichte bzw. einer gewünschten Raumerfüllung notwendig ist.

Aus Abb. 53 geht hervor, wie weit sich beispielsweise die Meßpunkte für Schleuder-, Carbonyl-, Hametag- und D-Pulver im logarithmischen Diagrammblatt der Geraden im Druckbereich bis 8 t/cm² anpassen. Bei den drei erstgenannten Pulvern liegen in der Tat bis zu einem Druck von 7 t/cm² alle Punkte der Preßkurve auf einer Geraden, bei D-Pulver liegen die Meßpunkte für Drücke

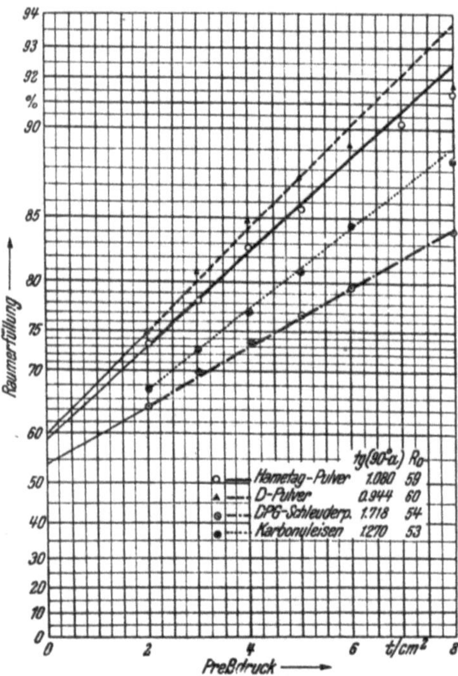

Abb. 53. Preßdichte verschiedener Eisenpulver für einen Druckbereich bis 8 t/cm², dargestellt in einem logarithmischen Diagrammblatt.

oberhalb 5 t/cm² deutlich unter der für niedrige Drücke geltenden Geraden. Der für den Preßdruck Null extrapolierte Wert der Raumerfüllung, der sich ergibt, wenn man die Preßgerade bis zum Schnittpunkt mit der Ordinate verlängert, möge mit R_0 bezeichnet werden. Theoretisch müßten die Werte von R_0 mit der aus dem Füllvolumen zu errechnenden „Füll-Raumerfüllung" R_F übereinstimmen, die aber, wie aus Zahlentafel 30 hervorgeht, viel niedriger liegen. Meßergebnisse im Druckbereich unter 1 t/cm² ergeben, wie von K. Konopicky an vielen Beispielen gezeigt werden konnte, in der Tat eine starke Verlagerung der Meßpunkte zu tieferen Werten, als sie der Preßgeraden entsprechen würden. Wertet man die Preßergebnisse der Zahlentafel 30 für den Druckbereich von 1 bis etwa 6 t/cm² für alle Pulver in einem Abb. 53 entsprechenden logarithmischen Diagrammblatt zwecks Bestimmung der R_0-Werte aus und vergleicht man die R_0-Werte mit den R_F-Werten, so ergeben sich gemäß Zahlentafel 31 Unterschiede Δ_F, die gewisse Schlüsse auf einen Zusammenhang mit der Korngröße und insbesondere Korngestalt zulassen. Das aus gleichmäßig feinen Kugeln bestehende Carbonyleisen hat den niedrigsten Δ_F-Wert. Ihm folgen das Elektrolyteisen-, Schleuder- und D-Pulver. Eine dritte Gruppe bilden offenbar das Schwammeisen- und RZ-Pulver, während das Hametagpulver bei weitem den höchsten Δ_F-Betrag aufweist. Es scheint so, als ob der Unterschied zwischen R_0 und R_F um so geringer ist, je glatter und regelmäßiger die Oberfläche der Pulverteilchen und je feiner die Korngröße ist. Pulver mit weitgehend aufgerauhter und zerklüfteter Oberfläche und unregelmäßiger Korngestalt ergeben größere Differenzen zwischen R_0 und R_F. Da das Füllvolumen in gewisser Weise ebenfalls einen Schluß auf die Korngestalt zuläßt, ergibt sich eine weitgehende Parallelität in den Werten für den Differenzbetrag Δ_F und das Füllvolumen V_F. Die Versuchsergebnisse an Elektrolyteisen, dessen Korngestalt häufiger als dendritisch, farnartig geschildert wurde, widersprechen der vermuteten Gesetzmäßigkeit nicht. Bei dem vorliegenden Elektrolyteisenpulver handelt es sich um ein mehrfach reduziertes, feinst abgesiebtes Pulver, dessen Korngestalt infolge der mehrfach wiederholten Zerkleinerungsarbeit nach dem Reduzieren mit der ursprünglichen aufgelockerten dendritischen nichts mehr zu tun hat, wie auch aus dem verhältnismäßig kleinen Wert für das Füllvolumen hervorgeht (s. Zahlentafel 21, S. 106).

Der große Δ_F-Wert bei spratzigen Pulvern scheint letzten Endes darin begründet zu sein, daß bei diesen Pulvern im niedrigen Druckbereich ein erheblicher Teil der aufgewandten Preßarbeit

Zahlentafel 31. *Unterschied zwischen der aus der Preßgeraden extrapolierten Raumerfüllung R_O und der aus dem Füllvolumen errechneten Raumerfüllung R_F für eine Reihe von bei 850° geglühten Eisenpulvern.*

Lfd. Nr.	Pulver[1]	R_O in %	R_F in %	Füllvolumen V_F cm³/100 g	Δ_F $R_O - R_F$
1	Reduktionspulver aus Schwedenerz (Höganäsverfahren)	52	27,6	46	24,4
2	RZ-Pulver.................... (Roheisen-Zunder-Verfahren)	49	26,4	48	22,6
3	Hametagpulver .... (Wirbelschlagverfahren)	59	25,0	51	34,0
4	Schleuderpulver .... (DPG-Verfahren)	54	38,6	33	15,4
5	D-Pulver .... (Druckverdüsungsverfahren)	60	42,4	30	17,6
6	Elektrolyteisen................ fein	50	34,4	37	15,6
7	Carbonyleisen C	53	43,9	29	9,1

[1] Siebanalyse s. Zahlentafel 17, S. 98

Kieffer u. Hotop, Sintereisen. 9

zur Beseitigung der Oberflächenrauhigkeiten der Pulverteilchen aufgebraucht wird und dadurch für eine Dichtesteigerung beim Preßvorgang in höherem Maße ausfällt, als es bei weitgehend glatten, kugeligen Pulvern der Fall ist.

In Zahlentafel 15, S. 79, war die Abhängigkeit der Verdichtbarkeit von Schleuderpulver von der Höhe der Glühtemperatur gezeigt worden. Diese Abhängigkeit läßt sich bei Darstellung im logarithmischen Diagrammblatt besonders gut überblicken, wie aus Abb. 54 hervorgeht. Die Neigung der Preßgeraden nimmt mit steigender Glühtemperatur stark zu. In diesem Befund drückt sich einerseits die Abnahme des Sauerstoffgehaltes und der sonstigen Verunreinigungen und andererseits die Zunahme der Bildsamkeit des Pulvers bzw. die Abnahme der Härte mit steigender Glühtemperatur aus. Wie zu erwarten, schneiden sämtliche Preßgeraden die Ordinate bei fast gleichen R_0-Werten.

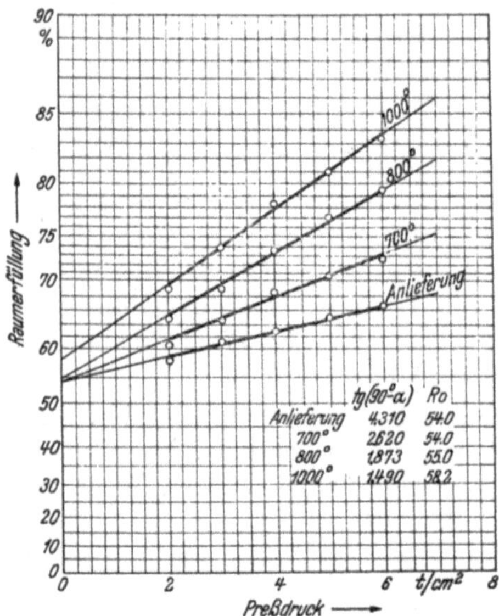

Abb. 54. Verdichtbarkeit von Schleuderpulver in Abhängigkeit von der Höhe der Glühtemperatur, dargestellt im logarithmischen Diagrammblatt.

Aus der allgemeinen Pulvermetallurgie ist es bekannt, bei solchen Pulvern, die keine befriedigenden Preßeigenschaften aufweisen, Zusätze in Form organischer Bindemittel wie Kunstharz, Kolophonium, Azeton, Lösungen von Kampfer oder Paraffin in Äther usw. anzuwenden, wodurch die Preßeigenschaften erheblich verbessert werden[1, 2, 3, 4].

Diese Zusätze dampfen meistens später beim Sintern aus dem Formkörper heraus. Die Zugabe erfolgt am besten durch gemeinsames Vermahlen der Metallpulver mit den Zusätzen. Durch An-

[1] Kieffer, R. u. W. Hotop: Pulvermetallurgie und Sinterwerkstoffe, Berlin: Springer-Verlag, 1943, S. 81.

[2] Eisenkolb, F.: Metallwirtsch. 23, 1944, S. 40-43.

[3] Eisenkolb, F.: Stahl und Eisen 66/67, 1947, S. 78-82.

[4] Kamm, R., M. Steinberg u. J. Wulff: Am. Inst. min. metallurg. Engrs., Techn. Publ. Nr. 2133 (1947).

Zahlentafel 32. *Einfluß eines Gleitmittelzusatzes auf die Preßeigenschaften von Hametagpulver* (F. Eisenkolb).

Pulver	Dichte in g/cm³ bei einem Gleitmittelzusatz von %			
	0	0,5	1,0	2,0
Sehr feines Hametagpulver......	5,61	5,69	5,90	6,03
Feines Hametagpulver	5,79	5,91	5,93	5,95
Mischung von 1 und 2	6,10	6,23	6,32	6,32

feuchten der Pulver mit Lösungsmitteln, die organische Stoffe enthalten, kommt man mit erheblich geringeren Mengen preßerleichternder Zusätze aus. Die erwähnten Zusätze dienen nicht nur als Bindemittel, die die Preßbarkeit des Pulvers verbessern, sondern auch als Gleitmittel, die eine höhere Verdichtbarkeit bewirken. Ein bekanntes Gleitmittel, das in der Eisen-Pulvermetallurgie häufiger Verwendung findet, ist pulverisierte Stearinsäure. Aus Zahlentafel 32 geht nach Untersuchungen von F. Eisenkolb der Einfluß eines derartigen Gleitmittelzusatzes auf die Verdichtbarkeit von Eisenpulvern hervor. Wieder läßt sich im logarithmischen Diagrammblatt eine Steigerung der Verdichtbarkeit durch Graphitzusätze besonders klar übersehen, wie Abb. 55 am Beispiel des Schleuderpulvers mit verschieden hohen Graphitzusätzen beweist. Mit zunehmendem Graphitgehalt steigt deutlich die Neigung der Preßgeraden. Sämtliche Preßgeraden schneiden, wie zu erwarten, die Ordinate beim gleichen R_0-Wert.

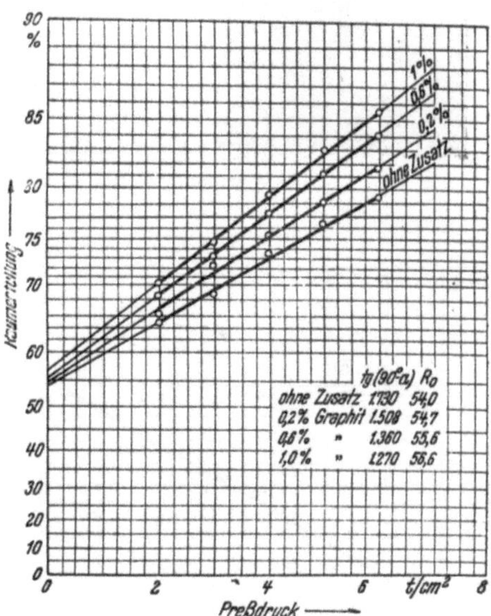

Abb. 55. Einfluß eines Graphitzusatzes auf die Preßeigenschaften von Schleuderpulver, dargestellt im logarithmischen Diagrammblatt.

Auf Seite 107 wurde erwähnt, daß K. Konopicky sämtliche Daten eines Pulvers in einem übersichtlichen Kennblatt erfaßte. Da nunmehr auch die Darstellung der Preßkurve im logarithmischen Diagrammblatt und die Festlegung der Kennwerte für das Preßverhalten erörtert wurden, sei das Kennblatt an Hand eines Beispieles erläutert:

Pulver: -DPG-		Kennwerte:			Chem. Analyse:	
Schleuderpulver		V_F	33 cm³/100g		O^x	1,0 %
		V_K	26 cm³/100g		C	0,05 %
Hersteller:		γ_F	3,03 g/cm³		Si	0,13 %
DEW-Bochum		γ_K	3,85 g/cm³		SiO_2	n.best. %
		R_F	38,6 %		Mn	0,17 %
Zustand:		R_K	49,0 %		P	0,03 %
geglüht bei 850° 1 Std.		R_0	54 %		S	0,015 %
		$tg\,(90-\alpha)$	1,72			—
		F	0,16 mm			—
		n	0,99		^{x} bestimmt nach: ver-	
		T_{90}	0,27–0,04 mm		einfachtem Wasserstoff-	
		Fl	17 sec/100g		reduktionsverfahren.	

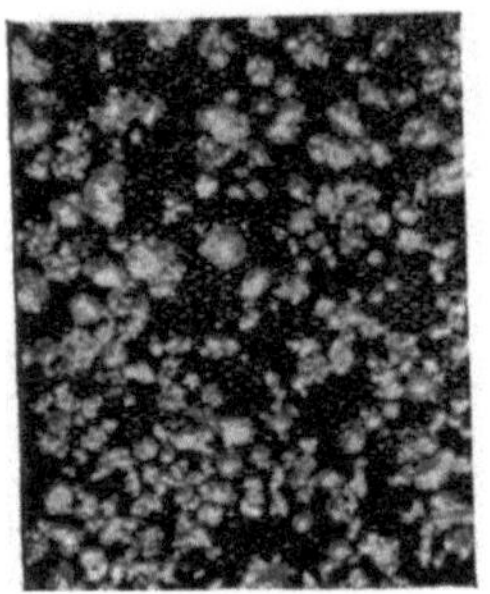

x 20

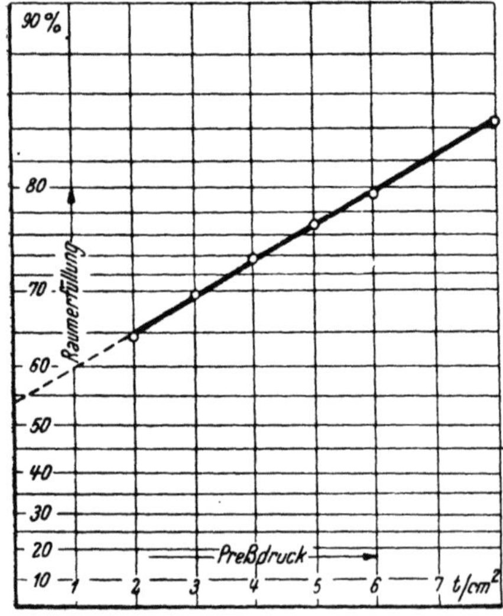

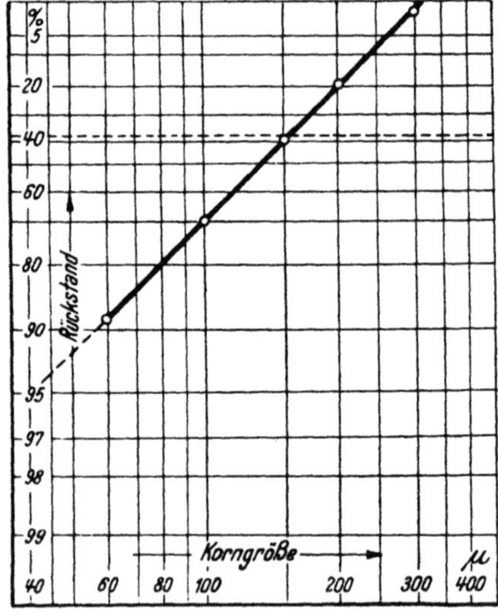

Abb. 56. Kennblatt nach K. Konopicky zur Charakterisierung sämtlicher Pulvereigenschaften, dargestellt am Beispiel eines bei 850° geglühten Schleuderpulvers.

Wie aus Abb. 56 hervorgeht, enthält das Kennblatt im linken oberen Teil zunächst kurze Angaben über die Kennzeichnung des Pulvers, den Hersteller und die im Anschluß an die Herstellung vorgenommene Glühbehandlung. Eine Mikroaufnahme bei zweckmäßiger Vergrößerung vermittelt einen Überblick über die Korngestalt des Pulvers. Im rechten oberen Teil des Kennblattes sind zwei Tabellen untergebracht, von denen die erste die wichtigsten physikalischen Eigenschaften und die zweite die chemische Zusammensetzung des Pulvers aufweist. Im einzelnen sind folgende physikalischen Eigenschaften aufgeführt:

1. Das Füll- und Klopfvolumen V_F bzw. V_K;

2. die aus dem Füll- bzw. Klopfvolumen zu errechnende Füll- bzw. Klopfdichte γ_F bzw. γ_K;

3. die aus γ_F bzw. γ_K zu errechnende Füll- bzw. Klopf-Raumerfüllung R_F bzw. R_K;

4. die aus dem logarithmischen Preßdiagramm durch Extrapolation ermittelte Raumerfüllung R_0 für den Preßdruck Null;

5. die Neigung der Preßgeraden tg $(90-\alpha)$;

6. das aus dem Siebdiagramm nach G. J. Bennett zu ermittelnde Maß für die Feinheit des Pulvers F;

7. die Neigung der Siebgeraden n $\left(\dfrac{1}{n} = \text{Maß für die Verteilungsbreite}\right)$;

8. T_{90}, d. h. der Korngrößenbereich, in dem 90% des Pulvers liegen;

9. der Ausdruck für das Fließverhalten des Pulvers Fl.

Die Tafel für die chemische Zusammensetzung enthält die wichtigsten Eisenpulverbegleitelemente, an der Spitze wegen seiner Wichtigkeit den Sauerstoffgehalt. Da gerade dieser Wert je nach dem angewandten Bestimmungsverfahren stark schwanken kann, weist eine kurze Anmerkung auf das Bestimmungsverfahren hin.

Die untere Hälfte des Kennblattes weist im linken Teil das logarithmische Diagrammblatt für die Darstellung des Preßverhaltens und im rechten Teil das von Bennett angegebene logarithmische Diagrammblatt zur Darstellung der Siebanalyse für Mahlgüter auf.

Als Siebanalysendiagrammblatt ist deswegen das für Mahlgüter geltende gewählt worden, weil praktisch alle vorkommenden technischen Eisenpulver im Anschluß an den Herstellungsprozeß reduzierend geglüht und daraufhin wieder zerkleinert werden.

Die in Abb. 56 eingetragenen Versuchsergebnisse beziehen sich auf ein, nach dem DPG-Verfahren hergestelltes, bei 850⁰ unter Wasserstoff geglühtes Schleuderpulver. Beim Glühen backt das Pulver bekanntlich zusammen, weswegen es anschließend mittels Backenbrechern und Kollergängen oder ähnlichen Zerkleinerungsaggregaten wieder zerpulvert werden muß. Wie man sieht, gehorcht in diesem Zustand das Pulver sehr gut dem Rosin-Rammlerschen Gesetz für Mahlgüter. An Hand des Kennblattes ergibt sich unter Berücksichtigung der Ausführungen S. 101 bis S. 107 ein Gesamtüberblick über die Pulvereigenschaften, der eine kritische Beurteilung ermöglicht. Danach ist auf folgende Punkte zu achten:

1. Ein hoher Sauerstoffgehalt ist unerwünscht. Gegebenenfalls muß nachreduziert werden. Auch höhere SiO_2-Gehalte können sich, insbesondere wenn die Pulverteilchen von SiO_2-Häuten umgeben sind, sehr störend beim Verpressen des Pulvers bemerkbar machen.

2. Pulver mit kleinem Füllvolumen sind wegen ihres niedrigen Füllfaktors besonders für hohe Preßdrücke sehr erwünscht. Man achte gleichzeitig auf das Fließverhalten, da häufiger Pulver mit niedrigem Füllvolumen äußerst schlechtes Fließverhalten zeigen, beim Füllen zum Hängenbleiben neigen und zu stärkeren Schwankungen der Fülldichte führen.

3. Ein beträchtlicher Unterschied Δ_F zwischen R_F und R_0 zeigt meist ein spratziges Pulver an. Solche Pulver ergeben schon bei niedrigen Drucken form- und kantenbeständige Preßlinge.

4. Ein Pulver mit großer Verteilungsbreite $\left(\dfrac{1}{n}\right)$ bzw. breiter T_{90}-Spanne ergibt günstige Fülldichte. Bei stark unterschiedlichen Korngrößen besteht Entmischungsgefahr.

5. Die Preßgerade ermöglicht die rechnerische Festleguug des notwendigen Preßdruckes zur Erzielung einer gewünschten Raumerfüllung bzw. eines gewünschten Porositätsgrades. Für jeden Preßdruck kann man sofort den Füllfaktor ablesen. Je steiler die Preßkurve, um so leichter läßt sich das Pulver dicht pressen. Der Wert für die Tangente des Neigungswinkels gestattet einerseits Rückschlüsse auf die Bildsamkeit bzw. den Härtezustand des Pulvers, andererseits auf die Beeinflußbarkeit des Preßverhaltens durch Zusätze.

Der Zusammenhang zwischen Dichte des Preßlings und angewandtem Preßdruck ist die wichtigste, alle Eigenschaften bestimmende Funktion, da die übrigen Eigenschaften von der Dichte sich ableiten oder aber diese Eigenschaften beim Sintern verlieren (z. B. die Härte des Preßlings). Es liegen deshalb auch über die weiteren Eigenschaften der Preßlinge wie Härte, Zug- und Druckfestigkeit sowie elektrische Leitungsfähigkeit erheblich weniger Versuchsunterlagen vor.

Zahlentafel 33. *Abhängigkeit der Vickershärte vom aufgewandtem Preßdruck an Kaltpreßlingen aus verschiedenen Eisenpulvern.*

Lfd. Nr.	Pulver[1]	Härte H_V kg/mm² bei einem Preßdruck (t/cm²) von							
		2	4	6	10	15	20	25	30
1	Reduktionspulver aus Schwedenerz (Höganäsverfahren) .	35	60	82	118	160	181	190	193
2	RZ-Pulver (Roheisenzunderverfahren) .	30	50	75	110	150	177	184	188
3	Hametagpulver (Wirbelschlagverfahren)	35	67	93	125	149	161	166	169
4	Schleuderpulver (DPG-Verfahren)	30	57	82	111	143	165	177	184
5	D-Pulver (Druckverdüsungsverfahren)	35	55	70	95	113	118	119	120
6	Elektrolyteisen, fein	30	78	115	150	175	190	196	200
7	Carbonyleisen C	25	59	85	119	149	165	174	180

[1] Siebanalyse siehe Zahlentafel 17, S. 98.

2. Die Härte.

Bekanntlich zeigt die *Härte* eine ähnliche Abhängigkeit vom Preßdruck wie die Dichte; jedoch erreicht die Dichte ihre höchsten Werte schon erheblich früher als die Härte[1]. An Kupfer- und Gold-Kaltpreßlingen konnten bei Anwendung eines Druckes von 30 t/cm² Härtewerte festgestellt werden, die etwa 300% der Härte des geschmolzenen, weichgeglühten Metalls ausmachen und die damit erheblich über den Werten liegen, die man an geschmolzenem Metall nach Kaltverfestigung erreichen kann[2]. An Preßlingen aus Eisenpulvern ist die Härte offenbar bisher nur bis zu Drücken von etwa 10 t/cm² verfolgt worden. Zahlentafel 33 enthält für sieben verschiedene Eisenpulver eigene Versuchsergebnisse, die sich bis zu Preßdrücken von 30 t/cm² erstrecken. Bezüglich der Maße und der Herstellung der Probekörper sei auf frühere Ausführungen (S. 122) verwiesen. Für die Bestimmung der Härtewerte an den Kaltpreßlingen erwies sich das Vickers-Verfahren als am günstigsten, weil es besser als die bekannte Brinellprüfung scharfkantige Eindrücke ergab, die exakt ausgemessen werden konnten. Auch die Messung der Eindringtiefe bewährte sich an den Kaltpreßlingen nicht. Bezüglich näherer Ausführungen über den Wert der Härteprüfung in der Pulvermetallurgie und die

---

[1] Kieffer, R. u. W. Hotop: Pulvermetallurgie und Sinterwerkstoffe, Berlin: Springer-Verlag, 1943, S. 86ff.

[2] Trzebiatowski, W.: Z. phys. Ch. B **24**, 1934, S. 75-86.

verschiedenen möglichen Härteprüfverfahren sei auf S. 319 verwiesen. Wie aus Zahlentafel 33 hervorgeht, weisen die aufgeführten Eisenpulver trotz sehr verschiedener Herstellungsart bei den niedrigsten Drücken praktisch die gleichen Härtewerte auf. Mit steigendem Preßdruck macht sich auch in der Kaltpreßhärte der

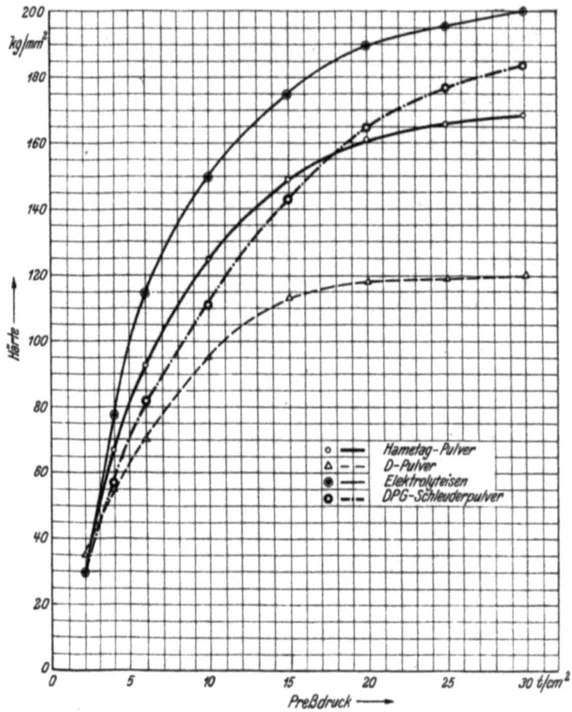

Abb. 57. Vickershärte von Pulverpreßlingen aus vier verschiedenen Eisenpulvern in Abhängigkeit vom aufgewandten Preßdruck.

durch den Herstellungsprozeß bedingte Unterschied in den chemischen und physikalischen Eigenschaften der verschiedenen Pulver immer stärker bemerkbar, wie in Ergänzung zu Zahlentafel 33, Abb. 57, besonders deutlich zeigt. Beim Sinterwerkstoff macht man, im Gegensatz zum Schmelzwerkstoff für die höheren Härtewerte der Pulverkaltpreßlinge folgende Faktoren verantwortlich[1]:

1. Die nach der Herstellung vorhandene Bearbeitungshärte der Teilchen,

2. die plastische Verformung beim Pressen, wodurch sich die Teilchen in ihrer Gestalt den Nachbarteilchen weitgehend anpassen,

---

[1] Jones, W. D.: Principles of Powder Metallurgy, London: E. Arnold, 1937, S. 32.

3. elastische Dehnungs- und Reckungserscheinungen beim Pressen,

4. gegenseitiger Verschleiß und Abrieb der Oberflächenbezirke,

5. Oberflächenfilme (Oxydhäute usw.),

6. Verhinderung von Gleiterscheinungen, die auf Feinkörnigkeit und Oberflächenfilme zurückzuführen sind,

7. besondere Gittereigenschaften solch feiner Teilchen.

3. Sonstige Festigkeitseigenschaften.

Im Schrifttum finden sich Angaben über die *Zugfestigkeit* von Eisenpulver-Kaltpreßlingen nur bei W. Eilender und R. Schwalbe[1] und bei F. Eisenkolb[2, 3]. W. Eilender und R. Schwalbe bestimmten an Eisenpulverpreßkörpern aus mechanisch hergestelltem Pulver (Hametag-Verfahren) mit einer Korngröße von 75 bis 100 μ Zugfestigkeiten zwischen 0,3 und 2,9 kg/mm² im Druckbereich zwischen 3 und 10 t/cm². In der gleichen Größenordnung liegen die Versuchsergebnisse von F. Eisenkolb an Walzensinter- und Schwammeisenpulver. Die Erklärung der Festigkeitssteigerung mit wachsendem Preßdruck wurde schon früher kurz angedeutet (s. S. 120). Bei niedrigeren und mittleren Drücken dürften für den mechanischen Zusammenhalt der Kaltpreßlinge im wesentlichen Kaltverschweißungseffekte verantwortlich sein, während bei sehr hohen Drücken die mechanische Verzahnung der Teilchen und gegebenenfalls eine Warmverschweißung zusätzlich an Bedeutung gewinnen. Zahlenmäßige Angaben über die Festigkeit hochgepreßter Eisenpulverkörper sind von C. W. Balke[3a] gemacht worden.

4. Elektrische Leitfähigkeit.

Die Verfolgung der elektrischen Leitfähigkeit gibt nicht nur wichtige Anhaltspunkte für die Vorgänge beim Pressen von Pulvern und das Preßverhalten der verschiedenen Pulver, sondern läßt auch die Gefügeentwicklung im Verlauf der Sinterung sehr gut erkennen.

Mit der Leitfähigkeit von Metallpulverpreßlingen haben sich vornehmlich F. Streintz[4], F. Skaupy und O. Kantorowicz[5, 6, 7,]

---

[1] Eilender, W. u. R. Schwalbe: Arch. Eisenhüttenwes. **13**, 1939-40. S. 267-272.

[2] Eisenkolb, F.: Metallwirtsch. **23**, 1944, S. 373-377.

[3] Eisenkolb, F.: Stahl und Eisen **66/67**, 1947, S. 78-82.

[3a] Balke, C. W.: Symposium on Powder Metallurgy, Am. Soc. Test. Mat., Philadelphia 1943, S. 11-20.

[4] Streintz, F.: Ann. Phys. **308**, 1900, S. 1-19; **314**, 1902, S. 854-885.

[5] Skaupy, F. u. O. Kantorowicz: Z. Elektroch. **37**, 1931, S. 482-485.

[6] Skaupy, F. u. O. Kantorowicz: Metallwirtsch. **10**, 1931, S. 45-47.

[7] Kantorowicz, O.: Ann. Phys. **12**, 1932, S. 1-51.

befaßt. Die Untersuchungen von F. Skaupy und O. Kantorowicz erstreckten sich insbesondere auf Fragen der Abhängigkeit des elektrischen Widerstandes von der Korngrößenverteilung sowie vom aufgewandten Preßdruck, wobei außerdem das Verhalten der Pulver während der Druckeinwirkung sowie beim mehrmaligen Pressen beobachtet wurde. Es wurde gefunden, daß der spezifische elektrische Widerstand eines Metallpulvers bei Druckeinwirkung immer, häufig sogar um Größenordnungen, höher ist als der spezifische Widerstand des kompakten Metalles. Besonders gilt dies für harte, bei der Druckanwendung sich wenig verformende Pulver, da sich bei ihnen elektrisch leitende Übergangsflächen von genügender Größe weniger gut ausbilden können als bei weichen, verformbaren Pulvern. Mit zunehmendem Preßdruck sinkt natürlich der Widerstand ab, erreicht aber auch bei höchsten Drücken nie Werte von der Größenordnung des Widerstandes kompakter Werkstoffe.

Während der Einwirkung des Druckes sinkt der Widerstand mit zunehmender Zeit, vermutlich infolge von Einformungsvorgängen, erst schneller, dann langsamer ab. Bei Entlastung macht sich eine gewisse Hysterese bemerkbar. Die Leitfähigkeits-Druckkurve ist irreversibel. Bei fallendem Druck bleibt die Leitfähigkeit zunächst voll erhalten, um dann schließlich bei kleinen Drücken mäßig abzusinken. Bezüglich weiterer Einzelheiten sei auf frühere Ausführungen im Schrifttum verwiesen[1].

In Ergänzung zu den oben erwähnten Versuchen wurde neuerdings von den Verfassern das Verhalten des elektrischen Widerstandes verschiedener handelsüblicher Eisenpulver in Abhängigkeit vom Preßdruck untersucht. Die Messungen wurden mit Hilfe einer Thomson-Meßbrücke an kleinen, prismatischen Preßkörpern mit den Maßen 6 × 6 × 50 mm durchgeführt, die im Interesse einer homogenen Durchpressung in einer zweiseitig wirkenden Matrize hergestellt wurden. Wie man aus Abb. 58 sieht, zeigen erwartungsgemäß alle Pulver einen mit zunehmendem Preßdruck kleiner werdenden Widerstand. Die Werte, die von den einzelnen Pulvern erreicht werden, schwanken jedoch in einem sehr weiten Bereich. Hametag- und Elektrolyteisenpulver sind Pulver mit verhältnismäßig hohem Reinheitsgrad. Sie haben eine preßgünstige Kornbeschaffenheit und lassen demgemäß diese Eigenschaften auch in ihrem Widerstandsverhalten erkennen. Verglichen mit den anderen Pulver zeigen sie den geringsten Widerstand. In den

---

[1] Kieffer, R. u. W. Hotop: Pulvermetallurgie und Sinterwerkstoffe, Berlin: Springer-Verlag, 1943, S. 88 ff.

Kurven für das Schwammeisen- und DPG-Schleuderpulver macht sich deutlich der Einfluß der Korngestalt, der chemischen Beimengungen und insbesondere der Oberflächenbeschaffenheit geltend. Die spratzigen Teile lassen bei kleinenDrücken keine genügend guten Kontaktflächen entstehen, weshalb diese Pulver einen wesentlich höheren Ausgangswiderstand zeigen. Das Schwammeisenpulver fällt bei hohen Preßdrücken aber zu kleinen Widerstandswerten ab, woraus man die zunehmende Verfilzung und Verzahnung des Pulvers erkennen kann, die bei DPG-Schleuderpulver mit seinen häufig vorhandenen kugelförmigen Teilchen längst nicht in dem Maße stattfinden kann. Von den chemischen Beimengungen wirken sich bei beiden Pulvern insbesondere gewisse SiO_2-Gehalte widerstandserhöhend aus. Da diese Gehalte beim DPG-Schleuderpulver meistens in Form von Oberflächenhäuten vorliegen, ergibt sich für dieses Pulver auch bei höheren Preßdrücken ein größerer elektrischer Widerstand.

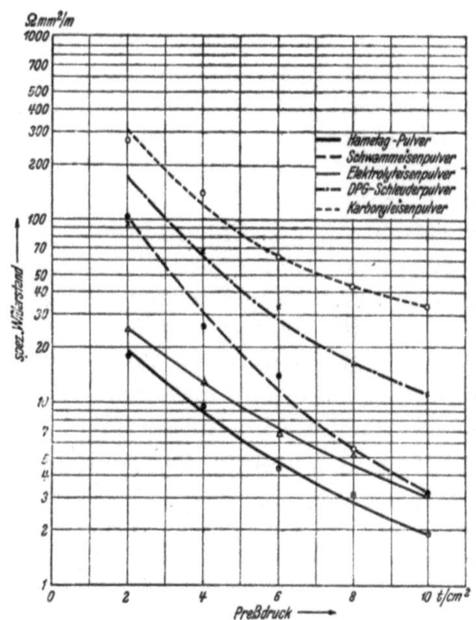

Abb. 58. Spez. elektrischer Widerstand von Pulverpreßlingen aus fünf verschiedenen Eisenpulvern in Abhängigkeit vom aufgewandten Preßdruck.

Den Einfluß der Korngröße und Kornform sieht man sehr schön am Beispiel des Carbonyleisens. Obgleich dieses Eisen eine hervorragende Reinheit aufweist, zeigt es die bei weitem am höchsten liegenden Widerstandswerte. Es geht daraus hervor, daß sich zunehmende Kornverfeinerung bei Pulverpreßlingen infolge der starken Zunahme der Übergangswiderstände an den vielen nur punktförmigen Berührungsstellen in stärkerem Maße widerstandssteigernd bemerkbar macht, als chemische Verunreinigungen. Besonders aufschlußreich ist die Widerstandsänderung im Verlauf der Sinterung, worauf später (s. S. 198) eingegangen wird.

C. Eigenschaften von Eisenpulverpreßkörpern in Abhängigkeit von der Art der Druckanwendung[1].

Im vorigen Abschnitt war die Beeinflussung der Eigenschaften der verschiedenen Eisenpulverpreßkörper durch die Höhe des Preßdruckes ausführlich behandelt worden. Im Vordergrund stand dabei die Behandlung der Dichte bzw. der Raumerfüllung der Preßkörper. Es war gelegentlich erwähnt worden, daß zwecks Erreichung einer möglichst gleichmäßigen Dichte Preßlinge unter zweiseitiger Druckanwendung gepreßt wurden. In der Tat wirkt sich die Art der Druckanwendung — einseitige oder zweiseitige Druckausübung — sowie die Form und Größe der Matrize, das Verhältnis der Pulvermenge zur Matrizengröße und -form und, wie schon früher erwähnt, die Anwendung gewisser Preßzusätze ganz erheblich auf die Eigenschaften der Preßlinge aus.

Wird der Druck nur einseitig ausgeübt, d. h. ist beispielsweise nur der Oberstempel beweglich (Abb. 59a), so werden die Pulverteilchen im oberen Teil der Matrize stärker durcheinander geschoben als im unteren Teil. Wie in Abb. 59a schematisch angedeutet, ist dadurch im oberen Teil des Preßlings eine höhere Dichte zu erwarten als im unteren Teil. Bei zweiseitiger Druckausübung (Ober- und Unterstempel beweglich) erhält man naturgemäß sowohl im oberen als auch im unteren Teil des Preßlings infolge der in diesen Bereichen durch die Stempelbewegungen eintretenden Pulverteilchenverschiebungen eine höhere Dichte als in der mittleren, sogenannten „neutralen" Zone (s. Abb. 59b). Infolge des Einflusses der Reibung zwischen Preßformwand und Pulver ist in beiden Fällen auch ein Dichte- und Härteunterschied zwischen Rand und Mitte des Preßlings zu erwarten.

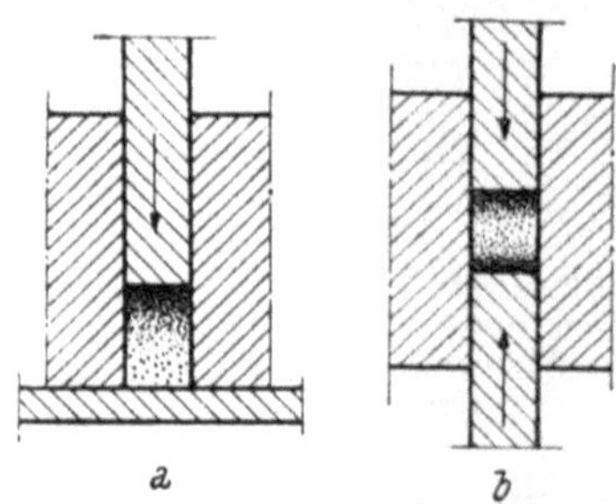

Abb. 59a und b. Dichteverteilung im Pulverpreßkörper bei einseitiger (a) und zweiseitiger (b) Druckanwendung, schematisch (F. V. Lenel).

Wie aus Abb. 60 hervorgeht, erhält man am Rand des Preßlings eine höhere Härte und damit auch höhere Dichte als in der Mitte des Preßlings. Wie zu erwarten, sind auch die Härtewerte in der neutralen Zone geringer als an den beiden Stirnflächen des Preßlings. Insbesondere beim Pressen relativ hoher Formkörper macht sich die reibende Wirkung zwischen Preßformwand und Pulver stark bemerkbar, und man erhält eine ziemlich breite neutrale Zone geringerer Dichte

[1] Kieffer, R. u. W. Hotop: Pulvermetallurgie und Sinterwerkstoffe, Berlin: Springer-Verlag, 1943, S. 78ff.

(Abb. 61a). Viel günstiger für die Erreichung möglichst gleichmäßiger Preßdichte ist es daher, wenn das Verhältnis zwischen Preßhöhe und -breite bzw. Durchmesser des Preßlings möglichst klein ist (Abb. 61b). Jedoch gibt es auch in dieser Hinsicht gewisse Grenzen. Will man sehr dünne Preßlinge herstellen, so muß man gegebenenfalls wieder mit einem Abfall der Dichte rechnen, da sich hierbei die Pulverteilchen beimPreßvorgang, zwecksErreichung der dichtesten Packung, nicht genügend frei durcheinanderschieben können.

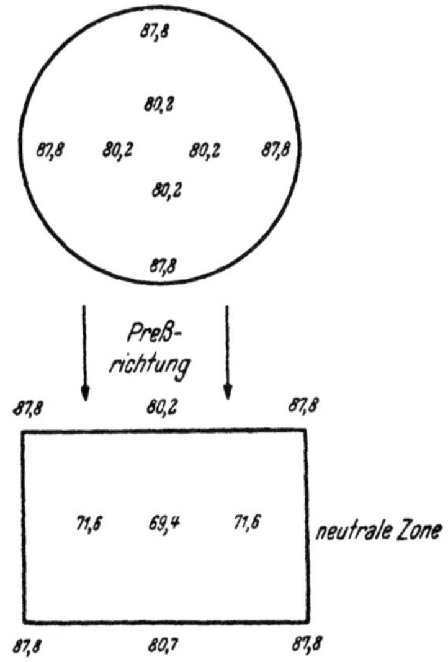

Abb. 60. Vickershärte an der Stirnfläche und in der neutralen Zone eines Preßkörpers aus Carbonyleisenpulver.

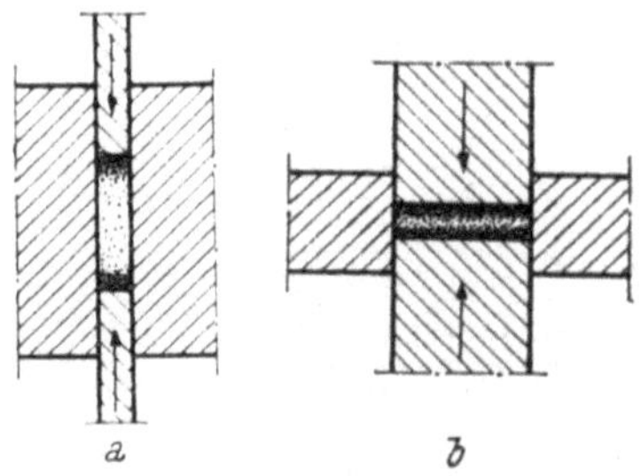

Abb. 61a und b. Schemaskizze zur Veranschaulichung der geringeren Dichte eines langen, schlanken Preßlings (a) gegenüber einem kurzen, breiten Preßling (b) (F. V. Lenel).

Durch zwei in neuerer Zeit erschienene Arbeiten von H. Unkel[1, 2] werden die gemachten Ausführungen quantitativ belegt. Um Rückschlüsse auf die Druckverteilung ziehen zu können, wurde der Verlauf der Dichte und der Brinellhärte in einseitig von oben gepreßten Kupfer- bzw. Eisenformkörpern verfolgt[2]. 3 kg bzw. 1 kg Pulver ergaben bei Probendurchmessern von 73 bzw. 22 mm Preßlinge verschiedener Höhe. Zur Bestimmung der Dichte wurden die kleinen Preßlinge in Scheiben senkrecht zur Längsachse geschnitten, während aus den großen erst eine rund 10 mm dicke Scheibe im Längsschnitt durch die Mitte entnommen wurde, die dann in Würfel von rund 10 mm Kantenlänge aufgeteilt wurde. Die Härte wurde teils an der Oberfläche der Proben, teils auf dem Längsmittelschnitt bestimmt (2,5 mm Kugel bei 15,625 kg Belastung).

[1] Unckel, H.: Arch. Eisenhüttenwes. 18, 1944-45, S. 125-130,
[2] Unckel, H.: Arch. Eisenhüttenwes. 18, 1944-45, S. 161-167.

Ein Teil der Versuchsergebnisse findet sich in Abb. 62. Bei gleichem Gesamtpreßdruck ist die Dichte der dem Stempel zunächst gelegenen Teile unabhängig von der Preßlingshöhe dieselbe. Sie nimmt erst schnell, dann mit wachsender Entfernung vom beweglichen Stempel langsamer ab. In der Mitte eines langen Preßlings ist die Dichte kleiner als am unteren Ende einer halb so langen Probe. Der größte Wert findet sich in der von Zylinderwand und Stempel gebildeten Ecke, von da fällt die Dichte nach unten wie nach der Zylinderachse hin ab. Der niedrigste Wert liegt in der Ecke zwischen Boden und Wand. Bemerkenswert ist, daß bei den niedrigen Proben (L/D = 0,3; 73 mm $\varnothing$) die Dichte über der Mitte des Bodens größer ist als unter der Mitte des Stempels. In ein und demselben Preßling ergaben sich sonach beim Kupferpulver Dichteunterschiede von 2% bei L/D = 0,3 und 23% bei L/D = 1 sowie beim Eisenpulver von 22 bzw. 31%. Die Härteverteilung geht in etwa parallel zur Dichteverteilung, doch ist wegen der Reibung an den Werkzeugflächen beim Pressen und Ausstoßen die Härte an der Probenoberfläche etwas größer als unmittelbar darunter.

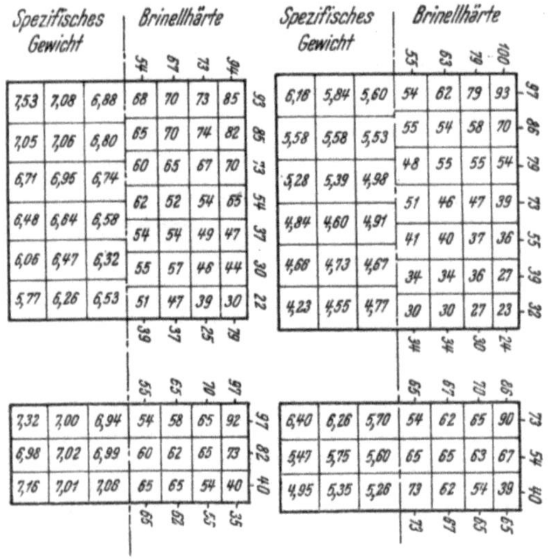

Abb. 62. Preßdichte und Härte an verschiedenen Stellen von Preßkörpern:
a) feinkörniges Kupferpulver (3 bzw. 1 kg Pulver, Preßdruck 6 t/cm², Längsmittelschnitt);
b) Eisenpulver (3 bzw. 1 kg Pulver, Preßdruck 6 t/cm² (H. Unckel).

Ähnliche Werte für die Dichteverteilung in Preßlingen aus Elektrolyteisenpulver fand auch A. Squire[1], der sich ebenfalls eingehend mit Problemen beim Pressen von Metallpulvern befaßte.

Schon die Verfolgung der Dichte und der Härte ergibt ein deutliches Bild der Druckverteilung in der Pulvermasse am Schluß des Pressens. Recht anschaulich wird dieses Bild von H. Unckel

---

[1] Squire, A.: Office of Technical Serv., US Dep. Com., Washington 1944, Rep. PB 49079, s. Powder Metallurgy, Brocklyn 1947.

durch Messung der Wandreibung[1] und Beobachtung der Fließvorgänge[2] ergänzt.

Die Wandreibung und der Bodendruck beim Preßvorgang wurde in recht origineller Weise in einer Versuchseinrichtung gemäß Abb. 63 bestimmt. Der Preßzylinder ruht auf drei Stahlkugeln, die zur Hälfte in das Bodenstück eingelassen sind. Zwischen Zylinderunterkanten und den Kugeln befindet sich eine Platte aus weichem Stahl, in der die Kugeln beim Pressen Eindrücke bewirken, die ähnlich wie bei der Brinell-Härtebestimmung einen Rückschluß auf die zugehörige Kraft erlauben. Die gleiche Anord nung ist auch auf dem in den Zylinder hineinragenden Absatz des Bodenstücks angebracht. Sie liefert den am unteren Ende des Preßlings wirkenden Bodendruck.

Die Versuchsergebnisse mit Eisenpulver (Proben von 100 und 50 g) sowie mit Eisenpulver und einem Zusatz von 3% Graphit sind in Zahlentafel 34 zusammengestellt. Man erkennt, daß insbesondere bei niedrigen Preßdrücken nur ein Bruchteil des Gesamtdruckes an der unteren Probenstirnfläche bei einseitiger Druckanwendung

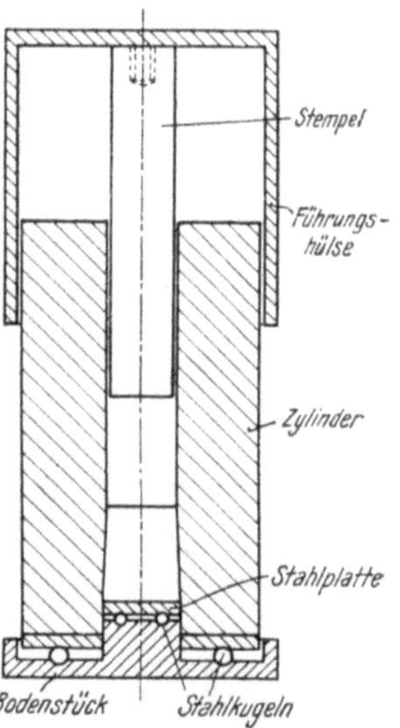

Abb. 63. Preßvorrichtung zur Ermittlung der Wandreibung (H. Unckel).

Zahlentafel 34. *Versuchsergebnisse über die Reibung beim Pressen von Eisenpulvern* (H. Unckel).

Probenwerkstoff	Proben-höhe	Stempeldruck auf obere | untere Probenstirnfläche		Reibungs-verlust	Ausstoß-druck
	mm	t/cm²	t/cm²	t/cm²	t/cm²
Fe (100 g)	68	0,55	0,16	0,39	—
	62	1,1	0,42	0,68	—
	50	3,3	1,4	1,9	—
	46	4,95	2,31	2,64	2,09
Fe (50 g)	22	3,3	2,67	0,64	—
	20	4,95	4,13	0,82	0,74
Fe + 3% Graphit	65	1,1	0,39	0,71	—
	52	3,3	1,62	1,68	—
	48	4,95	2,96	1,99	1,28

[1] Unckel, H.: Arch. Eisenhüttenwes. 18, 1944-45, S. 125-130.
[2] Unckel, H.: Arch. Eisenhüttenwes. 18, 1944-45, S. 161-167.

zur Wirkung kommt. Der Ausstoßdruck geht parallel der Wandreibung, ist aber wohl wegen der geänderten Reibungsverhältnisse nach dem Entspannen des gepreßten Formlings kleiner als diese. Niedrigere Preßhöhen geben wesentlich geringere Wandreibungsverluste und niedrigere Ausstoßdrücke als es proportional der geringeren Höhe zu erwarten wäre. Ein Graphitzusatz ist vorteilhaft, allerdings setzt er erst bei hohen Drücken die Reibung stärker herab. Der Ausstoßdruck wird durch den Graphitzusatz erheblich gesenkt. In Ergänzung zu den Zahlenwerten in Zahlentafel 34 ist in Abb. 64 die Abhängigkeit des Preßdrucks auf die obere und untere Probenstirnfläche vom Stempelweg dargestellt. Der Abbildung liegen die gleichen Versuchsergebnisse, die in Zahlentafel 34 ausgewertet wurden, jedoch lediglich für das Verpressen einer Einwaage von 100 g Pulver, zugrunde. In bekannter Weise verläuft der Preßdruck mit steigender Zusammendrückung nach einer hyperbelförmigen Kurve. Der Unterschied zwischen den auf die beiden Probenstirnflächen wirkenden Preßdrücken ist besonders deutlich zu erkennen.

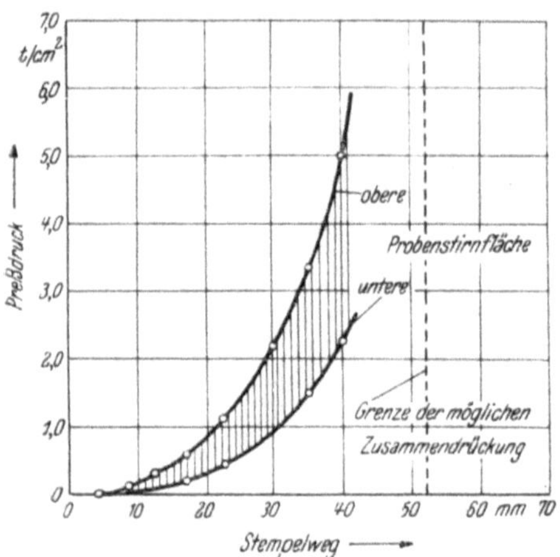

Abb. 64. Abhängigkeit des Preßdrucks auf die obere und untere Probenstirnfläche vom Stempelweg bei Eisenpulvern, Probendurchmesser 21 mm (H. Unckel).

Auch die Fließvorgänge konnte H. Unckel, wie schon oben angedeutet, recht anschaulich darlegen[1]. Um die Verschiebung der einzelnen Schichten im Preßling während des Preßvorganges bei einseitiger Druckanwendung sichtbar zu machen, wurden die Proben aus verschiedenen Pulverschichten unterschiedlicher Farbtönung aufgebaut. Dies gelang insbesondere bei Kupferpulver unter Verwendung von unbehandeltem und durch Erhitzen oberflächlich oxydiertem Pulver. Die zylindrischen Proben wurden mit einem Druck von 6 t/cm² gepreßt. Nach dem Ausstoßen wurden die Preßlinge nach der Längsmittelebene durchgesägt und auf diesen Flächen glatt gefeilt, wobei die Schichtungen deutlich genug sichtbar wurden.

---

[1] Unckel, H.: Arch. Eisenhüttenwes. **18**, 1944-45, S. 161-167.

Insbesonders bei Pressungen ohne Schmiermittelzusatz zeigt sich nach diesen Versuchen eine kräftige Durchsenkung der anfangs waagerechten Schichttrennungsflächen (Abb. 65). Es ist dies die Folge der verschiedenen Druckfortpflanzung und damit der ver-

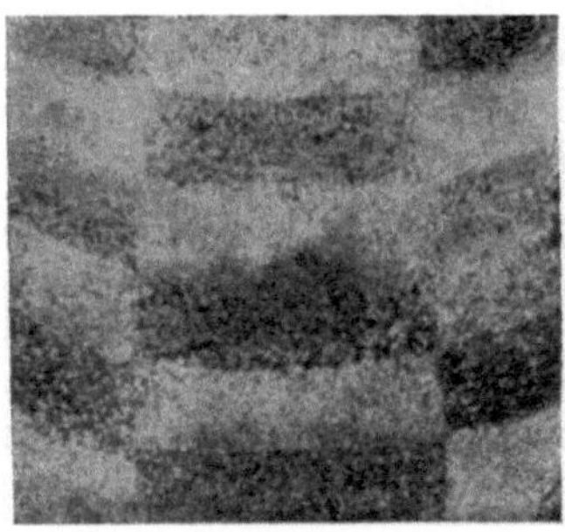

Abb. 65. Kupferpulver gemischter Korngröße, trocken gepreßt; L/D etwa 1 (H. Unckel).

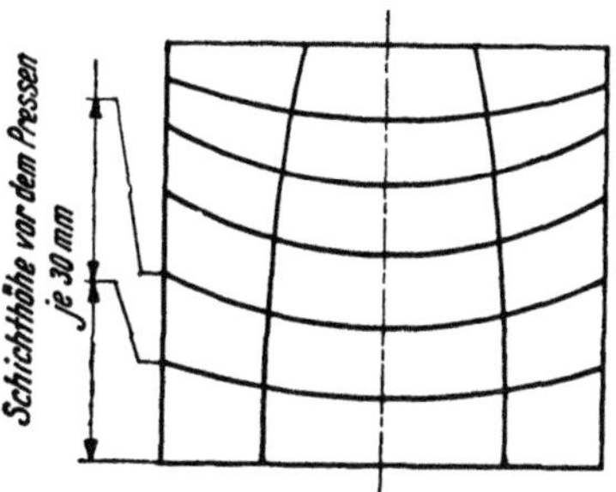

Abb. 66. Verformung der anfangs waagrechten und senkrechten Schichten an Metallpulverpreßlingen, schematisch (H. Unckel).

schiedenen Zusammendrückung. Es findet auch eine Verschiebung der senkrechten Trennungsflächen nach der Achse hin statt, so daß besonders in jenem Teil der Probe, der zum bewegten Stempel liegt, die ursprünglich senkrechten Linien geneigt sind, das Gut also innerhalb des Formlings von den Stellen hohen Drucks nach solchen niederen Drucks verdrängt wird (Abb. 66). Bei niedrigen Preßkörpern und bei Zusatz

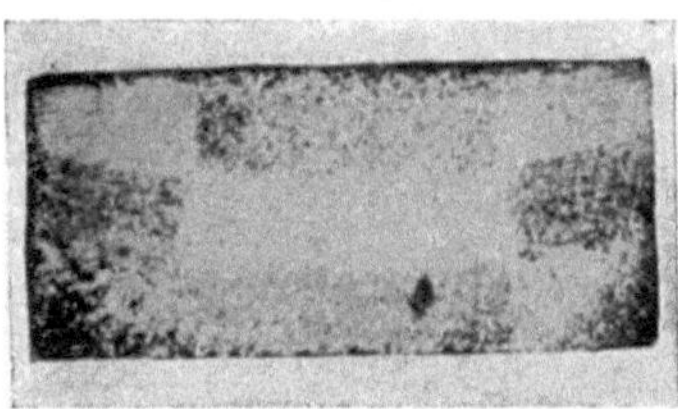

Abb. 67. Kupferpulver gemischter Korngröße; L/D etwa 0.3 (H. Unckel).

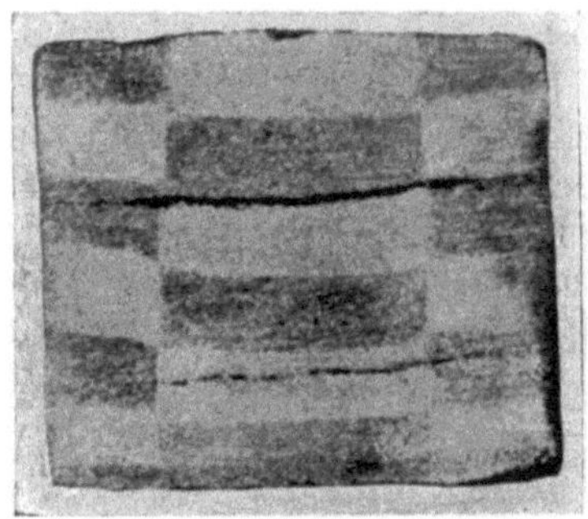

Abb. 68. Kupferpulver gemischter Korngröße, geschmiert; L/D etwa 1 (H. Unckel).

von Schmiermitteln sind die Durchkrümmungen der Linien geringer (Abb. 67 und Abb. 68). Die gleichen Erscheinungen wie bei Kupferpulver konnten von H. Unckel auch beim Pressen von Eisenpulver beobachtet werden, wenn auch die Sichtbarmachung der verschiedenen Schichten etwas schwieriger durchzuführen war. Beispielsweise betrug die Durchkrümmung in der Mitte eines 90 mm hohen Preßlings aus Eisenpulver ungefähr

6 mm, der Schichtwinkel mit der Wand ungefähr 71°, während bei Schmierung alle Schichten so gut wie waagerecht blieben.

Nach Untersuchungen von J. P. Burr und W. Clarke[1] besteht zwischen Preßlingshöhe und der erreichten Durchschnitts-Preßdichte bei beidseitiger Druckanwendung eine lineare Beziehung. Je höher der Preßling ist, umso niedriger wird die Durchschnitts-Preßdichte infolge der geringeren Verdichtung in der neutralen Zone. Für die extrapolierte Preßlingshöhe Null (unmittelbar an der oberen und unteren Stirnfläche des Preßlings) wird man eine, für jeden Preßdruck und für jedes Pulver charakteristische *Grenzpreßdichte* erreichen. Aus der theoretischen Grenzdichte und der tatsächlich ermittelten Durchschnitts-Preßdichte kann man die Dichte für jede horizontale Schnittfläche des Preßlings errechnen. Interessant ist insbesondere die Dichte in der Mitte des Preßlings (neutrale Zone) und der dieser Dichte entsprechende Preßdruck. Aus der Differenz zwischen tatsächlich aufgewandtem Preßdruck und dem errechneten Druck für die Mitte des Preßlings ergibt sich der Druckabfall innerhalb desselben.

Insgesamt dürften diese Ausführungen zur Genüge bewiesen haben, daß Metallpulver nicht hydrostatisch fließen und daß das Zusammenschieben der Teilchen nahezu ausschließlich in der Preßrichtung erfolgt. Daraus ergeben sich wichtige Folgerungen. Bei der Herstellung von Maschinenteilen aus Sintereisen und Sinterstahl steht man häufig vor der Aufgabe, Teile pressen zu müssen, die senkrecht zur Preßrichtung gesehen einen ungleichmäßigen Querschnitt haben (Abb. 69a). Würde man ein derartiges Teil unter Anwendung eines aus einem Stück bestehenden Unterstempels gemäß Abb. 69b pressen, so würde man infolge der mangelhaften Druckfortpflanzung in Metallpulvern gemäß Abb. 69c einen Preßling erhalten, der im kleineren Querschnitt eine höhere Dichte aufweist als im größeren. Infolge des nur aus einem Teil bestehenden Unterstempels ist man nämlich gezwungen, beispielsweise für den rechten Teil nur eine Füllhöhe von $h \cdot f + \Delta$ (f = Füllfaktor) vorzusehen, während für den linken Teil die normale Füllhöhe $h \cdot f$ zur Verfügung steht. Unterteilt man den Unterstempel jedoch in der aus Abb. 69d hervorgehenden Weise in zwei Stempel 1 und 2, so kann man durch Heben des Unterstempels 1 mittels eines sogenannten „Vorhebers" dafür sorgen, daß vor Beginn des Preßvorgangs für den linken Teil die Füllhöhe $h \cdot f$ und für den rechten Teil die Füllhöhe $(h + \Delta) \cdot f$ eingestellt wird. Die Höhendifferenz zwischen den beiden Unterstempeln 1 und 2 beträgt, wie aus

---

[1] Burr, J. P. u. W. Clarke: Iron Steel Inst., Spec. Rep. Nr. 38, London 1947, S. 113-16.

Abb. 69d sofort hervorgeht, vor Beginn des Preßvorgangs $(h + \varDelta) \cdot f - h \cdot f = \varDelta \cdot f$. Am Ende des Preßvorgangs darf die Differenz nur noch $\varDelta$ betragen (s. Abb. 69a). Der Unterstempel 1 muß daher um den Betrag $\varDelta \cdot f - \varDelta = \varDelta \cdot (f - 1)$ gehoben werden. Um diesen Betrag wird der Stempel 1 bei Beginn des Preß-

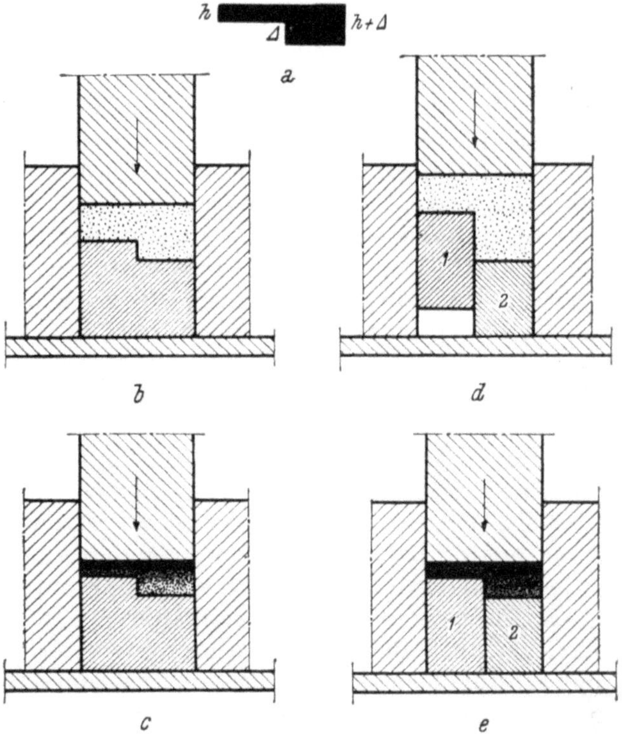

Abb. 69. Schemaskizze zur Veranschaulichung des Pressens eines Formkörpers (a) mit Abstufungen in Preßrichtung bei aus einem Stück bestehendem Unterstempel (b und c) und bei unterteiltem Unterstempel (d und e).

vorganges durch das über ihm liegende Pulver nach unten verschoben, ohne daß praktisch eine Verdichtung des Pulvers im linken Teil der Matrize stattfindet. Während dieser Preßphase findet dagegen in dem weit größeren rechten Querschnitt schon eine Verdichtung statt. Hat der Unterstempel 1 die Grundplatte erreicht, so wird der linke und der rechte Teil des Preßlings gleichzeitig weiterverdichtet, bis die gewünschte Preßlingshöhe erreicht ist. Auf diese Weise erhält der Preßling eine über den ganzen Querschnitt weitgehend einheitliche Preßdichte (Abb. 69e). Um die Verhältnisse nicht zu sehr zu komplizieren, ist allerdings bei dem gezeigten Beispiel die Druckausübung nur einseitig angenommen worden. Streng genommen würde dadurch die Dichte im oberen Teil des Preßlings etwas größer anzunehmen sein als im unteren Teil. Bezüglich technischer Einzelheiten sei übrigens auf S. 284 verwiesen.

Es war mehrfach erwähnt worden, daß man durch Anwendung von gewissen Preßzusätzen nicht nur eine höhere Dichte der Preßkörper, sondern auch eine gleichmäßigere Dichte erzielen kann. Ähnlich wie beispielsweise ein Graphit- oder Stearinzusatz wirkt sich die Verwendung hochglanzpolierter Hartmetallmatrizen aus, wodurch die Reibung und Schweißneigung zwischen Matrizenwand und Pulver erheblich herabgesetzt wird. Trotz Anwendung der angeführten Kunstgriffe zur Verwirklichung hydrostatischer Druckfortpflanzung (preßerleichternde Zusätze, Naßpressen, hochglanzpolierte Hartmetallmatrizen, zweiseitige Druckausübung) dürfte es angebracht sein, in der Praxis ein Verhältnis der Preßlingshöhe zur Ausdehnung des Teiles quer zur Preßrichtung von 1 : 1 nicht zu überschreiten. Auch muß man in der Praxis bei Pulverpreßlingen trotz der angeführten Maßnahmen stets mit Dichteunterschieden im Preßling rechnen, die um so größer sind, je größer die Preßhöhe ist. Diese Dichteunterschiede wirken sich bei der späteren Sinterung um so mehr aus, je mehr der Preßling bei der Sinterung schwindet. Erfahrungsgemäß wird dabei die beim Pressen erhaltene unterschiedliche Dichte weitgehend ausgeglichen, was aber zur Folge hat, daß die Teile des Preßlings, die beim Pressen die geringste Dichte hatten, später bei der Sinterung am meisten schwinden. Mit diesem jedenfalls sehr unangenehmen Sinterverzug muß man insbesondere bei Pulverpreßlingen aus Feinstpulver und in den Fällen, bei denen in Gegenwart flüssiger Phase gesintert wird, rechnen. Nur selten gelingt es, durch entsprechende Konstruktion der Preßwerkzeuge dem erwähnten Sinterverzug von vornherein zu begegnen.

V. Das Sintern und die Eigenschaften der Sinterkörper.

A. Vorgänge beim Sintern.

Das neuere Schrifttum der allgemeinen Pulvermetallurgie[1-6] behandelt bei der Besprechung der wissenschaftlichen Grundlagen dieses Fachgebietes die Vorgänge beim Sintern so ausführlich,

[1] Skaupy, F.: Metallkeramik, 3. Aufl., Berlin: Verlag Chemie, 1943, S. 80 ff.

[2] Kieffer, R. u. W. Hotop: Pulvermetallurgie und Sinterwerkstoffe, Berlin: Springer-Verlag, 1943, S. 92 ff.

[3] Jones, W. D.: Principles of Powder Metallurgy, London: E. Arnold & Co., 1937, S. 37 ff.

[4] Wretblad, P. E. u. J. Wulff: s. Powder Metallurgy, Am. Soc. Met., Cleveland (Ohio) 1942, S. 36-59.

daß es auf den ersten Blick überflüssig erscheinen mag, im Rahmen dieses Buches näher auf die grundlegenden Vorgänge beim Sintern einzugehen. Nun hat sich aber kaum ein Gebiet der Technik in den letzten Jahren in so starker Entwicklung befunden wie die Pulvermetallurgie; das gilt zwar im wesentlichen für die rein technische Entwicklung, jedoch in eingeschränkterem Maße auch für die Erweiterung unserer Kenntnisse über die wissenschaftlichen Grundlagen. In einer Arbeit, die erst nach der Herausgabe des pulvermetallurgischen Buchschrifttums erschienen ist, hat F. Sauerwald[1] in besonders klarer Weise dem neuesten Stand der Forschung entsprechend die Elementarvorgänge beim Sintern von Metallpulvern dargelegt. Diese Arbeit bedeutet aus dem Grund eine wertvolle Bereicherung unserer Kenntnisse, weil sie als erste die Folgerung aus der Realstruktur der Oberflächen der Pulverteilchen für die Sintervorgänge zieht. Hierdurch lassen sich alle Erscheinungen besser als bisher zwanglos auf wenige Grundtatsachen zurückzuführen. Zweckmäßig ist es, bei der Besprechung der Vorgänge auch hier eine Unterteilung in Ein- und Mehrstoffsysteme vorzunehmen. Die Einstoffsysteme werden in der Eisen-Pulvermetallurgie durch Formkörper aus mannigfachen technisch oder chemisch reinen Eisenpulvern verschiedener Herstellungsart repräsentiert. Die Mehrstoffsysteme werden durch den Sammelbegriff „Sinterstahl" erfaßt. Unter ihnen gibt es schon eine ganze Reihe von Systemen, die größere technische Bedeutung erlangt haben; vom unlegierten Kohlenstoffstahl für Maschinenteile angefangen über den rostfreien 18-8-Stahl bis zu den Stählen mit besonderen physikalischen Eigenschaften, wie z. B. den Fe-Ni-Al-Legierungen für Dauermagnete, Fe-Ni-Co-Legierungen für Einschmelzzwecke und Fe-Ni-Mo-Legierungen für vakuumtechnische Anforderungen.

1. Einstoffsysteme.

Bekanntlich kann man einerseits schon durch einfaches Zusammenpressen bei Raumtemperatur aus Metallpulvern Körper mit merklicher Festigkeit erhalten (s. S. 135 ff.), andererseits gewinnen aber auch locker aufgeschüttete Pulver beim Glühen bei höherer Temperatur einen erheblichen Zusammenhang (s. S. 169 ff.). Die Gefügeänderungen, die man dabei beobachten kann, entsprechen denen, die man auch in zunächst gepreßten und dann gesinterten Körpern bemerkt. Aus diesen Versuchstatsachen gewinnt

<hr>

[5] Libsch, J., R. Volterra u. J. Wulff: s. Powder Metallurgy, Am. Soc. Met., Cleveland (Ohio) 1942, S. 379-94.

[6] Rhines, F.N.: Am.Inst.min.metallurg.Engrs.,Techn.Publ.Nr.2043(1946).

[1] Sauerwald, F.: Koll. Z. **104**, 1943, S. 144-160.

man eine grundsätzliche Erkenntnis, die für die weiteren Ausführungen von wesentlicher Bedeutung ist. Offenbar spielen bei
der Herstellung von Sinterkörpern zwei verschiedene Vorgänge
eine Rolle, die völlig unabhängig voneinander auftreten. Der erste
Vorgang steht zweifellos mit der durch dichte Packung oder durch
die Anwendung des Preßdruckes erzielten Annäherung der Teilchenoberflächen im Zusammenhang. Der zweite Vorgang dagegen hängt
offensichtlich mit der Erreichung höherer Temperatur und mit
den Vorgängen an der Oberfläche der Teilchen zusammen, die durch
höhere Temperaturen bedingt sind und die eine gewisse Zeit beanspruchen. Dementsprechend muß man die beiden Hauptgruppen
der *Adhäsionswirkungen* und der *Platzwechsel-* bzw. *Kristallisations-
wirkungen* unterscheiden.

a) *Das Gefüge und die Oberflächenbeschaffenheit der Pulverteilchen.*

Wesentlich für das Verständnis der Sintervorgänge ist eine
möglichst gute Kenntnis des Feinbaues der Pulverteilchen mit
besonderer Berücksichtigung der Struktur ihrer Oberflächen.
Metallpulver können als Einkristalle vorliegen oder nicht.
Sind sie polykristallin — in
den meisten Fällen trifft das zu
— so nennt man nach einem
Vorschlag von F. Sauerwald
die Einzelkristallite in ihnen
„Primärteilchen", die einzelnen Pulverteilchen selbst
„Sekundärteilchen". Gemäß
Abb. 30c, S. 37 besteht Carbonyleisenpulver aus Sekundärteilchen von etwa 1 bis 0,1 μ
Durchmesser, in denen sich
sehr kleine Primärteilchen von
etwa $10^{-3}\,\mu$ Durchmesser befinden[1]. Abb. 70 zeigt den An

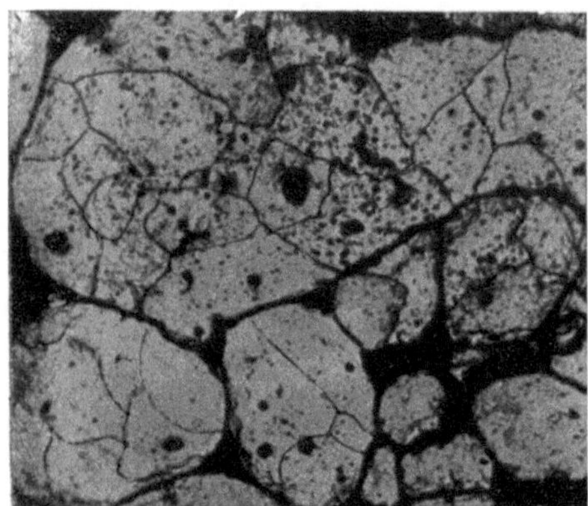

Abb. 70. Gefüge eines Preßkörpers aus D-Pulver
nach Ätzung mit alkoholischer Salpetersäure
(× 450). Die Pulverteilchen (Sekundärteilchen)
sind aus Einzelkristalliten (Primärteilchen)
aufgebaut.

schliff eines Preßkörpers aus D-Pulver nach geeigneter Ätzung. Man
erkennt neben dem Umriß der Sekundärteilchen die Kristallitenkorngrenzen im Innern von ihnen, woraus hervorgeht, daß wir
es auch in diesem Falle mit Sekundärteilchen zu tun haben. Je nach
der Herstellungsart der Pulver muß man mit Gefügeinstabilitäten
der Teilchen und Neigung zur Rekristallisation rechnen. Das ist
beispielsweise der Fall bei besonders feinen Pulverteilchen, ferner

---

[1] Girschig, M. R.: Rev. Met. 42, 1945, S. 178-86.

bei Elektrolytpulver sowie bei mechanisch bei tieferer Temperatur hergestellten Pulvern infolge der Kaltverformung der Teilchen. Auch Reduktionspulver sind häufig infolge von Spannungen durch eingeschlossene Gase und Oxyde instabil[1].

Bezüglich der Oberflächenausbildung der Teilchen unterscheidet man nach F. Sauerwald zweckmäßig zwischen zwei Arten von „Rauhigkeit“. Unter der Rauhigkeit erster Art versteht man zunächst solche, die man schon mit dem bloßen Auge oder bei schwachen Vergrößerungen unter dem Mikroskop erkennen kann. Verwiesen sei auf die in Kapitel 2 gezeigten Pulveraufnahmen. Die Mannigfaltigkeit der Rauhigkeit erster Art wird in eindruckvoller Weise aber erst erschlossen, wenn man zur Untersuchung

Abb. 71. Metallpulverteilchen mit schwammiger Oberfläche (M. v. Ardenne).

das Übermikroskop zu Hilfe nimmt. Dann erkennt man beispielsweise an mechanisch zerkleinertem Pulver Zacken und Spitzen, deren Dicke weit unter 1 μ liegt. Auch die schwammartige Ausbildung der Oberfläche, die man durch Reduktion von oxydierten Oberflächen erhält, wird durch übermikroskopische Betrachtung be-

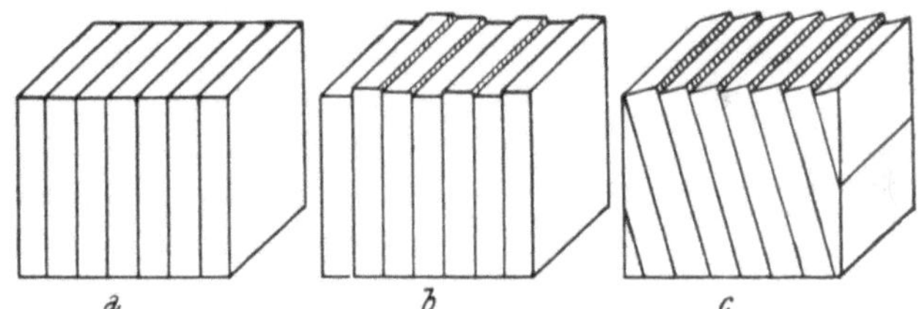

Abb. 72. Lamellarer Aufbau eines Kristalls, schematisch:
a) glatter Lamellenabschluß, b) herausgewachsene Lamellen,
c) schiefe Lamellenlage mit besonders starker Schatten-
bildung (L. Graf).

sonders anschaulich (Abb. 71). Die Linienstruktur der Oberfläche auf die L. Graf[2] erstmalig aufmerksam machte, ist ebenfalls zur Rauhigkeit erster Art zu rechnen. In ihr treten gesetzmäßig im Kristall orientierte Lamellen von 1 bis 0,1 μ Dicke in verschiedener Weise gemäß Abb. 72 hervor. Die Dimension der Lamellen ist

<hr>

[1] Libsch, J., R. Volterra u. J. Wulff: Met. Progr. 41, 1942, S. 528-30 und 540.

[2] Graf, L.: Z. Elektroch. 48, 1942, S. 184.

interessanterweise gerade diejenige, wo sich die Instabilität kleiner Körper bemerkbar macht.

Die zweite Art von Rauhigkeit hat mit dem Feinbau der Oberfläche in atomaren Dimensionen zu tun. Über ihre Ausbildung kann man auf Grund von theoretischen Überlegungen naturgemäß nur Modellvorstellungen entwickeln, wobei in gewissem Umfang ein Nachweis des Feinbaubildes nach der Analyse von M. v. Laue[1] mit Hilfe von Elektronenbeugungsversuchen möglich ist. Eine weitere Möglichkeit zur experimentellen Untersuchung besteht in der Übermikroskopie bei stärkster Vergrößerung[2]. Infolge der Verschiedenheit der Oberflächenenergie der einzelnen Flächen eines Kristalls sowie der Tatsache, daß das Flächenwachstum der Kristalle in erster Linie durch tangentiale Anlagerung erfolgt, muß man nach F. Sauerwald bei Metallpulverteilchen mit atomaren Rauhigkeiten rechnen, die treffend mit dem Ausdruck „Wellblechstruktur" zu bezeichnen sind. Das Flächenwachstum der Kristalle durch tangentiale Anlagerung ist deshalb möglich, weil nach den Ergebnissen von M. Volmer[3] und seinen Mitarbeitern innerhalb der Oberfläche eine besonders leichte Beweglichkeit von Atomen besteht. Bei Metallen ist die Anlagerungswahrscheinlichkeit am größten in den Flächenmitten. Sie erfolgt in tangentialer Richtung an bereits gebildeten Keimen oder Teilflächen. Entsprechende Oberflächenausbildungen wurden früher sogar schon an dünnen Schichten von Nickel und Kobalt nachgewiesen[4]. Es bestehen demnach nach v. Laue die (110) Oberflächen bei Kobalt aus kleinen Vorsprüngen, die von Oktaederflächen begrenzt

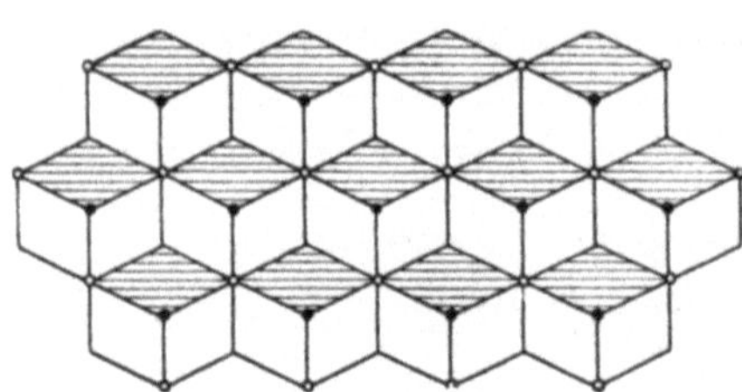

Abb. 73. Oberflächenfeinbau von Kobalt, Atome der obersten Schicht (schwarze Punkte), Atome der zweiten Schicht (weiße Punkte), die Atome der dritten Schicht sind vollzählig sichtbar, aber nicht bezeichnet (Cochrane u. M. v. Laue).

sind (Abb. 73). Selbstverständlich brauchen die einzelnen Berge und Täler nicht von gleicher Höhe und Tiefe zu sein. Das Extrem, das hier zu erwarten ist, könnte so aussehen, wie G. B. Taylor eine Katalysatorenoberfläche schematisch gezeichnet hat (Abb. 74). Mit

---

[1] v. Laue, M.: Ann. Phys. **29**, 1937, S. 211; s. G. P. Thomson, Philos. Mag. (7) 18, 1943, S. 640.

[2] v. Ardenne, M.: Naturwiss. **29**, 1941, S. 780.

[3] Volmer, M.: Z. Physik 7, 1921, S. 13; s. Müller-Pouillet, Lehrb. d. Physik, 11. Aufl. III. (1), S. 589,

[4] Cochrane, R.: Proc. phys. Soc. London **48**, 1936, S. 723.

Recht macht aber F. Sauerwald darauf aufmerksam, daß derartig scharfe Spitzen, wie in Abb. 74 gezeichnet, sich in einer Oberfläche kaum ausbilden können. Die Stabilität der Spitzenatome ist hier wohl doch zu stark in Frage gestellt; derartig dünne Lamellen werden schon bei niedrigen Temperaturen unter der Wirkung der Oberflächenspannung abgebaut.

Bei der Betrachtung der Oberflächenstruktur darf nicht außerachtgelassen werden, daß man stets mit einer Bedeckung von adsorbierten Gashäuten rechnen muß, die die beträchtliche Stärke von einigen 100 Å erreichen kann. Im Falle von Wasserstoff wird sich nicht nur eine Schicht adsorbierten Gases dem Raumgitter anschmiegen,

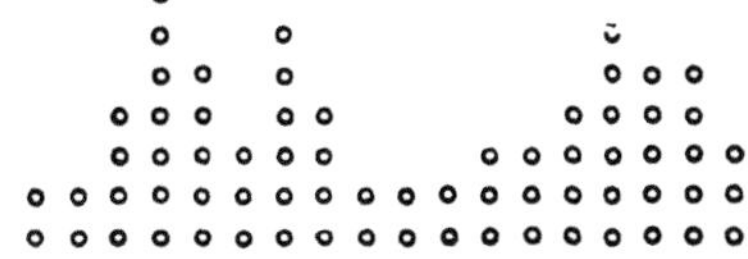

Abb. 74. Profil einer Katalysatorenoberfläche (G. B. Taylor).

vielmehr wird überall da, wo gleichzeitig eine Löslichkeit vorliegt, der Wasserstoff atomar in das Kristallraumgitter eindringen. Das gleiche gilt unter Umständen für andere Gase. Pulverteilchen aus unedleren Metallen sind stets von einer Oxydhaut bedeckt, die z. B. bei Eisen von monomolekularer Dicke bis zu der schon oben erwähnten Größe vorkommen kann. Es ist natürlich zunächst schwer verständlich, wie überhaupt unter diesen Umständen eine metallische Bindung zwischen den Pulverteilchen herzustellen ist. Bei nur adsorbierten Gasen muß man wohl annehmen, daß die Schichten durch Druck leicht zerstört werden und so eine Annäherung der metallischen Oberflächen nicht verhindert wird. Mit steigender Temperatur nimmt außerdem die adsorbierte Menge ab. Da man bei der Sinterung fast ausschließlich unter reduzierender Atmosphäre arbeitet, kommt die Oxydschicht bei den mit Wasserstoff reduzierbaren Metallen auf diese Weise in Wegfall. Eine besondere Stabilität der oxydischen Oberflächenhäute wird man dagegen bei Metallen wie Aluminium und Magnesium annehmen dürfen. Hier wird vor allen Dingen auch durch Spuren von Sauerstoff innerhalb des Pulvers immer wieder sehr schnell eine Neubildung auch zerrissener Oberflächenhäute stattfinden.

b) Der Verlauf der Sinterung in ungepreßten Pulvern.

Die Vorgänge beim Sintern von Einstoffsystemen mögen nunmehr zunächst am Beispiel lose geschütteten Carbonyleisenpulvers erläutert werden. In Abb. 75 ist nach Untersuchungen von L. Schlecht, W. Schubardt und F. Duftschmid[1] die Gefüge-

---

[1] Schlecht, L., W. Schubardt u. F. Duftschmid: Z. Elektroch. **37**, 1931, S. 485-492.

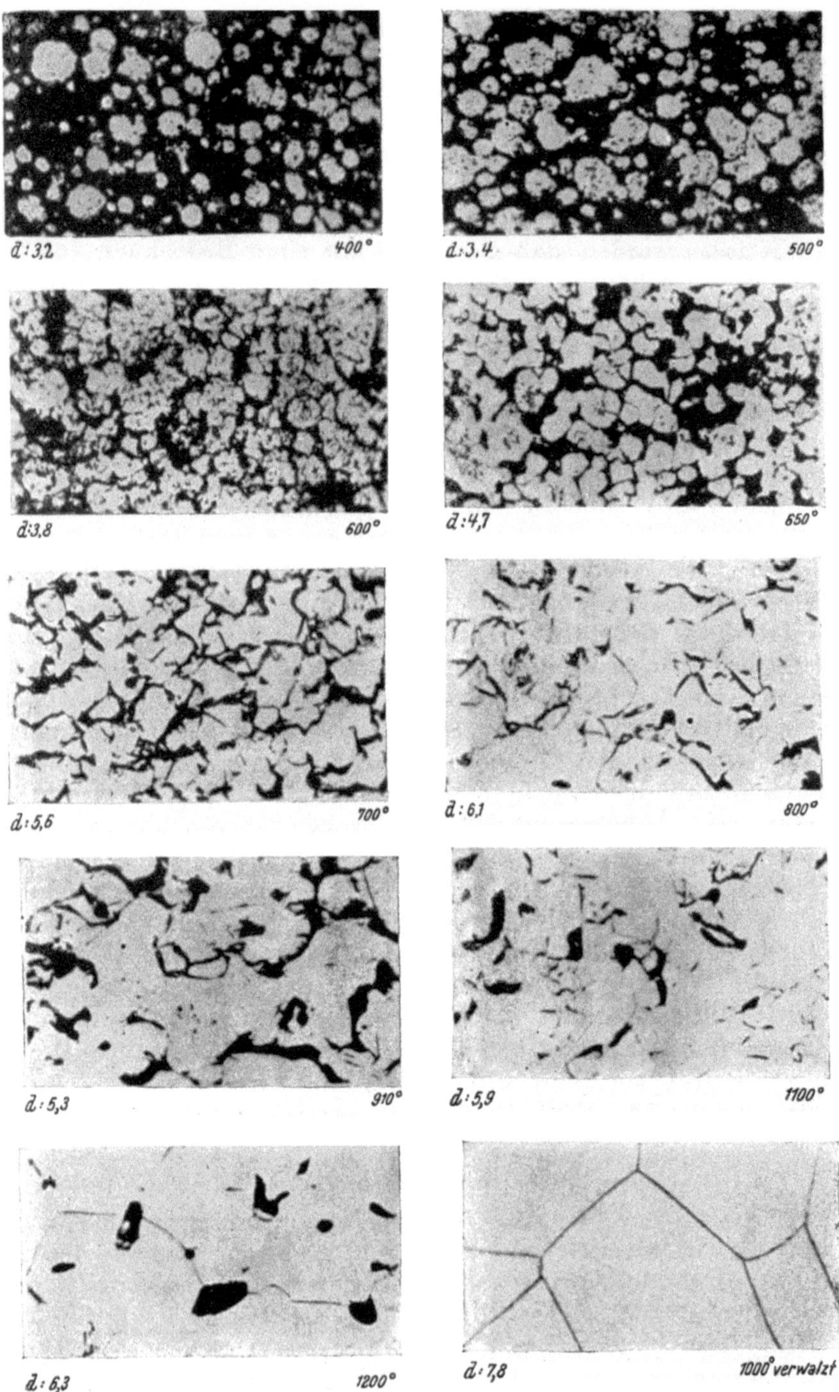

Abb. 75. Gefüge- und Dichteänderung von Carbonyleisenpulver in Abhängigkeit von der Sintertemperatur (× 1000) (L. Schlecht W. Schubardt u. F. Duftschmid).

und Dichteänderung von Carbonyleisenpulver in Abhängigkeit von der Glüh- bzw. Sintertemperatur gezeigt. Man erkennt aus der Abbildung folgendes: Bei 400⁰ ist die Kugelschalenstruktur der Sekundärteilchen bereits verschwunden. Der Zusammenhalt der Teilchen untereinander ist noch gering. Oberhalb 500⁰ verlieren die Pulverteilchen ihre charakteristische kugelige Gestalt. Die Sekundärteilchen verschwinden, indem sie zu größeren polygonalen Teilchen zusammenwachsen. Mit steigender Sintertemperatur verringert sich die Größe und Anzahl der Poren, sodaß bei einer Sintertemperatur von 800⁰ schon eine Dichte von 6,1 g/cm³ erreicht wird. Bei etwa 900⁰ beobachtet man, vermutlich wegen der bei der Umwandlung in γ-Eisen eintretenden Kontraktion, eine auffallende Vergrößerung der Poren. Mit weiter steigender Sintertemperatur findet unter weiterem Kornwachstum der Kristallite wieder eine Dichtesteigerung statt. Einen völlig dichten, praktisch porenfreien Sinterkörper erhält man nur, wenn man den gesinterten Werkstoff zusätzlich noch durch Schmieden oder Walzen warm verformt. Wie aus dem Beispiel des Carbonyleisens hervorgeht, beobachtet man bei der Sinterung von Metallpulvern also, daß die Pulver mit steigender Sintertemperatur einen festeren Zusammenhang gewinnen, dabei ein kleines Volumen einnehmen, d. h. also, mehr oder weniger stark schwinden und daß schließlich ein mehr oder weniger starkes Kornwachstum bei ihnen eintritt. Die Carbonylpulverteilchen sind zwar wegen ihrer äußersten Feinheit als verhältnismäßig instabil anzusprechen, weswegen man vermuten könnte, daß das Kornwachstum bei der Sinterung lediglich auf die Instabilität dieser Teilchen zurückgeführt werden müßte. Die gleichen Erscheinungen beobachtet man aber auch an Pulverteilchen, die weitgehend im Gefügegleichgewicht sind, die also weder besonders klein oder zerklüftet sind, noch bei der Herstellung irgendeine Verformung erlitten haben. Es steht fest, daß die Gewinnung eines festeren Zusammenhangs bereits unterhalb der Temperatur des Kornwachstums beginnt. Daraus kann man schließen, daß der Festigkeitsgewinn während der Sinterung nicht notwendig und allein durch ein Überwachsen von Material über die Oberflächen der Sekundärteilchen ursächlich bedingt ist, sondern daß die Erhöhung der Temperatur zunächst die gegenseitige Adsorption der einander gegenüberstehenden Oberflächenteile erleichtert und die Adhäsion vergrößert. Daß dieser Effekt schon bei nicht gepreßten Pulvern auftritt, zeigt, daß er und seine Temperaturabhängigkeit nicht durch einen äußeren Druck ursächlich bedingt ist.

Die mit steigender Temperatur eintretende Erleichterung der Adhäsion hat man sich nach Sauerwald[1] wie folgt vorzustellen: Mit Erhöhung der Temperatur wird infolge der Vergrößerung der Amplituden der Atomschwingungen die Reichweite der unabgesättigten Oberflächenkräfte vergrößert. Es wird dadurch das Kraftfeld der Oberfläche gewissermaßen weiter hinausgetragen. Sobald die Atomkraftfelder einander durchdringen, vereinigen sich die Gitter zweier Teilchen. Die einmal eingetretene Gitterverbindung bleibt beim Abkühlen erhalten und führt dabei zu einer Schwindung des Gesamtkörpers.

Bei Entwicklung dieser Vorstellung wurde schon von der Tatsache Gebrauch gemacht, daß die Atome nicht starr gelagert sind. Zunächst sind im Kristallinneren Schwingungen um die Gleichgewichtslage vorhanden und bei genügend hoher Temperatur Möglichkeit von Platzwechsel. Es ist von vornherein wahrscheinlich und durch viele experimentelle Ergebnisse bekannt, daß die Beweglichkeit in der Oberfläche infolge der nur einseitigen Bindung und des größeren zur Verfügung stehenden Raums wesentlich größer ist als im Innern. Es trifft dies besonders Atome, die in nicht vollbesetzten Oberflächen liegen. Aus Untersuchungen von I. Langmuir[2] über die Diffusionskoeffizienten von Thorium in Wolfram für das Innere von Kristallen, die Korngrenzen und die Oberflächen ist genau bekannt, daß die Oberflächendiffusion sehr viel größer ist als die Diffusion im Innern. Diese leichte Beweglichkeit der Atome in der Oberfläche hat zur Folge, daß in der Oberfläche Platzwechsel der Atome schon bei Temperaturen stattfinden, bei denen dies im Innern der Kristallite praktisch noch nicht geschieht. Der Platzwechsel in der Oberfläche bewirkt, daß sich die Rauhigkeit insbesondere zweiter Art, die als sehr metastabil anzusprechen ist, ausgleicht. Auf diese Weise werden die instabilen Zerklüftungen der Pulveroberfläche der Oberflächenspannung folgend schon zu einem Zeitpunkt beseitigt, wenn Kristallisationsvorgänge im Innern wegen mangelnder Beweglichkeit der Atome noch nicht eintreten. Diese Ausglättung der Oberflächen führt in der Folge zu einer erhöhten Adhäsionswirkung und zu einer Schwindung, da die adhärierenden Oberflächenteile infolge des Wegfalles von Erhebungen größer werden. In diesem Zusammenhang sind Versuche von G. Hüttig und seinen Mitarbeitern[3, 4, 5] erwähnenswert.

---

[1] Sauerwald, F.: Z. anorg. allg. Ch. **122**, 1922, S. 277-294; Z. Metallkde. **16**, 1924, S. 41-46.

[2] Langmuir, I.: J. Franklin Inst. **217**, 1934, S. 543.

[3] Hüttig, G. F.: Koll. Z. **97**, 1941, S. 281-300; **98**, 1942, S. 6-33, 263-286.

[4] Hüttig, G. F.: Z. anorg. allg. Ch. **247**, 1941, S. 221-248.

Hampel, J.: Z. Elektroch. **48**, 1942, S. 82-84.

Von ihnen wurde an Kupferpulver im Bereich zwischen Raumtemperatur und 500° der Einfluß einer Glühung auf das Füllvolumen, das Volumen bestimmter Kapillaren in der Oberfläche, die Größe der Oberfläche, welche Methanoldampf adsorbiert, die katalytische Wirksamkeit gegenüber Wasserstoffsuperoxyd, die Löslichkeit in Salpetersäure und schließlich die elektromotorische Kraft untersucht. Aus den dabei gemachten Beobachtungen geht einwandfrei hervor, daß schon in dem Temperaturbereich, in dem nach einstündiger Glühung dem Röntgenbild zufolge noch keine Veränderung der Korngröße eingetreten ist, erhebliche Veränderungen in den Oberflächen der Pulverteilchen vor sich gehen. Es tritt stets eine wesentliche Verkleinerung derselben auf dem Wege der geschilderten Ausglättung ein. Interessant ist dabei jedoch die Feststellung von G. F. Hüttig, daß die geschilderten Veränderungen nicht konsequent geradlinig zu ihrem Ziel verlaufen. Vor den endgültigen Ausglättungen finden vielmehr Aufrauhungen und Aktivierungen der Oberflächen statt. Auffällig ist, daß sich diese Erscheinungen bei den verschiedensten Metallen immer bei vergleichbaren Temperaturen und zwar bei gleichen Bruchteilen der Schmelztemperatur finden. Nachstehend eine kurze Charakteristik der von G. F. Hüttig angegebenen Bereiche, wobei unter α der Bruchteil der in absoluter Zählung anzunehmenden Schmelztemperatur zu verstehen ist.

Bereich a. $\alpha =$ 0 bis 0,23: Mit der Temperatur zunehmender Abdeckungseffekt als Folge von Adhäsionskräften, Absinken des Adsorptionsvermögens.

Bereich b. $\alpha = 0{,}23$ bis $0{,}36$: Aktivierung durch Molekül-Umgruppierungen in der Oberfläche, die durch die hier in merklichem Ausmaß einsetzende Oberflächendiffusion verursacht werden; Lockerung oder Abgabe oberflächlich adsorbierter Gase, Anstieg des Adsorptionsvermögens.

Bereich c. $\alpha = 0{,}33$ bis $0{,}45$: Desaktivierung infolge Beendigung der Oberflächenmolekül-Umgruppierung und dadurch bedingte Stabilisierung der Oberfläche. Starker Abfall des Adsorptionsvermögens.

Bereich d. $\alpha = 0,37$ bis $0,53$: Aktivierungen infolge der Molekül-Umgruppierungen im Kristallinnern, die durch die hier in merklichem Ausmaß einsetzende Gitterdiffusion verurascht werden; Ausstoßung der allenfalls im Gitter enthaltenen gasförmigen Bestandteile. Diese Vorgänge wirken wenig auf die Adsorption.

Bereich e. $\alpha = 0,48$ bis $0,8$ und höher: Desaktivierung infolge Gitterdiffusion, Verkleinern der Oberfläche infolge Sammelkristallisation, Absinken des Adsorptionsvermögens.

Bereich f. $\alpha = 0,8$ bis $1,0$: Allenfalls neuerliche Aktivierung als Vorbereitung des Schmelzvorganges.

Eine Bestätigung finden die von G. F. Hüttig gemachten Beobachtungen bei der Verfolgung der magnetischen Eigenschaften von Preßkörpern aus Feinstpulver, die bei unterschiedlichen Reduktionsbedingungen hergestellt wurden (s. S. 467). Das bei genügend hohen Sintertemperaturen — die Temperatur, bei der etwa eine Verdopplung der ursprünglichen Korngröße erreicht ist, liegt nach F. Sauerwald[1, 2, 3] bei etwa $^3/_4$ der absoluten Schmelztemperatur — in allen Sintermetallen eintretende ausgesprochene Kornwachstum hat man sich zweifellos so vorzustellen, daß einerseits durch Platzwechselvorgänge im Innern der Pulverteilchen aus Vielkristallen Einkristalle werden, und daß andererseits durch Oberflächenplatzwechselvorgänge zwischen den nunmehr einkristallinen Pulverteilchen Überwachsungen der Korngrenzen zwischen den Sekundärteilchen stattfinden.

Über die Ursachen des „spontanen Kornwachstums" hat es lange Zeit die verschiedenartigsten Vermutungen gegeben. Zweifellos dürfte die Hauptursache dadurch gegeben sein, daß man es bei Metallpulverteilchen fast immer mit mehr oder weniger instabilen Teilchen mit Restspannungen zu tun hat, so daß die Erscheinung unter die bekannten Rekristallisationsphänomene einzureihen ist (Sammelrekristallisation). Darüber hinaus dürften nach F. Sauerwald folgende Gesichtspunkte wesentlich sein: Wie

---

[1] Sauerwald, F.: Metallwirtsch. **20**, 1941. S. 649-655, 671-677.
[2] Sauerwald, F.: Z. anorg. allg. Ch. **122**, 1922, S. 277-294.
[3] Sauerwald, F.: Z. Metallkde. **16**, 1924, S. 41-46.

schon oben erwähnt, haben eingehende Versuche über das Kristallwachstum das Ergebnis gezeitigt, daß die wachsenden Kristallflächen durch tangentiale Anlagerung am leichtesten zunehmen. Diese tangentiale Anlagerung dürfte bei sich nur teilweise berührenden Oberflächen, wie sie in Sintermetallen vorliegen, in Verbindung mit besonders großen Oberflächendiffusionen an vollkommen freien Oberflächen leichter möglich sein als bei den Kristalliten in Schmelzmetallen. Bei Schmelzkörpern kann beispielsweise die Nachlieferung von Material nur durch Platzwechesl entlang den Korngrenzen erfolgen, der, wie von I. Langmuir gezeigt wurde, geringer ist als die Oberflächenplatzwechselvorgänge und daher gegebenenfalls zum Transport nicht ausreicht. Nimmt man an, daß auch die Diffusion im Innern der Kristallite eine Rolle spielt, so ist daran zu denken, daß die Pulverteilchen wahrscheinlich im allgemeinen weniger ideale Gitter haben als aus dem Schmelzfluß erstarrte Kristallite, so daß auch die Volumendiffusion in geschmolzenen Körpern im allgemeinen geringer sein wird als in Sinterkörpern. Aus diesen Gründen wird daher in Schmelzmetallen die notwendige Beweglichkeit und damit ein verstärktes Kristallwachstum erst durch Glühen nach Kaltverformung erzielt, während in Sintermetallen eine Kaltverformung keine notwendige Voraussetzung für das Kornwachstum darstellt.

c) Der Verlauf der Sinterung in gepreßten Pulvern.

Bei der Betrachtung der Sinterung von gepreßten Körpern unterscheidet man zweckmäßigerweise verschiedene Stufen von Preßdrücken[1]. Als niedrigste Preßdrücke sollen solche bezeichnet werden, bei denen eine plastische Verformung der Pulverteilchen völlig ausgeschlossen ist. Bei der nächsten Stufe werden Verformungen der Rauhigkeiten der Oberfläche eintreten. Bei der dritten Stufe schließlich werden auch die kompakten Bereiche der Sekundärteilchen von der plastischen Verformung erfaßt. Die vierte Stufe besonders hoher Preßdrücke umfaßt die Preßdrücke, die über die Grenze hinausgehen, die man den Preßwerkzeugen normalerweise zumuten kann. In diesem Bereich, den W. Trzebiatowski als erster untersuchte[2], spielen wahrscheinlich besonders hohe innere Spannungen und Drucke eingeschlossener Gase eine Rolle.

Bei den niedrigsten Preßdrücken wird die anschließende Sinterung grundsätzlich so verlaufen wie ohne Preßwirkung. Insbesondere wird die Temperaturgrenze zwischen reiner Adhäsion

[1] Sauerwald, F.: Metallwirtsch. **20**, 1941, S. 649-655, 671-677.
[2] Trzebiatowski, W.: Z. phys. Ch. B **24**, 1934, S. 75-86.

und dem spontanen Kornwachstum nicht verschoben. Natürlich wird die Adhäsion mit steigendem Preßdruck besser. Auch die Verformung von spezifisch hoch belasteten Oberflächenspitzen (2. Stufe) wird nach einer bekannten Beobachtung über die Rekristallisation an der genannten Grenze nichts ändern. Wird nämlich ein im ganzen unverformtes Aluminiumblech durch einen Nadelstich lokal verformt und dann auf Rekristallisationstemperatur gebracht, so schreitet die Rekristallisation nur bis zur Grenze der Deformation durch den Stich fort und macht dann halt. Da die Gesetzmäßigkeiten der Rekristallisation auch bei Sintermetallen gelten[1], müssen verformte Oberflächenteile ebenfalls bei relativ niedrigen Temperaturen rekristallisieren. Es liegt jedoch keine Veranlassung zu der Annahme vor, daß diese Rekristallisation sich in das unverformte Partikelinnere erstreckt.

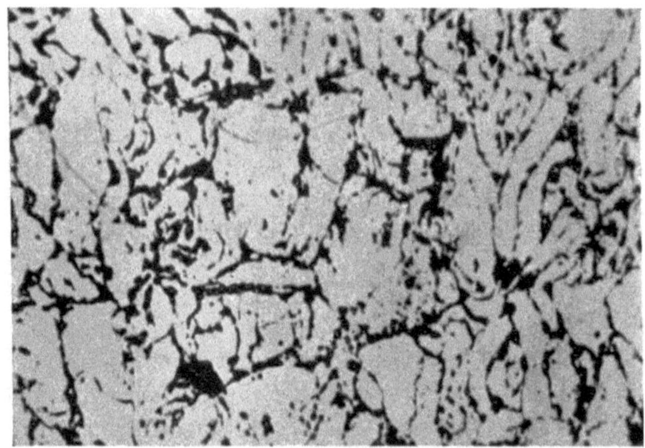

Abb. 76a bis c. Gefüge von Eisensinterkörpern nach Sinterung: a) bei 500⁰, b) bei 600⁰ und c) bei 850⁰. Korngröße 75 bis 100 μ, Preßdruck 6 t/cm², Sinterzeit 30 Minuten (× 200) (W. Eilender und R. Schwalbe).

Somit kann keine weitere Änderung des Korngefüges eintreten. Allerdings wird bei dieser zweiten Gruppe von Preßdrücken die mechanische Begradigung der Oberflächenrauhigkeiten die Adhäsion verstärken. Die Begradigung der Oberflächen wird ferner durch die infolge der Verformung erhöhte Atombeweglichkeit gesteigert und schließlich werden die Rekristallisationsvorgänge in den Oberflächen die Bindung zweier Oberflächen aneinander vielleicht durch Überwachsungen der rekristallisierten Partien erhöhen.

Als Beispiel für die zweite Gruppe mögen die Kristallisationsvorgänge an Sinterkörpern aus technischem Eisenpulver nach

---

[1] Sauerwald, F.: Z. Elektroch. **29**, 1923, S. 79-85.

Untersuchungen von W. Eilender und R. Schwalbe[1] besprochen werden. Bei den durchweg mit 6 t/cm² gepreßten Stäben aus dem relativ feinkörnigen technischen Eisenpulver (75 bis 100 μ) sind nach Glühen bei 500° die durch die Pressungen hervorgerufene Korn-

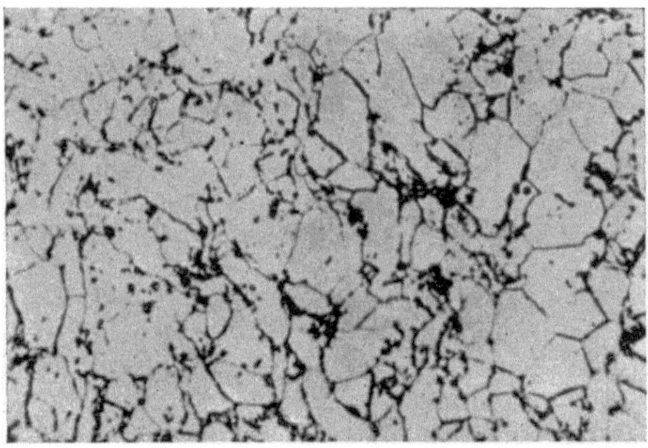

Abb. 76b.

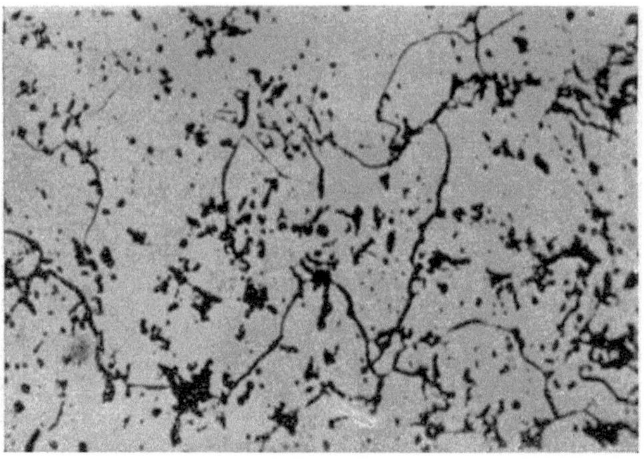

Abb. 76c.

lagerung und Kornverteilung noch deutlich zu erkennen, wie aus Abb. 76a hervorgeht. Die Korngrenzen sind noch unklar und verschwommen, und eine einwandfreie Bindung zwischen den einzelnen Körnern ist noch nicht eingetreten. Bei 600° ist bereits eine vollkommene Umkristallisation zumindest innerhalb der

<hr>

[1] Eilender, W. u. R. Schwalbe: Arch. Eisenhüttenwes. **13**, 1939-40, S. 267-272.

einzelnen Körner erfolgt. Es ist ein metallischer Verband erzielt, wenn auch die ehemalige Lage der Körner noch teilweise zu erkennen ist. Die auf 700° geglühten Proben zeigen ein völlig gleichmäßiges, homogenes Ferritgefüge, das nur durch die als dunkle Flecken hervortretenden Poren unterbrochen wird. Glühtemperaturen von 750 bis 800° ergeben grundsätzlich das gleiche Bild, nur ist die Korngröße schon etwas gewachsen. Die Poren treten mehr zurück (Abb. 76b). Bei 850° tritt ein verstärktes Kornwachstum auf, die Korngröße wächst auf etwa den zehnfachen Wert (Abb. 76c). Die alten Korngrenzen verschwinden, und die vorhandenen Poren erscheinen sehr auffällig als Fehlstellen innerhalb der einzelnen Körner. Bei weiterer Erhöhung der Temperatur bleibt dieser Zustand im wesentlichen erhalten, bis bei über 1200° die Korngröße wieder etwas absinkt. Die Gefügeuntersuchung von Stäben aus gröberem Eisenpulver (Siebanalyse 13,5% von 0,075 bis 0,1 mm; 73,5% von 0,1 bis 0,25 mm; 13% von 0,25 bis 0,5 mm) ergab die gleichen Verhältnisse, nur lag die Temperatur des verstärkten Kornwachstums etwas höher (850 bis 900°).

An Preßlingen aus *sehr reinem* Eisenpulver (Reduktionspulver) hat F. C. Kelley[1] Untersuchungen im Gebiete sehr hoher Sintertemperaturen durchgeführt. Steigert man die Sintertemperatur bis auf etwa 1450°, dann nimmt die Porosität weiterhin ab, wobei man, insbesondere bei Anwendung sehr langer Sinterzeiten zu fast porenfreien Eisenkörpern gelangt. Diese Dichtsinterung bei Einstoffsystemen dürfte in Analogie zu den Erscheinungen bei der Sinterung mit flüssiger Phase auf Vorgänge der Oberflächenschmelzung zurückzuführen sein. Es ist auch denkbar, daß Spuren von Verunreinigungen, welche bei diesen Temperaturen in Form von Flüssigkeitsfilmen auftreten, dieselbe Wirkung ausüben wie eine flüssige Phase.

In Übereinstimmung mit Ergebnissen von F. Sauerwald wurde auch von W. Eilender und R. Schwalbe bis zu Preßdrücken von 8 t/cm² eine Preßdruckunabhängigkeit für die Temperatur des spontanen Kornwachstums festgestellt, ein Zeichen, daß die angewandten Preßdrücke bei dem untersuchten Pulver noch keine durchgehende plastische Verformung der Sekundärteilchen selbst hervorgerufen haben. W. Eilender und R. Schwalbe machen mit Recht darauf aufmerksam, daß der beim Pressen der Pulver aufgewandte Druck wohl aus dem Grund keinen entscheidenden Einfluß auf die Rekristallisationstemperaturen ausübt, da ein großer Teil der Preßenergie infolge der Verdichtung des Metallpulverhaufwerks aufgenommen wird, so daß der Verformungsgrad der Pulver-

---

[1] Kelley, F. C.: Electrical Engnrg. **61**, 1942, S. 468-75.

teilchen zunächst mit steigendem Preßdruck nicht in dem Maß zunimmt, wie dies bei regulinischem Werkstoff der Fall sein würde. Die Ergebnisse, die W. Dawihl[1] und M. R. Girschig[2] bei Verfolgung der Sintervorgänge an sehr feinkörnigem Eisenpulver (Korngröße $1\,\mu$) erzielten, stehen mit den oben mitgeteilten Tatsachen und Anschauungen in voller Übereinstimmung. Da das Kornwachstum nicht oder nur wenig gepreßter Metallpulver nach Sinterung bei niedrigen Glühtemperaturen metallographisch nicht immer einwandfrei beobachtet werden kann, wurde das Kornwachstum in Abhängigkeit vom Preßdruck von W. Dawihl röntgenographisch verfolgt.

Es wurden kleine Pastillen aus Eisenpulver im Wasserstoffstrom jeweils zwei Stunden lang gesintert. Um festzustellen, inwieweit sich eine Verformung der Einzelkörner auf das Kornwachstum auswirkt, wurde ein Teil des Pulvers 72 Stunden lang mit Methylalkohol in einer Eisenkugelmühle gemahlen. Ein Teil der von W. Dawihl erhaltenen Ergebnisse der röntgenographischen Untersuchung ist in Zahlentafel 35 zusammengestellt. Aus ihnen werden folgende Schlüsse gezogen:

1. Die Kornerholung hängt von der Art der Verformung ab. Gemahlenes und dadurch verformtes Eisenpulver zeigt eine Erholung, also gegenüber Röntgenstrahlen wieder gleichartiges Verhalten, nach Erhitzung auf 400°, gepreßtes Eisenpulver braucht hierzu 600°.

2. Durch das Pressen mit hohen Drücken wird die Temperatur beginnenden Kornwachstums erheblich gesenkt, und zwar scheint

---

[1] Dawihl, W.: Stahl u. Eisen **61**, 1941, S. 909-919.
[3] Girschig, M. R.: Rev. Mét. **42**, 1945, S. 178-86.

Zahlentafel 35. *Korngröße von Eisenpulver in Abhängigkeit von Sintertemperatur und Preßdruck (Ausgangskorngröße $1\,\mu$. Sinterzei: jeweils 1 Stunde)* (W. Dawihl).

Sinter-temperatur °C	Preßdruck kg/cm²			
	0	230	4400	8800
	Röntgenlinien bzw. Korngröße			
ungesintert	scharf	wenig verwaschen	stark verwaschen	stark verwaschen
200	unveränd. ($1\,\mu$)	unverändert	unverändert	unverändert
400	unveränd. ($1\,\mu$)	erholt ($1\,\mu$)	wenig erholt	wenig erholt
600	unveränd. ($1\,\mu$)	erholt ($1\,\mu$)	erholt ($1\,\mu$)	erholt ($1\,\mu$)
700	unveränd. ($1\,\mu$)	erholt ($1\,\mu$)	$2{-}3\,\mu$	$2{-}8\,\mu$
800	unveränd. ($1\,\mu$	erholt ($1\,\mu$)	$5{-}15\,\mu$	$3{-}7\,\mu$
1000	$5{-}10\,\mu$	$10\,\mu$	$15{-}60\,\mu$	$15{-}70\,\mu$
1200	—	$5{-}40\,\mu$	$15{-}80\,\mu$	$15{-}80\,\mu$
1400	bis $250\,\mu$	bis $250\,\mu$	bis $250\,\mu$	bis $250\,\mu$

die erzielte Korngröße bei sehr hohen Preßdrücken geringer zu sein als bei mittleren Preßdrücken.

3. Im Vergleich zu dem Rekristallisationsschaubild geschmolzenen Eisens liegen die Temperaturen für das beginnende Kornwachstum verhältnismäßig hoch. Bei geschmolzenem Eisen entspricht eine Rekristallisationstemperatur von 800⁰ einem Verformungsgrad von 1 %. Soweit sich die Preßvorgänge an Metallpulvern mit der Verformung von regulinischem Eisen vergleichen lassen, würde also selbst ein Preßdruck von 8,8 t/cm² nur eine sehr kleine Verformung bedeuten.

Hieraus geht einwandfrei hervor, daß die angewandten Preßdrücke bis 8,8 t/cm² die Pulverteilchen nicht durchgehend verformt haben, sondern daß offenbar nur eine Oberflächenverformung erfolgt. Der Mahlvorgang scheint indessen zu einer stärkeren Verformung zu führen als das Verpressen des Pulvers. Würde nämlich der angewandte Höchstpreßdruck eine durchgehende Verformung der Pulverteilchen bewirkt haben, so würde man eine wesentlich niedrigere Temperatur als 850⁰ für das Kornwachstum gefunden haben.

Wird schließlich durch den Preßdruck eine Verformung der Sekundärteilchen im ganzen hervorgerufen, so erfaßt die Kornneubildung nach den bekannten Gesetzen der Rekristallisation bei geeigneter Temperatur das ganze Gefüge. Sie ist dann auch vom angewandten Preßdruck abhängig. Infolge der Wirkung der mechanischen Verformung liegt sie niedriger als die spontane Kornvergröberung ohne Verformung und nimmt diese in ihren fortgeschrittenen Stadien vorweg[1].

2. Mehrstoffsysteme.

Während man zur Herstellung von Legierungen auf dem Schmelzwege nur solche Systeme heranziehen kann, deren Komponenten zumindest im flüssigen Zustand ineinander löslich sind, kann man auf pulvermetallurgischem Wege bekanntlich praktisch jede beliebige Kombination verschiedener Stoffe herstellen, unabhängig von den gegenseitigen Löslichkeitsverhältnissen im flüssigen oder festen Zustand und unabhängig vom Charakter der Ausgangsstoffe.

Eine andere Frage ist es allerdings, ob sich die an Einstoffsystemen ermittelten Gesetzmäßigkeiten über die Vorgänge beim Pressen und Sintern auch auf Mehrstoffsysteme übertragen lassen. Zur Beantwortung dieser Frage nimmt man zweckmäßigerweise eine Unterteilung der Systeme vor, und zwar derart, daß man

---

[1] Sauerwald, F.: Z. Elektroch. **29**, 1923, S. 79-85.

diejenigen Systeme, deren *Sinterung ohne Anwesenheit einer flüssigen Phase* verläuft und diejenigen, bei denen *während der Sinterung* vorübergehend oder dauernd ein *mehr oder weniger großer Anteil in flüssiger Form vorliegt*, getrennt betrachtet.

a) Mehrstoffsysteme, die ohne Anwesenheit flüssiger Phase gesintert werden.

Derartige Systeme liegen praktisch dann vor, wenn die Schmelzpunkte der Komponenten nicht sehr verschieden sind, wie beispielsweise im Falle der Systeme Eisen-Nickel, Eisen-Kobalt, Eisen-Nickel-Kobalt usw. Ob sich auf derartige Systeme die oben ausführlich für Einstoffsysteme entwickelten Anschauungen über die Vorgänge beim Sintern praktisch unverändert übertragen lassen, richtet sich nach dem Zustandsbild der Legierungspartner. Zu unterscheiden sind zwei Gruppen:

Unmischbarkeit der Komponenten im festen und flüssigen Zustand oder zumindest im festen Zustand (Bildung eines Eutektikum) einerseits, *Mischkristall- und Verbindungsbildung* andererseits. Bei Systemen der ersten Gruppe — ohne Legierungsbildung — bleiben zweifellos die für Einstoffsysteme entwickelten Gedankengänge weitgehend bestehen, solange man bei einer Temperatur unterhalb der eutektischen sintert. Daß man derartige Systeme ohne Schwierigkeiten zu festen, kompakten Körpern zusammensintern kann, zeigt, daß keine spezifischen Affinitäten für die Bindung der Pulverteilchen nötig sind, sondern daß reine Adhäsion durch die an der Oberfläche wirkenden Gitterkräfte genügt. Weiter geht daraus hervor, daß auch die Kornwachstums- und Platzwechselvorgänge von einem zum anderen Gitter, die bei derartigen Systemen weitgehend behindert sind, für die Herstellung der Bindung nicht notwendig sind. Die bei höherer Temperatur einsetzenden Platzwechsel- und Kristallisationsvorgänge werden sich so weit wie möglich *im Bereich jeder einzelnen Komponente* abspielen. Gegenüber den Einstoffsystemen ergeben sich eventuell dadurch andere Verhältnisse, als sich die verschiedenen Komponenten bei der Kristallisation gegenseitig behindern können. Diese gegenseitige Behinderung kann man übrigens ausnutzen, um beispielsweise durch oxydische Zusätze die Grobkornbildung einzuschränken (Beispiel: Zusatz von Aluminiumoxyd zu Eisenpulver). Aus der allgemeinen Pulvermetallurgie kann man als Beispiel dieses ersten soeben besprochenen Typs von Mehrstoffsystemen eine Reihe von praktisch wichtigen Systemen anführen: Wolfram-Kupfer, Wolfram-Silber, Kupfer-Graphit und Silber-Graphit. An Systemen der Eisen-Pulvermetallurgie wären in diesem Zusammenhang Eisen-Silber und in gewisser Weise auch Eisen-Kupfer zu nennen. Beide Systeme haben bisher allerdings keine größere technische Bedeutung erlangt[1].

Bilden die Komponenten gemäß der oben eingeführten Gruppeneinteilung in festem Zustand *Mischkristalle oder Verbindungen*, so überlagern sich den für Einstoffsysteme skizzierten Gesetzmäßigkeiten Erscheinungen, die mit der Mischkristall- und Verbindungsbildung zusammenhängen. Für sie ist das Diffusionsvermögen der Legierungspartner in den vorhandenen und entstehenden Phasen maßgebend. In manchen Fällen geht man bei der Herstellung von Legierungen unmittelbar von entsprechenden Legierungspulvern aus, die man beispielsweise nach dem DPG-Verfahren herstellen kann. J. Wulff[2] benutzte für die sintertechnische Herstellung von nichtrostendem 18-8-Stahl zerkleinerte Stahlspäne, die in besonderer Weise behandelt wurden (s. S. 58). In solchen Fällen hat man es praktisch mit den gleichen Verhältnissen zu tun, wie sie bei Einstoffsystemen vorliegen. Es muß jedoch beachtet werden, daß die betreffenden Mischkristall- und Verbindungspulverteilchen häufig unplastischer sind und daß sie schwerer kristallisieren und rekristallisieren als die Pulver der reinen Metalle[3].

Geht man von den Pulvern der reinen Metalle aus, so sind für die Erscheinungen, die bei der Sinterung zu beobachten sind, die bekannten Diffusionsgesetze maßgebend. Die drei wesentlichen Gesetze, die hier eine Rolle spielen, sind folgende:

1. Wenn die beiden Metalle eine lückenlose Reihe von Mischkristallen bilden, so wird jedes Metall vom anderen unter Mischkristallbildung aufgenommen. An der Grenze tritt kein Konzentrationssprung auf.

2. Wenn die beiden Metalle A und B miteinander Mischkristalle bilden, jedoch so, daß eine Mischungslücke auftritt, so entstehen Mischkristalle von A in B und von B in A. An der Grenze tritt ein Konzentrationssprung auf, der der Mischungslücke bei der angewandten Sintertemperatur entspricht.

3. Wenn die Metalle außer den Mischkristallen noch intermetallische Verbindungen bilden, so können zwischen ihnen so viele Schichten auftreten, wie bei der Versuchstemperatur Phasen möglich sind.

---

[1] Comstock, G. J.: Mech. Engng. **60**, 1938, S. 801-806.

[2] Wulff, J.: Powder Metallurgy, Am. Soc. Met., Cleveland (Ohio) 1942, S. 137-144.

[3] Cassirer-Bánó, S. u. J. A. Hedvall: Z. Metallkde. **31**, 1939, S. 12-14.

Alle Erfahrungen, die man seit den Anfängen der Diffusionsforschung über die Diffusion von Metallen im festen Zustand gesammelt hat[1], gelten selbstverständlich für die Sinterung von Mehrstoffsystemen aus Metallpulvern. Dabei mögen bezüglich der Diffusion von Metallpulvern folgende wesentlichen Erfahrungstatsachen festgehalten werden:

1. In innig gemischten Metallpulvern führt die Diffusion infolge der Kleinheit der Teilchen und der Größe der Berührungsfläche sehr viel rascher zur Homogenisierung als im kompakten Metall. Da in die Diffusionsgleichung die Quadratwurzel der Zeit eingeht, bedingt eine Verdoppelung des Korndurchmessers eine Vervierfachung der Sinterzeit, um den gleichen Homogenisierungseffekt zu erreichen.

2. Die Diffusionsgeschwindigkeit steigt exponentiell mit der Temperatur.

3. Erleiden die verwendeten Metallpulver während der Glühbehandlung Modifikationsänderungen, so können sich diese selbstverständlich auf die Art und Weise der Diffusion auswirken.

4. Der Platzwechsel der Atome wird durch alle die Faktoren negativ beeinflußt, die die Anziehung behindern, wie z. B. mangelnder Kontakt der Einzelteilchen durch ungenügende Annäherung aneinander, oder durch Oxyd- und Gashäute usw.

5. Die Homogenisierung geht wesentlich schneller vor sich, wenn geringe Mengen flüssiger Phase vorliegen, insbesondere, wenn die flüssige Phase vorhandene Oxydhäute und sonstige Verunreinigungen zu lösen vermag.

Im übrigen hat man sich die Diffusion von Metallpulvern so vorzustellen, daß sich die auf Grund des Zustandsbildes bei genügend hoher Temperatur zu erwartenden Gleichgewichtskristallarten zunächst in Form von Säumen bilden. Die Dicke der sich bildenden Schichten hängt natürlich von vielen Umständen ab, beispielsweise bei zwei Metallpulvern A und B von der Sintertemperatur und -zeit, von der Diffusionsgeschwindigkeit der beiden Metalle A und B durch jede gebildete Schicht, von dem Mengenverhältnis der beiden Metalle und den relativen Mengen, die zur Schichtbildung benötigt werden.

In technischer Hinsicht bedeutet die gute Vermischung zweier Metallpulver eine Schwierigkeit, die man nur bis zu einem gewissen Grad meistern kann. Statt des mechanischen Gemenges der Metallpulver kann man beispielsweise auch von dem Gemenge der Oxydpulver ausgehen und dieses Gemenge gemeinsam reduzieren. Ein anderer Weg besteht darin, von Salzlösungen der

---

[1] Seith, W.: Diffusion in Metallen, Berlin: Springer-Verlag, 1939.

betreffenden Metalle auszugehen, aus denen man gemeinsam die Oxyde, Karbonate, Oxalate, Tartrate und Formiate ausfällt und vor der Sinterung reduziert. Um aus den Pulvern in möglichst kurzer Zeit und auf möglichst wirtschaftlichem Weg eine homogene Legierung zu erhalten, wird man im Sinne der gemachten Ausführungen bestrebt sein, die innigst gemischten, gegebenenfalls naßgemahlenen Feinstpulver möglichst hoch zu sintern. Lange Sinterzeiten oder hohe Sintertemperaturen sind im Interesse einer guten Diffusion erwünscht, verbieten sich häufig jedoch aus wirtschaftlichen Gründen und außerdem wegen meist unerwünschter Grobkornbildung, die bekanntlich die mechanischen Eigenschaften der Legierung bis zu einem gewissen Grad verschlechtern kann. In der Praxis hilft man sich häufig so, daß man die Sinterbehandlung wiederholt bei nicht zu hohen Temperaturen durchführt und zwischendurch mehrere Male gut durchschmiedet. Bleibt die Bildung einer flüssigen Phase während der Sinterung ausgeschlossen und muß man außerdem auf die mechanische Durcharbeitung und wiederholte Sinterung aus bestimmten Gründen verzichten, so dürfte es praktisch ausgeschlossen sein, auf dem Sinterwege in wirtschaftlicher Zeit aus dem Gemisch verschiedener Pulver zu einer völlig homogenen Legierung zu gelangen, deren Eigenschaften denjenigen der geschmolzenen Legierung voll entsprechen. Diese Gesichtspunkte spielen in der Eisen-Pulvermetallurgie eine Rolle bei der Herstellung für Eisen-Nickel-Legierungen für magnetische Zwecke, von Eisen-Nickel-Kobalt-Legierungen für Glaseinschmelzungen, von Nickel-Eisen-Molybdänlegierungen für Zwecke der Hochvakuumtechnik und von nichtrostenden Stahllegierungen auf der Basis 18% Cr, 8% Ni, falls man bei der Herstellung von den Einzelkomponenten statt von Legierungspulvern ausgeht.

Als erstes Beispiel für die genannten Mehrstoffsysteme möge zunächst die Sinterung von Nickel-Eisen-Molybdän-Legierungen mit ca. 60% Ni, 20% Fe und 20% Mo besprochen werden. Bei der Herstellung der Legierung geht man von feinstem Carbonylnickel- und Carbonyleisenpulver sowie von reinstem Molybdänpulver aus, wie es für die Molybdän-Drahtfabrikation für die Radioröhrenindustrie verwendet wird. Die Pulver, die durchweg eine Korngröße von nur wenigen μ besitzen, werden mehrere Stunden lang zwecks inniger Durchmischung in Kugelmühlen gemahlen und daraufhin in Stahlmatrizen mit Drücken zwischen 3 und 4 t/cm² zu Vierkantstäben verpreßt. Die Preßstäbe werden unter Wasserstoffschutzgas bei 1100 bis 1200° ein bis drei Stunden lang gesintert. Das dadurch erreichte Gefüge zeigt Abb. 77a bzw. Abb. 77b. Eine Diffusion zu homogenen Mischkristallen tritt erst bei dreistündiger Sinterung ein. Im Sinterstab sind bekanntlich noch mehr oder weniger viele Poren vorhanden. Das vorliegende Material, das in Form von Drähten an Stelle von Molybdän in Röhren eingesetzt wird, wird im Laufe seiner Weiterverarbeitung in Hämmermaschinen verdichtet, wobei häufige Zwischenglühungen vorgenommen werden, um eine Homogenisierung des Gefüges herbeizuführen. Von einem Durchmesser von ca. 3 mm ab, wird das Material gezogen. Abb. 77 c zeigt schließlich das Gefüge im Endzustand, und zwar nach Vornahme einer Schlußglühung bei 900 bis 1000°. Wie man sieht, hat man jetzt einen vollständig homogenen, porenfreien Werkstoff vor sich, der sich von dem geschmolzenen Werkstoff gleicher Zusammensetzung durch größere Reinheit und entsprechend bessere Verformbarkeit unterscheidet.

Als zweites Beispiel möge die Herstellung von unlegiertem Sinterstahl verschiedenen Kohlenstoffgehaltes besprochen werden. Auch hier hat man einen Werkstoff vor sich, bei dem man einen homogenen Mischkristall anstrebt, der allerdings nur bei höheren Temperaturen beständig ist. Wegen seiner Wichtigkeit im Rahmen dieses Buches muß dieses Beispiel ausführlich behandelt werden.

Die ersten Versuche zur Herstellung von sehr reinem Sinterstahl aus Carbonyleisenpulver liegen nun schon über 15 Jahre zurück[1].

Bei der Herstellung von Eisenpulver nach dem Carbonylverfahren kann man bekanntlich, je nach Wahl der Herstellungsbedingungen, Pulver verschiedenen Kohlenstoff- und Sauerstoffgehaltes gewinnen (s. S. 75). Durch Vermischen von berechneten Mengen von Carbonyleisenpulver mit verschiedenen Kohlenstoff- und Sauerstoffgehalten hat man es daher in der Hand, entweder reines Eisen mit weniger als 0,02 % C (s. S. 436) oder Kohlenstoffstahl verschiedenen C-Gehaltes herzustellen. Die Feinheit und kugelige Gestalt des Carbonylpulvers verbürgt eine hervorragende Sinterfähigkeit, so daß es möglich ist, aus ungepreßten, nur lose in Formen eingerüttelten Pulvern feste Blöcke durch etwa dreistündige Sinterung bei 1000 bis 1100° zu erhalten, die aus der Sinterhitze heraus durch Schmieden oder Walzen leicht weiterzuverarbeiten sind.

Durch F. Duftschmid, L. Schlecht und W. Schubardt[2] wurden unter Verwendung des Carbonyleisenpulvers die verschiedensten Eisenlegierungen und Stähle durch Sinterung und

---

[1] Schlecht, L., W. Schubardt u. F. Duftschmid: Z. Elektroch. **37**, 1931, S. 485-492.

[2] Duftschmid, F., L. Schlecht u. W. Schubardt: Stahl u. Eisen **52**, 1932, S. 845-849.

anschließende Warmverformung hergestellt: Reine Kohlenstoffstähle, Mangan-Kohlenstoffstähle, Mangan-Wolframstähle und Chromstähle, so dann insbesondere noch Eisen-Nickel-Legierungen. Im Falle der unlegierten reinen Kohlenstoffstähle wurde eine starke Neigung zu anormaler Gefügeausbildung beobachtet. Diese Anormalität im Gefüge tritt im wesentlichen als stark ausgebildetes Koagulationsvermögen des Zementits in Erscheinung[1]. Sie kann durch geeignete Legierungszusätze, z. B. Mangan, wieder unterdrückt werden.

Diese grundlegenden Versuche der genannten Forscher veranlaßten einige Jahre später E. K. Offermann[2], die Frage der

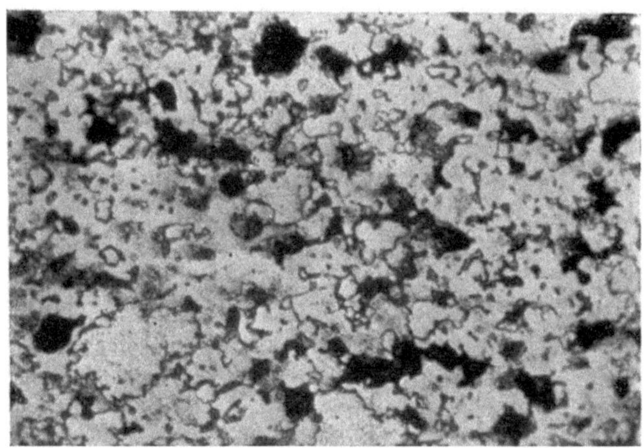

Abb. 77a bis c. Gefügeentwicklung einer gesinterten Nickel-Eisen-Molybdänlegierung (60 % Ni, 20 % Fe, 20 % Mo) im Verlauf ihrer Verarbeitung vom Sinterstab zum Draht (× 150).
a) 1 Stunde gesintert bei 1100⁰, b) 3 Stunden gesintert bei 1100⁰, c) Draht 1 mm ⌀, geglüht.

Herstellung von Carbonylstählen auf dem Sinterwege in technischem Maßstab nochmals aufzugreifen. Es sollten dadurch im wesentlichen zwei Fragen beantwortet werden:

1. Inwieweit läßt sich das Sintern von Carbonyleisen in den normalen Hüttenbetrieb einführen?

2. Besitzt der so erzeugte Stahl besonders hochwertige Eigenschaften?

Die Beantwortung der beiden Fragen sei vorweggenommen.

---

[1] Duftschmid, F. u. E. Houdremont: Stahl u. Eisen 51, 1931, S. 1613-1616.

[2] Offermann, E. K.: Dissertation, Techn. Hochsch. Braunschweig: 1935; s. E. K. Offermann, A. Buchholz u. E. H. Schulz: Stahl u. Eisen 56, 1936, S. 1123-1138.

Die erste Frage kann auf Grund der Versuchsergebnisse von
Offermann ohne weiteres bejaht werden. Die zweite Frage ist
zu verneinen. Die auf dem Sinterwege erzeugten Carbonyl- und
Kohlenstoffstähle besitzen zwar eine große chemische Reinheit

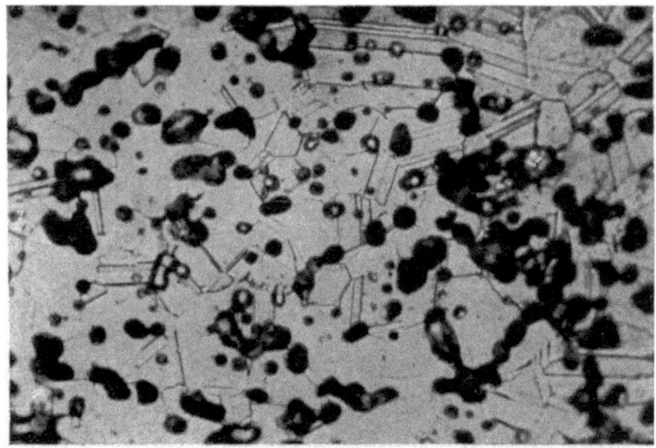

Abb. 77b.

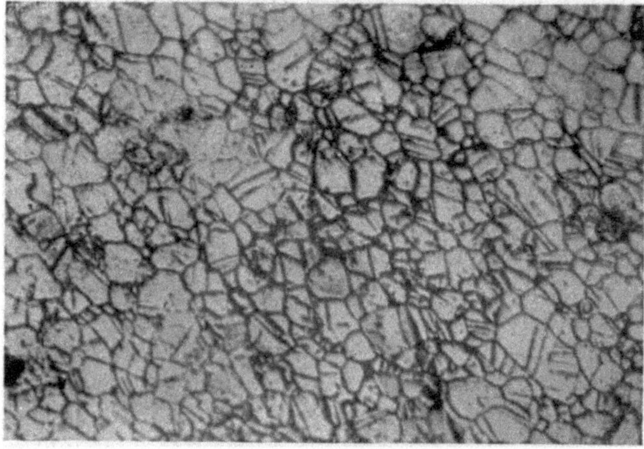

Abb. 77c.

in bezug auf Silizium, Phosphor und Schwefel, auch enthalten sie
nur wenig nichtmetallische Einschlüsse, sie übertreffen aber, abgesehen von einer besseren Schweißbarkeit, die Eigenschaften
technisch erschmolzener Stähle nicht. Im Gegenteil sind Streckgrenze, Festigkeit, Härt- und Vergütbarkeit geringer und das
Gefüge ungünstiger als bei technisch erschmolzenen Stählen. Aus
diesen Gründen wurde seinerzeit die Herstellung von Sinterstahl

auf diesem Wege wieder fallen gelassen. Wenn man heute den Einsatz von Sinterstahl mit Erfolg wieder aufgegriffen hat, so liegt der Grund dafür in einer gänzlich anderen Problemstellung. Heute ist man bestrebt, bei der Erzeugung von Maschinenteilen auf pulvermetallurgischem Wege viel hochwertige Maschinenarbeit durch direktes Aufformpressen und Sintern der Teile einzusparen. Als Werkstoff für derartige Maschinenteile kommt in vielen Fällen Sinterstahl in Frage, der allerdings nach der Sinterung keiner zusätzlichen Verformung durch Schmieden oder Walzen unterzogen wird, wie es bei der ursprünglichen Erzeugung von Sinterstahl der Fall war. Trotz der durch die Entwicklung überholten Problemstellung soll wegen ihres grundlegenden Charakters auf die Versuche von E. K. Offermann wenigstens so weit eingegangen werden, wie es für die Verfolgung der Sintervorgänge bei der Herstellung von Sinterstahl an Hand der Gefügebetrachtung zweckmäßig erscheint.

Für die Herstellung der verschiedenen Stähle standen E. K. Offermann drei verschiedene Carbonylpulver zur Verfügung.

1. A-Pulver mit ca. 1—1,4% C und 1—1,4% O.
2. O-Pulver mit ca. 1,6% C und 4,3% O.
3. Ein C-reiches Pulver mit ca. 1,9% C und 1,1% O.

Für die Herstellung von praktisch kohlenstofffreiem Reineisen erwies sich die Verwendung einer Mischung von A- und O-Pulver mit einem Kohlenstoff- zu Sauerstoffverhältnis von 2 : 3 als am günstigsten. Die Sinterung von reinem A-Pulver unter geeigneten Bedingungen führt zu einem Kohlenstoffstahl mit ca. 0,35% C. Durch die Sinterung des C-reichen Pulvers erhält man einen Kohlenstoffstahl mit ungefähr 0,9% Kohlenstoff. Stähle mit höherem Kohlenstoffgehalt wurden durch Verwendung von A-Pulver unter Zumischung von 1,2% Gasruß hergestellt. Dadurch wurde ein Endkohlenstoffgehalt von 1,4 bis 1,6% C eingestellt. Während es schon bald möglich war, Stähle bis zu einem Kohlenstoffgehalt von 0,9% gleichmäßig und unter Vermeidung von Randentkohlung (Umgeben mit einer Schutzschicht aus Carbonyleisenpulver mit ca. 4% Kohlenstoff) herzustellen, stieß die Erzeugung höher gekohlter Stähle zunächst auf erhebliche Schwierigkeiten. Der unter Verwendung von Gasruß hergestellte Stahl neigte stark zur Zonenbildung, wobei vier Zonen von außen nach innen mit abwechselnd eutektoiden und übereutektoiden Gefügen auftraten. Abb. 78 zeigt als Beispiel den Übergang von der dritten zur Kernzone nach Glühen bei 650°. Es geht daraus die für reine Carbonylstähle schon oben erwähnte große Neigung zur Ausbildung anormalen Gefüges hervor. Die verschiedenen Zonen unterscheiden sich nicht nur in ihrem Gesamtkohlenstoffgehalt, sondern auch im Gehalt an Sauerstoff und freiem Kohlenstoff. Besonders hohe Gehalte an Sauerstoff und freiem Kohlenstoff weist die dritte Zone auf. Die starke Zonenbildung konnte einerseits durch erhebliche Verlängerung

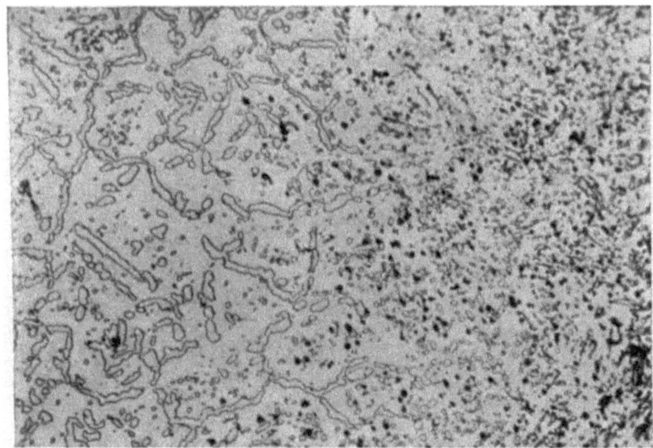

Abb. 78. Anormale Gefügeausbildung von Carbonylstahl mit 1,2 % Rußzusatz nach einer Schlußglühung bei 650⁰ (× 100) (E. K. Offermann).

Zahlentafel 36. *Asche- und Schwefelgehalte verschiedener Kohlenstoffarten* (E. K. Offermann).

Kohlenstofform	% Asche	% Schwefel
Ruß	0,08	0,00
Graphit	1,04	0,94
Ceylongraphit..........	4,45	0,13
Buchenholzkohle	7,12	0,025
Steinkohlenpulver	12,70	0,95
Kokspulver	6,58	1,02

der Mahldauer bei der Mischung des Eisenpulvers mit dem Ruß und andererseits durch geringfügige Zugaben an Phosphor und Schwefel (0,04 % P und 0,006 % S) verhindert werden. Da die lange Vermahlung unwirtschaftlich ist, ein Gehalt an Phosphor und Schwefel aber den gleichen Erfolg hatten, wurden bei weiteren Versuchen weniger reine Kohlenstoffträger benutzt, um zonenfreie homogene Stähle zu erhalten. Asche- und Schwefelgehalte der bei diesen Versuchen benutzten Kohlenstoffarten gehen aus Zahlentafel 36 hervor. Durch die Verwendung der außer Ruß aufgeführten Kohlenstoffträger wurde zwar die im Falle des Russes beobachtete Zonenbildung praktisch vermieden. Die Benutzung von Steinkohle und Koks ergab aber einen unerwünscht hohen Gehalt an freiem Kohlenstoff (ca. 0,7%). Bei Graphit-, Ceylongraphit- und Buchenholzkohlezusatz konnte demgegenüber nur wenig freier Kohlenstoff oder überhaupt kein freier Kohlenstoff, dafür aber wieder Anormalität des Gefüges gemäß der schon

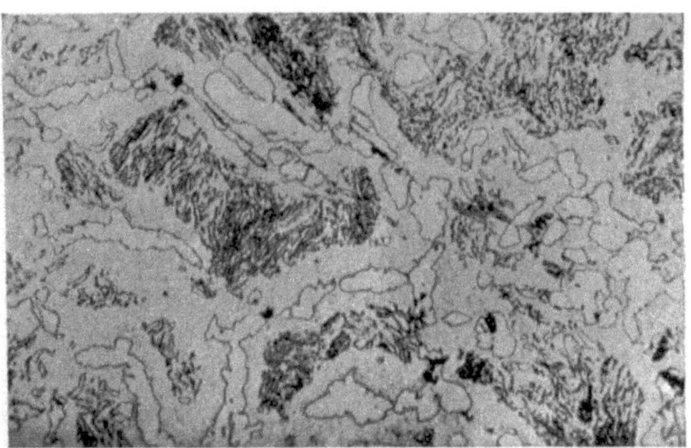

Abb. 79. Gefüge von Carbonylsinterstahl ohne Manganzusatz nach normalisierendem Glühen und Ofenabkühlung (1,2% Graphitzusatz) (× 100) (E. K. Offermann).

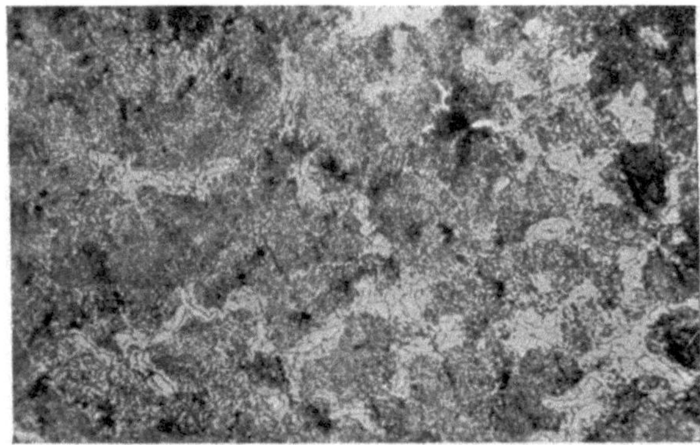

Abb. 80. Gefüge von Carbonylsinterstahl mit Manganzusatz nach normalisierendem Glühen und Ofenabkühlung (1,2% Graphitzusatz) (× 100) (E. K. Offermann).

gezeigten Abb. 78 beobachtet werden. Da Stähle mit anormalem Gefüge ungenügende Festigkeit und Härtbarkeit aufweisen, wurde versucht, durch Manganzusätze in Form von Braunstein bzw. Ferromangan die Anormalität zu beseitigen. Abb. 79 zeigt das Gefüge des unter Graphitzusatz hergestellten Stahles vor der Zugabe von Mangan, Abb. 80 das Gefüge des gleichen Stabes nach Zusatz von 0,5% Mangan. Es geht daraus hervor, daß es in Bestätigung der Erfahrungen von F. Duftschmid und E. Houdremont gelingt, mit Hilfe von Mangan die Gefügeanormalität zu beseitigen. Leider hat ein Manganzusatz neben diesem Vorteil auch verschiedene Nachteile. Nicht nur der Gehalt an freiem Kohlenstoff, sondern auch derjenige an nichtmetallischen Einschlüssen nimmt zu. Durch Verringerung des Graphitzusatzes auf 0,8% (Gesamtkohlenstoffgehalt des Carbonylstahls dann 1,2%) und Herabsetzung des Mangangehaltes auf 0,3% war es möglich, einen zonenfreien Carbonylstahl mit normaler Gefügeausbildung und ohne Gehalt an freiem Kohlenstoff zu erzeugen. Die Randentkohlung wurde dabei durch eine 8 mm dicke Zwischenschicht aus Carbonyleisen mit 3 bis 4% Kohlenstoff vermieden.

Bei der heute zur Diskussion stehenden Erzeugung von Maschinenteilen aus Sinterstahl verschiedenen Kohlenstoffgehaltes kommt der Einsatz von Carbonyleisenpulver wegen seines ver-

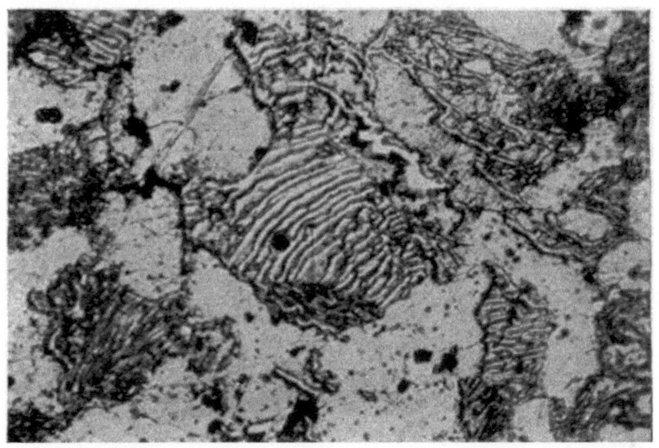

Abb. 81. Gefüge von Sinterstahl mit 0,6% |Kohlenstoff, hergestellt aus DPG-Schleuderpulver und Pudergraphit (Preßdruck 6 t/cm², Sintertemperatur 1250, Sinterzeit 3 Stunden) (× 500).

hältnismäßig hohen Preises und auch wegen seines schlechten Fließverhaltens praktisch nicht in Frage. Man benutzt die in großer Auswahl auf dem Markt befindlichen technischen Eisenpulver passender Korngröße beispielsweise Hametagpulver, DPG-Schleuderpulver oder Schwammeisenpulver u. a. Für die Einbringung des Kohlenstoffes in den Sinterkörper kommen verschiedene Möglichkeiten in Betracht[1].

1. Die Aufkohlung des Preßlings oder des bereits fertigen Sinterkörpers durch C-haltige Gase.

2. Die Einbringung des Kohlenstoffes durch Pulver höheren Kohlenstoffgehaltes (Stahlpulver, gepulvertes weißes oder graues

---

[1] Judd, J. A.: Iron Steel. Inst., Spec. Rep. Nr. 38, London 1947, S. 117-21

Gußeisen oder Mischungen der genannten Pulver mit entsprechenden Anteilen von Eisenpulver).

3. Die Zumischung von Kohlenstoffträgern wie z. B. Graphitpulver zu dem verpreßten technisch reinen Eisenpulver ermöglicht

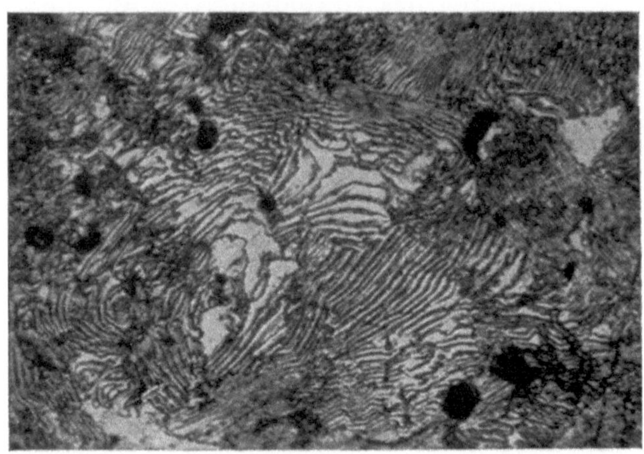

Abb. 82. Gefüge von Sinterstahl mit 0,9 % Kohlenstoff, hergestellt aus DPG-Schleuderpulver und Pudergraphit (Preßdruck 6 t/cm², Sintertemperatur 1250⁰, Sinterzeit 3 Stunden) (× 500).

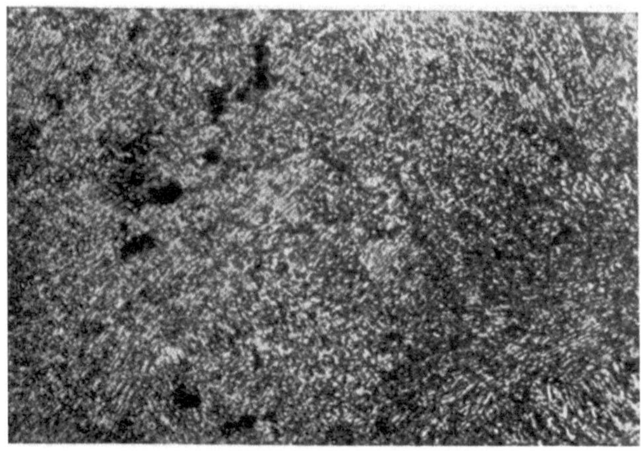

Abb. 83. Gefüge von Sinterstahl mit 0,9 % Kohlenstoff nach zusätzlicher einstündiger Glühung bei 750 bis 800⁰ und Ofenabkühlung (körniger Perlit) (× 500).

es, die Aufkohlung und Sinterung in einem Arbeitsgang durchzuführen.

Selbstverständlich sind auch geeignete Kombinationen der drei aufgeführten Verfahren möglich. Bezüglich der Vor- und Nachteile der verschiedenen Verfahren sowie Einzelheiten der praktischen Herstellung von Sinterstahl sei auf entsprechende Ausführungen in Kapitel 11, S. 381 verwiesen. In diesem Zusammenhang sei lediglich anhand einiger Schliffbilder gezeigt, daß es unter Verwendung der oben aufgeführten technischen Eisenpulver bei einer Sinterzeit von nur zwei bis drei Stunden möglich ist, Sinterstahl mit normaler Gefügeausbildung zu erhalten. Abb. 81 zeigt einen Stahl mit etwa 0,6% Kohlenstoff und Abb. 82 einen Sinterstahl mit vollkommen perlitischem Gefüge mit ca. 0,9% Kohlenstoff. Die beiden Stähle wurden aus einer Mischung von DPG-Schleuderpulver $< 0,15$ mm und Pudergraphit hergestellt. Der Preßdruck betrug 6 t/cm², die Sinterzeit 2 Stunden, die Sintertemperatur 1220°. Gesintert wurde unter CO-haltiger Schutzgasatmosphäre. Die technischen Eisenpulver führen stets zu normaler Gefügeausbildung der Sinterstähle, wahrscheinlich weil in ihnen genügende Gehalte an Phosphor, Schwefel und Mangan stets vorhanden sind. Bei Sinterung im Durchsatzofen kann man bei zu schneller Abkühlung gegebenenfalls ein Gefüge erhalten, das in gewisser Weise als Härtungsgefüge anzusprechen ist. Zur Verbesserung der Dehnungseigenschaften empfiehlt sich in solchen Fällen ein normalisierendes Glühen bei 750 bis 800°, wodurch man ein Gefüge mit körnigem Perlit erhält (Abb. 83).

b) Mehrstoffsysteme, die in Anwesenheit flüssiger Phase gesintert werden.

Mindestens ebenso wichtig wie die besprochenen Systeme sind in der allgemeinen Pulvermetallurgie Mehrstoffsysteme, bei denen die Sinterung *in Gegenwart einer flüssigen Phase* verläuft. Gerade diese Gruppe umfaßt eine Reihe besonders bemerkenswerter und technisch wichtiger Sinterwerkstoffe wie z. B. Sinterhartmetalle, Bronzen für poröse Lager und das Wolfram-Kupfer-Nickel-Schwermetall. Aus der Eisen-Pulvermetallurgie gehört in diese Gruppe als wichtigstes Beispiel das System *Eisen-Nickel-Aluminium,* das die bekannten Dauermagnetlegierungen beinhaltet. Auch bei Systemen mit flüssiger Phase entscheidet maßgeblich das Zustandsschaubild über den Verlauf der Sinterung. Zweckmäßigerweise verwendet man auch hier den nach beendeter Sinterung erreichten Zustand des Sinterkörpers: heterogen oder homogen als einteilendes Prinzip. Liegt eine völlige Unlöslichkeit der Komponenten vor (Beispiel: Eisen—Zinn), so fällt der meistens in geringeren Mengen auftretenden flüssigen Phase nur die Aufgabe zu, die Hohlräume zwischen den festbleibenden Pulverteilchen zu füllen und beim Erstarren durch Bildung fester Brücken zwischen diesen sowie durch Adhäsionswirkung eine Bindung zu bewirken. Für die Erstarrung dieser während der Sinterung flüssig gewesenen Anteile gelten die Gesetze der geschmolzenen Metalle. Im Falle der beschränkten Löslichkeit wird die spezifische Affinität der Komponenten und die Einstellung der Gleichgewichte von ausschlaggebendem Einfluß auf die Bindung.

Auch bei der Erzeugung von im Endzustand homogenen Sinterlegierungen kann eine flüssige Phase, allerdings nur vorübergehend auftreten. Sie wird bei der Schmelztemperatur der niedrig schmelzenden Komponente gebildet und dann durch chemische Reaktion bzw. im weiteren Verlauf durch Diffusion unter Bildung homogener Mischkristalle beseitigt. Als technisch wichtigstes Beispiel gehört hierher die Herstellung von gesinterten Eisen-Nickel-Aluminium-Dauermagneten. Die wichtigste Legierung besteht aus ca. 27 bis 28% Nickel, 13 bis 14% Aluminium, Rest Eisen (s. S. 476). Bei der Herstellung der genannten Legierung

Abb. 84 bis 86. Sinterung einer Dauermagnetlegierung (27,5% Ni, 13,5% Al, Rest Fe) bei verschiedenen Temperaturen (× 150). Abb. 84. 3 Stunden gesintert bei 900⁰.

geht man zweckmäßigerweise von feinstem Eisen- und Nickelpulver sowie zwecks Einbringung des gewünschten Aluminiumgehaltes von dem Pulver einer geschmolzenen Eisen-Aluminium-Vorlegierung mit etwa 50% Aluminium aus. Die Sinterung des mit ca. 6 t/cm² gepreßten Pulvergemisches wird bei 1250 bis 1300⁰ unter sehr reinem Wasserstoffschutzgas vorgenommen. Erreicht der Sinterkörper eine Temperatur von etwa 1150⁰, so schmilzt die eingebrachte Vorlegierung. Sie verteilt sich dabei sehr schnell im Preßling entlang den Oberflächen der Eisen- und Nickelteilchen.

Es kommt zur chemischen Reaktion mit den festen Pulverteilchen und schließlich durch Diffusion zur Mischkristallbildung. Die Sinterung derartiger Magnete ist mit einer beachtlichen Schwindung verbunden, so daß man ohne irgendwelche Nachverdichtung eine Dichte von 95 bis 98 % der Reindichte erreicht.

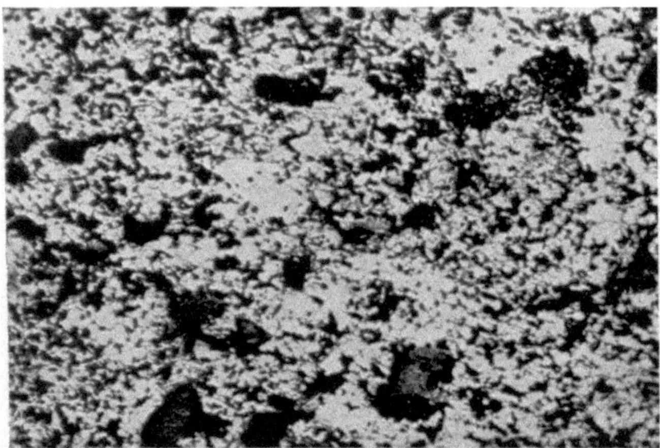

Abb. 85. 3 Stunden gesintert bei 1100⁰.

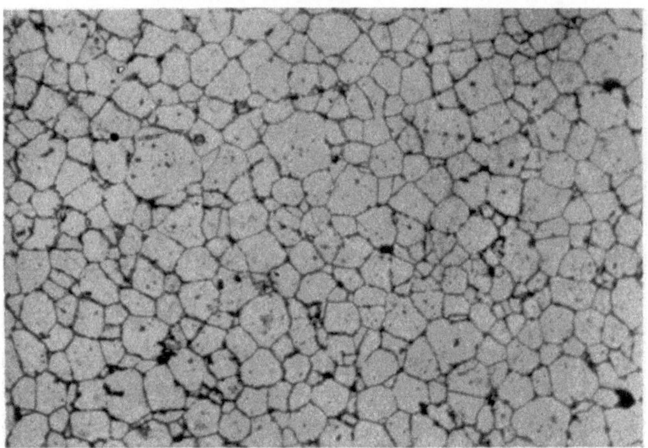

Abb. 86. 3 Stunden gesintert bei 1300⁰.

In Abb. 84 bis 86 ist das Gefüge gezeigt worden, das man erhält, wenn man etwa 3 Stunden lang bei 900, 1100 und 1300⁰ sintert. Im ersten Gefügebild (Abb. 84) finden sich sehr starke Poren und außerdem zeigt das ganze Schliffbild noch deutlich den völlig ungenügenden Grad der Diffusion. Sintert man bei 1100⁰ (Abb. 85), so wird das Gefüge zwar erheblich verbessert, doch bleibt es

von dem einer homogenen Legierung noch sehr weit entfernt. Erst
durch Sinterung bei 1300⁰ (Abb. 86), also oberhalb einer Temperatur, bei der sich eine flüssige Phase bildet, gelangt man in verhältnismäßig kurzer Zeit zu einer homogenen Sinterlegierung, die
nur noch wenige Poren aufweist. Sowohl für die hohe Dichte als
auch für die schnelle Bildung homogener Mischkristalle ist, wie
aus den gezeigten Schliffbildern hervorgeht, das Auftreten einer
gewissen Menge flüssiger Phase, die während der Sinterung wieder
verschwindet, verantwortlich zu machen. Günstig wirkt sich dabei
offenbar aus, daß die flüssige Phase erst bei verhältnismäßig hohen
Temperaturen, bei denen die Platzwechselvorgänge schon sehr
lebhaft verlaufen, auftritt. Aus diesem Grund bringt man bei der
Herstellung derartiger Magnetkörper das Aluminium auch zweckmäßig nicht in Form des reinen Aluminiumpulvers mit seinem
niedrigen Schmelzpunkt und seinen diffusionshemmenden Oxydhäuten ein. Bezüglich der großen Schwindungsneigung derartiger
Körper dürfte folgende Vorstellung zutreffend sein: Durch die
flüssige Phase werden Oberflächenfilme und Oberflächenunregel-
mäßigkeiten weitgehend beseitigt. Das gegenseitige Ineinander-
gleiten der abgerundeten Pulverteilchen wird erleichtert. Die
Platzwechselvorgänge und Kristallisationen werden infolge der
höheren Beweglichkeit einer großen Anzahl von Atomen stark
gefördert. Daneben spielt zweifellos auch die Oberflächenspannung
der gebildeten flüssigen Phase eine wichtige Rolle. Die Schmelze
ist im Augenblick ihrer Entstehung in starkem Maße bestrebt,
einen möglichst kleinen Raum einzunehmen und führt bei diesem
Bestreben die umliegenden festen Pulverteilchen mit sich zu einer
insgesamt dichteren Packung. Wenn man die Sinterung von Körpern mit flüssiger Phase zeitlich verfolgt, so wird man daher in
dem Augenblick eine sprunghafte Zunahme der Dichte feststellen,
in dem sich die flüssige Phase bildet.

In diesem Zusammenhang muß noch das Tränkungs- oder
Seigerverfahren zur Herstellung von Sinterlegierungen erwähnt
werden. Es besteht darin, daß man hochporöse, skelettartige
Vorsinterkörper eines höher schmelzenden Metalls bzw. einer hochschmelzenden Metallverbindung (z. B. Karbide) mit einem niedriger
schmelzenden Metall tränkt. Aus der Eisen-Pulvermetallurgie
sind als Beispiele die Systeme Fe-Cu, Fe-Ag, Fe-Sn, Fe-Pb, Fe-Zn,
Fe-Bronze und ähnliche zu erwähnen. Im Falle der Nichtlegier-
barkeit der Komponenten erhält man so verbundmetallartige
Körper. Bilden die Komponenten jedoch an sich Mischkristalle,
so kann man die Homogenisierung des Tränkkörpers durch eine
anschließend vorgenommene Homogenisierungsglühung erreichen

B. Die Eigenschaften der Sinterkörper.

1. Übersicht.

Die Eigenschaften der Sinterkörper unterteilt man zweckmäßig in physikalische und mechanische Eigenschaften. Zu den ersten rechnet man außer der Dichte, dem spezifisch elektrischen Widerstand und gewissen magnetischen Größen in weiterem Sinne auch das Gefüge, während die mechanischen Eigenschaften die bekannten Kenngrößen wie Härte, Zugfestigkeit, Streckgrenze, Dehnung, Schlagbiegefestigkeit usw. umfassen, Eigenschaften also, die bei allen technologischen Prüfungen eine Rolle spielen. Zahlentafel 37 vermittelt einen Überblick über die Zusammenhänge zwischen den verschiedenen Eigenschaften der Sinterkörper und den Herstellungsbedingungen. Darnach werden die physikalischen Eigenschaften zunächst von drei Einflußgrößen bestimmt:

1. von der Herstellungsart des Pulvers,
2. von den Preßbedingungen,
3. von den Sinterbedingungen.

Mit der ersten Einflußgröße wirken sich alle die Eigenschaften des verwandten Pulvers oder der Pulvermischung aus, die in Kapitel 3, Seite 62ff., ausführlich behandelt wurden, wie z. B. die chemische Zusammensetzung und Reinheit, die Korngröße und Korngestalt des Pulvers usf. Da die genannten Eigenschaften stark von der Pulvervorbehandlung (reduzierendes Glühen bei bestimmten Temperaturen, Zerkleinerungsvorgänge) abhängen, macht sich an dieser Stelle auch die Vorgeschichte des Pulvers bemerkbar. Der Beeinflussung der physikalischen Eigenschaften durch die Preßbedingungen (Höhe des Preßdruckes, Art der Druckanwendung, Form und Größe des Preßlings) war das vierte Kapitel (S. 118ff.) gewidmet. Die entscheidende Beeinflussung insbesondere der Dichte durch die Preßbedingungen wurde dabei besonders herausgestellt. Als neue Einflußgröße kommen in diesem Kapitel die Sinterbedingungen hinzu. Diese gliedern sich ihrerseits in die Höhe der angewandten Sintertemperatur, die Länge der Sinterzeit und die gewählte Sinteratmosphäre.

Die mechanischen Eigenschaften hängen selbstverständlich ebenfalls von den gleichen Einflußgrößen ab. In vielen Fällen ist es aber aufschlußreicher, an Stelle der Abhängigkeit der mechanischen Eigenschaften der Sinterkörper von den Herstellungsbedingungen die Zusammenhänge zwischen den physikalischen und mechanischen Eigenschaften zu betrachten. Man wird feststellen, daß die mechanischen Eigenschaften von Sintermetallen weitgehend „dichtebestimmt" bzw. „porositätsabhängig"

Zahlentafel 37. *Überblick über die Zusammenhänge zwischen den Eigenschaften der Sinterkörper und den Herstellungsbedingungen.*

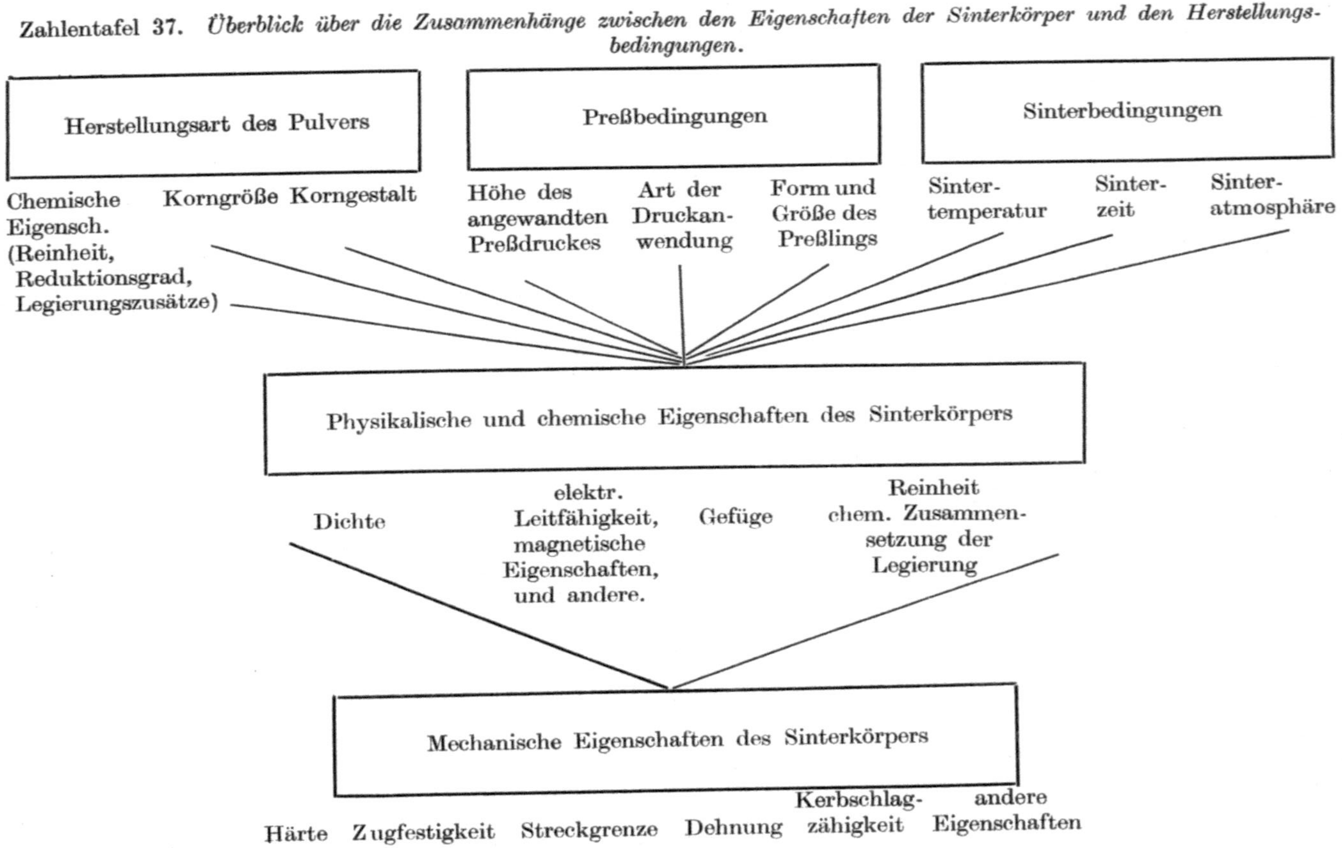

sind[1,2,3,4]. Würde man durch die Preß- und Sinterbehandlung des Pulvers die Reindichte des betreffenden Metalls erreichen, so würde der Sinterkörper im wesentlichen die gleichen mechanischen Eigenschaften aufweisen wie das Metall im Gußzustand. Würden derartige Sinterkörper mit theoretischer Dichte noch einer zusätzlichen Kalt- oder Warmverformung unterzogen werden, so änderten sich die technologischen Eigenschaften in der gleichen Weise wie bei der Verformung des Gusses aus dem gleichen Metall. In der Praxis werden aber durch die „Einfachsinterung", die sich aus der Preß- und anschließenden einmaligen Glühbehandlung oder Sinterung zusammensetzt, nur selten eine dem Guß ähnliche Dichte und damit auch nicht die Eigenschaften des Gusses erzielt. Gewöhnlich erreicht man an Sinterkörpern nur eine Raumerfüllung von 75 bis 95%. Wenn man aber den mehr oder weniger porösen Sinterkörper anschließend durch Schmieden, Walzen usw. warmverformt, so wird meist sprunghaft schon nach den ersten Bearbeitungsstufen die Reindichte erreicht und die Eigenschaften des warmverformten Sinterkörpers entsprechen dann meistens völlig denen des gewalzten, auf dem Gießwege hergestellten Metalls. Daraus ergibt sich eindeutig, daß alles darauf ankommt, geeignete Wege zur Steigerung der Dichte von Sinterkörpern bzw. zur Beseitigung der Porosität ausfindig zu machen. Im Laufe der Zeit haben sich dafür in der allgemeinen Pulvermetallurgie folgende Wege als zweckmäßig erwiesen, die sämtlich auch ihren Platz in der Eisen-Pulvermetallurgie gefunden haben.

1. Die mehrfache Wiederholung der Kaltpreß- und Sinterbehandlung,

2. Die gleichzeitige Anwendung von Druck und Wärme (Heißpressen),

3. die Anwendung einer meist geringen Menge von geeigneter flüssiger Phase beim Sintern, gegebenenfalls in Kombination mit den Wegen 1 und 2,

4. die schon oben erwähnte Kalt- oder Warmverformung der Sinterkörper durch Schmieden, Hämmern, Walzen und Ziehen unter Verzicht auf die Gestalt des ursprünglichen Preß- und Sinterkörpers.

---

[1] Kieffer, R. u. W. Hotop: Koll. Z. 104, 1943, S. 208-223.

[2] Lenel, F. V.: Practical Engineering, 1944, S. 172-173.

[3] Rubino, E. M. u. A. Squire: Office of Technical Serv., US Dep. Com., Washington 1944, Rep. PB 4072, s. Powder Metallurgy, Brooklyn 1947, s. Metal Powder Rep. 1, 1947, S. 94.

[4] Squire, A.: Office of Technical Serv., US Dep. Com., Washington 1944, Rep. PB 4073, PB 4417, PB 49079, s. Powder Metallurgy, Brooklyn 1947, s. Metal Powder Rep. 1, 1947, S. 94, 136, 137.

Die Wege 1 und 2 kommen in Frage bei der Herstellung von Massenartikeln, wie einfachen Maschinenteilen aus Sintereisen bzw. Sinterstahl, wenn möglichst gute Werte der Festigkeit und Dehnung und infolgedessen möglichst hohe Dichte erwünscht sind (s. S. 222, S. 235 und S. 399). Der Weg 3 wird mit Erfolg bei der Herstellung von Eisen-Nickel-Aluminium-Sintermagneten beschritten (s. S. 481). Der Weg 4 schließlich ist in der Eisen-Pulvermetallurgie im Gebrauch bei der Verarbeitung von Sinterstäben aus Reinsteisen und entsprechenden Legierungen zu Blechen und Drähten (s. S. 435). In vielen Fällen aber wird man auf die unter 1 bis 4 aufgezählten Möglichkeiten zur Erzielung einer besonders hohen Dichte verzichten können und mit den Eigenschaften auskommen, die sich nach der einfachen Preß- und Sinterbehandlung ergeben. Mit welchen Eigenschaften kann man dann bei Benutzung der verschiedensten Eisenpulver rechnen?

2. Physikalische Eigenschaften.

Von den physikalischen Eigenschaften bleibt in diesem Abschnitt nur die Dichte und der spezifisch elektrische Widerstand zu besprechen, da das Gefüge von Sintereisen und Sinterstahl schon im Rahmen der Behandlung der Vorgänge beim Sintern sehr eingehend betrachtet wurde.

a) Dichte.

Während im dritten Kapitel bei der Besprechung der Verdichtbarkeit der Pulver, ihre Anhängigkeit von der Herstellungsart und Vorgeschichte der Pulver im Vordergrund stand, wurde im vierten Kapitel der Einfluß des Preßdruckes auf die Dichte der Preßkörper besprochen. Folgerichtig ist in diesem Kapitel die Beeinflussung der Dichte durch die Sinterbedingungen, Sintertemperatur, Sinterzeit und Sinteratmosphäre zu behandeln. Infolge der Abhängigkeit der Dichte von den Herstellungsbedingungen des Pulvers und der Preßkörper ist allerdings gleichzeitig der Einfluß dieser Bedingungen zu berücksichtigen, obwohl die Zusammenhänge dadurch leicht unübersichtlich werden.

Betrachtet man zunächst die Dichte von Sinterkörpern in Abhängigkeit von der *Sintertemperatur*, so stellt man fest, daß man zu sehr verschiedenen Ergebnissen kommt, je nachdem, mit welchem Druck die Pulver verpreßt wurden. In Abb. 87 ist die Abhängigkeit der Dichte von der Höhe der Sintertemperatur für verschieden hohe Preßdrücke schematisch dargestellt. Ungepreßte oder niedrig gepreßte Pulver zeigen beim Sintern, insbesondere bei sehr hohen Sintertemperaturen, eine stärkere Schwindung als höher verdichtete. Pulver, die mit extrem hohen Drücken gepreßt wurden, zeigen

beim Sintern häufig einen mehr oder minder stark ausgeprägten
Abfall der Dichte durch Schwellungseffekte, worauf auch F. C. Kelley[1] hingewiesen hat. Zur Bestätigung der Kurve a diene Abb. 88
in der von J. Libsch, R. Volterra und J. Wulff[2] die Dichte
von locker geschüttetem
Eisenpulver verschiedener
Herstellungsart und Korn-
größenverteilung in Ab-
hängigkeit von der Sintertemperatur zusammenge-
stellt wurde. Der Abfall der
Dichte der drei Feinstpulver
ist zweifellos auf die α—γ-
Umwandlung zurückzufüh-
ren, wobei sich infolge
Kontraktion der Einzel-
teilchen das Porenvolumen
sprungartig vergrößert. Bei
dem technischen Eisen-
pulver 5 tritt die α—γ-
Umwandlung offensichtlich
nicht in Erscheinung. Aus
der Abbildung geht weiter
hervor, daß die Pulver
um so früher zu schwinden
beginnen, je feinkörniger

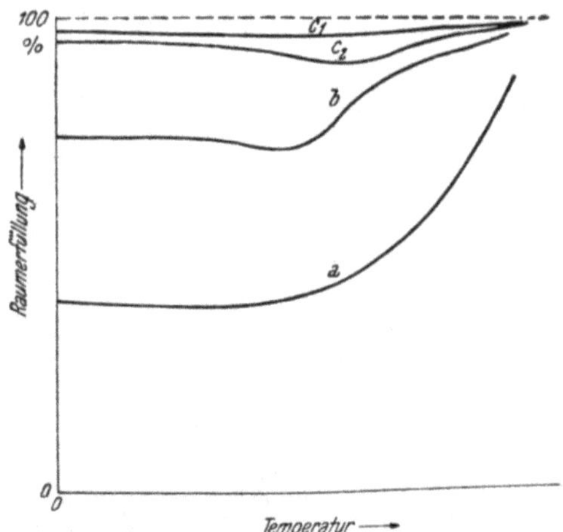

Abb. 87. Schematische Darstellung des Dichte-
verlaufes von Sintereisen in Abhängigkeit von
der Sintertemperatur:
a) ohne Vorpressung,
b) bei Anwendung eines mittleren Preßdruckes
(etwa 4 t/cm²),
c₁) bei Anwendung eines sehr hohen Preßdruckes (etwa 30 t/cm²)
c₂) wie c₁, jedoch bei unreinem Pulver.

sie sind und daß die Feinstpulver die höchste Dichte erreichen.
Trotz Anwendung einer so hohen Sintertemperatur wie 1400⁰ und
einer Sinterzeit von 24 Stunden weist aber das feinkörnige Pulver
nach der Sinterung immer noch ein Porenvolumen von rund 10%
auf. Daraus geht hervor, daß der Einfluß des Preßdruckes auf
die Dichte größer ist als derjenige der Sintertemperatur (s.Abb. 92,
S. 194).

Als Beispiel für den Kurvenverlauf b mögen Untersuchungsergebnisse von W. Dawihl und U. Schmidt[3] dienen, die in Zahlentafel 38 zusammengestellt sind. Im Hinblick auf die große Zahl
der untersuchten Eisenpulver geht aus dieser Zahlentafel gleichzeitig der Einfluß der Herstellungsart der Pulver (Korngröße,

---

[1] Kelley, F. C.: Electrical Engnrg. 61, 1942, S. 468-75, s. Powder Metallurgy, Am. Soc. Met., Cleveland (Ohio) 1942, S. 60-66.
[2] Libsch, J., R. Volterra u. J. Wulff: s. Powder Metallurgy, Am. Soc.
Met., Cleveland (Ohio) 1942, S. 379-94.
[3] Dawihl, W. u. U. Schmidt: Stahl u. Eisen 65, 1945, S. 9-14.

Zahlentafel 38. *Abhängigkeit der Raumerfüllung verschiedener mit 6 t/cm²*

Herstellungsart des Pulvers	Korngröße in μ		
	sekundär	primär	Preßkörper
Wirbelschlagpulver fein	5 bis 40	3 bis 5	50
Wirbelschlagpulver grob......	100 bis 500	3 bis 20	75
Stampfpulver	200 bis 600	Dicke: 3 bis 5	63
Reduktionspulver............	0,5 bis 2		56
Druckreduktionspulver[1]	15 bis 70	3 bis 5	61
Eisenschwammpulver	100 bis 500	10 bis 30	68
Schleuderpulver	10 bis 30		72

[1] Siehe Druckreduktionsverfahren nach E. Edwin, S. 45ff.

Korngestalt, Oberflächenbeschaffenheit der Pulverteilchen, Reinheit usw.) auf den Verlauf der Schwindung hervor. Alle Pulver zeigen unabhängig von ihrer Herstellungsart eine zunehmende Raumerfüllung bzw. Dichte. Auch hier sieht man, daß die Schwin-

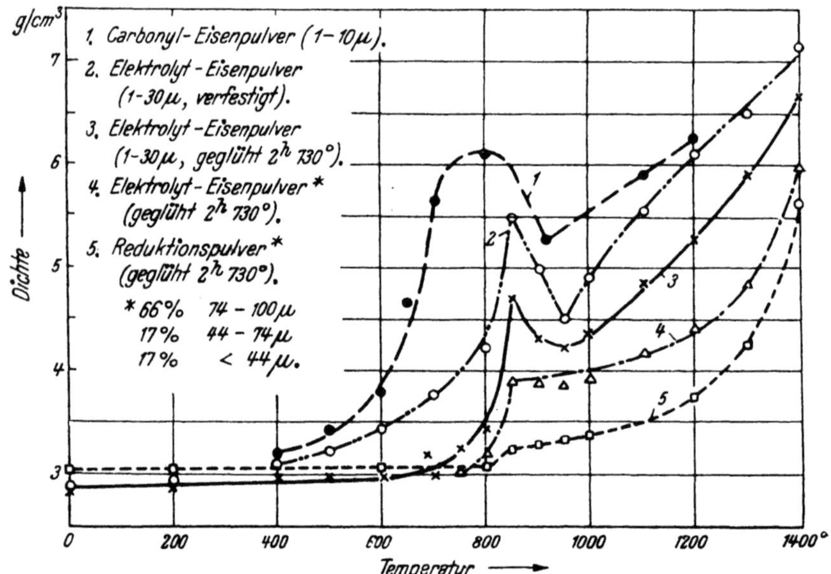

Abb. 88. Dichte von locker geschüttetem Eisenpulver verschiedener Herstellungsart und Korngrößenverteilung in Abhängigkeit von der Sintertemperatur (Sinterzeit 24 Stunden) (J. Wulff).

dung bei den feineren Pulvern schon merklich früher einsetzt als bei den Grobpulvern[1]. Sinterkörper aus Feinpulvern weisen darüber hinaus eine erheblich höhere Raumerfüllung auf als gröbere Pulver,

[1] s. a.: P. R. Kalischer: Symposium on Powder Metallurgy, Am. Soc. Test. Mat., Philadelphia 1943, S. 31-36.

gepreßter Eisenpulver von der Sintertemperatur (W. D a w i h l u. U. S c h m i d t).

Raumerfüllung in % bei einer Sintertemperatur von					Linearer* Schwund in % bei 1450⁰
600⁰	800⁰	1000⁰	1200⁰	1450⁰	
52	56	68	79	96	17
75	75	75	79	89	3
63	63	63	70	88	9
62	89	89	89	91	16
61	62	63	65	83	10
68	68	68	70	87	5
72	72	72	75	93	8

obwohl die Preßdichte ein umgekehrtes Bild zeigt. Leider geht aus den Versuchsunterlagen nicht einwandfrei hervor, ob die Pulver im Anlieferungszustand oder nach einer reduzierenden Glühung bei 700⁰ verpreßt wurden. Die verhältnismäßig niedrige Preßdichte läßt vermuten, daß die Pulver im Anlieferungszustand verarbeitet wurden, indem sie gemäß Zahlentafel 39 noch höhere Sauerstoffgehalte aufwiesen. Dadurch besteht die Möglichkeit, daß zumindest zum Teil das Schwundverhalten der verschiedenen Pulver durch ihren verschieden hohen Sauerstoffgehalt beeinflußt wurde (s. S. 195).

Zahlentafel 39. *Chemische Zusammensetzung der in Zahlentafel 38 aufgeführten Eisenpulver im Anlieferungszustand* (W. D a w i h l u. U. S c h m i d t).

Herstellungsart der Pulver	Ausgangspulver[1]			% C nach Glühung bei 700⁰
	C %	in HCl unlöslich[2] %	O[3] %	
Wirbelschlagpulver fein	0,23	0,10	1,32	0,01
Wirbelschlagpulver grob......	0,11	0,21	0,38	0,04
Stampfpulver	0,81	0,47	1,84	0,06
Reduktionspulver	0,10	0,33	3,95	—
Druckreduktionspulver[4]	0,08	0,92	3,87	0,06
Eisenschwammpulver	0,08	0,67	1,20	0,01
Schleuderpulver	0,03	0,24	1,75	0,01

[1] Mn, Ni, Cu, Al, Ti, Mg, Zn, Ca, V, Cr, Si spektralanalytisch höchstens bis 0,1 % nachweisbar, Stampfpulver enthält 0,6 % Al.

[2] Einwaage 25 g.

[3] Nach dem Wasserstoffreduktionsverfahren, 1 Stunde bei 1100⁰ bestimmt.

[4] Siehe Druckreduktionsverfahren nach E. E d w i n, S. 45 ff.

Nach Untersuchungen von F. C. Kelley[1] ist die Höhe der Sintertemperatur neben der Sinterzeit von ausschlaggebendem

---

[1] K e l l e y, F. C.: Electrical Engnrg. **61**, 1942, S. 468-75.

Einfluß auf die beim Sinterkörper erreichte Dichte, wobei im Gebiete der höchsten Sintertemperaturen ein Optimum vorhanden ist, bei welchem die höchste Dichte erreicht wird. An Preßlingen aus reinstem Reduktionseisenpulver (Preßdruck 4,7 t/cm²) erreichte der Autor bei einer Sintertemperatur von 1400⁰ und 32stündiger Sinterung eine Dichte von 7,80 g/cm³. Bei einer noch höheren Sintertemperatur, etwa um 1440⁰, nahm die Dichte, wahrscheinlich infolge von Schwellungseffekten, wieder auf 7,725 g/cm³ ab.

Bei Anwendung sehr hoher Drücke (20 bis 30 t/cm²) zeigen Preßkörper aus sehr reinen und gröberen Pulvern bei der Sinterung einen Kurvenverlauf gemäß c_1. Preßkörper aus sauerstoffhaltigem Feinstpulver zeigen nicht nur keinen Schwund, sondern sogar eine mehr oder weniger auffallende Volumenzunahme (Kurve c_2). Als Beispiel für den Kurvenverlauf c_1 sei schon an dieser Stelle auf die Ergebnisse von Zahlentafel 41, S. 193, verwiesen. Wie man aus dieser Zahlentafel entnehmen kann, weisen praktisch alle Pulver, selbst bei Anwendung höchster Preßdrücke, bei der Sinterung noch eine ganz geringfügige Schwindung auf. Dieser Befund spricht zweifellos einerseits für eine gute reduzierende Vorbehandlung der Pulver. Andererseits ist zu berücksichtigen, daß die Versuchskörper genügend langsam auf die verhältnismäßig hohe Sintertemperatur von 1250⁰ gebracht wurden. Bei so hohen Temperaturen pflegt der Schwindungseffekt zu überwiegen, selbst wenn bei niederen Temperaturen Schwellungen in Einzelfällen, insbesondere bei den Feinstpulvern, stattfinden konnten. Auf den scheinbar anormalen Kurvenverlauf gemäß c_2 wurde zum ersten Male von W. Trzebiatowski[1] aufmerksam gemacht, der die Erscheinung an Preßkörpern aus feinstem Kupferpulver beobachtete. Daß die Schwellung bzw. Aufblähung von sehr hoch gepreßten Sinterkörpern auf die Wirkung von Gasen, vorzugsweise Wasserdampf, zurückzuführen ist, dürfte heute nicht mehr zweifelhaft sein. Außer den von den Pulvern selbst gelösten Gasen kommen bekanntlich folgende Quellen für eine Gasentwicklung beim Sintern in Frage:

1. Adsorbierte Gas- oder Dampffilme,

2. Luft oder andere Gase, die beim Pressen eingeschlossen wurden,

3. chemische Umsetzungen im Sinterkörper bzw. zwischen Sinterkörper und Sinteratmosphäre beim Sintern der Preßlinge,

4. absichtlich zugesetzte gasabgebende Stoffe (z. B. Hydride).

Wenn die Gase vor der Schwindung und Verfestigung der Preßkörper beim Sintern entweichen können, sind sie harmlos

---

[1] Trzebiatowski, W.: Z. phys. Ch. B **24**, 1934, S. 75-86.

oder sogar in vielen Fällen günstig. Im Falle nicht allzuhoch
gepreßter Sinterkörper ist es daher angebracht, langsam aufzu-
heizen, damit die eingeschlossenen Gase genügend Zeit zum Entweichen haben. Bei sehr hoch gepreßten Körpern muß man aber
damit rechnen, daß die Poren im Innern häufig mit der Oberfläche
nicht mehr durch feinste Kanäle verbunden sind, so daß eingeschlossene Gase weniger Gelegenheit haben zu entweichen.
Ganz typisch ist die Blasenbildung und die Auflockerung des
Gefüges bei der Sinterung sauerstoffhaltiger, hoch kaltgepreßter
Formkörper unter Wasserstoff, eine Erscheinung, die an die Wasser-
stoffkrankheit des Kupfers erinnert. Infolge des hohen Sauerstoffgehaltes von Feinstpulvern muß man gerade bei ihnen auf diese
Zusammenhänge achten.

Quantitative Untersuchungen über den Gehalt an gasförmigem
Sauerstoff, Stickstoff und Wasserstoff von Eisenpulverpreßlingen
und Sinterkörpern haben C. J. Leadbeater und Mitarbeiter[1]
durchgeführt. In Zahlentafel 40 sind die Ergebnisse dieser Untersuchung, welche mittels der von H. A. Sloman[2] angegebenen
Methode durchgeführt wurden, wiedergegeben. Bei der Sinterung
von Preßlingen aus verschiedenen Eisenpulversorten ergeben sich
vor und nach der Sinterung unterschiedliche Gasgehalte. Während
der Sauerstoffgehalt abnimmt, ist bei annähernd gleichbleibendem
Stickstoffgehalt ein beträchtliches Anwachsen des Wasserstoff-
gehaltes zu beobachten, wenn man die Sinterung in Wasserstoff-
atmosphäre vornimmt.

Zahlentafel 40. *Gasgehalte von Eisenproben vor und nach der Sinterung
(Preßdruck 4,7 t/cm², Sintertemperatur 1050⁰, Sinterzeit 1 Stunde, Wasserstoff-
atmosphäre)* (C. J. Leadbeater, L. Northcott u. F. Hargreaves).

Pulver	Sauerstoff in %		Wasserstoff in %		Stickstoff in %	
	un-gesint.	gesint.	un-gesint.	gesint.	un-gesint.	gesint.
Carbonyleisen	0,26	0,05	0,004	0,008	0,03	0,01
Elektrolyteisen	0,55	0,11	0,006	0,009	0,014	0,014
Reduktionspulver aus Oxyd . .	1,16	0,56	0,004	0,047	0,03	0,018
Mechanisch hergestelltes Feil- pulver	1,47	0,48	0,005	0,031	0,02	0,02

Bezüglich des Einflusses der *Sinterzeit* auf die Dichte bzw.
Schwindung von Sinterkörpern gilt, daß der weitaus größere Teil

---

[1] Leadbeater, C. J., L. Northcott u. F. Hargreaves: Iron Steel
Inst., Spec. Rep. Nr. 38, London 1947, S. 15-36.
[2] Sloman, H. A.: J. Iron Steel Inst., 1941, S. 298, 1943, S. 235 J. Inst.
Met. 71, 1945, S. 391.

der Dichtesteigerung in verhältnismäßig kurzer Zeit abläuft, und
daß sich an diesen raschen Ablauf der Dichtesteigerung dann noch
eine langsame Zunahme anschließt, die allerdings bei Anwendung
sehr langer Sinterzeiten (2 bis 4 Tage) bis zur theoretischen Dichte
führen kann. Die Länge der Zeit, in der der Hauptanteil der
Schwindung vor sich geht, nimmt mit steigender Temperatur ab,
so daß der Einfluß der
Zeit bei höheren Tem-
peraturen immer gerin-
ger wird. Schematisch
werden diese Verhält-
nisse durch die Abb. 89
wiedergegeben. Als Be-
stätigung der schemati-
schen Darstellung mögen
die Abbildungen 90 und
91 dienen. Abb. 90 enthält
Versuchsergebnisse von
E. K. Offermann[1] an
Carbonyleisen. Würde
man dabei eine noch
höhere Sintertemperatur
als 1050⁰ anwenden, so
würde sich der Kurven-
verlauf zweifellos der ge-

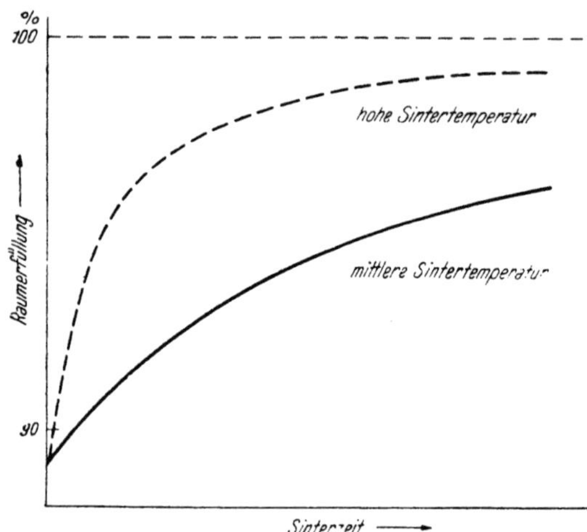

Abb. 89. Dichte von Sinterkörpern in Abhängigkeit
von der Sinterzeit bei mittlerer und hoher Sintertemperatur, schematisch.

strichelten Kurve in der schematischen Darstellung gemäß Abb. 89
weitgehend anpassen.

Sintert man nach F. C. Kelley[2] sehr lange bei Sintertemperaturen, welche dicht am Schmelzpunkt liegen, dann erreicht
man auch bei niedrig verdichteten Preßlingen fast die theoretische
Dichte. Der Autor beobachtete z. B. an Preßlingen aus sehr reinem
Reduktionspulver (Preßdruck 4,7 t/cm²) bei einer Sintertemperatur
von etwa 1440⁰ und einer Sinterzeit von 64 Stunden eine Dichte
der Sinterkörper von 7,859 g/cm³. Abb. 91 enthält den Dichteverlauf von mit 4,65 t/cm² verpreßtem rostfreiem 18/8 Cr-Ni-Stahl-
pulver in Abhängigkeit von der Sinterzeit nach Sinterung bei
1250⁰ unter besonders reinem Wasserstoff nach Untersuchungen
von J. Wulff[3]. Man sieht aus dieser Darstellung, daß die Haupt-
schwindung in verhältnismäßig kurzer Zeit zum Abschluß ge-

[1] Offermann, E. K.: Mitt. Kohle-Eisenforschg. 1, 1936, S. 85-120.
[2] Kelley, F. C.: Electrical Engnrg. 61, 1942, S. 468-75.
[3] Wulff, J.: Powder Metallurgy, Am. Soc. Met., Cleveland (Ohio) 1942,
S. 137-44.

kommen ist und daß dann **keine** weitere Dichtezunahme mehr eintritt.

Nach Ergebnissen von F. C. Kelley[1] gelangt man aber auch bei der Sinterung von 18/8-Cr-Ni-Stahl bei Anwendung sehr hoher Sintertemperaturen und bei Anwendung sehr langer Sinterzeiten zu Körpern mit fast theoretischer Dichte. Sintertemperaturen um 1375⁰ und Sinterzeiten bis 32 Stunden ergaben beispielsweise an Preßlingen aus feinstem 18/8-Stahlpulver (Preßdruck 4,7 t/cm²) Sinterdichten bis 7,895 g/cm³.

Der Einfluß der *Sinteratmosphäre* auf den Dichteverlauf ist im Schrifttum an keiner Stelle besonders herausgestellt worden. Es ist gleichsam selbstverständlich, daß man stets unter reduzierenden Bedingungen, meistens in Wasserstoffatmosphäre, sintert. Unter diesen Bedingungen gelten dann die bezüglich der Sintertemperatur und Sinterzeit aufgezeigten Gesetzmäßigkeiten. Bei der Herstellung von kohlenstoffhaltigem Sinterstahl ist natürlich darauf zu achten, daß man die Atmosphäre so einstellen muß, daß sowohl eine Aufkohlung als auch eine Entkohlung vermieden wird. Will man Legierungen mit oxydationsempfindlichen Legierungselementen wie Aluminium, Silizium, Chrom, Titan usw. sintern, so hat man für besonders reine Sinteratmosphäre (Beseitigung von Wasser-

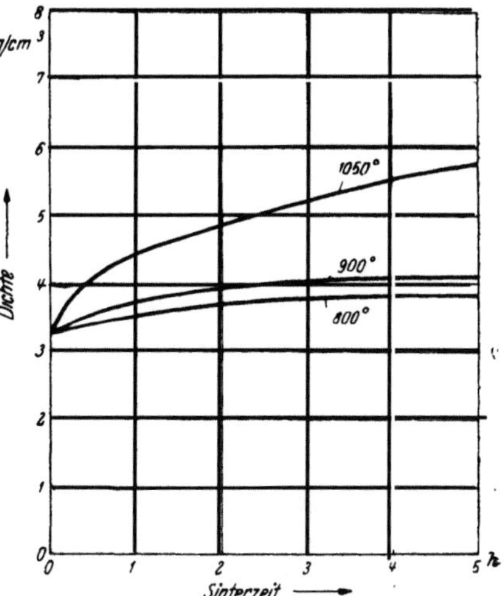

Abb. 90. Einfluß der Sinterzeit auf die Dichte von lose geschüttetem Carbonyleisenpulver (E. K. Offermann).

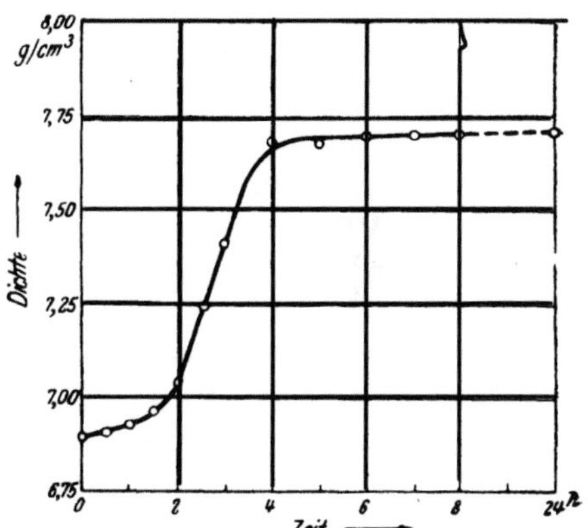

Abb. 91. Dichte von rostfreiem 18/8-Stahlpulver in Abhängigkeit von der Sinterzeit nach Sinterung bei 1250⁰ unter besonders reinem Wasserstoff (Preßdruck 4,7 t/cm² (J. Wulff).

dampf-, Sauerstoff- und Stickstoffspuren) zu sorgen, damit die Neubildung von Oxydhäuten auf den Pulverteilchen vermieden

[1] Kelley, F. C.: Electrical Engnrg. **61**, 1942, S. 468-75.

wird. Vorhandene und neugebildete nicht wasserstoffreduzierbare Oxydhäute beeinflussen naturgemäß den Schwindungsprozeß negativ. In solchen Legierungen, die nur Komponenten enthalten, die wasserstoffreduzierbare Oxyde bilden — bei reinem Eisen ist das beispielsweise von vornherein der Fall —, können chemische Umsetzungen zwischen Sinterkörper und Sinteratmosphäre den Schwindungsprozeß verstärken. So ist es beispielsweise bekannt, daß Sinterkörper aus Pulvern von Metallen, die wasserstoffreduzierbare Oxyde bilden, bei Anwesenheit von größeren Mengen Wasserdampf in der reduzierenden Sinteratmosphäre verstärkt schwinden. Der Erscheinung liegt die Reaktion zugrunde:

$$Me + H_2O \rightleftarrows MeO + H_2$$

Diese Reaktion spielt sich infolge geringfügiger äußerer Gleichgewichtsstörungen abwechselnd in verschiedener Richtung ab, wodurch die aktiveren Feinstpulverteilchen zu größeren, weniger Raum beanspruchenden Kristalliten zusammenwachsen. Dem Wasserdampf analog wirken CO_2 und Halogen-Wasserstoffverbindungen in der Sinteratmosphäre. In diesen Erscheinungskomplex fällt auch die Sinterung von sauerstoffhaltigem Feinstpulver, bei der verstärkte Schwindung zu beobachten ist. Darauf wird weiter unten (s. Zahlentafel 42) noch näher eingegangen.

Bei der bisherigen Betrachtung des Dichteverlaufs von Sinterkörpern stand die Abhängigkeit von den Sinterbedingungen im Vordergrund. Den Einfluß der Preßbedingungen und der Herstellungsart der Pulver auf die Dichte von Sinterkörpern erfaßt man aber am besten, wenn man die Sinterbedingungen konstant hält und die Dichte der Sinterkörper in Abhängigkeit von der Höhe des Preßdrucks und von den Pulvereigenschaften, im wesentlichen von der chemischen Reinheit, der Korngröße und Korngestalt betrachtet.

Die Höhe des Preßdruckes wirkt sich auf die Dichte von Sintereisen und Sinterstahl aus den verschiedensten Eisenpulvern in der aus Zahlentafel 41 hervorgehenden Weise aus. Die Zahlentafel enthält zum Vergleich auch die Dichtewerte der Preßkörper (s. Zahlentafel 30, S. 123). Mit steigendem Preßdruck gleichen sich die Unterschiede in der Dichte zwischen den Preß- und Sinterkörpern immer mehr aus. Mit anderen Worten: Schwachgepreßte Pulver schwinden stärker als hochgepreßte. Dichteunterschiede im Preßling, die gemäß den Ausführungen auf S. 140 häufiger vorkommen, suchen sich bei der Sinterung auszugleichen und führen dabei zu einem Verzug der Sinterkörper. Auch ein Vergleich der verschiedenen Eisenpulver in Zahlentafel 41 lehrt, daß die Schwindung stark von der Herstellungsart der Pulver ab-

Zahlentafel 41. *Dichte von Sintereisen und Sinterstahl aus verschiedenen Eisenpulvern in Abhängigkeit vom Preßdruck (Sinterbedingungen für Sintereisen: 2 Stunden bei 1250° unter Wasserstoff; für Sinterstahl: 2 Stunden bei 1220° unter CO-haltiger Wasserstoff-Atmosphäre).*

Lfd. Nr.	Pulver[1]	Dichte in g/cm^3 bei einem Preßdruck (t/cm^2) von											
		2		4		6		10		20		30	
		gepr.	gesint.	gepr.	gesint.	gepr.	gesint.	gepr.	gesint.	gepr.	gesint.	gepr.	gesint.
1	Reduktionspulver aus Schwedenerz (Höganäsverfahren)	5,30	5,46	6,15	6,23	6,55	6,69	7,00	7,01	7,43	7,43	7,50	7,51
2	RZ-Pulver (Roheisen-Zunder-Verfahren)	5,48	5,53	6,43	6,47	6,94	6,97	7,28	7,30	7,48	7,46	7,52	7,54
3	Hametagpulver (Wirbelschlagverfahren)	5,80	5,85	6,51	6,59	6,97	7,02	7,38	7,41	7,61	7,68	7,68	7,71
4	Schleuderpulver (DPG-Verfahren)	5,29	5,50	6,09	6,36	6,45	6,69	6,85	7,15	7,45	7,49	7,64	7,65
5	D-Pulver (Druckverdüsungsverfahren)	5,91	5,93	6,67	6,68	7,03	7,03	7,32	7,33	7,55	7,58	7,64	7,64
6	Elektrolyteisen fein	5,34	5,57	6,35	6,49	6,83	6,97	7,29	7,39	7,58	7,58	7,64	7,60
7	Carbonyleisen C...........	5,32	5,95	6,07	6,52	6,65	7,00	7,18	7,34	7,50	7,50	7,53	7,48
8	Sinterstahlpulver[2]	5,09	5,20	5,84	5,93	6,35	6,47	6,84	7,00	7,22	7,28	7,26	7,30

[1] Siehe Zahlentafel 17 u. 30, S. 98 u. 123.
[2] Besteht aus: 75 T. Weicheisen, 25 T. Gußeisen, 0,4 T. Graphit.

hängt, eine Tatsache, die auch schon in Zahlentafel 38, S. 186,
zum Ausdruck kam. Hier wirkt sich neben der Korngröße, auf
die weiter unten noch näher eingegangen wird, vornehmlich die
Korngestalt, die Oberflächenbeschaffenheit und die Gefügestabilität der Pulverteilchen aus. Das reaktionsträge D-Pulver
(Nr. 5), das aus vielen Einkristallen kugeliger Gestalt mit glatter
Oberfläche besteht, zeigt selbst bei niedrigsten Preßdrücken
praktisch keinen Schwund. Auch das RZ-Pulver (Nr. 2) erweist
sich als sehr schwindungsträge. Beim Hametagpulver (Nr. 3)
dürfte das verhältnismäßig grobe Korn für die geringe Schwund-
neigung verantwortlich zu machen sein. Die hervorragende
Schwindung des Carbonyleisens (Nr. 7) ist nicht nur auf die Pulver-
feinheit, sondern mehr noch auf die Gefügeinstabilität der Pulverteilchen zurückzuführen. Um das so charakteristische unterschiedliche Schwindungsverhalten von groben, schwindungsträgen

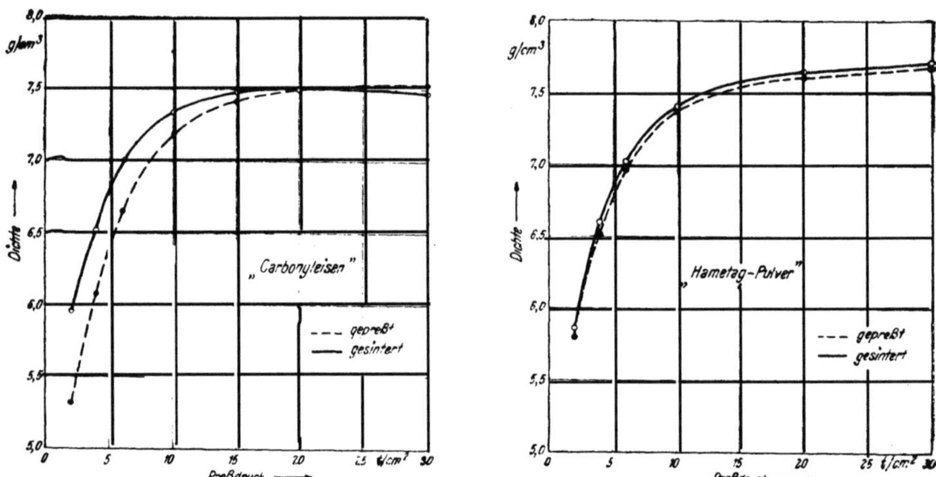

Abb. 92. Preß- und Sinterdichte von Carbonyl- und Hametageisenpulver in Abhängigkeit vom Preßdruck.

Pulvern gegenüber feinen schwindungsfreudigen Pulvern besonders
deutlich herauszustellen, ist in Abb. 92 die Preß- und Sinterdichte
von Carbonyleisen- und Hametageisenpulver in Abhängigkeit vom
Preßdruck graphisch dargestellt worden. Man ersieht daraus,
daß man bei der Sinterung von Grobpulvern praktisch die gleiche
Dichte beibehält, die durch den angewandten Preßdruck von
vornherein eingestellt wurde. Bei Feinstpulvern muß man von
vornherein mit einer geringeren Preßdichte rechnen, die aber bei
der Sinterung um so mehr zu höheren Werten verschoben wird,
je niedriger der angewandte Preßdruck ist. Trotz der höheren

Schwindungsneigung der Feinstpulver bestimmt aber auch bei ihnen der angewandte Preßdruck maßgeblich die endgültige Dichte der Sinterkörper[1].

Bei Feinpulvern kann sich übrigens nicht nur die Korngröße, sondern auch der höhere Sauerstoffgehalt der Feinstpulver in Richtung auf verstärkte Schwindungsneigung auswirken, worauf oben schon mehrfach hingewiesen wurde. Daß der Sauerstoffgehalt der Pulver vor dem Verpressen tatsächlich eine größere Rolle spielt, geht aus Zahlentafel 42 hervor. Das geht sogar so weit,daß sich die starken Unterschiede in den Preßdichten der sauerstoffreichen und -armen Pulver bei der Sinterung weitgehend ausgleichen, so daß die Sinterkörper aus dem sauerstoffreichen Pulver fast die gleiche Dichte aufweisen, wie die aus dem sauerstoffarmen. Bei den niedrigsten Preßdrücken tritt dieser Effekt besonders deutlich in Erscheinung. Es ist anzunehmen, daß bei Anwendung ultrahoher Preßdrücke infolge von Schwellungserscheinungen kein Schwund zu beobachten ist, sondern vielmehr eine Zunahme des Porositätsgrades. Die starke Schwindungsneigung von sauerstoffhaltigen Pulvern — so weit es sich um wasserstoffreduzierbare Oxyde handelt — beruht auf den gleichen Ursachen, die bei der Behandlung des Einflusses der Sinteratmosphäre auf Seite 191 schon gestreift wurden.

Es war schon mehrfach erwähnt worden, daß Feinstpulver eine wesentlich höhere Schwindungsneigung zeigen als Grobpulver. Um den Einfluß der

[1] Kalischer, P. R.: Symposium on Powder Metallurgy, Am. Soc. Test. Mat., Philadelphia 1943, S. 31-36.

Zahlentafel 42. *Dichte von Sinterkörpern aus Elektrolyteisenpulver, Korngröße $< 0,06$, verschiedenen Sauerstoffgehaltes (s. Zahlentafel 12, S. 76).*

Behandlungszustand	O-Gehalt	Dichte in g/cm³ bei einem Preßdruck (t/cm²) von					
		2		4		6	
		gepreßt	gesintert	gepreßt	gesintert	gepreßt	gesintert
Anlieferung	3,5	4,69	5,46	5,07	5,63	n.b.	n.b.
einmal reduziert......	1,5	5,15	5,52	6,02	6,27	6,49	6,73
zweimal reduziert.....	1,0	5,30	5,52	6,20	6,39	6,72	6,91
dreimal reduziert	0,5	5,35	5,54	6,28	6,45	6,80	6,92
viermal reduziert	0,25	5,40	5,57	6,35	6,49	6,83	6,97

Zahlentafel 43. *Einfluß der Korngröße auf die Schwindung bzw. Dichte von Sinterkörpern aus DPG-Schleuderpulver und Hametagpulver (Sinterbedingungen: 2 Stunden bei 1250° unter Wasserstoff) s. Zahlentafel 23, S. 110.*

Kornverteilung	DPG-Schleuderpulver						Hametagpulver					
	Dichte in g/cm³ bei einem Preßdruck von (t/cm²)											
	2		4		6		2		4		6	
	gepr.	gesint.	gepr.	gesint.	gepr.	gesint.	gepr.	gesint.	gepr.	gesint.	gepr.	gesint.
0,3 bis 0,15	4,97	5,00	5,73	5,76	6,11	6,15	5,67	5,75	6,39	6,43	6,84	6,90
0,15 bis 0,06	4,94	4,97	5,70	5,83	6,12	6,26	5,56	5,80	6,24	6,42	6,68	6,84
< 0,06	4,91	5,23	5,65	5,89	6,07	6,32	5,33	5,95	6,07	6,56	6,45	7,02

Korngröße soweit wie möglich losgelöst von anderen Faktoren wie Korngestalt, Oberflächenbeschaffenheit der Teilchen und Sauerstoffgehalt übersehen zu können, muß man von ein und demselben Pulver Siebfraktionen herstellen und diese bezüglich ihres Schwundverhaltens miteinander vergleichen. Das ist in Zahlentafel 43 für DPG-Schleuderpulver und Hametagpulver geschehen. Trotz geringerer Preß dichte übersteigt bei beiden Pulverarten in sämtlichen untersuchten Druckbereichen die Sinterdichte der Feinpulver diejenige der gröberen Fraktionen.[1]

Zusammenfassend ergibt sich bezüglich der Dichtesteigerung bzw. Schwindung während der Sinterung folgendes Bild:

1. Feinstpulver und Pulver mit unregelmäßiger, vielgestaltiger Oberflächenbeschaffenheit (mit Rauhigkeiten erster und zweiter Art) schwinden erheblich früher und mehr als grobe Pulver und solche mit glatter Oberfläche und großer Gefügestabilität.

2. Der Hauptteil der Schwindung erfolgt bei genügend hoher Sintertemperatur in verhältnismäßig kurzer Zeit.

3. Chemische Umsetzungen zwischen dem Sinterkörper und der Sinteratmosphäre beeinflussen den Schwindungsverlauf erheblich.

4. Ungepreßte oder niedrig gepreßte Pulver zeigen beim Sintern eine stärkere Schwindung als höher verdichtete; bei Anwendung ultrahoher Preßdrücke tritt gegebenenfalls infolge von Aufblähungen und Schwellungen ein Dichteabfall ein.

---

[1] s.: J. F. Kuzmick, J. D. Shaw, T. W. Clark, T. W. Frank, W. V. Knopp u. A. S. Margolies: Iron Age **158**, 1946, 5. u. 12. Dez., S. 72-76 u. 76-80.

5. Der Einfluß des Preßdruckes übertrifft hinsichtlich der Dichtesteigerung denjenigen der Sintertemperatur.

Die Erklärung für die aufgezeigten Zusammenhänge ergibt sich unschwer bei Berücksichtigung der früheren Ausführungen über die Vorgänge beim Sintern (s. S. 149-180, insbesondere S. 155 ff.).

b) Spezifischer elektrischer Widerstand.

Im vierten Kapitel (s. S. 137 ff.) war bereits über das Verhalten der elektrischen Leitfähigkeit in Preßkörpern berichtet worden. Preßkörper zeigten im allgemeinen Widerstandswerte, die wesentlich höher lagen als die des kompakten Metalls, was aus der Wirksamkeit der infolge Bildung von Gashäuten und Oxydfilmen sehr großen Übergangswiderstände zwischen den einzelnen Pulverteilchen erklärt werden kann.

Zahlentafel 44. *Spezifischer elektrischer Widerstand von Preß- und Sinterkörpern aus Eisenpulvern mit verschiedenen Zusätzen* (R. Steinitz).

Pulverzusammensetzung	Spezifischer elektrischer Widerstand: Ohm . cm²/m			
	nach dem Pressen mit einem Druck von t/cm²		nach dem Sintern bei °C*	
	3,9	7,8	700	1090
Reduktionspulver	90	28,2	0,33	0,27**
Elektrolyteisenpulver	150	45	0,27	0,19
Elektrolyteisen + 0,4% C	1970	132	etwa 0,6	0,21
Elektrolyteisen + 0,85% C ...	11140	300	etwa 0,8	0,28
18/8 Cr-Ni	—	85	—	1,06***
18% W, 4% Cr, 1% V	—	120	—	1,38

* Preßdruck: 7,8 t/cm², Sinterzeit: 15 Minuten.

** Spezifischer elektrischer Widerstand von Flußeisen: 0,15 Ohm . cm²/m.

*** Spezifischer elektrischer Widerstand von geschmolzenem 18/8 Cr-Ni-Stahl: 0,73 Ohm . cm²/m.

Der Einfluß solcher Widerstände geht auch aus Untersuchungen von R. Steinitz[1] hervor, der außer an Eisen- sowie Eisen-Chrom-Nickel- und Eisen-Wolfram-Chrom-Vanadin-Preßlingen auch die Leitfähigkeit von Eisenpreßlingen mit verschieden hohem Graphitzusatz vor und nach der Sinterung bestimmte. In Zahlentafel 44 sind die bei der Leitfähigkeitsmessung beobachteten Werte zusammengefaßt. Die extrem hohen Widerstandswerte bei den graphithaltigen Eisenpulverpreßlingen zeigen, daß der Graphit die Eisenteilchen mehr oder minder gleichförmig umgibt und einen metallischen Kontakt verhindert. Bei Anwendung eines höheren Preßdruckes werden diese Graphitschichten teilweise zerdrückt

---

[1] Steinitz, R.: Powder Met. Bull. 1, 1946, S. 6-7.

und der metallische Kontakt hergestellt, was sich in einem deutlichen Abfall des Widerstandes zeigt.

Verfolgt man die Leitfähigkeit während des Sinterprozesses, so gewinnt man einen sehr guten Überblick über die im Körper sich abspielenden Vorgänge. Bei niederen Temperaturen treten nur sehr mäßige Änderungen gegenüber den an den Kaltpreßlingen ermittelten Kurven auf. Abb. 93 zeigt am Beispiel des Nickels nach Untersuchungen von G. Grube und H. Schlecht[1] für Sintertemperaturen von 300⁰ noch verhältnismäßig hochliegende Widerstandswerte. Bei steigenden Temperaturen beginnen die den Kontakt der Pulverteilchen störenden absorbierten Gase abzudiffundieren, wodurch die Kontaktflächen elektrisch besser leitend werden und somit der Widerstand des Körpers absinkt. In dem Maße, wie nunmehr bei weitersteigender Temperatur die Gefügeentwicklung durch Kristallisationen einsetzt, tritt natürlich die Wirksamkeit der Pulverberührungsflächen mehr und mehr in den Hintergrund. Der Widerstand der Körper wird im zunehmenden Maße durch den eigentlichen

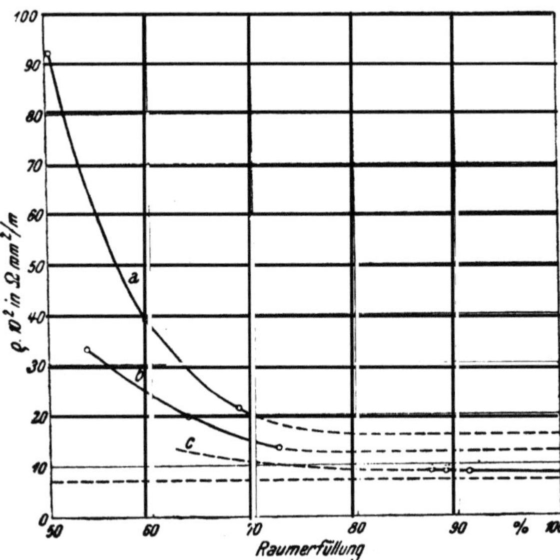

Abb. 93. Spez. elektrischer Widerstand in Abhängigkeit von der Dichte (dargestellt am Beispiel des Nickels): a) gesintert bei 300⁰, b) gesintert bei 650⁰ c) gesintert bei 1300⁰.

Materialwiderstand bestimmt. Man erreicht schließlich Werte des spezifischen elektrischen Widerstandes, die sich denen des Kompaktmaterials annähern. Diese Annäherung wird um so vollkommener, je geringer die endgültige Porosität des Körpers ist. Besonders gut geht dies aus Abb. 93 hervor, die erkennen läßt, daß mit zunehmender Dichte infolge erhöhter Sintertemperatur der Widerstand abnimmt, bis sich schließlich bei dem dargestellten Beispiel des bei hoher Temperatur sehr gut

---

[1] Grube, G. u. H. Schlecht: Z. Elektroch. 44, 1938, S. 367-374, 413-422; s. H. Schlecht: Dissertation, Stuttgart: 1936.

dichtsinternden Nickels der Widerstand bis auf 10% dem des kompakten Materials annähert.

Von den Verfassern wurden an den gleichen Proben, über die bereits auf S. 138 berichtet wurde, Leitfähigkeitsmessungen nach Sinterung bei verschiedenen Temperaturen durchgeführt. Es wurden bei den Eisenpulvern im wesentlichen die gleichen Verhältnisse beobachtet, wie bei Nickel. In Abb. 94 sind die nach einer Sinterung bei 1200⁰ gewonnenen Ergebnisse den Werten der Pulverpreßlinge gegenüber gestellt. Das im Preßzustand weit auseinander gezogene Wertefeld ist jetzt stark zusammen geschrumpft. Die Höhe des spezifischen Widerstandes läßt den Einfluß der Porosität der Sinterkörper erkennen, die immerhin noch Abweichungen beträchtlicher Größe vom Wert des Kompaktmaterials bedingt. In der Reihenfolge der Kurven ist eine Verschiebung eingetreten. Beim Schwammeisenpulver und beim DPG-Pulver kommt außer der Porosität besonders der SiO_2-Gehalt zur Geltung, der die höchsten beobachteten Widerstandswerte bedingt.

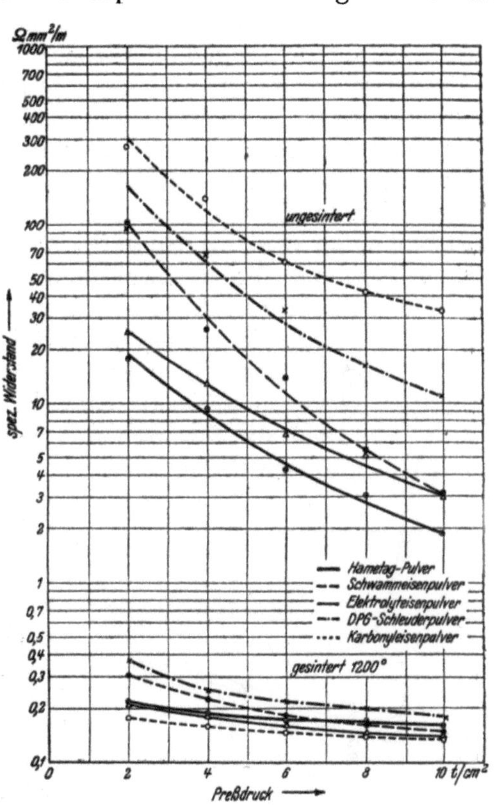

Abb. 94. Spez. elektrischer Widerstand verschiedener Eisenpulver im gepreßten und gesinterten Zustand in Abhängigkeit von der Höhe des Preßdrucks.

Das Elektrolyteisenpulver zeigt nach den Messungen ein etwas besseres Sinterverhalten als das Hametageisen. In den beiden Carbonyleisenkurven kommt in besonders guter Weise der Einfluß der Kristallisation zum Ausdruck. Das Pulver, das im gepreßten Zustand infolge seiner Feinkörnigkeit und der dadurch bedingten zahllosen, mit einem Widerstand behafteten Kontaktstellen die bei weitem am höchsten liegenden Widerstandswerte aufwies, bildet bei der Sinterung ein weitgehend porenfreies kristallines Gefüge aus, so daß die erzielte Dichte sehr hoch liegt und die gemessenen Widerstandswerte sich der höheren Dichte und Reinheit der Carbonyleisensinterkörper entsprechend am meisten den Werten des Kompaktmaterials annähern.

3. Mechanische Eigenschaften.

Auch bei der Behandlung der mechanischen Eigenschaften ist zunächst die Abhängigkeit dieser Eigenschaften von den Sinterbedingungen: Sintertemperatur, Sinterzeit und Sinteratmosphäre zu betrachten. In zweiter Linie ist der Einfluß der Herstellungsart des Pulvers und der Preßbedingungen zu berücksichtigen. Wie schon auf Seite 181 zum Ausdruck gebracht, sind die mechanischen Eigenschaften ihrerseits weitgehend dichtebestimmt bzw. porositätsabhängig. Gleichzeitig wirkt sich die Gefügebeschaffenheit der Sinterkörper auf die mechanischen Eigenschaften insbesondere auf die Festigkeitseigenschaften und die Dehnung aus. Aus diesem Grunde ist es zweckmäßig, bei der Besprechung der mechanischen Eigenschaften zum Vergleich so weit wie möglich die Sinterdichte heranzuziehen, wodurch sich die Zusammenhänge besonders klar und einfach überblicken lassen.

a) Härte.

Die Härte ist bei Sintermetallen eine komplizierte Funktion von Adhäsion der Sekundärteilchen, Porositätsgrad und Formänderungsvermögen[1]. Die im Schrifttum vorliegenden diesbezüglichen Versuchsresultate sind daher in ihrer absoluten Größe nicht immer vergleichbar und insbesondere bei der Gegenüberstellung mit der Härte der auf dem Schmelzwege gewonnenen Werkstoffe mit einer gewissen Vorsicht zu betrachten

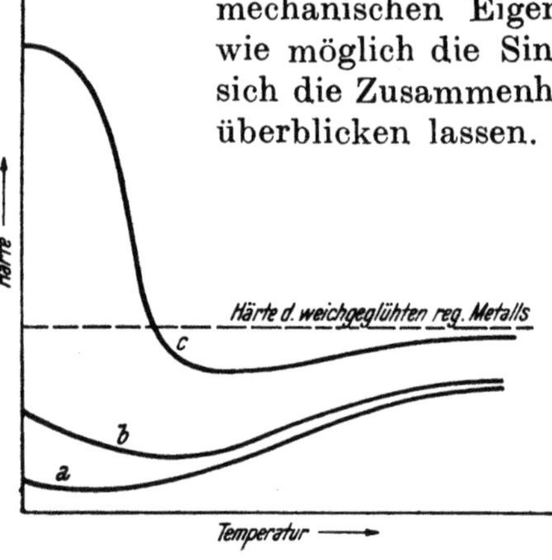

Abb. 95. Härte von Sintereisen in Abhängigkeit von der Höhe der Sintertemperatur für verschiedene Druckbereiche:
a) niedriger Preßdruck,
b) mittlerer Preßdruck,
c) hoher Preßdruck.

(s. frühere Ausführungen S. 142 sowie S. 319).

Der Verlauf der Härte in Abhängigkeit von der *Sintertemperatur* wird durch Abb. 95 schematisch für niedrige, mittlere und hohe Preßdrücke wiedergegeben. Obwohl für Eisen und seine Legierungen keine unmittelbaren Versuchsresultate zum Beleg der Schemakurve im Schrifttum vorliegen, ist an der Gültigkeit

---

[1] Sauerwald, F.: Koll. Z. **104**, 1943, S. 144-160.

der Darstellung auch für Eisen nicht zu zweifeln, insbesondere, da neben Untersuchungsergebnissen an Sinterstahl[1] (s. Zahlentafel 49, S. 211) und an Kupfer[2, 3] auch solche an Nickel[4] den Kurvenverlauf in vollem Umfang bestätigen. Bei ungepreßtem und mit niedrigem Druck gepreßten Eisenpulver (Kurve a) nimmt die Härte mit steigender Sintertemperatur leicht zu. Das gilt insbesondere, wenn gleichzeitig eine Dichtesteigerung stattfindet. Wie schon früher ausgeführt (s. S. 195), ist das bei der Sinterung der Feinstpulver stets der Fall. Die stete Härtezunahme schwachgepreßter Sinterkörper läßt sich zwanglos als Folge verstärkten Zusammensinterns erklären. Es beruht auf der mit steigender Temperatur zunehmenden Adhäsion und dem verstärkten Auftreten von Kristallisationen. Die bei sehr hohen Temperaturen zu beobachtende Härte kann bei chemisch reinem Eisenpulver natürlich die des weichgeglühten regulinischen Metalls nicht übersteigen. Sie wird meistens tiefer liegen, und zwar einmal wegen der noch vorhandenen Porosität, zum anderen wegen des verstärkten Kornwachstums bei höheren Temperaturen. Wenn man trotzdem häufig auch an niedrig gepreßten, bei sehr hoher Temperatur hergestellten Eisensinterkörpern Härtewerte beobachtet, die höher liegen, als die des geschmolzenen, geglühten Metalls, so liegt das einerseits zweifellos an den dann vorhandenen Begleitelementen, andererseits an dem Vorhandensein von Sinterspannungen, worauf W. Dawihl und U. Schmidt[5] neuerdings aufmerksam machten. Im mittleren Druckbereich (Kurve b) wird die Härte im Gebiet der Adhäsion und hier stattfindender Rekristallisation fallen, soweit die Rekristallisation überall überwiegt. In seltenen Fällen kann sie erst fallen und später wieder leicht ansteigen, und zwar dann, wenn zunächst der Kristallerholungseffekt, und später die Adhäsion (Schwindungseffekt) überwiegt. Bei sehr hohen Drücken (Kurve c) fällt infolge des Überwiegens der Rekristallisation die Härte immer. Das ist insbesondere dann der Fall, wenn infolge von Schwellungserscheinungen ein Dichteabfall derartiger Körper bei der Sinterung stattfindet. Bei sehr hohen Glühtemperaturen und genügend langen Sinterzeiten nähert sich die Härte derjenigen des weichgeglühten regulinischen Metalls.

Über den Einfluß der *Sinterzeit* auf die Härte von Eisensinter-

---

[1] Chadwick, R. u. E. R. Broadfield: Iron Steel Inst., Spec. Rep. Nr. 38, London 1947, S. 123-41.

[2] Trzebiatowski, W.: Z. phys. Ch. B **24**, 1934, S. 75-86.

[3] Kieffer, R. u. W. Hotop: Pulvermetallurgie und Sinterwerkstoffe, Berlin: Springer-Verlag, 1943, S. 114.

[4] Grube, G. u. H. Schlecht: Z. Elektroch. **44**, 1938, S.367-374,413-422.

[5] Dawihl, W. u. U. Schmidt: Stahl u. Eisen **65**, 1945, S. 9-14.

körpern liegen im Schrifttum praktisch keine Daten vor. Man geht wahrscheinlich nicht fehl, wenn man annimmt, daß bei niedrigen und mittleren Preßdrücken, insbesondere bei Feinstpulvern mit Verlängerung der Sinterzeit, eine Dichtesteigerung und demgemäß sicher auch eine geringfügige Härtezunahme erfolgt.

Nach Untersuchungen von R. Chadwick und E. R. Broadfield[1] nimmt die Härte von Sinterstahlkörpern (etwa 0,9 % C) nach anfänglichem Abfall mit zunehmender Sinterdauer ständig zu. Es ergibt sich also ein Kurvenverlauf ähnlich wie in Abb. 95 schematisch dargestellt (s. Zahlentafel 50, S. 212).

Bezüglich des Zusammenhanges zwischen Härte und *Sinteratmosphäre* sei auf die Ausführungen auf S. 191 verwiesen, wo der Einfluß der Sinteratmosphäre auf die Dichte der Sintereisenkörper besprochen wurde. Man wird dann bezüglich der Härte folgendes sagen können: immer, wenn sich die Sinteratmosphäre auf den Sinterkörper dichtesteigernd auswirkt, wird· sie gleichzeitig eine gewisse Härtesteigerung bewirken und umgekehrt.

Der starke Zusammenhang zwischen Härte und Dichte von Sinterkörpern wird besonders klar, wenn man bei Konstanthaltung der Sinterbedingungen die übrigen Herstellungsbedingungen der Sinterkörper variiert. Das ist in Zahlentafel 45 geschehen. In ihr ist die Vickershärte von Sintereisen- und Sinterstahlkörpern aus den verschiedensten Eisenpulvern in Abhängigkeit von der Höhe des Preßdruckes aufgeführt. Um einen Vergleich mit der Härte der Preßkörper zu ermöglichen, sind die entsprechenden Härtewerte aus Zahlentafel 33 übernommen. Gleichzeitig ist die Sinterdichte aufgeführt worden. Beim Vergleich der Härte der Sinterkörper mit derjenigen der Preßkörper stellt man im niedrigsten Druckbereich lediglich bei den äußerst feinkörnigen Carbonyleisenpulvern eine leichte Härtesteigerung fest. Bei allen übrigen Pulvern ist im Druckbereich von 2 t/cm² die „Sinterhärte“ geringer als die „Preßhärte“. Ab 4 t/cm² bis zum höchsten Druck von 30 t/cm² ist die Sinterhärte bei sämtlichen Pulvern kleiner als die Preßhärte. Mit steigendem Preßdruck wird dabei die Differenz im allgemeinen größer. Bei sämtlichen Pulvern nimmt die Sinterhärte mit steigendem Preßdruck monoton zu, so daß dem höchsten Preßdruck nicht nur die höchste Preßhärte, sondern gleichzeitig auch die höchste Sinterhärte zugeordnet ist. Da die Sinterdichte das gleiche Bild zeigt, ist zu folgern, daß man bei Betrachtung ein und desselben Pulvers bei konstanten Sinter-

---

[1] Chadwick, R. u. E. R. Broadfield: Iron Steel Inst., Spec. Rep. Nr. 38, London 1947, S. 123-41.

Zahlentafel 45. *Vickershärte von Sintereisen und Sinterstahl aus verschiedenen Eisenpulvern in Abhängigkeit vom Preßdruck. (Sinterbedingungen für Sintereisen: 2 Stunden bei 1250° unter Wasserstoff; für Sinterstahl: 2 Stunden bei 1220° unter CO-haltiger Wasserstoff-Atmosphäre).*

Lfd. Nr.	Ausgangspulver[1]	Härte H_V in kg/mm² bei einem Preßdruck von (t/cm²)												Sinterdichte in g/cm³ bei einem Preßdruck (t/cm²) von					
		2		4		6		10		20		30		2	4	6	10	20	30
		gepr.	gesint.	gepr.	gesint.	gepr.	gesint.	gepr.	gesint.	gepr.	gesint.	gepr.	gesint.						
1	Reduktionspulver aus Schwedenerz (Höganäsverfahren)	35	27	60	47	82	61	118	69	181	88	193	93	5,46	6,23	6,69	7,01	7,43	7,51
2	RZ-Pulver (Roheisen-Zunder-Verfahren).	30	28	50	45	75	60	110	70	177	83	188	99	5,53	6,47	6,97	7,30	7,46	7,54
3	Hametagpulver (Wirbelschlagverfahren)	35	32	67	61	93	66	125	78	161	88	169	91	5,85	6,59	7,02	7,41	7,71	7,71
4	Schleuderpulver (DPG-Verfahren) ..	30	32	57	52	82	61	111	75	165	97	184	105	5,50	6,36	6,69	7,15	7,49	7,65
5	D-Pulver (Druckverdüsungsverfahren) .	35	28	55	46	70	57	95	69	118	83	120	85	5,93	6,68	7,03	7,33	7,58	7,64
6	Elektrolyteisen, fein .	30	29	78	50	115	67	150	71	190	76	200	80	5,57	6,49	6,97	7,39	7,58	7,60
7	Carbonyleisen C.....	25	44	59	58	85	69	119	76	165	80	180	81	5,95	6,52	7,00	7,34	7,50	7,48
8	Sinterstahlpulver ...	—	103	—	118	—	140	—	160	—	200	—	220	5,20	5,93	6,47	7,00	7,28	7,30

[1] Pulver 1 Stunde bei 850° geglüht, Siebanalyse s. Zahlentafeln 17, S. 98, 33, S. 135, 41, S. 193.

[2] Besteht aus: 75 T. Weicheisen, 25 T. Gußeisen, 0,4 T. Graphit; C-Gehalt im Pulver etwa 1,1 %, C-Gehalt im Sinterkörper etwa 0,7 %.

Zahlentafel 46. *Vickershärte und Sinterdichte von Sinterkörpern aus Hametag-*
der verwandten Pulver (Sintertemperatur 1250°,

	Hametagpulver[1]					
Glühbehandlung des Pulvers unter Wasserstoff	Sinterdichte g/cm³ bei einem Preßdruck (t/cm²)·von			Vickershärte kg/mm² bei einem Preßdruck (t/cm²) von		
	2	4	6	2	4	6
1 Stunde 400°.	n. b.	5,61	6,34	n. b.	25,7	41,9
1 Stunde 600°.	5,58	6,25	6,75	26,4	44,8	63,6
1 Stunde 800°.	5,75	6,59	7,04	31,7	61,3	66,0
1 Stunde 1000°.	5,92	6,62	7,09	36,0	63,5	74,2

[1] Siehe Zahlentafel 14, S. 79.

bedingungen eine um so höhere Härte erhält, je dichter der Sinterkörper ist. Beim Vergleich verschiedener Pulver unterschiedlicher
Herstellungsart und damit verschiedener Pulvereigenschaften
wie Korngröße, Korngestalt und chemische Reinheit gilt diese
Beziehung naturgemäß nicht. Wie aus Zahlentafel 42 hervorgeht,
hat beim höchsten Preßdruck von 30 t/cm² Hametagpulver zwar
die höchste Sinterdichte (7,71 g/cm³) aber nicht die höchste Härte.

Unter Nr. 8 sind in Zahlentafel 45 auch die Vickershärten von
Sinterstahl mit etwa 0,8% C im Sinterkörper aufgeführt worden.
Der Kohlenstoff wurde in diesem Falle zum Teil über ein Gußeisenpulver (25%) mit etwa 2,5% C und zum Teil durch Zugabe von
Pudergraphit (0,4%) eingebracht. Auch hier ergibt sich eine eindeutige Beziehung zwischen der Härte und der Sinterdichte. Infolge des Einflusses des Kohlenstoffgehaltes liegen die absoluten
Härtewerte naturgemäß wesentlich höher als bei den Sinterkörpern
aus den verschiedenen Eisenpulvern ohne Kohlenstoff.

Mit steigender Vorglühtemperatur der Pulver verbessert sich,
wie früher gezeigt wurde, die Preß- und Sinterdichte. Daher ist
auch mit um so höherer Härte der Sinterkörper zu rechnen, je
besser die verwandten Pulver reduzierend vorgeglüht wurden.
Zahlentafel 46 bestätigt diese Vermutung am Beispiel des Hametag-
und DPG-Schleuderpulvers in vollem Umfang.

Über den Einfluß der Korngröße auf die bei Eisensinterkörpern
auftretende Härte liegen verschiedene Veröffentlichungen vor[1, 2].
Da feinkörnige Pulver bei gleichem Preßdruck, gleicher Sintertemperatur und gleicher Sinterzeit zu höherer Dichte führen
(s. Zahlentafel 43, S. 196), ergibt sich als selbstverständliche

[1] Eilender, W. u. R. Schwalbe: Arch. Eisenhüttenwes. **13**, 1939-40,
S. 267-272.

[2] Schwarzkopf, P. u. C. G. Goetzel: Iron Age **146**, 1940, 19. Sept.,
S. 39-45.

und DPG-Eisenpulver in Abhängigkeit von der reduzierenden Glühbehandlung Sinterzeit 2 Stunden, Wasserstoffatmosphäre).

Glühbehandlung des Pulvers unter Wasserstoff	Sinterdichte g/cm³ bei einem Preßdruck (t/cm²) von			Vickershärte kg/mm² bei einem Preßdruck (t/cm²) von		
	2	4	6	2	4	6
1 Stunde 700°.	4,78	5,45	5,80	n. b.	28,1	37,1
1 Stunde 800°.	5,37	6,03	6,37	29,8	43,0	56,2
1 Stunde 900°.	5,50	6,36	6,69	32,4	52,1	61,3
1 Stunde 1000°.	5,60	6,37	6,72	36,6	53,6	63,9

DPG-Schleuderpulver[2]

Siehe Zahlentafel 15, S. 79.

Folgerung für die Härteabhängigkeit ein ähnlicher Zusammenhang. Daß man aus Zahlentafel 45 diese Gesetzmäßigkeit nicht unmittelbar ablesen kann, obwohl in ihr Pulver mit sehr verschiedener Korngröße aufgeführt sind, ist darin begründet, daß es sich bei diesen Pulvern um solche sehr verschiedener Herstellungsart handelt, wodurch andere Faktoren wie Korngestalt, Oberflächenbeschaffenheit der Pulverteilchen und chemische Reinheit den Einfluß der Korngröße überdecken.

Will man alle Ergebnisse der mikroskopisch gemessenen Härte an Sinterkörpern zusammenfassen, so dürfte dafür eine Darstellung gemäß Abb. 96 sehr geeignet sein. In ihr ist die Härte von unge-

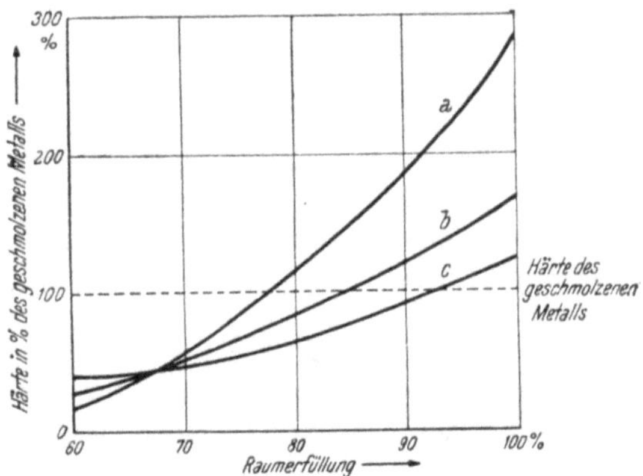

Abb. 96. Härte von Sinterkörpern in Abhängigkeit von der Dichte:
a) ungesintert,
b) mittlere Sintertemperatur (etwa 50 % der Schmelztemperatur),
c) hohe Sintertemperatur (etwa 90 % der Schmelztemperatur).

sinterten und bei zwei verschieden hohen Temperaturen gesinterten Körpern in Abhängigkeit von der Dichte (% der Reindichte) schematisch dargestellt. Man überzeugt sich leicht, daß alle oben besprochenen Erscheinungen durch diese Darstellung irgendwie erfaßt werden.

W. Dawihl und U. Schmidt[1] untersuchten in einer neueren, schon oben erwähnten Arbeit die Frage, inwieweit durch die Preß-

[1] Dawihl, W. u. U. Schmidt: Stahl u. Eisen **65**, 1945, S. 9-14.

und Sinterbehandlung die Eigenschaften verschiedenartig hergestellter Eisenpulver aufgehoben werden. Die Arbeit ist aus dem Grund in diesem Zusammenhang bemerkenswert, weil in ihr zum ersten Male über Mikrohärtemessungen an Sintereisenkörpern berichtet wird. Die Härtemessungen wurden mit dem Mikrohärteprüfer nach H. Hanemann[1-7] ausgeführt, weil eine Bestimmung der Brinellhärte wegen der verschiedenartigen Verteilung und Größe der Poren keinen eindeutigen Hinweis auf die Härte der Kristalle erwarten ließ. Auf Grund eingehender Vorversuche wurden einwandfreie, vergleichbare Härtewerte dann ermittelt, wenn die Proben eine Stunde lang poliert wurden und wenn die Härte auf eine Eindruckdiagonale von $20\,\mu$ bezogen wurde. Unter diesen Umständen wurde die Mikrohärte an sechs verschieden hergestellten Eisenpulvern im Anlieferungszustand und nach reduzierender Vorglühung bei 700° sowie an entsprechenden Sinterkörpern (Preßdruck 1 bzw. 6 t/cm²; Sinterbedingungen: 2 Stunden bei 1400°) bestimmt. Die Mikrohärte wurde auch an Sinterkörpern gemessen, die zusätzlich geschmiedet und nochmals bei 1400° geglüht wurden. Zum Vergleich schließlich wurden die Mikrohärtewerte für geschmolzenes reines Eisen nach verschiedener Behandlung sowie für umgeschmolzenes Wirbelschlagpulver ermittelt. Die bei diesen Messungen erhaltenen Versuchsergebnisse gehen aus Zahlentafel 47 hervor. Aus ihnen ergibt sich:

1. Die Mikrohärte der Pulver, soweit sie überhaupt gemessen werden konnte, wird durch das Glühen der Pulver, wie zu erwarten, erniedrigt.

2. Die Mikrohärte der Sinterkörper ist durchwegs höher als die der Pulver. Die durch das Pressen, besonders bei hohem Druck, hervorgerufene Kaltverformung ist also trotz zweistündiger Sinterung bei 1400° noch nicht behoben, ebenso die durch Schmieden hervorgerufene nicht.

3. Die Mikrohärte der Sinterkörper liegt mit Ausnahme des Stampfpulvers zum Teil erheblich niedriger als bei der Vergleichsprobe aus reinem geschmolzenem Eisen.

4. Die Mikrohärte der Ferritkristalle ist teilweise in erheblichem Maße von dem Pulverherstellungsverfahren abhängig.

---

[1] Hanemann, H. u. E. O. Bernhardt: Z. Metallkde. **32**, 1940, S. 35-38.
[2] Bernhardt, E. O.: Z. VDI. **84**, 1940, S. 733-736.
[1] Rapp, A. u. H. Hanemann: Z. Metallkde. **33**, 1941, S. 64-67.
[4] Schulz, F. u. H. Hanemann: Z. Metallkde. **33**, 1941, S. 124-134.
[5] Sommer, P. u. U. Zoepffel: Metallwirtsch. **20**, 1941. S. 1196-1198.
[6] Hanemann, H. Metallwirtsch. **21**, 1942, S. 315.
[7] Gebrauchsanweisung für Mikrohärteprüfer nach Hanemann, Zeiss G 11-676-1.

5. Die hohe Härte der durch besonders starke Kaltverformung hergestellten Stampfpulversinterkörper wird durch den Preßdruck nicht mehr beeinflußt. Bemerkenswert ist hier, daß erst nach sehr langer Glühdauer bei hoher Temperatur ein Härteabfall eintritt.

Die hohe Härte der geschmolzenen Proben, die übrigens mehrfach bestätigt werden konnte, wird von W. Dawihl und U. Schmidt auf innere Spannungen zurückgeführt. Durch Röntgenuntersuchungen wurde bestätigt, daß auch in den Sinterkörpern trotz der hohen Sintertemperatur noch Restspannungen vorhanden sind, die wahrscheinlich beim Zusammenwachsen der Kristalle während der Sinterung, besonders bei ungleichmäßiger Korngestalt, entstehen. Die bei der Sinterung der verschiedenen Pulver in verschieden hohem Maße auftretenden Spannungen führen zu unterschiedlichen Werten in der Mikrohärte und ergeben dadurch einen mittelbaren Zusammenhang mit der Herstellungsart der Pulver. Ein unmittelbarer Zusammenhang zwischen der Höhe der Mikrohärte der Sinterkörper und dem Kaltverformungsgrad der Pulver vom Herstellungsprozeß her besteht nämlich offensichtlich nicht.

Zahlentafel 47. *Mikrohärte verschiedener Eisenpulver im Anlieferungszustand, nach Glühen bei 700°, sowie nach Verarbeitung zu Sinterkörpern* (W. Dawihl u. U. Schmidt).

Herstellungsart des Pulvers	Mikrohärte $H_{20}\,\mu$*				
	Pulver		Sinterkörper (2 St. 1400°) Preßdruck t/cm²		geschmiedet geglüht bei 1400°
	Anlieferung	geglüht bei 700°	1	6	
Wirbelschlagpulver (grob-fein)............	110	95	115	132	135
Stampfpulver	n. b.**	n. b.	200***	200	153
Reduktionspulver	n. b.	n. b.	153	185	—
Druckreduktionspulver[1]..	n. b.	n. b.	129	170	123
Eisenschwammpulver	120	90	125	157	126
Schleuderpulver.........	98	98	112	129	134

* Die Werte sollen nicht als absolute Härteangaben, sondern nur zum Vergleich dienen. Vergleichswerte an Proben reinen geschmolzenen Eisens:

	Mikrohärte $H_{20}\,\mu$
a) nach üblichen Herstellungsverfahren	204
2 Stunden bei 1400° geglüht	120
2 Stunden bei 1400° geglüht, langsam abgekühlt	113
b) Schmelze aus Wirbelschlagpulver bis zur Erstarrung langsam, dann schnell abgekühlt	143

** Nicht bestimmbar (dünne Lamellen, feinkristallin oder zahlreiche feine Poren).

*** Mikrohärte 170 bei Sinterung von 10 Stunden bei 1400°.

[1] Siehe Druckreduktionsverfahren nach E. Edwin, S. 45ff.

b) Festigkeitseigenschaften.

Die Festigkeitseigenschaften von Sintereisen und Sinterstahl werden entweder mit Hilfe von doppelseitig gepreßten Makrozerreißstäben oder unter Verwendung von Mikrozerreißproben bestimmt, die aus den fertigen Sinterkörpern spangebend herausgearbeitet werden. Über Einzelheiten der Probeabmessungen und Durchführung der Prüfung unterrichtet Kapitel 9 auf S. 323 ff. Die von W. Eilender und R. Schwalbe[1] erstmalig in Vorschlag gebrachten Makrozerreißstäbe haben sich hervorragend bei wissenschaftlichen Untersuchungen zur Bestimmung der Festigkeitseigenschaften beliebiger Pulversorten und Pulvermischungen bewährt. An diesen Proben können auch leicht die Schlagbiegefestigkeit, die Dichte und die Härte bestimmt werden. Um einzelne Sinterchargen bei der Massenfertigung von Sintereisen und Sinterstahl kontrollieren zu können, legt man unter gleichen Bedingungen gepreßte Makrozerreißstäbe einzelnen Sinterfahrten bei. Wünscht man jedoch die mechanischen Eigenschaften unmittelbar am Sinterkörper zu bestimmen, so kommt die Verwendung von Makrostäben wegen der Kleinheit der meisten Sinterfertigerzeugnisse nicht in Frage. Hier hat B. Chevenard einem fühlbaren Mangel abgeholfen, indem er für Mikrozerreißproben, die spangebend aus dem Sinterteil herausgearbeitet werden, einen handlichen Zerreißapparat konstruiert hat, mit dessen Hilfe man das Zerreißschaubild photographisch festhalten kann (s. S. 324). Derartige Mikrozerreißstäbe, die aus zylindrischen Probekörpern von ca. 20 mm $\varnothing$ und 6 bis 8 mm Höhe herausgearbeitet wurden, haben sich bei eigenen umfangreichen Untersuchungen zwischenzeitlich bestens bewährt. Die weiter unten mitgeteilten vielfachen eigenen Versuchsergebnisse über die Festigkeitseigenschaften von Sintereisen und Sinterstahl sind ausschließlich an derartigen Mikrozerreißproben ermittelt worden.

Die Abhängigkeit der Festigkeitseigenschaften von Sintereisen von der *Sintertemperatur* geht aus Abb. 97 hervor. Diese Abbildung enthält die Ergebnisse an Sinterkörpern aus technischem Eisenpulver (Hametagpulver) nach W. Eilender und R. Schwalbe[1]. Die Versuchsstäbe wurden mit einem Druck von 6 t/cm² hergestellt und eine halbe Stunde lang unter Wasserstoff gesintert. Die Korngröße des verwendeten Pulvers betrug 75 bis 100 μ. Die Festigkeitseigenschaften steigen mit zunehmender Sintertemperatur, erreichen ein Maximum bei etwa 800°, fallen

---

[1] Eilender, W. u. R. Schwalbe: Arch. Eisenhüttenwes. **13**, 1939-40, S. 267-272.

im Bereich des spontanen Kornwachstums (850 bis 900°), um dann wieder erneut anzusteigen. Kurven von im wesentlichen gleichem Charakter ergeben sich nach früheren eigenen Messungen an Sinterstäben aus Feinsteisenpulver (Korngröße etwa 1 bis 5 μ), das durch Reduktion aus chemisch reinem Oxyd gewonnen wurde. Unabhängig von der Höhe des aufgewandten Preßdruckes liegt das Festigkeitsmaximum bei 850 bis 875°. Während Sinterkörper aus Fein- und Feinsteisenpulver im Bereich der α—γ-Umwandlung ein Festigkeitsmaximum durchlaufen — das gleiche wurde übrigens auch von F. Sauerwald und E. Jaenichen[1] beobachtet — zeigen nach eigenen Untersuchungen Stäbe aus grobem technischen Eisenpulver bei Preßdrücken bis zu etwa 5 t/cm² eine mit steigender Sintertemperatur stetig zunehmende Festigkeit, ohne daß die α—γ-Umwandlung und

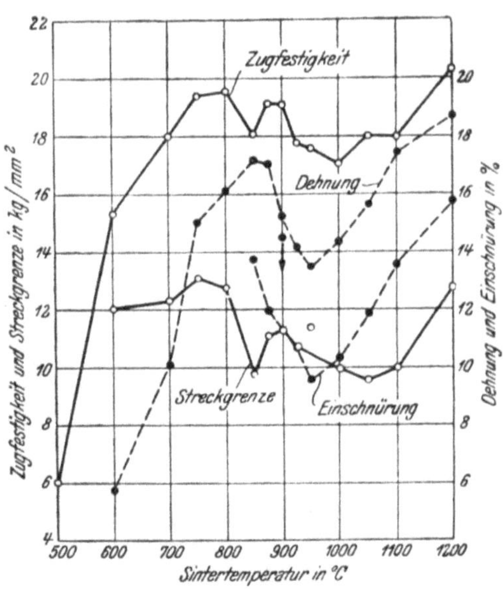

Abb. 97. Einfluß der Sintertemperatur auf die Festigkeitseigenschaften von Sintereisen (Preßdruck 6 t/cm², Sinterzeit 30 Minuten (W. Eilender und R. Schwalbe).

beginnendes Kornwachstum die Festigkeit beinträchtigen. In die gleiche Richtung scheinen auch Versuchsergebnisse von Eisenkolb[2] zu weisen, die in Zahlentafel 48 wiedergegeben sind.

[1] Sauerwald, F. u. E. Jaenichen: Z. Elektroch. **31**, 1925, S. 18-54.
[2] Eisenkolb, F.: Metallwirtsch. **23**, 1944, S. 373-377.

Zahlentafel 48. *Einfluß der Sintertemperatur auf die Zugfestigkeit von Sintereisen aus Hametagpulver mit 6,0 g/cm³ Sinterdichte (Sinterbedingungen 2 Stunden unter Wasserstoff) (F. Eisenkolb).*

Pulverart	Zugfestigkeit in kg/mm² bei einer Sintertemperatur °C						
	850	900	950	1000	1050	1100	1150
Hametag fein I	12,1	12,3	12,8	12,8	13,1	13,3	13,3
Hametag fein II	10,8	11,9	12,6	12,8	12,5	12,9	13,2
Hametag mittelfein	10,5	11,4	12,8	12,4	11,8	12,0	12,6

Die Festigkeitssteigerung von Sinterkörpern im Verlauf der Temperaturerhöhung ist im unteren Temperaturbereich durch das in diesem Gebiet eintretende stärkere Wirksamwerden der Adhäsionskräfte bedingt (Verschwinden von Oxydhäuten, Abdiffundieren von gelösten oder eingeschlossenen Gasen, Begradigung von Oberflächenrauhigkeiten, beginnende Platzwechselvorgänge in der Oberfläche der Pulverteilchen). Bei höheren Temperaturen, im Falle des Eisens etwa ab 650⁰, müssen für die Verfestigung infolge der erhöhten Platzwechselvorgänge vornehmlich Kristallisationserscheinungen verantwortlich gemacht werden, die um so lebhafter erfolgen, je instabiler die Pulverteilchen sind (Feinstpulver, hoher Rauhigkeitsgrad usw.)[1]. Der im Falle des Eisens beobachtete Festigkeitsabfall um 800⁰ wurde von F. Sauerwald und E. Jaenichen[2] mit der α—γ-Umwandlung des Eisens in Zusammenhang gebracht. Die bei der Umwandlung auftretende Kontraktion und die damit verbundene Atomumgruppierung würde darnach vorübergehend zu einer Abnahme der Sinterkräfte führen. Den Kristallisationsvorgängen käme für die Temperaturabhängigkeit der Verfestigung nur sekundäre Bedeutung zu. Demgegenüber weisen W. Eilender und R. Schwalbe[3] darauf hin, daß die Kristallisationsvorgänge die Verfestigung maßgeblich beeinflussen. Beim Vergleich des Gefüges mit der Festigkeit (vgl. die entsprechenden Abb. 76a bis c, S. 160) stellt man fest, daß mit dem Fortschreiten der Ausbildung eines gleichmäßigen Ferritgefüges gleichzeitig auch die Festigkeit stark ansteigt, bis im Temperaturgebiet des verstärkten Kornwachstums auch der Festigkeitsabfall eintritt. Da dieser Festigkeitsabfall nach den Beobachtungen von W. Eilender und R. Schwalbe stets schon unterhalb der Temperatur der α—γ-Umwandlung auftritt, dürfte zu seiner Erklärung weniger die Umwandlung des Eisens als vielmehr das verstärkte Kornwachstum in Betracht zu ziehen sein. Das Wiederanwachsen der Festigkeit bei höheren Sintertemperaturen läßt sich ohne weiteres durch den erzielten größeren Kristallzusammenhang und Dichtezunahme erklären.

Der Einfluß der Sintertemperatur auf die Festigkeitseigenschaften von Sinterstahl wurde von R. Chadwick und E. R. Broadfield[4] untersucht. Die Ergebnisse, welche an Preßlingen aus Elektrolyt-

<hr>

[1] Libsch, J., R. Volterra u. J. Wulff: s. Powder Metallurgy, Am. Soc. Met., Cleveland (Ohio) 1942, S. 379-94, Met. Progr. 41, 1942, S. 528-30.

[2] Sauerwald, F. u. E. Jaenichen: Z. Elektroch. 31, 1925, S. 18-24.

[3] Eilender, W. u. R. Schwalbe: Arch. Eisenhüttenwes. 13, 1939-40, S. 267-272.

[4] Chadwick, R. u. E. R. Broadfield: Iron Steel Inst., Spec. Rep. Nr. 38, London 1947, S. 123-41.

Zahlentafel 49. *Einfluß der Sintertemperatur auf die Festigkeitseigenschaften von Sinterstahl* (R. Chadwick u. E. R. Broadfield).

Sinter-temperatur ^{0}C	Zugfestig-keit σ_B kg/mm²	Härte H_V kg/mm²	gebundener	freier
			Kohlenstoff	
850	11,0	50	0	0,98
1000	18,9	120	0,70	0,98
1125	31,5	140	0,85	0,03
1200	37,8	145	0,75	0,02

eisenpulver und 1% Graphit (Preßdruck 6,3 t/cm²) bei einstündiger Sinterung unter gespaltenem Ammoniak als Schutzgas erhalten wurden, sind in Zahlentafel 49 zusammengefaßt. Zugfestigkeit und Härte nehmen erwartungsgemäß mit steigender Sintertemperatur, entsprechend der Kohlenstoffbindung stetig zu.

Zu ähnlichen Ergebnissen gelangte auch A. Squire[1] bei der Untersuchung von Sinterstählen aus Elektrolyteisen- und entkohltem Stahlschrottpulver, wobei Graphit verschiedener Teilchengröße als Aufkohlungsmittel diente.

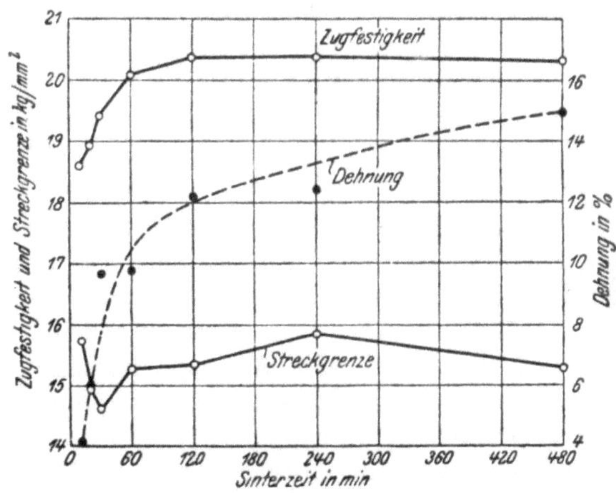

Abb. 98. Einfluß der Sinterzeit auf die Festigkeitseigenschaften von Sintereisen (Sintertemperatur 800⁰) (W. Eilender u. R. Schwalbe).

Der Einfluß der *Sinterzeit* auf Zugfestigkeit, Streckgrenze und Dehnung von Sintereisen ist in Abb. 98 dargestellt. Auch dieser Abbildung liegen Untersuchungsergebnisse von W. Eilender und

---

[1] Squire, A.: Office of Technical Serv., US Dep. Com., Washington 1944, Rep. PB 4420, s. Powder Metallurgy, Brooklyn 1947.

Zahlentafel 50. *Einfluß der Sinterzeit auf die Festigkeitseigenschaften von Sinterstahl* (R. Chadwick u. E. R. Broadfield).

Sinterzeit Stunden	Zugfestigkeit σ_B kg/mm²	Härte H_V kg/mm²
$\frac{1}{4}$	28,3	150
$\frac{1}{2}$	26,8	130
1	31,5	140
2	39,4	150
4	50,4	180

R. Schwalbe[1] zugrunde. Verpreßt wurde Hametagpulver mit einer Korngröße von 75 bis 100 μ mit einem Preßdruck von 6 t/cm². Die Stäbe wurden durchweg bei 800° gesintert. Die Zugfestigkeit nimmt zunächst bis zu einer Sinterzeit von einer Stunde rasch zu und bleibt bei weiterer Steigung der Sinterung annähernd gleich. Die Kurve für die Dehnung verläuft ähnlich, nur ist bei acht Stunden Sinterzeit ein Höchstwert noch nicht erreicht. Ganz anders ist der Verlauf der Streckgrenze. Bei einer halben Stunde Sinterzeit befindet sich ein Tiefstwert. Lange Sinterzeiten bringen demnach keine weitere Steigerung der Zugfestigkeit, wohl aber eine nicht unwesentliche Verbesserung der Dehnung.

Der Einfluß der Sinterzeit auf die Festigkeitseigenschaften von Sinterstahl aus Elektrolyteisenpulver und 1% Graphit (Preßdruck 6,3 t/cm², Sintertemperatur 1125° gespaltenes Ammoniak als Schutzgas) geht nach Untersuchungen von R. Chadwick und E. R. Broadfield[2] aus Zahlentafel 50 hervor. Nach anfänglich geringfügigem Absinken steigt die Zugfestigkeit und Härte stetig an.

Bezüglich des Einflusses der *Sinteratmosphäre* auf die Festigkeitseigenschaften kann man sinngemäße Schlußfolgerungen wie bei Betrachtung ihrer Rückwirkung auf die Dichte und Härte (s. S. 191 und S. 202) ziehen. Alle Wechselwirkungen zwischen der Sinteratmosphäre und dem Sinterkörper, bei denen es zu einer inneren Reinigung des Sinterkörpers kommt, verbessern die Festigkeitseigenschaften des Sintererzeugnisses und umgekehrt. Bei oxydationsempfindlichen Sinterkörpern muß man daher für sauberste Sinteratmosphäre sorgen. Bei der Herstellung von kohlenstoffhaltigem Sinterstahl ist darauf zu achten, daß die Atmosphäre weder zu einer Entkohlung noch zu einer Aufkohlung führt. Selbst wenn die Sinteratmosphäre dieser Bedingung genügt, muß man bei

---

[1] Eilender, W. u. R. Schwalbe: Arch. Eisenhüttenwes. 13, 1939-40, S. 267-272.

[2] Chadwick, R. u. E. R. Broadfield: Iron Steel Inst., Spec. Rep. Nr. 38, London 1947, S. 123-41.

der Herstellung von Sinterstahl infolge des Restsauerstoffgehaltes des Pulvers mit einem gewissen Kohlenstoffverlust stets rechnen, der von vornherein einkalkuliert werden muß. Auch bei der Sinterung von C-freiem Sintereisen bzw. Sintereisenlegierungen ist man nicht unbedingt auf die Verwendung von Wasserstoff angewiesen. Man kann auch eine andere geeignete reduzierende Atmosphäre wählen. W. Eilender und R. Schwalbe[1] sinterten beispielsweise einerseits unter Wasserstoff, andererseits „im Unterdruck". Letztere Sinterung erfolgte in einem silitstabbeheizten Blankglühtiegelofen, in dem die zur Sinterung erforderliche reduzierende Atmosphäre lediglich durch geringe Mengen im Tiegel befindlichen Kohlenstoffes in Form von feinverteiltem Ruß hergestellt wurde. Der durch wassergekühlte Gummidichtungen luftdicht abgeschlossene Tiegel war mit einem Unterdruckventil versehen, das nach Erreichen der Sintertemperatur fest verschlossen wurde. Beim Vergleich der Eigenschaften von Sintereisen aus Pulvern verschiedener Korngröße — die Versuchsergebnisse gemäß Abb. 100, 101 werden weiter unten besprochen — wurden bei Sinterung im Unterdruck höhere Festigkeits- und geringere Dehnungswerte festgestellt. Es wurde mit Recht vermutet, daß dieses Ergebnis darin begründet ist, daß bei der Unterdrucksinterung wegen der hier notwendigen Anwesenheit von freiem Kohlenstoff immer eine bestimmte Aufkohlung eingetreten ist. Das besprochene Beispiel lehrt, daß bei der Betrachtung der Eigenschaften von Sinterkörpern die Sinteratmosphäre niemals unberücksichtigt bleiben darf. Die Frage der geeigneten Sinteratmosphäre bei der Herstellung von Sinterstahl ist Gegenstand zahlreicher Untersuchungen gewesen. Auf diesen wichtigen Punkt wird später (s. S. 394) nochmals ausführlich eingegangen.

Hält man die Sinterbedingungen konstant, so bleiben als weitere wesentliche Einflußgrößen zur Beeinflussung der Festigkeitseigenschaften einerseits die Höhe des Preßdruckes, andererseits die gewählte Pulverart. Im Hinblick auf ihren überragenden Einfluß auf die Dichtesteigerung ist die Preßdruckabhängigkeit der Festigkeitseigenschaften von Eisensinterkörpern im Schrifttum häufig diskutiert worden. Aus Abb. 99 geht der Einfluß des Preßdruckes auf die Dichte- und die Festigkeitseigenschaften von Sintereisen bei konstanten Sinterbedingungen (eine halbe Stunde bei 800⁰ unter Wasserstoff) hervor. Es handelt sich um Untersuchungsergebnisse von W. Eilender und R. Schwalbe[1] an Hametagpulver mit einer Korngröße von 75 bis 100 μ. Die Festig-

---

[1] Eilender, W. u. R. Schwalbe: Arch. Eisenhüttenwes. **13**, 1939-40, S. 267-272.

keit, Dehnung und Dichte nehmen mit steigendem Preßdruck entsprechend der dichteren Packung und der dadurch bedingten Vergrößerung der Berührungsflächen der Pulverteilchen gleichmäßig zu. Bei der verhältnismäßig niedrigen Sintertemperatur und kurzen Sinterzeit sind die ermittelten Festigkeits- und Dehnungswerte erstaunlich hoch. Insbesondere die hohen Dehnungswerte, die schon in Abb. 97, S. 209 auffallen mußten, konnten bei eigenen Versuchen trotz Anwendung höherer Sintertemperatur(s. Zahlentafel 52 weiter unten) nicht bestätigt werden Auch von F. Eisenkolb[1], der eine ganz ähnliche Versuchsreihe mit Hametagfeinpulver durchführte, werden wesentlich niedrigere Dehnungswerte angegeben (2 % bei 2 t/cm² bzw. 7,1 % bei 8 t/cm²), obwohl F. Eisenkolb eine

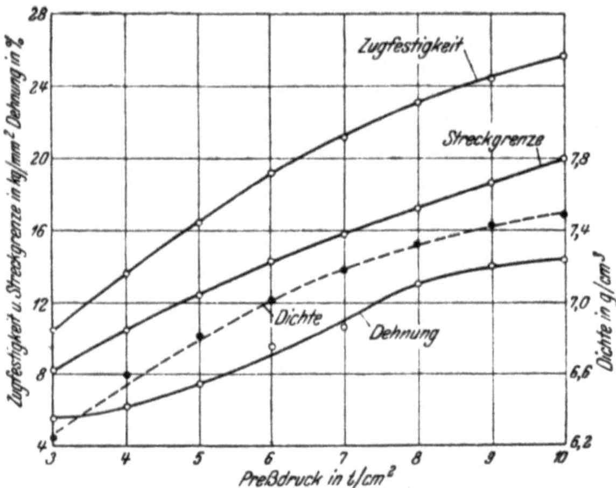

Abb. 99. Einfluß der Preßdruckes auf die Festigkeitseigenschaften und die Dichte von Sintereisen aus Hametagpulver mit einer Korngröße von 75 bis 100 μ (Sinterung ½ Stunde bei 800⁰ unter Wasserstoff) (W. Eilender und R. Schwalbe).

Sintertemperatur von 1050⁰ und eine zweistündige Sinterzeit anwandte. Die von W. Eilender und R. Schwalbe angegebenen hohen Dehnungswerte dürften mit Vorbehalt zu betrachten sein. Von F. Eisenkolb werden zusätzlich zu den übrigen Festigkeitseigenschaften noch Werte für die Kerbschlagzähigkeit der verschieden hoch gepreßten Sinterkörper angegeben und zwar für einen Preßdruck von 2 t/cm² eine Kerbschlagzähigkeit von 0,20 mkg/cm² und für einen Preßdruck von 8 t/cm² eine solche von 0,76 mkg/cm². Die hier verwandten DVMR-Stäbe wurden aus dem mittleren Teil von gepreßten Zerreißstäben entnommen. Der Kerb lag in der Preßrichtung. Im Hinblick auf den Porositätsgrad der Sinterkörper sind die an sich niedrigen Werte nicht erstaunlich, wirkt doch gleichsam jede einzelne Pore in dem bei Schlag beanspruchten Bereich der Probe als zusätzlicher kleiner Kerb. Anstatt der Bestimmung der Kerb-

---

[1] Eisenkolb, F.: Metallwirtsch. **23**, 1944, S. **373-377**.

schlagzähigkeit empfiehlt sich daher die Ermittlung der Schlagbiegefestigkeit, bei der mit einem kleinen Schoppergerät unge-
kerbte Proben mit rechteckigem oder quadratischem Querschnitt
zerschlagen werden, die gewisse Rückschlüsse auf die Zähigkeit
des Werkstoffes ziehen lassen. Bei der Massenfertigung von Sinterstahl hat sich zwecks Überwachung des Sinterungsgrades zwischenzeitlich diese einfache Probe voll bewährt, obwohl es bisher noch
nicht möglich war, einen unmittelbaren Zusammenhang der bei
der Probe ermittelten absoluten Werte mit den beim Zerreiß-
versuch ermittelten Zugfestigkeits- und Dehnungswerten aufzufinden.

Ähnlich wie bei Sintereisen liegen auch die Verhältnisse bei
Sinterstahl. Mit steigendem Preßdruck steigt die Dichte und gleich-
zeitig werden auch die Festigkeitseigenschaften verbessert. Dies
geht aus sehr eingehenden Untersuchungen von R. Chadwick
und E. R. Broadfield[1] über den Einfluß des Preßdrucks auf die
Härte, Zugfestigkeit und Dehnung von Sinterstählen hervor. Eine
Auswahl der Versuchsergebnisse ist in Zahlentafel 51 zusammen-
gefaßt. Gemische aus Elektrolyteisen-, Schwammeisen- und DPG-
Schleuderpulver mit jeweils 1% Graphit, wurden mit steigendem
Preßdruck zu einfachen Formkörpern verpreßt. Die Sinterung

---

[1] Chadwick, R. u. E. R. Broadfield: Iron Steel Inst., Spec. Rep. Nr. 38,
London 1947, S. 123-41.

Zahlentafel 51. *Einfluß des Preßdruckes auf die Festigkeitseigenschaften von
Sinterstählen aus verschiedenen Eisenpulvern* (R. Chadwick u. E. R. Broadfield).

Sinterstahl aus[1]:	Preßdruck t/cm²	Härte H_V kg/mm²	Zugfestigkeit σ_B kg/mm²	Dehnung %
Eletrolyteisenpulver[2] + 1% Graphit	3,1	70	12,6	0,3
	4,7	105	23,6	1,1
	6,3	130	29,0	1,5
	9,4	160	42,5	3,0
Schwammeisenpulver[2] + 1% Graphit	3,1	105	23,6	0,6
	4,7	130	31,5	0,8
	6,3	145	37,8	1,3
	9,4	180	50,4	2,0
DPG-Schleuderpulver[2] + 1% Graphit	3,1	90	30,0	0,5
	4,7	135	36,2	0,6
	6,3	160	44,1	1,2
	9,4	205	69,3	2,9

[1] Sinterzeit: 1 Stunde, Sintertemperatur: 1125°, Sinteratmosphäre: gespaltenes
Ammoniak.

[2] Korngrößenverteilung s. Zahlentafel 83.

Zahlentafel 52. *Einfluß des Preßdruckes auf die Sinterdichte und die Festig-*
Eisenpulvern (Sinterbedingungen für Sintereisen: 2 Stunden bei 1250⁰ unter
stoff-

Lfd. Nr.	Ausgangspulver[1]	Sinterdichte g/cm³ bei einem Preßdruck (t/cm²) von		
		2	4	6
1	Reduktionspulver aus Schwedenerz (Höganäsverfahren)	5,46	6,23	6,69
2	RZ-Pulver (Roheisen-Zunder-Verfahren)	5,53	6,47	6,97
3	Hametagpulver (Wirbelschlagverfahren)	5,75	6,59	7,04
4	Schleuderpulver (DPG-Verfahren)	5,50	6,36	6,69
5	D-Pulver (Druckverdüsungsverfahren) ...	5,93	6,68	7,03
6	Elektrolyteisen fein	5,57	6,49	6,97
7	Carbonyleisen C	5,95	6,52	7,00
8	Sinterstahlpulver[2]	5,20	5,93	6,47
9	Sinterstahlpulver[3]	5,48	6,19	6,63

[1] Pulver 1 Stunde bei 850⁰ geglüht, Siebanalyse s. Zahlentafel 17.
[2] Bestehend aus: 75 T. Weicheisen, 25 T. Gußeisen, 0,4 T. Graphit.
[3] Bestehend aus: 100 T. Weicheisen, 1 T. Graphit.

erfolgte in einem Durchsatzofen unter gespaltenem Ammoniak
als Schutzgas bei einer Temperatur von 1125⁰ und einer Sinterzeit
von einer Stunde. Der Kohlenstoffabbrand bewegte sich in den
üblichen Grenzen. Erwartungsgemäß nimmt mit steigendem Preßdruck die Härte, Zugfestigkeit und Dehnung stetig zu, wobei die
Art des Pulvers von nicht unerheblichem Einfluß ist (s. auch Zahlentafel 52).

Zu ähnliche Ergebnissen gelangte auch A. Squire[1] bei der Untersuchung von Sinterstählen aus Elektrolyteisen- und entkohltem
Stahlschrottpulver. Die Versuche wurden unter Verwendung von
Graphitpulver verschiedener Teilchengröße durchgeführt, wobei
sich ergab, daß diese von nicht unerheblichem Einfluß auf die
Festigkeitseigenschaften ist. Je feiner das Graphitpulver war,
um so bessere Festigkeiten wies der Sinterstahl auf. Diese Erscheinung ist wohl auf die günstigeren Diffusionsbedingungen des feinstverteilten Kohlenstoffs bei der Sinterung zurückzuführen.

Als weitere Einflußgröße auf die Festigkeit der Eisensinter-

---

[1] Squire, A.: Office of Technical Serv., US Dep. Com., Washington 1944,
Rep. PB 4420, s. Powder Metallurgy, Brooklyn 1947.

*keitseigenschaften von Sintereisen und Sinterstahl aus den verschiedensten
Wasserstoff; für Sinterstahl: 2 Stunden bei 1220° unter CO-haltiger Wasser-
atmosphäre).*

Zugfestigkeit kg/mm² bei einem Preßdruck (t/cm²) von			Dehnung in % bei einem Preßdruck (t/cm²) von		
2	4	6	2	4	6
9,4	14,0	16,8	2,8	4,9	8,0
8,0	15,0	21,9	3,7	6,5	9,6
6,3	13,5	16,0	1,3	3,8	5,7
7,6	10,4	17,5	1,8	3,4	5,8
2,1	5,4	9,0	$<$ 1,0	$<$ 1,0	1,6
6,5	15,1	21,9	2,0	6,7	12,3
12,8	18,2	25,4	5,5	10,1	13,2
21,0	36,5	45,7	2,1	2,9	3,7
n. b.	34,1	43,2	n. b.	2,7	3,5

Körper kommt schließlich, wie schon oben erwähnt, die Herstellungsart des Pulvers in Betracht. Um darüber einen Überblick zu ver-
schaffen, sind in Zahlentafel 52 die Sinterdichte und Festigkeitseigenschaften von Sintereisen und Sinterstahl aus den verschiedensten Eisenpulvern in Abhängigkeit vom aufgewandten Preßdruck
für den technisch interessanten Druckbereich von 2 bis 6 t/cm²
aufgeführt. Durchweg beobachtet man mit steigendem Preßdruck,
wie zu erwarten, eine Zunahme der Sinterdichte, Zugfestigkeit und
Dehnung. Das gilt für jedes einzelne Pulver, auch für die Sinterstahlpulvermischungen. Vergleicht man aber die Pulver untereinander, so stellt man in jeder Druckstufe hinsichtlich der erreichten absoluten Werte der Zugfestigkeit und Dehnung ganz
erhebliche Unterschiede fest, selbst wenn die entsprechenden
Dichtewerte praktisch gleich sind. In dieser Tatsache wirkt sich
die Verschiedenartigkeit der Pulver einerseits hinsichtlich ihrer
chemischen Zusammensetzung, andererseits mehr noch hinsichtlich der Korngröße und vor allem der Korngestalt und Oberflächenbeschaffenheit aus. Besonders lehrreich ist ein Vergleich
der Pulver 2 (RZ-Pulver), 5 (D-Pulver) und 6 (Elektrolytpulver)
bei 6 t/cm² Preßdruck. Trotz praktisch gleicher Sinterdichte erreicht das D-Pulver noch nicht die Hälfte der Festigkeit und
Dehnung der beiden anderen Pulver. Hier macht sich die kugelige

Zahlentafel 53. *Sinterdichte und Festigkeitseigenschaften von Sinterkörpern Glühbehandlung der verwandten Pulver (Sinter-*

Pulver bzw. Glühbehandlung unter Wasserstoff[1]	Sinterdichte g/cm³ bei einem Preßdruck (t/cm²) von		
	2	4	6
Hametagpulver[2] 1 Stunde 400°	n. b.	5 61	6,34
1 „ 600°	5,58	6 25	6,75
1 „ 800°	5,75	6,59	7,04
1 „ 1000°	5,92	6,62	7,09
Elektrolyteisen fein[3] Anlieferungszustand	5,46	5,63	n. b.
einmal reduziert bei 850°.	5,52	6,27	6,73
zweimal „ „ 850°.	5,52	6,39	6,91
dreimal „ „ 850°.	5,54	6,45	6,92
viermal „ „ 850°.	5,57	6,49	6,97

[1] Siebanalyse s. Zahlentafel 18. S. 99.
[2] Siehe Zahlentafel 14, S. 79.
[3] Siehe Zahlentafel 12, S. 76.

Korngestalt und glatte Oberflächenbeschaffenheit des kristallisationsträgen D-Pulvers äußerst nachteilig bemerkbar, wie umgekehrt die aufgelockerte und vielgestaltige Oberflächenbeschaffenheit der beiden anderen genannten Pulver dafür verantwortlich gemacht werden kann, daß diese beiden Pulver die besten Festigkeits- und Dehnungseigenschaften aufweisen. Der schon häufiger zitierte Satz: Die mechanischen Eigenschaften von Sinterkörpern sind weitgehend dichtebestimmt, erhält an dieser Stelle eine erhebliche Einschränkung, die man sich stets vor Augen halten soll. Selbst bei guter Dichte erreicht man nur dann Bestwerte der Festigkeit, wenn das Pulver genügend kristallisationsfreudig ist. Wenn in der Übersicht gemäß Zahlentafel 37, S. 182, angedeutet wurde, daß neben der Dichte auch die Gefügebeschaffenheit die mechanischen Eigenschaften der Sinterkörper maßgeblich beeinflußt, so dürfte hiermit der beste Beweis dafür erbracht worden sein.

Infolge ihres Kohlenstoffgehaltes weisen die beiden Sinterstähle Nr. 8 und 9 eine wesentlich höhere Zugfestigkeit bei allerdings verringerter Dehnung auf als die reinen Eisenpulver. Die beiden Mischungen unterscheiden sich dadurch, daß der Kohlenstoff in verschiedener Weise eingebracht wurde. Bei Mischung 8 wurde von DPG-Weicheisenpulver (75%) der Körnung < 0,15 mm ausgegangen, dem 25% Gußeisenpulver (nach dem DPG-Verfahren erzeugt; ca. 2,5% C-Gehalt) sowie 0,4% Pudergraphit zugesetzt wurden. Bei der Mischung Nr. 9 wurde der Gesamtkohlenstoff in *aus Hametag- und Elektrolyteisenpulver in Abhängigkeit von der reduzierenden bedingungen: 2 Stunden bei 1250° unter Wasserstoff).*

Zugfestigkeit kg/mm² bei einem Preßdruck (t/cm²) von			Dehnung in % bei einem Preßdruck (t/cm²) von		
2	4	6	2	4	6
n. b.	3,5	9,6	n. b.	1,4	3,8
n. b.	7,3	15,5	n. b.	1,8	4,2
6,3	13,5	16,0	1,3	3,8	5,7
7,2	14,0	21,3	1,8	4,1	6,7
5,2	5,9	n. b.	1,6	1,4	n. b.
6,2	11,9	16,8	1,7	4,5	7,4
6,3	12,2	18,3	1,7	4,7	9,6
6,5	13,7	20,6	1,8	4,9	10,9
7,0	15,1	21,9	2,0	6,7	12,3

Form von Pudergraphit zugegeben. Bei beiden Mischungen erhält man nach der Sinterung einen Kohlenstoffgehalt (durchweg gebundener Kohlenstoff) von ca. 0,8%. Die Zugabe des Gesamtkohlenstoffes in Form von Pudergraphit führt zwar zu einer höheren Sinterdichte, da der Graphit infolge seiner Gleiteigenschaften die Verdichtbarkeit der Mischung erhöht, ergibt aber trotzdem etwas geringere Festigkeits- und Dehnungswerte. Es dürfte demnach in gewissen Fällen zweckmäßig sein, den Kohlenstoff zumindest zum Teil über ein hochkohlenstoffhaltiges Pulver in den Sinterstahl einzubringen.

Es ist ohne weiteres einleuchtend, daß die Vorbehandlung des Pulvers (reduzierende Glühbehandlung), die dessen Verdichtbarkeit bestimmt, ebenfalls eine entscheidende Rolle für die zu erreichende Festigkeit spielt. Die in Zahlentafel 52 aufgeführten Eisenpulver wurden mit Ausnahme von Carbonyleisenpulver, das wegen seiner beim Erzeuger vorgenommenen Glühbehandlung nicht nochmals geglüht wurde, bei 850° eine Stunde lang unter Wasserstoff geglüht. Das Elektrolyteisenpulver wurde diesem Glühprozeß allerdings mehrere Male unterzogen, um ein möglichst sauerstofffreies Pulver zu erhalten. Wegen der großen Wichtigkeit der Pulverglühung soll für die vier wichtigsten Pulver ein Überblick gegeben werden, mit welchen Festigkeitseigenschaften man bei verschiedener Reduktionsbehandlung der Pulver rechnen kann. Zahlentafel 53 enthält die entsprechenden Unterlagen für Hametag- und Elektrolyteisenpulver, Zahlentafel 53 für DPG-Schleuder- und Schwammeisenpulver. Die beiden Zahlentafeln sprechen für sich, so daß sich ein näheres Eingehen auf sie erübrigt.

Zahlentafel 54. *Sinterdichte und Festigkeitseigenschaften von Sinterkörpern duzierenden Glühbehandlung der verwandten Pulver (Sinter-*

Pulver[1]	DPG-Schleuderpulver[2]								
	Sinterdichte g/cm³			Zugfestigkeit kg/mm²			Dehnung in %		
	bei einem Preßdruck (t/cm²) von								
	2	4	6	2	4	6	2	4	6
1 St. 700⁰....	4,78	5,45	5,80	n.b.	6,4	8,4	n.b.	<1,0	<1,0
1 St. 800⁰....	5,37	6,03	6,37	6,6	8,1	13,7	1,2	1,8	3,7
1 St. 900⁰....	5,50	6,36	6,69	7,6	10,4	17,5	1,8	3,4	5,8
1 St. 1000⁰...	5,60	6,37	6,72	8,1	11,3	18,4	2,2	5,2	7,2

[1] Siebanalyse s. Zahlentafel 18, S. 99.
[2] Siehe Zahlentafel 15, S. 79.

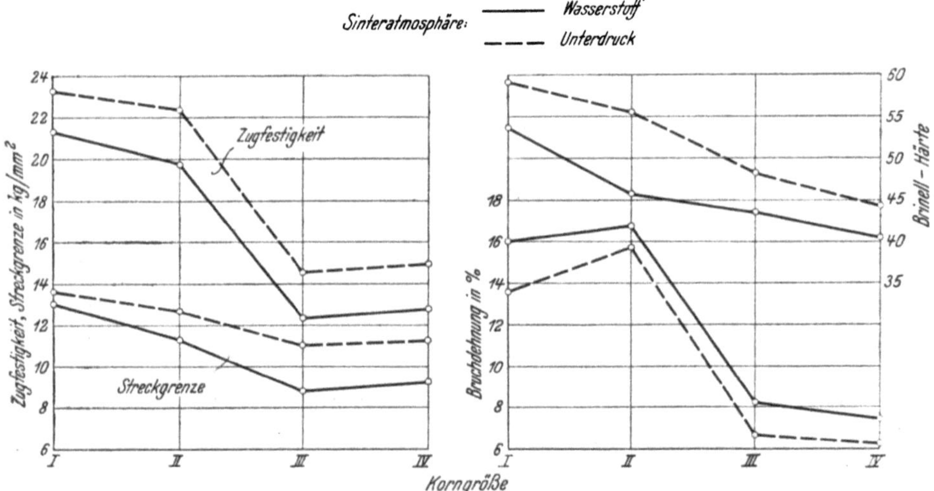

Abb. 100 und 101. Einfluß der Ausgangspulverkorngröße auf die Festigkeitseigenschaften und Härte von Sintereisen (Sinterung ½ Stunde bei 1130⁰ unter Wasserstoff bzw. im Unterdruck) (W. Eilender u. R. Schwalbe).

Zahlentafel 55. *Zugfestigkeit von Sintereisenkörpern annähernd gleicher Preßdichte aus Hametagpulver verschiedener Körnung (Sinterbedingungen: 2 Stunden bei 1050⁰ unter Schutzgas)* (F. Eisenkolb).

Korngröße	Versuchsreihe 1			Versuchsreihe 2		
	Preßdichte g/cm³	Preßdruck t/cm²	Zugfestigk. kg/mm²	Preßdichte g/cm³	Preßdruck t/cm²	Zugfestigk. kg/mm²
0,15 bis 0,30 mm	5,78	2,1	7,8	5,97	2,5	8,5
0,06 „ 0,15 „	5,81	2,5	11,8	6,04	3,0	13,6
unter 0,06 „	5,80	3,1	13,6	6,05	3,5	15,5

aus DPG-Schleuder- und Schwammeisenpulver in Abhängigkeit von der re-
bedingungen: 2 Stunden bei 1250° unter Wasserstoff).

Schwammeisenpulver[3]								
Sinterdichte g/cm³			Zugfestigkeit kg/mm²			Dehnung in %		
bei einem Preßdruck (t/cm²) von								
2	4	6	2	4	6	2	4	6
5,29	6,03	6,57	8,2	12,1	13,9	2,6	4,5	7,6
5,39	6,20	6,60	8,0	14,1	15,4	3,0	4,9	7,6
5,46	6,23	6,69	9,4	14,0	16,8	2,8	4,9	8,0
5,47	6,25	6,67	9,0	13,6	16,9	3,2	5,2	10,2

[3] Siehe Zahlentafel 22, S. 109.

Der Einfluß der *Korngröße* auf die Festigkeitseigenschaften
konnte aus den Daten der Zahlentafel 52 nicht einwandfrei heraus-
gelesen werden, da die anderen Pulvereigenschaften diesen Einfluß
allzusehr überdecken. Es
ist zunächst leicht ein-
zusehen, daß mit ab-
nehmender Korngröße
bei gleicher Dichte eine
Zunahme der Festigkeit
möglich ist, wenn man
berücksichtigt, daß dann
die Zahl der Berührungs-
stellen wächst[1]. Bei zwei
Sinterkörpern gleicher
Dichte und sonst gleichen
Verarbeitungsbedingun-
gen wird derjenige die
höhere Festigkeit be-
sitzen, für den das fei-
nere Pulver verwendet
wurde. Zahlentafel 55
enthält einige Versuchs-
ergebnisse an Hametag-
pulver verschiedener

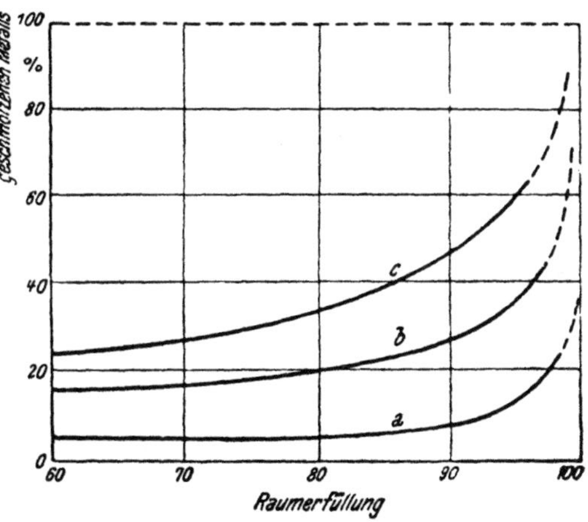

Abb. 102. Zugfestigkeit und Dehnung von Sinterkörpern in Abhängigkeit von der Dichte, schematisch:
a) ungesinter,
b) mittlere Sintertemperatur (etwa 50% der Schmelztemperatur),
c) hohe Sintertemperatur (etwa 90% der Schmelztemperatur).

Körnung[2]. Die Pulvermischungen wurden zu Stäben annähernd
gleicher Preßdichte verpreßt und dann unter gleichen Bedingungen
gesintert. Die wesentlich höhere Festigkeit der Sinterkörper aus

[1] Balke, C. W.: Symposium on Powder Metallurgy, Am. Soc. Test. Mat.,
1943, S. 11-20.
[2] Eisenkolb, F.: Metallwirtsch. 23, 1944, S. 373-377.

den feineren Pulvern ist natürlich zum größten Teil darauf
zurückzuführen, daß die feineren Pulver bei der Sinterung eine
höhere Schwindung erfahren, so daß man im Falle der Feinstpulver zu wesentlich höheren Sinterdichten kommt. In Ergänzung zu diesen Versuchen seien noch Versuchsergebnisse von
W. Eilender und R. Schwalbe mitgeteilt. An Hametagpulver der Körnungen I ($<$ 0,075 mm), II (0,075 bis 0,1 mm),
III (0,1 bis 0,5 mm) und IV (0,0 bis 0,5 mm) wurden in Abhängigkeit
von der Körnung die aus Abb. 100 und 101 hervorgehenden Festigkeitseigenschaften und Härtewerte ermittelt. Als Sinteratmosphäre
kam einmal Wasserstoff, zum anderen CO-N-Unterdruckatmosphäre
zur Anwendung, worauf früher schon näher eingegangen wurde
(s. S. 213). Man sieht, daß Zugfestigkeit, Streckgrenze, Bruchdehnung
und Härte mit steigender Korngröße abfallen. Auf die höheren
Werte der Zugfestigkeit, Streckgrenze und Härte der im Unterdruck
behandelten Proben wurde schon früher verwiesen.

In Zahlentafel 52, S. 216, wurden unter anderem die Festigkeitseigenschaften von zwei Sinterstahlpulvermischungen mitgeteilt, die den gleichen Endkohlenstoffgehalt aufwiesen. Durch
verschieden hohe Zugabe von Graphit bzw. Gußeisenpulver kann
man natürlich den Kohlenstoffgehalt im Sintererzeugnis und damit
die Festigkeitseigenschaften in weiten Grenzen variieren. Entsprechende Versuchsergebnisse, die im Rahmen der Technik
des Mehrfachpressens und -sinterns besonders interessant sind,
werden im nächsten Kapitel mitgeteilt.

Faßt man die Ergebnisse über die Festigkeitseigenschaften von
Sintereisen und Sinterstahl zusammen, so dürfte der überragende
Einfluß der Dichte auf die Festigkeitseigenschaften klar geworden
sein. Daneben kam aber recht deutlich zum Ausdruck, daß eine
gute Sinterdichte nicht immer das Allheilmittel für gute Festigkeitseigenschaften darstellt. Vielmehr kommt es entscheidend mit
auf die Eigenschaften des Pulvers an, die ihm eine gewisse Kristalli-
sationsfreudigkeit verleihen. Die Abb. 102, die schematisch die
Dichteabhängigkeit der Festigkeitseigenschaften zu erfassen sucht,
ist daher unter Berücksichtigung der gemachten Einschränkung
zu betrachten.

VI. Das Mehrfachpressen und Mehrfachsintern und die Eigenschaften entsprechender Sinterkörper.

Die mechanischen Eigenschaften von Sintereisen und Sinterstahl sind, gute Sinterfähigkeit des verwandten Pulvers vorausgesetzt, weitgehend dichtebestimmt. Damit die Eigenschaften

von Sintereisen und Sinterstahl denen des regulinischen Materials also möglichst entsprechen. ist eine Dichte anzustreben, die dem kompakten Werkstoff entspricht. Dem an sich einfachsten Weg zur Erreichung dieses Ziels, nämlich der Anwendung möglichst hoher Preßdrücke, sind aus Gründen der Matrizenkonstruktion und der für sie zur Verfügung stehenden Werkstoffe natürliche Grenzen gesetzt. Diese lassen einen höheren Preßdruck als 6 bis 8 t/cm² als unzweckmäßig erscheinen. Auch wirtschaftliche Gesichtspunkte — Stempel- und Matrizenverschleiß — spielen hier schon eine wesentliche Rolle. Bei Anwendung eines Preßdruckes von 6 t/cm² kann man gemäß Zahlentafel 30 bei den verschiedenen marktgängigen Eisenpulvern mit einer Preßdichte zwischen 6,3 und 7,0 g/cm³, d. h. mit einer Raumerfüllung zwischen 80 und 89,5% rechnen. Bei Anwendung eines Druckes von 8 t/cm² erhöhen sich die angegebenen Werte auf eine Preßdichte von 6,6 bis 7,2 g/cm³ und eine Raumerfüllung von 84 bis 92%. Gemäß den Ausführungen auf S. 183 haben sich in der Pulvermetallurgie für eine Dichtesteigerung ohne Erhöhung des Kaltpreßdruckes verschiedene Wege herausgebildet. Der erste der dort angeführten Wege besteht in der mehrfachen Wiederholung des Kaltpressens und Sinterns[1, 2, 3, 4]. Die bei Anwendung dieser Technik im Falle von Sintereisen und Sinterstahl erreichbaren Eigenschaften sind Gegenstand des vorliegenden Kapitels. Bei der Behandlung wird aus Gründen der besseren Übersichtlichkeit eine Unterteilung in der Weise vorgenommen, daß die Eigenschaften von Sintereisen und Sinterstahl bei Anwendung der „Doppelpreßtechnik" sowie bei Anwendung einer mehr als doppelten Preß- und Sinterbehandlung getrennt besprochen werden.

A. Doppelpreßtechnik.

1. Die Eigenschaften von Sintereisen bei Anwendung der Doppelpreßtechnik.

Das Wort „Doppelpreßtechnik" hat sich in der Pulvermetallurgie für ein Verfahren eingebürgert, bei dem sowohl eine doppelte Preß- als auch eine doppelte Sinterbehandlung vorgenommen wird. Die erste Sinterbehandlung hat die Beseitigung der beim Pressen des Pulvers eingetretenen Kaltverformung der Pulverteilchen sowie eine Verfestigung des Preßkörpers durch die be-

---

[1] Kieffer, R. u. W. Hotop: Pulvermetallurgie und Sinterwerkstoffe, Berlin: Springer-Verlag, 1943, S. 193.
[2] Kieffer, R. u. W. Hotop: Koll. Z. 104, 1943, S. 208-223.
[3] Hardy, Ch.: Met. Progr. 38, 1939, S. 57-59.
[4] Goetzel, C. G.: Iron Age 150, 1942, S. 82-92, 1. Okt.

Zahlentafel 56. *Eigenschaftsänderungen von Hametag- und Elektrolyteisentechnik (Sinterbedingungen: Vorsinterung 1 Stunde bei 850°*

Pulver	Vor-	Nach-	Pressen		Vorsintern	
	Preßdruck t/cm²		Dichte g/cm³	Raumerfüllung %	Dichte g/cm³	Raumerfüllung %
Hametag < 0,3 mm, 1 Stunde	2	2	5,79	73,7	5,67	72,1
bei 850° unter Wasserstoff	4	4	6,51	82,8	6,40	81,4
geglüht	6	6	6,97	88,7	6,77	86,1
Elektrolyteisen < 0,06 mm, 4 mal	2	2	5,34	68,0	5,44	69,2
reduziert 1 Stunde bei 850°	4	4	6,35	80,0	6,41	81,5
unter Wasserstoff	6	6	6,83	86,9	6,89	87,7

kannten Sintereffekte zur Folge. Meist wird man eine Vorsintertemperatur von 800 bis 900° anwenden. Bei dieser Temperatur tritt einerseits schon eine merkliche Beseitigung der Kaltverformung und andererseits eine deutliche Verfestigung durch die stattgefundene Sinterung ein. Dieser Effekt kann natürlich auch bei höheren Vorsintertemperaturen erzielt werden. Die vorgesinterten Körper werden anschließend ein zweitesmal kaltgepreßt, und zwar entweder mit dem gleichen Druck wie beim Verpressen des Pulvers oder mit einem etwas höheren Druck. Das Nachpressen wird infolge häufig zu beobachtender mehr oder weniger großer Maßabweichungen des Vorsinterkörpers von den Abmessungen der Preßform in einem besonderen Nachpreßwerkzeug vorgenommen, das unter Berücksichtigung des geringen Schwundes bei der endgültigen Fertigsinterung den gewünschten Maßen des Fertigteiles weitgehend angepaßt ist.

Verfolgt man systematisch die Eigenschaftsänderungen, die das Eisenpulver im Verlauf seiner Verarbeitung zu Sinterkörpern nach der Doppelpreßtechnik durchmacht, so ergibt sich das an zwei typischen Beispielen in Zahlentafel 56 aufgezeigte Bild. Gut geglühtes Hametagpulver (1 Stunde bei 850°) der Körnung < 0,3 mm und bestens reduziertes Elektrolyteisenpulver (< 0,06 mm) wurden zu zylindrischen Probekörpern von 20 mm Durchmesser und rund 8 mm Höhe mit verschieden hohen Preßdrücken (2, 4 und 6 t/cm²) verpreßt und bei 850° unter Wasserstoff eine Stunde lang vorgesintert. Darauf erfolgte das Nachpressen der Vorsinterkörper mit jeweils dem gleichen Preßdruck, der beim Pressen des Pulvers angewandt wurde. Die Fertigsinterung wurde bei 1250° bei einer Sinterzeit von zwei Stunden wieder unter Wasserstoff vorgenommen. Die Dichte bzw. Raumerfüllung wurde nach dem Pressen, Vorsintern, Nachpressen und *pulver im Verlauf der Verarbeitung zu Sinterkörpern nach der Doppelpreß-Fertigsinterung 2 Stunden bei 1250° unter Wasserstoff).*

Nachpressen		Fertigsintern				
Dichte g/cm³	Raum-erfüllung %	Dichte g/cm³	Raum-erfüllung %	Härte kg/mm²	Zug-festigkeit kg/mm²	Dehnung %
6,23	79,3	6,27	79,7	48,5	8,8	2,6
6,88	87,5	6,91	87,9	66,0	18,4	7,5
7,26	92,3	7,28	92,6	89,1	24,8	14,5
6,01	76,5	6,07	77,2	42,5	11,4	4,3
6,84	87,1	6,93	88,2	66,0	20,8	13,4
7,25	92,3	7,33	93,3	78,2	24,1	23,0

Fertigsintern ermittelt. An den fertigen Sinterkörpern wurde außerdem die Vickershärte (20 kg Belastung), die Zugfestigkeit und die Dehnung ermittelt, wobei die beiden letzten Eigenschaften an Mikrozerreißstäben (s. S. 325) gemessen wurden, die aus den Sinterkörpern spanabhebend herausgearbeitet worden waren. Vergleicht man die beim Pressen und Vorsintern erreichte Dichte beim Hametag- und Elektrolyteisenpulver, so stellt man fest, daß in jedem Druckbereich die Dichte der Vorsinterkörper aus dem groben Hametagpulver kleiner ist als die Preßdichte, während bei dem feinen Elektrolyteisenpulver durch das Vorsintern eine Dichtezunahme eingetreten ist. Ähnlich wie das Hametagpulver verhalten sich auch andere grobe technische Eisenpulver wie DPG-Schleuderpulver, RZ-Pulver und Walzensinterpulver. Feinsteisenpulver wie z. B. Carbonyleisenpulver verhalten sich hingegen bei der Vorsinterung ähnlich wie das feine Elektrolyteisenpulver. In diesem Befund macht sich ein gewisser Schwellungseffekt bemerkbar, der bei mittleren Temperaturen auftritt und der die bekannten Ursachen (Abgabe von Gasen, Reaktionen mit der Sinteratmosphäre, Beseitigung von durch das Pressen hervorgerufenen Spannungszuständen) hat. Er tritt sowohl bei Grob- als auch bei Feinpulvern auf. Da aber Feinpulver einen höheren Schwund zeigen, der zudem schon bei tieferen Temperaturen deutlich einsetzt, überdeckt bei ihnen die Schwindung gegebenenfalls auftretende Schwellungen und Aufblähungen. Durch das Nachpressen wird eine erhebliche Dichtesteigerung erzielt, die beim Hametagpulver im Druckbereich zwischen 2 und 6 t/cm² 7,2 bzw. 6,2 % beträgt und beim Elektrolyteisenpulver im gleichen Druckintervall 7,3 bzw. 4,6 % ausmacht. Die Raumerfüllung der nachgepreßten und der Sinterkörper unterscheidet sich beim Hametagpulver nur um rund ½ %

und beim Elektrolyteisenpulver um rund 1%. Bei beiden Pulvern tritt aber im Gegensatz zu den Verhältnissen bei der Vorsinterung eine, wenn auch geringfügige, Dichtesteigerung bei der Endsinterung ein. Von den mechanischen Eigenschaften der Sinterkörper sind vor allen Dingen die guten Dehnungswerte auffallend. Bei Elektrolyteisen kommt man dabei schon an Werte heran, wie sie bei geschmolzenen Werkstoffen gefunden werden. Der Erfolg, der durch Anwendung der Doppelpreßtechnik gegenüber dem normalen Preß- und Sinterverfahren zu erzielen ist, wird aus Zahlentafel 57 deutlich. Hier sind die normalen Eigenschaftswerte von Sintereisen aus Hametag- und Elektrolyteisenpulver den bei Anwendung des Doppelpreßverfahrens erzielbaren einander gegenübergestellt. Zur Ergänzung sind Versuchsergebnisse mit eingetragen, die bei analogen Versuchsreihen mit Schwammeisenpulver, DPG-Schleuderpulver und Walzensinterpulver (hergestellt nach dem DPG-Lurgi-Verfahren; s. S. 46) erhalten wurden. Mit Ausnahme vom Schwammeisenpulver beträgt die Dehnungssteigerung, die man durch Übergang vom Einfach- zum Doppelpreßverfahren erzielt, rund 100%, während der Zuwachs der Zugfestigkeit bei den einzelnen Pulvern und in den verschiedenen Druckstufen sehr unterschiedlich mit 10 bis 60% ausfällt. Besonders günstig verhält sich dabei Hametagpulver im oberen Druckbereich und DPG-Pulver beim Preßdruck von 4 t/cm². Die geringe Dehnungssteigerung des Schwammeisenpulvers hängt zweifellos mit der Art und Menge der Verunreinigungen dieses Pulvers zusammen.

Zahlentafel 57. Vergleichende Gegenüberstellung der Dichte und mechanischen der Einfach- und Doppelpreßtechnik (Sinterbedingungen: Einfachpreßverfahren: Fertigsinterung 2 Stunden bei

Pulver	Einfachpreßverfahren				
	Preß-druck t/cm/²	Sinter-dichte g/cm³	Härte kg/mm²	Zug-festigkeit kg/mm²	Dehnung %
Schleuderpulver (DPG-Verfahren)	4	6,36	52	10,4	3,4
	6	6,70	58	17,5	5,8
Hametagpulver (Wirbelschlagverfahren)	4	6,59	61	13,5	3,8
	6	7,02	66	16,0	5,7
Elektrolyteisen fein	4	6,49	50	15,1	6,7
	6	6,97	70	21,9	12,3
Reduktionspulver aus Schwedenerz (Höganäs-verfahren)	4	6,23	47	14,0	4,9
	6	6,69	61	16,8	8,0
Walzsinter (DPG-Lurgiverfahren)	4	6,70	66	22,0	6,6
	6	6,90	89	29,1	12,4

2. Die Eigenschaften von Sinterstahl bei Anwendung der Doppelpreßtechnik.

Es ist von vornherein zu erwarten, daß sich durch Anwendung der Doppelpreßtechnik auch bei der Herstellung von Sinterstahl ähnliche Verbesserungen der mechanischen Eigenschaften erzielen lassen. Im Gegensatz zur Herstellung von Sintereisen kommt aber bei der Herstellung von Sinterstahl nach der Doppelpreßtechnik der Höhe der Vorsintertemperatur eine erhebliche Bedeutung zu. Bei Sintereisen kann man als Vorsintertemperatur praktisch eine beliebige Temperatur aus dem weiten Bereich zwischen 800 und 1300° herausgreifen. Bei der Herstellung von Sinterstahl geht man von Pulvermischungen aus verschiedenen Komponenten aus, die sich bei der Sinterung bei genügend hoher Temperatur durch chemische Reaktion und Diffusion zu der gewünschten Endlegierung vereinigen sollen. Die chemischen Reaktions- und Diffusionsvorgänge führen je nach Zusammensetzung der Legierung gegebenenfalls zu Phasen, die eine besonders hohe Härte und Festigkeit aufweisen, so daß eventuell beim Nachpressen keine weitere Dichtesteigerung infolge mangelnder Plastizität möglich ist. Daher darf man die Vorsintertemperatur nur so hoch wählen, daß zwar eine Beseitigung der Kaltverformung sowie eine gewisse Verfestigung durch Adhäsion und Platzwechselvorgänge erreicht wird, gleichzeitig aber eine merkliche Legierungsbildung der Partner vermieden wird. Diese Gesichtspunkte spielen beispielsweise eine Rolle bei der Herstellung von kohlenstoffhaltigem Sinterstahl. Auf Grund

Eigenschaften von Sinterkörpern aus verschiedenen Eisenpulvern bei Anwendung 2 Stunden bei 1250°, Doppelpreßverfahren: Vorsinterung 1 Stunde bei 850°, 1250° unter Wasserstoff).

Doppelpreßverfahren					
Vor-	Nach-	Sinterdichte	Härte	Zugfestigkeit	Dehnung
Preßdruck t/cm²		g/cm³	kg/mm²	kg/mm²	%
4	4	6,81	80	16,8	7,8
6	6	7,15	90	24,1	13,2
4	4	6,91	66	18,4	7,5
6	6	7,28	89	24,8	14,5
4	4	6,93	66	20,8	13,4
6	6	7,33	78	24,1	23,0
4	4	6,65	64	16,6	5,0
6	6	7,05	80	22,6	9,7
n. b.		n. b.	n. b.	n. b.	n. b.
6	8	7,31	94	34,2	14,9

Zahlentafel 58. *Endkohlenstoffgehalt und Sinterdichte von kohlenstoffhaltigen Sinterstählen, hergestellt nach der Einfach- und Doppelpreßtechnik, in Abhängigkeit vom Ausgangskohlenstoffgehalt (Sinterbedingungen: Einfachpreßverfahren 2 Stunden bei 1220°. Doppelpreßverfahren: Vorsinterung 1 Stunde bei 800°, Fertigsinterung 2 Stunden bei 1220° unter CO-haltiger Wasserstoff-Atmosphäre).*

Zusammensetzung der Ausgangspulvermischung	Einfachpreßtechnik (P = 6 t/cm²)		Doppelpreßtechnik (P = 6 + 6 t/cm²)	
	C-Gehalt im Sinterkörper %	Sinterdichte g/cm³	C-Gehalt im Sinterkörper %	Sinterdichte g/cm³
DPG-Schleuderpulver < 0,15 mm				
+ 0,2% Graphit ..	0,06	6,53	0,09	7,07
+ 0,3% ,, ..	0,11	6,52	0,16	7,08
+ 0,4% ,, ..	0,18	6,53	0,20	7,08
+ 0,5% ,, ..	0,26	6,57	0,28	7,06
+ 0,6% ,, ..	0,30	6,60	0,33	7,07
+ 0,7% ,, ..	0,37	6,63	0,40	7,06
+ 0,8% ,, ..	0,47	6,62	0,47	7,08
+ 0,9% ,, ..	0,50	6,63	0,55	7,10
+ 1,0% ,, ..	0,60	6,65	0,62	7,08
+ 1,1% ,, ..	0,70	6,63	0,74	7,10
+ 1,2% ,, ..	0,76	6,63	0,84	7,10

umfangreicher Untersuchungen hat es sich hier als zweckmäßig erwiesen, nur eine Vorsintertemperatur *von 700 bis 900°, vorzugsweise 800° zu wählen.*

Die Erzeugung von kohlenstoffhaltigem Sinterstahl spielt bei der Massenherstellung von Maschinenteilen (s. S. 381) eine große Rolle. Hierbei werden an die verschiedensten Teile sehr unterschiedliche Festigkeitsanforderungen gestellt, so daß es erwünscht ist, einen möglichst großen Festigkeitsbereich zur Verfügung zu haben. Dafür ergaben sich drei Möglichkeiten:

1. Verschieden hohe Kohlenstoffgehalte,
2. verschieden hohe Preßdrücke,
3. Anwendung der Doppelpreßtechnik.

Zahlentafel 58 und die Abbildungen 103 und 104 vermitteln gemeinsam einen Überblick über die Eigenschaftswerte, mit denen man bei Ausnutzung der aufgezählten Wege bei lediglich mit Kohlenstoff legiertem Sintereisen rechnen kann. Mischt man beispielsweise zu DPG-Weicheisenpulver der Körnung < 0,15 mm verschieden hohe Graphitmengen gemäß Zahlentafel 58, so erhält man bei Anwendung der Einfachpreßtechnik (6 t/cm²) bzw. Doppelpreßtechnik (6 + 6 t/cm²) die in der gleichen Zahlentafel aufgeführten Gehalte an gebundenem Kohlenstoff im Sintererzeugnis. Wie aus den Ausführungen S. 391 ff. hervorgeht, erfordert es naturgemäß umfangreiche Erfahrungen, um bei der Durchführung derartiger Versuchsserien vergleichbare Ergebnisse zu erhalten. Der Einhaltung konstanter Sinterbedingungen und der Wahl einer geeigneten Ofenatmosphäre kommt dabei entscheidende Bedeutung zu.

Bei den vorliegenden Versuchen wurde eine Vorsintertemperatur von 800⁰ und eine Fertigsintertemperatur von 1220⁰ gewählt. Gesintert wurde in einem Durchlaufofen nach Art des auf S. 298, Abb. 147, beschriebenen unter Verwendung von Graphitschiffchen. Der unter diesen Bedingungen beobachtete Kohlenstoffabbrand ist einerseits auf eine gewisse Entkohlungswirkung der Sinteratmosphäre, andererseits auf den Restsauerstoffgehalt des Weicheisenpulvers zurückzuführen. Eine dauernde Kontrolle des Sauerstoffgehaltes des Eisenpulvers ist erforderlich, wenn man auf bestimmte Kohlenstoffgehalte im Sintererzeugnis hinarbeiten will. Infolge der höheren

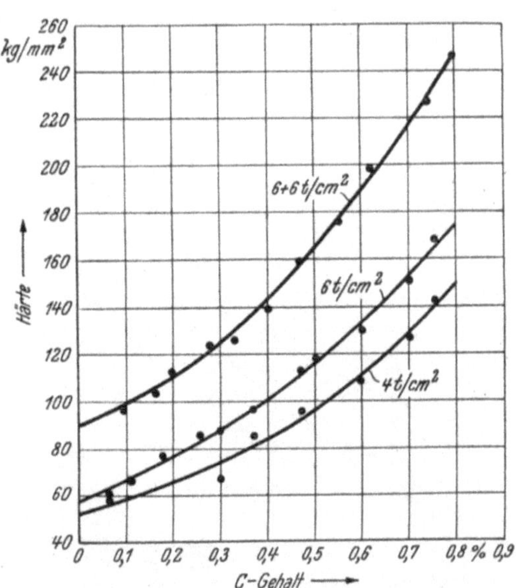

Abb. 103. Vickershärte von Sinterstahl aus DPGWeicheisenschleuderpulver < 0,15 mm und Pudergraphit, hergestellt nach der Einfachpreßtechnik (4 bzw. 6 t/cm²) und Doppelpreßtechnik (6 + 6 t/cm²) in Abhängigkeit vom Kohlenstoffgehalt (Sinterbedingungen: Einfachpreßtechnik: 2 Stunden bei 1220⁰, Doppelpreßtechnik: Vorsinterung 1 Stunde bei 800⁰, Fertigsinterung 2 Stunden bei 1220⁰, Sinteratmosphäre: COhaltiger Wasserstoff).

Dichte der nach der Doppelpreßtechnik hergestellten Körper ist der Kohlenstoffabbrand bei ihnen etwas geringer. Die Dichte der verschieden hoch gekohlten Proben unterscheidet sich kaum, obwohl man bei den höher gekohlten Proben auf Grund der Mischungsregel für die Dichte einen geringeren Wert erwarten sollte. Hier macht sich bemerkbar, daß bei der Sinterung der hochkohlenstoffhaltigen Proben zumindest vorübergehend eine flüssige Phase (Fe—Fe$_3$C-Eutektikum) auftritt, die in bekannter Weise zu einer größeren Schwindung dieser Legierungen führt.

An den verschieden hoch gekohlten Proben wurde die Vickershärte (Belastung 30 kg), die Zugfestigkeit und die Dehnung bestimmt. Bezüglich der Abmessungen und der Herstellung der Proben gilt das auf Seite 63 Gesagte. Die Vickershärte ist in Abb. 103, die Zugfestigkeit und Dehnung in Abb. 104 in Abhängigkeit vom Kohlenstoffgehalt aufgetragen. Die Abbildungen enthalten, abgesehen von den mit 6 t/cm² erzielten Eigenschaften, noch Ergebnisse einer Versuchsserie mit 4 t/cm² (ohne Dehnungswerte!). Für 4 t/cm² sind nur die Ergebnisse der Einfachpreßtechnik eingetragen. Die Punkte für die mit 4 t/cm² doppeltgepreßten Proben wurden nicht aufgeführt, weil der entsprechende Kurvenzug weitgehend mit dem für 6 t/cm² (Einfachpreßtechnik) zusammenfiel. Sämtliche Eigenschaftswerte wurden unmittelbar nach der Sinterung ermittelt. Die Eigenschaftswerte sind naturgemäß beeinflußt durch die speziellen Abkühlungsbedingungen des gewählten Sinterofens, die sich bei verschieden hohem Kohlenstoffgehalt wegen der Verschiedenheit der kritischen Abkühlungsgeschwindigkeit

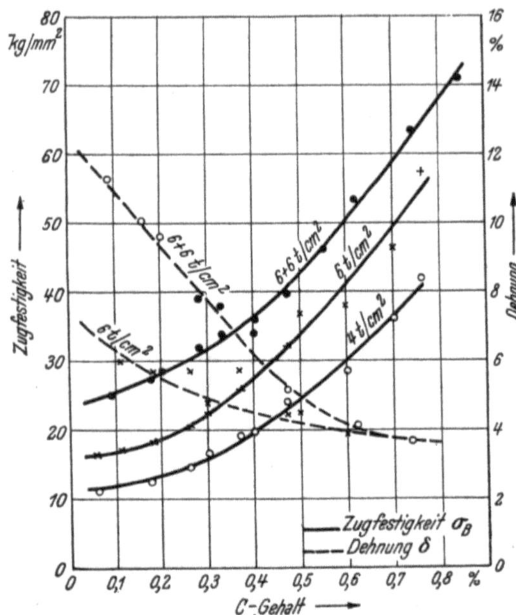

Abb. 104. Zugfestigkeit und Dehnung von Sinterstahl aus DPG-Weicheisenschleuderpulver < 0,15 mm und Pudergraphit, hergestellt nach der Einfachpreßtechnik (4 bzw. 6 t/cm²) und Doppelpreßtechnik (6 + 6 t/cm²) in Abhängigkeit vom Kohlenstoffgehalt (Sinterbedingungen: Einfachpreßtechnik: 2 Stunden bei 1220°, Doppelpreßtechnik: Vorsinterung 1 Stunde bei 800°, Fertigsinterung 2 Stunden bei 1220°, Sinteratmosphäre: CO-haltiger Wasserstoff).

verschieden stark auswirken. Unter diesen Gesichtspunkten sind die mitgeteilten Werte zu betrachten.

Was zunächst den Härteverlauf betrifft, so kann man feststellen, daß die Härte, welche beim kohlenstofffreien Sintereisen (Preßdruck 4 t/cm², Einfachpreßtechnik) etwa 50 kg/mm² beträgt, bei einem Sinterstahl mit einem Kohlenstoffgehalt von 0,8% auf 150 kg/mm² ansteigt.

Bei 6 t/cm² liegen infolge der höheren Dichte die entsprechenden Härtewerte bei 60 kg/mm² bzw. 175 kg/mm². Die Anwendung der Doppelpreßtechnik (6 + 6 t/cm²) ergibt bei Erhöhung der Dichte von 6,5 auf 7,1 g/cm³ eine beachtliche Härtezunahme. Hier liegen die Werte bei 90 kg/mm² für kohlenstofffreies Material und bei rund 250 kg/mm² für Sinterstahl mit 0,8% Kohlenstoff. Beachtlich ist die geringe Streuung der Werte, ein Beweis dafür, daß es gelingt, die Versuchsbedingungen weitgehend konstant zu halten.

Wie aus Abb. 104 hervorgeht, zeigt die Zugfestigkeit einen ganz ähnlichen Verlauf wie die Härte. Hier ergibt sich bei 4 t/cm² (Einfachpreßtechnik) eine Zugfestigkeit von etwa 45 kg/mm² bei 0,8% Kohlenstoff gegenüber 10 kg/mm² bei dem kohlenstofffreien Sinterseisen. Bei 6 t/cm² (Einfachpreßtechnik) erhält man eine Steigerung auf 16 kg/mm² für das kohlenstofffreie Sintereisen und 55 kg/mm² für einen Sinterstahl mit 0,8% Kohlenstoff. Infolge der Dichtezunahme bei Anwendung der Doppelpreßtechnik steigen diese Werte weiter stark an auf 24 kg/mm² für Sintereisen bzw. auf rund 70 kg/mm² für den doppelgepreßten Sinterstahl mit 0,8% Kohlenstoff.

Wie zu erwarten, zeigt die Dehnung mit zunehmendem Kohlenstoffgehalt eine stark fallende Tendenz. Interessant ist hier, daß die Dehnungswerte der nach der Einfachpreßtechnik hergestellten Proben ab etwa 0,55% Kohlenstoff mit denen der nach der Doppelpreßtechnik hergestellten praktisch zusammenfallen, während bei geringeren Kohlenstoffgehalten die Unterschiede in den bei den beiden verschiedenen Techniken ermittelten Dehnungswerten um so größer sind, je geringer der Kohlenstoffgehalt ist. Der Vorteil des Doppelpreßverfahrens hinsichtlich der Zähigkeitssteigerung von Sinterstahl entfällt teilweise bei höheren Kohlenstoffgehalten infolge der allgemeinen Versprödung des Materials.

Bei geschmolzenen Kohlenstoffstählen besteht bekanntlich die Beziehung, daß sich die Zugfestigkeit aus der Brinellhärte durch Multiplikation mit dem Faktor 0,36 errechnen läßt. Infolge der erheblichen Erleichterung, die damit für die Festigkeitsbestimmung bei der Verschaffung eines Überblickes verbunden ist, hat es nicht an Versuchen gefehlt, auch bei Sinterwerkstoffen eine ähnliche Beziehung abzuleiten[1]. Die vorliegenden umfangreichen Versuchsresultate verführen gleichsam dazu, auch in diesem Falle einer solchen Beziehung nachzuspüren. Auf diesbezügliche Einzelheiten wird an passender Stelle (Kap. 9, S. 329) ebenso eingegangen, wie auf die von fremden Stellen angestellten Bemühungen.

Eine Anwendung der Doppelpreßtechnik bei legierten Sinterstählen, bei deren Sinterung größere Mengen einer flüssigen Phase

---

[1] Eisenkolb, F.: Metallwirtsch. **23**, 1944, S. 373-377.

auftreten (Beispiele: Eisen - Nickel - Aluminium - Dauermagnetlegierungen; Eisen-Aluminium- und Nickel-Aluminium-Legierungen
für Heizleiter), die also fast unabhängig von der Höhe des Ausgangs-
preßdruckes schon zu sehr dichten Körpern sintern, weist keine
Vorteile auf. Bei diesen Werkstoffen läßt sich eine weitere Verbesserung der an sich schon guten Dichte gegebenenfalls nur durch
eine Warmverformung oder durch Anwendung einer Warmkali-
brierung erzielen.

B. Mehr als zweimalige Preß- und Sinterbehandlung.

Der Erfolg der Doppelpreßtechnik könnte dazu verleiten,
durch noch häufigere Wiederholung der Preß- und Sinterbehandlungen die Eigenschaften der Sinterkörper immer weiter zu steigern,
um schließlich denjenigen des kompakten Materials gleichzu-
kommen, wobei man daran denken könnte, dieses Ziel zwecks
Schonung der Preßwerkzeuge durch Anwendung möglichst niedriger
Preßdrücke in den einzelnen Stufen zu erreichen. Ganz abgesehen
von wirtschaftlichen Gesichtspunkten, die natürlich bei der Fertigung entscheidend ins Gewicht fallen, sind aber auch hier Grenzen
gesetzt. Nach einer gewissen Anzahl von Stufen erreicht man
praktisch keine weitere Verbesserung der Dichte und damit der
mechanischen Eigenschaften mehr. Auf Grund umfangreicher
Versuchsunterlagen ergibt sich im einzelnen folgendes Bild:

1. Die Eigenschaften von Sintereisen bei Anwendung
einer mehr als zweimaligen Preß- und Sinterbehandlung.

An zylindrischen Preßkörpern (Probeabmessungen entsprachen
den früher genannten, s. S. 63) aus DPG-Schleuderpulver der
Körnung $<$ 0,15 mm wurde unter Anwendung von drei verschiedenen Preßdrücken (2, 4, 6 t/cm²) die Preß- und Sinterbehandlung mehrfach wiederholt, so daß sich insgesamt bis zu
fünf Pressungen bzw. Sinterungen ergaben. Die jeweiligen Zwischen-
sinterungen wurden für eine Stunde bei 900⁰ unter Wasserstoff,
die Schlußsinterungen für zwei Stunden bei 1250⁰ unter Wasserstoff vorgenommen. Aus systematischen Gründen entsprachen die
angewandten Nachpreßdrücke stets den für das Verpressen des
Pulvers angewandten ersten Preßdrücken. An den so erhaltenen
Sinterkörpern wurde die Dichte, Vickershärte, Zugfestigkeit und
Dehnung bestimmt. Die Dichte wurde dabei außerdem vor Durchführung der Schlußsinterung, also nach der letzten Nachpressung,
ermittelt. Bei Anwendung der Einfachpreßtechnik entspricht die
Nachpreßdichte der Preßdichte des Pulverkörpers. Die Versuchs-

Zahlentafel 59. *Mechanische Eigenschaften von Sintereisen aus DPG-Schleuderpulver < 0,15 mm im Verlauf einer mehrfachen Preß- und Sinterbehandlung (Sinterbedingungen: Vor- und Zwischensinterung 1 Stunde bei 900°, Fertigsinterung 2 Stunden bei 1250° unter Wasserstoff).*

Mechanische Eigenschaften	Vor-	Nach-	Anzahl der Nachverdichtungen				
	Preßdruck t/cm²		1	2	3	4	5
Härte H_V kg/mm²	4	4	52	80	90	94	97
	6	6	58	90	107	110	112
Zugfestigkeit kg/mm² ..	4	4	10,4	16,8	22,6	23,7	24,2
	6	6	17,5	24,1	27,4	28,0	28,7
Dehnung %	4	4	3,4	7,8	12,8	13,5	15,0
	6	6	5,8	13,2	16,4	19,0	20,4

ergebnisse der so durchgeführten Einfach-, Doppel-, Dreifach-, Vierfach- und Fünffachpreßtechnik sind in Abb. 105 und Zahlentafel 59 zusammengestellt. Abb. 105 enthält die Ergebnisse der Dichtebestimmungen, Zahlentafel 59 die an den Sinterkörpern ermittelten mechanischen Eigenschaften.

Was zunächst den Dichteverlauf anbetrifft, so ergibt sich aus Abb. 105, daß mit Anwendung einer Vierfachpreß- und Sinterbehandlung Werte erreicht sind, die bei weiterer Verdichtung praktisch nicht mehr ansteigen. Schon der Unterschied zwischen der dritten und vierten Pressung ist nicht mehr erheblich, insbesondere beim höchsten Preßdruck von 6 t/cm². Auch die Schwindung bei der Schluß-

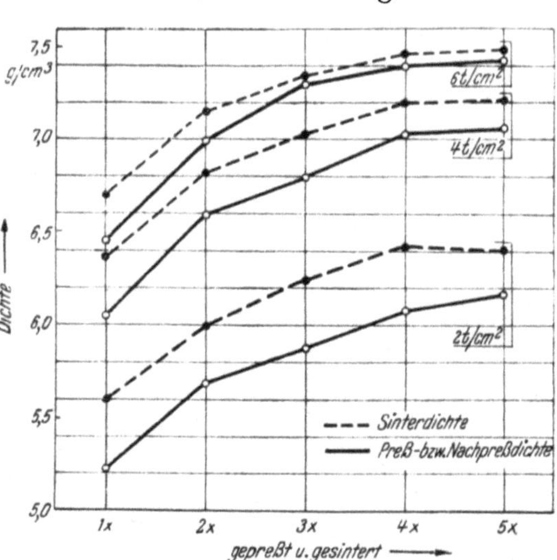

Abb. 105. Preß- und Sinterdichte von Sintereisen aus DPG-Weicheisenschleuderpulver < 0,15 mm im Verlaufe einer Mehrfachpreß- und -sinterbehandlung (Sinterbedingungen: Vor- und Zwischensinterung 1 Stunde bei 900°, Fertigsinterung 2 Stunden bei 1250° unter Wasserstoff).

sinterung wird mit häufiger Wiederholung der Preß- und Sinterbehandlungen immer geringer, bei Anwendung des höchsten Preßdruckes naturgemäß in ausgesprochenerem Maße als bei der Anwendung des verhältnismäßig geringen Preßdruckes von 2 t/cm².

Die mechanischen Eigenschaften (Zahlentafel 59) entsprechen, wie zu erwarten, dem Dichteverlauf der Sinterkörper. Mit Anwendung einer Vierfachpressung und -sinterung sind auch bei ihnen Werte erreicht, die praktisch keine Steigerung mehr erfahren, wobei schon die Unterschiede zwischen der Drei- und Vierfachpreß- und -sinterbehandlung nicht mehr ins Gewicht fallend sind. Diese Feststellung bezieht sich vornehmlich auf die Zugfestigkeits- und Härtewerte. Bei der Dehnung ist jedoch eine deutliche Weiterverbesserung mit Erhöhung der Anzahl der Preß- und Sinterbehandlungen zu beobachten, insbesondere zwischen der dritten und vierten Nachverdichtung bei 6 t/cm².

2. Die Eigenschaften von Sinterstahl bei Anwendung einer mehr als zweimaligen Preß- und Sinterbehandlung.

Zwecks Erläuterung der im Falle von Sinterstahl durch Anwendung einer mehr als zweimaligen Preß- und Sinterbehandlung erreichbaren Festigkeitseigenschaften wurde eine Pulvermischung bestehend aus 75 Teilen DPG-Weicheisenschleuderpulver der Körnung < 0,15 mm, 25 Teilen DPG-Gußeisenschleuderpulver der Körnung < 0,15 mm (Kohlenstoffgehalt des Gußeisenpulvers rund 2,5 %) und 0,4 Teilen Pudergraphit in analoger Weise verpreßt und gesintert, wie für Sintereisen im vorigen Abschnitt ausführlich besprochen. Ein Unterschied bestand nur in der Höhe der Vorsintertemperatur und der Sinteratmosphäre. Als Vor- und Zwischensintertemperatur wurde 800°, als Schlußsintertemperatur 1220° und als Sinteratmosphäre CO-haltiges Wasserstoffschutzgas gewählt. Die unter diesen Umständen erhaltenen Versuchsergebnisse gehen aus Abb. 106 (Dichteverlauf) und Zahlentafel 60 (mechanische Eigenschaften) hervor.

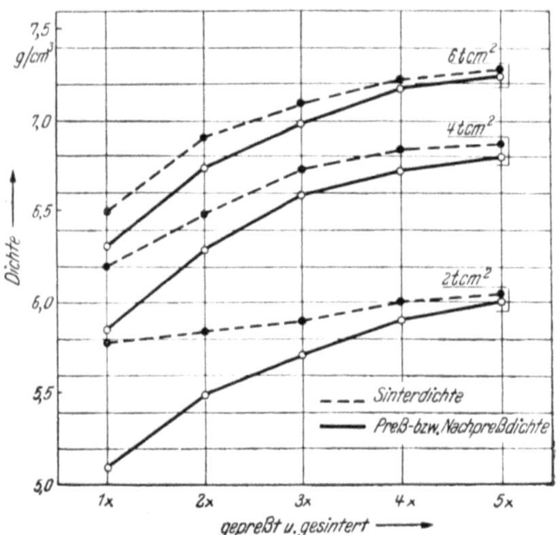

Abb. 106. Preß- und Sinterdichte von Sinterstahl im Verlaufe einer Mehrfachpreß- und -sinterbehandlung (Sinterbedingungen: Vor- und Zwischensinterung 1 Stunde bei 800°, Fertigsinterung 2 Stunden bei 1220°, Sinteratmosphäre: CO-haltiger Wasserstoff).

Zahlentafel 60. *Mechanische Eigenschaften von Sinterstahl aus einer Mischung mit 75 Teilen DPG-Weicheisenschleuderpulver $< 0{,}15$ mm, 25 Teilen DPG-Gußeisenschleuderpulver $< 0{,}15$ mm und 0,4 Teilen Pudergraphit, im Verlauf einer mehrfachen Preß- und Sinterbehandlung (Sinterbedingungen: Vor- und Zwischensinterung 1 Stunde bei 800°; Fertigsinterung 2 Stunden bei 1220° unter CO-haltiger Wasserstoffatmosphäre). Endkohlenstoffgehalt im Sinterkörper etwa 0,7%.*

Mechanische Eigenschaften	Vor-	Nach-	Anzahl der Nachverdichtungen				
	Preßdruck t/cm²		1	2	3	4	5
Härte H_V kg/mm²	4	4	115	160	172	182	187
	6	6	145	206	230	245	251
Zugfestigkeit kg/mm² ..	4	4	36,5	38,0	40,3	43,2	46,4
	6	6	45,7	50,4	53,4	55,2	57,8
Dehnung %	4	4	2,9	3,7	4,4	4,6	4,7
	6	6	3,7	4,1	4,4	4,7	4,7

Der Dichteverlauf in Abb. 106 entspricht vollkommen dem aus Abb. 105 bekannten Bild für Sintereisen, wenn auch die Absolutwerte der Dichten dem Kohlenstoffgehalt des Sinterstahls entsprechend geringer sind als die beim Sintereisen. Auch hier sind nach der vierten Pressung Dichtewerte erreicht, die bei weiterer Behandlung praktisch nicht mehr ansteigen. Im Gegensatz zu den Befunden an Sintereisen gemäß Zahlentafel 59, S. 233, ist bei Sinterstahl jedoch deutliche Steigerung der Härte und Zugfestigkeit zu erkennen. Lediglich die Dehnung verbleibt praktisch auf dem Wert, den sie schon nach der vierten Behandlung erreicht hatte.

Trotz dieser offensichtlichen Eigenschaftsverbesserungen durch häufige Wiederholung der Preß- und Sinterbehandlung dürfte durch die Versuche insgesamt erwiesen sein, daß die Eigenschaftsverbesserungen durch Behandlung über die Doppelpreßtechnik hinaus kaum oder nur in Sonderfällen den dadurch bedingten Mehraufwand an Arbeit und Zeit rechtfertigen.

VII. Die gleichzeitige Anwendung von Druck und Wärme und die Eigenschaften entsprechender Sinterkörper.

Als zweiter Weg zur Steigerung der Dichte von Sinterkörpern bzw. zur Beseitigung der Porosität wurde auf Seite 183 in Kapitel 5 die gleichzeitige Anwendung von Druck und Wärme erwähnt. Diese Technik, das sogenannte „Heißpressen", wird durch die gute Preßbarkeit von Pulvern niedrig schmelzender Metalle und die Erfahrungen über die Sinterung bei hoher Temperatur förmlich nahegelegt. Wird das Pressen bei hoher Temperatur vorgenommen, so bringt die hier im allgemeinen höhere Plastizität der Werkstoffe eher eine Verformung zustande als beim Kaltpressen. Liegen die Preßtemperaturen genügend hoch, so kann nach den Gesetzen der Warmverformung ein instabiler Zustand wegen sofortiger Erholung und Kristallisation gar nicht auftreten[1]. Sowohl die während des Heißpressens erhöhte Plastizität und Adhäsionswirkung als auch die erhöhte Atombeweglichkeit mit gleichzeitiger Verhinderung zu groben Korns bringen es mit sich, daß die in den Sinterkörpern ablaufenden Vorgänge bei diesem Verfahren mit großer Geschwindigkeit zu sehr guten Ergebnissen führen[2, 3]. Insgesamt ergeben sich durch Anwendung des Heißpressens folgende Vorteile gegenüber den bisher beschriebenen Herstellungsverfahren von Sinterkörpern[4]:

1. Höhere Dichte,
2. höhere Zugfestigkeit und Härte,
3. bessere Dehnung,
4. bessere Verformbarkeitseigenschaften,
5. größere Formgenauigkeit,
6. bessere elektrische Leitfähigkeit.

Im Laufe der geschichtlichen Entwicklung des Heißpressens haben sich verschiedene Wege herausgebildet, die sich im wesentlichen dadurch unterscheiden, daß die Wärme-Druckbehandlung entweder an den Pulvern oder an Kaltpreßlingen oder schließlich an Körpern, die bereits irgend eine Sinterbehandlung erfahren haben, vorgenommen wird. Alle diese Vorgänge werden, wie es auch im anglo-amerikanischen Sprachgebrauch üblich ist, unter dem Begriff „Heißpressen" zusammengefaßt[5]. Im deutschen Sprachgebiet ist es allerdings üblich geworden, solche Heißpressungen von Pulvern, Pulvergemischen oder Kaltpreßlingen, bei denen gleichzeitig die Fertigsinterung erfolgt, als „Drucksintern" zu bezeichnen. Das bekannteste Beispiel aus der allgemeinen Pulvermetallurgie stellt die Herstellung von Hartmetallziehsteinen durch Drucksinterung dar. Ebenso pflegt man Arbeitsgänge, bei denen eine Heißpressung von gesinterten Körpern erfolgt, gegebenenfalls als Heißnachverdichten bzw. Warmdruckverdichtung herauszu-

---

[1] Sauerwald, F.: Lehrb. d. Metallkunde, Berlin: Springer-Verlag, 1929, S. 135.

[2] Sauerwald, F. u. J. Hunczek: Z. Metallkde. 21, 1929, S. 22-23.

[3] Sauerwald, F. u. St. Kubik: Z. Elektroch. 38, 1932, S. 33-41.

[4] Kieffer, R. u. W. Hotop: Pulvermetallurgie und Sinterwerkstoffe, Berlin: Springer-Verlag, 1943, S. 155.

[5] Bartels, H.-J., W. Hotop u. R. Kieffer: Arch. Metallkde. 1, 1947, 311-15.

stellen, sobald dieser Arbeitsgang den Charakter eines Gesenkschmiedens oder Gesenkstauchens hat.

Das zuerst übliche Heißpressen von Pulver in auf Sintertemperatur gebrachten Matrizen hat sich in der Eisen-Pulvermetallurgie ebenso wenig durchsetzen können, wie das Einlegen und Verdichten von Kaltpreßlingen in heißen Matrizen. Dagegen scheint sich das von R. Kieffer[1] erstmalig für massive Eisen-Graphit- und Kupfer-Graphitlager (s. S. 363) vorgeschlagene Verfahren der Warmdruckverdichtung in der Praxis mehr und mehr einzuführen[2-11].

In neuerer Zeit ist auf die Stellung hingewiesen worden, die das Strangpressen in der Pulvermetallurgie einnimmt[12]. Auch für das Strangpreßverfahren trifft zu, daß Druck und Wärme bei der Verarbeitung des metallischen Werkstoffes gleichzeitig angewandt werden. Da dieses Verfahren auch in der Eisen-Pulvermetallurgie von gewisser Bedeutung werden kann, insbesondere bei der Verarbeitung von Sintereisenlegierungen mit Blei, Kupfer, Silber usw., soll auf die Eigenschaften entsprechender Strangpreßkörper im Rahmen dieses Kapitels eingegangen werden (s. Teil B dieses Kapitels).

A. Die Eigenschaften von Heißpreßkörpern.

Bei der Behandlung der Eigenschaften von Heißpreßkörpern ist es zweckmäßig, eine Unterteilung in der Weise vorzunehmen, daß Sintereisen, Sinterstahl und Gußeisen getrennt besprochen werden.

1. Die Eigenschaften von heißgepreßtem Sintereisen.

Die ersten bekanntgewordenen Untersuchungen über die mechanischen Eigenschaften heißgepreßter Metallpulverkörper wurden

---

[1] Kieffer, R.: Unveröffentlichte Versuche, 1938; s. Kieffer, R. u. W. Hotop: Pulvermetallurgie und Sinterwerkstoffe, Berlin: Springer-Verlag, 1943, S. 354.

[2] Anonym: Steel 108, 1941, S. 76-78 u. 94.

[3] Koehring, R. P.: s. Iron Age 148, 1941, S. 29-35 u. 100, 30. Okt.

[4] Anonym: Machinery, London 61, 1942, S. 6.

[5] Marquardt, K.: Metallwirtsch. 23, 1944, S. 377-79.

[6] Jones, W. D.: Foundry Trade J. 59, 1938, S. 401-402.

[7] Jones, W. D.: Metall Ind. London 56, 1940, S. 69-71.

[8] Henry, O. H., J. J. Cordiano: Am. Inst. min. metallurg. Engrs., Techn. Publ. Nr. 1919 (1945).

[9] Goetzel, C. G.: Iron Age 150, 1942, S. 82-92, 1. Okt.

[10] Goetzel, C. G.: s. Powder Metallurgy, Am. Soc. Met., Cleveland (Ohio) 1942, S. 395-407.

[11] Wassermann, G.: Metallforschung 2, 1947, S. 129-137.

[12] Kieffer, R. u. W. Hotop: Metallwirtsch. 23, 1944, S. 379-386.

Zahlentafel 61. *Zugfestigkeit von heißgepreßten Kupfer- und Eisensinterkörpern im Vergleich zu normal gepreßten und anschließend gesinterten Körpern* (F. Sauerwald u. J. Hunczek).

Glüh- bzw. Preßtemperatur °C	Zugfestigkeit nach Verfestigung mit Pressen bei Raumtemperatur und folgendem Glühen kg/mm²		Zugfestigkeit nach Verfestigung mit Pressen bei hoher Temperatur kg/mm²	
	Kupfer	Eisen	Kupfer	Eisen
610	14,2	—	26,3	19,7
715	13,2	6,6	24,1	29,3
810	10,3	11,5	23,5	39,5
920	—	14,7	—	—

von F. Sauerwald und Mitarbeitern durchgeführt[1,2]. In der ersten der beiden genannten Arbeiten wurden die Festigkeitseigenschaften von heißgepreßten Eisen- und Kupferkörpern mitgeteilt (s. Zahlentafel 61), die zweite Arbeit enthielt genauere Angaben über die benutzte Versuchsanordnung und die gewählte Probeform. Da sich stabförmige Proben beim Sintern zu leicht verziehen und derartige Proben beim Heißpressen erst recht zu versuchsmäßigen Schwierigkeiten führen, wurden aus pastillenförmigen Körpern kleine Zerreißkörper von der Form gefräst, wie sie Abb. 107 wiedergibt, die in eigens dafür hergestellten Backen in einer Losenhausenschen Drahtprüfmaschine zerrissen wurden. Um ein Abscheren der Zerreißkörper während der Versuche unmöglich zu machen, waren die Zerreißbacken in ihren Haltevorrichtungen, die wiederum selbst durch Widerhaken an einem Gleiten nach oben und unten verhindert wurden, beweglich befestigt.

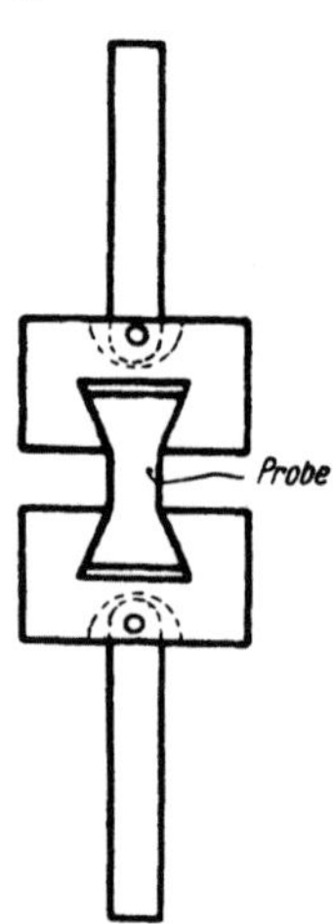

Abb. 107. Einspannbacken und Zerreißkörper für die Festigkeitsbestimmung an Sinterkörpern gemäß einem Vorschlag von F. Sauerwald · und St. Kubik.

Die gewählte Versuchsanordnung zum Heißpressen diente vor allem dem Zweck, den schädlichen Einfluß einer Oxydation durch die Außenluft während des Erhitzungs- und Preßvorganges bei hoher Temperatur auszuschalten. Die ganze innere Apparatur (Preßvorrichtung) wurde von einer starkwandigen Tasse aus Eisenblech mit Blei als Sperrflüssigkeit aufgenommen und durch eine Blechhaube von der Außenluft abgeschlossen. Während des Versuches wurde ein ununterbrochener Strom von Wasserstoff in die Haube eingeleitet. Die gesamte Versuchsanordnung, in die der

[1] Sauerwald, F. u. J. Hunczek: Z. Metallkde. 21, 1929, S. 22-23.
[2] Sauerwald, F. u. St. Kubik: Z. Elektroch. 38, 1932, S. 33-41.

kaltgepreßte Probekörper vorher eingebracht worden war, wurde mittels eines Muffelofens erhitzt und nach Erreichung der gewünschten Temperatur unter die Presse gebracht. Der Kaltpreßdruck betrug 3,6 t/cm², der Heißpreßdruck lag niedriger. Die schon oben erwähnte Zahlentafel 61 enthält die Eigenschaften der so hergestellten Heißpreßkörper neben den jeweils günstigsten, die bis zum damaligen Zeitpunkt von den genannten Forschern nach der üblichen Preß- und Sintermethode erhalten worden waren. Obwohl der angewandte Heißpreßdruck geringer ist als der Kaltpreßdruck für die normal hergestellten Sinterkörper[1], ist die erhebliche Verbesserung der Festigkeit durch das Heißpressen auffallend.

Die mitgeteilten Versuchsresultate von F. Sauerwald blieben lange Zeit die einzigen, über die im Schrifttum berichtet wurde. Erst in neuerer Zeit wurden von P. Schwarzkopf und C. G. Goetzel[2] systematische Untersuchungen über die Eigenschaften (Gefüge, Dichte, Brinellhärte) von heißgepreßtem Sintereisen angestellt. Zur Verwendung kamen dabei Schwammeisenpulver mit einer Korngröße $< 0,15$ mm aus Schwedenerz, Elektrolyteisenpulver der Körnung $< 0,15$ mm und Reduktionspulver (Wasserstoffreduktion) mit einer Korngröße $< 0,04$ mm. Das Schwammeisenpulver erwies sich als verhältnismäßig unrein. Es hatte bei einem Eisengehalt von nicht mehr als 96% etwa 1% unlösliche Bestandteile. Das Elektrolyteisenpulver und das Reduktionspulver waren im Gegensatz dazu von ausgezeichneter Reinheit (Eisengehalt $> 99\%$). Die Preßeigenschaften (Verdichtbarkeit und Kantenbeständigkeit) beim Kaltpressen nahmen wegen der bekannten Korngestalt und Korngröße der drei Pulver in der genannten Reihenfolge ab. Um Oberflächenfilme aus Oxyd von den Pulverteilchen zu entfernen, wurden alle Pulver vor ihrer Verwendung eine halbe Stunde lang unter Wasserstoff bei 750° geglüht. Unter Anwendung eines Preßdruckes von ca. 1,5 t/cm² wurden dann zylindrische Körper kaltgepreßt, die in die Matrize zum Heißpressen eingebracht wurden. Im Temperaturbereich zwischen 500 und 800° wurden bei Heißpreßdrücken bis zu 8 t/cm² Schnellstahlmatrizen mit ebensolchen Stempeln und im Temperaturbereich zwischen 800 und 1200° bei Drücken bis zu 0,4 t/cm² Graphitmatrizen und Graphitstempel, in einzelnen Fällen auch Hartmetallstempel, angewandt. Die Erhitzung der Proben geschah mittels Hochfrequenz. Dabei sorgte eine Schutzvorrichtung dafür,

---

[1] Sauerwald, F. u. J. Hunczek: Z. Metallkde. **21**, 1929, S. 22-23, 4. Sept.

[2] Schwarzkopf, P. u. C. G. Goetzel: Iron Age **148**, 1941, S. 37-44, 4. Sept.

daß die Proben sich während der Erhitzung unter Wasserstoffschutzgas befanden. Nach jeweils 5 Minuten Erhitzungsdauer
hatte sich die gewünschte Temperatur gleichmäßig eingestellt.

Abb. 108. Gefüge von heißgepreßtem Elektrolyteisen bei einer
Heißpreßtemperatur von 1100⁰ und einem Heißpreßdruck von
0,24 t/cm² (× 200) (P. Schwarzkopf u. C. G. Goetzel).

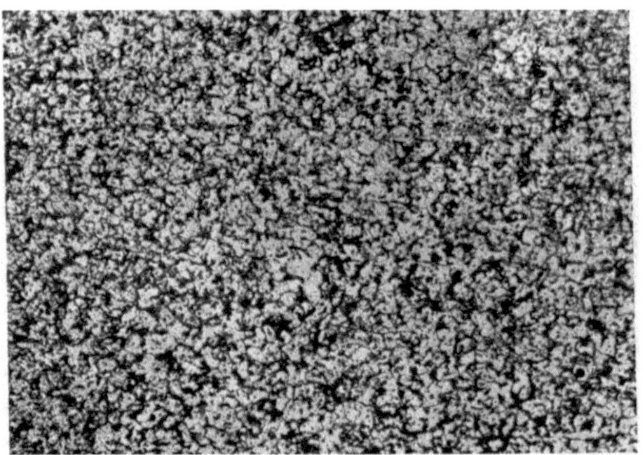

Abb. 109. Gefüge von heißgepreßtem Reduktionseisenpulver bei
einer Heißpreßtemperatur von 1100⁰ und einem Heißpreßdruck
von 0,24 t/cm² (× 200) (P. Schwarzkopf u. C. G. Goetzel).

Dann wurde der vorgesehene Preßdruck 1 Minute lang, in Sonderfällen bis zu 10 Minuten lang, ausgeübt. Ein Teil der Proben wurde
nach der Abkühlung nochmals 2 Stunden bei 1000⁰, ein anderer
Teil 1 Stunde bei 1300⁰ unter Wasserstoff geglüht.

Was zunächst das *Gefüge* der Heißpreßkörper anbetrifft, so ist bei Temperaturen bis zu 800⁰ nur in gewissem Umfang eine geringfügige Rekristallisation innerhalb der einzelnen Pulverteilchen zu

Abb. 110. Gefüge von heißgepreßtem Reduktionseisenpulver, Heißpreßtemperatur 500⁰, Heißpreßdruck 7,8 t/cm², Schlußglühung 2 Stunden bei 1000⁰ (× 200) (P. Schwarzkopf und C. G. Goetzel).

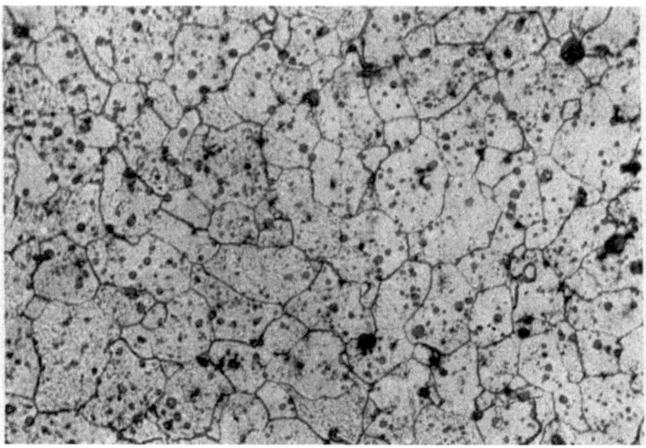

Abb. 111. Gefüge von heißgepreßtem Reduktionseisenpulver, Heißpreßtemperatur 500⁰, Heißpreßdruck 7,8 t/cm², Schlußglühung 1 Stunde bei 1300⁰ (× 200) (P. Schwarzkopf u. C. G. Goetzel).

erkennen. Erst bei Temperaturen ab 900⁰ findet eine deutliche Gefügeänderung statt, wobei sich speziell bei den reineren Eisensorten (Elektrolyteisen und Reduktionspulver) ab etwa 1000⁰ eine polygonale Kristallstruktur von feinen Ferritkörnern ausbildet

(Abb. 108 und 109). Bei Preßtemperaturen von 1200⁰ ergaben sich infolge der Diffusion von Kohlenstoff aus den Graphitmatrizen kohlenstoffhaltige Körper mit wechselnden Mengen an Kohlenstoff

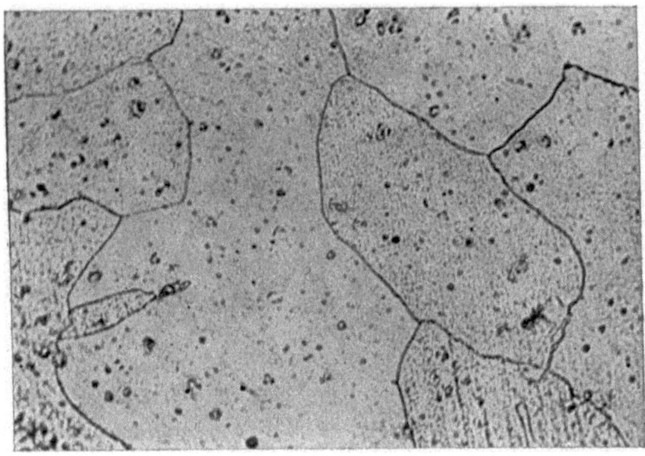

Abb. 112. Gefüge von heißgepreßtem Reduktionseisenpulver, Heißpreßtemperatur 900⁰, Heißpreßdruck 0,39 t/cm², Schlußglühung 1 Stunde bei 1300⁰ (× 200)   (P. Schwarzkopf und C. G. Goetzel).

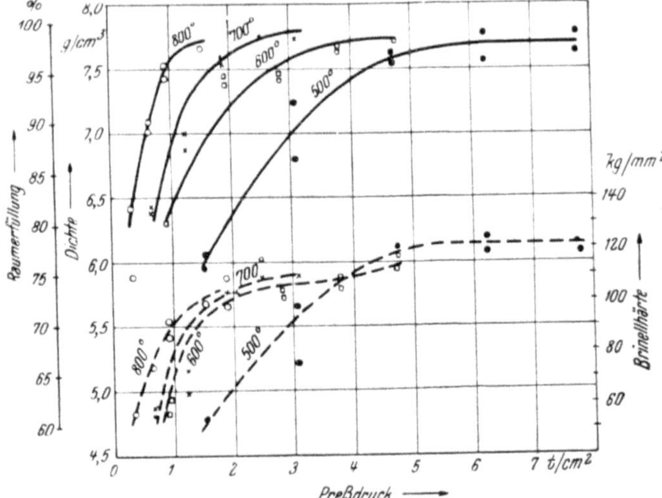

Abb. 113. Dichte und Brinellhärte von heißgepreßtem Schwammeisenpulver im Temperaturbereich zwischen 500 und 800⁰ in Abhängigkeit vom aufgewandten Preßdruck (P. Schwarzkopf und C. G. Goetzel).

(zum Teil Bildung von Gußeisen!), weswegen diese Körper nicht mit in die weitere Untersuchung einbezogen wurden. Die nachfolgende Glühbehandlung der Heißpreßkörper bewirkt, wie zu erwarten, eine erhebliche Veränderung des Gefüges, wie aus Abb. 110

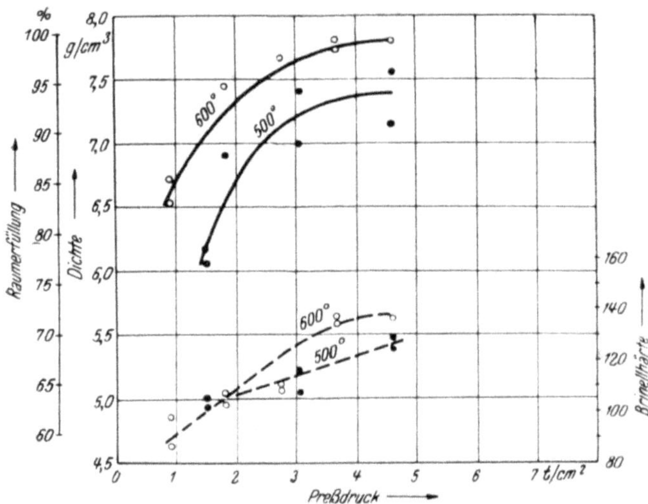

Abb. 114. Dichte und Brinellhärte von heißgepreßtem Elektrolyt-eisenpulver im Temperaturbereich zwischen 500 und 800⁰ in Abhängigkeit vom aufgewandten Preßdruck (P. Schwarzkopf und C. G. Goetzel).

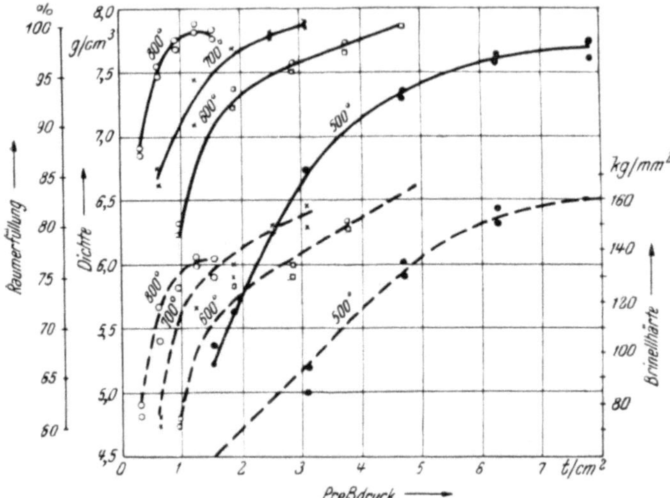

Abb. 115. Dichte und Brinellhärte von heißgepreßtem Reduktions-eisenpulver im Temperaturbereich zwischen 500 und 800⁰ in Abhängigkeit vom aufgewandten Preßdruck (P. Schwarzkopf und C. G. Goetzel).

bis 112 hervorgeht. Schon beim zweistündigen Glühen bei 1000⁰ (Abb. 110) findet ein erhebliches Kornwachstum statt. Es wird

16*

besonders ausgeprägt durch Glühen bei 1300° (Abb. 111 und 112).
In einzelnen Fällen erhält man dabei Korngrößen von mehr als
200 μ Durchmesser. Abgesehen von der Veränderung des Korns

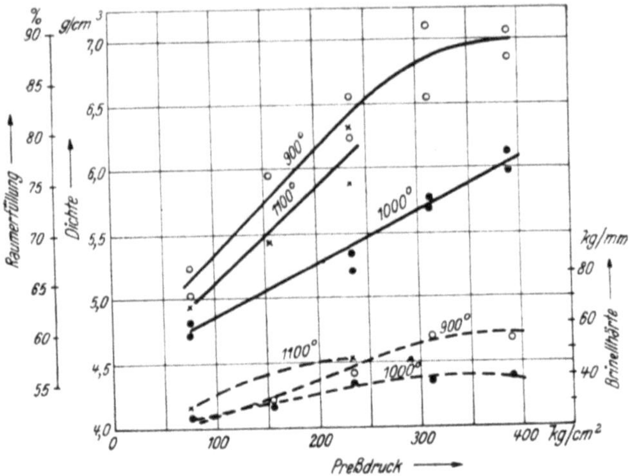

Abb. 116. Dichte und Brinellhärte von heißgepreßtem Schwammeisenpulver im Temperaturbereich zwischen 900 und 1100° in Abhängigkeit vom aufgewandten Preßdruck (P. Schwarzkopf und
C. G. Goetzel).

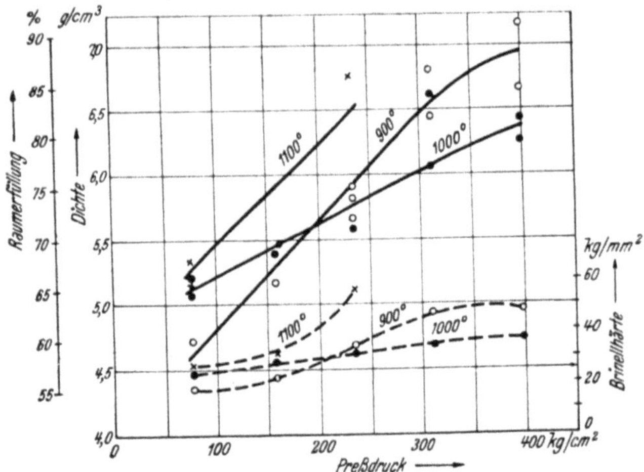

Abb. 117. Dichte und Brinellhärte von heißgepreßtem Elektrolyteisenpulver im Temperaturbereich zwischen 900 und 1100° in Abhängigkeit vom aufgewandten Preßdruck (P. Schwarzkopf und
C. G. Goetzel).

bewirkt die nachfolgende Glühbehandlung eine Stabilisierung des
Gefüges, eine Reinigung der Korngrenzen, eine Beseitigung von
Verunreinigungen (Oxydfilmen) und eine Verringerung der Porosität.

Der Einfluß der Höhe des angewandten Heißpreßdruckes auf die *Dichte* und *Brinellhärte* geht für den Temperaturbereich von 500 bis 800⁰ aus den Abbildungen 113 bis 115, für den Temperaturbereich von 900 bis 1100⁰ aus den Abbildungen 116 bis 118 hervor. Es handelt sich dabei um die lediglich heißgepreßten, also nicht nachgeglühten Versuchskörper. Was zunächst die Kurven aus dem niedrigeren Temperaturbereich angeht (Abb. 113 bis 115), so zeigen die Dichte- und Härtekurven den vom Kaltpressen her bekannten Verlauf (s. Abb. 52, S. 124, und Abb. 57, S. 136). Mit steigender Preßtemperatur verschieben sich die Kurven, wie zu erwarten, nach links, d. h. bei höheren Preß- und Sintertemperaturen genügen

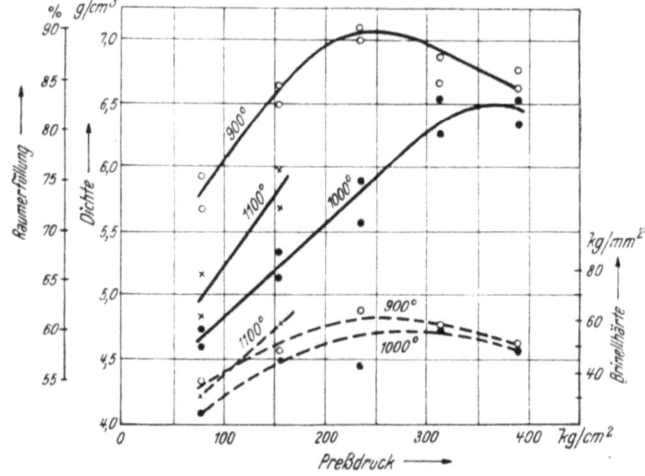

Abb. 118. Dichte und Brinellhärte von heißgepreßtem Reduktionseisenpulver im Temperaturbereich zwischen 900 und 1100⁰ in Abhängigkeit vom aufgewandten Preßdruck (P. Schwarzkopf und C. G. Goetzel).

infolge der höheren Plastizität des Pulvers wesentlich geringere Drücke, um höchste Werte der Dichte und Härte zu erreichen. Wenn P. Schwarzkopf und C. G. Goetzel auf Grund der Versuchsergebnisse glauben, daß lediglich im Falle des besonders reinen Elektrolyt- und Reduktionseisenpulvers die Dichte des kompakten Materials im Temperaturbereich unterhalb 800⁰ bei Anwendung entsprechender Preßdrücke erreicht werden kann, so haben sie offenbar ungenügend beachtet, daß man im Falle des Schwammeisens wegen des hohen Grades an Verunreinigungen für die Dichte des kompakten Materials nicht 7,87 g/cm³, sondern einen erheblich geringeren Wert einsetzen muß. Bei Berücksichtigung dieser Tatsache sieht man, daß auch im Falle des Schwammeisenpulvers die Dichte des kompakten Materials beim Heißpressen leicht erreicht wird.

Die Kurven für den Dichteverlauf im höheren Temperaturgebiet (Abb. 116 bis 118) erscheinen auf den ersten Blick wenig ermutigend. In keinem Fall wird eine Raumerfüllung von mehr als 90% erreicht. Das liegt aber zweifellos daran, daß wegen der mangelnden Festigkeit des für die Heißpreßmatrize angewandten Graphits nur ungenügend hohe Preßdrücke ausgeübt werden konnten. Eine Erscheinung ist in diesem Temperaturbereich bemerkenswert: bei allen Pulvern findet sich ein ausgesprochenes Dichteminimum bei einer Heißpreßtemperatur von 1000°. Von P. Schwarzkopf und C. G. Goetzel wird diese Erscheinung mit der $\alpha-\gamma$-Umwandlung in Zusammenhang gebracht, eine Ansicht, der man sich ohne weiteres anschließen kann.

Die Härtewerte fallen durchweg mit steigender Preßtemperatur, was zweifellos auf Erholungseffekte oberhalb 600° zurückgeführt werden kann. Auffallend sind die besonders hohen Härtewerte des Feinstpulvers (Reduktionspulver), die in einigen Fällen 160 kg/mm² übersteigen. Die geringste Härte weisen die Heißpreßkörper aus Schwedenschwamm auf. Wie zu erwarten, sind die Härtewerte im höheren Temperaturbereich durchweg sehr niedrig. Sie laufen hier mit der erreichten Dichte völlig parallel.

Betrachtet man noch kurz den Zusammenhang zwischen der Temperatur und der erreichten Dichte, so ergibt sich, daß für jede Preßtemperatur (einschließlich der Raumtemperatur) ein Mindestdruck existiert, der für die Erreichung der Dichte des kompakten Materials erforderlich ist. Während für die Erreichung der theoretischen Dichte von Eisen bei Raumtemperatur je nach dem vorliegenden Eisenpulver nach P. Schwarzkopf und C. G. Goetzel Drücke von 30 bis 47 t/cm² erforderlich sind, sinkt der notwendige Druck mit steigender Preßtemperatur ganz erheblich.

In Zahlentafel 62 sind diese Zusammenhänge teils auf Grund von Versuchsunterlagen, teils auf Grund von Schätzungen (eingeklammerte Zahlen) der genannten Forscher zusammengestellt. Interessant ist ein Vergleich mit den in Kap. 4 mitgeteilten Preßdichten (s. Zahlentafel 30, S. 123), die bei eigenen Versuchen erhalten wurden. Wenn man trotz Anwendung höchster Preßdrücke nach den eigenen Versuchen von der Dichte des kompakten Materials immer noch deutlich entfernt bleibt, so liegt das zweifellos an der Auffederung der Preßkörper, sobald sie die Matrize verlassen haben. Auf diesen Punkt wurde früher schon kurz hingewiesen. Würden die Preßkörper nicht auffedern, so würde man in der Tat mit Preßdrücken in der Größenordnung der von P. Schwarz-

Zahlentafel 62. *Der bei gegebener Temperatur zur Erreichung gewünschter Dichte notwendige Preßdruck für verschiedene Eisenpulver* (P. Schwarzkopf u. C. G. Goetzel).

Pulver	Raumerfüllung %	Preßdruck bei Raumtemperatur t/cm²	Preßdruck (t/cm²) bei Heißpreßtemperatur von °C						
			500	600	700	800	900	1000	1100
Schwammeisen aus Schwedenerz	90	(12)	3,3	1,9	1,3	0,6	0,4	(0,6)	(0,5)
< 0,15 mm...............	95	(20)	4,3	2,8	1,7	0,9	(0,6)	(0,9)	(0,8)
	100	(31)	(11,8)	(6,3)	(3,1)	(1,9)	(1,3)	(1,6)	(1,4)
Elektrolyteisen	90	(16)	3,0	1,6	(0,9)	(0,5)	0,4	(0,6)	(0,3)
< 0,15 mm...............	95	(24)	(5,5)	3,0	(1,6)	(0,8)	(0,6)	(0,9)	(0,6)
	100	(35)	(9,5)	4,7	(3,1)	(1,6)	(1,3)	(1,4)	(1,1)
Reduktionseisen	90	(20)	3,8	1,6	0,9	0,5	0,24	—	—
< 0,04 mm...............	95	(31)	5,4	2,7	1,6	0,6	—	—	—
	100	(47)	(11)	4,7	3,1	1,6	—	—	—

Zahlentafel 63. *Eigenschaften von Heißpreßkörpern aus Elektrolyteisenpulver in Abhängigkeit von der Heißpreßtemperatur und von der Dauer der Druckeinwirkung (Vorpreßdruck 3,1 t/cm², Heißpreßdruck 1,6 t/cm²)* (O. H. Henry u. J. J. Cordiano).

Eigenschaft	Heißpreßtemperatur											
	500⁰			600⁰			700⁰			780⁰		
	Dauer der Druckeinwirkung in Sekunden											
	50	150	450	50	150	450	50	150	450	50	150	450
Dichte g/cm³...................	6,31	6,38	6,71	6,70	6,89	7,05	7,32	7,52	7,58	7,59	7,71	7,76
Brinellhärte kg/mm²............	50	51	63	62	77	80	90	95	100	101	93	96
Zugfestigkeit kg/mm²...........	18,4	17,9	28,1	25,9	28,7	34,3	33,6	40,3	40,5	38,0	36,8	37,1
Dehnung %	0	0	1,0	0,5	1,0	2,0	1,0	12,0	27,0	22,0	32,0	37,0

kopf und C. G. Goetzel genannten die Dichte des kompakten Materials erreichen.

Eine nachfolgende Glühbehandlung, die oben schon bei Besprechung des Gefüges der Heißpreßkörper erwähnt wurde, verändert die Dichte praktisch nicht. Die Härte der im niederen Temperaturbereich gepreßten Körper nimmt jedoch beim nachfolgenden Glühen infolge der Beseitigung der letzten Reste einer Kaltverformung zum Teil erheblich ab. Die im höheren Temperaturbereich gepreßten Proben behalten bei der Glühbehandlung ihre Härte bei oder werden geringfügig härter, wenn sich die Dichte bei der Glühbehandlung im gleichen Sinn ändert.

Bei den Versuchen von F. Sauerwald sowie von P. Schwarzkopf und C. G. Goetzel handelt es sich in beiden Fällen um reine Drucksinterversuche. Schon ihre praktische Durchführung weist gewisse Schwierigkeiten auf, ihre Übertragung in die Fertigung dürfte aber ungewöhnlich schwierig sein. In Ergänzung zu den Versuchen von P. Schwarzkopf und C. G. Goetzel haben in neuester Zeit O. H. Henry und J. J. Cordiano[1] ebenfalls Heißpreßversuche durchgeführt. Sie verwendeten normales Elektrolyteisenpulver $< 0,15$ mm, preßten aus diesem zunächst mit einem Preßdruck von 3,1 t/cm² Formkörper vor und verdichteten diese Kaltpreßlinge in einer heizbaren Preßvorrichtung aus hitzebeständigem Stahl mit einen Preßdruck von etwa 1,6 t/cm² bei verschiedenen Temperaturen und verschieden langer Preßdauer nach. Die Erwärmung und Abkühlung der Probekörper erfolgte in der Preßeinrichtung unter Wasserstoffatmosphäre. Als Schmiermittel für die Matrize wurde Flockengraphit verwandt. In Zahlentafel 63 sind die Ergebnisse der Versuche zusammengefaßt. Trotz des niedrigen Warmpreßdruckes erhält man danach bei der höchsten Heißpreßtemperatur fast porenfreie Körper mit ausgezeichneten Zugfestigkeits- und Dehnungswerten.

Für die Anwendung des Heißpressens in der Praxis dürfte auf Grund der inzwischen vorliegenden Erfahrungen allerdings bis jetzt nur ein Heiß- oder Warmnachpressen (im anglo-amerikanischen Schrifttum mit „hot-forging" bezeichnet) von vor- oder fertiggesinterten Formkörpern in Frage kommen. Um für diesen technisch wichtigen Anwendungsfall die notwendigen Unterlagen bereitzustellen, wurden von den Verfassern umfangreiche Versuchsserien mit Eisenpulvern verschiedener Herstellungsart und auch mit Sinterstahlpulvermischungen durchgeführt. An dieser Stelle sei zunächst über die entsprechenden Ergebnisse an Sintereisen berichtet.

---

[1] Henry, O. H. u. J. J. Cordiano: Am. Inst. min. metallurg. Engrs., Techn. Publ., Nr. 1919 (1945).

Aus drei gut reduzierten Eisenpulvern verschiedener Herstellungsart wurden mit einem Druck von 6 t/cm² zylindrische Probekörper von 20 mm Durchmesser und etwa 8 bis 10 mm Höhe gepreßt und anschließend eine Stunde lang bei 800° unter Wasserstoff gesintert. Die Sinterkörper wurden dann ein zweitesmal in einem Muffelofen unter Wasserstoff kurzzeitig auf Temperaturen von 500 bzw. 700 oder 900° erhitzt und aus dieser Temperatur heraus so schnell wie möglich in ein in der Nähe befindliches Nachpreßwerkzeug überführt und mit Drücken von 6, 8 bzw. 10 t/cm² heiß nachverdichtet. Das Nachpreßwerkzeug hatte eine elektrische Heizvorrichtung, mittels der die Matrize auf eine Temperatur von 300 bis 350° erwärmt wurde. Die tatsächliche Temperatur, bei der die Probekörper im Nachpreßwerkzeug nachverdichtet wurden, dürfte trotz der zusätzlichen Heizvorrichtung etwa 150 bis 200° tiefer gelegen haben als die Temperatur, mit der die Proben aus dem Ofen kamen. Sämtliche Ver-

Zahlentafel 64. *Eigenschaften von Heißpreßkörpern aus verschiedenen Eisenpulvern in Abhängigkeit vom Heißpreßdruck und Heißpreßtemperatur (Sinterbedingungen: Vorsinterung 1 Stunde bei 800°; Fertigsinterung: 2 Stunden bei 1250° unter Wasserstoff).*

Pulver	Kalt-Preßdruck t/cm²	Heiß-Preßdruck t/cm²	Dichte g/cm³			Härte kg/mm²			Zugfestigkeit kg/mm²			Dehnung %		
			nachverdichtet aus einer Temperatur von °C											
			500	700	900	500	700	900	500	700	900	500	700	900
DPG-Schleuderpulver < 0,15 mm	6	6	7,20	7,30	7,41	73	79	90	24,6	26,0	27,1	13,4	14,0	14,8
		8	7,33	7,48	7,57	77	85	100	26,6	27,4	28,0	13,5	15,1	16,4
		10	7,54	7,59	7,69	90	100	110	27,1	28,2	28,9	14,8	18,2	20,0
Hametagpulver < 0,3 mm	6	6	7,32	7,38	7,45	83	87	90	25,2	26,3	27,0	14,9	15,9	18,2
		8	7,47	7,57	7,71	88	91	99	26,3	27,2	28,0	15,1	17,4	21,8
		10	7,59	7,69	7,79	90	96	102	27,4	28,0	29,8	16,2	19,2	27,6
Carbonyleisen C < 5 μ	6	6	7,07	7,21	7,31	60	70	75	24,7	25,4	26,3	15,2	17,6	18,0
		8	7,22	7,42	7,50	73	77	84	25,4	27,3	27,5	17,1	21,4	24,1
		10	7,34	7,56	7,67	78	83	87	27,0	28,2	29,8	20,8	23,2	30,0

suchskörper wurden nachher einer normalen zweistündigen Sinter-
behandlung bei etwa 1250⁰ unter Wasserstoff unterzogen. An den
Probekörpern wurde die Dichte, Vickershärte, Zugfestigkeit und
Dehnung, davon die beiden letzten Eigenschaften an Mikrozerreiß-
stäben bestimmt. Die erhaltenen Versuchsergebnisse sind in
Zahlentafel 64 zusammengestellt.

Vergleicht man die Eigenschaften mit den beim Einfach-
und Doppelpreßverfahren erhaltenen (s. Zahlentafel 57, S. 226),
so stellt man fest, daß bei Anwendung einer Heißpreßtemperatur
von 500⁰ und eines Heißpreßdruckes von 6 t/cm² eine Dichte erhalten wird, die zwar wenig aber doch merklich höher ist als die
beim normalen Doppelpreßverfahren ohne Temperaturanwendung
erzielte. Die Dichtewerte steigen dann bei höheren Preßtemperaturen beträchtlich an und nähern sich beim Hametagpulver bei
einer Temperatur von 900⁰ und einem Druck von 10 t/cm² fast der
theoretischen Dichte. Bemerkenswert ist, daß das sehr reine
Carbonyleisenpulver im Vergleich mit den anderen Pulvern keineswegs die besten Dichtewerte ergibt, was in erster Linie auf die sehr
gleichmäßige feinste Korngröße und die kugelige Kornform des
Ausgangspulvers zurückzuführen sein dürfte. Trotz der niedrigeren
Dichte sind aber die Werte für Zugfestigkeit und Dehnung höher
als beim gut verdichtbaren Hametag- und DPG-Schleuderpulver.
Diese Erscheinung ist auf das günstige Verhalten der sehr reaktions-
freudigen Pulverteilchen bei der Fertigsinterung zurückzuführen.

Welche große Bedeutung das Heißnachverdichten für die Praxis
hat, möge ein Vergleich der beim Heißnachpressen erhaltenen
Dichtewerte mit den beim normalen Preß- und Sinterverfahren
erhaltenen, welche in Zahlentafel 41, S. 193, zusammengestellt sind,
zeigen. Für Dichtewerte, wie sie beim Heißpressen unter praktisch
den Preßwerkzeugen noch zumutbaren Bedingungen (700⁰, 8 t/cm²)
erreicht werden, würde bei Anwendung des normalen Preß- und
Sinterverfahrens für DPG-Schleuderpulver ein Preßdruck von
20 t/cm², für Hametagpulver ein Druck· von 18 t/cm² und für Carbonyleisen ein solcher von 15 t/cm² aufgewandt werden müssen.
Das sind aber Drücke, die beim heutigen Stand des Pressen- und
Werkzeugbaues für einen Dauerbetrieb nicht anwendbar sind.

Wendet man bei der Heißnachverdichtung höhere Vorsintertemperaturen für die Prüfkörper an bzw. preßt man bereits normal
fertig gesinterte Körper bei höheren Temperaturen nach, dann
sind, verglichen mit den Ergebnissen bei niedrig vorgesinterten
Prüfkörpern, zur Erreichung gleicher Dichtewerte höhere Heiß-
preßtemperaturen und -drucke erforderlich. Diese Erscheinung ist
auf die geringe Nachgiebigkeit bzw. mangelnde Plastizität der

bereits verfestigten, hochgesinterten Körper zurückzuführen. Solche heißgepreßten Körper weisen eine hohe Oberflächenhärte auf, welche durch eine Glühbehandlung bei etwa 800° beseitigt werden kann.

2. Die Eigenschaften von heißgepreßtem Sinterstahl.

Die im Schrifttum vorliegenden Unterlagen über die Eigenschaften von heißgepreßtem Sinterstahl beziehen sich ausschließlich auf die Ausführung des Heißpressens als „Heißnachverdichten" von Sinterkörpern aus der Sinterhitze heraus in Matrizen bzw. Gesenken, die gegebenenfalls wassergekühlt sind.

Viel Beachtung fand in Amerika vor einigen Jahren ein Verfahren, das von H. Tormyn[1] zur Erzeugung von Verschlußbüchsenringen für Kugellagerhalter bei der Firma Chevrolet entwickelt wurde. Als Ausgangsmaterial dienen dabei Stahlspäne mit niedrigem Kohlenstoff- und hohem Schwefelgehalt (Type SAE X1112), die nach mechanischer Zerkleinerung mittels Schwinghammeraggregaten zu grobem Pulver möglichst konstanten Füllvolumens mit einem Druck von 4,5 t/cm^2 zu ringförmigen Rohlingen verpreßt werden. Die Ringe haben bei einem Außendurchmesser von etwa 75 mm ein Gesamtgewicht von etwa 235 g. Nach einer Sinterung im Durchlaufofen bei 1000 bis 1050° unter Generatorgas werden die Rohlinge unmittelbar aus der Sinterhitze heraus in wassergekühlten Matrizen heiß nachverdichtet. Dabei wirkt der hydraulisch ausgeübte Druck allseitig (Ober- und Unterstempel sowie acht ringförmig angeordnete auf den Ringumfang wirkende Seitenstempel). Beim Heißnachpressen wird durch den allseitig wirkenden Druck eine Volumenverminderung um 33% erzielt. In einer Spezialpresse werden sodann auf kaltem Wege der beim Heißpressen aufgetretene Grat sowie die durch die Seitenstempel verursachten kleinen knospenartigen Vorsprünge auf dem Umfang entfernt. Zum Schluß wird das Teil in einem Kalibrierwerkzeug kalt nachgepreßt. Dabei wird eine saubere, glatte Oberfläche und die Einhaltung der verlangten Masse mit einer Toleranz von 0,05 mm erreicht. Die so hergestellten Verschlußbüchsenringe aus Sinterstahl weisen bei wesentlich gesteigerter Härte und sehr guter Verschleißfestigkeit eine dreimal höhere Festigkeit als graues Gußeisen auf, aus dem die Ringe früher gefertigt wurden. Zahlentafel 65 zeigt die chemische Zusammensetzung des früher verwandten Gußeisens und des nunmehr eingesetzten Sinterstahls. Zum Vergleich ist die Analyse des SAE-Normalstahles X1112 mit aufgeführt.

Auch die etwa um die gleiche Zeit vorgenommenen Versuche

---

[1] Anonym: Steel 108, 1941, S. 76-78 u. 94.

Zahlentafel 65. *Chemische Zusammensetzung des amerikanischen Norm-*
stahles SAE X1112, von grauem Gußeisen und Sinterstahl aus zerkleinerten
Stahlspänen (H. Tormyn).

Analyse	SAE X 1112	Gußeisen	Gepreßte Späne
Gesamtkohlenstoff	0,08 bis 0,16	3,41	0,019
gebundener Kohlenstoff	—	0,08	—
freier Kohlenstoff............	—	3,33	—
Mangan	0,6 bis 0,9	0,52	0,79
Phosphor	0,09 bis 0,13	0,28	—
Schwefel....................	0,20 bis 0,30	0,067	0,157
Nickel	—	0,03	0,07
Chrom	—	0,03	0,04
Silizium	—	2,21	—

von R. P. Koehring[1] beziehen sich auf das Heißnachpressen von
Sintereisen- und Sinterstahlkörpern. Die Versuche wurden mit
verschiedenen Ausgangsmaterialien durchgeführt:

1. Zerkleinerte Stahldrehspäne von der Art, wie sie von H. Tormyn verwandt wurden (s. obige Ausführungen),

2. entkohltes Stahlpulver mit einer Körnung $<$ 0,15 mm,

3. Pulver gemäß 2., vermischt mit 0,6% Graphit,

4. Eisenpulver, das durch Reduktion von Walzsinter erhalten
wurde, Körnung $<$ 0,15 mm,

5. Pulver gemäß 4., vermischt mit 0,4% Graphit.

Die Proben wurden eine Stunde bei 1050° gesintert, und zwar
die Reineisenproben unter Wasserstoff und die kohlenstoffhaltigen
in einem mit Kohle gefüllten geschlossenen Behälter. Unmittelbar
im Anschluß an die Sinterung wurden die Sinterkörper in wassergekühlten Formen heiß nachverdichtet und geglüht. Über die
Art der Schlußglühung werden keine Angaben gemacht. Das Gefüge

Zahlentafel 66. *Eigenschaften verschiedener heißgepreßter Sintereisen- und*
Sinterstahlkörper (R. P. Koehring).

Ausgangs-pulver Nr.	Dichte g/cm³	Zug-festigkeit kg/mm²	Streck-grenze kg/mm²	Dehnung %	Ein-schnürung %	Härte (Rockwell B)
1	7,79	38,2	26,8	11	13	59 bis 74
2	7,82	38,9	26,6	14	13	61 „ 68
3	7,78	51,5	36,1	23	32	64 „ 75
4	7,39	28,1	23,2	3	3	67 „ 82
5	7,39	31,5	26,0	4	5	66 „ 74

[1] Koehring, R. P.: s. Iron Age **148**, 1941, S. 29-35 u. 100, 30. Okt.
s. Powder Metallurgy, Am. Soc. Met., Cleveland (Ohio) 1942, S. 304-09.

der heiß nachverdichteten Sinterkörper zeigt bei den kohlenstoffhaltigen Proben eine durchschnittliche Entkohlung um 50%. Die erzielten technologischen Eigenschaften gehen aus Zahlentafel 66 hervor. Nach dem von R. P. Koehring angewandten Verfahren werden bei guter Dichte der Sinterkörper ganz beachtliche Festigkeits- und Dehnungswerte erzielt, die denen des geschmolzenen und anschließend vergüteten Werkstoffs gleicher Zusammensetzung kaum nachstehen dürften (s. insbesondere die Ergebnisse am Ausgangspulver Nr. 3). Überraschend sind allerdings die geringen Festigkeitswerte, die man mit dem Eisenpulver aus Walzsinter erzielt. Ob die mit diesem Pulver erhaltenen, noch ungenügenden Festigkeits- und Dehnungswerte auf die Korngestalt des Pulvers oder aber auf mangelhafte Vorreduktion und Verunreinigungen des Walzsinters zurückzuführen sind, kann leider nicht ent-

Zahlentafel 67. *Eigenschaften von Heißpreßkörpern aus Sinterstahl in Abhängigkeit von Heißpreßdruck und Temperatur im Vergleich zu normalem nach dem Einfach- und Doppelpreßverfahren gefertigten Sinterstahl (Sinterbedingungen für die Heißpreßkörper: Vorsinterung 2 Stunden bei 1220°; Schlußglühung 1 Stunde bei 800° unter CO-haltiger Wasserstoffatmosphäre).*

Pulvermischung	Kalt-Preßdruck t/cm²	Heiß-Preßdruck t/cm²	Dichte g/cm³			Härte kg/mm²			Zugfestigkeit kg/mm²			Dehnung %		
			\<- nachverdichtet aus einer Temperatur von °C -\>											
			500	700	900	500	700	900	500	700	900	500	700	900
75 T. DPG-Weicheisen < 0,15 mm	6	6	6,75	7,05	7,20	201	228	242	57,8	77,1	82,4	5,1	5,3	6,4
25 T. DPG-Gußeisen < 0,15 mm		8	6,86	7,17	7,33	218	243	248	61,3	76,8	84,2	5,2	7,5	7,7
0,4 T. Graphit, etwa 0,8% C im Sintererzeugnis		10	6,96	7,29	7,42	240	254	275	68,7	78,7	85,9	6,0	7,9	8,0
Sinterstahl mit 0,8% C entsprechend ob. Stahl	[1]			6,47			160			45,7			3,7	
	[2]			6,91			206			50,4			4,1	

[1] Einfachpreßverfahren: Preßdruck 6 t/cm².   [2] Doppelpreßverfahren: Vor- und Nachpreßdruck jeweils 6 t/cm².

schieden werden, weil über beide Punkte keine Angaben gemacht
werden.

Eigene Heißpreßversuche mit Sinterstahlpulvermischungen
sollten Aufschluß über die günstigsten Arbeitsbedingungen für
Erreichung möglichst guter mechanischer Eigenschaften geben.
Zahlentafel 67 enthält die Versuchsergebnisse einer Versuchsreihe,
bei der die Versuchsbedingungen praktisch den auf Seite 249
(s. Zahlentafel 64) für Sintereisen ausführlich geschilderten entsprachen.

Bei 850⁰ vorgesinterte Körper wurden aus einer Temperatur
von 500, 700 und 900⁰ heiß nachgepreßt und anschließend bei 1220⁰
fertig gesintert, um eine restlose Bindung des Kohlenstoffs zu
erreichen. In der Tat wurde dadurch auch eine wesentlich höhere
Dichte an den Probekörpern erreicht, allerdings nur unmittelbar
nach dem Heißpressen. Bei der nachfolgenden Schlußsinterung kam
es allerdings, insbesondere bei den bei 900⁰ heiß nachgepreßten Körpern, bei denen praktisch die Dichte des kompakten Materials beim
Heißnachpreßling erreicht wurde, zu zum Teil sehr starken Aufblähungen der Sinterkörper, die eine Feststellung der Eigenschaftswerte im Endzustand unmöglich machten. Diese Aufblähungen sind
zweifellos auf während der Sinterung stattfindende Reaktionen
des noch ungebundenen Kohlenstoffs mit der Sinteratmosphäre
zurückzuführen. Infolge der extrem hohen Dichte können die dabei
entstehenden Gase nicht frei durch die Poren austreten und führen
damit zu den beobachteten Aufblähungen. Die Versuchsbedingungen, welche sich für unlegiertes Sintereisen gemäß den Ausführungen auf Seite 249 als hervorragend zur Eigenschafts-
verbesserung herausgestellt haben, können also nicht ohne weiteres
auch auf die Herstellung heißgepreßten Sinterstahls übertragen
werden.

Preßt man dagegen bei 1220⁰ vorgesinterte Stahlproben, bei denen
also praktisch schon eine vollständige Bindung des Kohlenstoffs erfolgt ist, aus einer Temperatur von 500, 700 und 900⁰ mit Drücken von
6, 8 und 10 t/cm² nach, dann ergeben sich nach einer Schlußglühung
bei 800⁰ Eigenschaften, welche in Zahlentafel 67 zusammengestellt
sind. Um die Ergebnisse besser beurteilen zu können, sind in Zahlentafel 67 zum Vergleich auch die Eigenschaften eines Sinterstahls
mit gleichem Kohlenstoffgehalt aufgeführt worden, der nach dem
Einfach- bzw. Doppelpreßverfahren hergestellt wurde. Die Eigenschaftswerte sind aus den Abb. 103 und 104, S. 229, sowie aus
Zahlentafel 58, S. 228, abgelesen und übertragen worden. Das
wenig befriedigende Ergebnis bei den niedrigen Heißpreßtempera-
turen und -drücken überrascht nicht, wenn man berücksichtigt,

daß die dem Heißpressen vorausgegangene zweistündige Sinterbehandlung bei 1220° einen schon fertigen Stahl bedeutender Härte
und Druckfestigkeit erzeugt, der so unplastisch ist, daß Drücke
von 6 und 8 t/cm² keine nennenswerte Dichtesteigerung und Verbesserung der mechanischen Eigenschaften beim Heißpressen aus
einer Temperatur von 500 und 700° heraus herbeiführen können.
Bei höheren Temperaturen und Drücken kann man jedoch hervorragende Festigkeitseigenschaften erzielen.

Beim Heißnachverdichten von Sinterstahl wird man also zweckmäßig eine Vorsintertemperatur wählen, bei der schon eine weitgehende Bindung des Kohlenstoffs erfolgt ist, die aber noch nicht
so hoch ist, daß ein harter, unplastischer Körper entsteht. Außerdem
wird man nach dem Sintern möglichst langsam abkühlen, um die
Ausbildung kugeligen Perlits und damit eines möglichst plastischen
Stahls für die Heißnachverdichtung zu erreichen.

3. Die Eigenschaften von heißgepreßtem Gußeisen.

Lange bevor die Sauerwald'schen Heißpreßversuche an Sintereisen von P. Schwarzkopf und C. G. Goetzel und an Sinterstahl von R. P. Koehring wieder aufgegriffen wurden, verpreßte
W. D. Jones[1, 2, 3] unter Anwendung der Heißpreßtechnik Gußeisenpulver (Pacteron). Auf dieses Pulver war man in England
bei der Suche nach einem möglichst billigen und in Massen leicht
zugänglichen Ausgangsmaterial für eine verstärkte Anwendung
der Pulvermetallurgie auf dem Gebiet des Sintereisens gestoßen.
Es ist nichts anderes wie der bekannte feinkörnige Gußeisenschrott,
wie er für Stahlsandgebläse verwendet wird. Für das Jonessche
Heißpreßverfahren ist kennzeichnend, daß keine besondere Schutzatmosphäre angewandt wurde. Ein Graugußpulver mit 3,1% C,
1,13% Si, 0,58% Mn, 0,126% S und 1,15% P wurde mit einem
Druck von 1,25 t/cm² zu kleinen zylindrischen Probekörpern verpreßt und dann im Preßwerkzeug ohne Anwendung einer besonderen
Schutzatmosphäre in einen schon auf der gewünschten Sintertemperatur befindlichen Muffelofen überführt. Unmittelbar nach
Erreichung der in Aussicht genommenen Sintertemperatur wurde
das Preßwerkzeug aus dem Ofen entnommen und erneut ein Druck
von 1,25 t/cm² angewandt. Nach dem Heißpressen wurden die
Proben in der Matrize langsam abgekühlt. Die auf diese Art und
Weise im Bereich zwischen 800 und 1100° erreichte Dichte, Härte
und Zugfestigkeit der heißgepreßten Proben sind aus Abb. 119

---

[1] Jones, W. D.: Foundry Trade J. **59**, 1938, S. 401-402.
[2] Jones, W. D.: Metal Ind. London **56**, 1940, S. 69-71.
[3] Jones, W. D.: Iron Coal Tr. Rev., 1937, 1938, S. 1013-1014.

zu entnehmen. Unterhalb einer Preßtemperatur von 800⁰ ist die Zugfestigkeit der Proben noch ziemlich gering. Sie beträgt nur 3 bis 4 kg/mm² bei einer Dichte von etwa 6,25 g/cm³. Von 880 bis 975⁰ ist ein starker Anstieg der genannten drei Eigenschaften, vor allen Dingen der Zugfestigkeit, zu beobachten. Bei einer Preßtemperatur von 975⁰ werden an heißgepreßten Gußeisenkörpern immerhin so beachtliche Eigenschaften wie eine Dichte von 7 bis 7,1 g/cm³, eine Brinellhärte von 260 bis 270 und eine Zugfestigkeit von 56 bis 57 kg/mm² erreicht. Oberhalb 975⁰ verbessern sich die genannten Eigenschaften nicht mehr. Es ist im Gegenteil eine schwach fallende Tendenz zu beobachten. Es ist in der Tat erstaunlich, daß ein Werkstoff mit der genannten Zusammensetzung

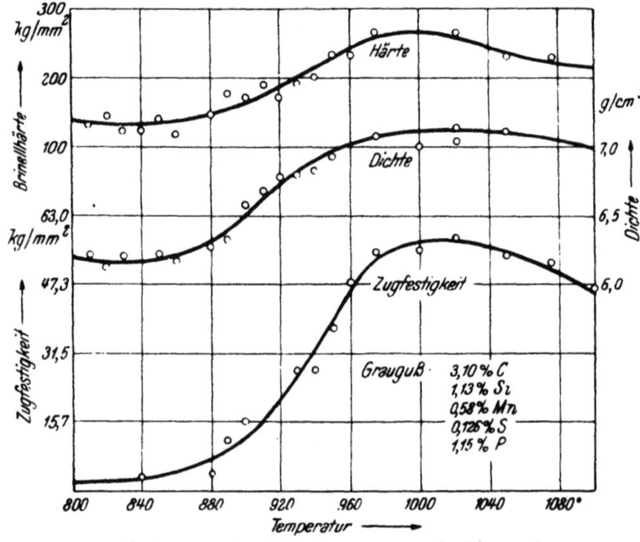

Abb. 119. Einfluß der Preßtemperatur auf die Eigenschaften von heißgepreßtem Graugußpulver (Preßdruck 1,25 t/cm²) (W. D. Jones).

nach langsamer Abkühlung eine derartige Festigkeit aufweist. Nach W. D. Jones beruht die starke Bindung der Pulverteilchen zweifellos auf der Bildung einer flüssigen Phase während der Sinterung. Bei 950 bis 960⁰ bildet sich nämlich ein flüssiges Phosphideutektikum, das unter der Einwirkung des Preßdruckes imstande ist, die vorhandenen Oxydfilme zu lösen und eine innige Verbindung der einzelnen Pulverteilchen herbeizuführen. Es wird dadurch aufs neue der günstige Einfluß des Auftretens einer flüssigen Phase für die Sinterfähigkeit von Metallpulvern bestätigt. Eine Mischung aus 95% eines Stahlpulvers mit 0,3% C und 5% eines Stahlpulvers mit 1% C und 10,2% P ergab nach Drucksinterung bei 1000⁰ und

langsamer Abkühlung sogar eine Zugfestigkeit von 83,4 kg/mm²
und eine Brinellhärte von 230 bis 270 kg/mm². Allerdings war die
Dehnung dieser Proben gleich Null. Derartige Zugfestigkeitswerte
sind für eine geglühte Legierung als außerordentlich günstig zu
bezeichnen.

Drucksinterversuche mit gepulvertem weißem Roheisen (etwa
4% C, 5% Mn) stellten übrigens schon vor W. D. Jones auch
F. Sauerwald und St. Kubik[1] an. Das Roheisen wurde in einem
Diamantmörser zerkleinert und auf ein Pulver mit einer Korngröße von 0,05 mm verarbeitet. Die mit einem Druck von 3,6 t/cm²
hergestellten Preßlinge wurden anschließend 30 Sekunden lang
bei etwa 800° unter Aufwendung des gleichen Druckes warm verdichtet. Nach dieser Drucksinterbehandlung erwies sich der Warm-
preßling als nur halb so hart wie das Ausgangsmaterial.

Dieses wenig befriedigende Ergebnis F. Sauerwalds wird
sofort verständlich, wenn man seine Versuchsbedingungen mit
den Befunden von W. D. Jones gemäß Abb. 119 vergleicht.
F. Sauerwald wandte eine zu niedrige Warmpreßtemperatur an.
Bei einer Temperatur von 975 bis 1000° würde er ohne Zweifel
die gleiche Härte an den Warmpreßsinterkörpern erhalten haben,
wie sie das Ausgangsmaterial aufwies.

Faßt man die Ergebnisse über das Heißpressen von Sintereisen, Sinterstahl und Gußeisen zusammen, so ergibt sich folgendes
Bild:

1. Dem Drucksinterverfahren (Heißpressen von Pulvern oder
Kaltpreßlingen in geheizten Matrizen) dürfte in der Eisen-Pulvermetallurgie für die Praxis wenig Bedeutung zukommen.

2. Ein Heißnachpressen — in Analogie zum Gesenkschmieden
bzw. Stauchverfahren — von vor- oder fertiggesinterten Formkörpern aus der Sinterhitze heraus in wassergekühlten Matrizen
mit nachfolgender Schlußglühbehandlung ergibt sehr gute Festigkeitseigenschaften.

3. Der Frage der Vorsintertemperatur scheint auch für den
Erfolg des Heißpreßverfahrens wesentliche Bedeutung zuzukommen.

B. Das Strangpressen in der Eisenpulvermetallurgie und die Eigenschaften von Strangpreßkörpern.

Die Strangpresse, eine der wirtschaftlichsten Maschinen zur
spanlosen Formgebung von bildsamen Metallen und Metall-
legierungen, hat in der Pulvermetallurgie bisher kaum Anwendung
gefunden. Dies ist sicher darauf zurückzuführen, daß viele der

---

[1] Sauerwald, F. u. St. Kubik: Z. Elektroch. 38, 1932, S. 33-41.

bekanntesten Sinterwerkstoffe, wie z. B. die Sinterhartmetalle, die porösen Lager, die Sintermagnete und die Diamantmetall-legierungen keiner spanlosen Verformung zugänglich sind und unmittelbar auf Fertigform erzeugt werden. Die hochschmelzenden Metalle Wolfram, Molybdän und Tantal, die erst nach Sinterung dicht unterhalb ihres Schmelzpunktes und auch dann erst bei verhältnismäßig hohen Temperaturen (oberhalb 1000 bis 1300⁰) warm verformbar werden, kommen wegen der hohen, für die Ver-formung notwendigen Temperaturen für das Strangpressen nicht in Frage. Gesinterte Kontaktbaustoffe auf der Basis Wolfram-Kupfer, Wolfram-Silber und Molybdän-Silber haben sich dagegen überraschenderweise nach einem Vorschlag von F. Krall[1] selbst bei hohen Wolfram- und Molybdängehalten als strangpreßbar erwiesen, so daß sich seit einigen Jahren das Strangpressen für die Herstellung von Profilstäben aus diesen Verbundmetallen durchgesetzt hat[2].

Nach dem genannten Verfahren lassen sich auch vorzüglich Eisen-Blei-, Eisen-Kupfer- und Eisen-Silber-Sinterlegierungen strangpressen. Bei der Herstellung derartiger Verbundmetalle auf der Eisenbasis geht man von Gemischen von feinstem Eisenpulver mit feinstem Kupfer-, Silber- oder Bleipulver aus. Zum Zwecke einer besseren Verteilung kann man bei Eisen-Blei-Verbundkörpern das Blei auch in Form von Bleioxyd einsetzen, das später im Preßling durch den Wasserstoff der Sinteratmosphäre reduziert wird. Die Pulvergemische werden zu zylindrischen Preßkörpern von etwa 40 mm Durchmesser und 200 bis 300 mm Höhe mit einem Druck von 2 bis 3 t/cm² verpreßt. Die Preßkörper werden dann einige Stunden unter Wasserstoff bei Temperaturen zwischen 800 und 900⁰ gesintert und dann aus der Sinterhitze heraus sofort in den Aufnehmer der Strangpresse eingebracht, um zu Stäben mit rundem, rechteckigen oder quadratischen Querschnitt strang-gepreßt zu werden. In Abb. 120 sieht man eine geeignete Strang-preßvorrichtung in schematischer Wiedergabe. Eine solche wurde von F. Krall erstmalig zum Verpressen von Verbundmetallen auf der Basis Wolfram-Kupfer und Wolfram-Silber verwendet. Die Strangpreßtemperatur und die spezifischen Preßdrücke richten sich nach dem Gehalt an Nichteisenmetallen. Bei Eisen-Kupfer- und Eisen-Silber-Verbundkörpern mit 0,5 bis 20% Kupfer oder Silber kommen Preßtemperaturen von 700 bis 800⁰ und spezifische Preß-drücke von 12 bis 18 t/cm² in Frage. Die Anwendung von Hart-metalldüsen ist ebenso wie beim Strangpressen von Sinterkörpern

---

[1] D.R.P. 738536 (1936).
[2] Kieffer, R. u. W. Hotop: Metallwirtsch. **23**, 1944, S. 379-386.

aus den reinen Eisenmetallen von Vorteil, da bei spezifischen Preßdrücken von 12 bis 18 t/cm² die Werkzeuge bis an die Grenze der
Leistungsfähigkeit beansprucht sind. Bei Eisen-Blei-Verbund-

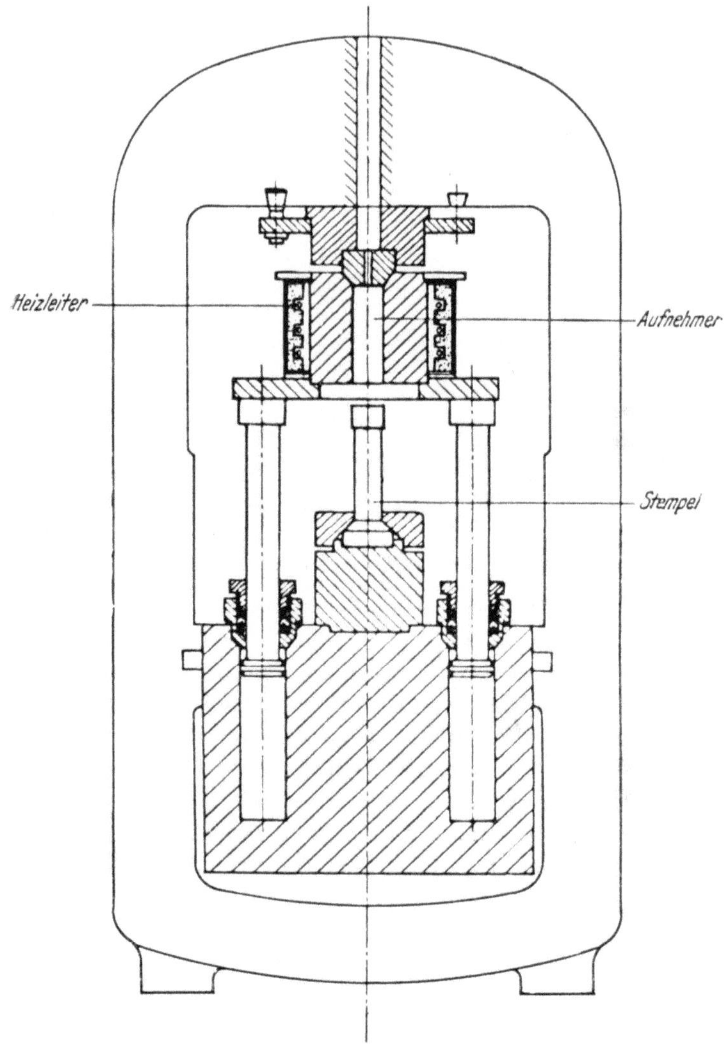

Abb. 120. Strangpreßanlage zum Verpressen von Wolfram-Kupfer- bzw.
Wolfram-Silber-Verbundmetallen nach F. Krall.

körpern mit 1 bis 10% Blei kommt man bei 700 bis 800⁰ mit Drücken
von 8 bis 12 t/cm² aus. Wahrscheinlich erleichtern flüssige Bleifilme, die sich an den Korngrenzen befinden, den Strangpreßvorgang. Aus Abb. 121 ist das Gefüge eines Eisen-Blei-Sinter-

körpers mit etwa 3% Blei ersichtlich, der nach dem Strangpressen mehrere Stunden lang unter Wasserstoff jeweils oberhalb 800⁰ geglüht wurde. Bemerkenswerterweise ist der Bleigehalt trotz der starken Vergrößerung nicht als besonderer Gefügebestandteil sichtbar, was auf die besondere Feinheit der erwähnten Bleifilme an den Korngrenzen schließen läßt.

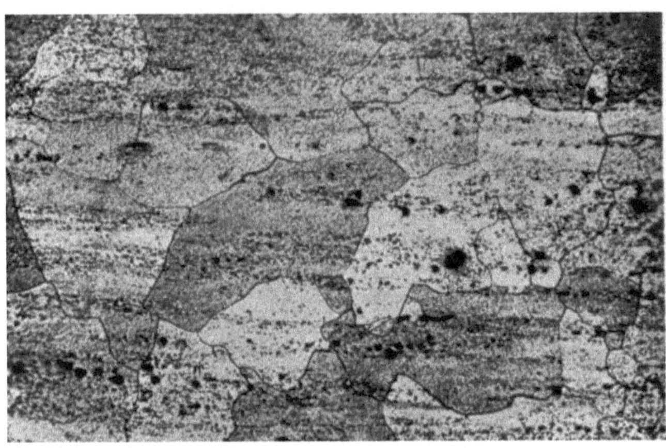

Abb. 121. Gefüge eines Eisen-Blei-Sinterkörpers mit etwa 3% Blei; nach dem Strangpressen 3 Stunden oberhalb 800⁰ geglüht (Werksaufnahme Deutsche Pulvermetallurgische Gesellschaft, Frankfurt/Main).

Das Strangpressen von Sinterwerkstoffen gestattet die Erreichung einer verhältnismäßig hohen Dichte. Im Hinblick auf die erzielbaren hohen Dichtewerte dürften die Eigenschaften von stranggepreßtem Sintereisen aus Pulvern verschiedener Herstellungsart besonders interessieren. Aus drei verschieden gut reduzierten Eisenpulvern, deren Eigenschaften aus Zahlentafel 68 hervorgehen, wurden mit einem Druck von 2,5 t/cm² zylindrische Preßlinge

Zahlentafel 68. *Eigenschaften der zum Strangpressen benutzten Eisenpulver.*

Eigenschaften	Carbonyl-eisenpulver	Schwamm-eisenpulver	Hametagpulver
Füllvolumen cm³/100g	30	44,5	44,0
Klopfvolumen cm³/100g	23	32,0	34,0
Siebanalyse: Kornklassenanteil in % auf DIN-Sieb:			
0,3	—	12,5	15 0
0,15	—	30,0	35 0
0,06	—	43,1	42,5
< 0,06	100	14,4	7,5

mit rund 40 mm Durchmesser und 200 mm Höhe gepreßt, die
etwa zwei Stunden lang bei 1250° unter Wasserstoff gesintert wurden.
Unmittelbar danach wurden die Sinterkörper in einer Strangpresse
gemäß Abb. 120 stranggepreßt. Verwandt wurde eine Düse aus
Hartmetall mit einer einzigen Öffnung von 9 mm Durchmesser.
Die Temperatur beim Einbringen der Sinterkörper in den Auf-
nehmer der Strangpresse betrug rund 1150°, die Temperatur der
Stäbe unmittelbar beim Verlassen der Düse rund 600°. Für das
Strangpressen der Sinterkörper aus Carbonyl- und Hametagpulver
war ein Druck von 13 bis 15 t/cm² erforderlich, für die Sinterkörper
aus Schwammeisenpulver ein solcher von 17,5 bis 18,6 t/cm². Dieser
Unterschied ist sicherlich auf die bekannten Verunreinigungen des
Schwammeisenpulvers zurückzuführen.

Die Eigenschaften der stranggepreßten Sinterkörper aus den
verschiedenen Eisenpulvern gehen aus Zahlentafel 69 (Nr. 7 bis 9)
hervor. Zum Vergleich sind in dieser Zahlentafel auch Werte für
geschmolzenes Elektrolyteisen (Nr. 1) sowie für Sintereisen nach
verschiedenen Herstellungsverfahren (Nr. 2 bis 6) mit aufgeführt.
Die Eigenschaftswerte des stranggepreßten Materials wurden jeweils
in vier verschiedenen Zuständen ermittelt (s. a bis d unter Nr. 7,
8 und 9 in Zahlentafel 69). Bezüglich der erreichten Eigenschaften
sei vornehmlich auf die ausgezeichneten Dehnungswerte sämtlicher
Eisensorten, insbesondere nach Verformung und zusätzlicher
Glühung des strangverpreßten Materials hingewiesen. Immerhin
ist zu beachten, daß die Härte, Zugfestigkeit und Dehnung nach
einer mechanischen Verformung und anschließenden Glühbehandlung
(s. beispielsweise Nr. 7d) noch Werte zeigen, als ob der strang-
gepreßte, verformte und geglühte Körper noch restliche Verformungs-
härte und Auswirkungen von Kaltverformungserscheinungen auf-
weise. Aller Wahrscheinlichkeit nach handelt es sich hierbei um
die gleiche Erscheinung, auf die erstmalig W. Dawihl und U.
Schmidt[1] aufmerksam machten und auf die schon früher (s. S. 201)
hingewiesen wurde. Nach den Untersuchungen der genannten
Forscher gelingt es selbst durch Glühung bei 1400° nicht, eine
vollkommene Entspannung der Eisenkristallite in Sinterkörpern
herbeizuführen. Es verbleiben noch Sinterspannungen, die erst
nach einer intensiven Warmverformung und einer anschließenden
normalisierenden Glühung abgebaut werden.

Als Ergänzung zu den Zahlenwerten der Zahlentafel 69 sei
noch das Ergebnis der Gefügeuntersuchung an den stranggepreßten
Carbonyleisen- und Schwammeisenproben kurz erläutert (Abb. 122

---

[1] Dawihl, W. u. U. Schmidt: Stahl u. Eisen **65**, 1945, S. 9-14.

Zahlentafel 69. *Eigenschaften von stranggepreßtem Sintereisen im Vergleich zu geschmolzenem und gesintertem Eisen in verschiedenen Zuständen.*

Nr.	Bearbeitungszustand des Werkstoffes	Raumerfüllung %	Härte kg/mm²	Zugfestigkeit kg/mm²	Dehnung %
1	Elektrolyteisen, gegossen, gewalzt, normal geglüht	100	45 bis 60	24,5 bis 28	40 bis 60
2	Sintereisen[1] kaltgepreßt mit 6 bis 8 t/cm², gesintert bei 1000⁰	83 bis 88	60 bis 70	17,5 bis 21,0	8 bis 12
3	Sintereisen, kaltgepreßt, gesintert, gepreßt, gesintert (6 bis 8 t/cm², 1000⁰)	90 bis 93	85 bis 95	23,0 bis 26,0	15 bis 20
4	Sintereisen, warmgepreßt bei 810⁰ mit 3,5 t/cm²	95 bis 98	90 bis 120	32,0 bis 37,0	17 bis 23
5	Carbonyleisen, gepreßt, gesintert, warmgewalzt auf Blech 0,5 mm, geglüht	100	56 bis 80	18 bis 25	30 bis 40
6	Carbonyleisen, gepreßt, gesintert, gewalzt auf Blech 0,5 mm, ungeglüht	100	170 bis 180	63 bis 65	1 bis 2
7	Carbonyleisenpulver				
	a) stranggepreßt	94	113	35 bis 38	12 bis 16
	b) wie a) zusätzlich 1 St. bei 1300⁰ geglüht ..	92	113	33 bis 39	37 bis 39
	c) wie a) zusätzlich 50% kaltverformt	99	182	53 bis 61	9 bis 11
	d) wie c) zusätzlich 1 St. bei 1300⁰ geglüht ...	99	100	33 bis 34	32 bis 37
8	Schwammeisenpulver				
	a) stranggepreßt	91,5	112	34 bis 36	10 bis 12
	b) wie a) zusätzlich 1 St. bei 1300⁰ geglüht ...	91	120	33 bis 35	21 bis 23
	c) wie a) zusätzlich 50% kaltverformt	95	182	55 bis 56	1 bis 3
	d) wie c) zusätzlich 1 St. bei 1300⁰ geglüht ...	94	109	33 bis 34	20 bis 23
9	Hametagpulver				
	a) stranggepreßt.....................	92	127	40 bis 42	14 bis 21
	b) wie a) zusätzlich 1 St. bei 1300⁰ geglüht ...	93	122	38 bis 40	17 bis 23
	c) wie a) zusätzlich 50% kaltverformt	98,5	204	62 bis 66	4 bis 7
	d) wie c) zusätzlich 1 St. bei 1300⁰ geglüht ...	98,5	135	39 bis 42	25 bis 31

[1] Technisches Eisenpulver $< 0,3$ mm.

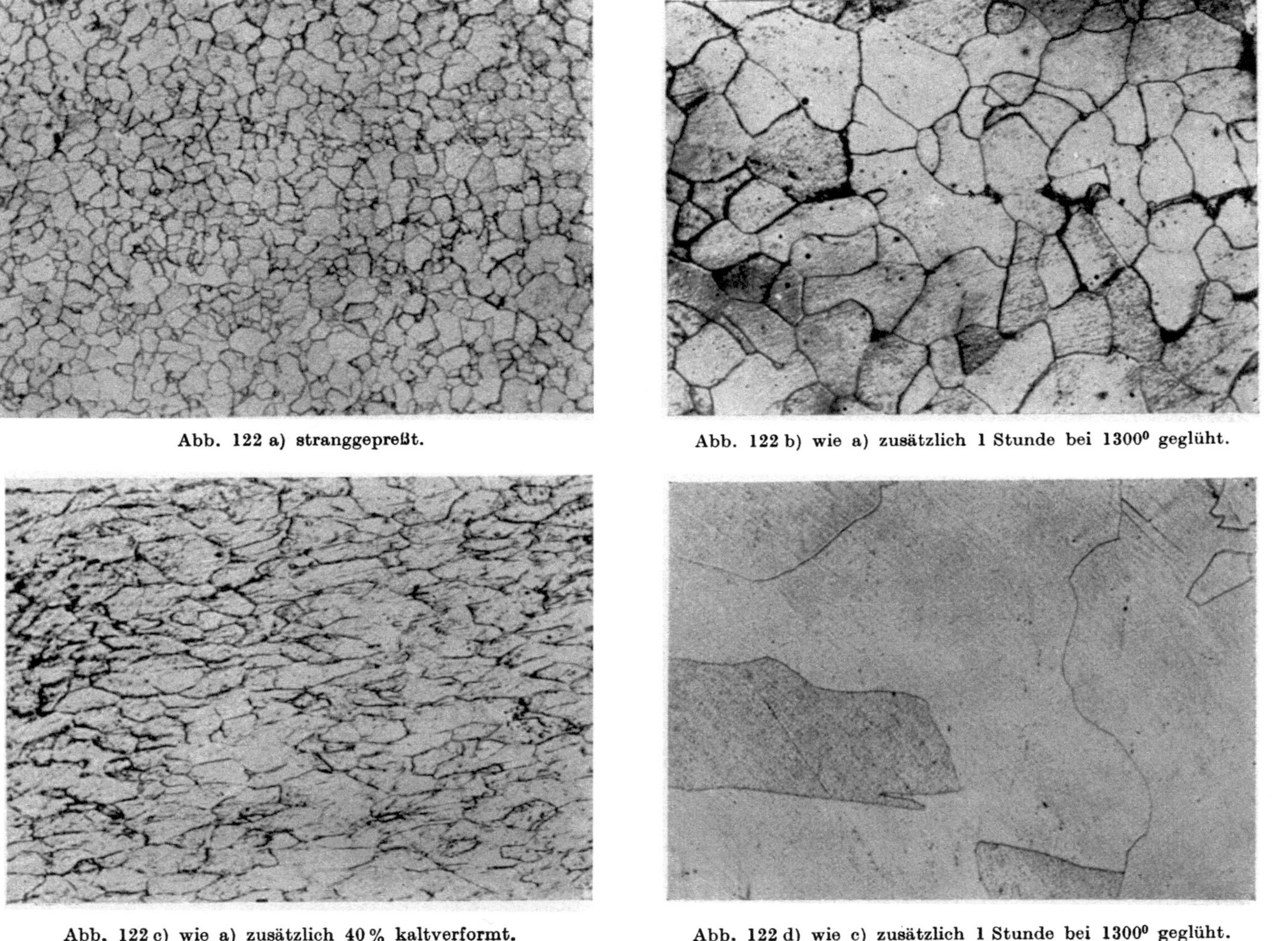

Abb. 122 a) stranggepreßt.

Abb. 122 b) wie a) zusätzlich 1 Stunde bei 1300⁰ geglüht.

Abb. 122 c) wie a) zusätzlich 40% kaltverformt.

Abb. 122 d) wie c) zusätzlich 1 Stunde bei 1300⁰ geglüht.

Abb. 122a bis d. Gefüge von stranggepreßtem Sintereisen aus Carbonyleisenpulver (× 100).

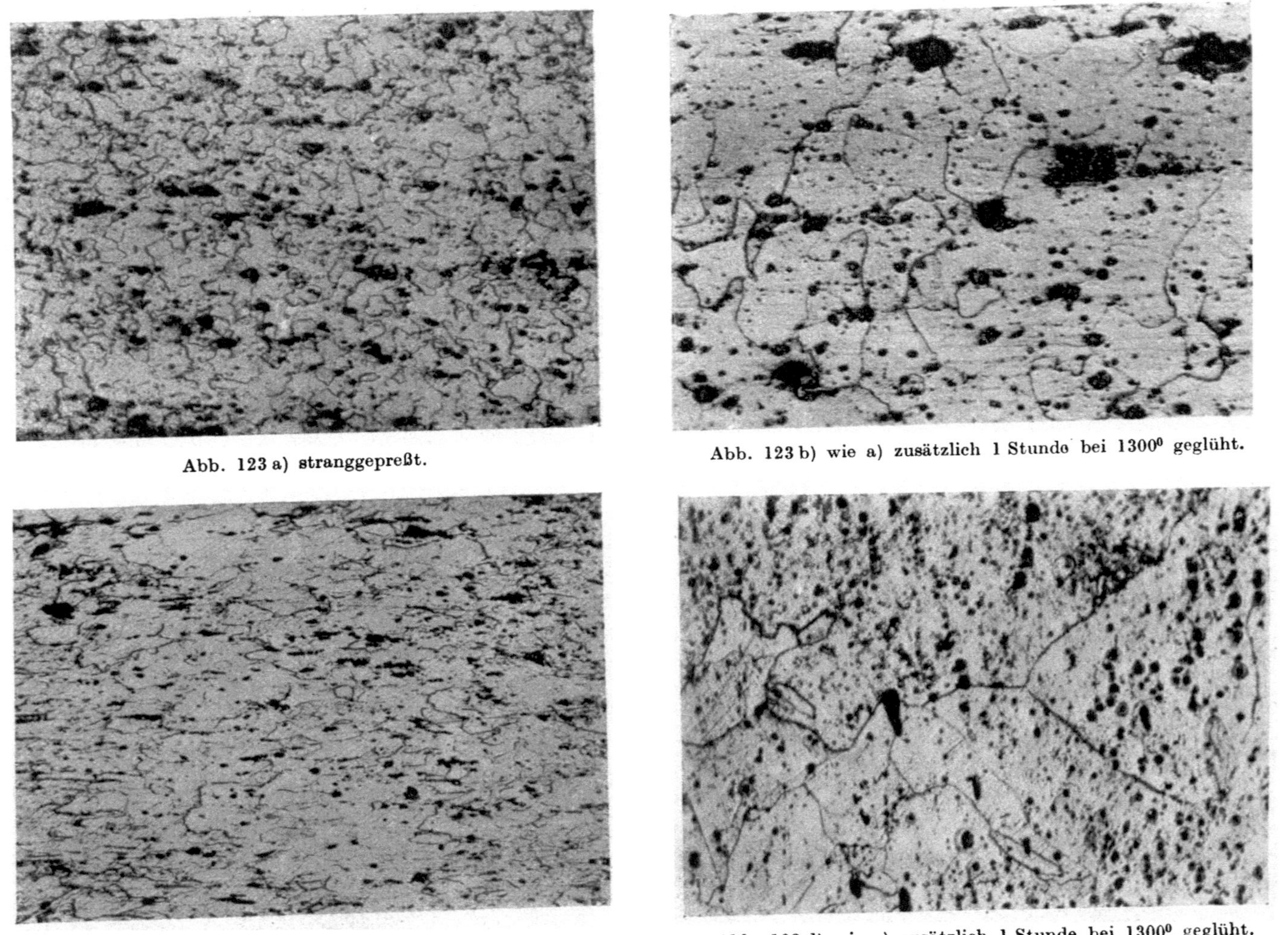

Abb. 123 a) stranggepreßt.

Abb. 123 b) wie a) zusätzlich 1 Stunde bei 1300° geglüht.

Abb. 123 c) wie a) zusätzlich 40% kaltverformt.

Abb. 123 d) wie c) zusätzlich 1 Stunde bei 1300° geglüht.

Abb. 123 a bis d. Gefüge von stranggepreßtem Sintereisen aus Schwammeisenpulver (× 100).

a bis d, bzw. Abb. 123 a bis d). Während sich das Carbonyleisen durch ein äußerst reines Gefüge auszeichnet, finden sich in den Proben aus Schwammeisenpulver erfahrungsgemäß nichtmetallische Einschlüsse, die sich im Gefüge zum Teil als Poren, zum Teil als Einlagerungen bemerkbar machen. Bemerkenswert ist das saubere und verhältnismäßig dichte Gefüge des Carbonyleisens bereits im Zustand a, also unmittelbar nach dem Strangpressen. Durch Glühen bei 1300° findet ein deutliches Kornwachstum statt (Abb. 122 b). Nach dem Glühen der zusätzlich kaltverformten Proben ist dieses besonders stark (Abb. 122 d). Auch beim Schwammeisenpulver zeigen die geglühten Proben ein gewisses Kornwachstum, das aber nicht so ausgesprochen ist wie beim Carbonyleisenpulver. Für die wesentlich besseren Dehnungseigenschaften des stranggepreßten Carbonyleisens gegenüber denen des Schwammeisens dürfte wahrscheinlich der beobachtete Gefügeunterschied der beiden Eisenpulversorten verantwortlich sein.

VIII. Technologische Einrichtungen.

(Unter Mitarbeit von Oberingenieur F. Krall)

Der erste Teil des Buches, der den Ausgangsstoffen und Arbeitsverfahren der Eisen-Pulvermetallurgie gewidmet war, soll mit der Besprechung der technologischen Einrichtungen, deren man sich bei Anwendung der verschiedenen Arbeitsverfahren wie Pressen, Sintern, Heißpressen usw. bedient, abgeschlossen werden. Die Aufeinanderfolge der einzelnen Arbeitsgänge und die Verwendung der charakteristischen Maschinensätze möge zur Einführung am Beispiel des Werdeganges eines Maschinenteils aus Sinterstahl kurz erläutert werden (s. die schematische Übersicht in Abb. 124).[1] Danach werden die auf verschiedene Weise gewonnenen Eisenpulver auf passende Korngröße abgesiebt, reduzierend vorgeglüht und nochmals zerkleinert und gesiebt, da die Pulver beim Glühen mehr oder weniger stark zusammenbacken. Das Pulver wird sodann, gegebenenfalls nach Beimischung von Zusätzen — sei es zur Erleichterung des Verpressens, sei es zur Herstellung bestimmter Legierungen — zu Formstücken verpreßt. Die Preßlinge werden in geeignete Kästen eingepackt und in passenden Öfen unter Schutzgas gesintert. Soll sehr dichtes Sintereisen oder Sinterstahl mit besonders hoher Festigkeit erzielt werden, so hat man die Teile einer zweiten Preß- und Sinterbehandlung zu unterwerfen.

---

[1] Kieffer, R., F. Benesovsky u. H. J. Bartels: Industrie u. Technik 2, 1947, S. 64-66 u. 88-92, Powder Met. Bull. 2, 1947, S. 54-69.
s. a. Hausner, H. H.: Powder Metallurgy, Chemical Publishing Co., Brooklyn, 1947, S. 10.

Je nach Anforderung an die Maßgenauigkeit werden die Teile zum Schluß kalibriert. Gegebenenfalls hat sich noch eine geringfügige spanabhebende Fertigbearbeitung anzuschließen. Etwa notwendig werdende Härtung und Vergütung sowie nachträgliche Oberflächenbehandlung wird in der gleichen Weise wie bei entsprechenden Teilen aus regulinischem Werkstoff vorgenommen.

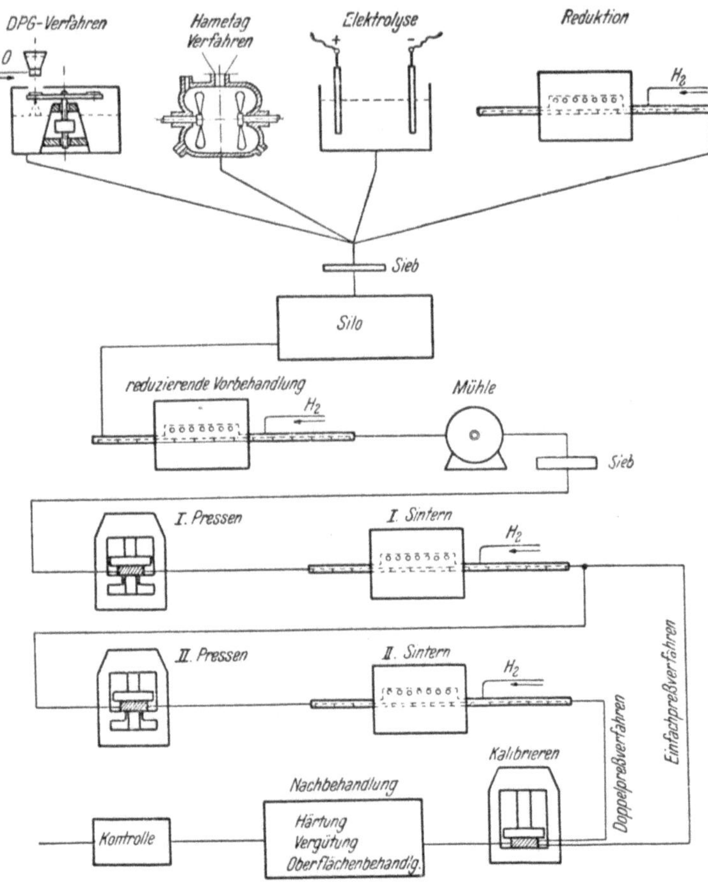

Abb. 124. Schematische Übersicht über die Erzeugung eines Maschinenteils aus Sintereisen oder Sinterstahl.

Von den für die verschiedenen Arbeitsstufen zur Anwendung kommenden technologischen Einrichtungen sind an dieser Stelle eigentlich nur die Einrichtungen für das Verpressen der Pulver (Pressen und Werkzeuge) sowie die Sintereinrichtungen (Öfen und Schutzgas) zu besprechen. Einzelheiten der Transportmittel aller Art, Sieb- und Rüttelvorrichtungen, Magnetscheider, Pulverbehälter und Silos werden hier aus dem Grund nicht berücksichtigt, weil diese technischen Hilfsmittel keine für Sintereisenbetriebe besonders charakteristischen Merkmale aufweisen. Sie werden ähnlich wie in anderen pulververarbeitenden Industriezweigen, z. B. der Grob- und Feinkeramik, der Kunstharzindustrie oder der Farbstoffchemie ausgeführt.

A. Preßeinrichtungen.
1. Einführung.

Die Herstellung von Formkörpern durch einen Preßvorgang vor Durchführung der Sinterung stellt auch in der Eisen-Pulvermetallurgie den Normfall dar. Nur ausnahmsweise gelangen auch einfache Rüttel- oder Füllverfahren zur Anwendung, beispielsweise bei der Erzeugung großer Blöcke aus Carbonyleisenpulver (s. S. 437). Einerseits würde die Herstellung von Preßblöcken aus Carbonyleisenpulver mit Stückgewichten von beispielsweise einer Tonne entsprechend ihren Abmessungen Pressen mit einer Preßkraft von 20.000 bis 50.000 Tonnen erfordern, die bis heute der Pulvermetallurgie nicht zur Verfügung stehen, andererseits besitzt das Carbonylpulver eine so gute Sinterfähigkeit, daß man in diesem speziellen Falle, in dem ohnehin die gesinterten Blöcke durch Schmieden und Walzen weiter verdichtet werden, auf den Preßvorgang verzichten kann.

Die üblichste Verdichtungsart der Eisenpulver ist das Pressen in geeigneten Matrizen aus Stahl mit Hilfe von hydraulischen oder mechanischen Pressen, wobei spezifische Drücke von 1 bis 8 t/cm² angewendet werden. Wesentlich höhere Preßdrücke scheiden aus wirtschaftlichen Gründen bei der Massenfertigung von Sintererzeugnissen aus (zu hoher Matrizen- und Stempelverschleiß); lediglich aus wissenschaftlichen Gründen sind Drücke bis zu 30 t/cm² gelegentlich herangezogen worden (s. Kap. 4, S. 122).

Formgebungsverfahren, wie z. B. das Strangpressen (s. Kap. 7, S. 257 ff.), das der Feinkeramik entlehnte Gieß- oder Schlickerverfahren[1], Verdichten der Pulver durch Schwingungen[2] oder durch Zentrifugalkraft[3], das Schlauchpressen[4] oder Pressen in allseitig abgeschlossenen Gummimatrizen[5] sind in der Eisen-Pulvermetallurgie bisher nur vereinzelt in Erscheinung getreten. Von den genannten Verfahren dürfte nur dem Strangpressen oder dem Ver-

---

[1] D.R.P. 627980 (1933); s. F. Rollfinke: Z. VDI **84**, 1940, S. 681-689.
[2] D.R.P. 356716 (1920).
[3] F.P. 819833 (1937).
[4] A.P. 1081618.
[5] D.R.P. 723387 (1936).

fahren der Anwendung von Schwingungen gewisse Bedeutung für die Zukunft zukommen. Die Anwendung von zwei- oder dreidimensionalen Schwingungen an Preßgesenken oder an vollständigen Preßanlagen befindet sich im Augenblick noch in den Anfängen. Bei gleichzeitiger Anwendung eines leichten Preßdruckes sollen Verdichtungseffekte zu erzielen sein, die der Anwendung eines spezifischen Preßdruckes von 4 bis 8 t/cm² entsprechen.

Die Preßeigenschaften der Pulver, die Form und insbesondere die Höhe des Preßlings, die Höhe des anzuwendenden Preßdruckes, die Preßfläche sowie der Aufbau der Matrize bestimmen die Wahl der Preßeinrichtungen, d. h. den Einsatz von hydraulischen oder mechanischen Pressen mit selbsttätiger oder Handbeschickung der Preßformen.

Lediglich für die Massenfertigung von einfacheren Teilen aus Sintereisen oder Sinterstahl kommen nur vollautomatische mechanische Pressen in Frage (s. Abschnitt 3, S. 277). Für gewisse Massenartikel wird man sogar Einzweckpressen heranziehen. Nach amerikanischen Angaben[1] sollen mit derartigen Einzweckpressen sehr große Leistungen erzielt worden sein. Bei verwickelteren Teilen, ebenso bei sehr großen Formstücken wird man aber immer auf die hydraulische Presse zurückgreifen müssen, wenn man dabei auch nur etwa 150 bis 200 Stück pro Stunde ausbringen kann. Da der absolute Druck der in Europa für pulvermetallurgische Zwecke gebräuchlichen mechanischen Pressen 200 Tonnen, derjenige der hydraulischen Pressen etwa 400 Tonnen nicht übersteigt, muß man sich vorläufig mit der Herstellung verhältnismäßig kleiner Teile begnügen. In Amerika ist man zur Verwendung weit größerer hydraulischer Pressen geschritten, die Druckkräfte bis 1800 Tonnen[2] zu erreichen gestatten. Man besitzt dadurch die Möglichkeit, auch Teile mit einer Preßfläche von 300 bis 400 cm² unter der Voraussetzung eines spezifischen Preßdruckes von 4,5 bis 6 t/cm² zu pressen.

Im Kapitel 4, S. 140, war erwähnt worden, daß sich der aufgewandte Druck in Metallpulvern nicht gleichmäßig wie in einer Flüssigkeit fortpflanzt. Die Verdichtung erfolgt nur in Preßrichtung, wobei die Dichte mit der Entfernung vom beweglichen Preßstempel abnimmt. Aus diesem Grund kann man bei einseitiger Druckanwendung dichte Teile von nur begrenzter Höhe pressen (etwa 15 mm, s. Kap. 11, S. 484). Man ist daher bemüht, durch zweckentsprechende Ausbildung der Werkzeuge (s. Abschnitt 4, S. 285) eine doppelseitige Druckanwendung (von oben und von unten) zu

---

[1] Anonym: Engineer **169**, 1940, S. 230.
[2] Comstock, G. J.: Iron Age **143**, 1939, S. 40-41 u. 64, 1. Juni.

erreichen. Die Pressen müssen daher so gebaut sein, daß sie unter Benutzung entsprechender Werkzeuge eine doppelseitige Druckanwendung ermöglichen und nach dem Preßvorgang ein Auswerfen des Preßlings gestatten. Die in der Eisen-Pulvermetallurgie meistens angewandten verhältnismäßig hohen spezifischen Preßdrücke (5 bis 6 t/cm²) erfordern im Verhältnis zu der Größe der Preßwerkzeuge ungewöhnlich starke Preßleistungen der Maschinen. Entsprechend den hohen Preßdrücken entstehen auch hohe Ausstoßkräfte. Wegen der einzuhaltenden Toleranzen einerseits und der häufig bis zur Grenze der Tragfähigkeit belasteten Preßstempel andererseits muß eine genaue Einhaltung des Enddruckes erzielbar sein. Die verhältnismäßig kleinen Matrizen sollen gut zugänglich sein. Alle diese Bedingungen führen bei pulvermetallurgischen Pressen, gleichgültig ob mechanischer oder hydraulischer Art, zu einer gedrungenen Bauart, bei der die Preßkraft zur Maschinengröße von den üblichen Verhältnissen des Pressenbaues (Kunstharzpressen usw.) abweicht.

Nach diesem allgemeinen Überblick sollen in den beiden nächsten Abschnitten die wichtigsten hydraulischen und mechanischen Pressen, die in der Eisen-Pulvermetallurgie heute angewandt werden, näher besprochen werden.

2. Die hydraulischen Pressen.

Die kennzeichenden Eigenschaften aller hydraulischen Pressen sind folgende: Die Pressen können ohne konstruktive Wagnisse für beliebig große Kräfte gebaut werden. Die Preßkraft läßt sich beliebig lang auf dem Preßling halten. Die Größe der Preßkraft ist leicht zu regulieren. Die Geschwindigkeiten des Preßkolbens lassen sich bequem und willkürlich variieren, Leerbewegungen können rasch, Druckanstiege beliebig langsam durchlaufen werden. Die Einstellung des Preßdruckes geschieht am häufigsten durch Kontaktmanometer, deren Stromimpulse über Magnetsysteme (Bremslüftmagnete) auf die hydraulischen Steuerungsorgane einwirken. Dadurch kann die Art der Druckwegnahme willkürlich gesteuert werden. Mit Hilfe des Kontaktmanometers ist zum Beispiel eine augenblickliche Ableitung des Druckes möglich.

Die Preßkraft der auf dem Markt befindlichen hydraulischen Pressen bewegt sich üblicherweise zwischen 25 und 1000 Tonnen, wenn auch vereinzelt, wie schon erwähnt, schon schwere Pressen bis etwa 1800 Tonnen eingesetzt worden sind. Der Großteil der in der Eisen-Pulvermetallurgie — insbesondere in der Massenfertigung — eingesetzten Pressen weist allerdings nur eine Preßkraft zwischen 30 und 150 Tonnen auf. Abb. 125 zeigt eine Gruppe

derartiger hydraulischer Pressen, bei denen sich oben ein Druck-
kolben und unten ein Auswerferkolben befindet. Aus Abb. 126
geht der grundsätzliche Aufbau der in Abb. 125 gezeigten Pressen
hervor. Derartige Pressen wurden ursprünglich für die Bedürfnisse

Abb. 125. Gruppe hydraulischer Pressen.

der Kunstharzindustrie entwickelt und dann mit gutem Erfolg
von der Pulvermetallurgie übernommen, nachdem einige Abänderungen vorgenommen worden waren. Die Kraft des Unterkolbens war ursprünglich gering. Sie betrug nur 30 bis 50% der
Preßkraft. Jetzt beträgt bei derartigen Pressen die Ausstoßkraft
80 bis 100% der Preßkraft. Die Kraftwirkung des Unterkolbens

ist nach oben gerichtet. Daher sind derartige Pressen nur für Schwebemantelmatrizen geeignet (s. Abschnitt 4, S. 285). Ober- und Unterkolben sind als Scheibenkolben ausgebildet. Diese Konstruktion erfordert zwar einen geringeren Baustoffaufwand und Platzbedarf, hat aber den Nachteil, daß Undichtigkeiten der Kolbenringe nicht leicht bemerkt werden. Dadurch ergibt sich gegebenenfalls ein schleichender Leistungsrückgang der Presse verbunden mit erhöhtem Kraftverbrauch. In der Kunstharzpresserei, für die diese Pressen, wie schon erwähnt, entwickelt wurden, kommen wesentlich niedrigere spezifische Preßdrücke zur Anwendung (ca. 0,5 t/cm²) als in der Pulvermetallurgie. Bei konstanter Gesamtpreßkraft der Presse können daher beim Pressen von Kunstharzteilen etwa zehnmal größere Preßflächen beherrscht werden. Aus diesem Grund erscheint die Größe der Tischfläche und insbesondere des Preßhauptes dieser Pressen für die Verhältnisse in der Pulvermetallurgie im Vergleich zur Gesamtpreßkraft dieser Pressen als zu groß. Dadurch ergibt sich eine eventuelle Behinderung des Bedienungsmannes und der Bewegung des gegebenenfalls

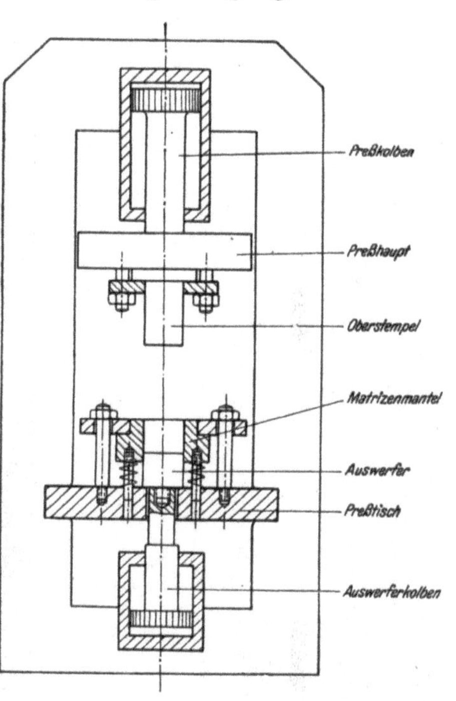

Abb. 126. Hydraulische Presse mit Ober- und Unterkolben in Scheibenkolbenausführung; schematisch.

vorhandenen Füllschuhes. Trotz dieser an sich geringfügigen Nachteile haben sich derartige Pressen in der Eisen-Pulvermetallurgie bestens bewährt und ihren Teil dazu beigetragen, die mannigfachen Aufgaben, die die letzten Jahre des Aufschwungs der Eisen-Pulvermetallurgie mit sich brachten, mit Erfolg zu meistern.

Eine in den letzten Jahren in Deutschland speziell für pulvermetallurgische Zwecke entwickelte hydraulische Presse gibt im Schema Abb. 127 wieder. Abb. 128 zeigt die gleiche Presse in Ansicht. Diese Presse ist mit Tauchkolben ausgerüstet. Wegen der dadurch notwendig werdenden eigenen Rückzugskolben für Ober- und Unterkolben ergibt sich bei dieser Presse zwar ein größerer

Raumbedarf und höherer Baustoffaufwand. Dieser Nachteil wird
aber kompensiert durch den Vorteil, daß undichte Manschetten
an den Kolben sofort von außen zu erkennen sind. Der Unterkolben betätigt seine Hauptkraft nicht nach oben, sondern nach
unten. Er ist dadurch in der Lage, den Ausstoßvorgang des Preß-

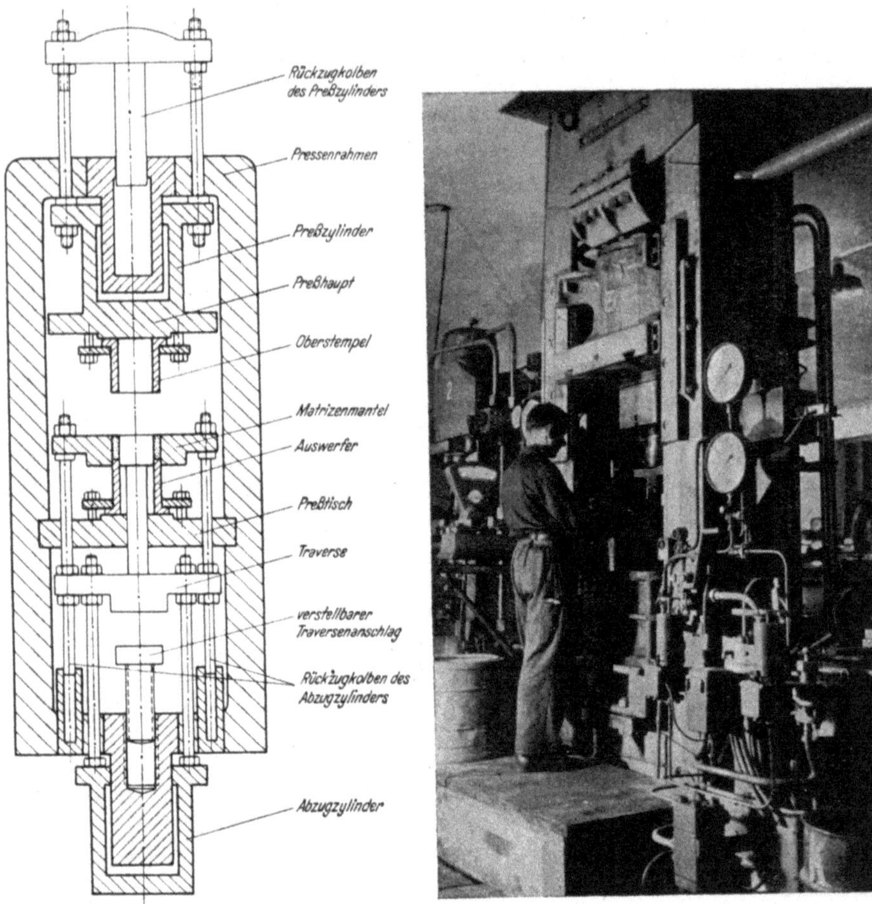

Abb. 127. Moderne, für pulvermetallurgische   Abb. 128. Moderne hydraulische Presse gemäß
Zwecke entwickelte hydraulische Presse mit   Abb. 127 in Ansicht.
Ober- und Unterkolben in Tauchkolbenaus-
ausführung; schematisch.

lings durch Abziehen des Mantels der Matrize zu bewirken. Dieses
Preßprinzip (Abzugsmantelmatrize!) hat sich besonders bei sehr
komplizierten Preßformen mit mehrfach unterteilten Unterstempeln
bewährt. Ein verstellbarer Traversenanschlag ermöglicht die
Veränderung des Traversenweges bereits innerhalb der Presse,

also unabhängig vom Preßwerkzeug. Die Presse weist außerdem
zwei kleine Zylinder senkrecht zur Preßrichtung wirkend auf —
in Abb. 127 nicht mit eingezeichnet —, die das Abziehen der Gabeln
bei Werkzeugen mit unterteilten Stempeln besorgen (s. Abschnitt 4,
S. 287).

Ganz allgemein sollten in Zukunft beim Bau hydraulischer
Pressen für Bedürfnisse der Eisen-Pulvermetallurgie auf Grund
umfangreicher Betriebserfahrungen folgende Einzelheiten, die für
ein störungsfreies Arbeiten von Bedeutung sind, Beachtung finden:

Der Unterkolben sollte wenigstens 80% der Kraft des Ober-
kolbens entfalten können. Der Leerweg, besonders des Ober-
kolbens, der sich zum bequemen Füllen der Preßform oft über
erhebliche Weglängen erstreckt, sollte möglichst schnell durch-
fahren werden können. Mit Hilfe von Niederdruckstufen der Pumpe
oder Vorfüllbehältern ist diese Forderung zu erfüllen. Sind für
die Begrenzung des Kolbenweges Anschläge vorgesehen, so müßten
sie so angeordnet sein, daß verstreutes Metallpulver nicht hinzu-
gelangen kann. Die Gleitflächen von Kolben- und Tischführungen
sollten gegen Metallstaub möglichst abgedichtet sein. Die Gleitflächen von Zylindern und Kolben sollten gut poliert und womöglich
hart verchromt werden. Die Größe der Druckplatten sollte der
Größe der Preßform angepaßt sein, zumal die gesamte Preßkraft
immer auf die nur verhältnismäßig kleine Preßstempelfläche kon-
zentriert wird. Das gilt insbesondere für die obere Preßplatte,
die wesentlich kleiner als die Tischfläche gehalten werden sollte.
Der Einbau der Preßwerkzeuge würde dadurch nicht unwesentlich
erleichtert. Bei Stempelbefestigungen sollten Gewindezapfen vermieden werden. Durch Überwurfflanschen können die Preßstempel
unter Vermeidung von Plus- und Minuskräften an die Preßplatten,
immer in gleicher Kraftrichtung vorgespannt, angebracht werden.
Um einen schnellen Werkzeugwechsel zu ermöglichen, sollten die
Befestigungsteile so einfach wie möglich ausgebildet werden. Die
Druckplatten- und Ausstoßerführungen sollten natürlich parallax-
und spielfrei sein, damit die Preßwerkzeuge nicht durch ungenaues
Aufsetzen der Oberstempel bzw. Verklemmen der Unterstempel
beschädigt werden. Um eine unnötige Verschmutzung der Preß-
werkzeuge zu vermeiden, sollte aus Stopfbüchsen allfällig austretende
Leckflüssigkeit insbesondere vom Oberkolben in zweckmäßiger
Weise abgeleitet werden. Als Druckflüssigkeit wäre Wasser vor
Öl der Vorzug zu geben, da es leichter abzudichten ist und den
Metallstaub nicht so fest bindet. Die Zuleitungen der Preßflüssigkeit
und die Pumpenförderleistung sollten so bemessen sein, daß je
nach Pressengröße drei bis acht Arbeitsspiele pro Minute bequem

ausgeführt werden könnten. Die Steuerungen von hydraulischen Pressen sollten so beschaffen sein, daß die Bewegungen von Preßhaupt und Abziehtraverse unabhängig voneinander erfolgen können. Dadurch wäre es beispielsweise möglich, eine eingeleitete Bewegung des Preßhauptes zu unterbrechen und eine Bewegung der Traverse zwischenzuschalten. Bei automatischer Steuerung der hydraulischen Pressen sollte ein eingeleitetes Pressenspiel bis zum Auswerfen selbsttätig ablaufen und dann die Presse stillsetzen. Nach neuerlicher Füllung der Preßform von Hand oder durch einen selbsttätig arbeitenden Füllschuh, könnte das nächste Pressenspiel vom Arbeiter durch Druckknopfbetätigung eingeleitet werden.

Die aufgezählten vielseitigen Wünsche des Pulvermetallurgen an den Konstrukteur hydraulischer Pressen erscheinen auf den ersten Blick vielleicht verwirrend und allzu vielseitig. Zum Glück handelt es sich dabei aber großenteils nicht um Wünsche, deren Erfüllung noch in weiter Ferne liegt. Die hydraulische Presse gemäß Abb. 127 bzw. Abb. 128 vereint nämlich in sich schon praktisch alle die aufgezählten wünschenswerten Eigenschaften, einschließlich der automatischen Steuerung des vollständigen Pressenspieles bei kompliziertesten Preßwerkzeugen.

3. Die mechanischen Pressen.
a) Überblick.

Die mechanischen Pressen, die bisher in der Pulvermetallurgie Anwendung gefunden haben, lassen mannigfache Bauarten erkennen. Am häufigsten sind *Kurbelpressen*, ähnlich den in der blechverarbeitenden Industrie üblichen Stanzen, anzutreffen. Für Pressen größerer Druckleistungen wird vorwiegend die *Kniehebelbauart* angewendet. Die letztere ist übrigens auch bei ganz kleinen, handbetätigten Pressen für Entwicklungsarbeiten im Laboratorium für kleinste Versuchskörper gebraucht worden. Als größere Stückzahlen verlangt wurden, glaubte man mit den Kurbelpressen üblicher Bauart nicht mehr auskommen zu können, da die harmonische Schwingung der Kurbel den einzelnen Phasen des Preßvorganges nicht mit größtmöglicher Wirtschaftlichkeit folgen konnte. Für Aufwärts- und Abwärtsbewegung der Stempel wurden daher durch Anwendung von *Nockenscheiben* verschiedene Geschwindigkeiten gewählt. Für größte Massenfertigung kleiner Körper (Pistolenmunition s. Kap. 10, S. 371) wird die *Rundlauftischpresse* mit einer Vielzahl von Einzelwerkzeugen, die in fortwährend er Folge nacheinander wirksam werden, bevorzugt. In jüngster Zeit wurde in Europa eine *Kniehebelpresse* als ausgesprochene Spezialpresse entwickelt, bei der ein vielseitig verstellbarer Antrieb mehrerer voneinander unabhängiger Kniehebelsysteme betätigt wird. Sie wird als vollautomatische Maschine gebaut und ist zur Herstellung recht komplizierter Teile geeignet.

b) Spezielle Ausführungsformen mechanischer Pressen.

Kurbelpressen, gleichgültig ob in Rahmenbauart oder mit Kastenständer, werden am häufigsten so ausgeführt, daß der Preßhub vom niedergehenden Stempel bewirkt wird, während die Auswerf- und Füllbewegung vom Querhaupt bei der Aufwärtsbewegung abgeleitet wird. Es gelingt, auf solchen Pressen bei der Herstellung einfacher Artikel 40 bis 50 Stück pro Minute zu erzeugen. Im allgemeinen bewegt sich jedoch die Ausstoßzahl zwischen 10 und 20 Pressungen pro Minute. Während es sich bei den so beschriebenen

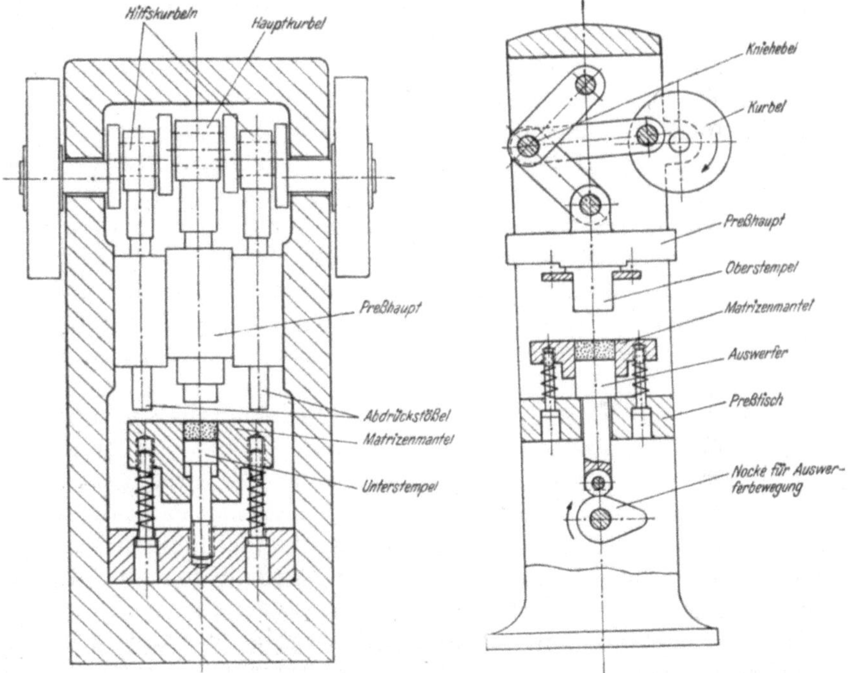

Abb. 129. Moderne Kurbelpresse; schematisch. Abb. 130. Kniehebelpresse; schematisch.

Pressen vorwiegend um Adaptierung gewöhnlicher, z. B. für die Blechverarbeitung üblicher Maschinen handelt, wurden in den letzten Jahren starke Kurbelpressen mit oben liegender Kurbelwelle und mehreren versetzt angeordneten Kurbeln gebaut. So ist z. B. die Presse einer bedeutenden Maschinenfabrik (Abb. 129) bekannt geworden, bei der in der Mitte der Kurbelwelle die Hauptkurbel für die eigentliche Preßbewegung und links und rechts davon je eine Hilfskurbel für die Auswurfbewegung angeordnet sind. Das Auswerfen wird hier durch Absenken des Matrizenmantels bewirkt (s. Abschnitt 4, S. 287). Die Presse gestattet Preßdrücke bis zu 120 Tonnen und läßt bis zu 18 Hüben pro Minute zu.

Die *Kniehebelpressen* (Abb. 130) sind im allgemeinen ebenso aufgebaut und finden in der gleichen Weise Anwendung wie die Kurbelpressen. Der Unterschied liegt nur darin, daß die maximale Druckentfaltung in der tiefsten Stempelstellung von der Kurbelwelle abgenommen und auf das Kniehebelsystem übertragen wird. Es handelt sich also in der Hauptsache um eine konstruktive Einzelheit, die für den Preßvorgang selbst nicht sehr von Bedeutung ist. Es scheint jedoch so zu sein, daß die Kniehebelpressen infolge der Entlastung der Kurbelwelle robuster im Bau und möglicherweise etwas weniger reparaturanfällig sind. Beide Pressenarten arbeiten im allgemeinen durchlaufend, d. h. sie werden zwischen den einzelnen Pressenspielen nicht angehalten. Die Beschickung der Preßform erfolgt fast immer durch Füllschuhe, die entweder von eigenen Hilfsexzentern oder von besonderen Kurbeltrieben bewegt werden. Die Pressenart ist daher für die Herstellung komplizierterer, nicht leicht vom Stempel abhebbarer Teile nicht geeignet. Soll auf solchen Pressen ein komplizierter Artikel gefertigt werden, muß die Presse mit einer automatischen Ausklink- und Bremsvorrichtung zur Anhaltung nach jedem Spiel ausgestattet sein.

Ähnlich den Kurbelpressen, meistens ebenfalls in Rahmenbauart, sind die Pressen mit *Nockenantrieb* (Abb. 131 und 132) ausgebildet. Bei ihnen wird die Bewegung des Preßhauptes von einer Nockenscheibe abgeleitet. Dadurch hat man es in der Hand, bei entsprechender Formgebung der Nocke den oberen Teil des Stempelniederganges beschleunigt, die Verdichtung des Pulvers aber bei größter Druckentfaltung entsprechend verzögert eintreten zu lassen, während die Rückwärtsbewegung wieder bedeutend schneller erfolgen kann. Im Gegensatz zur Kurbelpresse, bei der für den Arbeitshub höchstens 180° Kurbelwinkel zur Verfügung stehen, können bei Nockenpressen bis etwa 200° gewonnen werden (s. Abb. 131). Dadurch steht für den Preßvorgang selbst eine um etwa 10% größere nutzbare Arbeitszeit zur Verfügung. Die Maschinen wurden hauptsächlich aus der Nahrungsmittel- und pharmazeutischen Industrie, wo sie zum Tablettieren organischer Substanzen verwendet werden, übernommen. Es sind einige Spezialkonstruktionen, die den pulvermetallurgischen Bedürfnissen angepaßt worden sind, bekannt geworden (s. Abb. 132). Es handelt sich aber dabei immer nur um Maschinen bis höchstens 30 Tonnen Preßkraft, also um verhältnismäßig kleine Einheiten.

Eine sehr interessante Presse ist die *Rundlauftischpresse.* Abb. 133 zeigt den schematischen Aufbau einer derartigen Presse, Abb. 134 die wichtigsten Teile in Ansicht. Wie aus

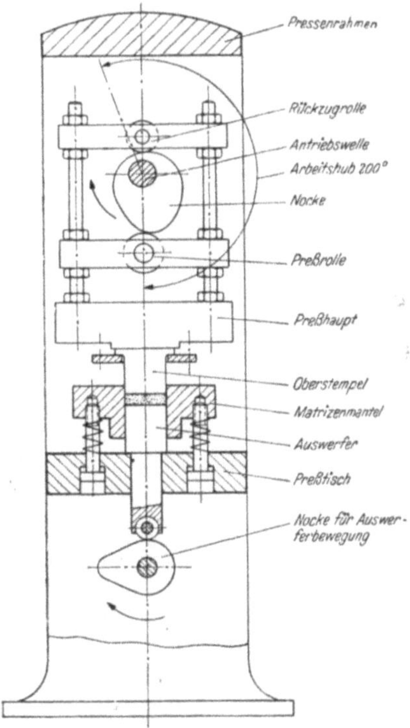

Abb. 131. Mechanische Presse in Nockenscheibenausführung; schematisch.

Abb. 132. Mechanische Presse in Nockenscheibenausführung in Ansicht.

den beiden Abbildungen hervorgeht, sind bei der Presse am Umfang eines waagerechten, rotierenden Tisches eine Vielzahl einzelner, gleichartiger Werkzeuge angeordnet. Die Bewegung der einzelnen Preßstempel und Auswerfer erfolgt durch Gleitschienen, die am ruhenden Mittelständer der Maschine verstellbar angebracht sind. Die Füllung der einzelnen Formen erfolgt beim Weggleiten der Werkzeuge unter einem Fülltrichter, die Entfaltung der Preßkraft durch Hindurchzwängen von Preß- und Auswerferstempeln zwischen zwei senkrecht untereinander liegenden, ebenfalls am Mittelständer befestigten Stahlwalzen. Die obere dieser Walzen ist meistens unter Federdruck nachgiebig angeordnet. Für ein

Pressenspiel wird nur der halbe Umfang des Tisches in Anspruch genommen, so daß auf einer Presse zwei Fülltrichter und zwei

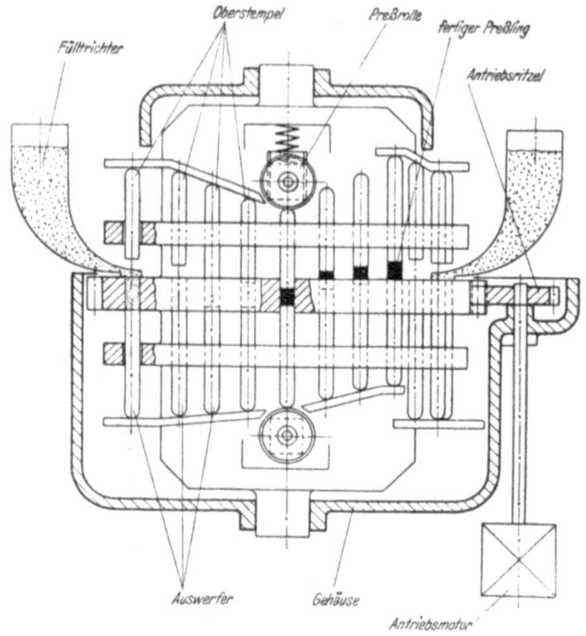

Abb. 133. Rundlauftischpresse, schematisch (Erzeuger: W. Horn, Worms a. Rh.).

Abb. 134. Rundlauftischpresse in Ansicht (Erzeuger: W. Horn, Worms a. Rh.).

Druckrollenpaare angeordnet werden. Dadurch werden vom Mittelständer größere Biegemomente ferngehalten. Bei einer Umdrehung des Rundlauftisches entstehen also zweimal so viel Preßlinge, wie Werkzeuge angeordnet sind. Die Anzahl der Werkzeuge wird häufig etwa um 30 gewählt. Man erreicht also bei nur 5 Umdrehungen pro Minute des Tisches bereits 300 Preßlinge pro Minute. Es liegt auf der Hand, daß diese Pressen nur für sehr einfache Teile verwendet werden können. Auch wurden sie bisher nur für Kräfte bis zu etwa 15 Tonnen pro Werkzeug gebaut. Die

Pressen erfordern wenig Bedienung und arbeiten überaus rationell. Eine gewisse Schwierigkeit liegt in der Ausscheidung von Einzelstücken, die aus etwa beschädigten Werkzeugen anfallen können. Man hat, um eine spätere Einzelkontrolle zu vermeiden, sinnreiche Vorrichtungen gebaut, durch die die Stücke jedes einzelnen Werkzeuges gesondert ausgestoßen werden. Die Presse hat sich im allgemeinen recht gut bewährt.

Abb. 135. Moderner, für pulvermetallurgische Zwecke entwickelter Preßautomat für das Pressen komplizierter Teile.

Zum Schluß sei ein für pulvermetallurgische Zwecke entwickelter *Preßautomat*, der in zwei Größen, nämlich für 100 und 200 Tonnen gebaut wurde, beschrieben. Auf eine schematische Darstellung der Wirkungsweise muß in diesem Falle wegen der Kompliziertheit der Maschine verzichtet werden. Abb. 135 zeigt den Preßautomaten für 100 Tonnen in Ansicht. Durch Beschriftung der im Bild erkenntlichen Teile wurde versucht, die Funktion der Bauelemente in Verbindung mit nachstehendem Text verständlich zu machen. In einem tiefliegenden Gußgehäuse ist eine Exzenterwelle untergebracht, die vier verschiedene Exzenter mit verstellbarem Radius trägt. Die Kurbelwinkel zwischen den einzelnen Exzentern können ebenfalls beliebig eingestellt werden. Diese Exzenter bewegen seitlich angeordnete Kniehebeltriebwerke, die ihre Kraft in senkrechter Richtung in der Ebene des Pressenrahmens entfalten können. Der Haupttrieb überträgt seine Kraft über zwei Zugstangen auf das obere Preßhaupt. Die Höhe des Preßhauptes kann durch eine Spindel verstellt werden. Ein zweiter Trieb ist für die Bewegung der Auswerfervorrichtung vorgesehen, die aber nicht, wie sonst üblich, die Auswerferstempel einfach nach oben bewegt, sondern die ihre Bewegung auf den Matrizenmantel überträgt (s. Abschnitt 4, S. 287). Dank der Verstellbarkeit der Kurbelwinkel kann die Bewegung so ausgeführt werden, daß beim Niedergehen des Preßstempels der Matrizenmantel ebenfalls eine Abwärtsbewegung, aber eine zu dieser Zeit kleinere erfährt, wodurch bei entsprechender Einstellung vom Matrizenmantel aus betrachtet ein symmetrisches Vordringen des Ober- und Unterstempels erreicht wird. Ein dritter Exzenter dient zur Bewegung des Füllschuhes, ein vierter zur Betätigung von Hilfsvorrichtungen an komplizierten Werkzeugen. Die Maschinen wurden mit elektrischen Druckmeßdosen, mit Variatorgetrieben für den Antrieb und mit Lichtschranken, durch die beim Eingreifen des Arbeiters in die Stempelbahn bei Niedergang des Oberstempels der Automat sofort stillgesetzt wird, ausgestattet. Man hat auf diesen Maschinen auch bei recht komplizierten Artikeln bis zu neun Pressungen pro Minute erreichen können. Die normale Preßhäufigkeit beträgt etwa 4 bis 5 Stück pro Minute. Die Verwendung derartiger Maschinen setzt allerdings das Vorhandensein eines ausgezeichneten Matrizenbaues sowie hervorragend geschulten Personals zum Einrichten der Pressen und Werkzeuge voraus.

4. Die Preßwerkzeuge.

a) *Allgemeine Gesichtspunkte.*

Von entscheidendem Einfluß auf die Qualität eines aus Metallpulver gepreßten Körpers ist die Ausbildung des *Preßwerkzeuges*, der sogenannten *Matrize*. Die für den Matrizenbau verwendeten legierten Werkzeugstähle müssen den verschiedenartigen Beanspruchungen, denen sie je nach ihrer Funktion innerhalb des Gesamtwerkzeuges ausgesetzt werden, naturgemäß sorgfältig angepaßt

Zahlentafel 70. *Verwendungszweck, Eigenschaften und Vergütungsbehandlung verschiedener Werkstoffe für Preßwerkzeuge zum Pressen von Formteilen aus Metallpulvern* (R. P. Seelig u. J. Wulff).

Zum Pressen von	Druckbereich	Werkstoff	Chemische Zusammensetzung	Vergütungsbehandlung	Härte R_C
kleinen Stückzahlen	niedrig	kaltgewalzter Stahl	—	Einsatzhärtung	
	hoch	Werkzeugstahl ölhärtend	C 0,9%, Cr 0,5%, Mn 1 bis 1,5%, W 0,5%, Si 0,2%	Ölhärtung: 760 bis 790° angelassen bei 190 bis 210°	61 bis 62
mittleren Stückzahlen 5000 bis 50.000	niedrig	Werkzeugstahl, ölhärtend	wie oben	wie oben	61 bis 62
	hoch	Ni-Cr-Werkzeugstahl	C 0,75%, Ni 1,4 bis 1,7%, Mn 0,6%, Cr 0,75%, Si 0,25%	Ölhärtung: 815 bis 840°, angelassen bei 140 bis 150°	58 bis 59
hohen Stückzahlen 50.000 bis 500.000	niedrig	Cr-Stahl, hoch C-haltig	C 2,0%, Cr 13%, Mn 0,3%, V 0,2%, Si 0,25%	Ölhärtung: 950 bis 980°, angelassen bei 210°	62 bis 63
	hoch	wie oben	wie oben	Ölhärtung: 950 bis 980°, angelassen bei 430°, hartverchromt	58 bis 59
sehr hohen Stückzahlen 500.000 und darüber	niedrig und hoch	wie oben	wie oben	wie oben, wenn abgenutzt, Nachschleifen und neuerlich Hartverchromen	—
		Sinterhartmetall	TiC 0 bis 4%, Co 8 bis 15%, WC Rest	keine	64 bis 69

werden. Die Stempel sollten neben genügender Verschleißfestigkeit
eine möglichst gute Zähigkeit aufweisen, um auftretenden Biege-
beanspruchungen gewachsen zu sein. Hier haben sich entsprechend
vergütete Chrom-Vanadin-Silizium-Stähle bewährt. Für den besonderem Verschleiß ausgesetzten Teil des Matrizenmantels sind beispielsweise verschleißfeste Chromstähle vorzusehen. Eine Übersicht
über die verschiedenen zum Bau von Preßwerkzeugen heute gebräuchlichen Werkstoffe, deren Anwendungsgebiete und Behandlung,
wird in Zahlentafel 70 nach Angaben von R. P. Seelig und
J. Wulff[1] gegeben.

Die Matrizenmäntel sind aber nicht nur auf Verschleiß beansprucht. Unter der Einwirkung des Preßdruckes treten an den
Seitenwandungen der Preßform Wanddrücke auf, die zu elastischen
Dehnungen des Matrizenmantels Anlaß geben können. Wird der
Preßling nach erfolgter Pressung entlastet, kann es vorkommen,
daß bei ungenügend stark gebauten Matrizenmänteln die Rück-
federung so stark wird, daß der Preßling von Spaltstellen überall
durchsetzt wird. Daher muß das Auftreten elastischer Dehnungen
im Preßmantel möglichst verhindert werden. Da der hochlegierte
Chromstahl insbesondere nach Härtung auf bestes Verschleißverhalten aus Festigkeitsgründen nicht ohne Bruchgefahr einer
solchen Beanspruchung unterworfen werden darf, hilft man sich
zwecks Verhinderung elastischer Dehnungen durch Unterteilung
des Matrizenmantels. Die eigentliche Preßform wird durch einen
verhältnismäßig schwachwandigen, hochverschleißfesten, oft auch
aus mehreren Teilen bestehenden Einsatz gebildet, über den ein
die Wanddrücke aufnehmender Ringmantel beträchtlicher Stärke
aus niedrig legiertem, zähen Werkzeugstahl oder einem guten
Baustahl aufgeschrumpft wird. Bei entsprechender Abstimmung
der Schrumpfspannug können elastische Dehnungen des Einsatzes
auf diese Weise nahezu vollständig unterdrückt werden.

Um die Verschleißfestigkeit von Stempeln und Preßforminnen-
teilen zu verbessern und auch um die Reibung zwischen Werkzeug-
wand und Pulver möglichst herabzusetzen, werden die Stempel,
die Mantel- und Kernflächen mit höchstmöglicher Politur versehen.
Gute Erfolge wurden bei sachgemäßer Ausführung auch mit einer
zusätzlichen Hartverchromung erreicht. Bei der Massenfertigung
nicht allzu komplizierter Teile hat sich indessen am besten eine
Hartmetallauskleidung der Matrizenmäntel bewährt. Abb. 136
zeigt eine Matrize zum Pressen von Sintermagneten, deren Hartmetallauskleidung aus zehn Segmenten besteht. Bei mit Hart-

---

[1] Seelig, R. P. u. J. Wulff: Am. Inst. min. metallurg. Engrs., Techn.
Publ. Nr. 2044 (1946).

metall ausgekleideten Matrizen ist es infolge der geringen Zähigkeit von Sinterhartmetall besonders wichtig, die Umfangsspannungen, die durch die gepreßte Pulvermasse entstehen, durch Vorspannen aufgeschrumpfter Mäntel gewissermaßen unschädlich zu machen. Durch richtiges Einschrumpfen der Hartmetallauskleidung in den Stahlringmantel wird die Schrumpfspannung bei leerer Matrize als Druckspannung vom Matrizeneinsatz aufgenommen. Bei Ausübung des Preßdruckes wird dann die im Hartmetalleinsatz vorhandene Druckspannung vom Preßling übernommen und der Hartmetalleinsatz entlastet. Die dem Hartmetalleinsatz vorher aufgezwungene Druckspannung muß so bemessen sein, daß bei Ausübung des Preßdruckes der in Abb. 136 erkenntliche, helle, dünne Schrumpfring des Mantels keine zusätzliche Zugspannung erfährt. Hartmetallausgekleidete Matrizen sind wegen der hohen Verschleißfestigkeit des Sinterhartmetalls bezüglich ihrer Lebensdauer Stahlmatrizen um ein Vielfaches überlegen. Sie haben sich insbesondere beim Verpressen von sehr

Abb. 136. Mit Sinterhartmetall ausgekleidete Matrize für das Pressen von Sintermagneten.

feinkörnigem Pulver mit großer Klebeneigung (Carbonylpulver) sowie von Pulvern mit spratziger, scharfkantiger Oberfläche und harten SiO_2-Häuten bestens bewährt.

Besonders heikel ist beim Matrizenbau die Passung zwischen Stempel und Mantel. Allzu lockere Passung hat Durchrieseln von Pulver und dabei unsaubere Preßlinge mit starken Gratbildungen zur Folge. Meistens wird der Unterstempel mit strengem Gleitsitz bei Freistellung des Stempels unterhalb einer Paßlänge von etwa 3 bis 5 mm ausgeführt, während der Oberstempel stets mit leichtem Laufsitz versehen wird. Dadurch wird ein Entweichen der im Pulver eingeschlossenen Luft beim Pressen ermöglicht. Da im allgemeinen besondere Führungssäulen zwischen Matrizenunter- und oberteil wegen des dadurch bedingten unbequemen Füllens nicht verwendet werden, muß der obere Matrizenrand mit einer geringfügigen Abrundung versehen werden, da die Preßhauptführungen immer ein gewisses, wenn auch geringfügiges Spiel, aufweisen. Durch dieses Spiel könnte sonst eine Preßstempelkante hart auf den Matrizenrand auffahren, wodurch Kantenbeschädigungen eintreten würden.

Von besonderer Bedeutung für die Gleichmäßigkeit der Preßlinge ist die Einhaltung stets gleicher Matrizenfüllung. Automatisches Wägen und Abfüllung der Einwaagen von Hand sucht man bei der Massenfertigung von Sinterstahlteilen möglichst zu umgehen. Wenn es das Fließverhalten (s. Kap. 3, S. 113) des Pulvers zuläßt, so ist es immer zweckmäßig, die Matrize durch Abstreifen reichlich aufgegebenen Pulvers zu füllen. (Füllung durch Handbetätigung oder automatischen Füllschuh.)

Gemäß den Ausführungen in Kap. 4, S. 146, muß man bei Herstellung von Preßlingen mit in Preßrichtung unterschiedlicher Dicke für jede Höhe entsprechende Füllräume vorsehen. Das erreicht man durch Unterteilung des Unterstempels. Einzelheiten der technischen Ausführung in Verbindung mit dem Aufbau der Preßmatrize sind dem nächsten Unterabschnitt vorbehalten. Richtlinien, die sich aus der notwendigen Stempelunterteilung für den Konstrukteur aus dem Maschinen- und Gerätebau ergeben, der daran interessiert ist, Sinterstahlteile einzusetzen, werden in Kap. 11, S. 383ff., mitgeteilt.

Wird das Ausstoßen des Preßlings aus der Matrize durch einfaches Hochschieben des Unterstempels bewirkt, kommt es leicht vor, daß die Kantenränder abplatzen oder unscharf werden. Um diesen Fehler zu vermeiden, läßt man während des Auswerfens den Oberstempel unter leichtem Druck z. B. durch Vorfederung auf dem Preßling lasten. Dadurch bleibt der Preßling zwischen den beiden Stempeln eingespannt, während der Matrizenmantel unter die Oberkante des Unterstempels abgezogen wird (s. auch S. 287). Nach darauffolgendem Anheben des Oberstempels kann der Preßling von Hand abgenommen oder bei glatter Unterfläche auch maschinell weggeschoben werden.

Wie schon häufiger betont (s. Kap. 4, S. 140ff.) ist die beidseitige Druckanwendung für die Erreichung möglichst gleichmäßiger Dichte im Preßling notwendig. Zum Schluß der allgemeinen Ausführungen soll daher noch kurz angedeutet werden, auf welche Weise das gleichzeitige Vordringen von Ober- und Unterstempel gegen die Mitte des Preßlings bewirkt werden kann. Einzelheiten der technischen Durchführung ergeben sich zwanglos bei der Behandlung einiger wichtiger Ausführungsformen von Preßmatrizen im nächsten Unterabschnitt.

Der Unterstempel z. B. kann fest mit dem Preßtisch verbunden sein, während der Matrizenmantel durch besondere Bewegungsorgane während des Eindringens des Oberstempels etwa um die

Hälfte des Verdichtungsweges nach unten bewegt wird (s. S. 287, Ausführungsbeispiel 2). Diese Verschiebung kann bei Pressen, die solche Bewegungsmechanismen nicht durchführen können, durch federnde Unterstützung des Preßmantels herbeigeführt werden (s. unten, Ausführungsbeispiel 1). Dabei wird durch die Wandreibung des Pulvers der Matrizenmantel in einem gewissen Verhältnis zum Vordringen des Oberstempels mitgenommen. Bei hydraulischen Pressen ist es auch möglich, den Matrizenmantel so mit dem Unterkolben zu verbinden, daß bei hydraulischer Entlastung des Unterkolbens durch ein besonderes Ventil (Schwebeventil!) ein freies Schweben des Matrizenmantels eintritt. Dann stellt sich die neutrale Zone, höchstens entsprechend dem eigenen Gewicht von Mantel und Kolben verschoben, in natürlicher Weise auf die günstigste Höhe ein.

Eine neue Konstruktion hydraulischer Pressen sieht starren Einbau des Matrizenmantels vor und bewirkt das symmetrische Eindringen von Ober- und Unterstempel durch zwei abhängig voneinander gesteuerte Arbeitskolben. Diese sogenannte Doppelkolbenpresse hat sich beim Pressen von langen Lagerbüchsen bewährt.

b) Spezielle Ausführungsformen von Preßwerkzeugen.

Aus der Fülle der Matrizenkonstruktionen zum Kaltpressen der Pulver mögen zwei moderne Werzeugformen, auf die sich im Prinzip alle anderen Werkzeugausführungen zurückführen lassen, besprochen werden, nämlich die „Schwebemantelmatrize" und die „Abzugmantelmatrize". In beiden Fällen handelt es sich um Matrizen, die durch Abstreifen des im Überschuß aufgegebenen Pulvers beschickt werden.

Die *Schwebemantelmatrize* (s. Abb. 137) wurde für Pressen entwickelt, bei denen die Ausstoßorgane ihre Hauptkraft in einer senkrechten Aufwärtsbewegung entfalten können (s. Abb. 126/127, S. 271). Der Unterstempel ist auf dem Preßtisch abgestützt. Er kann aber durch das Auswerforgan der Presse angehoben werden. Dabei ist die Anordnung so getroffen, daß etwa vorhandene Kernteile, wie sie insbesondere beim Pressen von ringförmigen Körpern vorkommen, nicht mit nach oben bewegt werden müssen. Es wird das durch laternenartige Anordnung der Unterstempelstützen und durch Verwendung durchgeschobener Traversen bewerkstelligt. Der Matrizenmantel und infolge der Traversenanordnung auch der Matrizenkern ruhen auf einer Feder, deren Spannung gerade so gewählt wird, daß das Eigengewicht von Mantel und Kern mit einem gewissen Sicherheitszuschlag getragen wird. Die Füllhöhe läßt sich durch eine Überwurfmutter, gegen die der

Matrizenmantel dank der Federkraft anschlägt, bequem einstellen. Sobald der Preßstempel von oben in die gefüllte Matrize eintritt, entsteht im Preßgut ein stetig wachsender Druck, der eine zunehmende Wandreibung des Pulvers zur Folge hat. Infolge dieser Wandreibung wird der Matrizenmantel entgegen der Federkraft mit nach unten bewegt, so daß in bezug auf den Mantel sowohl Ober- als auch Unterstempel gegen die Mitte des Preßlings zu vorrücken. Nach Beendigung des Preßvorganges wird die Oberfläche des Preßlings durch Zurückziehen des Oberstempels freigelegt, und der Auswerfer beginnt den Preßling auszuschieben. Wegen der meistens sehr hoch liegenden Preßdrücke — insbesondere bei der Fertigung von Maschinenteilen aus Sinterstahl — sitzt der Preßling in der Matrize außerordentlich fest. Es bedarf nach praktischen Beobachtungen bis zu 80, ja manchmal sogar bis zu 100% der aufgewendeten Preßkraft, um die Haftwandreibung zu überwinden und in eine Bewegungsreibung überzuführen. Ist diese Lockerung einmal eingetreten, läßt sich der Preßling längs des übrigen

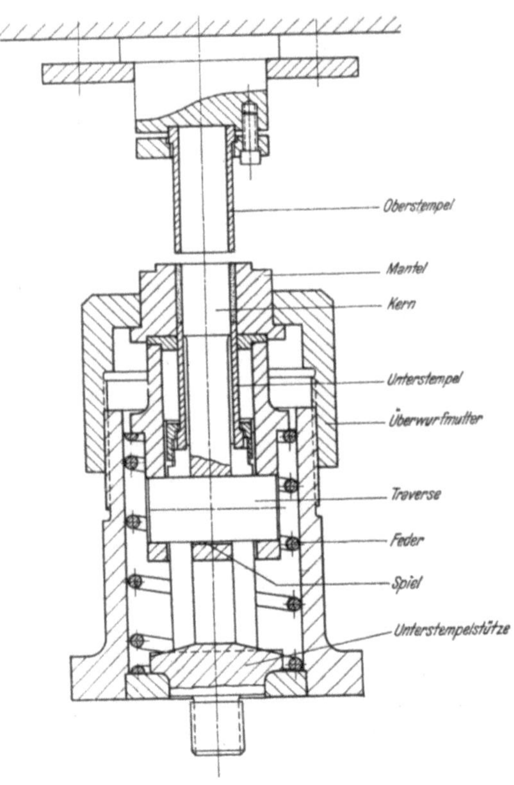

Abb. 137. Schwebemantelmatrize; Prinzipzeichnung.

Weges meistens leicht ausschieben. Besonders erleichtert wird dieser zweite Teil der Ausschiebbewegung durch Verwendung ganz leicht konisch geschliffener Seitenwandungen. Bei ringförmigen Preßartikeln kann die Reibung am Mantel und Kern durch nacheinander erfolgendes Lockern ungefähr auf die Hälfte herabgesetzt werden. Man erreicht das, indem man an der Traversenauflage zwischen Mantel und Kern ein gewisses, nach unten reserviertes Spiel vorsieht (s. Abb. 137).

Die zweite Matrize, die *Abzugmantelmatrize*, ist vielseitiger verwendbar als die zuerst angeführte, da sie sehr leicht mit mehrfach unterteilten Unterstempeln ausgestattet werden kann. Ihre Anordnung (Abb. 138) besteht darin, daß auf einer festen Basis die Unterstempel, hier Auswerfer genannt, durch sogenannte Vorheber in solcher Höhe angebracht werden, daß jeder Teilhöhe des Preßlings eine verhältnisgleiche Füllhöhe zugeordnet ist. Durch Hochschieben des Mantels werden die Auswerfer mit Hilfe der Traverse und der zwischengeschalteten Vorheber so verschoben, daß alle Einzelfüllhöhen ohne Rücksicht auf die Lage im fertigen

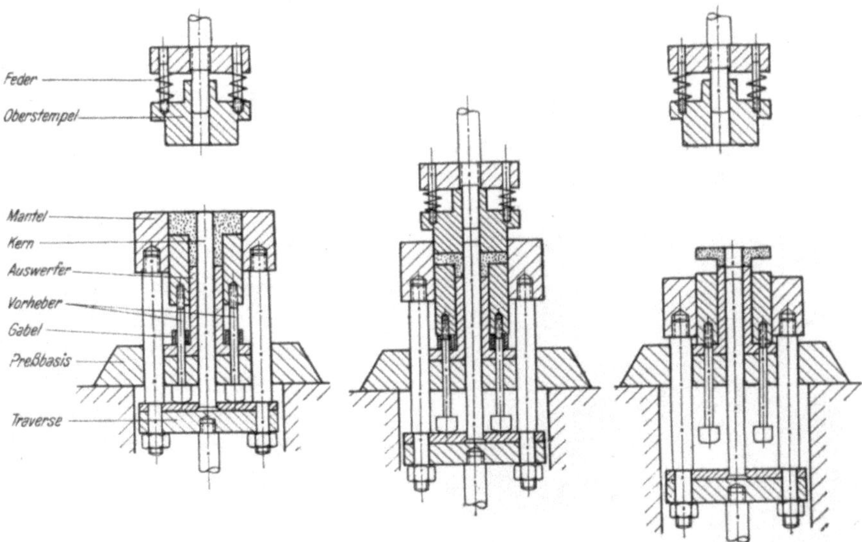

Abb. 138. Abzugmantelmatrize in Füllstellung, Preßstellung und Ausstoßstellung; Prinzipzeichnung.

Körper auf die Oberkante des Mantels bezogen werden. Dadurch entsteht eine Abstreichebene, die ein gleichmäßiges Füllen der einzelnen Füllräume gewährleistet. Sobald der Oberstempel in die Matrize eindringt, wird der Abzieh- bzw. Auswerferkolben durch mechanische oder hydraulische Steuerung so bewegt, daß die Vorheber frei beweglich werden und die einzelnen Auswerfer auf der Preßbasis aufsitzen können. Sind mehrere Auswerfer verschiedener Höhe vorhanden, ist es notwendig, besondere Zwischenstücke (Gabeln) zu verwenden, auf die sich die Auswerfer in der Preßstellung aufsetzen und die beim Ausstoßvorgang später seitlich herausgezogen werden müssen. Bei fortschreitendem Eindringen des Oberstempels werden die einzelnen Füllräume vermindert und in die endgültigen Höhenlagen geschoben. Gleichzeitig wird der Matrizenmantel nach abwärts bewegt, und zwar längs eines Weges, der halb so groß ist, wie der größte Verdichtungsweg. Dadurch wird die preßneutrale Zone in die Mitte des Preßlings verlegt. Der Ausstoßvorgang wird so gesteuert, daß zunächst der Oberstempel von der Preßkraft entlastet wird. Er verbleibt jedoch unter einem gewissen Federdruck noch auf dem Preßling. Sodann wird der Matrizenmantel nach abwärts gezogen und erst nach Freilegen der untersten Kante des Preßlings wird die Bewegung des oberen Stempels fortgesetzt und das Abheben des Stempels vom Preßling bewirkt. Bei Pressen mit harmonischen Bewegungen des oberen Preßhauptes muß dieser Vorgang durch einen verhältnismäßig langen Weg der Vorfederung erkauft werden. Hydraulische Pressen können unabhängiger gesteuert werden, d. h. der obere Kolben kann die gewünschte Bewegung mit Unterbrechung ausführen. Diese Matrizenart wurde insbesondere für den oben beschriebenen Preßautomaten entwickelt (s. Abb. 135, S. 279).

In Kap. 7 (s. S. 237 ff.) waren die Eigenschaften von Heißpreßkörpern aus Sintereisen und Sinterstahl mitgeteilt worden. Durchgesetzt hat sich in der Eisen-Pulvermetallurgie lediglich die Technik des Heißnachpressens von Sinterkörpern aus der Sinterhitze heraus oder bei einer tiefer liegenden Temperatur in

Abb. 139. Preßeinrichtung zum Heißnach-Pressen von Sintereisen und Sinterstahl.

gesenkartigen Werkzeugen, die entweder wassergekühlt sind oder eine zusätzliche Heizvorrichtung für mittlere Temperaturen aufweisen. Beide Anordnungen verlangen für das Preßgesenk eine möglichst einfache Ausführungsweise. Auf gefederte Matrizen oder komplizierte Ausführung der Werkzeuge mit unterteilten Stempeln wird grundsätzlich verzichtet. Da es sich beim Heißnachpressen ohnehin nicht mehr um das Verdichten von Pulvern, sondern gewissermaßen um ein Nachschmieden eines schon weitgehend kompakten Materials im halbwegs plastischen Zustand handelt, sind die beim Verpressen von Pulvern notwendigen kom-

plizierten Einrichtungen für die Erreichung möglichst gleichmäßiger Dichte auch nicht erforderlich. Beim Heißnachpressen
erfolgt daher die Verdichtung einseitig durch den Oberstempel
des Werkzeuges. Mit Hilfe des Unterstempels wird der heiß nach-
gepreßte Körper nach Beendigung des Preßvorganges aus dem
Gesenk ausgeworfen. Für die Ausführung eines derart einfachen
Preßvorganges eignen sich sowohl hydraulische als auch mechanische
Pressen. Abb. 139 zeigt eine hydraulische Presse mit einer Preßvorrichtung zum Heißnachpressen von Eisen-Graphit-Lager-
körpern (s. Kap. 10, S. 363). Die gleiche Preßvorrichtung wurde
auch mit Erfolg bei eigenen Heißnachpreßversuchen von Sintereisen und Sinterstahl (s. Kap. 7, S. 249) herangezogen.

B. Sintereinrichtungen.

1. Einführung.

Die Anforderungen hinsichtlich der zu erreichenden Temperaturen, der Gleichmäßigkeit und Reproduzierbarkeit der Sintervorgänge und insbesondere die Forderungen nach Aufrechterhaltung
einer neutralen oder reduzierenden Schutzgasatmosphäre brachten
es mit sich, daß die Pulvermetallurgie bei der Entwicklung entsprechender Öfen schon frühzeitig eigene Wege gegangen ist. Als
in den letzten fünf bis zehn Jahren die schnelle Entwicklung der
Eisen-Pulvermetallurgie einsetzte, wurde bei der beginnenden
Massenfertigung das Ofenproblem erneut von Bedeutung. Bei
gleichen Anforderungen hinsichtlich Gleichmäßigkeit und Reproduzierbarkeit der Temperaturführung mußten die neuen Öfen
bei Schutzgasbetrieb erheblich größere Mengen durchzusetzen in
der Lage sein als die früheren Öfen. Die Entwicklung der letzten
Jahre brachte es nun mit sich, daß neben alten Fachfirmen auf
dem Sintergebiet auch Neulinge aus anderen eisenerzeugenden
oder eisenverarbeitenden Betrieben zur Eisen-Pulvermetallurgie
gelangten. Den Fachfirmen auf dem Gebiet der Pulver-Metallurgie
standen die Erfahrungen, die sich bei der Herstellung der hochschmelzenden Metalle Wolfram und Molybdän, der Sinterhartmetalle, Metallkohlen und porösen Bronzelager ergeben hatten,
zur Verfügung. Bei den Neulingen war dies naturgemäß nicht
der Fall. Während die ersteren ihre fast immer durch elektrische
Energie beheizten Reduktions- und Sinteröfen nach Übersetzung
in größere Dimensionen benutzen konnten, versuchten es die
Letzteren, marktgängige Ofentypen aus der Stahl- oder Metall-
industrie durch entsprechende Vorkehrungen für den Schutzgasbetrieb einzurichten. So wurde von den Fachfirmen von vorn-

herein der als Stoßofen ausgebildete, waagerechte Durchsatzofen sowohl zum reduzierenden Glühen des Pulvers als auch zum Sintern verwendet. Andere Firmen dagegen bedienten sich zum Pulverglühen zunächst kleiner Drehrohröfen, zum Sintern der Kammer- und Haubenöfen. Auf diese Umstände ist es zurückzuführen, daß heute noch in den einzelnen Betrieben stark verschiedene Ofengattungen benutzt werden und daß sich der „pulvermetallurgische Ein- oder Mehrzweckofen", sei es für Reduktions-, sei es für Sinterzwecke, noch nicht als typische Form herausgebildet hat.

Bei den Drehrohröfen ergab sich bald der Nachteil, daß die Temperatur wegen des Zusammen- und Anbackens des Pulvers nicht über 700° gewählt werden konnte. Bei den Kammeröfen wurde als unangenehm empfunden, daß der diskontinuierliche Betrieb nach jeder Charge den ganzen oder teilweisen Verlust der Speicherwärme mit sich brachte. Auf Grund dieser Nachteile der diskontinuierlich arbeitenden Öfen beginnt sich daher in den letzten Jahren der kontinuierlich arbeitende Durchlaufofen durchzusetzen. Das gilt auch für Betriebe, die von leistungsfähigen Gaswerken reichlich mit Koksofengas versorgt werden und die daher diese Wärmequelle zum Betrieb gasbeheizter Öfen heranzuziehen suchten. Auf dem Gebiet der gasbeheizten Öfen verlief die Entwicklung so, daß diese Öfen von vornherein als kontinuierlich arbeitende Durchsatzöfen gebaut wurden. Das Gas als Energiequelle wurde nämlich erst zu einem Zeitpunkt für Sinterzwecke herangezogen, als sich der Durchsatzofen schon weitgehend bewährt hatte.

Was nun die Ofenatmosphäre anbetrifft, so wurde anfänglich in der Hauptsache reiner Wasserstoff verwendet. Später aber wurden in zunehmendem Maße, insbesondere beim Übergang zur Massenfertigung, auch die billigeren, aus der Blankglühtechnik bekannten Schutzgase als Sinteratmosphäre herangezogen.

Einzelheiten sowohl über die verschiedenen Ofentypen als auch über die benutzten Schutzgase sind den folgenden Abschnitten vorbehalten.

2. Diskontinuierlich arbeitende elektrische Öfen.

a) Kammerofen.

Der einfache *Kammerofen* (Abb. 140 u. 141) mit annähernd würfelförmigem Nutzraum erhält allseitige elektrische Beheizung, d. h. er ist mit Boden-, Decken- und Seitenheizung ausgestattet. Eine der Seitenwände ist als Tür ausgebildet und trägt ebenfalls Heizwendeln, deren Leistung stärker bemessen sein muß, um den Türverlust des Ofens auszugleichen. Die üblichen Größen des Nutzraumes belaufen sich auf etwa 1 m³. Das Innenmauerwerk besteht aus feuerfesten oder auch hochfeuerfesten Formsteinen, die zur Aufnahme von Heizwendeln mit Rillen bzw. mit Nasen versehen sind. Der Wärmeschutzmantel wird aus Kieselgursteinen hergestellt. Das ganze Mauerwerk wird von einem dichtgeschweißten Blechgehäuse umgeben. Die Heizleiter bestehen vorwiegend aus Eisen-Chrom-Aluminium-Legierungen. Zur Regelung der Temperatur werden elektrische Temperaturregler in Verbindung mit Nickel, Nickel-Chrom-Thermoelementen benutzt. Die am Glühgut maximal erreichbare Sintertemperatur im Dauerbetrieb beträgt infolge der Verwendung von Eisen-

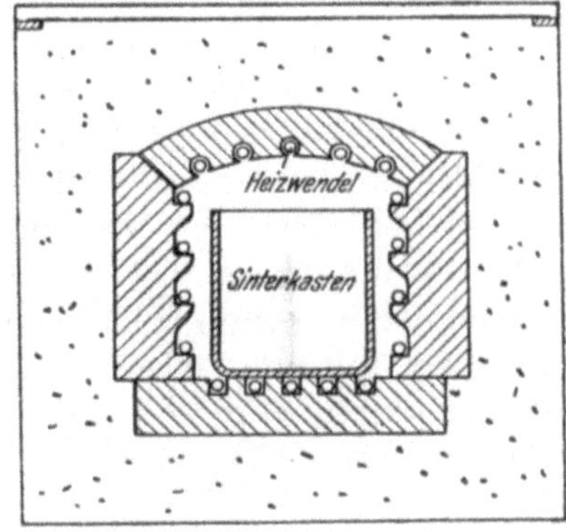

Abb. 140. Kammerofen; Prinzipskizze.

Chrom-Aluminium-Heizleitern etwa 1000 bis 1050⁰. Um ein möglichst gleichmäßiges Temperaturfeld zu erzielen, muß der Wärmeschutz stärker bemessen werden, als es sonst bei diskon-

Abb. 141. Batterie von Kammeröfen.

tinuierlich betriebenen Öfen üblich ist, ein Umstand, der eine erhöhte Wärmespeicherung zur Folge hat. Um die nutzlose Abkühlzeit zu verkürzen, werden die Öfen mit Gasumwälzpumpen ausgestattet, die das im Ofen enthaltene Gas über Kühler absaugen und im gekühlten Zustand dem Ofen wiederum zuführen. Dadurch kann die Abkühlzeit von mehreren Tagen auf nur wenige Stunden herabgesetzt werden. Bei Reduktionsvorgängen mit wasserstoffhaltigen Gasen kann die Gasumwälzung auch während des Glühens betrieben werden. Dadurch ist es möglich, den von der Reduktion herrührenden Wasserdampf im Gaskühler abzuscheiden und so das Gas dauernd reaktionsfähig zu erhalten.

Das Glühgut wird außerhalb des Ofens in eiserne Kästen eingelegt. Handelt es sich um eine Reduktionsglühung, bleiben die Kästen offen. Zum Sintern von Stahl- oder Eisenteilen werden dieselben mit lose schließenden Deckeln versehen. Dadurch wird das Glühgut während der Abkühlung beim Durchlaufen des Temperaturgebietes zwischen 700 bis 400° vor leicht auftretenden Oberflächenoxydationen (Anlauffarben) bewahrt. Die Heizkörper der Öfen sind meistens für Netzspannung ausgelegt und häufig mit Sterndreieck-Schaltung zur grobstufigen Energieregelung versehen. Die Stromverbrauchsziffern für das Sintern belaufen sich erfahrungsgemäß auf 300 bis 400 KWh pro 100 kg Einsatz. Leider ist es nicht möglich, die Wirtschaftlichkeit dieser an sich einfachen Ofenart durch Vergrößerung der Einheiten zu verbessern. Das Hindernis besteht darin, daß die vom Heizkörper ausgestrahlte Energie zunächst den am Rande liegenden Teil des Einsatzes trifft und viel früher auf die gewünschte Temperatur bringt, als etwa den Kern des Stapels. Ungünstig wirkt sich dabei zusätzlich die verhältnismäßig schlechte Wärmeleitfähigkeit von Sintereisen und Sinterstahl aus (s. Kap. 9, S. 316). Man ist dadurch gezwungen, die Anheizzeit über einen längeren Zeitraum, etwa über ein bis drei Tage, auszudehnen. Ein gewisser Ausgleich wird zwar durch den umgekehrten Verlauf des Wärmeflusses während der Abkühlung erzielt. Die Abkühlkurve verläuft aber naturgemäß anders als die Anheizkurve, wodurch gewisse Unterschiede im Sinterungsgrad innerhalb des Einsatzes nie ganz vermieden werden können.

Zusammenfassend ergeben sich beim Kammerofen folgende Vor- und Nachteile:

Für die Verwendung des Kammerofens in jeglicher Form spricht die Einfachheit des Aufbaues. Mechanische Beschickungs- und Transporteinrichtungen sind nicht vorhanden, ein Umstand, der die Betriebssicherheit günstig beeinflußt. Gegen den Kammerofen spricht die Unmöglichkeit, den *gesamten* Einsatz gleich lange Zeit auf gleicher Temperatur zu halten. Gegen ihn spricht ferner die Notwendigkeit, das Ofenfutter bei jeder Charge neu erwärmen zu müssen, wodurch sich ein hoher Energieverbrauch pro Einheit Sintergut ergibt.

b) Tief- oder Muldenöfen.

Zum Sintern größerer Blöcke von Carbonyleisen (s. S. 437) werden *Tief- oder Muldenöfen* benutzt, die sich von den Kammeröfen nur dadurch unterscheiden, daß infolge des schmalen, rechteckigen Querschnitts des Nutzraumes auf Boden- und Deckenheizung verzichtet wird (Abb. 142). Als Heizkörper werden bei

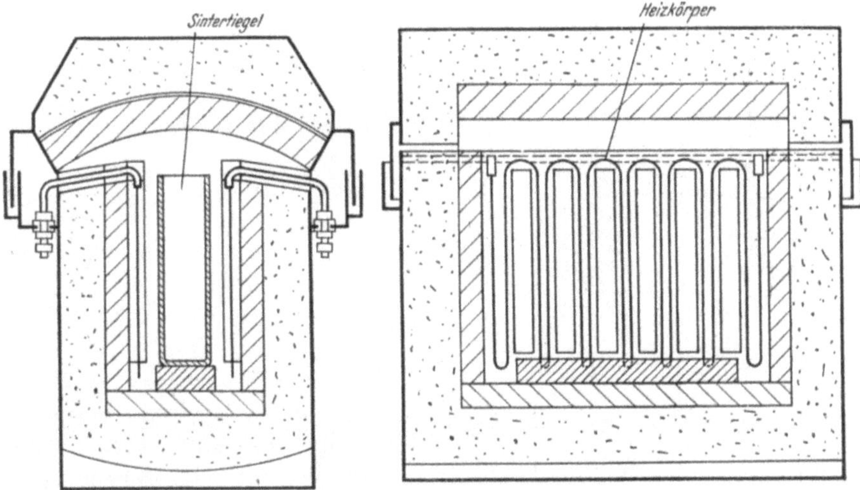

Abb. 142. Muldenofen zur Sinterung großer Blöcke oder Preßteile aus Carbonyleisenpulver; Prinzipskizze.

diesen Öfen meistens Bänder aus reinem Eisen, mitunter auch Eisenrohre, bei höheren Temperaturen Molybdän-Heizleiter, verwendet. Sie sind als senkrecht hängende Schleifen an den Längsseiten des Ofenraumes angebracht. An Stelle einer Seitentür ist ein durch Kran abhebbarer Deckel mit Sandtassendichtung vorgesehen. Zur Vereinfachung des Abkühlverfahrens verwendet man bei Benutzung rohrförmiger Heizleiter dieselben als Kühlschlangen, indem man durch sie bei abgeschalteter Energie Kühlwasser hindurch leitet. Gegenüber den Kammeröfen ist diese Ofenart insofern vorteilhafter, als dank der schmalen Bauart das Wärmegefälle im Nutzgut kleiner ausfällt. Die Heizleiter aus Reineisen oder Molybdän müssen wegen des stark positiven Temperaturkoeffizienten des elektrischen Widerstandes dieser Werkstoffe aus Reguliertransformatoren gespeist werden, ein Umstand, der auf die Gesamtanlage verteuernd wirkt. Den Kammer- und Muldenöfen haftet gemeinsam der Nachteil an, daß die im Ofenmauerwerk gespeicherte Wärme nach jeder einzelnen Charge verloren geht. Um diesen Verlust zu verkleinern, wurden die sogenannten Haubenöfen gebaut.

c) Haubenofen.

Der *Haubenofen* (Abb. 143) besteht im wesentlichen aus einem Sockel a, einer nichtbeheizten warmfesten Zwischenhaube b und der mit Chrom-Nickel oder Eisen-Chrom-Aluminium-Wendeln c ausgelegten Glühhaube d. Die Glühhaube ist mit Isoliersteinen und feuerfestem Mauerwerkstoff aus-gekleidet. Auf eine besondere Boden- und Deckenheizung wird meistens verzichtet. In die gasdichte Zwischen-haube — die Abdichtung erfolgt ebenso wie bei der Glühhaube zweck-mäßig durch eine Sandtasse —, die das Sintergut aufnimmt, wird bei der Sinterbehandlung durch e Schutzgas eingeleitet. f dient als Austrittsöff-nung für das Schutzgas. Die Glüh-haube kann nach Beendigung des Sintervorganges von einer Krananlage angehoben und seitlich so weggefahren werden, daß sie auf weitere bereitge-stellte Ofenunterteile aufgesetzt werden

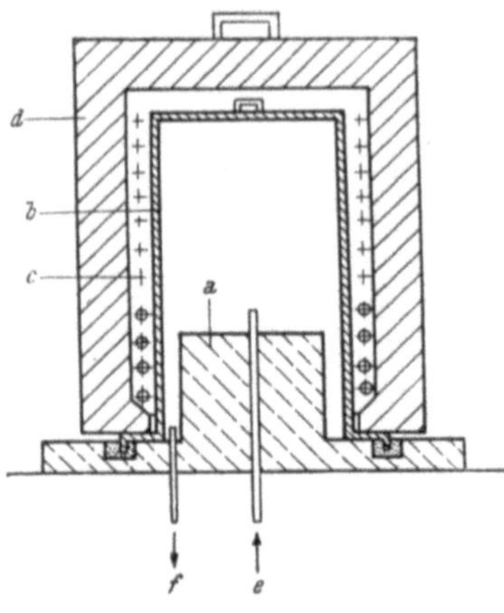

Abb. 143. Haubenofen; Prinzip-skizze.

kann. Dadurch wird ein Verlust der in der Glühhaube auf-gespeicherten Wärmeenergie weitgehend vermieden. Die eben fertig geglühte Zwischenhaube kann unter reichlicher Zufuhr von Schutzgas rasch abkühlen. Abb. 144 zeigt die Gesamtansicht

Abb. 144. Gesamtansicht einer Haubenofen-Sinteranlage.

einer Haubenofensinteranlage, wie sie in der Industrie des öfteren für die Erzeugung von Sintereisenlagern eingesetzt wurde.

So einfach das geschilderte Verfahren zu sein scheint, so muß man doch auch auf die Nachteile der Ofenanlage hinweisen. Die an der Luft abkühlenden Zwischenhauben sind naturgemäß stärkerer Oxydation ausgesetzt und werden deshalb vorwiegend aus zunderbeständigem Stahlblech hergestellt. Da Glühkästen jeder Art sich durch die Temperaturwechselbeanspruchung verziehen, ist die Lebensdauer der Büchsen ziemlich beschränkt, so daß der Ofenbetrieb durch die Kosten für die Erneuerung der Zwischenhauben erheblich verteuert wird. Dagegen ist die Ausnutzung der Heizenergie wesentlich günstiger als beim Kammerofen. So wurde z. B. beim Sintern von porösem Eisen im Temperaturgebiet um 1050^0 und einem Einsatzgewicht von 0,5 bis 1 Tonnen pro Charge 150 bis 200 kWh pro 100 kg Nutzgut verbraucht.

Für die Erzeugung von Sinterstählen und die hierbei notwendigen Temperaturen von 1200 bis 1300^0 ist der Haubenofen aus Werkstoffgründen kaum geeignet.

3. Kontinuierlich arbeitende elektrische Öfen.

Eine noch günstigere Wärmeausnutzung und gleichmäßigere Temperaturverteilung am Glühgut wird mit den kontinuierlich arbeitenden, elektrischen Öfen erreicht, die in Form von Stoß-, Förderband- und Hubbalkenöfen gebaut werden.

a) Stoßofen.

Der *Stoßofen* für Temperaturen bis etwa 1400^0 ist im Prinzip in Abb. 145 dargestellt. Das Beschickungsrohr (in der Abb. links) mit meistens rechteckigem Querschnitt ist mit einer gasdichten, federnd anliegenden Verschlußklappe versehen und mit einem Transportmechanismus ausgestattet. Daran schließt sich das eigentliche Ofengehäuse an, dessen anderes Ende ein Kühlrohr erheblicher Länge trägt. Das Kühlrohr ist ebenfalls mit einer gasdicht schließenden Klappe versehen. Das Ofengehäuse enthält drei Zonen. In der Mitte die eigentliche Heiz-, an den beiden Enden Wärmeaustauschzonen ohne Heizung. Im Bereich der Heizzone ist der rechteckige Kanal durch Erhöhung der Decke zu einer Kammer ausgebildet. Unmittelbar unter der Decke sind die Heizleiter untergebracht. Als Heizleiter werden meistens Molybdänstäbe verwendet, die infolge des hohen Schmelzpunktes und der beachtlichen Warmfestigkeit dieses Metalls sehr hoch belastet werden können[1, 2]. Die Molybdänstäbe werden meist parallel zur

---

[1] Prospekt der Deutschen Edelstahlwerke, Krefeld, Metallkeramik: Heft 2, Molybdän.

[2] Kieffer, R. u. F. Krall: VDE-Fachberichte 11, 1939, S. 107-112; Elektrowärme 12, 1942, S. 33-37.

Ofenachse als lange Schleifen angebracht und in Abständen von 10 bis 20 cm durch Stützstäbe getragen. Die Stützstäbe bestehen ebenfalls aus Molybdän und werden durch darüber geschobene

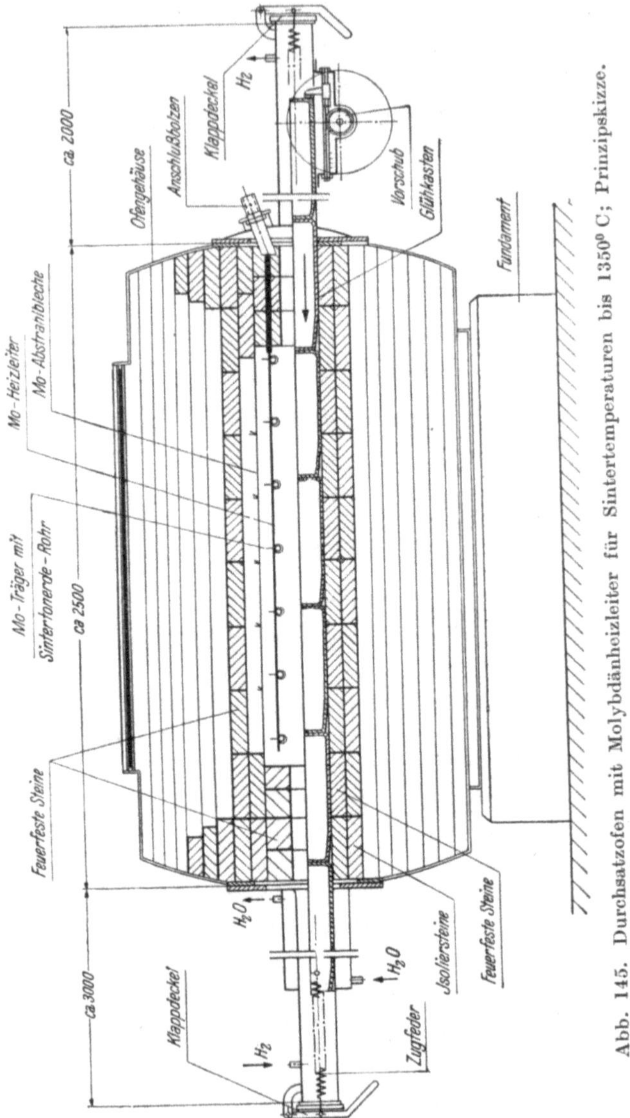

Abb. 145. Durchsatzofen mit Molybdänheizleiter für Sintertemperaturen bis 1350° C; Prinzipskizze.

Rohrstücke aus Sintertonerde elektrisch isoliert. Die Enden der Stützstäbe werden vom Seitenmauerwerk aufgenommen. Der Heizleiter kann auch in Form eines zu Querschleifen gebogenen

mäanderförmigen Heizkörpers angeordnet werden, die Verbindungs-
bögen zwischen den einzelnen Stäben liegen hierbei auf Stufen
des Seitenmauerwerkes auf. Bei dieser Anordnung, bei der sich das
Spannungsgefälle des Heizstromes gleichmäßig über die ganze
Länge der Heizzone erstreckt, kann man ohne die zur Lieferung
niedriger Betriebsspannungen (etwa 30 bis 60 Volt) notwendigen
Transformatoren auskommen und die Heizleiter für 220 Volt aus-
legen. Zur Ofenauskleidung werden meistens Magnesitsteine benutzt,
die der höheren Strahlungstemperatur der Molybdänheizleiter
gewachsen sind und in Berührung mit dem Molybdän keine chemischen Reaktionen verursachen, wie das bei silikathaltigen
Schamottsteinen der Fall ist. Zur Konstanthaltung der Ofen-
temperatur verwendet man Edelmetall-Thermoelemente in Verbindung mit elektrischen Temperaturreglern. Das Glühgut wird
in flache, eiserne oder Graphitkästen gebracht und unter Wirkung
des Stoßmechanismus Kasten an Kasten durch den Ofen geschoben.
Entgegen der Bewegungsrichtung des Glühgutes wird das am
Ende der Kühlzone eintretende Schutzgas gegebenenfalls mit Hilfe
einer Umwälzpumpe so durch den Ofen gedrückt, daß es einen Teil
der im Glühgut gespeicherten Wärme aufnimmt und in der Vor-
wärmzone an die neuankommenden Glühkästen abgibt. Da der
Ofen stetig betrieben wird, fallen Abkühlungsverluste des Ofen-
mauerwerkes fort. Öfen von 350 mm Nutzbreite haben im Dauerbetrieb bei 1150° Wärmeverbrauchszahlen von 80 bis 120 kWh
pro 100 kg Einsatz ergeben, also etwa den vierten bis fünften Teil
des Verbrauches von diskontinuierlichen Kammeröfen.

Der Hauptvorteil dieser Betriebsweise liegt darin, daß jedes
einzelne Stück des durch den Ofen durchgesetzten Sintergutes
ein und demselben Temperatur-Zeitverlauf unterworfen ist. Dadurch wird, wie bei keiner anderen Ofenart, die bestmögliche
Gleichmäßigkeit des Glühgutes erreicht. Als einziger Nachteil
steht dem gegenüber: Die beladenen, eisernen Glühkästen erzeugen
infolge ihres Einsatzgewichtes erhebliche Bodenreibung. In der
heißen Zone des Ofens wird die Festigkeit des Eisenbleches so
herabgesetzt, daß die Schiffchen manchmal der Vorschubkraft
nicht mehr standhalten können und erhebliche Deformationen
erleiden. Man hat die Reibungskräfte durch Anordnung von Roll-
gängen oder Rollenherden in der Kühlzone herabzumindern versucht, nahm aber damit andere Störungsquellen an den Rollen-
lagern in Kauf.

Schließlich konnte man durch Einführung *kippbarer* Stoßöfen
die Reibungskräfte bei Verwendung von Eisenschiffchen stark
herabmindern. Die Stoßöfen werden, um eine Kaminwirkung des

Schutzgases zu verhindern, in waagerechter Lage bei abgestelltem Vorschubmechanismus chargiert und in steiler Schräglage betrieben. Diese Ofenart hat bis heute die größte Verbreitung gefunden.

Abb. 146. Batterie von kippbaren Durchsatzöfen mit Molybdänheizleitern.

Abb. 146 zeigt eine Gruppe von kippbaren Durchsatzöfen, wie sie sich unter Verwendung von Eisenschiffchen beim Pulverglühen (Betriebstemperatur 950 ± 50^0), beim Sintern von unlegiertem

Abb. 147. Mit Graphitschiffchen beschickte Durchsatzöfen mit Molybdänheizleiter zur Erzeugung von Maschinenteilen aus Sinterstahl.

Eisen (Sintertemperatur 1100 ± 50^0) und auch bei der Erzeugung von legierten Sinterstählen, Heizleiterlegierungen und Sintermagneten (Sintertemperatur 1250 ± 50^0) bewährt haben.

In einigen Sonderfällen, bei denen die Anwesenheit von Kohlenstoff nicht stört, z. B. bei der Herstellung von kohlenstoffhaltigem Sinterstahl, werden anstatt eiserner Kästen solche aus Graphit angewendet. Solche Kästen haben auch bei höchsten Temperaturen ausreichende Festigkeit und eine wesentlich niedrigere Reibungsziffer als Eisen, so daß damit ein vollständig störungsfreier Betrieb auch ohne Kippvorrichtung an den Öfen erzielt wird. Abb. 147 zeigt mehrere mit Graphitschiffchen beschickte Durchsatzöfen für die Erzeugung von Maschinenteilen aus kohlenstoffhaltigem Sinterstahl.

b) Förderbandöfen.

Für die Sinterung von Maschinenteilen aus Sintereisen bei Sintertemperaturen bis etwa 1100° haben sich insbesondere in den Vereinigten Staaten von Amerika *Förderbandöfen* durchgesetzt[1].

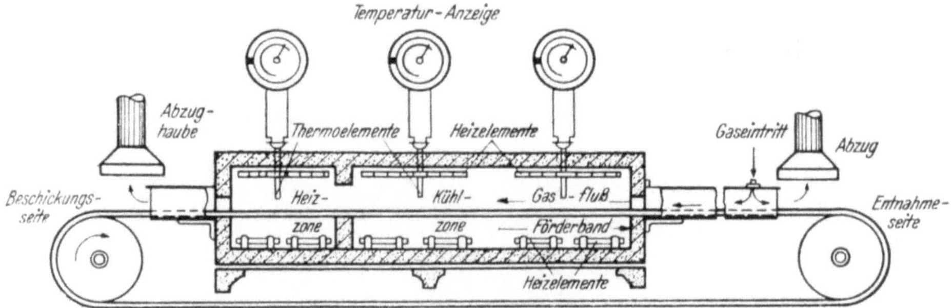

Abb. 148. Förderbandofen; Prinzipskizze (R. P. Koehring).

Der mechanische Aufbau und die Wirkungsweise eines amerikanischen Förderbandofens geht aus dem Schemabild gemäß Abb. 148 hervor. Auf der Entnahme- und Beschickungsseite sind Abzugshauben angebracht, die bei Anwendung kohlenoxydhaltigen Schutzgases unerläßlich sind. Abb. 149 zeigt einen Förderbandofen mit Schutzgasbetrieb in Ansicht. Befriedigende Ergebnisse im Dauerbetrieb werden mit dieser Ofenanlage nur erzielt, wenn man erstklassige Chrom-Nickel- bzw. Eisen-Chrom-Aluminium-Heizleiter und hochwarmfeste Förderbänder bester Qualität verwendet.

c) Hubbalkenofen.

Das Bestreben, immer größere Ofeneinheiten zu bauen, gab Anlaß dazu, den Stoßmechanismus durch andere Bewegungseinrichtungen zu ersetzen. So entstand der *Hubbalkenofen*. Sein Aufbau gliedert sich ebenso wie der des Stoßofens in drei Teile, nämlich einen Beschickungskanal, eine Heizzone mit vor- und

---

[1] Koehring, R. P.: Met. Progr **41**, 1942, S. 657-62, Met. Ind. London **61**, 1942, S. 183-185.

nachgeschalteter Ausgleichzone und einen Kühlkanal. Durch
alle drei Zonen hindurchreichend wird der Kanalboden von einem
mehrteiligen Balkensystem gebildet. Die Bewegung des ebenfalls
in eisernen Kästen untergebrachten Sintergutes wird dadurch
bewirkt, daß ein oder mehrere bewegliche Balken senkrecht angehoben werden, wodurch alle Sinterkästen von den ruhenden
Balken gehoben werden. In dieser Lage werden die beweglichen
Balken einige Zentimeter in Richtung der Ofenachse geradlinig
fortbewegt, worauf die Bewegungsbalken wieder abgesenkt werden

Abb. 149. Förderbandofen, Ansicht (J. A. Judd, British Piston Ring Co.,
Coventry).

und die Kästen auf die Kanalebene aufsetzen. Nun wird der
bewegliche Balken in die Anfangsstellung zurückgezogen und das
Spiel kann von neuem beginnen. Auf diese Weise ist es möglich,
auch einzelne Kästen durch den Ofen zu fördern, so daß bei
Betriebspausen das sogenannte „Leerschieben" der Stoßöfen weg-
fällt. Die Glühkästen erleiden die denkbar geringste mechanische
Beanspruchung. Der Betrieb solcher Hubbalkenöfen ist außerordentlich sicher. Diese elektrische Ofenart darf deshalb vielleicht
als der aussichtsreichste pulvermetallurgische Ofen der Zukunft
angesehen werden. Gegenüber dem Stoßofen tritt als Nachteil
eigentlich nur der höhere Gestehungspreis für den Transportmechanismus, der, da es sich ja immer um Schutzgasöfen handelt,

vollständig innerhalb des gasdichten Gehäuses untergebracht werden muß, in Erscheinung. Allerdings hat man es bis heute noch nicht unternommen, solche großräumige Öfen mit reinem Wasserstoffgas zu fahren. Aus Sicherheitsgründen wählt man dafür lieber das viel explosionsträgere Holzkohlengeneratorgas oder Schutzgas aus besonderen Schutzgaserzeugern (s. S. 306). Abb. 150 zeigt in Ansicht einen Hubbalkenofen, der mit Molybdänheizleitern ausgestattet und für das Temperaturgebiet von 1000 bis 1300⁰ geeignet ist. Es ist selbstverständlich auch möglich, Eisen-Chrom-Aluminium-Heizleiter oder quer zur Durchsatzrichtung

Abb. 150. Ansicht eines Hubbalkenofens mit Molybdänheizleiter, geeignet für Sintertemperaturen bis 1300⁰ C.

angeordnete Silitheizstäbe bei entsprechend niedrigeren Temperaturen anzuwenden.

Welche Ausführungsform der beschriebenen elektrisch beheizten Durchlauföfen sich in der Eisen-Pulvermetallurgie endgültig durchsetzen wird, ist heute schwer zu entscheiden. Für den stationären oder kippbaren Stoßofen sprechen die Möglichkeiten einfacher Antriebe, für den Hubbalkenofen insbesondere der Umstand, daß man einfache Sinterkästen aus verhältnismäßig dünnem Blech fertigen kann und damit ein verhältnismäßig günstiges Verhältnis Nutzgewicht zu Kastengewicht erzielt.

4. Gas- oder ölbeheizte Öfen.

Zu dem Zeitpunkt, als verschiedene Sintereisenbetriebe an die Verwendung von Koksofengas als Wärmequelle dachten, hatte man — wie bereits früher schon angedeutet — die Vorteile des kontinuierlich arbeitenden Durchsatzofens schon klar erkannt, so daß gas- oder ölbeheizte Kammeröfen in größerem Stil in der Eisensinterei gar nicht erst verwendet worden sind. Man ging vielmehr in Anlehnung an die guten Erfahrungen mit kontinuierlich arbeitenden elektrischen Öfen von vornherein daran, den Bedürfnissen der Pulvermetallurgie entsprechend, kontinuierlich arbeitende Öfen mit Gas- oder Ölheizung anzuwenden bzw. neu zu entwickeln. So entstanden die *Zugstangenöfen.* Der Aufbau derartiger Öfen entspricht im Prinzip dem der oben ausführlich beschriebenen elektrischen Stoßöfen. Beschickungskanal, Glühkammer und Abkühlungskanal bilden die Haupträume. Für die Beschickung und Entnahme ist bei diesen Öfen jedoch zusätzlich je eine besondere Gasschleuse vorgesehen, die mit dem zugehörigen

Abb. 151. Ansicht eines gasbeheizten Durchsatzofens (Bergofen).

Beschickungs- bzw. Abkühlungskanal in Verbindung steht. An Stelle der elektrischen Heizleiter finden sich in der Glühkammer zunderfeste Strahlrohre, in denen das zugeführte Heizgas unter vollständiger Trennung von der Schutzgasatmosphäre des Ofens verbrannt wird. Die dabei entwickelte Wärme wird lediglich über die Rohre durch Strahlung auf das Sintergut übertragen. Zum Bewegen der Glühkästen dient eine durch sämtliche Zonen des Ofens reichende Längszugstange, die im Abstand der Sinterkästenlänge, umkippbare Mitnehmerklinken trägt. Bei Hin- und Herbewegung der Zugstange wird der Einsatz schrittweise um je eine Kastenlänge weiter befördert. In Abb. 151 ist ein derartiger Ofen zu sehen, der sich in der Praxis recht gut eingeführt hat. Ein solcher Ofen hat eine Pulverglühleistung von etwa 100 t pro Monat. Als Nachteil wird bei diesem Ofentyp empfunden, daß die hochlegierten Strahlrohre eine verhältnismäßig kurze Lebensdauer aufweisen.

Bestrebungen, diese Nachteile zu beheben, haben in letzter Zeit zu Ofenkonstruktionen geführt, bei denen das Heizgas oder Heizöl direkt im Sinterraum oder in angrenzenden, getrennten Kammern verbrannt wird. Auch diese Öfen scheinen sich für die Erzeugung von Sinterteilen einzuführen.

5. Schutzgase.

Vier Arten von Schutzgas haben bisher in der Eisen-Pulvermetallurgie in breitem Maße Anwendung gefunden: Wasserstoff, gespaltenes Ammoniak, Schutzgas aus teilverbranntem Leuchtgas, Ammoniak, Propan oderNaturgas und schließlich Generatorgas[1-5].

a) Wasserstoff.

Der reinste *Wasserstoff* wird durch Wasserelektrolyse aus alkalischen Elektrolyten gewonnen. Solche Anlagen sind im Fachschrifttum erschöpfend beschrieben, so daß sich hier eine Wiedergabe erübrigt. Billiger ist die Isolierung von Wasserstoff aus Wassergas, das in den üblichen Wassergasgeneratoren erzeugt wird und bekanntlich neben Wasserstoff noch Kohlenoxyd, Kohlendioxyd und Stickstoff enthält. Eine neuerdings wiede aufgegriffene Methode der Gewinnung von Wasserstoff besteht darin, Wasserdampf über feinverteilten, glühenden Eisenschwamm zu leiten[6]. Dabei tritt unter Bildung von Eisenoxyden Wasserstoff auf, der praktisch als einzige Verunreinigung Wasserdampf enthält. Das entstandene Eisenoxyd kann leicht durch Reduktion mit Kohlenstoff regeneriert werden.

Die Anwendung von Wasserstoff als Schutzgas erfordert einige

[1] Lohausen, K. A.: Z. VDI **85**, 1941, S. 917-918; Techn. Zbl. prakt. Metallbearb. **52**, 1942, S. 8-9 u. 31-32.

[2] Pawlek, F.: Elektrotechn. Z. **60**, 1939, S. 1445-1448 u. 1475-1478.

[3] Simon, G.: Techn. Zbl. prakt. Metallbearb. **49**, 1939, S. 379-382; Elektrowärme **11**, 1941, S. 193-198.

[4] Webber, H. M. u. A. G. Hotchkiss: Metal Powder Assoc., Proc. 2nd Ann. Spring Meeting, 1946, S. 13-39.

[5] Jenkins, I.: Controlled Atmospheres for the Heat-Treatment of Metals; Chapman & Hall, 1946.

[6] Vogt, H.: Persönliche Mitteilung, 1943.

Vorsichtsmaßregeln[1,2]. So ist es zweckmäßig, beim Anfahren eines neu zugestellten Ofens diesen mit Stickstoff erst sauerstofffrei zu spülen, damit die Bildung des hochexplosiblen Knallgases vermieden wird. Die Stickstoffspülung kann durch die sogenannte *Flammenspülung* ersetzt werden. Dabei führt man dem allseitig offenen Ofen, der frei von explosiblen Gasen ist, Wasserstoff zu, der gleich an der Eintrittsöffnung entzündet wird. Bei brennender Flamme werden die Ofentüren geschlossen. Es bildet sich nun eine gegen das Ofeninnere fortschreitende Flammenfront aus, die allmählich den noch im Ofen enthaltenen Luftsauerstoff verzehrt. Unter reichlicher Zugabe von Wasserstoff wird nun das verbleibende Restgas durch eine besondere Öffnung aus dem Ofen gedrückt. Nach einer gewissen Spülzeit kann nach positiver Gasprobe die Heizung eingeschaltet werden.

Lassen die Heizleiter ein Glühen an Luft zu, wie z. B. Chrom-Nickel oder Eisen-Chrom-Aluminium-Legierungen, jedoch nicht Molybdän, kann der Ofen unter Luft hochgefahren werden, so daß nach Öffnen des Gashahnes der Wasserstoff sofort beim Eintreten in den Ofen — bevor also noch eine Mischung mit Luft erfolgen kann — gezündet wird.

Während beim reinen Sinterbetrieb der Wasserstoff ohne Nachteil im Ofen eine stagnierende Atmosphäre bilden kann, wobei infolge Chargierens und von Undichtigkeiten des Ofens durch neu hinzutretendes Gas ein gewisser Gaswechsel eintritt, muß beim reduzierenden Glühen für eine stetige Wegbeförderung des bei der Reduktion entstehenden Wasserdampfes gesorgt werden. Man erreicht das wirtschaftlich durch Umwälzpumpen, die das Reduktionsgas in großer Menge über das Glühgut fördern und über Kühl- und Reinigungsanlagen in den Ofen zurückführen[2].

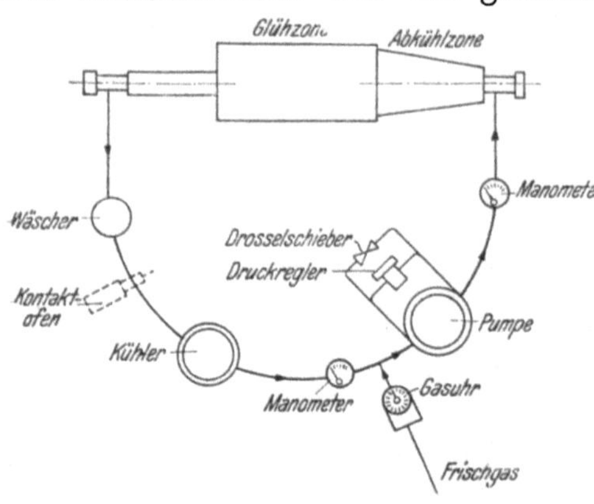

Abb. 152. Gasumwälzanlage, schematisch (H. Zeller).

Abb. 152 zeigt nach H. Zeller die Wirkungsweise einer Gasumlaufanlage. Der durch die Chargierung und

[1] Zeller, H.: Reichsarbeitsblatt 1941, Nr. 14 (Arbeitsschutz Nr. 5).
[2] Jones, G. W.: United states Gov. Print. Off., Dep. of Commerce, Bureau of Mines, Techn. Pap. 450.

Reduktion entstehende Gasverlust muß selbsttätig durch Zuführung von Frischgas an der Saugseite der Pumpe so ergänzt werden, daß an keiner Stelle des Kreislaufes Unterdruck gegenüber der Atmosphäre entsteht. Solche Umwälzanlagen benötigen keine Zwischenspeicher. Es ist vielmehr vor der Anwendung von zwischengeschalteten Gasbehältern wegen der damit verbundenen Explosionsgefahr zu warnen. Das über Umwälzanlagen für Wasserstoff Gesagte gilt sinngemäß auch für die Anwendung anderer Schutzgase.

b) Gespaltenes Ammoniak.

An Stelle von Wasserstoff kann man praktisch mit dem gleichen Erfolg mit *gespaltenem Ammoniak* arbeiten[1]. Dieses Gas ist solchen Betrieben zu empfehlen, die über keine eigene Wasserstoffelektrolyse verfügen und daher mit Bombenwasserstoff arbeiten müßten. Die Spaltung von Ammoniak erfolgt gemäß der Gleichung

$$2\,NH_3 \rightleftarrows N_2 + 3\,H_2$$

unter Volumenverdoppelung. Unter Berücksichtigung dieser Tatsache kann man einer mit flüssigem Ammoniak gefüllten Bombe etwa $45\,m^3$ Schutzgas entnehmen, während eine gleich große Wasserstoffbombe nur rund $5\,m^3$ Gas faßt. Daraus ist sehr deutlich der Vorteil ersichtlich, der mit der Verwendung von gespaltenem Ammoniak-Schutzgas an Stelle von Bombenwasserstoff verknüpft ist. Die Spaltung des Ammoniaks erfolgt an keramischen Kontaktmassen bei mittleren Temperaturen in Anlagen gemäß Abb. 153.

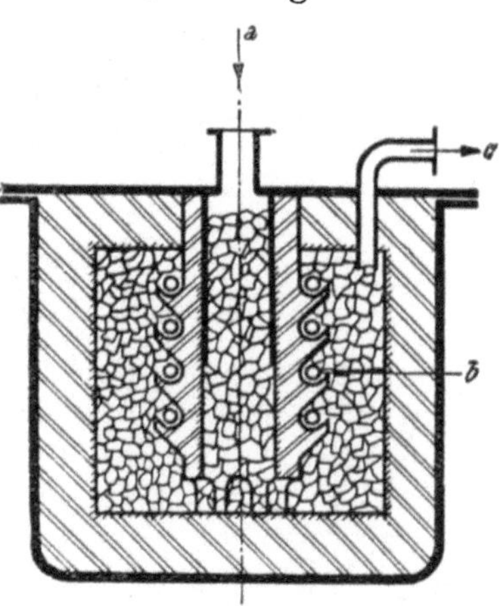

Abb. 153. Ammoniakspalter in Doppelrohrbauart AEG (K. A. Lohausen).

c) Schutzgas aus teilverbranntem Leuchtgas, Ammoniak, Propan oder Naturgas.

Durch *unvollkommene Verbrennung von Propan, Leuchtgas, Naturgas* und in Sonderfällen von *Ammoniak* entsteht ein ebenfalls in der Eisen-Pulvermetallurgie gern angewandtes Schutzgas[1, 2, 3], das zudem preislich günstiger liegt als Wasserstoff oder gespaltenes Ammoniak. In einer Anlage, deren Aufbau im Prinzip aus Abb. 154

---

[1] Lohausen, K. A.: Techn. Zbl. prakt. Metallbearb. **52**, 1942, S. 8-9 u. 31-32; Z. VDI. **85**, 1941, S. 917-918.

[2] Slowter, E. E. u. B. W. Gonser: Metals & Alloys **9**, 1938, S. 163-168.

[3] Kalischer, R. P.: Iron Age **149**, 1942, S. 46-51, 12. Feb.

hervorgeht, wird einerseits Luft und andererseits Leuchtgas, Propan oder Naturgas angesaugt, in bestimmtem Verhältnis in einer gemein-

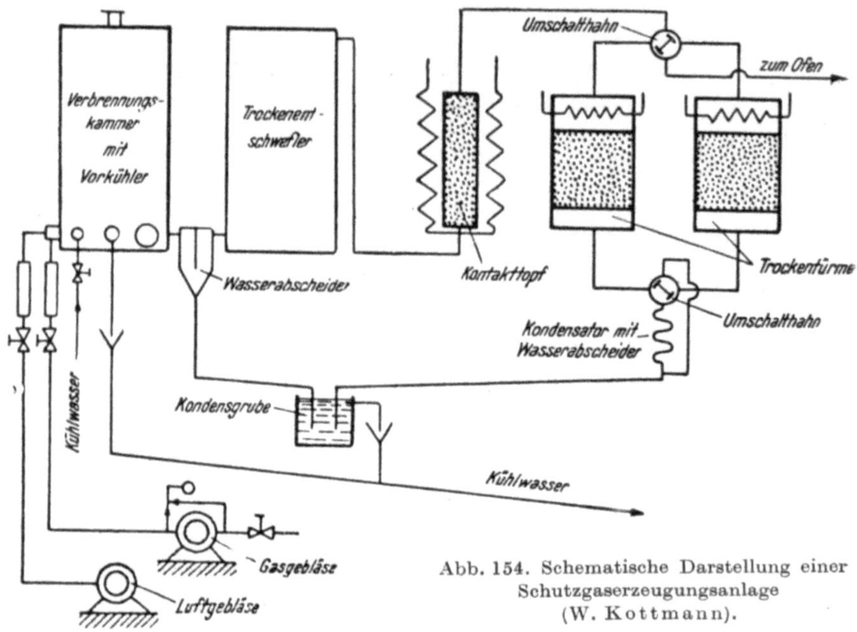

Abb. 154. Schematische Darstellung einer Schutzgaserzeugungsanlage (W. Kottmann).

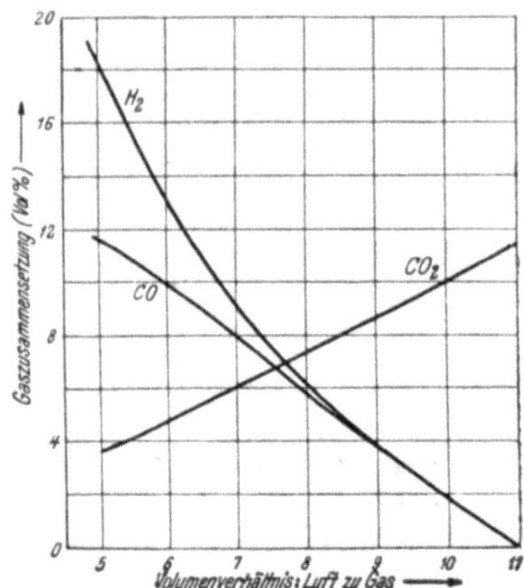

Abb. 155. Zusammensetzung eines Schutzgases in Abhängigkeit vom gewählten Luft-Gas-Verhältnis bei unvollständiger Verbrennung von Naturgas (R. P. Koehring).

samen Druckleitung gemischt und der Verbrennungskammer zugeführt. Die Größe des Verbrennungsraumes muß zur Menge des durchgesetzten Gases im richtigen Verhältnis stehen, so daß bei der Verbrennung in der Kammer Temperaturen von ungefähr 1000° erreicht werden. Das Gas-Luftverhältnis wird so einreguliert, daß vorwiegend Kohlenoxyd und, je nach Art des Ausgangsgases, ein mehr oder weniger großer Anteil an Wasserstoff entsteht. Aus Abb. 155 ist der volumenmäßige Anteil an Wasserstoff, Kohlenoxyd und Kohlendioxyd abzulesen, den man bei der Verbrennung von Naturgas in entsprechenden Schutzgaserzeugern bei verschiedenem Luft-Gasgemisch erhält. Zahlentafel 71 unterrichtet über die Zusammensetzung der verschiedensten

Schutzgase. Es geht daraus hervor, daß die durch unvollkommene Verbrennung erhaltenen Schutzgase zum größten Teil aus Stickstoff bestehen. Die im Schutzgas vorhandene Kohlensäure ist ein unerwünschter Bestandteil. Um bei hohen Sintertemperaturen eine Entkohlung von Sinterstahlkörpern zu vermeiden, ist es unter Umständen zweckmäßig, die im Schutzgas vorhandene Kohlensäure quantitativ aus dem Gasgemisch zu entfernen. Dies geschieht am besten in Lauge enthaltenden Waschanlagen, die im Dauerbetrieb regeneriert werden können („Alkacidwäsche"). Beim Sintern von unlegiertem Eisen empfiehlt es sich, den Kohlendioxydgehalt unter 5% zu halten und den Wasserdampfpartialdruck durch Abkühlung auf den beim Taupunkt von 4,4° zu bringen.

Zahlentafel 71. *Zusammensetzung der in der Eisen-Pulvermetallurgie gebräuchlichen Schutzgase.*

Herstellungsart	Volum. — %						
	H_2	CO	CO_2	CH_4	N_2	H_2O g/m³	S g/m³
Wasserstoff, elektrolytisch, gereinigt	100	—	—	—	—	—	—
Unvollkommene Verbrennung v. Ammoniak	10—2	—	—	—	80—98	20—0,1	—
Spalten von Ammoniak	75	—	—	—	25	0,1	—
Unvollkommene Verbrennung von Propan	20—2	9—3	3—11	0—1	66—86	20—0,1	0,005
Unvollkommene Verbrennung v. Leuchtgas	20—2	10—3	4—10	1—0	66—86	20—0,1	0,06
Generatorgas	17	30	6	3	43	20	1,5
Holzkohlengeneratorgas	0—2	30—55	2—5	—	68	5—0,1	—

Geringe Zusätze von Lithiumdampf zum Schutzgas sollen sich nach amerikanischen Angaben[1,2] insbesondere bei der Herstellung von Sinterstahl bewährt haben. Der Lithiumdampf wird in einer besonderen Vorrichtung im Schutzgaserzeuger selbst durch Erhitzen von Lithiumchlorid oder -karbonat entwickelt.

d) Generatorgas.

Das billigste Schutzgas ist das am Ende der Zahlentafel 71 genannte *Generatorgas*, welches je nach vorhandenen Rohstoffen unter Verwendung von Holzkohle oder Koks erzeugt wird. Holzkohlengeneratorgas wird in gewöhnlichen Gasgeneratoren durch

---

[1] Stern, G.: Am. Inst. min. metallurg. Engrs., Techn. Publ. Nr. 2045 (1946).
[2] Burpo, R. S.: Materials & Methods 24, 1946, S. 622-625.

Einblasen von Luft in den mit glühender Holzkohle gefüllten
Brennschacht gewonnen. Dabei muß die Weite des Brennschachtes
so bemessen sein, daß sie zur Menge des erzeugten Gases in einem
Verhältnis steht, welches eine Brenntemperatur der Holzkohle um
1200° oder darüber gewährleistet. Ist die Gaserzeugungsanlage
zu groß bemessen oder wird vorübergehend zu wenig Gas nutzbar
verbraucht, muß durch Öffnung eines Nebenauslasses das über-
schüssige Gas abgebrannt werden. Fällt die Temperatur im Brennschacht, so entsteht ein Gas mit zu hohem Anteil an Kohlendioxyd,
das als Schutzgas für pulvermetallurgische Zwecke ungeeignet ist.
Steht Holzkohle nicht in genügender Menge zur Verfügung, kann
grundsätzlich auch Koks verwendet werden, doch muß das entstehende Schutzgas durch Reinigungsanlagen entschwefelt werden.
Das Generatorschutzgas, welches je nach Feuchtigkeit der Verbrennungsluft bzw. des Brennstoffes auch noch gewisse Mengen
Wasserstoff enthält, kann durch absichtliche Verwendung feuchter
Luft vorteilhaft mit Wasserstoff angereichert werden, vorausgesetzt,
daß der Generator immer genügend heiß geblasen wird. Das Holzkohlengeneratorgas weist neben den Vorteilen seines geringen
Preises und einer nur unwesentlichen Explosionsneigung wegen
seines hohen Kohlenoxydgehaltes den bekannten Nachteil seiner
hohen Giftigkeit auf. Mit Generatorgas betriebene Öfen sollten
daher grundsätzlich nicht mit Umwälzanlagen ausgestattet werden.
Das Gas wird zweckmäßig an der Beschickungs- und Entnahme-
öffnung des Ofens bei offenen Türen oder nur lose schließenden
Klappen abgebrannt oder mittels Abzugshauben abgeführt.

Zweiter Teil.

Sintereisen und Sinterstahl als Werkstoff.

Überblick.

Die physikalischen, chemischen und mechanischen Eigenschaften der Sinterkörper bestimmen ihre Verwendung als Werkstoff. Dem werkstoffmäßigen Gebrauch von Sintereisen und Sinterstahl ist der zweite Teil dieses Buches gewidmet. Eine Reihe von Sintereisen- und Sinterstahlwerkstoffen hat seinen Platz in der Technik schon seit geraumer Zeit gefunden. Erwähnt seien das auf dem Sinterwege erzeugte Reinsteisen für vakuumtechnische und weichmagnetische Zwecke, das poröse Sintereisen für Lager, die Sintermagnete auf der Basis Eisen-Nickel-Aluminium, Eisen-Nickel-Kobalt-Legierungen für Einschmelzzwecke und einige andere. In neuerer Zeit ist im verstärkten Ausmaß der Einsatz von gesintertem Eisen und Kohlenstoffstahl als Werkstoff für Maschinen- und Geräteteile hinzugekommen.

Betrachtet man die verschiedenen bis heute bekannt gewordenen Anwendungsfälle von Sintereisen und Sinterstahl unter dem Gesichtspunkt der Gründe, die in jedem Einzelfall zur Benutzung des Sinterverfahrens führten, so ergibt sich gemäß der Übersicht in Zahlentafel 72, daß im wesentlichen drei verschiedene Gründe verantwortlich zu machen sind.

Die *erste Gruppe* von Werkstoffen baut sich auf der in weiten Grenzen veränderlichen *Porosität* des Sintereisens und seiner Legierungen auf (s. S. 336 ff.). Hierher gehören als ältester und wichtigster Vertreter die selbstschmierenden Lager, bei denen die Poren mit Öl ausgefüllt sind. Die Plastizität des porösen Sintereisens wird bei Dichtungsmassen (Sinterit) ausgenutzt. Im zweiten Weltkrieg kam ein mengenmäßig bedeutendes Anwendungsgebiet für poröses Sintereisen hinzu: Einerseits die Führungsringe für

Zahlentafel 72. *Übersicht der Anwendungsgebiete von Sintereisen und Sinterstahl als Werkstoff.*

Hauptanwendungsgebiete	Anwendungsbeispiele	Legierungsbestandteile
1. Werkstoffe, bei denen die Porosität von Sintereisen u. Sinterstahl ausgenützt wird (Kap. 10, S. 336)	Lager	unlegiert, legiert mit C, Cu, Sn, Sb, Pb u. a.
	Dichtungsmassen	unlegiert
	Führungsbänder	unlegiert
	Geschoßspitzen	unlegiert
	Filter, Dochte, Elektroden, Katalysatoren, Reaktionsgefäße, Kokillen, Plomben u. a.	unlegiert und gegebenenfalls legiert mit Ni, Cr, Si u. a.
2. Teile, die aus wirtschaftlichen Gründen aus Sintereisen oder Sinterstahl hergestellt werden (Kap. 11, S. 376).	Fertigmaßteile aus Sintereisen und Sinterstahl für die Fahrzeug-, Flugzeug-, Geräteindustrie u. a. m.	unlegiert u. legiert mit C, gegebenenfalls mit Ni, Cr u. a.
	Waffen- und Geschoßteile (Zünder)	legiert mit C
	Ölpumpenräder	unlegiert, legiert mit C
	Sintereisenlehren	legiert mit C
	Polschuhe, Doppel-T-Anker	unlegiert, leg. mit Si
3. Werkstoffe mit besonderen physikalischen und chemischen Eigenschaften, die auf dem Sinterwege hergestellt werden (Kap. 12, S. 432).	Reinsteisen	unlegiert
	Einschmelzwerkstoffe	legiert mit Ni-Co, Ni-Mo
	Massekerne	verpreßt mit organischen Bindemitteln (Kunstharz)
	weichmagnetische Werkstoffe	unlegiert, legiert mit Ni, Cr, Al, Mo
	dauermagnetische Werkstoffe	legiert mit Al, Ni, Co, Ti, Cu u. a.
	korrosionsbeständige Werkstoffe	legiert mit Cr, Ni u. a.
	hitzebeständige Werkstoffe	legiert mit Cr, Ni, Al u. a.
	Bimetalle	legiert mit Ni, Mo, Mn u. a.
	eisengebundene Diamantmetallwerkstoffe	„leg." m. Diamantkorn, gegebenenfalls unter Zusatz von Cu, Messing, Bronze u. a.

Granaten, andererseits Geschoße für Pistolenmunition. Bei beiden Anwendungsfällen ist es ebenfalls die Plastizität und die verhältnismäßige Weichheit des porösen Sintereisens, die seinen Einsatz an Stelle von Kupfer bzw. Blei bestimmte. Einige weitere Anwendungsfälle, bei denen wieder die reine Porosität ausgenutzt wurde, betreffen Filter, Dochte, Elektroden, Katalysatoren, Reaktionsgefäße, Kokillen und andere. Diese Fälle treten mengen- und bedeutungsmäßig gegenüber den erstgenannten Anwendungsgebieten stark zurück.

Bei der *zweiten Gruppe* von Werkstoffen bestimmen vornehmlich *wirtschaftliche Gründe* ihren Einsatz (s. S. 432ff.). Dieses Anwendungsgebiet für Sintereisen und Sinterstahl ist noch verhältnismäßig jung und zur Zeit in vollem Fluß. Durch sintertechnische Herstellung von Fertigteilen aus dem Maschinen- und Gerätebau sucht man zeitraubende und teure spanabhebende Bearbeitung in der Fabrikation von Massenartikeln einzusparen. Die wichtigsten Anwendungsfälle sind Ölpumpenräder, kleine Teile aus dem Maschinen-, Geräte- und Fahrzeugbau wie Nocken, Muttern, Ringe, Teller, Buchsen usw. Zwei besonders interessante Anwendungsfälle, über die später gesondert berichtet wird, betreffen Lehren und Ventilatorenflügel aus Sintereisen (s. S. 397). Auch die Herstellung von Zündergehäusen aus Sintereisen, die gegen Ende des zweiten Weltkrieges in Deutschland aufgenommen wurde, gehört hierher (s. S. 402). Ein besonderer Abschnitt ist der Frage der Wärme- und Oberflächenbehandlung von Sintereisen und Sinterstahl vorbehalten. Auf diesem Gebiet ergeben sich viele Parallelen zu den Verhältnissen bei regulinischem Stahl und Eisen, andererseits weisen gesinterte Werkstoffe infolge der Porosität manche Besonderheiten auf, deren Erforschung zum Teil noch in den Anfängen steht. Daher wird man in der Zukunft hier noch mit gewissen Überraschungen rechnen können.

Die *dritte Gruppe* von Werkstoffen umfaßt schließlich solche, bei denen durch Anwendung des Sinterverfahrens *besondere physikalische und chemische* Eigenschaften erzielt werden konnten (s. S. 432). Werkstoffe für die Vakuumtechnik (s. S. 434ff.), Werkstoffe mit besonderen magnetischen Eigenschaften (s. S. 452ff.), Werkstoffe mit besonderem Korrosions- und Zunderverhalten (s. S. 495ff.) und schließlich Werkstoffe mit besonderen Eigenschaften wie Bi-Metall und eisengebundene Diamantwerkstoffe (s. S. 505ff.) gehören in diese umfangreiche Gruppe.

Während bei den in den Kapiteln 10 und 12 zu besprechenden Werkstoffen die mechanischen Eigenschaften nur von untergeordneter Bedeutung sind, stehen sie bei dem in Kap. 11 behandelten Anwendungsgebiet im Mittelpunkt des Interesses. Sintereisen- und Sinterstahlfertigteile sollen in diesem Falle den regulinischen Werkstoff im Maschinen- und Gerätebau ersetzen, lediglich, um die teure Zerspannungsarbeit und die zeitraubende bisherige Fertigungsweise bei Massenartikeln einzusparen.

Für den Konstrukteur im Maschinen- und Gerätebau entscheiden über den Einsatz eines bestimmten Werkstoffes im wesentlichen die durch die üblichen Prüfverfahren ermittelten Festigkeitseigenschaften statischer und wenn möglich auch dynamischer Natur. Bei Sinterwerkstoffen haben aber die geläufigen Festigkeitsbegriffe eine zum Teil andere Bedeutung. Die Berücksichtigung dieser Tatsache ist für den erfolgreichen Einsatz von Sintereisen und Sinterstahl als Werkstoff im Maschinen- und Gerätebau von entscheidender Bedeutung. Daher ist dieser Frage gleichsam als Einleitung zur Behandlung des Werkstoffes Sintereisen und Sinterstahl das erste Kapitel des zweiten Teils, nämlich Kap. 9, gewidmet.

Abgesehen von den in Kapiteln 10 bis 12 besprochenen Sintereisenlegierungen gibt es noch eine Reihe weiterer Systeme auf der Eisenbasis, die schon gesintert wurden, aber bisher noch keine technische Anwendung als Werkstoff fanden. Für sie bleibt also die Frage, in welche der drei oben genannten Gruppen sie einzuordnen sind, vorläufig offen. Sie werden daher, geordnet nach dem periodischen System der Elemente, in Kap. 13 gesondert behandelt.

IX. Die unterschiedliche Bedeutung der Eigenschaften von geschmolzenen und gesinterten Werkstoffen und die Prüfung der Eigenschaften von Sintereisen und Sinterstahl.

1. Einleitung.

Sinterkörper sind durch eine mehr oder weniger große Porosität charakterisiert[1]. Nach einem Vorschlag von K. Konopicky[2] ist es recht anschaulich, die Poren oder richtiger gesagt die Luft als Legierungselement im Sintereisenkörper zu bezeichnen, und zwar als einen Legierungsbestandteil, der volumenmäßig gegenüber den anderen Legierungselementen überwiegt und daher die Eigenschaften der Formkörper entscheidend beeinflußt. Um in teilweiser Wiederholung früherer Ausführungen nochmals einen Überblick darüber zu geben, in welcher Richtung das Legierungselement Luft die wichtigsten Eigenschaften beeinflußt, ist in Abb. 156 die Abhängigkeit der Härte, Zugfestigkeit, Streckgrenze und Dehnung

---

[1] Kieffer, R. u. W. Hotop: Koll. Z. **104**, 1943, S 208-223.
[2] Konopicky, K.: Legierungselement Luft, erscheint demnächst.

von dem Prozentgehalt an Luftraum bzw. der Raumerfüllung dargestellt. Die Darstellung entspricht der in der Metallkunde für Zweistoffsysteme üblichen. Würden sich die Eigenschaften nach der Mischungsregel ändern, so müßten sie in Abhängigkeit von der Raumerfüllung auf einer Geraden liegen. Wie aus Abb. 156 hervorgeht, ist dies aber nicht der Fall, und zwar sinkt der Härtewert mit zunehmender Porosität erst langsam und gegen etwa 50% Porositätsgrad rasch ab, während die Zugfestigkeit schon wesentlich stärker durch den Porenraum beeinflußt wird, am stärksten aber die Dehnung. Die angegebenen Werte stellen dabei die Höchstwerte dar, die man bei Anwendung günstigster Preß- und Sinterbedingungen erhalten würde. Bei ungünstigeren Bedingungen (niedrige Sintertemperatur, zu kurze Sinterzeit usw.) würden sich

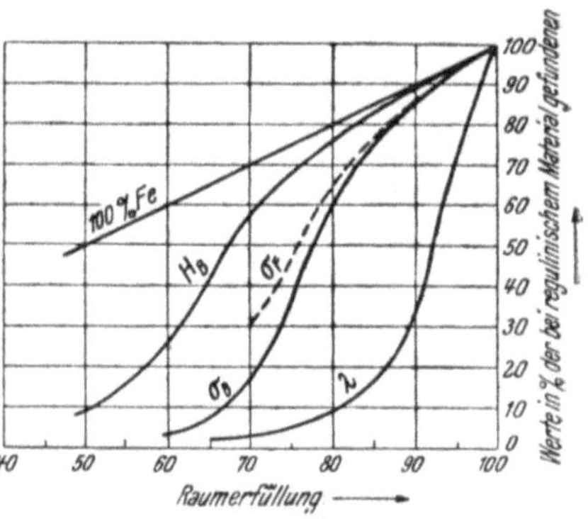

Abb. 156. Abhängigkeit der mechanischen Eigenschaften des Sintereisens von der Porosität (K. Konopicky).

die Werte noch weiter nach rechts verschieben, d. h. also, die Werkstoffe würden noch empfindlicher gegen den Einfluß der Porosität werden.

Für den Konstrukteur ergeben sich damit folgende wichtige Richtlinien: Bei Sinterkörpern ist es immer schwierig, eine genügend hohe Dehnung zu erreichen. Die Zugfestigkeit liegt deutlich unter den Werten für geschmolzenes bzw. geschmiedetes Material, während die Härtewerte und damit auch Eigenschaften, wie Abrieb, etwa dem aus dem Schmelzfluß hergestellten Werkstoff entsprechen. Diese Tatsachen müssen ausdrücklich betont werden, da vielfach die Meinung vertreten ist, durch Sintern könne man in jedem Falle besondere mechanische Eigenschaften erhalten, die sich auf dem Schmelzwege nicht erzielen lassen.

In einer Beziehung allerdings ist der Sinterkörper dem geschmolzenen Körper meist überlegen. Er zeigt ein wesentlich feineres Gefüge. Zu verweisen ist in diesem Zusammenhang auf die Beispiele des Sinterhartmetalls und der gesinterten Dauermagnete auf der Basis Eisen-Nickel-Aluminium. Sowohl die Sinterhartmetalle als auch die Sintermagnete sind wesentlich weniger empfindlich gegen Biege-, Stoß- und Schlagbeanspruchung als geschmolzene Hartmetalle oder gegossene Magnete vom Mishima-Typus.

Bei der Bewertung insbesondere der mechanischen Eigenschaften von Sintereisen und Sinterstahl muß man sich, wie schon oben angedeutet, darüber im klaren sein, daß die Porosität einen nicht unerheblichen Einfluß auf die Zusammenhänge zwischen stofflichem Aufbau und den Eigenschaften ausübt. Vor allem bedingen diese Zusammenhänge in Verbindung mit der andersartigen Bindung der Kristallite in Sinterkörpern, daß eine Anzahl werkstofflicher Kenngrößen eine andere Bedeutung hat, als es im regulinischen Material der Fall ist[1, 2, 3, 4]. Hierdurch sind natürlich auch die Zusammenhänge, wie sie z. B. bei erschmolzenen Eisen- und Stahlkörpern zwischen Zugfestigkeit und Härte bestehen, nicht mehr oder nur in sehr beschränktem Umfang gegeben, wie weiter unten (s. S. 329) noch gezeigt wird. Diese andere Bedeutung der Begriffe, sowie die gegenüber dem Schmelzverfahren gänzlich anderen Wege der Fertigung in der Pulvermetallurgie haben es mit sich gebracht, daß man in der Eisen-Pulvermetallurgie die in der Stahltechnik üblichen Prüfverfahren und Probeabmessungen in zweckentsprechender Weise abgewandelt hat, wie im einzelnen aus den nachfolgenden Abschnitten hervorgeht.

2. Die physikalischen Eigenschaften.

Von den physikalischen Kenngrößen ist die *Dichte* für die Beurteilung von Sintereisen- und Sinterstahlkörpern ganz besonders wichtig, da sie einen Aufschluß über die Größe des Porenraumes gibt. Sie findet sich deshalb auch in den meisten Angaben über technische Eigenschaften dieser Werkstoffe als wichtige Beurteilungsgröße. Im Sinne der DIN-Vorschrift[5] über nicht homogene Körper handelt es sich aber bei diesem Dichtebegriff — da wir es im Falle des Sintereisens um einen hinsichtlich seiner Massenverteilung inhomogenen Stoff zu tun haben — um eine Rohdichte, worunter man unter Vernachlässigung der Masse der eingeschlossenen Luft die Größe $\dfrac{\text{Masse des Stoffes}}{V_{\text{Stoff}} + V_{\text{Luft}}}$ versteht, zu der dann nach DIN 1306 die Reindichte als Dichte des kompakten Materials in Beziehung gesetzt werden kann. Die versuchsmäßige Bestimmung der Rohdichte im Sinterkörper erfordert gewisse Maßnahmen, um das Glied V_L exakt zu erfassen. Im allgemeinen wird man die Bestimmung nach der Auftriebsmethode mittels Mohrscher Waage durchführen, doch erfordert die eben genannte Aufgabe, daß vor dem

---

[1] Kieffer, R. u. W. Hotop: Pulvermetallurgie und Sinterwerkstoffe, Berlin: Springer-Verlag, 1943, S 68-69.
[2] Sauerwald, F.: Koll. Z. 104, 1943, S. 144-160.
[3] Eisenkolb, F.: Die Abnahme 6. 1943, S. 73-76.
[4] Kieffer, R. u. W. Hotop: Koll. Z. 104, 1943, S. 208-223.
[5] DIN-Blatt 1306.

Eintauchen des Prüfkörpers in die Flüssigkeit die an der Oberfläche liegenden offenen Poren durch einen Überzug abgedichtet sind. F. Sauerwald und E. Jaenichen[1] schlagen vor, die Körper in eine Lösung aus Kollodium und Äther zu tauchen, wodurch sie sich nach dem Verdunsten des Äthers mit einer sehr dünnen, wasserundurchlässigen Schicht überziehen, deren Wirksamkeit durch Prüfen der Gewichtskonstanz nach dem Trocknen nachgewiesen wurde. Die gleichen Dienste leistet ein Tränken des Körpers mit Paraffin. Bei Ausführung einer Dichtebestimmung ermittelt man a) die Masse vor dem Tränken, b) die Masse nach dem Tränken, c) die Masse des mit Paraffin getränkten Körpers beim Tauchen in Wasser. Die Differenz zwischen c) und b) ergibt den Auftrieb in Wasser bzw. das gesuchte Volumen. Aus Masse a) und dem bestimmten Volumen ergibt sich die gesuchte Dichte. Das beschriebene Verfahren vermittelt, wenn es am Gesamtsinterkörper durchgeführt wird, naturgemäß nur einen Mittelwert der Dichte. Infolge der mangelhaften Druckfortpflanzung und ungleichmäßigen Druckverteilung beim Verpressen von Metallpulvern weisen aber insbesondere Sinterkörper komplizierterer und unregelmäßiger Gestalt häufig erhebliche Dichteunterschiede auf. Um diese Dichteunterschiede zu erfassen, kann man einzelne Teilstücke aus dem Gesamtkörper herausschneiden und diese nach dem beschriebenen Verfahren gesondert messen.

Nach Th. Hövel[2] kann man die schon früher angewendete Röntgenprüfung mit bestem Erfolg benutzen, um Aufschluß über die Dichteverteilung in komplizierteren Preß- und Sinterkörpern aus Eisenpulver zu erhalten und entsprechende Maßnahmen einzuleiten, um durch Abänderung des Preßverfahrens oder der Gestalt des Preßkörpers eine gleichmäßigere Dichteverteilung zu erzielen. Abb. 157 zeigt die Röntgenaufnahme (Positivbild), die man bei Durchstrahlen einer aus einem Sinterkörper entnommenen Scheibe bestimmter Dicke erhielt. Sie zeigt, daß der betreffende Körper noch erhebliche Dichteunterschiede aufweist, und zwar zeigen sich (im Bild hell) insbesondere an den dünnen Fortsätzen ausgedehnte Zonen geringerer Dichte. Durch Vervollkommnung der Preßtechnik und Übergang vom Einfach- zum Doppelpreßverfahren war es in diesem Fall möglich, einen Körper mit wesentlich gleichmäßigerer Dichteverteilung zu erhalten, wie aus Abb. 158 hervorgeht.

Von weiteren physikalischen Größen ist als eine in vielen Fällen sehr aufschlußreiche Beobachtungsgrundlage für die beim Sinterprozeß sich abspielenden Vorgänge mehrfach der *elektrische Wider-*

---

[1] Sauerwald F. u. E. Jaenichen: Z. Elektroch. **30**, 1924, S 175-180.
[2] Hövel, Th.: Persönliche Mitteilung, 1942.

stand herangezogen worden[1]. Über die meßtechnische Durchführung dieser Messung ist nicht viel zu sagen. Nach den Berichten der verschiedenen Autoren eignen sich die in der Physik bekannten Meßverfahren in vollem Umfange. Lediglich bezüglich der Probenahme hat man gewisse Vorkehrungen zu treffen. Man sollte es grundsätzlich vermeiden, an den für diese Messung vorgesehenen Proben eine spanabhebende Bearbeitung vorzunehmen, da sich hierdurch leicht andere Leitfähigkeitsverhältnisse in der Oberflächenschicht ergeben, die das Ergebnis zum Teil erheblich stören können. Die Verfasser benutzten für ihre Leitfähigkeitsuntersuchungen kleine prismatische Preßkörper von etwa 50 mm Länge und ca. 20 mm² Querschnitt, die in einer zweiseitig wirkenden Matrize gepreßt waren und sich sehr gut für diese Untersuchungen eigneten.

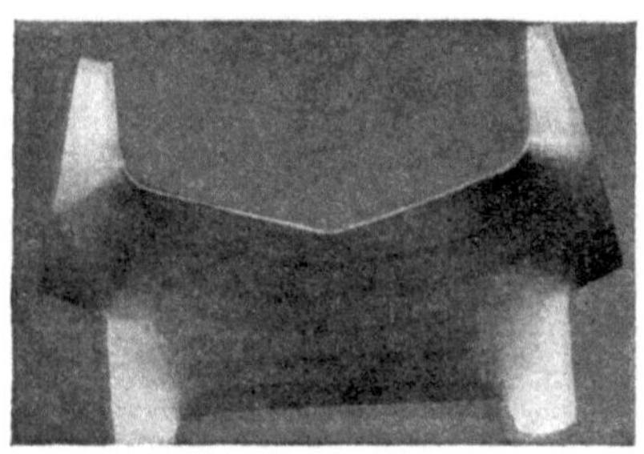

Abb. 157. Formkörper aus Sintereisen mit ungleichmäßiger Dichteverteilung (Röntgendurchleuchtung einer aus dem Körper entnommenen Scheibe) (Th. Hövel).

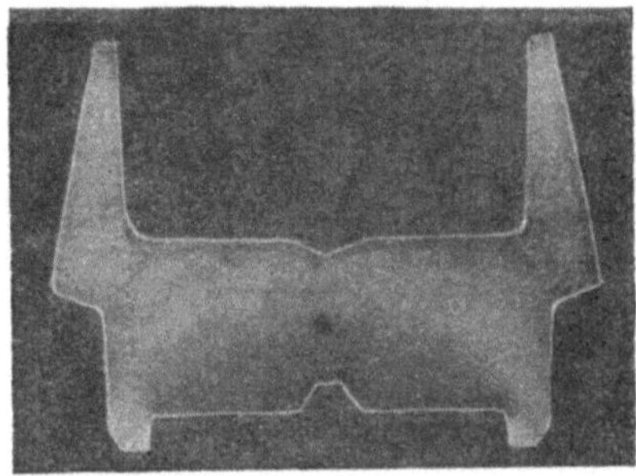

Abb. 158. Formkörper aus Sintereisen mit praktisch gleichmäßiger Dichteverteilung (Röntgendurchleuchtung einer aus dem Körper entnommenen Scheibe)(Th. Hövel)

Über die Bestimmung weiterer physikalischer Eigenschaften des Sintereisens, wie Wärmeleitfähigkeit, Ausdehnung usw., ist im Schrifttum kaum etwas bekannt geworden. Dies dürfte wohl damit zusammenhängen, daß bei der Anwendung des Sintereisens diese physikalischen Eigenschaften noch keine besondere Rolle spielten. Die Wärmeleitfähigkeit von Sintereisen und Sinterstahl ist auf Grund des „Legierungselementes Poren bzw. Luft" schlechter als die des entsprechenden kompakten Materials, und zwar um so mehr, je höher der Porositätsgrad ist. Diese Tatsache ist beispielsweise bei der Sinterung zu berücksichtigen. Wenn man die in Schiffchen eingepackten Preßkörper in Öfen mit ungleichmäßiger Wärmeverteilung sintert — eine solche wird leicht durch die aus technischen Gründen oft nicht zu vermeidende einseitige

---

[1] Siehe R. Kieffer u. W. Hotop: Pulvermetallurgie und Sinterwerkstoffe, Berlin: Springer-Verlag, 1943, S. 88ff.

Verteilung der Heizkörper hervorgerufen —, so kommt es infolge der verhältnismäßig schlechten Wärmeleitfähigkeit der porösen Sinterkörper leicht zu Überhitzungserscheinungen an den Körpern, die den Heizkörpern am nächsten liegen (s. Kap. 8).

Der *Elastizitätsmodul* als auch die *Dämpfung* sind sehr interessante physikalisch-technologische Kenngrößen, deren Bedeutung für die Verfolgung von Werkstoffzuständen bei kompakten Werkstoffen weitgehend erkannt ist[1]. Über die Messung des Elastizitätsmoduls an Sintereisen und Sinterstahl berichtet neuerdings A. Squire[2].

Bereits E. Ryschkewitsch[3] konnte mit sehr gutem Erfolg die E-Modulmessung bei der Verfolgung des Sinterungsgrades von keramischen Ein- und Mehrstoffsystemen verwenden. Eigene Untersuchungen ließen die gute Brauchbarkeit dieser Werkstoffkenngrößen auch für die Beobachtung von Vorgängen erkennen, die sich beim Pressen und Sintern der verschiedensten Sintermetalle abspielen. Die E-Modulmessung gestattet bei Sintermetallen eine sehr empfindliche Beobachtung des Sinterungsgrades, der Kornbindungsvorgänge und des Verhaltens einer flüssigen Phase in Bezug auf Legierungsbildung und Dichtsinterung.

Als technologische Werkstoffeigenschaft gewinnt der Elastizitätsmodul neuerlich, wie beispielsweise im Fall der gesinterten Kolbenringe, eine gewisse Bedeutung. A. Squire findet in guter Bestätigung eigener Untersuchungen, daß Sintereisen und Sinterstahl je nach den Herstellungsbedingungen E-Modulwerte annehmen können, die an die der kompakten Werkstoffe nahezu heranreichen. Als wichtigste Einflußgröße für die Erzielung eines hohen E-Moduls wurde neben der Güte der Kornbindung vor allem aber die Dichte erkannt (Abb. 159).

Charakteristisch für Sintereisen und Sinterstahl ist die meistens recht hohe Werkstoffdämpfung, die durch den schwingungshemmenden Einfluß der Poren bedingt ist. Trotz ihres zum Teil recht hohen E-Moduls sind Sintereisen und Sinterstahl daher verhältnismäßig schwingungsträge Werkstoffe. Dies ist eine Eigenschaft, die diesen Metallen unter Umständen interessante technische Anwendungsmöglichkeiten eröffnen kann.

Aus Gründen der Probeabmessungen sind bei Sinterwerkstoffen für die Bestimmung der elastischen Eigenschaften solche Meßverfahren, bei denen durch Erregung des Prüflings in Eigenfrequenz der E-Modul ermittelt wird, besser geeignet als statische Methoden.

---

[1] Förster, F. u. W. Köster: Z. Metallkunde **29**, 1937, S. 116-23.

[2] Squire, A.: Office of Technical Serv., US dep. Com., Washington 1944, Rep. PB 4073, PB 4417, s. Powder Metallurgy, Brooklyn 1947.

[3] Ryschkewitsch, E.: Ber. dtsch. keram. Ges. **25**, 1944, S. 95-112.

Über die Bestimmung des E-Moduls durch schwingende Beanspruchung des Prüflings wird in der Literatur mehrfach berichtet [1,2].

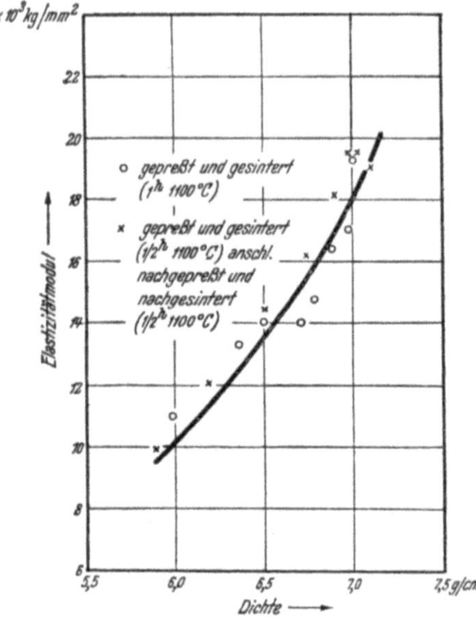

Abb. 159. Elastizitätsmodul in Abhängigkeit von der Dichte bei Sintereisen (A. Squire).

Die eigenen Untersuchungen wurden auch mit Hilfe dieses Verfahrens durchgeführt, wobei sich eine von H.-J. Bartels[3] vorgeschlagene Anordnung bewährt hat. Hierbei wird ein Prüfkörper über einen aperiodischen Meßquarz durch einen geeichten Meßsender mit einem Frequenzbereich mit 0 bis 120 kHz zu longitudinalen Schwingungen angeregt. Das Auftreten einer Eigenfrequenz wird mit Hilfe eines Empfangsquarzes und nachgeschaltetem aperiodischen Meßverstärker mit Röhrenvoltmeter beobachtet (s. Abb. 160). Die Auswertung der Messung erfolgt nach der Formel:

$$E = \frac{4\,f^2.\,l^2.\,\varrho}{\varkappa^2}$$

wo E: den Elastizitätsmodul dyn/cm²,

        ϱ: die Dichte in g/cm³,

        f: die Frequenz der Schwingung in Hz,

        l: die Länge des Prüflings in cm,

und $\varkappa$: die Ordnungszahl der Schwingung bedeuten.

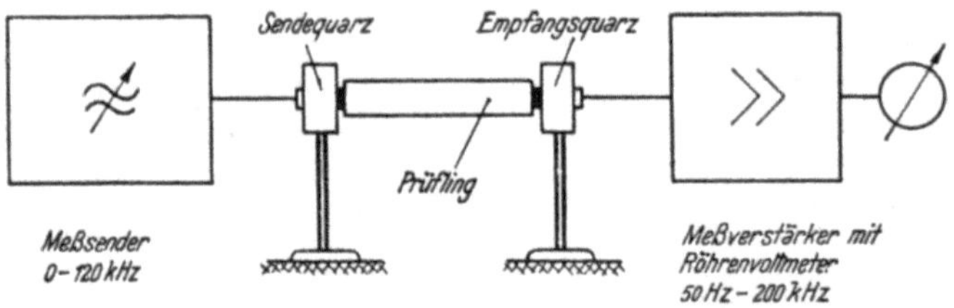

Abb. 160. Einrichtung zur Bestimmung des Elastizitätsmoduls mittels longitudinaler Schwingungen; schematisch.

Bei porösen Werkstoffen ist es vorteilhafter, den Prüfling zu Longitudinalschwingungen anzuregen. Biegeschwingungen zeigen infolge

---

[1] Förster, F.: Z. Metallkde. **29**, 1937, S. 110-15,

[2] Haupt, G.: Mitt. Kais.-Wilh.-Inst. Eisenforschg. **22**, 1940, S. 203-12.

[3] Bartels, H.-J.: Unveröffentlichte Versuche aus den Jahren 1946/47.

der Poren häufig Störeffekte, die den eigentlichen Vorgang stark verschleiern können.

Die Bestimmung der Werkstoffdämpfung mit Hilfe der Halbwertszeit ist natürlich bei Longitudinalanregung wegen der meistens festen Kopplung der Probe mit dem Geber- und Empfangssystem nicht möglich. Da aber bei porösen Werkstoffen die Resonanzkurve im allgemeinen sehr breit ist, kann man diesen Wert auch sehr gut aus einer Messung der Halbwertsbreite ermitteln.

Bezüglich der Probenform ist man bei derartigen E-Modulmessungen ziemlich ungebunden. Man wird für quantitative Untersuchungen vorteilhaft einen langgestreckten prismatischen Körper verwenden. Nach H.-J. Bartels hat sich der in Kap. IX, S. 324 beschriebene Flachzerreißstab als sehr zweckmäßig erwiesen. Die verdickten Enden dieses Stabes bewirken, wie festgestellt wurde, eine Unterdrückung eventuell auftretender Störschwingungen (Torsionsschwingungen), so daß sich im Stab immer ein gut definierter Schwingungszustand einstellt.

Abschließend sei erwähnt, daß nach eigenen Erfahrungen die E-Modulmessung mit Hilfe elastischer Schwingungen wegen der Schnelligkeit ihrer Durchführung und der Abstimmöglichkeit auf die verschiedensten Prüflingsformen für eine zerstörungsfreie Fabrikationskontrolle geeignet sein kann.

3. Härte, Zugfestigkeit und Dehnung.

Von den mechanischen Eigenschaften der Sinterkörper wurden meistens die Härte, Zugfestigkeit und Bruchdehnung bestimmt. Für diese Größen treffen die eingangs gemachten Ausführungen über die teilweise Wandlung ihrer ursprünglichen Bedeutung in erster Linie zu.

Die *Härte* ist bei Sinterkörpern eine komplizierte Funktion von Adhäsionskräften der Pulverteilchen, Porenvolumen und Formänderungswiderstand. Hierdurch ist es auch bedingt, daß die bei geschmolzenem Eisen und Stahl bestehende Beziehung zwischen Härte und Zugfestigkeit bei Sintereisen und Sinterstahl in umfassendem Sinne nicht besteht (s. Abschnitt 4, S. 328ff.), so daß die Härte nur in bedingtem Maße von demselben Standpunkt aus wie beim Schmelzwerkstoff bewertet werden darf. Es kann beispielsweise ein sehr hoher Härtewert oft einer sehr kleinen Zugfestigkeit zugeordnet sein. Man denke an die hohen Härtewerte der mit hohem Druck hergestellten Kaltpreßlinge. Berücksichtigt man nun, daß bei der Sinterbehandlung der Preßkörper einerseits eine Beseitigung der Kaltverformung eintritt, andererseits die Bindungskräfte zwischen den Sekundärteilchen infolge von Kristallisationen zunehmen, wodurch sich der Formänderungswiderstand gegensinnig ändern kann und daß letzten Endes auch die verbleibenden Poren einen im einzelnen noch nicht völlig geklärten Einfluß beim Eindringen des Meßkörpers ausüben, so versteht man, daß die gewohnten Zusammenhänge sehr stark entstellt werden können. Besonders im Hinblick auf das Verschleißverhalten verhält sich nach F. V. Lenel[1] ein Sinterkörper bezüglich seiner Härte anders als der geschmolzene Werkstoff gleicher Zusammensetzung. Obwohl bei Beanspruchung auf Verschleiß das Mikrogefüge und die Teilchenhärte die entscheidende Rolle spielen, ist auch der Einfluß der beim Sinterkörper vorhandenen Porosität von nicht unerheblicher Bedeutung.

Ein anschauliches Beispiel für eine Härtebeanspruchung, wo zweifellos die Porosität einen erheblichen Einfluß hat, bildet das Verhalten von Ölpumpenrädern aus Sintereisen und kohlenstoffhaltigem Sinterstahl (s. S. 395). Derartige Ölpumpenräder haben sich im Betrieb bestens bewährt und sich zum Teil den früher eingesetzten Rädern aus legiertem, zum Teil oberflächengehärteten Edelstahl als überlegen erwiesen, obwohl sie selbst eine erheblich geringere Brinellhärte aufweisen als die Schmelzwerkstoffe. Infolge ihrer Restporosität können sich die Zähne der Sintereisenräder beim Einlaufen oberflächlich besonders gut ineinander einpassen, wobei sich die Oberflächenschicht glättet und verdichtet und infolgedessen in verschleißtechnischer Hinsicht ein wesentlich günstigeres Verhalten zeigt, als man es bei der geringeren Härte derartiger Räder erwarten sollte.

Trotz der geschilderten Tatsachen, die den Wert der Härteprüfung bei Sinterwerkstoffen zweifelhaft erscheinen lassen, hat man die übliche Härteprüfung als Prüfverfahren bei Sinterkörpern beibehalten, nicht zuletzt wohl deswegen, weil diese Prüfung besonders schnell und einfach durchzuführen ist. Meistens prüft man die Härte nach dem Brinellverfahren. Allerdings macht sich neuerdings ein verstärktes Bestreben bemerkbar, die Härte nach einem Eindringtiefeverfahren nach Art der Rockwellprüfung zu bestimmen[2,3]. Das hängt damit zusammen, daß der Kugeleindruck bei einem porösen Körper wegen der schlechten Ausbildung des Eindruckrandes mit dem Meßmikroskop nur unsicher angegeben werden kann, so daß sich gewisse Fehlermöglichkeiten ergeben. Aus diesem Grunde hat das Verfahren der Eindringtiefemessung, bei dem die Eindringtiefe (Kugeldurchmesser 2,5 mm, 10 kg Vorlast; 62,5 kg Gesamtbelastung) auf der Meßuhr in mm/1000 direkt

---

[1] Lenel, F. V.: Automobile Engnr. **33**, 1943, S. 415-418.

[2] Eisenkolb, F.: Die Abnahme 6, 1943, S. 73-76.

[3] Jung-König, W. u. G. Wassermann: Metallforschung **2**, 1947, S. 244-49.

abgelesen wird, mit seiner besseren Auswertbarkeit viel für sich. Da jedoch die Härteangaben nach Brinell in der Technik sehr verbreitet sind und man meistens die Angabe des Härtewertes zu Vergleichszwecken in Brinelleinheiten zu kennen wünscht, hat man sich Tabellen und Schaubilder gefertigt, die den Zusammenhang zwischen Brinellwert und Eindringtiefe wiedergeben. Abb. 161 zeigt ein solches Schaubild nach F. Eisenkolb[1].

Bei eigenen Härteprüfungen hat sich die Vickersprüfung bei Belastungen mit 20 bzw. 30 kg als zuverlässig erwiesen, um vergleichbare Meßergebnisse zu erhalten. Der Eindruck mit der Diamantpyramide ist wesentlich besser zu erkennen als der Kugeleindruck nach Brinell. Die Diagonalen sind praktisch stets gleich groß. Man kann die Belastung beliebig ändern und den jeweiligen Verhältnissen zweckentsprechend anpassen. Zu empfehlen ist die Ausführung einer größeren Anzahl von Eindrücken, um die relativ große Streuung der Werte soweit wie möglich durch Mittelwertbildung auszugleichen.

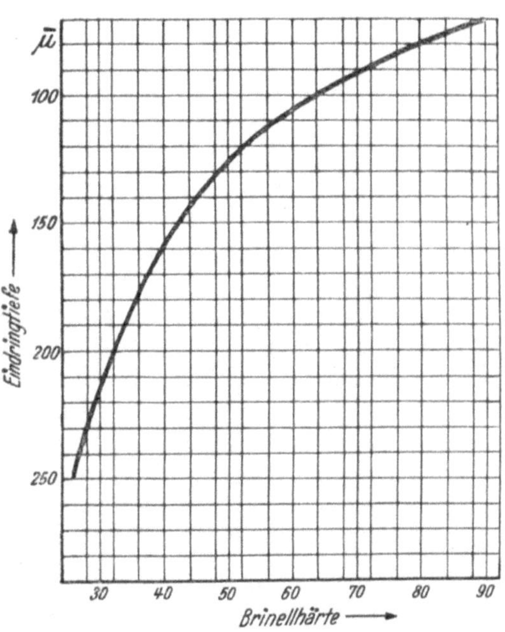

Abb. 161. Zusammenhang zwischen Brinellhärte und Eindringtiefe bei Sintereisen (F. Eisenkolb).

In dem Bestreben, das Problem der Härtemessung an Sinterkörpern zu lösen, hat man auch versucht, die Mikro-Härteprüfung einzusetzen[2,3]. Mit dem Verfahren gelingt es zwar, die Härte des Einzelkristalles zu erfassen, ohne durch Poren gestört zu werden. Ob dieser Weg aber etwas für sich hat, muß dahingestellt bleiben, denn wie bereits ausgeführt, ist das durch die Härte bedingte Verhalten eines Körpers ja nicht nur durch die Materialhärte als solche gegeben, sondern durch das Zusammenwirken mit der Porosität und der damit gegebenen Ausweichmöglichkeit der

---

[1] Eisenkolb, F.: Die Abnahme **6**, 1943, S. 73-76.
[2] Dawihl, W. u. U. Schmidt: Stahl u. Eisen **65**, 1945, S. 9-14.
[3] Steinitz, R.: Metals & Alloys **17**, 1943, S. 1183-87.

Einzelkristalle bedingt[1]. Eigene Untersuchungen in dieser Richtung haben mehrfach sich widersprechende Ergebnisse gehabt, deren Ursachen im einzelnen noch nicht geklärt sind. Es ist zu vermuten, daß kleine Ausweichbewegungen, die die Kristalle trotz der geringen Meßlast ausführen können und auch die Ausbildung der Oberflächenstruktur der Teilchen erhebliche Fehlwerte zur Folge haben können. Ein Zusammenhang zwischen Makro- und Mikrohärte besteht außerdem naturgemäß nicht.

Eine besondere Bedeutung kommt der für Sintereisenkörper wichtigsten technologischen Eigenschaft, der *Zugfestigkeit*, zu. Im porösen Körper mit den teilweise regelrecht als Kerb wirkenden Poren hat die Zugfestigkeit einen ganz anderen Sinn. Bei geschmolzenen Metallen mißt diese Größe bekanntlich einen Formänderungswiderstand. Im Sintereisen dagegen führt, besonders in den frühen Stadien der Sinterung, der dann meistens noch sehr unvollkommene Kornzusammenhang zu einem verformungslosen Bruch an den Sekundärteilchengrenzen. Infolgedessen mißt ein solcher Wert eigentlich mehr eine Trennfestigkeit. Diese Bedeutung des Festigkeitsbegriffes bleibt auch vorherrschend, wenn man durch eine entsprechende Preß- und Sinterbehandlung die Qualität der zusammengewachsenen Berührungsflächen verbessert und dann die Festigkeit der Pulverteilchen selbst zur Wirkung bringt. Die Porosität des Körpers hat insofern einen Einfluß, als sie den Kristalliten eine Ausweichmöglichkeit gibt und somit unter Umständen ein gewisses Formänderungsvermögen vortäuschen kann. Andererseits bringt sie eine Unsicherheit in die Auswertung des Ergebnisses, da man infolge der verschiedenartigen Porosität den im Anfang tragenden Querschnitt nie genau angeben kann. Um die Größenordnung der Zugfestigkeit geschmolzener und gesinterter Metalle besser miteinander vergleichen zu können, haben F. Sauerwald und E. Jaenichen[2] mit Hilfe der Dichte den im Metall tragenden Querschnitt berechnet und diesen Wert als sogenannte „effektive Festigkeit" eingeführt. Dieser neue Festigkeitsbegriff hat sich jedoch nicht durchgesetzt, so daß man in gleicher Weise wie bei den geschmolzenen Metallen die Zugfestigkeit unter Zugrundelegung des Gesamtquerschnittes des Körpers ermittelt. Alles in allem gesehen, ergeben sich bezüglich der Festigkeit gesinterter Körper durch die Verquickung der verschiedensten im Körper bei der Sinterung ablaufenden Vorgänge ähnlich komplizierte Zusammenhänge, wie sie bereits bei der Besprechung der Härte festgestellt wurden. Ein sehr charakteristischer Ausdruck

---

[1] Littmann, M.: Engineering **159**, 1946, S. 502.
[2] Sauerwald, F. u. E. Jaenichen: Z. Elektroch. **30**, 1924, S. 175-180.

hierfür ist übrigens auch das Verhalten der Bruchdehnung beim Sinterkörper. Bei unverformten Körpern verhält sich Festigkeit und Dehnung nicht gegenläufig, wie es beim regulinischen Metall meistens beobachtet wird, sondern man beobachtet oft eine gleichsinnige Änderung, so daß steigenden Festigkeitswerten häufig auch

steigende Dehnungen zugeordnet sind. Auch diese Erscheinung ist durch die mit der Sinterung sich ändernde Bindung der Sekundärteilchen erklärbar.

Zur Ermittlung der Zugfestigkeit bei Sinterkörpern müssen eine Reihe von Gesichtspunkten beachtet werden, um zu verläßlichen Werten zu kommen. Das erste Problem wird bereits mit der Probenahme aufgeworfen. Ein Herausarbeiten eines Normal-Zerreißstabes aus dem Vollen verbietet sich meistens wegen der verhältnismäßig kleinen Dimensionen der meisten Sinterkörper und ist auch nicht unbedingt zu empfehlen. Jedenfalls erfordert eine solche Bearbeitung eine ganz besondere Sorgfalt, um Rißbildungen und Ausbröcklungen, die das Ergebnis stark fälschen können, zu

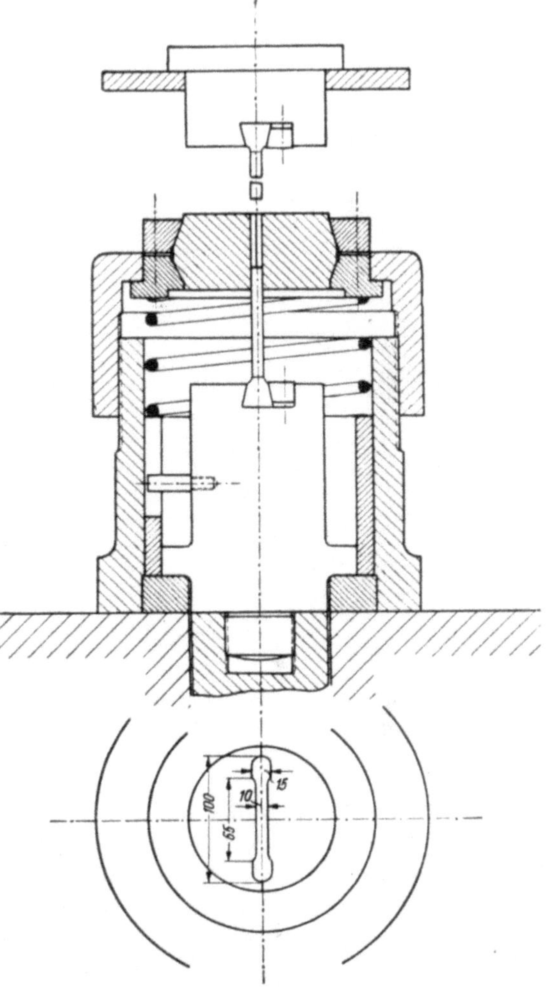

Abb. 162. Schemazeichnung einer Preßform zur Herstellung von Flachzerreißstäben für die Untersuchung der Festigkeitseigenschaften von Sintereisen und Sinterstahl.

vermeiden. Aus diesem Grunde haben W. Eilender und R. Schwalbe[1] empfohlen, zwecks Überprüfung der mechanischen

Eilender, W. u. R. Schwalbe: Arch. Eisenhüttenwes. 13, 1939-1940, S. 267-272.

Eigenschaften besondere Flachzerreißstäbe zu pressen und zu sintern (s. auch S. 208 ff.). Dabei ist die Ausbildung der Preßform besonders wichtig. Sie muß eine gleichmäßige Druckverteilung über den ganzen Stabquerschnitt sicherstellen. Eine gegenüber den ursprünglichen Vorschlägen der genannten Forscher etwas abgeänderte Ausführungsform eines geeigneten Flachzerreißstabes zeigt Abb. 162. In der gleichen Abbildung sind auch die wesentlichsten Teile der zugehörigen Preßform zu sehen. Es handelt sich um eine Schwebemantelmatrize, die ein zweiseitiges Pressen des Pulvers von oben und von unten gestattet (s. auch S. 285 ff.). Nach dem Pressen wird der Preßling mittels des Unterstempels ausgestoßen. Abb. 163 zeigt die Ausführungsform eines entsprechenden Preßwerkzeuges in Ansicht. Diese Zerreißstabform hat sich insbesondere bei wissenschaftlichen Untersuchungen sehr bewährt und eine weite Verbreitung gefunden.

Für die Produktionskontrolle bei der Massenfertigung von Maschinenteilen aus Sintereisen und Sinterstahl ist der Stab aber nicht unbedingt zu empfehlen. Hier wünscht man die Eigenschaften des Stückes selbst kennenzulernen. Ein Herausarbeiten eines Großstabes verbietet sich wegen der Kleinheit der Teile meistens. Das Mitsintern von Flachzerreißstäben ergibt nicht immer ein zuverlässiges Qualitätsbild, da man im Fertigteil nie die gleichen Druckverhältnisse erwarten kann, wie sie im Zerreißstab herrschen. Außerdem verschleiern kleine Abweichungen im Fertigungsprozeß, wie verschiedene Lage der Teile im Sinterschiffchen usw., das Ergebnis.

Abb. 163. Ausführungsform einer Matrize zum Pressen von Flachzerreißstäben, in Ansicht.

Einen sehr wesentlichen Fortschritt bringt hier die Verwendung der von M. P. Chevenard entwickelten Mikro-Zerreißmaschine[2]. Bei der Messung mit dieser Vorrichtung werden die Festigkeits-

---

[2] Chevenard, M. P.: Rev. Mét. 38, 1941, Dez.; 39, 1942, Febr., März, April.

eigenschaften an einer sehr kleinen Probe, deren Dimensionen aus
Abb. 164 hervorgehen, ermittelt. Stäbe dieser Größe kann man
fast immer aus Sinterkörpern herausarbeiten. Wenn mit der Anwendung dieser Prüfmethode zwar die
Zerstörung einer mehr oder weniger
großen Anzahl von Produktionsteilen
verbunden ist, so ist andererseits doch
die Möglichkeit gegeben, durch Herausarbeiten mehrerer Prüfkörper aus ein
und demselben Sinterteil einen Aufschluß über die Verteilung der Festigkeitseigenschaften im Stück zu gewinnen.

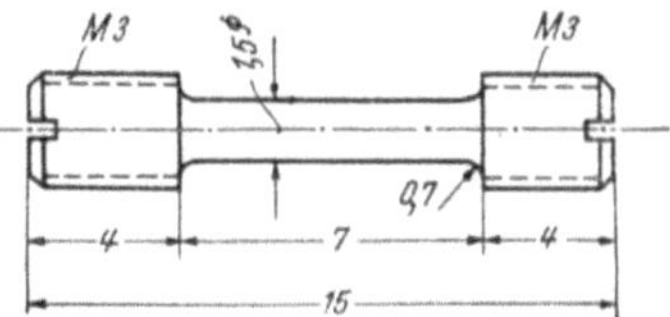

Abb. 164. Mikrozerreißstab für
Festigkeitsuntersuchungen an
Sinterwerkstoffen nach M. P.
Chevenard.

Den Aufbau der Mikro-Zerreißmaschine zeigt Abb. 165 in
Gesamtansicht und Abb. 166 im Teilausschnitt. Die wichtigsten
Maschinenelemente sind ein starker Hebelarm H und eine kräftige
Feder F, zwischen die, wie in Abb. 167 deutlicher zu sehen ist,
die Mikroprobe P mittels zweier Spannköpfe (Abb. 167, rechts

Abb. 165. Ansicht einer Mikrozerreißmaschine nach M. P. Chevenard.

unten) eingespannt ist. Bei einer Bewegung des Hebelarms H wird die
Probe durch die Feder beansprucht und reißt schließlich. Der Weg des
Hebels als Maß für die Dehnung und ebenso die Durchbiegung der
Feder als Maß für die Last werden mittels des Gestänges a_1, a_2 auf
einen Spiegel übertragen, mit dessen Hilfe der Zerreißvorgang photo-
graphisch registriert wird. Abb. 168 zeigt ein charakteristisches
Zerreißdiagramm, das in seinen Einzelheiten ohne weiteres ver-
ständlich ist. Die Strecke A stellt ein Maß für die Dehnung der
Probe dar, während die Zugfestigkeit und Streckgrenze durch die
Strecken C bzw. B gekennzeichnet sind. Durch Eichung, die der

Lieferant vornimmt, wird festgelegt, wieviel Millimeter der Ordinate im Bilde 1 kg Belastung und wieviel Millimeter der Abszisse der tatsächlichen Längung der Probe bis zum Bruch entsprechen. Mit dieser Maschine kann man im übrigen durch Auswechslung einiger Teile auch die Biege- und Scherfestigkeit an kleinen Proben ermitteln. Die mit der Mikromaschine ermittelte Zugfestigkeit liegt im Mittel um 3 bis 4 kg/mm² höher als beim Makroversuch[1]. In Zahlentafel 73 ist eine Untersuchung an Werkstoffen verschiedener Festigkeit wiedergegeben, deren Eigenschaften sowohl im Mikroversuch, als auch an Großstäben auf einer Amsler-Maschine ermittelt wurden. Nach M. P. Chevenard erklärt sich dieses Verhalten damit, daß die Mikromaschine im Gegensatz zu Großmaschinen nahezu reibungslos arbeitet und damit Werte liefert, die der wahren Festigkeit näherliegen. Von G. Zapf wurden ähnliche Versuche an Sinterstahl angestellt, um die Verwendbarkeit dieser Maschine für dieses Gebiet zu prüfen. Zahlentafel 71 zeigt das Ergebnis einer solchen Untersuchung. Auch hier bemerkt man wieder etwas höhere (ca. 3 kg/mm²) Festigkeitswerte als beim Makroversuch. Bezüglich der Dehnung besteht zwar eine weniger gute

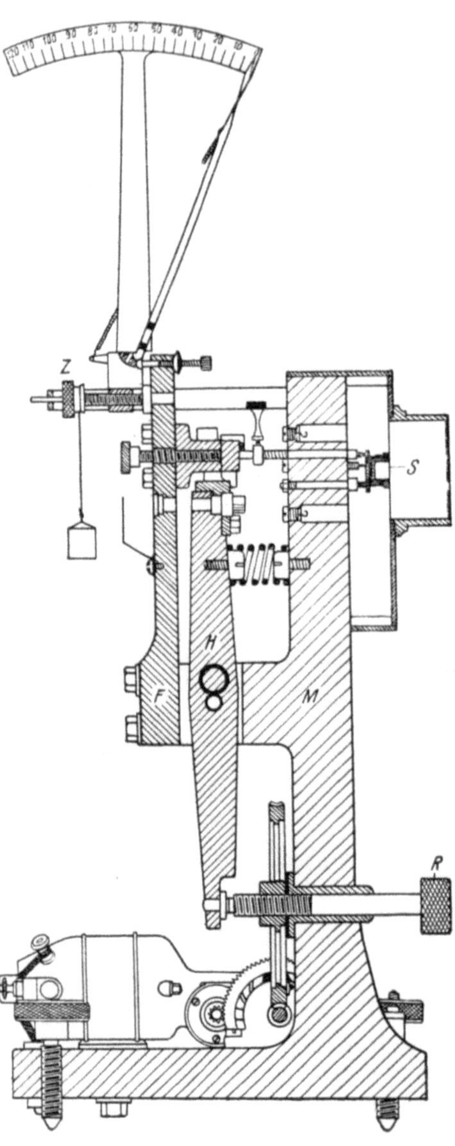

Abb. 166. Konstruktiver Aufbau der in Abb. 165 gezeigten Mikrozerreißmaschine nach M. P. Chevenard.

<hr>

[1] Zapf, G.: Persönliche Mitteilung, 1943.

Übereinstimmung, was aber nach G. Zapf im wesentlichen auf die unterschiedliche Sorgfalt, mit der die Proben offenbar hergestellt

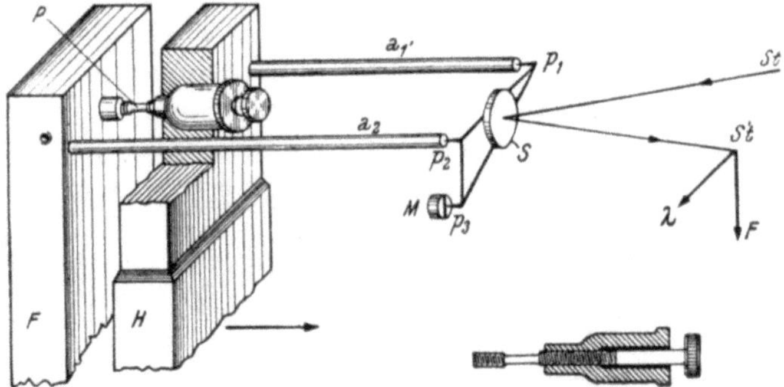

Abb. 167. Schematische Darstellung der Versuchsanordnung beim Mikrozerreißversuch (M. P. Chevenard).

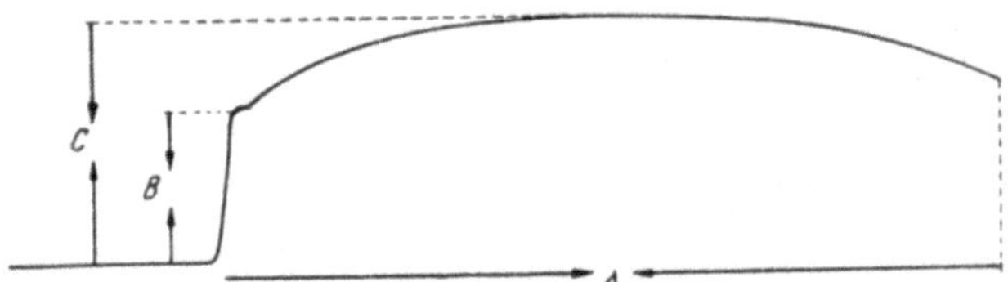

Abb. 168. Mit der Mikrozerreißmaschine von Chevenard gewonnenes Zerreißdiagramm.

wurden, zurückzuführen ist. Die Erfahrungen der Verfasser bestätigen diese Ansicht in jeder Beziehung. Es wurde bereits darauf hingewiesen, daß sich eine Herstellung von Makrozerreißproben durch

Zahlentafel 73. *Vergleich der Mikrozerreißwerte mit an Makroproben bestimmten Werten bei regulinischen Werkstoffen* (M. P. Chevenard).

Mikro-Maschine Zugfestigkeit (kg/mm²) bei einem Probendurchmesser von 1,5 mm	Amsler-Maschine Zugfestigkeit (kg/mm²) bei einem Probendurchmesser von:	
	9,7 mm	13,8 mm
39,6	36,6	37,2
51,1	47,9	48,0
54,0	51,4	50,8
60,4	57,4	57,9
64,7	63,0	62,2
74,1	71,7	71,9
83,4	79,2	80,2
104,4	—	100,3
129,2	—	126,6
149,6	—	145,0
165,5	—	167,2

spanabhebende Bearbeitung infolge Verschmierens der Oberflächen-
poren und Mikrorißbildungen sehr ungünstig auswirken kann und
stark streuende Ergebnisse verursacht. Um so mehr ist es bei
diesen kleinen Proben geraten, mit größter Sorgfalt zu Werke
zu gehen. Für die Herstellung kommt nur eine gute Mechaniker-
drehbank mit besten Werkzeugen in Frage, ebenso sind die Be-
arbeitungstoleranzen möglichst eng zu halten und dürfen bezüglich
des Probendurchmessers den Betrag von $\pm$ 0,02 mm nicht über-

Zahlentafel 74. *Vergleich der Mikrozerreißwerte mit an Makroproben bestimmten Werten bei Sintereisen* (G. Z a p f).

	Mikro-Versuch		Makro-Versuch	
	Zugfestigkeit kg/mm²	Dehnung %	Zugfestigkeit kg/mm²	Dehnung %
Probe A	29,9	9,7	24,3	16,9
	27,2	15,5	—	—
	27,2	16,6	—	—
Probe B	20,8	4,2	21,4	15,6
	23,6	5,6	—	—
	23,6	8,1	—	—
Probe C innen	36,0	15,6	35,9	10,4
mitte	40,8	24,7	—	—
außen	41,8	11,4	—	—

schreiten. Mit der Herstellung der Proben sollte nur eine gut
eingearbeitete Kraft betraut werden. Berücksichtigt man diese
Faktoren, so erhält man auch hinsichtlich der Dehnung sehr gut
verwertbare Ergebnisse, die die Mikro-Zerreißmaschine in jeder
Hinsicht für die Prüfung von Fertigsinterteilen geeignet machen.

**4. Zusammenhang zwischen Zugfestigkeit und Härte
bei Sintereisen und Sinterstahl.**

Wie in Kap. 6, S. 231 ff., schon erwähnt, besteht bei auf dem
Schmelzwege erzeugten Stahl eine sehr einfache Beziehung zwischen
der Brinellhärte und der Zugfestigkeit, die in weiten Grenzen gilt
und ein bequemes Hilfsmittel darstellt, um aus der auf einfachste
Weise zu ermittelnden Härte die Zugfestigkeit zu errechnen. Es
hat natürlich nicht an Versuchen gefehlt, eine ähnliche Beziehung
auch bei Sintereisen und Sinterstahl zu finden. Dies wäre besonders
für den jüngsten Anwendungsfall des Sintereisens und Sinterstahls,
für die Herstellung von Maschinen- und Geräteteilen, von großer
Bedeutung gewesen, da man die zeitraubende Herausarbeitung von

Proben für die Festigkeitsmessung gern umgangen hätte. Von
F. Eisenkolb[1] wurde auf Grund umfangreichen Versuchsmaterials
die aus Abb. 169 ersichtliche Darstellung über die Zusammenhänge
zwischen Zugfestigkeit und Härte bei Sintereisen und Sinterstahl
gegeben, die zeigt, daß der Zusammenhang nicht durch eine Kurve,
sondern vielmehr durch ein breites Band von Streuwerten charakterisiert ist. Auch diese Darstellung gilt, wie von F. Eisenkolb
ausdrücklich betont wird, nur unter der Voraussetzung einheitlicher
Preß- und Sinterbedingungen und vor allen Dingen unter Bei-
behaltung nur eines Pulvers. Die Härteprüfung wurde als Eindringtiefemessung mit einer 2,5 mm Stahlkugel, einer Vorlast von 10 kg
und einer Gesamtbelastung von 62,5 kg vorgenommen.

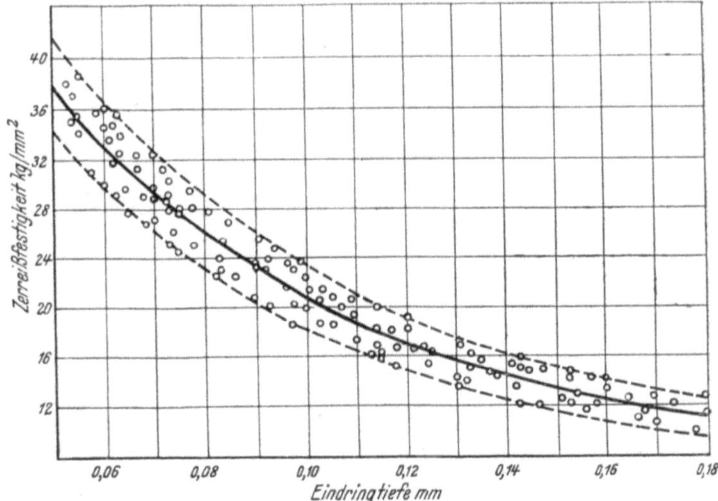

Abb. 169. Beziehung zwischen Zugfestigkeit und Eindringtiefe bei Sintereisen und Sinterstahl aus Hametagpulver (F. Eisenkolb).

In Kap. 6 waren in Abb. 103 und 104, S. 229, die Vickershärte-
und Zugfestigkeitswerte für Sinterstahl in Abhängigkeit vom
Kohlenstoffgehalt dargestellt worden, und zwar für die Einfachpreßtechnik bei Anwendung eines Preßdruckes von 4 bzw. 6 t/cm²
und für die Doppelpreßtechnik bei Anwendung eines Preßdruckes
von 6 + 6 t/cm². In Zahlentafel 75 sind die für die verschiedenen
Preßdrücke in Abhängigkeit vom Kohlenstoffgehalt aus den genannten Abbildungen entnommenen Werte der Härte und Zugfestigkeit zusammengestellt. Gleichzeitig ist das Verhältnis der
Zugfestigkeit zur Härte gebildet worden. Würde sich Sinterstahl
so wie geschmolzener Stahl verhalten, so müßte das Verhältnis

[1] Eisenkolb, F.: Metallwirtsch. 23, 1944, S. 373-377.

konstant sein. Davon kann aber beim Einfachpreßverfahren offenbar nicht die Rede sein. Auffallend ist jedoch, daß die Verhältniszahlen um so weniger schwanken, je mehr sich der Sinterstahl dem kompakten Material angleicht, was durch Übergang zu höheren Preßdrücken und erst recht von der Einfachpreßtechnik

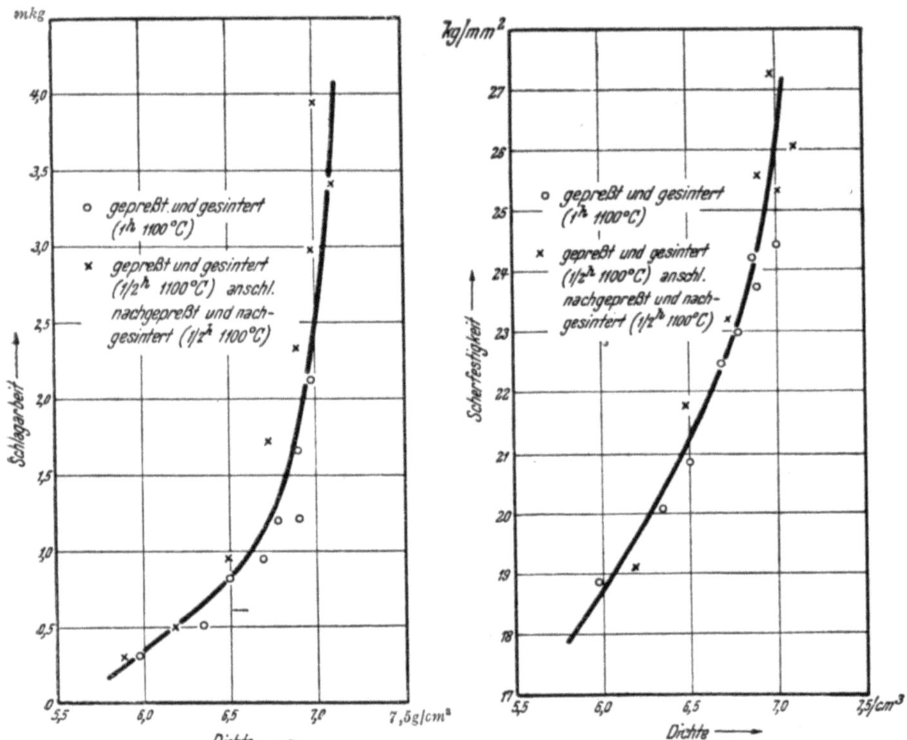

Abb. 170. Schlagfestigkeit in Abhängigkeit von der Dichte bei Sintereisen (A. Squire).

Abb. 171. Scherfestigkeit in Abhängigkeit von der Dichte bei Sintereisen (A. Squire).

zur Doppelpreßtechnik erfolgreich in die Wege geleitet wird. Es scheint demnach so, als ob man bei einem nach dem Doppelpreßverfahren erzeugten Sinterstahl (bei Anwendung genügend hoher Preßdrücke) durch Multiplikation mit dem Faktor 0,26 aus der Vickershärte die Zugfestigkeit angenähert berechnen könnte.

5. Sonstige Eigenschaften und Prüfverfahren.

Die weiteren Festigkeitseigenschaften wie Schlag-, Biege- und Scherfestigkeit sind bei Sinterteilen nicht sehr häufig bestimmt worden. Der Grund hierfür dürfte wohl der sein, daß eine exakte Deutung dieser Versuche, bei denen im Gegensatz zum Zugversuch nicht Einzelkräfte sondern Kräftepaare wirksam sind, bei Sinterkörpern durch das Vorhandensein der Poren in noch stärkerem Maße als bei kompakten Werkstoffen erschwert wird. Als Maßstäbe für das Formänderungsvermögen des Werkstoffes, also für dessen Zähigkeit, dürften diese Kenngrößen jedoch Bedeutung besitzen. Neuerdings berichtet A. Squire[1] über die Messung dieser Größen und deren Abhängigkeit von den Herstellungsbedingungen. Die Untersuchungen, die an Sinterkörpern aus einigen handelsüblichen Eisenpulvern (hauptsächlich Reduktionspulver und Elektrolyteisenpulver) durchgeführt wurden. ergeben einen recht guten Zusammenhang zwischen der Preß- und Sinterbehandlung und der Scher- bzw. Biegebzw. Schlagfestigkeit. Ähnlich wie bei den früher besprochenen Festigkeitseigenschaften gelangt man in dem Maße zu

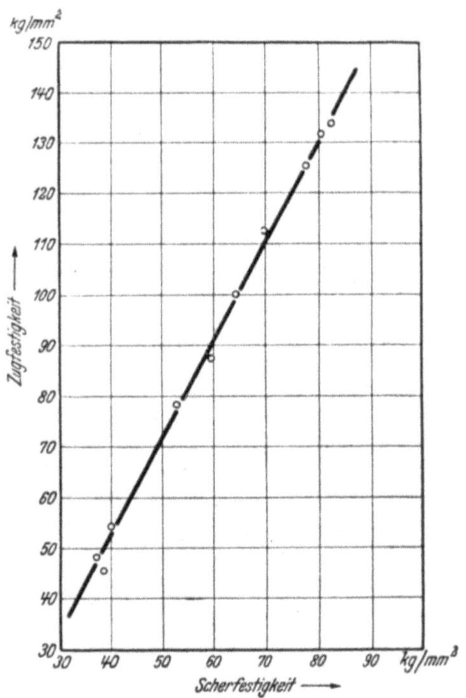

Abb. 172. Scherfestigkeit in Abhängigkeit von der Zugfestigkeit bei Sintereisen (A. Squire).

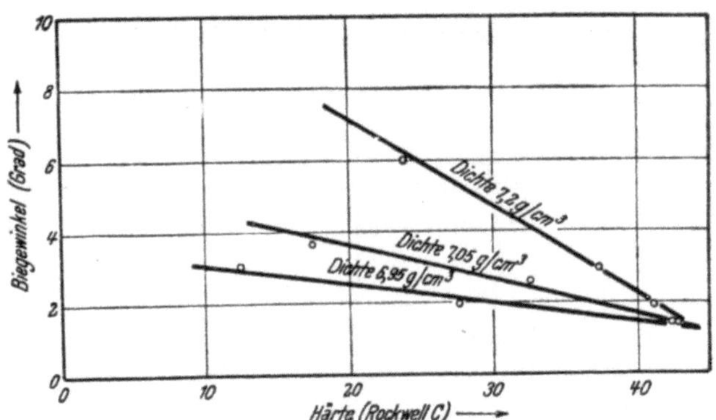

Abb. 173. Abhängigkeit des Biegewinkels von der Härte bei Sintereisen (A. Squire).

[1] Squire, A.: Office of Technical Serv., US Dep. Com., Washington 1945, Rep. PB 4410, PB 4073, PB 4418, siehe Powder Metallurgy, Brooklyn 1947.

Bestwerten, wie durch geeignete Herstellungsbedingungen (z. B. Doppelpreßtechnik) die Kornbindung verbessert und ein Höchstwert der Dichte erreicht wird (s. Abb. 170 und 171).

Zahlentafel 75. *Beziehung zwischen Vickershärte und Zugfestigkeit in Abhängigkeit vom Kohlenstoffgehalt für verschieden hoch gepreßte Sinterstähle.*

C.-Gehalt %	Preßdruck 4 t/cm²			Preßdruck 6 t/cm²			Preßdruck 6 + 6 t/cm²		
	Zugfestigkeit σ_B kg/mm²	Härte H_V kg/mm²	$\dfrac{\sigma_B}{H_V}$	Zugfestigkeit σ_B kg/mm²	Härte H_V kg/mm²	$\dfrac{\sigma_B}{H_V}$	Zugfestigkeit σ_B kg/mm²	Härte H_V kg/mm²	$\dfrac{\sigma_B}{H_V}$
0	10,0	52	0,19	16,5	58	0,28	24,0	90	0,27
0,1	11,5	59	0,20	17,5	65	0,27	25,5	98	0,26
0,2	13,5	66	0,20	19,0	75	0,25	28,0	110	0,25
0,3	15,5	75	0,21	22,5	88	0,26	31,5	124	0,25
0,4	19,0	85	0,22	27,5	101	0,27	36,0	142	0,25
0,5	24,5	96	0,26	32,5	116	0,28	42,0	163	0,26
0,6	30,0	111	0,27	38,0	134	0,28	50,0	190	0,26
0,7	36,5	128	0,29	46,0	152	0,30	59,5	220	0,27
0,8	46,0	150	0,31	56,0	175	0,32	69,0	245	0,28
			Mittelwert 0,24			Mittelwert 0,28			Mittelwert 0,26

Im Rahmen der durchgeführten Untersuchungen findet A. Squire, wie aus Abb. 172 und 173 und Zahlentafel 76 hervorgeht, interessante Beziehungen zwischen der Schlag-, bzw. Biege-, bzw. Scherfestigkeit einerseits und Zugfestigkeit sowie Härte anderer-

Zahlentafel 76. *Zusammenhang zwischen Dichte, Zugfestigkeit, Dehnung und Schlagfestigkeit* (A. Squire).

Dichte g/cm³	Zugfestigkeit kg/mm²	Dehnung %	Schlagarbeit mkg
6,0	14,06	2	0,28
6,5	17,58	5	0,7
6,75	21,9	7	1,05
7,0	24,61	10	1,4
7,25	28,12	14	2,1
7,5	31,64	20	2,8

seits. Inwieweit diese Ergebnisse zu verallgemeinern sind und auch für andere Herstellungsverfahren Gültigkeit haben, müssen eingehendere Untersuchungen zeigen. Nach A. Squire gibt die Biegefestigkeit einen guten Maßstab für die Elastizität und die Duktilität des Werkstoffes, während aus der Scherfestigkeit ein sicherer Anhalt für den Sinterungsgrad und die erreichten Festigkeitswerte zu gewinnen ist. Besonders der letztgenannten Prüfung mißt A. Squire eine gewisse Bedeutung für die Qualitätskontrolle bei, da diese Prüfung leicht durchführbar ist und nicht unbedingt eine besondere Probenform benötigt. Ein gewisser Nachteil besteht allerdings darin, daß man die Festigkeit nur in dem abgescherten Querschnitt ermittelt. Man muß also bei der Untersuchung eines Teiles mit Sorgfalt entscheiden, wie man den Prüfling auf Scherung beansprucht, um einen guten Durchschnittswert zu erhalten. Für die Qualitätskontrolle eignet sich auch die Bestimmung der Schlagfestigkeit, da die bei dieser Prüfung auftretenden Kraftwirkungen häufig der normalen Betriebsbeanspruchung eines Teiles gleichen. In Europa hat sich dieses Prüfverfahren in letzter Zeit stärker eingeführt. Die Prüfung ist leicht durchführbar und erfordert ebenfalls nicht eine besondere Probe.

Für exakte quantitative Untersuchungen wählt man für die in Frage stehenden Messungen jedoch meist besondere Probenformen. Die bei erschmolzenen Werkstoffen benutzten Proben scheiden wegen ihrer Größe meistens aus. Ähnlich wie beim Zugversuch ist auch hier die Verwendung von Mikroproben angezeigt. Zu einer Normung der Probenform und der Versuchsdurchführung ist es bisher noch nicht gekommen. A. Squire verwendet bei seinen Versuchen über die Scher- und Biegefestigkeit Proben mit 6,35 mm Durchmesser, die aus Vierkantsinterstäben durch spangebende Bearbeitung herausgearbeitet waren. Für die Bestimmung der Scher- und Biegefestigkeit ist die von M. Chevenard entwickelte Mikrozerreißmaschine gut geeignet, die nach einem einfachen Umbau auch für diesen Zweck eingesetzt werden kann. Der für diese Maschine erforderliche Biegestab hat einen Durchmesser von 2 mm bei 22 mm Länge. Der Scherstab ist 25 mm lang und hat einen Durchmesser von 1,5 mm. Diese Proben muß man also aus geeigneten Preßteilen herausarbeiten. Hierfür gilt natürlich auch die Beachtung all der Vorsichtsmaßnahmen, auf die bereits bei der Beschreibung des Mikrozerreißstabes hingewiesen wurde.

Die Schlagfestigkeit ist ursprünglich verschiedentlich nach Art des Kerbschlagversuches durchgeführt worden. Man hat diese Versuchsdurchführung aber wieder aufgegeben. Da die im Sinterteil vorhandenen Poren wie viele kleine Kerbe wirken, ermittelt man an einer zu ätzlich gekerbten Probe deshalb meistens derart geringe Meßwerte, daß eine exakte Auswertung sehr erschwert ist. Man bestimmt deshalb nicht mehr die Kerbzähigkeit, sondern einfach die Schlagfestigkeit an ungekerbten Proben. Bei der Prüfung von

Proben, die nach dem Doppelpreßverfahren aus Walzensinterpulver hergestellt waren, wurden Werte der Schlagfestigkeit von 6 bis 7 mkg/cm² beobachtet. Man hat also bei ungekerbten Proben einen recht gut auswertbaren Bereich zur Verfügung. Auch den Schlagversuch nimmt man bei Sinterteilen zweckmäßig an kleinen Proben mit Abmessungen von 3 × 3 bis 5 × 5 mm² bei ca. 60 mm Länge vor. A. Squire benutzte Proben mit 5,7 × 5,7 × 50 mm. Bei eigenen Untersuchungen hat sich ein kleines Pendelschlagwerk mit auswechselbaren Hämmern und einer maximalen Schlagarbeit von 300 cmkg sehr bewährt.

In der Werkstoffprüfung der Eisen- und Stahlindustrie nimmt die Bestimmung der Dauerstandfestigkeit und der verschiedenen dynamischen Eigenschaften, wie Dauerwechselfestigkeit usw., einen weiten Raum ein. In dieser Hinsicht ist auf dem Gebiet des Sintereisens und Sinterstahls bisher praktisch noch nichts bekannt geworden. Das liegt zum Teil daran, daß die vorhandenen Prüfeinrichtungen durchweg auf die im Vergleich zu den Verhältnissen in der Pulvermetallurgie sehr großen Abmessungen der Prüfstäbe abgestimmt sind. Für die Bestimmung dieser Festigkeitseigenschaften können ebenso, wie die Mikro-Zerreißmaschine schon für die Zugfestigkeit, Streckgrenze und Dehnung, weitere zwischenzeitlich von M. P. Chevenard[1] entwickelte Prüfmaschinen große Bedeutung gewinnen. Mit diesen Geräten ist die Bestimmung der Mikrotorsionsfestigkeit, der Mikrodauerstandfestigkeit, der Mikrowechselfestigkeit und Mikroschlagfestigkeit möglich.

In Erkenntnis der Tatsache, daß den Festigkeitseigenschaften bei Sinterwerkstoffen eine andere Bedeutung zukommt als bei den regulinischen Werkstoffen, haben sich für verschiedene Teile und Beanspruchungsarten verschiedentlich spezifische, mehr qualitative Prüfverfahren eingeführt, die gewisse Schlüsse auf die Bewährung der Teile in der Praxis zulassen sollen. F. V. Lenel[2] berichtet beispielsweise über die Prüfung eines ringförmigen Teils, von dem eine gewisse Schlagfestigkeit verlangt wird. Hier sagt die Messung der Zugfestigkeit bekanntlich nichts Genaues aus, denn ein Sinterkörper kann zwar eine gewisse Festigkeit besitzen, braucht aber andererseits nicht zäh genug zu sein, um einer gewissen Schlagbeanspruchung standzuhalten und umgekehrt. Man ging zur Prüfung dieser Teile, wie in Abb. 174 dargestellt ist, so vor, daß ein Teil in einen Schraubstock eingespannt wurde, wobei die eine Seite des Spaltes mit

---

[1] Chevenard, M. P.: Rev. Mét. 38, 1941, Dez.; 39, 1942, Febr., März, April.
[2] Lenel, F. V.: Automobile Engnr. 33, 1943, S. 415-418.

der Schraubstockfläche fluchtet. Die Prüfung wurde dann so durchgeführt, daß ein bestimmtes Gewicht aus einer bestimmten Höhe fallend den Körper nicht brechen durfte und das gleiche Gewicht aus geringerer Höhe fallend keinen Riß verursachen durfte. Die Abb. 175 zeigt ebenfalls nach F. V. Lenel die Prüfung eines komplizierten Stückes, von dem ebenfalls Schlagfestigkeit verlangt wurde[1]. Das Stück mußte mit seiner Längsabmessung in Preßrichtung liegend gepreßt werden. Infolgedessen waren in der Mitte des Teiles die ungünstigsten Eigenschaften zu erwarten. F. V. Lenel ging bei der Prüfung dieses Körpers davon aus, daß er, wenn er an dieser Stelle der Beanspruchung durch Biegung gewachsen war, im ganzen entsprechen dürfte. Die Prüfanordnung war, wie Abb. 175 erkennen läßt, darüber hinaus so ausgebildet, daß gleichzeitig bei dem Biegevorgang die

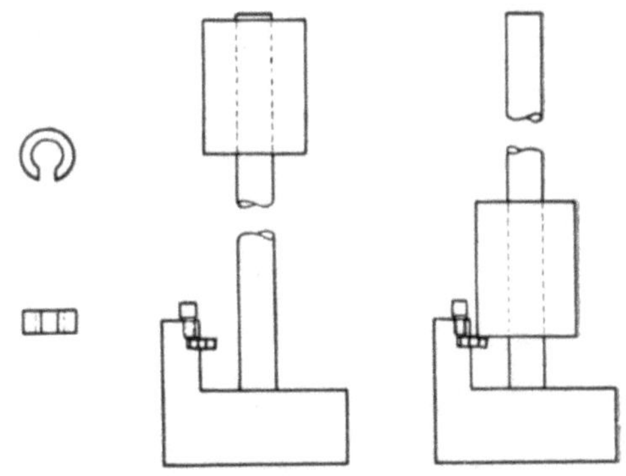

Abb. 174. Vorrichtung zum Prüfen eines ringförmigen Sinterteiles auf Schlagfestigkeit (F. V. Lenel).

Stelle, an der der flanschartige Ansatz und der Längsteil zusammentreffen, ebenfalls auf Biegung beansprucht wird. Da zwischen Biegung und Schlagfestigkeit beim Sinterkörper ein verhältnismäßig guter Zusammenhang besteht, konnte durch eine solche Prüfung Aufschluß über die Eignung des Teiles gewonnen werden.

Poröses Sintereisen hat bekanntlich als Lagerwerkstoff eine größere Anwendung gefunden (s. S. 359 ff.).

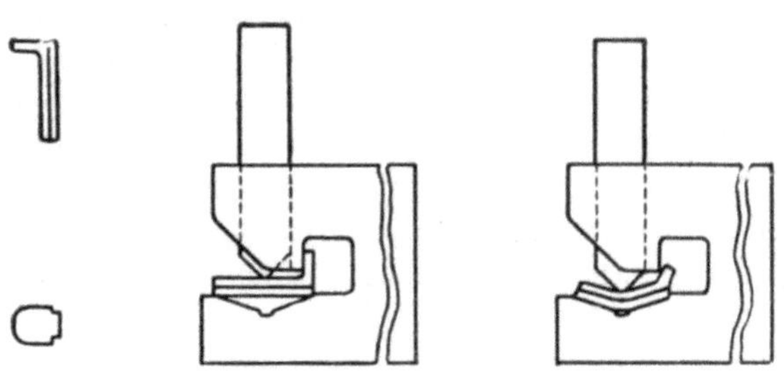

Abb. 175. Vorrichtung zum Prüfen eines Sinterteiles auf Biegefestigkeit (F. V. Lenel).

Die Beurteilung des Laufverhaltens erfolgt im allgemeinen nach den üblichen Methoden. Wichtig ist bei porösen Sinterlagern aber die Ölaufnahmefähigkeit. Weder die Dichte noch eine Tränkaufnahme geben hier einen genügend bewertbaren Aufschluß, da diese Größen nichts über die Porenform und ihre Verteilung

---

[1] Lenel, F. V.: Automobile Engnr. **33**, 1943, S. 415-418.

aussagen. Man pflegt hier nach F. Eisenkolb[1] eine Durchlässigkeitsprüfung vorzunehmen, für die man sich eines Gerätes nach Abb. 176 bedient. Der Meßvorgang ist sehr einfach. Mittels Druckluft wird das in dem Meßgerät befindliche Öl durch den mit Hilfe einer Spannvorrichtung öldicht mit der Apparatur verbundenen Prüfkörper durchgepreßt und die Zeit bestimmt, die eine bestimmte Ölmenge zum Durchfließen benötigt. Damit hat man ein Maß für die Durchlässigkeit des zylindrischen Ringes. Es sind beträchtliche Unterschiede zwischen Sinterteilen aus grobem und feinem Eisenpulver bei gleichem Porenvolumen feststellbar.

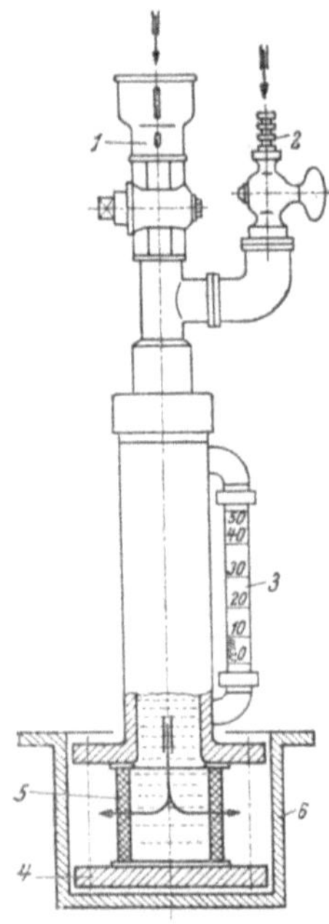
Abb. 176. Gerät zur Bestimmung der Öldurchlässigkeit von Sinterlagern (F. Eisenkolb).

X. Werkstoffe auf der Grundlage der Porosität des Sintereisens.

Obwohl man die Bedeutung der Porosität der Sinterwerkstoffe zur einfachen und wirtschaftlichen Lösung bestimmter technischer Aufgaben schon recht frühzeitig erkannte[2], begann die technische Ausnutzung beim Sintereisen im größeren Maßstab doch erst in den dreißiger Jahren. Die mit der Porosität verbundene Durchlässigkeit wurde für Filter und Dochte ausgenutzt, die Tränkfähigkeit ergab Anwendungen, für die die porösen, getränkten Sinterlager ein wichtiges Beispiel sind. Die mit der Porosität verbundene Plastizität und Verformbarkeit führte besonders im zweiten Weltkrieg in Dichtungsmassen, Führungsringen für Granaten und Pistolengeschossen zu einem mengenmäßig überragenden technischen Einsatz des Sintereisens.

A. Erzielung bestimmter Porosität.

Die Porosität kann sich in sehr verschiedener Weise ausbilden (s. S. 183 ff.). Je nach Art und Korngrößenverteilung des verwandten Eisenpulvers, der Höhe des aufgewandten Preßdruckes und den gewählten Sinterbedingungen ist die Porengröße, Porenform und Porenverteilung in gewissem Rahmen zu beeinflussen. Man hat es also in der Hand, sowohl durch entsprechende Pulver-

---

[1] Eisenkolb, F.: Die Abnahme **6**, 1943, S. 73-76.
[2] D.R.P. 218887 (1908).

eigenschaften als auch durch die Wahl der Preß- und Sinterbedingungen die Porosität den an den Werkstoff gestellten Anforderungen anzupassen.

Über den bei Pulvern durch einfache Packung bzw. durch
Klopfen erzielbaren Porositätsgrad liegen eine Reihe von Untersuchungen vor. R. Meldau und E. Stach[1] stellten fest, daß
man bei systematischer Lagerung von Kugeln gleicher Größe aufeinander einen Kleinstwert des Porositätsgrades von rund 26%
erreichen kann. Die Porosität bei Kugeln gemischter Größe betrachteten L. C. Graton und H. J. Fraser[2]. Sie stellten fest,
daß durch Teilchen gleicher Größe immer ein Maximalwert der
Porosität erreicht wird. Ein Hinzufügen größerer und kleinerer
Teilchen setzt den Porositätsgrad herab. A. Westman und H. R. Hugill[3] fanden schließlich, daß unabhängig vom Stoff sich bei Einkorn-
systemen fast unabhängig von der Korngröße — untersucht wurden
Korngrößen zwischen 0,3 und 7 mm — ein Porositätsgrad von 36,9 bis
39,8% einstellt. In einem Zweikornsystem kann sich bei genügendem
Unterschied der Teilchengröße der Porositätsgrad bis auf 14,2%
erniedrigen. Zur Erzielung eines solchen Extremwertes soll in
der Substanz etwa 60 bis 70% Grobkorn vorhanden sein. Eine
mathematische Beziehung zwischen der Korngrößenverteilung eines
gegebenen Pulvers und dem mit ihm erzielbaren Porositätsgrad,
mit Hilfe derer man leicht für einen gewünschten Porositätsgrad
eine dazu erforderliche Kornzusammensetzung ableiten könnte,
existiert nicht. H. J. Fraser[4] konnte sogar zeigen, daß man beispielsweise einen Porositätsgrad von rund 33% durch die verschiedensten Siebanalysen erreichen kann, wie aus Zahlentafel 77
hervorgeht. In neuerer Zeit hat sich K. Konopicky[5] wiederum

Zahlentafel 77. *Einstellung eines Porositätsgrades von rund 33% durch verschiedene Korngrößenverteilung* (H. J. Fraser).

Korngrößenverteilung in %			Porosität in %
1,3 mm	2,3 mm	8,1 mm	
10,51	9,63	79,86	33,32
29,57	41,39	29,04	33,84
41,43	29,84	28,55	33,13
10,17	44,48	45,34	33,39

[1] Meldau R. u. E. Stach: Ber. d. Reichskohlenrats, 1933, C 56.
[2] Graton, L. C. u. H. J. Fraser: J. Geol. (Chikago) 43, 1935, S. 785-909.
[3] Westman, A. u. H. R. Hugill: J. Am. ceram. Soc. 13, 1930, S. 767-779.
[4] Fraser, H. J.: J. Geol. (Chikago) 43, 1935, S. 910-1010.
[5] Konopicky, K.: Körnungsgesetze an Metallpulvern, erscheint demnächst.

mit diesem Problem befaßt. Seine Untersuchungen erstreckten sich vornehmlich auf Eisenpulver der verschiedensten Art. Nach ihm ist bei Mehrkornsystemen (grob-mittel-fein) die Auswertung in einem Dreieckskoordinatensystem vorteilhaft.

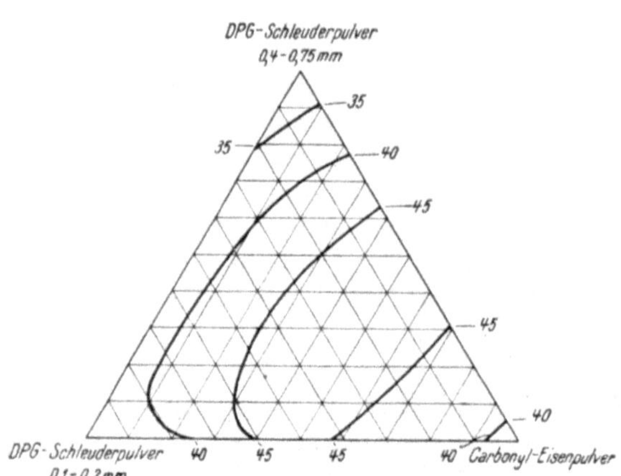

Abb. 177. Porositätsgrad einer geschütteten Eisenpulvermischung aus verschiedenen Korngrößen (DPG-Schleuderpulver und Carbonyleisenpulver) in Abhängigkeit von der Konzentration der einzelnen Kornklassen (K. Konopicky).

Derartige Diagramme geben einen guten Überblick über den Einfluß der Korngröße und gegebenenfalls der Kornform auf den Porositätsgrad. Abb. 177 zeigt am Beispiel einer Pulvermischung aus DPG-Schleuderpulver und Carbonyleisen recht unterschiedlicher Korngröße, auf wie mannigfache Weise man bestimmte Porositätsgrade durch Schütten der Pulver erreichen kann. Im allgemeinen kann man für die Praxis etwa folgende Richtlinien zur Erzielung eines bestimmten Porositätsgrades geben:

1. Ein grobes Korn mit möglichst einheitlicher Korngröße ergibt grobe Poren bei großer Porosität. Demgegenüber führt Feinstpulver zur Feinporosität bei allerdings meistens noch gesteigerter Porosität.

2. Will man eine geringe Porosität erzielen, so empfiehlt sich die Verwendung eines Mischpulvers aus Grob- und Feinanteilen.

Über den Einfluß der Korngestalt ist zu sagen, daß kugelige Teilchen sich sehr gleichmäßig lagern können und demgemäß zu einer sehr gleichmäßig verteilten Porosität führen. Pulversorten mit sehr unregelmäßig geformten Teilchen dagegen verzahnen und verfilzen leicht und geben deshalb meistens eine sehr unregelmäßige Porenverteilung. Beim Pressen wird die Porosität natürlich verändert. Hier muß besonders auf die Verformungsfähigkeit der Teilchen hingewiesen werden, die durch Anpassen der Teilchen aneinander eine Verminderung des Porenraumes bewirkt, wie andererseits der gleiche Effekt durch das Hineindrücken kleiner Teilchen in Hohlräume hervorgerufen werden kann. Spröde und unregelmäßig geformte Teilchen lassen einen solchen Vorgang schwerer zu und führen häufig auch zum Einschluß gewisser Luftmengen, die beim Sintern von Bedeutung sein können. Die Verdichtungsvorgänge beim Pressen sind im übrigen schon eingehend beschrieben worden, weshalb an dieser Stelle auf diese Ausführungen verwiesen sei (s. S. 121 ff.). Das gleiche gilt vom Einfluß der Sinterbedingungen auf die Porosität (s. S. 184 ff). Dazu sei noch einmal betont, daß die im Preßkörper sich einstellende Porosität und vor allem die Porenverteilung noch keineswegs die endgültige nach dem Sintern vorhandene Porosität zu bestimmen braucht. Hier ist die Temperaturführung sowie die Sintertemperatur und -zeit selbst von wesentlichem Einfluß. Beim Sintern können bekanntlich Feinstporen durch Adhäsions- oder Schwindungskräfte geschlossen werden, so daß Feinstpulverkörper nach dem Sintern meistens dichter sind als Körper aus grobkörnigen Pulvern. Andererseits können natürlich eingeschlossene Gase während der Sinterung wiederum Poren bilden, die man nach C. G. Goetzel[1] als „Sekundärporen" bezeichnen müßte und die nach seinen Untersuchungen im wesentlichen durch die Korngröße des verwandten Pulvers, die Sintertemperatur und Sinteratmosphäre beeinflußt werden können. Derartige Poren sind natürlich häufig geschlossene Poren, die manchmal unerwünscht sind. Während es nämlich in manchen Fällen, beispielsweise bei der Ausnutzung der Plastizität des porösen Sintereisens, nur auf die Eigenschaft der Porosität schlechthin ankommt, spielt bei Sinterlagern und Filtern die Verteilung der Poren und ihr innerer Zusammenhang eine wesentliche Rolle. Für Lager und Filter ist die Bildung sekundärer Poren, die auf dem Freiwerden von eingeschlossenen Gasen oder auf Reaktionen, bei welchen Gase gebildet werden, beruht, unerwünscht. Nach Patentvorschlägen[2] umgeht man eine derartige Porosität, indem man den Körper bei niedrigeren Temperaturen, vorzugsweise bei etwa 650°, vorsintert. Dabei können die sich bildenden Gase frei austreten, da noch keine nennenswerte Verfestigung und kein Kornwachstum in dem vorgesinterten Körper eintritt. Bei einer anschließenden Hochtemperatursinterung wird dem Körper dann die notwendige Festigkeit verliehen.

Bei der Herstellung von Körpern mit großem Porenraum und vorwiegend offenen Poren für Filter geht man oft von locker geschüttetem Pulver aus. Als Gefäße verwendet man keramische oder mit Metalloxyd eingestaubte Metallformen. Die Art der

---

[1] Goetzel, C. G.: Metals & Alloys 12, 1940, S. 30-35 u. 154-157.
[2] D.R.P. 541515 (1928), 564254 (1928), 608122 (1929); E.P. 244895 (1924), 311141 (1928), 332052 (1929), 452411 (1934).

Wärmebehandlung muß unter Berücksichtigung des oben Gesagten erfolgen. Zur Erzielung guter mechanischer Eigenschaften sintert man meistens bei hohen Temperaturen. F. Siegmund[1] schlägt vor, zur Erzielung guter mechanischer Eigenschaften die Sinterung unter Wasserstoffunterdruck oder im Vakuum vorzunehmen.

Schließlich muß noch auf eine Reihe von Patentvorschlägen[2] hingewiesen werden, die sich mit der Erzielung eines gewünschten Porositätsgrades durch Zugabe von festen Stoffen zu Eisenpulvern beschäftigen, die sich bei der Sinterung verflüchtigen und dadurch offene Poren hinterlassen. Diese Zusätze sollen bei der Erzeugung von Sintereisenlagern eine Rolle spielen. Es scheint aber so, als ob ihre Bedeutung zumindest etwas überschätzt wird.

Nach diesen allgemeinen Vorbemerkungen sollen die verschiedenen Anwendungsgebiete des porösen Sintereisens in der Reihenfolge ihrer Bedeutung besprochen werden.

B. Sintereisenlager.

1. Geschichtlicher Überblick.

Obwohl schon 1908[3] der Vorschlag gemacht wurde, poröse, durch Sintern hergestellte und mit einem Schmiermittel getränkte Formkörper als Lager zu verwenden, kamen erst vor etwa 15 bis 20 Jahren poröse Sintermetall-Gleitlager aus Bronze über Amerika nach Europa. E. Rohde[4] wendet sich mit Recht gegen die damals aufgetauchte Bezeichnung „Öllos-Lager" (oilless bearing), da auch die Sinterlager nicht ohne Schmierung laufen. Der Schmierstoff wird diesen Lagern durch Tränkung des porösen Sinterkörpers in Öl vor dem Einbau zugeführt. Bei Erwärmung tritt er aus den Poren und Kapillaren aus und bedeckt die Lageroberfläche mit einem zusammenhängenden, gut haftenden Schmierfilm, so daß auch ohne laufende Zufuhr von Öl über einen längeren Zeitraum ein ausgezeichneter Schmierzustand aufrechterhalten werden kann. Die Bezeichnung „selbstschmierende Lager" trifft diese Verhältnisse am besten. Dieser Ausdruck umfaßt auch sehr gut die Unabhängigkeit der Sinterlager von einer kontinuierlichen Zufuhr von neuem Schmierstoff sowie die sehr guten Notlaufeigenschaften[5] (s. S. 349).

---

[1] Ö.P. 113314 (1927).

[2] Skaupy, F.: Metallkeramik, 3. Auflage, Verlag Chemie, Berlin: 1943, S. 220.

[3] D.R.P. 218887 (1908).

[4] Rohde, E.: Z. VDI 85, 1941, S. 834-836.

[5] Heidebroek, E.: Z. VDI 88, 1944, S. 205-207.

Die zunächst bei niedrigen Lagerbeanspruchungen eingesetzten grobporigen Sinterlager zeigten ein derartig günstiges schmiertechnisches Verhalten, daß es nahe lag, sie auch bei höheren Lagerbeanspruchungen einzusetzen. Die technische Entwicklung führte hierbei zu feinporigen Lagern mit höherer Dichte und zu einem ständig stärker werdenden Ersatz der Sinterbronzelager durch Sintereisenlager, die eine zwei- bis dreimal höhere Festigkeit aufweisen. Da bei gesteigerten Beanspruchungen die beim Warmlaufen des Lagerwerkstoffes ausschwitzenden Schmierstoffmengen nicht mehr genügten, d. h. die Vorratsschmierung sich erschöpfte, ging man verstärkt auf Fremdschmierung wie bei geschmolzenen, massiven Lagern über. Mit der zusätzlichen Schmierung von außen beginnt bei den Sintereisenlagern ein verstärkter wirksamer Wettbewerb mit den üblichen erschmolzenen Gleitlagerwerkstoffen auf der Kupfer-Zinn-, Kupfer-Blei-, Kupfer-Blei-Zinn- und Blei-Zinn-Basis. Im Laufe des zweiten Weltkrieges hat man in Deutschland mit Erfolg Sintereisengleitlager an Stelle von Wälzlagern eingesetzt.

2. Herstellung poröser Sintereisenlager.

Von den mannigfachen auf dem Markt befindlichen Eisenpulvern haben sich als Ausgangsmaterial für die Erzeugung von porösen Sintereisenlagern Hametagpulver, Schleuderpulver und Schwammeisenpulver aus Schwedenerz durchgesetzt. Neben den Anforderungen, die an die Pulvereigenschaften zwecks Erzielung der gewünschten Lagereigenschaften gestellt wurden, sind für die Wahl dieser Pulver auch wirtschaftliche Gesichtspunkte maßgebend gewesen. Elektrolyteisenpulver ist beispielsweise trotz seiner günstigen Pulvereigenschaften in wirtschaftlicher Hinsicht nur bei sehr niedrigen Strompreisen und günstigen örtlichen Bedingungen billig herstellbar und konkurrenzfähig. Während in Amerika fast ausschließlich Schwammeisenpulver Verwendung findet, sind es in Deutschland vorzugsweise Hametagpulver neben oder in Mischung mit DPG-Schleuderpulver und in geringerem Umfang Schwammeisenpulver, die für die Sintereisenlagerfertigung eingesetzt werden.

Die Korngröße der eingesetzten Eisenpulver lag ursprünglich zwischen 30 und 500 μ, davon der Hauptsiebanteil zwischen 100 und 200 μ. Im Zuge der jüngsten Entwicklung ist man verstärkt zur Verwendung feinerer Pulver, etwa $< 150 \mu$ übergegangen, insbesondere bei Lagern, die Zusatzschmierung erhalten. Bei Einsatz von Schwammeisenpulver ist es möglich, Siebanteile bis zu 0,6 mm zu verwenden, da sich gröbere Pulveragglomerate aus

Reduktionspulvern sintertechnisch fast wie die feineren Einzelteilchen verhalten, aus denen sie aufgebaut sind. Zur Verbesserung der Preßeigenschaften werden die Eisenpulver unter Schutzgas reduzierend vorgeglüht. Die Güte der Reduktionsglühung, d. h. die erzielte Sauerstofffreiheit, ist besonders beim Pressen hoher und dünnwandiger Büchsen von ausschlaggebender Bedeutung. Für die Herstellung derartiger Büchsen hat sich die auf S. 285 erwähnte Doppelkolbenpresse bewährt. Dem geglühten Pulver werden oft preßerleichternde flüchtige Zusätze wie Maschinenöl, Paraffin, Stearinsäure oder wässerige Öl-Emulsion zugemischt; hierauf kann jedoch insbesondere bei Verwendung hartverchromter oder mit Hartmetall ausgekleideter Matrizen verzichtet werden. Das Zumischen von Graphit in Mengen bis 2%, von Blei oder Bleioxyd in Mengen von 0,5 bis 5% findet in geeigneten Mischtrommeln, Knetmaschinen oder Kugelmühlen statt. Die Zumischung von etwa 10 bis 20% Kupfer, die im Anfang bei der Herstellung von Sintereisenlagern üblich war[1], wird heute meistens nicht mehr vorgenommen, da die Laufeigenschaften kupferhaltiger Sintereisenlager denen kupferfreier nicht überlegen sind. Auch die Zugabe von Blei[2, 3], die bevorzugt in Form von Bleioxyd erfolgt, das bei der Sinterung durch den zugesetzten Graphit oder durch das Schutzgas reduziert wird, ist ebenso wie die Zugabe von Eisensulfidpulver sehr umstritten. Die Verfasser schließen sich in diesem Punkt der Ansicht von E. Heidebroek an[4].

Das Verpressen des Eisenpulvers oder der Pulvermischungen zu Buchsen oder zylindrischen Formkörpern erfolgt mit Drücken von 2 bis 4 t/cm² auf hydraulischen oder mechanischen Pressen. Ein gewisses Spiel zwischen Stempel und Matrize verhindert gemäß den Ausführungen in Kap. 8 Preßfehler in den Formkörpern und erleichtert das Entweichen der Luft aus den Pulvern während des Verdichtens. Um den Verschleiß der Preßmatrizen herabzusetzen, ist eine Hartverchromung oder, bei kleineren Preßwerkzeugen, eine Herstellung der mit den Pulvern in Berührung kommenden Teile aus Sinterhartmetall zweckmäßig. Um eine möglichst gleichmäßige Druckverteilung im Preßling zu erzielen, empfehlen sich schwebend gefederte Preßwerkzeuge, bei denen der Druck von unten und von oben wirken kann (s. S. 285).

Die Preßkörper werden sodann unter Schutzgas gesintert.

---

[1] A.P 1974173 (1930); E.P. 423582.

[2] Koehler, M.: Demag-Nachr. 14, 1940, S. 29-35.

[3] Neuse, O.: Techn. Mtt. Essen, H. 3/4, 1941, S. 17-25; Demag-Nachr. 15, 1941, S. 4-11.

[4] Heidebroek E.: Z. VDI. 88, 1944, S. 205-207.

Während bei der Herstellung poröser Bronzelager wegen der dort ausreichenden niedrigen Sintertemperatur gern Tiegel- oder Haubenöfen mit Nickel-Chrom-Heizleitern (s. S. 294) eingesetzt wurden, finden bei der Sinterung poröser Eisenlager bei Sintertemperaturen zwischen 1050 und 1250° zweckmäßig Durchsatzöfen mit Molybdänheizleitern Verwendung (s. S. 295). Die Preßkörper werden dabei in Schiffchen aus Eisenblech eingepackt. Durch Verwendung der molybdängeheizten Sinteröfen ist es möglich, oberhalb der früher üblichen Höchsttemperatur von 1050° zu arbeiten, so daß sich infolge Verkürzung der Sinterzeit der Ausstoß erheblich steigern läßt. Je nach Höhe der angewandten Sintertemperatur beträgt die Sinterdauer eine halbe bis drei Stunden. Als Schutzgas verwendet man neutrale oder reduzierende Atmo-

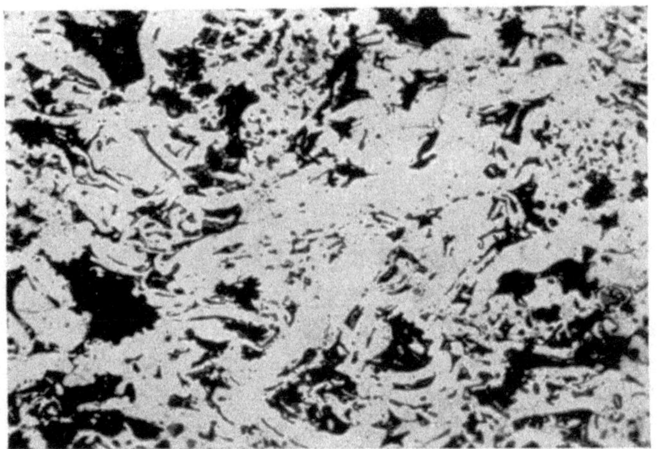

Abb. 178. Gefüge eines Lagerwerkstoffes aus porösem Sintereisen (× 150).

sphäre wie z. B. Wasserstoff, gespaltenes Ammoniak oder ein Schutzgas, das durch unvollständige Verbrennung von Leuchtgas, Propan usw. erzeugt wird.

Unter den genannten Herstellungsbedingungen erhält man aus Eisenpulver ohne irgendwelche weiteren Zusätze gemäß den Ausführungen in Kap. 5 (s. Zahlentafel 52, S. 216) einen Werkstoff mit einer Dichte von 5,5 bis 6,4 entsprechend einem Porositätsgrad von 30 bis 20%, einer Zugfestigkeit von etwa 6 bis 15 kg/mm² und einer Dehnung von 1 bis 5% (über weitere Eigenschaften s. den nächsten Abschnitt). Das Gefüge besteht aus reinem Ferrit (Abb. 178), die Poren sind in ihm gleichmäßig verteilt. Während man früher die Erzeugung eines verhältnismäßig grobporigen Lagerwerkstoffes anstrebte, ist man in neuerer Zeit mehr und

mehr zu feinporigen Sintereisenlagern übergegangen, die eine
höhere Festigkeit aufweisen, die aber insbesondere bei höheren
Belastungen gegebenenfalls Zusatzschmierung erhalten müssen.

Zur Verbesserung der Festigkeitseigenschaften und des Laufverhaltens hat man in neuerer Zeit übrigens verschiedene Wege
beschritten, die in diesem Zusammenhang kurz erwähnt seien.
Durch eine Zugabe von Graphitpulver kann man einen Teil des
Ferrits in den verschleißfesteren Perlit überführen und erhält
dann ein Gefüge gemäß Abb. 179. Durch Nitrieren, Aufschwefeln
und Einsatzhärtung mit Aufkohlungsmitteln läßt sich eine verschleißfestere Oberflächenschicht der Buchsen erreichen (s. S. 417).
Eine Bewährung derartiger Lager, denen ein „Schwimmen" der
Härtungsschicht auf weicher Unterlage nachgerühmt wird, in der
Praxis steht noch aus.

Abb. 179. Gefüge eines Sintereisenlagers mit 0,5% Kohlenstoff
(Ferrit und Perlit) (× 200).

Viel Beachtung hat ein Vorschlag von F. V. Lenel[1, 2] gefunden,
wonach besonders harte und verschleißfeste Sintereisenlager dadurch erhalten werden, daß graphitfreie oder graphithaltige poröse
Sintereisenlagerkörper einer Wasserdampfbehandlung bei etwa
580° in einem geschlossenen Behälter unterzogen werden. Dabei
werden die Porenwandungen zu Eisenoxyd oxydiert. Vor einem
zu weit gehenden Angriff werden die Poren durch die oberflächlich
gebildete Oxydschicht geschützt; die Oxydation hört somit selb-

<hr>

[1] Lenel, F. V.: s. Iron Age 148, 1941, S. 29-35 u. 100, 30. Okt.,
s. H. Wiemer: Stahl u. Eisen 62, S. 800-801. s. Powder Metallurgy, Am.
Soc. Met., Cleveland (Ohio) 1942, S. 512-519.
[2] A.P. 2187589 (1938).

ständig nach etwa einstündiger Behandlung auf. Je nach der durch den angewandten Preßdruck erzielten Dichte der Sinterkörper kann die Sauerstoffaufnahme zwischen 2 und 12% variiert werden. Auf Einzelheiten wird auf S. 418 nochmals eingegangen. Durch die Dampfbehandlung wird die Härte und Fließgrenze der Sinterkörper erheblich verbessert, die Zugfestigkeit um etwa 15% herabgesetzt. Außer als Lager werden derartig behandelte Körper nach F. V. Lenel auch als Führungen von Sägeblättern, als Ausstoßer in Öfen und Kältemaschinen und schließlich als Kolben in Diesel-Brennstoffpumpen empfohlen.

An die Sinterung schließt sich das Tränken oder Imprägnieren der Formkörper mit hochwertigem, nicht harzendem Maschinenöl an, dessen physikalische Eigenschaften, wie z. B. der Siedepunkt und die Viskosität, den Verwendungsbereich und die Reibungsverhältnisse in gewisser Weise bestimmen (s. auch Abschnitt 3, S. 349). Die Tränkung wird bei Temperaturen von 90 bis 120^0 vorgenommen. Das Ende des Tränkungsvorganges macht sich durch Aufhören des Schäumens des Bades (entweichende Luftblasen) bemerkbar und ist meist nach 30 bis 60 Minuten erreicht. Die Eisenlager nehmen etwa 20 bis 30% ihres Volumens an Schmieröl auf, was ungefähr 1,8 bis 3,5 Gewichtsprozenten Öl entspricht.

Falls genügend hohe Stückzahlen in Frage kommen, werden die Sintereisenlager in besonderen Preßwerkzeugen weitgehend mit Fertigmaßen gepreßt. Es empfiehlt sich also, daß der Konstrukteur auf vorhandene Preßwerkzeuge Rücksicht nimmt und bei neuen Lagerformen von Anfang an sinnvoll normt.

Da die porösen Lager bei der Sinterung infolge der selten ganz idealen Druckverteilung im Preßkörper meist ungleichmäßig schrumpfen oder unter Umständen bei Graphitzusatz sogar leicht wachsen, da ferner gewisse Oberflächenrauhigkeiten (Sinterhäute) auftreten, müssen die Sinterkörper einer Nachbearbeitung unterzogen werden. Bei grobporigen Sinterlagern ist ein Kalibrieren der vorgetränkten Lager auf mechanischen oder hydraulischen Kalibrierpressen am zweckmäßigsten, wobei sich mit Sinterhartmetall ausgekleidete Kalibrierwerkzeuge bewährt haben. Bei feinporigen Lagern können, um das Zuquetschen der Poren zu vermeiden, diese mit Hartmetall- oder Diamantwerkzeugen spanabhebend bearbeitet werden. Das billigere Kalibrieren kann jedoch auch hier ohne wesentlichen Nachteil angewandt werden, zumal sich durch das Nachpressen beim Kalibrieren eine mechanische Verdichtung der Lauffläche und dadurch eine gegebenenfalls höhere Belastbarkeit ergibt.

3. Eigenschaften von porösen Sintereisenlagern.

Von den Eigenschaften der Sintereisenlager interessieren einerseits die physikalischen und mechanischen Eigenschaften, andererseits das Laufverhalten. Über beide Gruppen von Eigenschaften finden sich im Schrifttum zum Teil erheblich voneinander abweichende Angaben, insbesondere über die Laufeigenschaften. Das ist einerseits auf die rasche Entwicklung gerade in den letzten Jahren, andererseits auf die recht unterschiedliche Qualität der von den verschiedenen Lagerfirmen erzeugten Werkstoffe zurückzuführen. Die physikalischen und mechanischen Eigenschaften und das Laufverhalten sollen getrennt voneinander besprochen werden.

a) Physikalische und mechanische Eigenschaften der Sintereisenlager.

Wie schon bei Besprechung der Herstellung von Sintereisenlagern erwähnt, erhält man bei Preßdrücken von 2 bis 4 t/cm² nach Sinterung bei 1000 bis 1250⁰ aus reinem Eisenpulver einen Werkstoff mit einer Dichte von 5,5 bis 6,4 g/cm³ entsprechend einem Porositätsgrad von rund 30 bis 20%, einer Festigkeit von 6 bis 15 kg/mm² und einer Dehnung von 1 bis 5%. Zahlentafel 78 vermittelt einen Überblick über die physikalischen und mechanischen Eigenschaften von porösen Sintereisenlagern bei Wahl verschiedener Ausgangsmaterialien und Anwendung verschieden hoher Preßdrücke. Zum Vergleich sind auch die Eigenschaften von zwei bekannten massiven Lagerwerkstoffen mit aufgeführt. Auf den Zusammenhang zwischen den aufgeführten Eigenschaften und dem Laufverhalten wird weiter unten noch kurz eingegangen. Von M. Koehler[1] wird von dem Werkstoff „Preßkö" zusätzlich zu den aufgeführten Daten noch ein Ausdehnungskoeffizient von 11 bis 12.10⁻⁶ und ein spezifischer elektrischer Widerstand von 0,47 Ω mm²/m angegeben. Diese beiden Werte dürften auch für die übrigen in Zahlentafel 78 angeführten Sinterwerkstoffe weitgehend zutreffen. Selbstverständlich würde man unter Anwendung höherer Preßdrücke noch höhere Festigkeitswerte erzielen können. Man geht aber mit Absicht über einen Dichtewert von etwa 6,4 g/cm³ nicht hinaus, da der Porositätsgrad sonst zu klein wird und sich schlechtere Notlaufeigenschaften ergeben. Wie der Werkstoff 7 lehrt, ist es aber bei Aufrechterhaltung eines genügend hohen Porositätsgrades möglich, durch Zugabe von Graphit und dadurch bedingte Überführung eines Teils des Ferrits in Perlit höhere Festigkeiten zu erreichen. In dieser Richtung dürfte sich die neuere Entwicklung bewegen, poröse Lagerwerk-

---

[1] Koehler, M.: Demag-Nachr. **14**, 1940, S. 29-35.

Zahlentafel 78. *Physikalische und mechanische Eigenschaften von porösen Sintereisenlagern im Vergleich zu bekannten massiven Lagerwerkstoffen.*

Lfd. Nr.	Pulver bzw. Legierung	Preßdruck t/cm²	Dichte g/cm³	Brinellhärte kg/mm²	Zugfestigkeit kg/mm²	Dehnung %	Druck-festigkeit kg/cm²	Ölaufnahme %
1	Preßkö.................	2,5	5,5	40 bis 60	12 bis 15	n. b.	3000	2,5 bis 3,5
2	Hametag grob < 0,4 mm...........	2,0	5,8	34	6 bis 8	2 bis 3	2500	2,5 bis 3,0
3	Hametag mittel < 0,25 mm..........	2,5	5,9	36	7 bis 9	2,5 bis 3,5	2800	2,0 bis 2,5
4	Hametag fein < 0,15 mm..........	3,0	5,8	41	9 bis 11	3 bis 3,5	3000	1,5 bis 2,0
5	Hametag und DPG-Schleuderpulver 1 : 1 < 0,15 mm..........	3,5	6,0	30 bis 40	7 bis 9	2 bis 3	2800	2,0 bis 2,5
6	Hametag u. Schwamm-eisen 1 : 1, < 0,3 mm	3,0	5,7	40 bis 50	8 bis 10	3 bis 4	3000	2,5 bis 3,3
7	Walzsinter < 0,3 mm + 0,5% Graphit	3,5	5,9	60 bis 100	18 bis 22	1 bis 3	3800	2,5 bis 3,0
8	Lagerbronze GBz 14 ...	—	8,7	85	20 bis 30	3 bis 6	n. b.	—
9	Weißmetall WM 80	—	7,5	27 bis 35	8 bis 9	keine	1230	—
10	Austauschmetall für WM 80:PbLgSn 6	—	9,6	24 bis 32	10 bis 11	keine	500 bis 1900	—

stoffe auf der Basis des Sintereisens mit weiter gesteigerter Tragfähigkeit zu schaffen.

Eingehend beschäftigte sich mit den Festigkeitseigenschaften
von porösem Sintereisen für Lager aus Schwammeisenpulver eine
neuere Arbeit von H. Unckel[1]. Neben reinem Eisen werden
die Eigenschaften von Pulvermischungen mit Graphit, Kupfer,
Blei und Zinn mitgeteilt. Die in Abhängigkeit vom Preßdruck
nach Sinterung unter Schutzgas aus gespaltenem Ammoniak mit
einigen Prozenten freiem Wasserstoff erhaltenen Werte für die
Dichte, Brinellhärte und Zugfestigkeit gehen aus Abb. 180 hervor. Bei Vergleich
der von H. Unckel
erhaltenen Eigenschaften mit den in
Zahlentafel 78 angegebenen fällt die im
Verhältnis zum angegebenen Preßdruck
verhältnismäßig geringe Dichte und Zugfestigkeit der Sinterkörper aus Schwammeisenpulver ohne Zusatz auf. Bei einer
magnetischen Nachreinigung des Pulvers,
einer Vorglühung
unter Wasserstoff oder
kohlenoxydhaltigem
Schutzgas und zwei

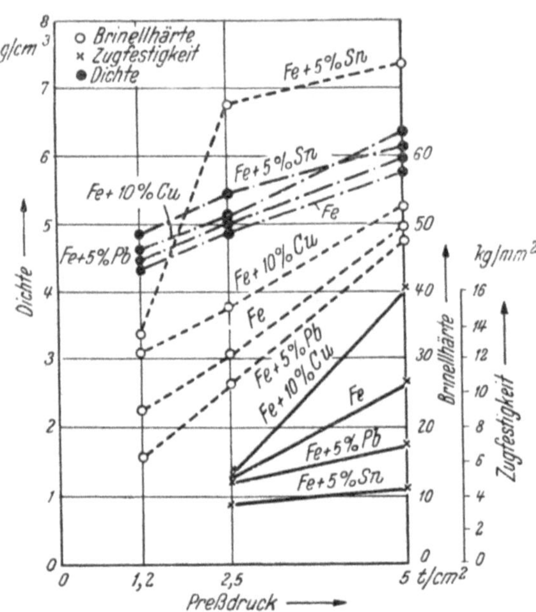

Abb. 180. Abhängigkeit der Dichte, Brinellhärte und
Zugfestigkeit von Sintereisen mit verschiedenen Zusätzen vom Preßdruck (H. Unckel).

seitiger Druckanwendung beim Pressen der untersuchten Rohlinge
würde H. Unckel zweifellos erheblich bessere Eigenschaften
erzielt haben.

b) Laufverhalten.

Erheblich umfangreicher als über die physikalischen und
mechanischen Eigenschaften sind die Unterlagen im Schrifttum
über das Laufverhalten von Sintereisenlagern. Bei aufmerksamem
Studium der in Frage kommenden Arbeiten[2-15] in der Reihenfolge

[1] Unckel, H.: Arch. Eisenhüttenwes. 18, 1943-1944), S. 125-30.

[2] Mann, H.: Gesinterte Lagermetalle. (In Kühnel, R.: Werkstoffe für
Gleitlager, Berlin: Springer-Verlag, 1939, S. 408-421.)

ihres zeitlichen Erscheinens stellt man deutlich den auffallenden Fortschritt fest, der in letzter Zeit hinsichtlich des Laufverhaltens, vor allen Dingen der möglichen Grenzbelastung erzielt wurde.

Einstimmig werden die guten Notlaufeigenschaften des ölhaltigen Sintereisens gerühmt[3, 6, 7, 9]. Darunter versteht man das Verhalten der Lagermetalle bei ungünstigen Betriebsverhältnissen, also beispielsweise bei abnehmenden Umfangsgeschwindigkeiten, bei teilweiser oder vollkommener Aussetzung der Schmierung oder sogar bei trockener Reibung*.

Das besondere Kennzeichen der porösen Sintereisenlager besteht also in ihrer Fähigkeit, ohne jede Ölzufuhr lange Zeit, bei bestimmten Belastungen stundenlang, mit niederen Temperaturen und sogar verminderten Reibungszahlen völlig gleichmäßig zu arbeiten. Nach E. Heidebroek[9] ist der physikalische Mechanismus eines solchen „stehenden Schmierzustandes" aus der hydrodynamischen Theorie in ihrem landläufigen Sinn nicht zu erklären und bedarf noch der genauen Untersuchung. Die hydrodynamische Schmiertheorie setzt nämlich eine völlig glatte, ideale Oberfläche voraus. Die Oberfläche von porösem Sintereisen ist aber auch bei sorgfältiger Bearbeitung, mikrogeometrisch betrachtet, stark zerklüftet, von Löchern und Aussparungen durchsetzt, in denen die Molekülketten des Schmierstoffes keine normale Verankerung finden können, so daß die für den Ölfilm wesentliche Grenzschicht sich an unzähligen Stellen von der Gegenfläche entfernt. Für Strömungen hoher Geschwindigkeit muß sich ein solcher Zustand

---

[3] Hummel, O.: Metallwirtsch. 19, 1940, S. 683-691 u. 979-983.
[4] Koehler, M.: Demag-Nachr. 14, 1940, S. 29-35.
[5] Neuse, O.: Techn. Mitt. Essen, H. 3/4, 1941, S. 17-25; Demag-Nachr. 15, 1941, S. 4-11.
[6] Rohde, E.: Z. VDI. 85, 1941, S. 834-836.
[7] Lüpfert, H.: VDI.-Forschungsheft 417, November/Dezember 1942.
[8] Hummel, O.: Metallwirtsch. 22, 1943, S. 206-210.
[9] Heidebroek, E.: Z. VDI. 88, 1944, S. 205-207.
[10] Girschig, R.: Rev. Mét. 42, 1945, S. 218-225.
[11] s. Metal Powder Rep. 1, 1946, S. 75.
[12] Prospekt der: Metallurgischen Aktiengesellschaft Eisen- und Hüttenwerke Thale, Thale/Harz, 1947.
[13] Prospekt: „Oilite", Chrysler Corp., Amplex Div., Detroit.
[14] Eisenkolb, F.: Arch. Metallkde. 1, 1947, S. 345-52.
[15] Rosenthal, E.: Gleitlager Handbuch, W. Degener Verlag, 1947.

* Infolge der unterschiedlichen Auffassung der verschiedenen Lagerfachleute über den Begriff der Notlaufeigenschaften geht H. Lüpfert auf sie näher ein und schlägt neue Prüfverfahren zur Ermittlung der Notlaufeigenschaften vor ([7]).

zweifellos ungünstig auswirken. Die günstigeren Anwendungsgebiete liegen hingegen bei verhältnismäßig kleinen Geschwindigkeiten bis höchstens 5 m/sec.

Nach O. Hummel[1] ist das in den Poren sitzende Schmiermittel als eine Vielzahl von Ölzuführungen aufzufassen. Die jeweils zu schmierenden Flächen werden also sehr klein. Damit wird vermieden, daß eine Mischreibung größere Inseln bildet, bei denen nahezu trockene Reibung vorliegt. Das aus den Poren austretende Öl wird also theoretisch jeweils einen zusammenhängenden Ölfilm bis zur nächsten Pore bilden. Es kommt dadurch schon bei kleinen Gleitgeschwindigkeiten eine hydromechanische Schwimmwirkung mit geringen Kräften zustande, deren Größe von der Menge des austretenden Öls direkt abhängig ist. Da ohne Zusatzschmierung diese Menge naturgemäß begrenzt ist, erklärt sich die Tatsache, daß eine solche Schmierung bei höheren Gleitgeschwindigkeiten wieder versagen muß, weil dann die zu einem derartigen Öldurchsatz erforderliche Ölmenge nicht mehr vorhanden ist. Sie würde für eine kurze Betriebszeit genügen, bis die in den Poren sitzende Ölmenge erschöpft wäre. Die dann einsetzende halbtrockene Reibung führt zu einer starken Erwärmung des Materials. Das noch vorhandene Öl schwitzt rasch aus, das Lager wird in kurzer Zeit zum Heißläufer. Tatsächlich finden diese theoretischen Erwägungen von O. Hummel im Versuch ihre volle Bestätigung. Sie geben gleichzeitig eine Erklärung für den grundsätzlichen Unterschied in der Belastbarkeit massiver und poröser Lagerwerkstoffe, wie ihn Abb. 174 ohne Absolutwerte für poröse und massive Lagerbronze schematisch widergibt[2]. Während massive Lager mit steigender Gleitgeschwindigkeit wachsende Belastungen aushalten, nehmen poröse Lager schon bei kleinen Gleitgeschwindigkeiten relativ hohe spezifische Lagerdrücke auf und zeigen im Bereich niedriger Drehzahlen ein Maximum der Belastbarkeit. Bei höheren Drehzahlen überschneiden sich die Belastbarkeitskurven der massiven und gesinterten Lager, so daß massive Lager bei höheren Gleitgeschwindigkeiten eindeutig überlegen sind. Das Schemabild gemäß Abb. 181 gilt in ihrem grundsätzlichen Verlauf auch für poröses Sintereisen. Über die absolute Höhe der Belastung, die man Eisensinterlagern bei den verschiedenen Gleitgeschwindigkeiten zumuten kann, finden sich im Schrifttum zum Teil recht widersprechende Angaben, deren Gründe schon oben angedeutet wurden. Während

---

[1] Hummel, O.: Metallwirtsch. **19**, 1940, S. 683-691 u. 979-983.
[2] Rohde, E.: Z. VDI. **85**, 1941, S. 834-836.

in den ersten Arbeiten[1] bei Gleitgeschwindigkeiten von 0,4 m/sec ohne Zusatzschmierung eine Grenzbelastung von etwa 40 kg/cm² genannt wird, die bei einer Gleitgeschwindigkeit von 2 m/sec auf

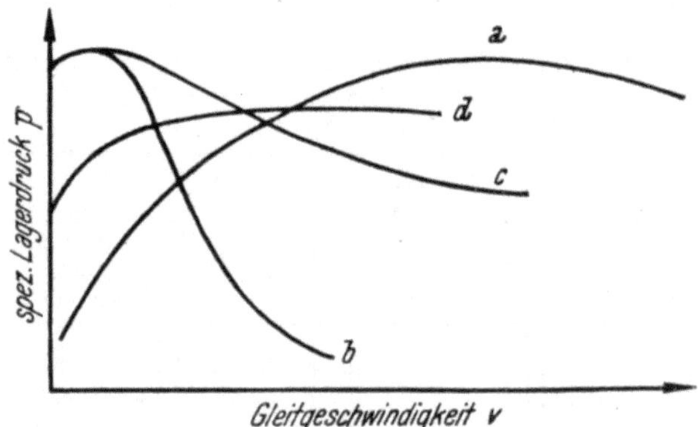

Abb. 181. Belastbarkeit von Sinter- und massiven Lager-
bronzen; schematisch (E. Rhode):
    a) massive Lagerbronze,
    b) Sinterbronze ohne Zusatzschmierung,
    c), d) verschiedene Sinterbronzen mit Zusatzschmierung.

weniger als 4 kg/cm² abfällt (s. Abb. 182), finden sich schon wesentlich höhere Werte in einer Arbeit von H. Lüpfert[2] (s. Zahlentafel 79). Den neuesten Stand der Technik dürften aber die Untersuchungsergebnisse von E. Heidebroek[3] darstellen. An fünf verschiedenen Sorten von Sintereisenlagern gemäß Zahlentafel 80, die von erfahrenen Sinterfirmen zur Verfügung gestellt worden waren, wurden die höchstens ertragenen Belastungen jeweils für Vollschmierung mit Drucköl, für sparsame Tropfschmierung und ohne Ölzufuhr in Abhängigkeit von der Zapfengeschwindigkeit ermittelt. Die Versuchsergebnisse sind in den Abb. 183 a bis e zusammengestellt. Sie zeigen, daß bei verschiedenen Sintereisensorten sowohl hinsichtlich der größten Tragfähigkeit bei Voll-

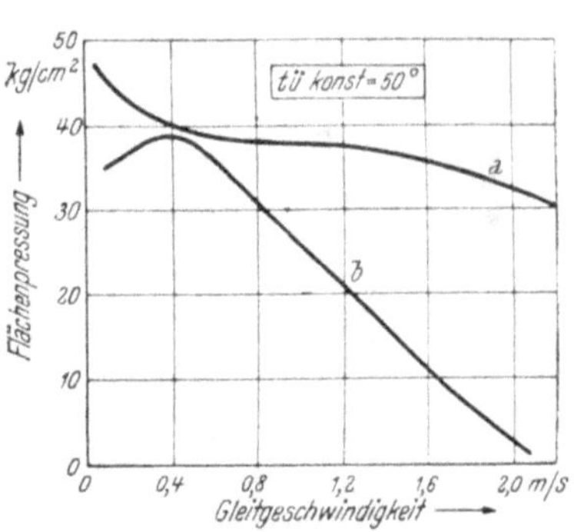

Abb. 182. Belastbarkeit von Sintereisenlagern gemäß Entwicklungsstand 1940 (O. Hummel):
  a) mit Fremdschmierung,
  b) selbstschmierend.

schmierung wie auch hinsichtlich des mehr oder weniger starken

[1] Hummel, O.: Metallwirtsch. 19, 1940, S. 683-691 u. 979-983.
[2] Lüpfert, H.: Z. VDI. 84, 1940, S. 967-970.
[3] Heidebroek, E.: Z. VDI. 88, 1944, S. 205-207.

Abfalls bei Tropfenschmierung bzw. Ölausfall beträchtliche Unterschiede auftreten können. Diese Verschiedenheit erklärt, daß auch die Urteile der Praxis über die Bewährung von Sintereisen häufig noch so verschieden ausfallen. Als hervorragend günstig

Zahlentafel 79. *Höchstzulässige spezifische Lagerbelastung verschiedener Lagerwerkstoffe bei 3 m/sek Gleitgeschwindigkeit nach dem Stand von 1940* (H. Lüpfert).

Lagerwerkstoff	Höchstzulässige Gleitgeschwindigkeit m/sek	Höchstzulässige Lagerbelastung in kg/cm²		
		bei einmaliger Schmierung	bei Dochtschmierung (sorgfältig nachgefüllt)	bei Umlaufschmierung
Zinnbronze	8	4 bis 6	20 bis 30	250 bis 300
Sondermessing	6	4 bis 6	25 bis 40	200 bis 250
Ölgetränkte Sinterbronze / Ölgetränktes Sintereisen	4	10 bis 12	20 bis 25	80 bis 100
Grauguß	5	3 bis 4	8 bis 10	40 bis 50
Aluminiumlegierung	8	1 bis 2	4 bis 6	250 bis 350
Magnesiumlegierung	6	1 bis 1,5	3 bis 4	70 bis 100
Feinzinklegierung	4	3 bis 4	10 bis 12	120 bis 150

Untere Grenzwerte: Weiche Welle (St. C 60.61, gewalzt, nicht vergütet). Obere Grenzwerte: Harte Welle (Einsatzgehärteter Stahl, Oberflächenhärte $R_C \, 150 = 62 - 65$).

Zahlentafel 80. *Ausgangspulver, Dichte und Bearbeitungszustand der gemäß Abb. 183a bis e auf ihr Laufverhalten geprüften fünf verschiedenen Sintereisenbuchsen* (E. Heidebroek).

Werkstoff	Pulverart	Körnung	Dichte g/cm³	Bearbeitung	Zusätze
a	Hametag	grob	5,8	gedreht	—
b	Reduktionspulver	„spezial"	5,5	gedreht	Blei
c	Hametag	fein	5,8	gedreht	—
d	Hametag	fein	5,8	gedreht	—
e	Hametag	mittel	6,4	kalibriert	—

anzusprechen sind die Buchsen nach Abb. 183 c, d und e. Die angegebenen Tragfähigkeitswerte zeigen den großen Fortschritt der letzten Jahre (vgl. mit diesen Ergebnissen die Werte in Abb. 182 und Zahlentafel 79), durch den es ermöglicht wird, in dem angegebenen Geschwindigkeitsbereich insbesondere beim Übergang zur Vollschmierung derartige Sintereisenlagerwerkstoffe auch an Stelle von hochwertigen massiven Lagerwerkstoffen mit hohen Anteilen an Legierungselementen einzusetzen. Nach E. Heide-

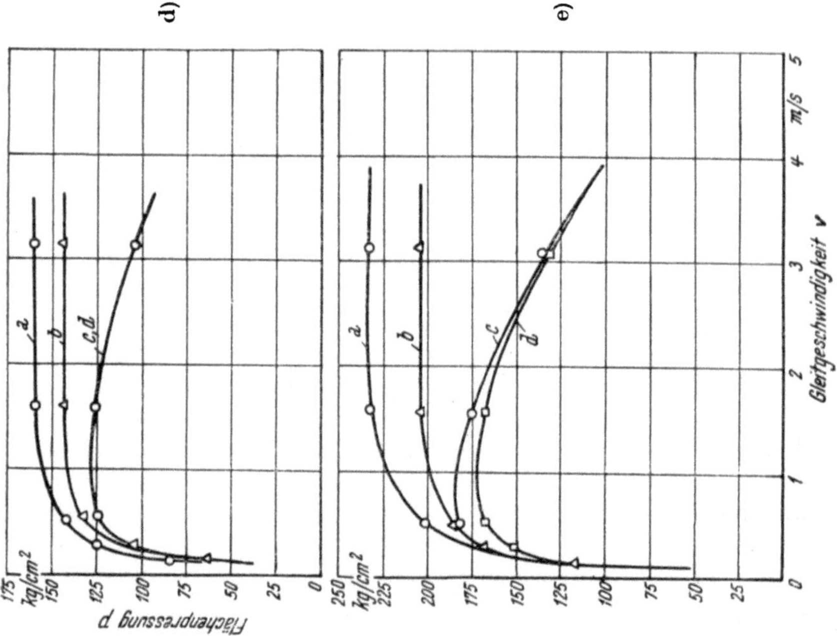

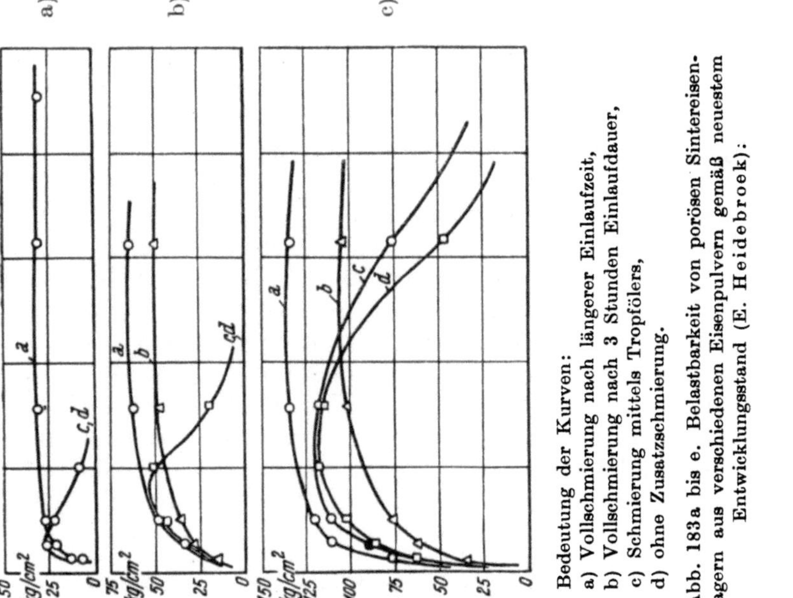

Bedeutung der Kurven:
a) Vollschmierung nach längerer Einlaufzeit,
b) Vollschmierung nach 3 Stunden Einlaufdauer,
c) Schmierung mittels Tropföters,
d) ohne Zusatzschmierung.

Abb. 183a bis e. Belastbarkeit von porösen Sintereisenlagern aus verschiedenen Eisenpulvern gemäß neuestem Entwicklungsstand (E. Heidebroek):

broek geht aus den Untersuchungen das grundsätzliche Ergebnis hervor, daß die Haupteigenschaften des Lagers in erster Linie durch den Porositätsgrad und die Feinheit der Körnung des verwandten Pulvers bestimmt werden. Der Porositätsgrad darf ein bestimmtes Maß nicht übersteigen, d. h. die Dichte muß einen gewissen Mindestwert aufweisen, der zweckmäßig etwa 5,8 g/cm³ beträgt. Ebenso muß die Körnung einen gewissen Feinheitsgrad erreichen. In diesem Zusammenhang sei noch auf eine jüngere Arbeit von O. Hummel[1] verwiesen. Jedoch ist weder eine zu hohe Dichte zwecks Verbesserung der mechanischen Festigkeit, noch ein zu hoher Feinheitsgrad der Körnung von Vorteil.

In der Kombination beider Größen gibt es zweifellos einen bestimmten Bestwert, wenn einerseits eine hohe allgemeine Tragfähigkeit, andererseits ein genügend breites Notlauffeld erreicht werden soll. Die Lagerschalen gemäß Abb. 183 a bis e zeigen deutlich, daß es den einschlägigen Sintereisenlagerfirmen schon gelungen ist, eine recht glückliche Kombination ausfindig zu machen.

Während man noch vor einigen Jahren auf dem Standpunkt stand, daß das Kalibrieren der Buchsen zu schlechteren Ergebnissen führt als die Feinstbearbeitung mittels geeigneter Hartmetall- oder Diamantwerkzeuge, mehren sich in jüngster Zeit die Stimmen, die dem Kalibrieren größere Erfolge zusprechen. Die Versuchsergebnisse von E. Heidebroek weisen in die gleiche Richtung. Das Übermaß des durchgezogenen Kalibers darf aber nicht zu groß gewählt werden, weil dann namentlich an den Kanten leicht Metallteile gelockert werden, die ausbröckeln und das Lager beschädigen können. Da die Kanten überhaupt etwas empfindlich sind, sollten sie stets leicht gebrochen werden.

Obwohl die von E. Heidebroek angegebenen Werte der Tragfähigkeit für die Werkstoffe 3 bis 5 schon ganz hervorragend sind, ist damit zu rechnen, daß einerseits durch Nachbehandlungen, die die Oberflächeneigenschaften verändern — Wasserdampfbehandlung nach F. V. Lenel[2], Nitrieren und Aufschwefeln —, andererseits durch Verwendung besonderer Ölsorten noch weitere Fortschritte erzielt werden. Der Einfluß der Ölart ist nämlich nach E. Heidebroek[3] beträchtlich. Versuche mit einzelnen hochzähen, hochmolekularen Ölen lassen danach eine erhebliche Verbesserung der Tragfähigkeit erwarten. Wenn man die hohe Schmier-

---

[1] Hummel, O.: Metallwirtsch. 22, 1943, S. 206-210.
[2] Lenel, F. V.: s. Iron Age 148, 1941, S. 29-35 u. 100, 30. Okt. s. Powder Metallurgy, Am. Soc. Met., Cleveland (Ohio) 1942, S. 512-519.
[3] Heidebroek, E.: Z. VDI. 88, 1944, S. 205-207.

fähigkeit der Sinterlager vielleicht mit Recht auf eine hohe Grenz-
flächenaktivität der gesinterten, vielfach vergrößerten Oberfläche
zurückführen kann, wird es unter Umständen gelingen, durch
stark grenzflächenaktive Schmierstoffe noch besondere Ergebnisse
zu erzielen.

4. Gestaltungsrichtlinien für Sintereisenlager und deren Einbau.

Aus preßtechnischen Gründen werden die Sintereisenlager
vornehmlich in Form möglichst einfach gestalteter zylindrischer
Buchsen eingesetzt. Das Anpressen eines Bundes bereitet gewisse
preßtechnische Schwierigkeiten. Es ist zu prüfen, ob der Kragen
zur Aufnahme von Achsialdrücken nicht durch lose Anlaufscheiben
ersetzt werden kann (s. Abb. 184).

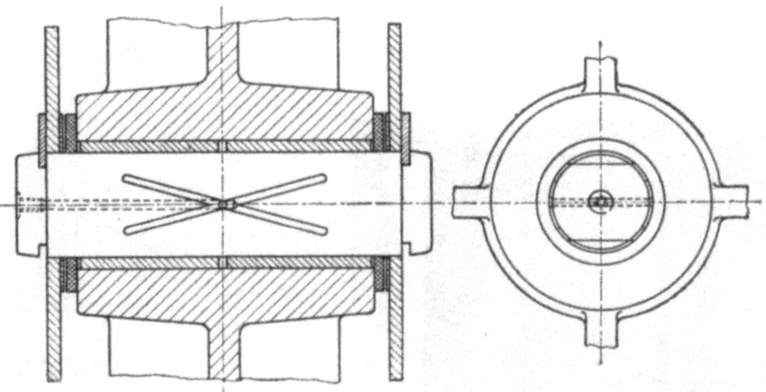

Abb. 184. Lagerung eines Kranlaufrades (M. Koehler).

Die Wanddicke soll reichlich, also etwa 0,2 d gewählt werden
(d = Zapfendurchmesser der Welle). Einerseits sind die porösen
Sintermetalle nicht so fest wie massive Lagerbuchsen, andererseits
ergibt die dickere Wandung eine größere Ölreserve. Die Wanddicke kann bei äußerer Schmierung natürlich so dünn gewählt
werden, wie es aus Festigkeitsgründen möglich ist, d. h. meist
bis 0,1 d herab. Die Mindestwandstärke soll im Interesse der
Ölaufnahme möglichst nicht unter 5 mm betragen. Technisch ist
es allerdings möglich, Teile bis zu 3 mm Wandstärke zu pressen.

Die Lagerlänge ist aus preßtechnischen Gründen immer abhängig von der Wandstärke. Dünne Buchsen können nicht in so
großen Längen ausgebracht werden wie dickwandige Buchsen.
Bei dünnen, langen Buchsen ist außerdem beim Sintern mit un-
gleichmäßigem Schwund zu rechnen. Nach M. Koehler[1] bestehen
folgende Zusammenhänge zwischen vorgegebenen Wandstärken
und lieferbaren Lagerlängen:

---

[1] Koehler, M.: Demag-Nachr. 14, 1940, S. 29-35.

Wandstärke 6 bis 7 mm rund 70 bis 100 mm Länge,
    ,,   8 ,, 10 ,,   ,, 100 ,, 120 ,,   ,, ,
    ,,   11 ,, 15 ,,   ,, 120 ,, 150 ,,   ,, ,
    ,,   über 15 ,,   ,,   180 ,,   ,, .

180 mm ist danach augenblicklich noch die Höchstgrenze für
die Länge. Bei Bedarf an langen Lagerteilen wird man tunlichst
überlegen, ob eine Unterteilung möglich ist, d. h. ob man mehrere
kurze Buchsen nebeneinander legen kann. Eine Verbindung der
Buchsen vor dem Tränken mit Öl ist sowohl durch Hartlötung
als auch durch Schweißung möglich, jedoch darf die Schweißnaht
nicht in die Lauffläche fallen. Bezüglich der beim Schweißen von
Sintereisen zweckmäßig einzuhaltenden Schweißbedingungen sei
auf entsprechende Ausführungen von O. Hummel[1] verwiesen.

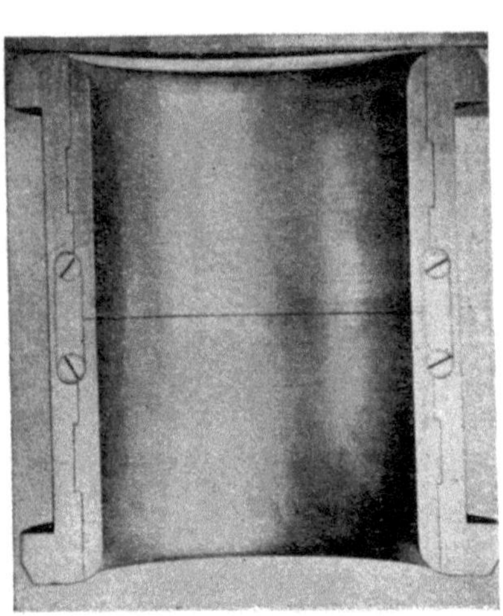

Abb. 185. Großes Sintereisenlager mit
Stahlstützschale (M. Koehler).

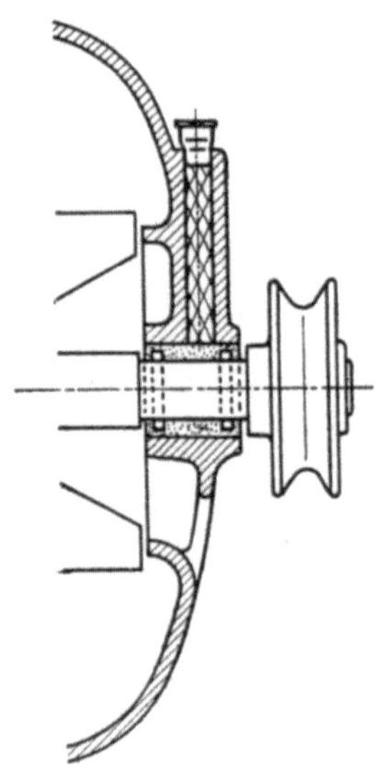

Abb. 186. Sintereisenlager
eines Kleinelektromotors mit
radialen Ölfangnuten
(E. Rohde).

Nach E. Rohde wählt man die Lagerlänge zwischen 0,5 und 1,5 d.

Im Gegensatz zur Länge bildet die Erzielung großer Durchmesser keine Schwierigkeiten. Grundsätzlich kann vom kleinsten
bis zum größten Durchmesser gepreßt werden.

Die Herstellung von Halbschalen ist in Einzelfällen (bei größeren
Lagern) möglich. Die Halbschalen werden grundsätzlich als Buchsen
gepreßt, die in zwei gleiche Teile zersägt werden. Der Schnitt-

<hr>

[1] Hummel, O.: Metallwirtsch. **22**, 1943, S. 206-210.

verlust kann entweder durch Zwischenlagen in den Teilfugen
ausgeglichen werden oder durch Wahl stärkerer Buchsen und
Nachdrehen nach dem Durchsägen. Die Haltbarkeit und Wirtschaftlichkeit solcher Lagerschalen wird erhöht, wenn sie je nach
Beanspruchung in Stützschalen aus Stahl oder auch Gußeisen
eingelegt werden. Die Sintereisenlagerschale wird hierbei entweder
durch eine Schweißnaht gehalten oder auch durch Haltelaschen
(Abb. 185).

Vielfach wird empfohlen, am Lagerrand
zwei Ölfangnuten einzudrehen. Das bei wärmer
werdendem Lager ausschwitzende Öl sammelt
sich dann hier und wird beim Abkühlen wieder
aufgesogen, geht also dem Lager nicht verloren.
Abb. 186 zeigt als Beispiel die Lagerung eines
Kleinelektromotors mit Dochtschmierung.

Beim Einbau der Sintereisenlager müssen
verschiedene Vorsichtsmaßregeln beachtet werden. Wegen der geringeren mechanischen Festigkeit, insbesondere hochporöser Lager, ist auf
besonders festen Sitz in der Bohrung des La-
gergehäuses zu achten. Das Einziehen der Lagerbuchsen geschieht am besten ohne Schlagbeanspruchung mit Spezialeinpreßdornen. Abb.

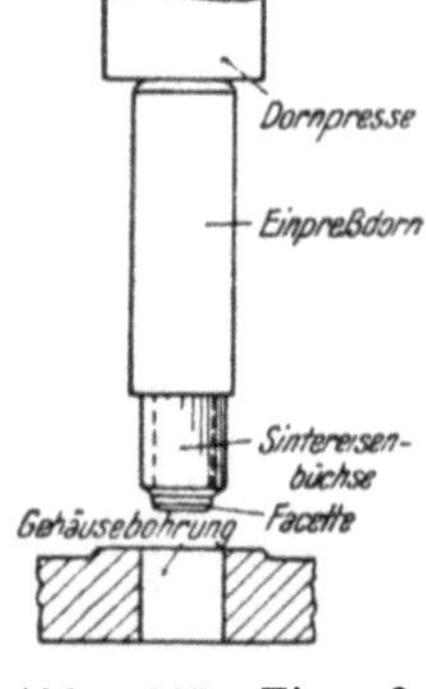

Abb. 187. Einpreß-
dorn für das Ein-
pressen von Sinter-
lagern (O. Hummel).

187 zeigt einen
zum Einpressen von Sintereisenlagern geeigneten Einpreßdorn
nach O. Hummel[1]. Die Buchse wird über den Dorn geschoben,
der genau zentriert in die Bohrung eingeführt wird. Der Dorn
erhält am unteren, verjüngten Ende den Fertigdurchmesser der
Lagerbohrung. Notfalls kann das Eintreiben auch mit dem Holz-
hammer geschehen. Abfasungen an der Buchse und am Gehäuse
erleichtern das Eintreiben. Beim Einpressen wird für die Bohrung
der Nabe ISA-Passung H 7 und für den Außendurchmesser der
Buchse r6 empfohlen.

In Abb. 188a bis d sind verschiedene Ausführungsformen
für den Einbau von Sintereisenlagern dargestellt[2]. Abb. 188a
zeigt den Einbau einer Buchse mit Bund durch Einpressen mit
Dorn in ein Gehäuseauge (Feinbohrung und Preßsitz). In Abb. 88b
ist der Einbau einer Buchse in ein Gehäuseauge und Verschluß
der Lagerstelle durch einen abnehmbaren Deckel zu sehen. Wie schon
in Abb. 186 gezeigt, ist auch hier die Buchse mit zwei radialen Nuten
an den Lagerenden zum Auffangen des Öls versehen. Der Einbau
des Lagers gemäß Abb. 188c entspricht weitgehend dem Beispiel

---

[1] Hummel, O.: Metallwirtsch. **19**, 1940, S. 979-983.
[2] Hummel, O.: Metallwirtsch. **19**, 1940, S. 979-983.

in Abb. 188b. Hier jedoch ist ein kleiner Ölsumpf vorgesehen, der das im Betrieb verlorene Öl ergänzen kann. Schließlich zeigt Abb. 188d den Einbau einer Sintereisenlagerbuchse in ein Spurlagerelement. Auch hier ist ein Ölsumpf vorgesehen, aus welchem die Buchse Öl nachsaugen kann.

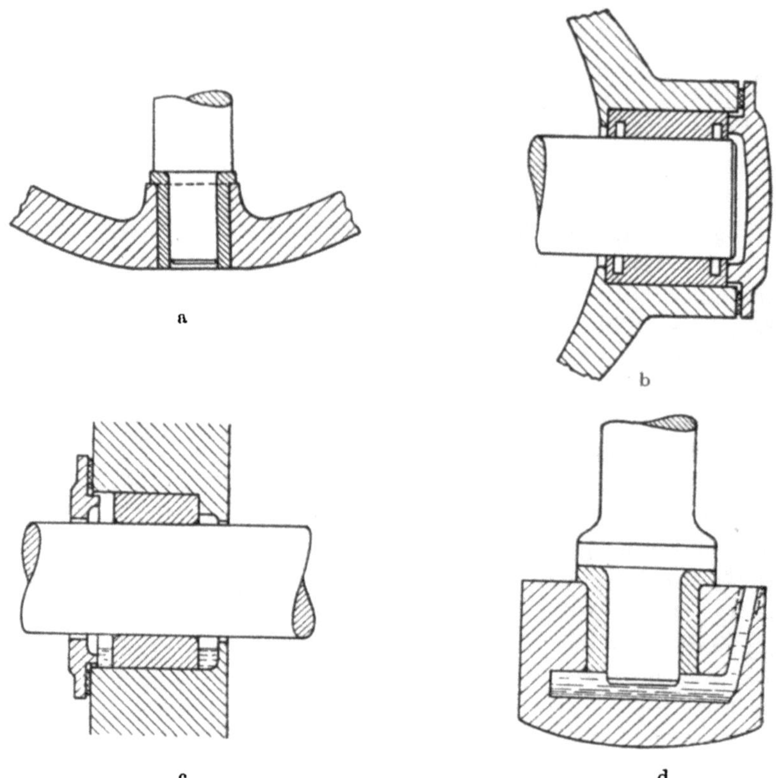

Abb. 188a bis d. Verschiedene Ausführungsveispiele für den Einbau von Sintereisenlagern (O. Hummel).

Das Lagerspiel wählt man nach E. Rohde[1] im allgemeinen gleich dem Spiel massiver Rotgußbuchsen, also zwischen 0,5 und $1{,}5^0/_{00}$ des Zapfendurchmessers. O. Hummel[2] empfiehlt gemäß Abb. 189 ein Lagerspiel zwischen 2,25 und $1{,}25^0/_{00}$, je nach dem Durchmesser des Lagerzapfens. Auf Grund umfangreicher Erfahrungen bei in jüngster Zeit durchgeführten Versuchen rät E. Heidebroek[3] dazu, das Lagerspiel nicht ohne zwingenden Grund unter 2 bis $2{,}5^0/_{00}$ des Zapfendurchmessers zu wählen. Es

[1] Rohde, E.: Z. VDI. 85, 1941, S. 834-836.
[2] Hummel, O.: Metallwirtsch. 19, 1940, S. 979-983.
[3] Heidebroek, E.: Z. VDI. 88, 1944, S. 205-207.

zeigt sich nämlich, daß eine große Verengung des Spieles die Tragfähigkeit nicht erhöht, sondern beeinträchtigt. Offenbar verlangt der besondere Mechanismus der Schmierung bei Sintermetallen eine bestimmte Dicke des Ölfilms. Bei seinen Laufversuchen wählte E. Heidebroek ein Lagerspiel von $4^0/_{00}$ mit offenbar sehr gutem Erfolg.

Poröse Eisensinterlager dürfen selbstverständlich nicht in stärkerer Erwärmung ausgesetzten Maschinenteilen eingebaut werden, um das Ausschwitzen des Öls zu verhindern. Der Zutritt von öllösenden Mitteln zu den Porenlagern muß ebenso wie die Verwendung von harzendem oder verschmutztem Öl, das die Poren zusetzt und verstopft, vermieden werden.

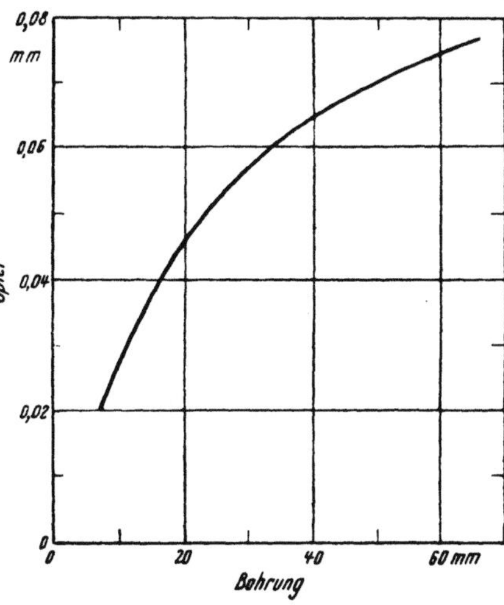

Abb. 189. Erforderliches Lagerspiel ibe Reineisensinterlagern (O. Hummel).

5. Anwendung von Sintereisenlagern.

Poröse Sintereisenlager können in den verschiedensten Industriezweigen mit Erfolg an Stelle von massiven Bronze-, Rotguß-, Messing-, Sondergußeisen- und Kunststofflagern eingesetzt werden. Sie sind jahrelang ununterbrochen betriebsfähig, besitzen eine gute Dämpfungsfähigkeit und arbeiten fast geräuschlos. Dies trifft für viele kleine Maschinen mit elektrischem Antrieb zu, die mit hohen Drehzahlen und geringen Lagerdrücken arbeiten. Erwähnt seien Zimmerventilatoren, Haartrockner, Haarschneidemaschinen, Staubsauger, Kühlschränke, Waschmaschinen, Zähler, Schalt- und Meßgeräte, kleine Bohrmaschinen, Handschleifmaschinen, Autoanlasser, Scheibenwischer usw. Für die Wahl von selbstschmierenden Lagern im Textil- und Nahrungsmittelmaschinenbau ist ausschlaggebend, daß aus diesen Lagerkörpern kein Öl im Betrieb austritt und die Erzeugnisse verschmutzt.

Eine ausgezeichnete Zusammenstellung von Beispielen für die Verwendung von Eisensinterlagern wurde von O. Hummel[1] gegeben (s. Zahlentafel 81). Die in der Tabelle aufgeführten Lager weisen zumindest eines der folgenden Merkmale auf:

1. Gleitgeschwindigkeiten unter 1,5 m/sec bei mäßigen Flächendrücken;

---

[1] Hummel, O.: Metallwirtsch **19**, 1940, S. 979-983.

Zahlentafel 81. *Anwendungsbeispiele für poröse Sinterlager in den verschiedensten Industriezweigen* (O. Hummel).

Industriezweig	Beispiele für die Anwendung von Sinterlagern
Maschinenbau:	Schwinglager mit nur geringer Belastung, Getriebe- und Gleitlager für kleine Stirn- und Schneckenräder mit schleichenden Gleitgeschwindigkeiten zwischen 0,1 und 1 m/s bei geringen Flächenpressungen. Gestängerundführungen, Hebellagerungen, Lager für Hand- und Betätigungsräder, Lager für Schaltgestänge, Gleitsteine, Kulissensteine.
Automobilbau:	Lager für Kupplungen, Pedalwellen, Bremswellen, Schalthebel, Steuerwellen, Gestänge, Anlasser, Scheibenwischer, Zündverteiler, Servobremsen, Anzeige- und Meßgeräte.
Flugzeugbau:	Lager für Steuerungsbetätigung, Steuerseilleiträder, Schalthebel.
Lokomotivbau:	Lager für Bremsgestänge, Umsteuerungsgestänge, Führungsstücke, Kulissenbetätigung.
Werkzeugmaschinenbau:	Nebenlager für Fräs- und Bohrwerke, Stanzen, Pressen, Drehbänke, Lünettenfutter.
Elektromaschinenbau:	Lager für Kleinventilatoren, Haushaltmaschinen, Haarschneidemaschinen, Haartrockenapparate, Nähmaschinen, Bohnermaschinen, Staubsauger, Kühlschränke, Waschmaschinen, Zählergeräte, Schalt- und Meßgeräte.
Landmaschinebau:	Lager für Häckselmaschinen, Handmühlen, Drehzapfenlager für Ackerwagen und Erntewagen, Lager für Grasmäher, Strohpressen und für die in Frage kommenden Betätigungsorgane.
Hebezeuge und Förderbau:	Lager für Spindelwellen mit kleinen Flächenpressungen, Flaschenzüge, Seilrollen, Transportkettenräder, Nebenlager für Förderbänder, Becherwerke, Krane, Hubwerke, Fördermaschinen.
Apparatebau:	Lager für Kupplungen, Regulatoren, Signaleinrichtungen, Betätigungsorgane, langsame Rührwerke.
Feinmechanik:	Lager für Laufwerke, Automaten, Regler, Schaltgeräte, Filmgeräte.
Sonstige Verwendungsgebiete:	Lager für Kinderwagen, Tretroller, Dreiräder, Teewagen, Verkaufswagen für Bahnhöfe, Abstell- und Montagewagen, Türangeln.

2. unterbrochene Bewegung;

3. schlechte Nachschmiermöglichkeit.

H. Lüpfert[1] setzt sich ausführlich mit den Notlaufeigenschaften der Gleitmetalle in Maschinen der Feinmechanik auseinander. Er kommt in Hinblick auf den Einsatz von Sintereisenlagern zu dem Schluß, daß sie im Feinmaschinenbau geeignet sind, da sie in Massenfertigung völlig maßgerecht fertig gepreßt werden können, da sie ferner bei schlechten Schmierverhältnissen die besten Notlaufeigenschaften mitbringen und da sie schließlich völlig frei sind von wertvollen Legierungselementen. Nicht am Platze sind sie allerdings bei zu hohen Umfangsgeschwindigkeiten sowie bei zu kleinen und zu dünnwandigen Buchsen. Außerdem scheiden sie aus, wenn die Gefahr allzu starker Kantenpressungen besteht. Aus der Fülle der Beispiele sei der Anwendungsfall in Radlichtmaschinen näher erläutert.

Die Welle von 4,5 mm Durchmesser besteht meist aus gezogenem Stahl StC 25.61 mit 70 kg/mm² Zugfestigkeit. Der spezifische Lagerdruck beträgt bis 5 kg/cm². Infolge Andrücken des Laufrädchens an den Reifen tritt bei diesen Lagern eine Kantenpressung auf. Die Umfangsgeschwindigkeit beträgt 1,7 m/sec, das Lagerspiel 0,016 bis 0,024 mm. Die in einem Filz vorhandene Ölmenge muß für die ganze Gebrauchszeit ausreichen.

An Stelle von Bronze hat sich in diesem Falle Sintereisen als Austauschwerkstoff mit ca. 2% Kohlenstoff gut bewährt.

Abgesehen von den bisher aufgeführten Anwendungsbeispielen, die vornehmlich Lager verhältnismäßig kleiner Dimensionen betreffen, wurden auch Anwendungsbeispiele bekannt, bei denen durch Einsatz von Sintereisen große Bronzemassivlager in rauhen Betrieben ersetzt werden konnten[2]. Ein erstes Anwendungsbeispiel sind die Lagerschalen eines Arbeitsrollganges einer schweren Walzenstraße. Trotz der mit 5 bis 20 kg/cm² niedrig gehaltenen rechnerischen Beanspruchung derartiger Rollgangslager bei Gleitgeschwindigkeiten zwischen rund 0,2 und 1 m/sec halten hier in den ersten Rollen vor und hinter den Walzgerüsten nur Rotguß oder Bronze die dauernden Schläge des herabfallenden Walzgutes aus. Hinzu kommt noch die Wärmebeanspruchung durch das auf den Rollen liegende glühende Walzgut und bei älteren Rollgangsbauarten das Eindringen von Staub und Schlacke. Hier wurden mit gutem Erfolg Sintereiseneinlegeschalen vom „Preßkö"-Typ nach der schon oben gezeigten Abb. 185, S. 356, angewandt. Die Stützschalen bestehen je nach Beanspruchung

---

[1] Lüpfert, H.: Z. VDI. **84**, 1940, S. 967-970.

[2] Koehler, M.: Demag-Nachr. **14**, 1940, S. 29-35.

und verfügbarem Raum für die Wanddicke aus Stahlguß oder Gußeisen. Die in Abb. 185 gezeigte Lagerschale hat 250 mm Innendurchmesser und 350 mm Länge. In Hinblick auf diese Länge wurden die beiden Lagerschalen aus zwei halben Buchsen zusammengesetzt, die in Achsrichtung durch Mittelbund, radial durch geschraubte Laschen gehalten werden. Nach Verschleiß werden nur die Einlageschalen ausgewechselt. Die Schmierung erfolgt als Fettschmierung mittels automatischem Apparat. Ein anderes typisches Anwendungsbeispiel ist die Laufradlagerung eines schweren Stahlwerkkranes (s. Abb. 184, S. 355). Bei feststehendem, im Einsatz oder mit der Flamme oberflächengehärteten Bolzen und Fettschmierung wurden hier von Sintereisen („Preßkö"-Typ) Flächendrücke von rund 100 kg/cm² bei Gleitgeschwindigkeiten bis etwa 0,3 m/sec trotz des rauhen, stoßweisen Betriebs, der Kantenpressungen und der Verstaubung einwandfrei beherrscht.

Abb. 190. Genormte Gleitlager aus Sintereisen als Ersatz für handelsübliche Kugellager.

Wie schon auf S. 341 kurz erwähnt, ist man in neuester Zeit mit Erfolg darangegangen, Gleitlager aus Sintereisen an Stelle von Kugellagern einzusetzen. Abb. 190 zeigt eine kleine Auswahl derartiger Austauschsintergleitlager in genormten Größen[1]. Bei größeren Dimensionen (links oben im Bild) wird Zusatzschmierung vorgesehen. Das Öl wird durch eine Bohrung nach innen und durch eine am Umfang befindliche Nut von außen zugeführt. Die Innenlauffläche wird durch Kalibrieren mittels Hartmetallkalibrierwerkzeugen auf genaues Maß gebracht. Außen sind die größeren Lagerringe mittels Hartmetallwerkzeugen spanabhebend bearbeitet worden. Bei den kleineren Dimensionen (untere Reihe in Abb. 190) wird sowohl die Innen- als auch Umfangsfläche durch

---

[1] DIN Einheitsblatt 743.

Kalibrieren auf das gewünschte Maß gebracht. Die Kanten der Lagerringe werden durchwegs leicht gebrochen.

Auf Grund seiner neuesten technischen Entwicklung (s. Abschnitt 3, S. 351ff.) wird das Sintereisenlager, insbesondere bei Anwendung der Vollschmierung, seinen heutigen Platz in der Technik behalten und darüber hinaus in weiteren Fällen das Massivlager aus Werkstoffen mit wertvollen Legierungselementen verdrängen.

6. Massive Sinterlager auf der Eisenbasis.

Gegenüber den porösen Sintereisenlagern treten völlig massive Lager auf der Sintereisenbasis in ihrer Bedeutung stark zurück. Dabei sind unter massiven Sintereisenlagern solche verstanden, die praktisch überhaupt keine Poren aufweisen. Die in neuerer Zeit in den Vordergrund tretenden dichteren Sintereisenlager, die aber bei Dichtewerten von 6 bis 6,5 g/cm^3 noch einen Porositätsgrad von 15 bis 20% aufweisen, werden also nicht zu den in diesem Abschnitt zu behandelnden Werkstoffen gerechnet.

Die massiven Sintereisenlagerwerkstoffe umfassen zwei verschiedene Gruppen, von denen die erste durch Heißnachpressen einer Eisen-Graphitmischung und die zweite durch Tränken eines porösen Eisenskelettkörpers mit üblichen Lagermetallen erzeugt wird.

a) Heißgepreßte massive Sintereisenlagerwerkstoffe.

Bei der Herstellung von massiven Sintereisenlagerwerkstoffen geht man von Eisenpulver in der Korngröße bis etwa 150 μ (geeignet ist Schwammeisenpulver und DPG-Schleuderpulver) aus, vermischt das Eisenpulver mit 5 bis 6% Pudergraphit und verpreßt die Pulvermischung mit Drücken von 2 bis 4 t/cm^2 zu zylindrischen oder hohlzylindrischen Formkörpern. Die Kaltpreßlinge werden bei 700 bis 800⁰ etwa ein bis zwei Stunden lang unter kohlenoxydhaltiger Atmosphäre gesintert und anschließend aus der Sinterhitze heraus mit Drücken von 6 bis 10 t/cm^2 heiß nachgepreßt[1]. Dadurch wird ein praktisch porenfreier Verbundlagerkörper aus Eisen und Graphit erzeugt, der nur verschwindend geringe Gehalte an gebundenem Kohlenstoff aufweist. Abb. 191 zeigt das Gefüge eines derartigen Lagerkörpers. In der ferritischen Grundmasse sind Graphiteinlagerungen gleichmäßig verteilt. Durch Steigerung der Temperatur bei der Sinterung kann teilweise perlitisches Gefüge mit höheren Festigkeiten und höherer Härte erzielt werden.

---

[1] Siehe Metal Powder Rep. 1, 1946, S. 74.

Die mechanischen und physikalischen Eigenschaften des massiven Eisen-Graphit-Lagerwerkstoffes (Dichte, Brinellhärte, Bruchfestigkeit, elektrische Leitfähigkeit, Wärmeleitfähigkeit) sind in Zahlentafel 82 zusammengestellt.

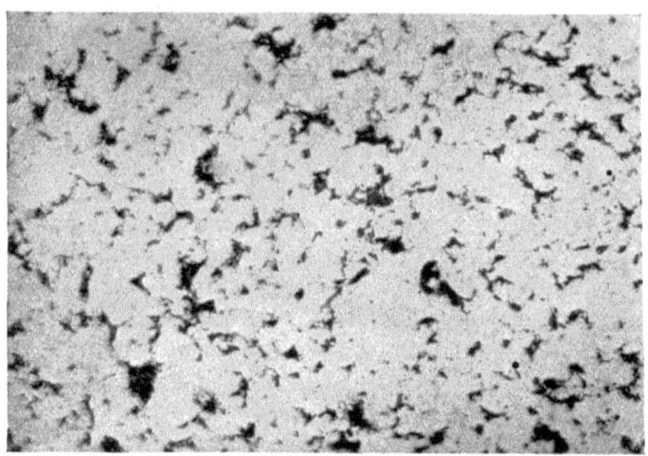

Abb. 191. Gefüge eines massiven Sinterlagers aus Eisen-Graphit mit etwa 6% Kohlenstoff ($\times$ 70).

Die schmiertechnische Wirkung dieser Lagerwerkstoffe beruht darauf, daß sich nach kurzer Einlaufzeit die Lagerwelle mit einem hauchdünnen, zusammenhängenden Graphitfilm überzieht, der wie ein kontinuierlicher Ölfilm eine einwandfreie Schmierung bewirkt. Besonders hervorzuheben sind die guten Notlaufeigenschaften

Zahlentafel 82. *Mechanische und physikalische Eigenschaften massiver Eisen-Graphit-Lagerwerkstoffe.*

Eigenschaften	Eisen-Graphit (5 bis 6% C)
Dichte g/cm³	6,8
Brinellhärte kg/mm² (2,5/187,5/30) ..	90 bis 120
Bruchfestigkeit kg/mm²	8 bis 15
Elektrische Leitfähigkeit $\frac{m}{\Omega \cdot mm^2}$	3 bis 5
Wärmeleitfähigkeit cal/cm . s . °C	0,093 bis 0,095

solcher Lager, die ein einwandfreies Gleitverhalten auch bei tiefsten Temperaturen unmittelbar bei Inbetriebnahme des Lagers gewährleisten. Der Einsatz kommt vornehmlich für kleine und kleinste Gleitgeschwindigkeiten und pendelnde Bewegungen bei nicht zu großen Belastungen in Frage. Da es sich um einen massiven Lagerwerkstoff handelt, werden die Lagerkörper selbstverständlich

nicht mit Öl getränkt. Auch ist bei diesem Werkstoff keine Zusatzschmierung vorgesehen.

Infolge ihrer Herstellungsweise und Zusammensetzung können
die Lager nicht durch Pressen und Kalibrieren auf Fertigmaß
gebracht werden. Sie müssen stets mittels Hartmetall- oder
Diamantwerkzeugen, insbesondere auf der Lauffläche, nach-
gearbeitet werden. Eine derartige Nachbearbeitung auf der Lauffläche ist auch erforderlich, um den eingelagerten Graphit gleichmäßig auf der Lauffläche freizulegen. Auch gegebenenfalls gewünschte Bunde bzw. Kragen zur Aufnahme von Achsialdrücken
müssen bei diesen Lagerköipern angedreht werden.

Der beschriebene Lagerwerkstoff entspricht in seinem Aufbau
völlig einem anderen massiven Sinterlagerwerkstoff auf der Basis
Kupfer-Graphit[1], der sich in der Praxis ausgezeichnet bewährt
hat und dessen Einsatz dann in Frage kommt, wenn Eisen-Graphit
aus korrosionstechnischen Gründen ausscheidet.

b) Durch Tränkung erzeugte massive Sintereisenlagerwerkstoffe.

Die Tränkung von porösen Sinterkörpern mit niedriger schmelzenden Metallen oder Legierungen ist eine in der Pulvermetallurgie
seit langem bekannte Technik, durch die vor allem Verbundmetalle
aus nicht legierbaren Komponenten erzeugt werden[2]. Erinnert
sei an die bekannten Kontaktbaustoffe Wolfram-Kupfer und
Wolfram-Silber, die größtenteils durch Tränkung eines porösen
Wolframskelettkörpers mit Kupfer oder Silber hergestellt werden
können.

Auch die Tränkung von porösen Eisenskelettkörpern mit Kupfer
oder Blei ist seit langem bekannt[3].

Nach R. Kieffer u. W. Hotop[4] kann man einen massiven
Lagerwerkstoff auf Eisenbasis dadurch erzeugen, daß man einen
porösen Eisensinterkörper mit einer für Lagerzwecke an sich
geeigneten Legierung derart tränkt, daß ein dichter Körper
entsteht. Zweckmäßig sieht man für den Eisenskelettkörper eine
Dichte von 4 bis 7 g/cm^3 vor, wobei ein Dichtebereich von 5 bis
6,5 g/cm^3 besonders vorteilhaft ist. Die gewünschte Dichte wird
in bekannter Weise durch Anwendung bestimmter Drücke und
durch Auswahl der geeigneten Körnung für das zu verwendende

---

[1] Kieffer, R. u. W. Hotop: Pulvermetallurgie und Sinterwerkstoffe,
Berlin: Springer-Verlag, 1943, S. 343 ff.

[2] Kieffer, R. u. W. Hotop: Pulvermetallurgie und Sinterwerkstoffe,
Berlin: Springer-Verlag, 1943, S. 324.

[3] Melchior, P.: s. F. Sauerwald: Z. Metallkde. 21, 1929, S. 22-24.

[4] Siehe Kieffer, R. u. W. Hotop: Pulvermetallurgie und Sinterwerkstoffe, Berlin: Springer-Verlag, 1943, S. 206.

Eisenpulver erreicht. Es werden von vornherein Formkörper gepreßt, die bereits weitgehend die Gestalt der gewünschten Buchsen- oder Gleitschienen aufweisen, so daß lediglich ein geringfügiges Überarbeiten notwendig ist. Die Preßkörper werden bei etwa 1000 bis 1100⁰ unter Wasserstoff gesintert und dann mit einer für Lagerzwecke geeigneten Legierung getränkt. Als derartige Lagerlegierungen kommen je nach den Bedingungen, die in den betreffenden Lagern erwünscht sind, Weißmetall, Bleibronzen, Blei-Kupfer-Legierungen oder Kupfer-Zinnbronzen in Frage.

Derartige Gleitkörper, die auch für Gleitschienen und ähnliche Verwendungszwecke geeignet sind, ergeben einerseits eine höhere mechanische Festigkeit des Gesamtlagerkörpers, verglichen mit einem gleichen Lagerkörper, der ausschließlich aus einem sogenannten Lagermetall besteht, andererseits nehmen sie in ihren Poren so viel Lagermetall auf, daß sie praktisch die gleichen Lagereigenschaften aufweisen wie das Lagermetall, mit welchem sie getränkt sind. Der besondere Vorteil derartiger Lagerkörper besteht darin, daß bedeutende Mengen an wertvollen Legierungselementen eingespart werden können. Selbstverständlich erfolgt die Schmierung derartiger Lager in der gleichen Weise wie bei den bekannten massiven Lagermetallen, die auf dem Schmelzwege erzeugt werden.

Nach einem englischen Patentvorschlag[1] werden auch poröse Eisenlager, welche mit Quecksilber getränkt sind, empfohlen. Das flüssige Metall soll dabei, allerdings nur bei niedrigen Lagertemperaturen, als Schmiermittel dienen. Für höhere Temperaturen müssen dem Lagerwerkstoff Metalle zulegiert werden, welche mit dem Quecksilber flüssige Amalgame bilden.

C. Ausnutzung der plastischen Eigenschaften porösen Sintereisens.

Die Ausnutzung der plastischen Eigenschaften porösen Sintereisens ist wohl vor allem auf den Rohstoffmangel zurückzuführen, dem sich Europa in den letzten fünf bis zehn Jahren gegenüber sah.

1. Dichtungsmassen.

Der erste Anwendungsfall betrifft die Verwendung von porösem Sintereisen für Dichtungsmassen, wie sie für Muffendichtungen im Rohrleitungsbau üblich sind. Der ursprünglich für diese Zwecke benutzte Werkstoff ist Blei in Form von Bleiwolle. Der Rohstoffmangel hat jedoch Anlaß gegeben, nach einem neuen Werkstoff

---

[1] E.P. 577198 (1943).

Ausschau zu halten. Von H. Vogt[1] wurde ein Dichtungsmaterial entwickelt, das unter dem Namen „Sinterit" im Handel ist. Dieser Werkstoff besteht aus groben Eisenpulveragglomeraten, die mit Bitumen getränkt sind. H. Vogt geht bei der Herstellung seines Erzeugnisses von grobem, kohlenstoffarmen Eisenpulver aus, das bei Temperaturen von 1200 bis 1350⁰ gesintert wird. Das Pulveragglomerat sintert bei dieser Behandlung zu einem hochporösen Körper zusammen. Dieser Körper ist natürlich sehr plastisch. Da er infolge seiner großen wirksamen Oberfläche jedoch sehr korrosionsanfällig ist, wird er durch Tränkung mit genügend plastischen Massen, meistens Bitumen, vor einem solchen Angriff geschützt. Um die Dichtungsmassen in eine bequeme Gebrauchsform zu bringen, werden die Agglomerate zu kleinen Klötzchen verpreßt, die unter Beilage von Eisendrähten und Papierbändern miteinander verbunden werden, so daß ein biegsames Band entsteht, dessen

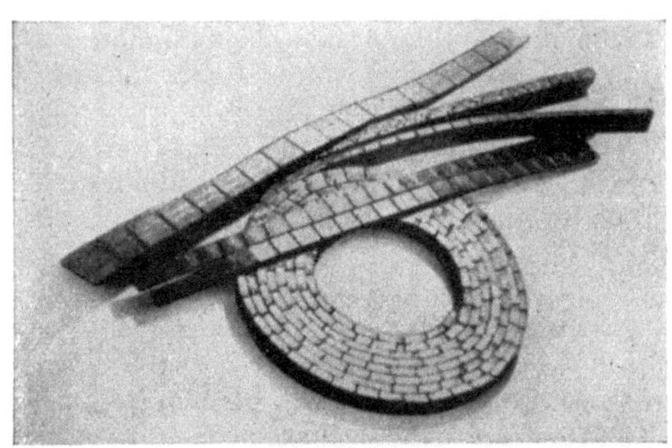

Abb. 192. Dichtungsmasse „Sinterit" in Gebrauchsform (H. Vogt).

Abmessungen den verschiedenen Arbeitsbedingungen entsprechend gewählt werden können. Abb. 192 zeigt ein derartiges Band im gebrauchsfertigen Zustand. Um die Verarbeitungsfähigkeit dieses Werkstoffes, seine „Verstemmbarkeit", zu untersuchen und Vergleichswerte mit anderen Werkstoffen zu erhalten, wurden die Versuchsstoffe unter Zuhilfenahme eines Stempels mit einem Hammer

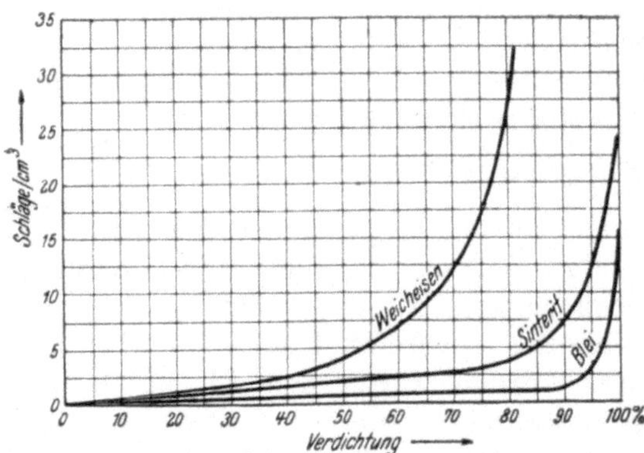

Abb. 193. Vergleich der Verstemmbarkeit verschiedener Dichtungsmassen (H. Vogt).

---

[1] Vogt, H.: Gesundh. Ing. **59**, 1936, S. 628-630; Forschungen, Fortschritte **13**, 1937, S. 119-120.

verdichtet und die Schlagzahl ermittelt, die notwendig ist, um den größten Verdichtungszustand zu erreichen. Die Ergebnisse solcher Untersuchungen sind in Abb. 193 dargestellt. Der Grad der Zusammenpressung ist in Prozent ausgedrückt, wobei der Wert Null dem vollständig unverformten und der Wert 100 dem maximalen Verdichtungszustand entspricht. Man sieht, daß die Schlagarbeit bei Blei am geringsten ist und bei kompaktem Weicheisen sehr große Werte annehmen kann, während sich das hochporöse „Sinterit" nur wenig ungünstiger als Blei verhält. Über die praktische Bewährung dieses Werkstoffes berichtet F. Milkowski[1]. Nach ihm zeigt das Material im Betrieb sehr gute Eigenschaften, die es zu einem vollwertigen Dichtungsmittel machen. Nach einem Patentvorschlag[2] können derartige hochporöse, grobkörnige Sinterkörper, die nach einem ähnlichen Verfahren gewonnen werden, auch für Dichtungsringe und Lagerschalen verwendet werden. Von W. P. Machajew[3] wird über ein dem „Sinterit" ähnliches Material berichtet. W. P. Machajew gewinnt das Eisenpulver aus Ferrisulfat durch eine reduzierende Glühung bei 1100 bis 1200°. Der Eisenschwamm wird zu einem Pulver mit einer Körnung von 4 mm vermahlen, dann mit etwa 18% einer Mischung von Erdölbitumen getränkt und anschließend mit einem Druck von 300 bis 400 kg/cm² zu Bändern verpreßt. Dieser Werkstoff soll die gleiche Verstemmbarkeit wie „Sinterit" haben. Die Korrosionsfestigkeit soll sehr gut sein. Bezüglich seiner Widerstandsfähigkeit gegen Salpetersäure ist dieses Material dem Blei überlegen. Dagegen verhält es sich gegenüber Schwefelsäure, Salzsäure und Natronlauge ungünstiger als Blei. Ein grundsätzlicher Vorteil derartiger eisenhaltiger Dichtungsmassen besteht darin, daß bei diesen Werkstoffen eine elektrochemische Korrosion der Leitungen nicht zu befürchten ist, da sie die gleiche chemische Zusammensetzung wie der Rohrwerkstoff besitzen.

2. Führungsringe.

Als zweiter bedeutender Anwendungsfall für die Plastizität und relative Weichheit des porösen Sintereisens können die Führungsringe für Granaten gelten. Als Werkstoff für Führungsringe sind bekanntlich Kupfer sowie Weicheisen und kupferplattiertes Eisen verwendet worden. Unter dem Zwang der Rohstofflage hat man in Deutschland im zweiten Weltkrieg sintereiserne Führungsringe eingesetzt, die in ihren wesentlichen Eigen-

---

[1] Milkowski, F.: Gas-, Wasserfach **81**, 1938, S. 236-240.
[2] D.R.P. 666363 (1936).
[3] Machajew, W. P.: Wasservers. sanit. Techn. russ. **15**, 1938, S. 36-40.

schaften dem üblichen Werkstoff für diese Zwecke, dem Kupfer, weitgehend entsprochen und in Sonderfällen sogar übertroffen haben sollen[1, 2]. Auf deutscher und verbündeter Seite dürften nach bisher vorliegenden Schätzungen für den genannten Zweck etwa 100.000 Tonnen Sintereisen eingesetzt worden sein.

Sintereisen hat infolge seiner Porosität von etwa 25% eine wesentlich größere Verformungsfähigkeit als erschmolzenes Weicheisen, so daß sich der Ring in die Züge des Geschützrohres gut einpressen kann und infolge der Verdichtung des Ringes eine genügende Gasabdichtung des Geschosses im Rohr erfolgt. Während für diese Vorgänge die Porosität des Werkstoffes bestimmend ist, müssen andererseits seine Festigkeit- und Härteeigenschaften so abgestimmt werden, daß der Ring einerseits den mechanischen Beanspruchungen in den Zügen standhält, andererseits aber auch keine zu starken Verschleißbeanspruchungen der Rohre bedingt. Gewöhnlich werden zur weiteren Herabsetzung dieses Einflusses die Ringe paraffiniert, womit gleichzeitig ein gewisser Rostschutz erzielt wird.

Für die Herstellung der Führungsringe sind die verschiedensten Eisenpulver, wie Hametag-Wirbelschlagpulver, Schwammeisenpulver und DPG-Schleuderpulver usw. verwendet worden[3]. Vor ihrer Verwendung werden die Pulver einer Entspannungs- bzw. Reduktionsglühung unterworfen. Diese Behandlung kann in den in der Pulvermetallurgie üblichen Öfen (s. Abb. 146, S. 298) vorgenommen werden und erfolgt in wasserstoff- oder kohlenoxydhaltiger Atmosphäre. Bei dieser Glühbehandlung, die sich je nach Sauerstoffgehalt der Pulver bei Temperaturen zwischen 800 und 1000° vollzieht, sintert das Pulver zu festen Kuchen zusammen, die anschließend mit Hilfe von Backenbrechern, Kollergängen und Schlagmühlen wieder zerkleinert werden. Das zerkleinerte Pulver sollte nach Absiebung des Grobteiles über 0,4 mm etwa folgende Kornverteilung aufweisen:

Korngröße	0,4	mm	bis	0,3	mm		10%,
,,	0,3	,,	,,	0,15	,,	25 bis	45%,
,,	0,15	,,	,,	0,06	,,	30 ,,	50%,
,,	0,06	,,					20%.

Dieses Pulver ist verhältnismäßig gut preßfähig und zeigt ein ausreichendes Fließvermögen, um mit automatischen oder halbautomatischen Füllvorrichtungen der Matrize zugeführt zu werden. Als Matrizen wurden für die verschiedensten Kaliber meistens

---

[1] s. Metal Powder Rep. 1, 1946, S. 45 u. 53-55.
[2] Anonym: Met. Progr. 47, 1945, S. 705.
[3] Ivory, W.: Iron Steel Inst., Spec. Rep. Nr. 38, London 1947, S. 203-08.

hartmetallausgekleidete Schwebemantelmatrizen (s. S. 285ff.) verwendet. Die größeren Ringe werden in Einfachpreßmatrizen, die kleineren Kaliber jedoch häufig in Mehrfachmatrizen gepreßt.

Abb. 194. Mit Sinterhartmetall ausgekleidete Dreifachmatrize zum Pressen von 3,7 cm Führungsringen aus Sintereisen; Mitteldorne zurückgezogen.

Abb. 194 zeigt eine Dreifachmatrize für 3,7 cm-Ringe. Der Preßdruck bewegt sich im Hinblick auf die erwünschte Dichte zwischen etwa 2 und 2,5 t/cm². Die kleinen und mittleren Kaliber werden häufig auf mechanischen Pressen hergestellt (s. Abb. 132, S. 277), während für die großen Kaliber hydraulische Pressen Anwendung finden (s. Abb. 125, S. 270). Die Preßdichte liegt bei den genannten Drücken etwa zwischen 5,8 bis 5,9 g/cm³. Das Sintern kann in Kammer- oder Durchlauföfen erfolgen, in die die Ringe, in Eisenschiffchen verpackt, eingebracht werden[1]. Die Sinterung erfolgt je nach Pulverbeschaffenheit bei Temperaturen zwischen 1000 und 1200° unter Schutzgas. Die Festigkeit derartig erzeugter Ringe liegt zwischen 6 bis 8 kg/mm² bei etwa 2 bis 3% Dehnung. Sofern in Sonderfällen zähere Ringe gefordert wurden, hat man durch Variation der Pulverzusammensetzung und Erhöhung des Preßdruckes (2,5 bis 3,5 t/cm²) Ringe mit Dichten von 6,0 bis 6,2 g/cm³ bei Festigkeitswerten von 9 bis 15 kg/mm² und 3 bis 4% Dehnung erzeugt. Die gesinterten Ringe werden abschließend mit Paraffin getränkt, wobei dieselben eine Gewichtszunahme von 2 bis 3% erfahren und dann kalibriert.

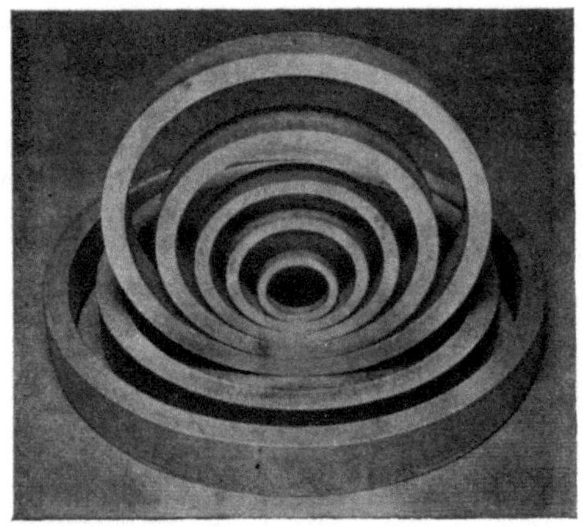

Abb. 195. Auswahl von Sintereisen-Führungsringen verschiedener Kaliber.

Das Aufpressen der Ringe vollzieht sich in gleicher Weise wie es

---

[1] s. Metal Powder Rep. 1, 1946, S. 75.

bei Kupferringen üblich ist. Abb. 195 zeigt eine kleine Auswahl von Sintereisenführungsringen verschiedenen Kalibers.

3. Pistolengeschosse.

Ein anderes, ebenfalls rein wehrtechnisches Gebiet hat sich die Pulvermetallurgie im letzten Weltkrieg in der Herstellung von Kleingeschossen, wie z. B. Pistolen- und Infanteriemunition, erschlossen[1]. Werkstoffmäßig wird hier vom Sintereisen in ähnlicher Weise wie bei den Geschoßringen eine genügende Plastizität verlangt. Allerdings ist für Geschoßkerne eine höhere Dichte (6,6 bis 6,8 g/cm³) notwendig. Als Ausgangspulver hat sich eine reduzierend vorgeglühte Mischung aus Hametag- und Schleuder- bzw. Verdüsungspulver bewährt. Um das für den vollautomatischen Preß-vorgang notwendige gute Fließvermögen sicherzustellen, wurde dem reduzierten Pulver etwa 0,5 bis 1,0% eines Gleitmittels zugesetzt.

Da die Geschoßfertigung auf sehr hohe Stückzahlen abgestimmt ist, kommt ein Verpressen mit den üblichen mechanischen oder hydraulischen Pressen nicht in Betracht. Hier hat sich besonders die für Massenfertigung geeignete Rundlauftischpresse in verstärkter Bauart bewährt (s. Abb. 133, S. 278). Die Sinterung der Kerne erfolgt bei 1100° C in Durchsatzöfen mit reduzierender Atmosphäre. Charakteristisch für die Geschoßkernfertigung ist die Forderung nach sehr engen Maßtoleranzen. Sie macht zunächst eine ständige Kontrolle des Fertigungsvorganges nötig, die sich auf die Prüfung der Pulverzusammensetzung, Überwachung des Fließvermögens, Kontrolle des Preßdruckes und des Sinter-vorganges erstreckt. Wie bei allen pulvermetallurgisch gewonnenen Genauteilen erfolgt schließlich die eigentliche Maßgebung durch eine kalibrierende Nachpressung der Rohkerne, die im Hinblick auf die geforderte Plastizität mit einem verhältnismäßig niedrigen Druck von etwa 0,5 t/cm² vorgenommen wird. Trotzdem nehmen die Geschoße durch diese Kaltverformung eine unzulässig hohe Härte an (H_B 90 bis 100 kg/mm²), die durch eine einstündige Schlußglühung bei 950° C auf Werte von 65 bis 75 kg/mm² ermäßigt werden kann.

Pistolengeschosse aus Sintereisen, die unter anderem zum Schutz gegen Korrosion gebondert wurden, sollen sich gut bewährt haben. In Deutschland wurden während des Krieges mehr als 200 Millionen solcher Geschosse erzeugt. Abschließend sei noch bemerkt, daß an Stelle von Infanteriegeschossen mit Stahlkern und Bleimantel auch Geschosse mit Sintereisenkern und Stahlmantel oder Vollgeschosse aus Sintereisen verwendet werden können.

---

[1] B. I. O. S. Final Rep. 1721 (1946).

D. Sonstige Anwendungsfälle porösen Sintereisens.

Die weiteren Anwendungsgebiete des porösen Sintereisens für Filter, Dochte, Elektroden, Katalysatoren usw. treten mengen- und bedeutungsmäßig, wie schon oben erwähnt, gegenüber den bisher behandelten Anwendungsbeispielen stark zurück.

Bei der Herstellung von Filtern ist der Frage der Porenverteilung und des Zusammenhangs der Poren ganz besondere Bedeutung beizumessen. Neben den schon oben angedeuteten Maßnahmen (s. S. 336) für die Ausbildung der Poren kann man die Filterwirkung, bzw. das Durchlässigkeitsvermögen auch durch eine Veränderung der Höhe des Filters beeinflussen. Üblicherweise liegt die Höhe von Metallfiltern zwischen 1 bis 5 mm. Für die Prüfung der Durchlässigkeit der Filter kann man einen ähnlichen Apparat benutzen, wie er auf S. 336 beschrieben wurde.

Zahlenmäßige Angaben über die Durchlässigkeit von porösen Sinterstählen sind bei R. Chadwick u. E. R. Broadfield[1] zu

Zahlentafel 83. *Korngrößenverteilung der Ausgangspulver für die gemäß Abb. 196 geprüften porösen Sinterstähle* (R. Chadwick u. E. R. Broadfield).

Pulver	Korngrößenverteilung in μ				
	>152	$152-104$	$104-76$	$76-66$	<66
Elektrolyteisenpulver	7	14	12	16	51
Schwammeisenpulver.....	1	19	21	3	56
DPG-Schleuderpulver	—	6	9	2	83

finden. Aus Elektrolyteisen-, Schwammeisen- und DPG-Schleuderpulver (Siebanalysen s. Zahlentafel 83) und 1% Graphit wurden mit Preßdrücken von 3,1 bis 9,4 t/cm² Preßlinge hergestellt und diese bei 1125⁰ eine Stunde lang unter gespaltenem Ammoniak gesintert. Als Maß für die Durchlässigkeit wurde die Zeit bestimmt, welche zum Hindurchdringen von 5 cm³ Glykol durch eine Platte des betreffenden porösen Sinterstahles erforderlich ist. Aus den Kurven der Abb. 196 ist ersichtlich, daß von einem bestimmten Porositätsgrad an, welcher für jedes Pulver charakteristisch ist, der Körper undurchlässig wird, also keine zusammenhängenden Poren mehr aufweist. Die Durchlässigkeit läßt sich in gewissem Maße durch Graphitzusatz und durch eine Vergütungsbehandlung beeinflussen.

Metallfilter lassen sich leicht ohne besondere konstruktive Maßnahmen mittels Gummidichtungen u. ä. in Filteranlagen einbauen.

---

[1] Chadwick, R. u. E. R. Broadfield: Iron Steel Inst., Spec. Rep. Nr. 38 London 1947, S. 123-41.

Nach O. Hummel[1] ist es auch möglich, Filter durch Gasschmelzschweißung zu befestigen. In wirtschaftlicher Hinsicht ergeben sich gegenüber anderen Filtermassen aus Drehspänen, Glaswolle, porösem Glas, keramischen Massen und Kunstfaserplatten häufig dadurch Vorteile, daß Metallfilter unzerbrechlich und unbrennbar sind. Man kann sie durch Rückstromspülung leicht reinigen und durch Glühen unter Schutzgas von organischen Rückständen befreien. Durch Herstellung der Filter aus legierten Pulvern kann man Säure- und Laugenbeständigkeit erzielen. Gesinterte Filter haben in der Technik bisher mannigfache Anwendung gefunden. H. W. Perry[2] berichtet darüber, daß kleine, stumpfkegelige Filter in die Einspritzdüsen von Dieselmotoren eingebaut wurden, um deren Verstopfung zu verhindern. Zu ähnlichen

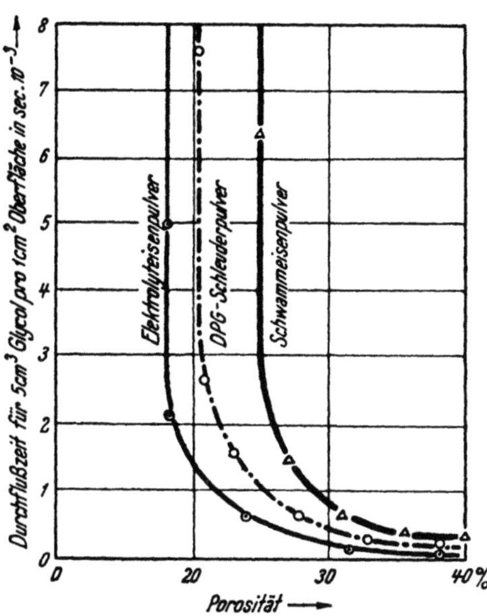

Abb. 196. Durchlässigkeit von Sinterstahlkörpern aus verschiedenen Eisenpulvern und verschiedener Porosität (R. Chadwick und E. R. Broadfield).

Zwecken wird ein derartiges Filter in der Düse eines Ölbrenners benutzt. Weiterhin gelang es, durch ein Eisenfilter im Ausdehnungsventil eines Kühlgefäßes die Ablagerung von Kesselstein auf dem Ventilsitz zu verhindern. P. Schwarzkopf[3] sieht für Sinterfilter noch sehr weitgehende Anwendungsmöglichkeiten. Nach ihm sollte es möglich sein, auch Flüssigkeiten verschiedener Viskosität und Emulsionen zu trennen, wie man andererseits die Porosität auch benutzen könnte, um Durchflußgeschwindigkeiten und Gas- oder Flüssigkeitszusammensetzungen zu kontrollieren. Sein Vorschlag, die Düsen von Strahltriebwerken mittels Metallfiltern betriebsklar zu halten, liegt mit den von H. W. Perry erwähnten Anwendungsfällen (s. oben) auf einer Linie.

Über einen sehr interessanten Anwendungsfall, bei dem poröses Sintereisen als Flammendämpfer Anwendung findet, berichtet

---

[1] Hummel, O.: Metallwirtsch. 22, 1943, S. 206-209.
[2] Perry, H. W.: Aircraft Engng. 15, 1943, S. 305-306.
[3] Siehe Kaempffert, W.: New York Times, 1945, 25. Nov.

ebenfalls H. W. Perry[1]. Durch ein Konstruktionselement aus porösem Eisen wird eine Flamme von entzündlichen Gasen, bzw. Flüssigkeiten isoliert. Da die Masse des porösen Eisens die Flammenhitze aufnimmt, wird die Temperatur außerhalb der Brennkammer auf Werte gesenkt, die unterhalb des Flammpunktes des Gases, bzw. der Flüssigkeit liegen. Die Flüssigkeit, bzw. das Gas können daher ohne Entzündungsgefahr die Trennwand passieren und erleiden infolge deren Porosität auch nur eine mäßige Einbuße an Geschwindigkeit.

Nach einem Bericht von W. Kaempffert[2] wurde in Amerika während des Krieges in Geschossen mit drahtloser Zündung eine Rohrsicherung verwendet, die aus einem quecksilbergetränkten Nickelnapf bestand. Dieser Napf diente in der Weise als Sicherung für das Geschoß, daß bei ruhendem Geschoß der in dem Außenraum des Napfes endigende Zündstromkreis unterbrochen war, da die Kontaktflüssigkeit, das Quecksilber, sich im Innern des porösen Nickelkörpers befand. Erst bei Rotation des Geschoßes infolge des Abschusses trat durch die Wirkung der Zentrifugalkraft das Quecksilber in den Außenraum des Napfes aus und schloß damit den Stromkreis für den drahtlos gesteuerten Zündstrom. Von P. Schwarzkopf, dem Erfinder dieses Werkstoffes, wird darauf hingewiesen, daß ein solcher Vorgang technisch in mannigfacher Weise auszuwerten ist. Man könnte daran denken, daß mit Hilfe eines derartigen Elementes Drehzahlregelungen durchgeführt werden oder daß bei Anwendung einer Druckkraft als beeinflussende Größe sich andere technische Anwendungsgebiete in der Elektrotechnik, wie z. B. der Bau von Verzögerungsrelais, ergeben. Von den Verfassern an Eisenkörpern durchgeführte Versuche zeigten ein im wesentlichen gleichartiges Verhalten, wie der in der Geschoßsicherung verwendete Nickelnapf. Eisenkörper mit einem Porositätsgrad von etwa 40% ließen sich im Vakuum einwandfrei mit Quecksilber tränken. Durch eine Zentrifugal- oder Druckkraft ließ sich das Quecksilber wieder aus dem Eisenkörper entfernen. Unter Umständen empfiehlt es sich, die Eisenkörper vor dem Tränken mit einer geringen Menge Kupferpulver zu versetzen und bei einer Glühbehandlung bei ca. 1200° die Eisenkristallite mit einem dünnen Kupferfilm zu überziehen. Durch diese Maßnahme wird die Kapillarwirkung erhöht und die Tränkbarkeit in gewissem Rahmen erleichtert. Die Löslichkeit von Eisen in Quecksilber und umgekehrt scheint praktisch Null zu

---

[1] Perry, H. W.: Aircraft Engng. 15, 1943, S. 305-306.
[2] Kaempffert, W.: J. of Commerce and Commercial, 1945, 28. Nov.

sein[1]. Es kann jedoch zur Bildung von Suspensionen von α-Eisen in Quecksilber kommen, die amalgamhaltigen Charakter haben. Dies bestätigt auch eine Beobachtung von P. W. Bridgman[2], wonach Eisenstäbe, unter Quecksilber gebrochen, oberflächlich amalgamierten.

In der Patentliteratur findet sich noch eine große Zahl von Vorschlägen, um poröses Material auch für andere Zwecke einzusetzen. Der Anwendung als Filter ist die Verwendung dieses Materials zu Dochten, Diaphragmen und Kerzen für Feinstbelüftungen sehr ähnlich. Auch ist vorgeschlagen worden, poröses Eisen wegen seines besonderen Wärmeleitfähigkeitsverhaltens als Material für Gußformen zu verwenden. Inwieweit sich poröse Eisenlegierungen für katalytische Zwecke, als Werkstoffe für

Zahlentafel 84. *Patentzusammenstellung bezüglich verschiedener Verwendungsgebiete poröser Sinterwerkstoffe.*

Verwendungsgebiet	Patentschrift
Bremsbeläge	Ö.P. 113 314 (1927)
Stromabnehmer	D.R.P. 488 583 (1925)
Elektroden für alkalische Elektrolyte	D.R.P. 491 498 (1928)
	D.R.P. 493 593 (1928)
	D.R.P. 519 456 (1929)
Elektroden für Sekundärelemente...	D.R.P. 469 917 (1926)
	D.P.R. 497 844 (1927)
	D.R.P. 523 029 (1928)
	D.R.P. 583 869 (1929)
	D.R.P. 608 122 (1929)
	D.R.P. 666 010 (1935)
Dochte aller Art, beispielsweise für Beleuchtungs- u. Heizvorrichtungen..	D.R.P. 598 558 (1931)
Vorrichtungen für Feinstbelüftungen von Gärbottichen	D.R.P. 594 195 (1930)
Katalysatoren und Reaktionsgefäße für katalytische Zwecke	D.R.P. 277 222 (1912)
	D.R.P. 397 683 (1923)
	D.R.P. 488 778 (1926)
Diaphragmen, Filter für Laugen usw.	D.R.P. 519 727 (1928)
	D.R.P. 541 515 (1928)
	D.R.P. 558 751 (1928)
	D.R.P. 562 158 (1929)
Gußformen	D.R.P. 641 140 (1933)
	D.R.P. 692 533 (1939)
	D.R.P. 693 032 (1938)

[1] Siehe M. Hansen: Der Aufbau der Zweistofflegierungen, Berlin: Springer-Verlag, 1936, S. 674.
[2] Bridgman, P. W.: The Physics of high Pressure, London 1931, S. 95.

Reaktionsgefäße, als Elektroden in Elementen und Sammlern bewährt haben, entzieht sich der Kenntnis der Verfasser. Einen Überblick über die patentmäßig vorgeschlagenen Einsatzmöglichkeiten geben die in Zahlentafel 84 zusammengestellten Patentschriften.

XI. Fertigteile des Maschinen- und Apparatebaues aus Sintereisen und Sinterstahl.

A. Einführung.

In den letzten Jahren ist im inländischen, hauptsächlich aber im ausländischen, vornehmlich amerikanischen Schrifttum immer häufiger von Maschinen- und Geräteteilen aus Sintereisen und Sinterstahl, auch kurz „parts" genannt, die Rede[1-37]. Dieser

[1] Comstock, G. J.: Mech. Engng. **60**, 1938, S. 801-806.
[2] Anonym: Automotive Ind., **82**, 1940, S. 158-59.
[3] Wulff, J.: Met. Progr. **38**, 1940, S. 665-668 u. 720; s. H. Wiemer: Stahl u. Eisen **63**, 1943, S. 30-31.
[4] Anonym: Engineer **169**, 1940, S. 230; s. Metallwirtsch. **19**, 1940, S. 958-959.
[5] Hall, H. E.: Met. Progr. **38**, 1940, S. 531-532.
[6] Patch, E. S.: Iron Age **146**, 1940, S. 31-34, 19. Dez.
[7] Peters, F. P.: Met. & Alloys **12**, 1940, S. 471-478.
[8] Anonym: Steel **168,6** 1941, S. 76-87 u. 94.
[9] Peters, F. P.: Met. & Alloys **14**, 1941, S. 721-730 u. 733.
[10] Wulff, J.: Met. Progr. **40**, 1941, S. 785-788 u. 838; s. H. Wiemer: Stahl u. Eisen **62**, 1942, S. 800-801; s. Iron Age **148**, 1941, S. 29-35 u. 100.
[11] Anonym: Maschinery, London **61**, 1942, S. 203-206.
[12] Kalischer, P. R.: Iron Age **149**, 1942, S. 41-46 u. 46-51, 5. u. 12. Feb.
[13] Anonym: Automobile Engnr. **32**, 1942, S. 266-268.
[14] Perry, H. W.: Aircraft Engng. **15**, 1943, S. 305-306.
[15] Lenel, F. V.: Automobile Engnr. **33**, 1943, S. 415-418.
[16] Jones, W. D.: Overseas Engnr. **16**, 1943, S. 132-135.
[17] Lenel, F. V.: Engineering **156**, 1943, S. 305.
[18] Greenwood, H. W.: Met. Ind., London **62**, 1943, S. 213-214.
[19] Anonym: Product. Engng. **14**, 1943, S. 472-475.
[20] Prospekt der American Elektro Metal Corp., Yonkers (New York) 1944.
[21] Jones, W. D.: Aircraft Production, 1944, S. 226-230.
[22] Eisenkolb, F.: Metallwirtsch. **23**, 1944, S 373-377.
[23] Hotop, W.: Über Einsatzmöglichkeiten von Sinterstahl, unveröffentlichter Vortrag, Berlin 1944.
[24] Konopicky, K.: Eigenschaften und Einsatzmöglichkeiten von Sintereisen und Sinterstahl, unveröffentlichter Vortrag, Kapfenberg (Steiermark) 1944.
[25] Hövel, Th.: Über Einführung und Entwicklung von Sintereisenkörpern, insbesondere Zünderteilen aus Sintereisen, unveröffentlichte Denkschrift, 1943-1945.
[26] Goetzel, C. G.: Am. Inst. min. metallurg. Engnrs., Techn. Publ. Nr. 1920, (1945).

Umstand deutet auf die Entwicklung einer neuartigen Verfahrenstechnik zur Erzeugung von einfachen Maschinenteilen auf pulvermetallurgischem Wege hin. Die Erwägungen, welche es als lohnend
erscheinen ließen, Fertigmaßteile auf dem Sinterwege herzustellen,
waren dabei vornehmlich wirtschaftlicher Art. Neben Form- und
Spritzguß, Gesenkschmiede- und Blechprägetechnik wurde bisher
die Massenherstellung von Maschinenteilen hauptsächlich durch
spanabhebende Bearbeitung vorgenommen. Zerspanungsarbeit
erfordert teure Bearbeitungsmaschinen sowie geschulte Fachkräfte
bei beträchtlichem Materialaufwand und verursacht daher hohe
Fertigungskosten. Man war daher bestrebt, die teure Zerspanungsarbeit durch andere, wirtschaftlichere Verfahren zu ersetzen.

Die Entwicklung zeigte, daß sich die Pulvermetallurgie hier
mit beachtlichen Erfolgen einschalten konnte[1, 2, 3].

Die Eigenheiten der pulvermetallurgischen Herstellungsverfahren zwingen aber bei der Umstellung zu gewissen Einschränkungen, und es muß in jedem einzelnen Fall genau geprüft
werden, ob es tatsächlich wirtschaftlich ist, dieses Verfahren
heranzuziehen. In erster Linie muß man berücksichtigen, daß
auf pulvermetallurgischem Wege nur Teile aus Sintereisen und
Sinterstahl wirtschaftlich gefertigt werden können, die in sehr
großen Stückzahlen Verwendung finden. Trägt man die Kosten
eines Einzelstückes in Abhängigkeit von der Gesamtzahl der zu
fertigenden Teile auf, so ergibt sich nach P. Schwarzkopf[4] beim
Vergleich der üblichen Fertigungsmethoden mit der neuen Methode
der Pulvermetallurgie eine Darstellung wie sie schematisch Abb. 197

---

[27] Langhammer, A. L.: Mach. mod., 1945, Nr. 432, S. 61.

[28] Judd, J. A.: Machinery, London 69, 1946, S. 109-112.

[29] Lenel, F. V.: Metal Powder Assoc., Proc. 2nd. Ann. Spring Meeting, 1946, S. 65-72.

[30] Goetzel, C. G.: Metal Powder Assoc., Proc. 2nd. Ann. Spring Meeting, 1946, S. 73-79.

[31] Anonym: Machinery, New York 53, 1946, S. 184-187.

[32] Donahue, I. J.: Mech. Eng. 68, 1946, S. 949-952.

[33] Judd, J. A.: J. Inst. Automobile Eng., 15, 1946, S. 83-100.

[34] Eisenkolb, F.: Die Technik 1, 1946, S. 173-178.

[35] Kieffer, R., F. Benesovsky u. H. J. Bartels: Industrie u. Technik 2, 1947, S. 64-66 u. 88-92.

[36] Lennox, J. W.: Machinery, London 70, 1947, S. 337-44.

[37] Judd, J. A.: Iron Steel Inst., Spec. Rep. Nr. 38, London 1947, S. 118-21.

[1] Chase, H.: Materials & Methods 24, 1946, S. 363-369.

[2] Squire, A.: Office of Technical Serv., US Dep. Com., Washington 1944, Rep. PB 49080, s. Powder Metallurgy, Brooklyn 1947.

[3] Peters, F. P.: Materials & Methods 23, 1946, S. 101-104.

[4] Prospekt der Firma: American Electro Metal Corp. Yonkers (New York) 1944.

ausdrückt. Bei geringen Stückzahlen scheidet die Anwendung des Sinterverfahrens also von vornherein aus. Je größer aber die verlangte Stückzahl, um so mehr ist die pulvermetallurgische Fertigung der spanabhebenden kostenmäßig überlegen. Man gelangt zu dieser Überlegung, wenn man berücksichtigt, daß die Werkzeuge für die Formung von Teilen aus Metallpulver durch Pressen sehr teuer sind. Man ist daher gezwungen, diese Werkzeuge bis zur Unbrauchbarkeit auszunutzen. Je nach Form und Größe kann man aber mit einem Werkzeug aus Stahl bis zu 50.000 Teile pressen; hartmetallbestückte Matrizen, die wesentlich teurer sind, haben eine erheblich höhere Lebensdauer. Erschwerend fällt beim Werkzeugbau ins Gewicht, daß die Teile, die man durch Pressen herstellen will, nicht etwa einfache, sondern möglichst verwickelte Formen aufweisen sollen. Man will nämlich mit einem Verfahrensschritt viele Arbeitsgänge, die bei der Herstellung durch

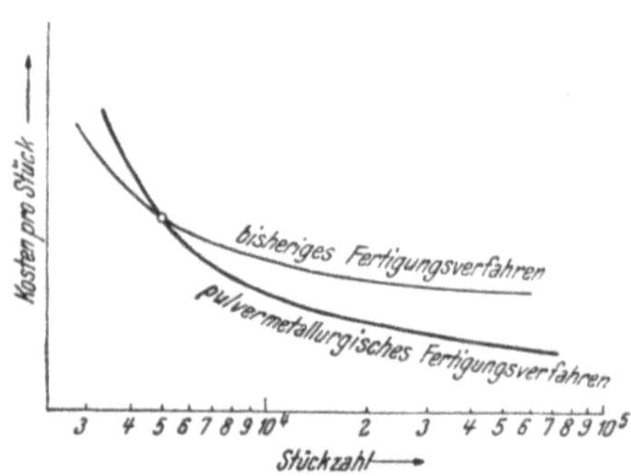

Abb. 197. Kostenvergleich zwischen spanabhebender und sintertechnischer Massenfertigung von Maschinenteilen (P. Schwarzkopf).

spanabhebende Bearbeitung notwendig wären, erledigen und damit Fertigungskosten einsparen. Hier sind aber gewisse Grenzen durch Beschränkungen im Werkzeugbau in konstruktiver Beziehung gesetzt, worauf weiter unten noch näher eingegangen wird. Da man im allgemeinen bei durch Zerspanung hergestellten Teilen sehr enge Maßtoleranzen fordert, wird man diese Forderung zunächst auch bei Fertigmaßteilen aus Sintereisen und Sinterstahl stellen. Aber hier dürfen die Anforderungen nicht übertrieben werden. Die Maße der Fertigpreßteile sind nämlich nicht nur von der Abnützung der Werkzeuge, sondern auch vom Schwundverhalten bei der Sinterung abhängig. Man kann hier allerdings durch Anwendung hoher Preßdrücke recht enge Maßgrenzen einhalten. Immer ist zu berücksichtigen, daß die Maße in der Preßrichtung schwerer einzuhalten sind, als die senkrecht dazu liegenden. Bei den Höhenmaßen kann man Toleranzen von $\pm 2\%$, bei den Breiten- und Längenmaßen solche von $\pm 0,5\%$ im allgemeinen gut einhalten. In schwierigen Fällen kann man durch Einschaltung eines Kalibriervorganges nach der Fertigsinterung noch engere Maßgrenzen festlegen. Ein weiterer, wichtiger Umstand bei der Erwägung, ob es möglich ist, ein massives Eisen- oder Stahlteil durch ein Sinterteil zu ersetzen, sind die etwas anders gearteten Festigkeitseigenschaften von Sintererzeugnissen (s. S. 322). Die Eigenschaften des Sinterverfahrens bringen es mit sich, daß wir es bei Sintererzeugnissen meist mit Körpern zu tun haben, die noch eine gewisse Porosität aufweisen. Die Poren sind dabei häufig nicht über den ganzen Querschnitt regelmäßig verteilt, so daß der Körper gewisse Dichteunterschiede aufweist. Dadurch ergeben sich also in den Fertigteilen verschiedentlich schwächere Stellen. Die absoluten Werte für Härte, Zugfestigkeit, Streckgrenze und insbesondere Dehnung sind bei Sintereisen und Sinterstahl im allgemeinen niedriger als beim entsprechenden geschmolzenen Material. Dagegen ist die Verschleißfestigkeit oftmals besser. Leider sind darüber, ebenso wie über die dynamischen Eigenschaften, noch sehr wenige Erfahrungen gesammelt worden. Man muß bei der Beurteilung der Festigkeitseigenschaften immer berücksichtigen, daß den einzelnen Werten bei Sintereisen und Sinterstahl eine andere Bedeutung zukommt als beim geschmolzenen Werkstoff. Dieses abweichende Verhalten ist auf den immer vorhandenen Legierungsbestandteil „Poren" zurückzuführen. Man darf sich also bei einer Umstellung nicht von dem Gedanken leiten lassen, einfach den geschmolzenen Werkstoff durch den gesinterten mit genau den gleichen technologischen Eigenschaften und der gleichen Analyse ersetzen zu wollen. Bei Sintereisen und Sinterstahl handelt es sich um neuartige Werkstoffe, die wohl gewisse Ähnlichkeit mit dem geschmolzenen Material haben, keineswegs aber ein Ersatz für dieses sein wollen.

Da Fertigteile aus Stahl meistens noch gehärtet werden, verlangt man von dem Werkstoff gleichbleibende chemische Zusammensetzung, insbesondere was den Kohlenstoffgehalt betrifft. Bei Sinterstahlteilen kann man allerdings aus verschiedenen Gründen den Kohlenstoffgehalt niemals in so engen Grenzen wie beim geschmolzenen Material halten. Neben der üblichen Härtung können die beim Stahl üblichen Oberflächenbehandlungen angewandt werden. Darüber hinaus ergeben sich bei porösen Sinterkörpern noch weitere Möglichkeiten, auf welche später ebenfalls eingegangen wird (s. S. 421 ff.).

B. Fertigungseinzelheiten bei der Erzeugung von Maschinen- und Geräteteilen nach dem Sinterverfahren.

1. Ausgangspulver.

Bei der wirtschaftlichen Erzeugung von möglichst dichten Maschinenteilen aus Sintereisen oder Sinterstahl spielen in erster Linie, neben der Eignung in physikalischer und chemischer Beziehung, die Gestehungskosten des Ausgangspulvers eine Rolle[1]. Während Carbonyleisenpulver wegen seines hohen Reinheitsgrades für gewisse Werkstoffe fast unersetzlich ist (Vakuumwerkstoffe, magnetische Werkstoffe u. a., s. S. 435 ff.), scheidet es als Ausgangspulver, unter Umständen sogar als Zusatzpulver, bei der Massenfertigung von Maschinenteilen aus. Der Preis dieses Pulvers ist fast fünf- bis achtmal so hoch, wie der der sogenannten technischen Eisenpulver. Elektrolyteisenpulver, welches ebenfalls sehr rein ist und gute Preßeigenschaften hat, ist nur dann wirtschaftlich einsetzbar, wenn ein sehr niedriger Strompreis und günstige örtliche Bedingungen eine billige Pulvererzeugung erlauben. Am billigsten lassen sich heute Schleuder- und Verdüsungspulver herstellen. Dann folgen in gewissen Abständen Rohrmühlen-, Schwammeisen-, Walzzunder-, Wirbelschlag- und Elektrolyteisenpulver. Welche dieser Pulversorten sich endgültig für die Fertigung von Maschinenteilen durchsetzen werden, ist heute noch schwer zu entscheiden. In Amerika wurde bis zum Beginn des zweiten Weltkrieges zu diesem Zweck fast ausschließlich schwedisches Schwammeisenpulver eingesetzt. Es bereitete dort nicht geringe Schwierigkeiten, einen Ersatz für dieses bewährte Pulver zu finden, als eine Einfuhr vorübergehend nicht mehr möglich war[2-13]. Schwammeisenpulver aus Schwedenerz sowie andere Reduktionspulver haben hervorragende Preßeigenschaften, zeigen aber neben oft unerwünscht hohem Siliziumgehalt hohe Füllvolumina (s. S. 112). Aus diesem Grunde und vor allem auch deswegen, um von der Einfuhr aus dem Ausland unabhängig zu sein, hat man sich in Deutschland mehr auf die Verarbeitung von Schleuder- und Verdüsungspulvern (DPG-Schleuderpulver, Roheisenzunderpulver, Druckverdüsungspulver) sowie auf die von Wirbelschlagpulver (Hametagverfahren) eingestellt. Diese Pulver haben hohe Füll-

---

[1] Squire, A.: Office of Technical Serv., US Dep. Com., Washington 1944, Rep. PB 49080, s. Powder Metallurgy, Brooklyn 1947.

[2] Jones, W. D.: Foundry Trade J. **59**, 1938, S. 401-402.

[3] Allen, A. H.: Steel **104**, 1939, S. 43-54.

[4] Comstock, G. J.: Steel **106**, 1940, S. 54-55.

[5] Comstock, G. J.: Iron Age **143**, 1939, S. 40-41 u. 64, 1. Juni.

[6] Fellows, A. T.: Met. & Alloys **12**, 1940, S. 288-291.

[7] Wulff, J.: Met. Progr. **38**, 1940, S. 665-668 u. 720.

[8] Clark, F. H.: Min. & Metallurgy **21**, 1940, S. 22.

[9] Glidden Comp.: Iron Coal Tr. Rev. **141**, 1940, S. 337.

[10] Allen, A. H.: s. Iron Age **148**, 1941, S. 29-35 u. 100, 30. Okt.; s. H. Wiemer, Stahl u. Eisen **62**, 1942, S. 800-801.

[11] Comstock, G. J.: Heat. Treat. Forg. **27**, 1941, S. 131-134.

[12] Anonym: Engineer, London **174**, 1942, Nr. 4519, S. 155; **174**, 1942, Nr. 4523, S. 235.

[13] Lenel, F. V.: Engineering **156**, 1943, S. 305.

dichten, was sich bei hohen Preßlingen im Hinblick auf den Matrizenbau sehr günstig auswirkt. Man kann sie auch verhältnismäßig rein herstellen, da die chemische Zusammensetzung lediglich von der Reinheit der Ausgangsschmelze, bzw. beim Hametagpulver von der Zusammensetzung des eingesetzten Mahlgutes abhängt. Das Fließverhalten, welches für die Fertigung auf Preßautomaten wichtig ist, kann bei diesen Pulvern als sehr gut bezeichnet werden (s. S. 113). Ebenso ist es verhältnismäßig einfach, Schleuder- und Wirbelschlagpulver mit gleichbleibender Korngrößenverteilung herzustellen. Die Kantenbeständigkeit der Preßlinge ist beim Hametagpulver nicht so gut wie beim Schwammeisenpulver, dagegen ist die Verdichtbarkeit, d. h. die bei bestimmtem Preßdruck erzielbare Dichte, besser als beim Schwedenschwammpulver (s. S. 121 ff.). Schleuder- und Zerstäubungspulver verhalten sich in dieser Beziehung etwas ungünstiger als Hametagpulver. Neben diesen wichtigsten Eisenpulvern spielen Walzzunder-, Rohrmühlen- und Reduktionspulver verschiedener Herkunft eine nur untergeordnete Rolle. Sie werden meist nur als Zusatz zu den oben erwähnten Pulvern verwendet.

Die Ausgangspulver werden nur in gut reduziertem Zustand verarbeitet. Der Sauerstoffgehalt des Pulvers darf nur einige Zehntel Prozent betragen, da bei der Herstellung von Sinterstahl der Kohlenstoffabbrand bei der Sinterung maßgeblich vom Sauerstoffgehalt des eingebrachten Eisenpulvers abhängig ist. Der analytischen Überwachung des Sauerstoffgehaltes kommt daher erhebliche Bedeutung zu (s. S. 72).

Die Einführung des notwendigen Kohlenstoffs bei der Herstellung einfach legierten Sinterstahles kann unter Berücksichtigung des zu erwartenden Kohlenstoffabbrandes auf verschiedene Weise erfolgen:

1. Man versetzt kohlenstoffarmes Weicheisenpulver mit entsprechenden Mengen Kohlenstoff in Form von feinstem Graphit, Ruß, aschearmem Kokspulver oder anderen Aufkohlungsmitteln.

2. Man mischt kohlenstoffarmes Weicheisenpulver mit hochgekohltem Gußeisenpulver.

3. Man verwendet bereits fertiges Stahlpulver, welches nach dem Hametagverfahren oder nach einem anderen Zerkleinerungsverfahren aus Stahlspänen mit bestimmtem Kohlenstoffgehalt hergestellt wurde.

4. Man stellt Weicheisenfertigteile her und kohlt diese nach einem beliebigen Aufkohlungsverfahren auf.

Am aussichtsreichsten, weil am leichtesten zu überwachen, sind die Wege 1 und 2, wobei im ersten Falle zu berücksichtigen

ist, daß die Teilchengröße des verwendeten Graphitpulvers von
nicht unerheblichem Einfluß auf die Festigkeitseigenschaften des
Sinterkörpers ist, wie Untersuchungen von A. Squire[1] zeigten.

Gegebenenfalls wird man beide Möglichkeiten kombinieren[2,3,4].
Bei dem dritten Verfahren wird man durch Kaltpressen keine
dichten Körper erhalten, da auch weichgeglühte Stahlpulver sich
nur schlecht verpressen lassen. Es wurde auch vorgeschlagen,
solche Pulver durch reduzierendes Glühen oberflächlich zu ent-
kohlen, um so die Preßschwierigkeiten zu umgehen[5]. Stahlpulver
oder Stahlspäne eignen sich aber gut zur Herstellung von Fertigteilen
nach dem Heißpreßverfahren (s. S. 235 ff). Nach Angaben im
amerikanischen Schrifttum ist auch der vierte Weg der Sinterstahl-
herstellung durch Aufkohlung von Weicheisenfertigteilen üblich[6].
Die Aufkohlung erfolgt bei der Sinterung selbst durch kohlenstoffabgebende Gase in der Sinteratmosphäre.

Die Herstellung der Ausgangspulvermischungen wird in den
üblichen Mischeinrichtungen vorgenommen[7]. Um nach der Fertigsinterung in den einzelnen Teilen selbst und bei den verschiedenen
Teilen einer Sintercharge eine möglichst gleichmäßige und gleichbleibende Verteilung des Kohlenstoffs zu erzielen, ist bereits der
Herstellung der Ausgangspulvermischung größte Sorgfalt zu
widmen. Ungleichmäßigkeiten im Kohlenstoffgehalt des Ausgangspulvers fallen, da die Fertigteile meist nicht sehr groß sind, außerordentlich stark ins Gewicht. Da die gleichmäßige Verteilung
der verhältnismäßig geringen Mengen von Graphit oder anderen
Aufkohlungsmitteln in der großen Eisenpulvermenge schwierig ist,
führt man mit Vorteil den Kohlenstoff ganz oder teilweise über
hochgekohltes Gußeisenpulver ein[8,3]. Bei dem großen Dichte-
unterschied zwischen Graphit und Eisenpulver besteht auch die
Gefahr, daß in der bereitgestellten Pulvermischung durch geringfügige Erschütterungen wieder Entmischung eintritt. Diesem
Umstand ist besonders bei der Konstruktion von automatischen
Pressen Rechnung zu tragen. Fülleinrichtungen und Pulver-

---

[1] Squire, A.: Office of Technical Serv., US Dep. Com., Washington
1944, Rep. PB 4420, s. Powder Metallurgy, Brooklyn 1947.
[2] Comstock, G. J.: Heat. Treat. Forg. 27, 1941, S. 131-134.
[3] A.P. 2 238 382 (1938).
[4] Glauch, E. S.: Metal Powder Assoc., Proc. 2nd. Ann. Spring Meeting,
1946, S. 2-12.
[5] Anonym: Engineer 169, 1940, S. 230; s. Metallwirtsch. 19, 1940,
S. 958-959.
[6] Kalischer, P. R.: Iron Age 149, 1942, S. 46-51, 12. Feb.
[7] s. Riley, D. F.: Manufacturing Chem. 17, 1946, S. 489-494.
[8] Comstock, G. J.: Heat. Treat. Forg. 27, 1941, S. 131-134.

behälter müssen bei derartigen Maschinen möglichst erschütterungs-
frei gelagert werden. Neben dem Graphit, der nicht nur als Aufkohlungsmittel, sondern beim Pressen auch als Schmiermittel
wirkt, setzt man meist noch darüber hinaus weitere preßerleichternde Stoffe zu (s. S. 130). Dabei ist zu berücksichtigen, daß
diese Stoffe gegebenenfalls ein gewisses Aufkohlungsvermögen bei
der Sinterung zeigen. In neuerer Zeit wird auch ein Zusatz von
Metallhydriden, vornehmlich Titanhydrid, zum Sinterstahlpulver
empfohlen[1]. Man soll dadurch bei der Fertigsinterung äußerst dichte
Teile erhalten.

Während man in Europa dem Erzeuger von Sinterstahl auch
die Herstellung der Ausgangspulvermischung aus den einzelnen
Komponenten überläßt, werden in Amerika bereits preßfertige
Sinterstahlpulvermischungen auf den Markt gebracht[2]. Diese
als „Sinterloy" bezeichneten Pulver werden in drei Qualitäten
angeboten. Aus ihnen lassen sich nach den üblichen Preß- und
Sinterverfahren Fertigteile herstellen, welche 0,15, 0,40 bzw.
0,80% Endkohlenstoff neben 1,5 bis 3% Chrom enthalten. Zwecks
Erhöhung der Zähigkeit wird noch der Zusatz von 1,5 bis 3%
Nickel empfohlen. Da bei der Herstellung von Sinterstahl der
Sauerstoffgehalt der Ausgangspulvermischung einen entscheidenden
Einfluß auf den Endkohlenstoffgehalt der Fertigteile hat, bleibt
es dahingestellt, ob derartige, fertig käufliche Mischungen, die
stets nur beschränkt lagerfähig sind, die gewünschte Gleichmäßigkeit im Fertigerzeugnis ergeben.

2. Das Verpressen der Pulvermischung; Gestaltungsrichtlinien für Sinterteile aus preßtechnischen Gründen.

Die mechanischen Eigenschaften von Sintereisen- und Sinterstahlkörpern sind in erster Linie dichteabhängig. Will man also
Fertigteile mit möglichst guten Eigenschaften herstellen, so muß
man trachten, möglichst dichte Körper zu erhalten. Welche
Faktoren man dabei beachten muß, wurde an anderer Stelle
eingehend besprochen (s. S. 183 sowie S. 222 ff.). Die Dichte wird
in erster Linie von der Höhe des Preßdrucks und von der Art
der Druckanwendung beeinflußt. Vom Standpunkt der Wirtschaftlichkeit aus gesehen, wird man beim „Aufformpressen"
von Maschinenteilen Preßdrücke von höchstens 6 bis 8 t/cm²
anwenden. Höhere Preßdrücke wären wohl erwünscht, sind aber
wegen des starken Werkzeugverschleißes unwirtschaftlich. In

---

[1] Kalischer, P. R.: Iron Age 149, 1942, S. 46-51, 12. Feb.
[2] Anonym: Iron Age 145, 1940, S. 25, 22. Feb. Am. Maschinist 84, 1940,
S. 188-89. Machinery New York, 46, 1940, S. 128-29. Steel 107, 1940, S. 66.

dieser Richtung sind noch besondere Fortschritte durch den Einsatz hartmetallbestückter Werkzeuge zu erwarten. Um trotzdem möglichst dichte Körper zu bekommen, hat man mit Erfolg die Mehrfachpreßtechnik angewendet (s. S. 222ff.). In Amerika tritt das Heißpreßverfahren mehr in den Vordergrund (s. S. 251). Über die in der Eisen-Pulvermetallurgie üblichen Preßeinrichtungen wurde schon auf S. 267ff. eingehend gesprochen[1, 2, 3, 4, 5, 6, 7, 8]. Ebenso wurden die allgemeinen Richtlinien, die man bei der Konstruktion der Preßwerkzeuge beachten muß, schon in diesem Kapitel erwähnt. Trotzdem soll diese Frage, da sie von ausschlaggebender Wichtigkeit für die Gestaltung von Maschinenteilen aus Sintereisen und Sinterstahl ist, vom Gesichtspunkt der Fertigung *dichter* Formteile nochmals beleuchtet werden. Der Ausgangswerkstoff für Sintereisen- und Sinterstahlteile — im wesentlichen trockenes Eisenpulver mit verschiedenen Zusätzen — zeigt abweichend von den meisten anderen Preßgütern, wie keramischen Massen oder Kunstharzen, bei der Verdichtung kein Fließvermögen (nicht zu verwechseln mit dem Fließverhalten des Eisenpulvers). Die Verdichtung erfolgt nur in der Preßrichtung, wobei die Dichte mit der Entfernung vom Preßstempel abnimmt. Man wird also bei einseitiger Druckanwendung dichte Teile von höchstens etwa 15 mm Höhe, bei beidseitiger Druckanwendung solche von höchstens 30 bis 40 mm Höhe pressen können. Dies ist eine wichtige Einschränkung, die man bei der Fertigung dichter Maschinenteile berücksichtigen muß. Da eine gleichmäßige Verteilung des Pulvers wegen des fehlenden Fließvermögens in der Matrize nicht erreicht wird, kann man Körper mit Abstufungen nicht einfach mittels eines gesenkartigen Werkzeuges pressen. Man muß vielmehr für jede Abstufung einen gesonderten Füllraum vorsehen (s. S. 146). Für derartige Formstücke muß man also Preßwerkzeuge mit unterteilten Stempeln benützen, die alle während des Preßvorganges unabhängig voneinander gesonderte Wege zurücklegen.

[1] Seelig, R. P.: Met. & Alloys 12, 1940, S. 744-748.

[2] Bailey, L. H.: s. Powder Metallurgy, Am. Soc. Met., Cleveland (Ohio) 1942, S. 271-77.

[3] Seelig, R. P. u. J. Wulff: Am. Inst. min. metallurg. Engrs., Techn. Publ. Nr. 2044 (1946).

[4] Seelig, R. P.: Powder Met. Bull. 1, 1946, S. 54-63.

[5] Lennox, J. W.: Machinery, London 70, 1947, S. 337-44.

[6] Anonym: Steel 118, 1946, S. 108-10 u. 156-59.

[7] Crane, E. V. u. A. G. Bureau: Trans. Electrochem. Soc., 85, 1944, S. 63-87.

[8] Squire, A.: Office of Technical Serv., US Dep. Com., Washington 1945, Rep. PB 4017, PB 4073, PB 49079, s. Powder Metallurgy, Brooklyn 1947.

Damit die Füllräume bzw. die Wege der Einzelstempel nicht zu
groß werden, darf der Füllfaktor des Ausgangspulvers nicht zu
hoch sein. So ergeben sich z. B. beim Pressen eines Teils, welches
eine Gesamthöhe von 15 mm und Abstufungen in 4 und 9 mm
Höhe aufweist, für verschiedene Füllfaktoren die in Zahlentafel 85
zusammengestellten Füllraumhöhen und Vorhebehöhen der Einzelstempel. Man sieht, daß die Höhendifferenzen zwischen den
Füllräumen bzw. die von den Stempeln zurückzulegenden Wege
außerordentlich stark vom Füllfaktor abhängig sind. Aus diesen
Tatsachen ergibt sich für die Konstruktion von Sintereisenteilen
die Forderung, daß die Maßunterschiede in der Breite zwischen
zwei Stufen nicht zu klein gewählt werden. Sind diese Unter-

Zahlentafel 85. *Abhängigkeit der Füllraumhöhen und Stempelwege von verschiedenen Füllfaktoren des Ausgangspulvers beim Pressen eines Teiles mit
Abstufungen.*

	Füllfaktor		
	2,0	3,0	4,0
Füllraum 1 in mm.................	8	12	16
„ 2 „ „	18	27	36
„ 3 „ „	30	45	60
Vorhebehöhe des Stempels 1 in mm	11	22	33
„ „ „ 2 „ „	6	12	18
„ „ „ 3 „ „	0	0	0

schiede zu gering, dann ist man gezwungen, sehr schlanke, durch
Knickung stark gefährdete Stempel zu benutzen. Eine Vielzahl
von sehr schmalen Stempeln ist wegen der Unmöglichkeit der Unter-
bringung in der Grundplatte des Preßwerkzeugs nicht zu empfehlen.
Jeder Einzelstempel hat nämlich einen gewissen Mindestplatzbedarf
für die Anbringung der Anschlußelemente, wobei zu berücksichtigen
ist, daß die Wege der Einzelstempel sehr verschieden voneinander
sein können.

Das fehlende Fließvermögen des Eisenpulvers beim Pressen
würde es bei den bisherigen Ausführungen nicht erlauben,
konische oder schräge Flächen zu pressen. Tatsächlich kann
man aber mit gewissen Vorbehalten auch schräge Flächen
pressen. Allerdings muß man an solchen eine geringere Dichte
und damit niedrigere Festigkeitswerte in Kauf nehmen. Auch
ist an solchen Stellen die Gefahr der Spaltstellenbildung, insbesondere beim Übergang in gerade Flächen gegeben. Ebenso
ist ein starkes Verziehen infolge ungleichmäßiger Schwindung
beim Sintern zu befürchten. Bei der Konstruktion von Werk-

zeugen für Teile mit konischen und schrägen Flächen sind besondere
Richtlinien zu beachten. Das Pressen eines Teils gemäß Abb. 198
ist unmöglich. Stempel 1 und 3 würden hier zu schlank ausfallen. Die scharfe Kante dieser Stempel bei a würde un-

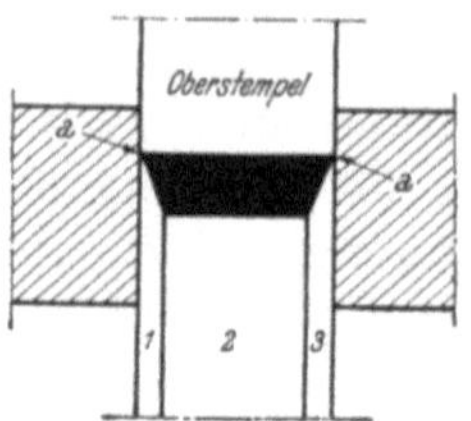

Abb. 198. Teile mit sehr
schrägen Flächen sind
preßtechnisch ungünstig.

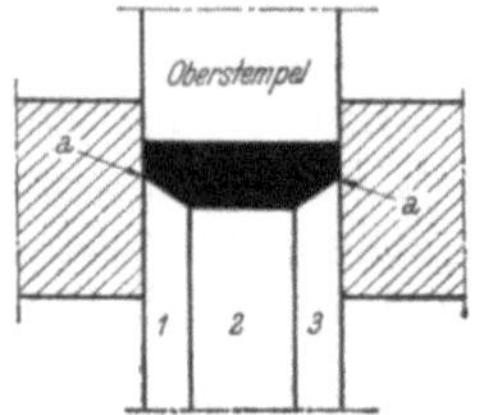

Abb. 199. Aus preßtech-
nischen Gründen abge-
ändertes, nunmehr gün-
stiges Teil gemäß Abb.198

weigerlich durch Aufsetzen des Oberstempels zu Bruch gehen.
Man muß in einem solchen Falle, so weit das natürlich angängig
ist, eine Abänderung in der Konstruktion des Fertigteiles, etwa
gemäß Abb. 199, vornehmen. Stempel 1 und 3 werden durch
die Abflachung der schrägen Fläche etwas stärker. Dadurch
wird auch die Dichteverteilung im Preßling an dieser Stelle
günstiger. Unbedingt ist aber der zylindrische Ansatz vorzu-

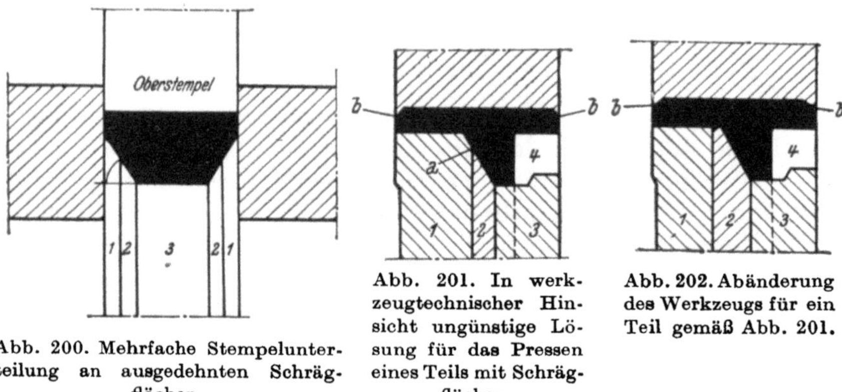

Abb. 200. Mehrfache Stempelunterteilung an ausgedehnten Schräg-
flächen.

Abb. 201. In werk-
zeugtechnischer Hin-
sicht ungünstige Lö-
sung für das Pressen
eines Teils mit Schräg-
flächen.

Abb. 202. Abänderung
des Werkzeugs für ein
Teil gemäß Abb. 201.

sehen, wodurch die scharfe Fase bei a entfällt. Auch bei dieser Konstruktion muß man allerdings gewisse Dichteunterschiede im
Preßling an der schrägen Stelle mit in Kauf nehmen. Will man
diese teilweise beheben, dann wird man die beiden schrägen Stempel
nochmals zu unterteilen versuchen, wie das in Abb. 200 schematisch dargestellt ist. Bei dieser Konstruktionsart muß man
allerdings zwei weitere, noch dazu sehr schmale Stempel mit
gefährdeten Fasen einsetzen. Es bleibt dahingestellt, ob diese

Lösung günstiger ist. Wenn irgend möglich, wird man scharfe Fasen an Preßstempeln immer vermeiden. So kann man z. B. das in Abb. 201 gezeigte Werkzeug, bei welchem an den Stellen a und b häufig Ausbröckelungen am Stempel vorkamen, mit Vorteil durch die in Abb. 202 gezeigte Konstruktion ersetzen. Man muß dabei allerdings mit einer etwas ungleichmäßigeren Dichte im Steg des Fertigteiles rechnen. Abrundungen an Preßkörpern können, wie das in Abb. 203 a und 203 b gezeigt wird,

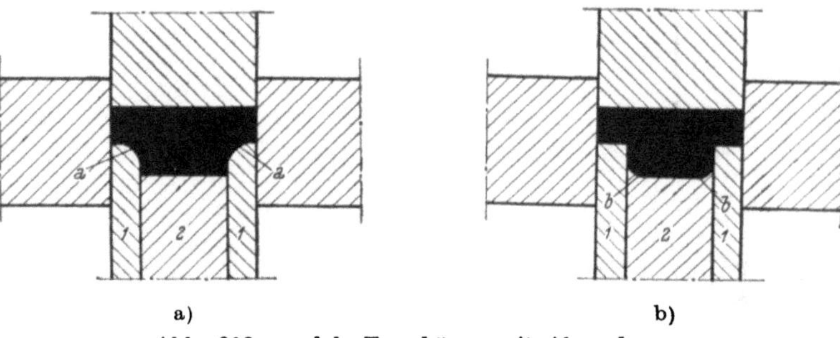

a)   b)

Abb. 203a und b. Formkörper mit Abrundungen:
a) in preßtechnischer Hinsicht günstig,   b) preßtechnisch nicht gut beherrschbar.

an den mit a bezeichneten Stellen leicht angebracht werden. Dagegen sind Abrundungen bei b sehr schwierig, weil ein Stempel mit scharfen Kanten benutzt werden müßte.

Kugel- und halbkugelförmige Körper sowie Teile mit stark gewölbten Flächen lassen sich aus den verschiedenen geschilderten Gründen nicht ohne weiteres in einem Preßgang gleichmäßig dicht pressen. Preßt man ein Teil gemäß Abb. 204 in einem einfachen, gesenkartigen Werkzeug derart, daß die gewölbte Fläche senkrecht zur Preßrichtung zum Oberstempel hin zu liegen kommt, so ergibt sich erwartungsgemäß eine sehr ungleichmäßige Dichteverteilung im Preßling[1] (s. Zahlentafel 86). Die Erscheinung ist ohne weiteres verständlich, wenn man bedenkt, daß für die Teilabschnitte B und D und insbesondere A und E eine viel zu kleine

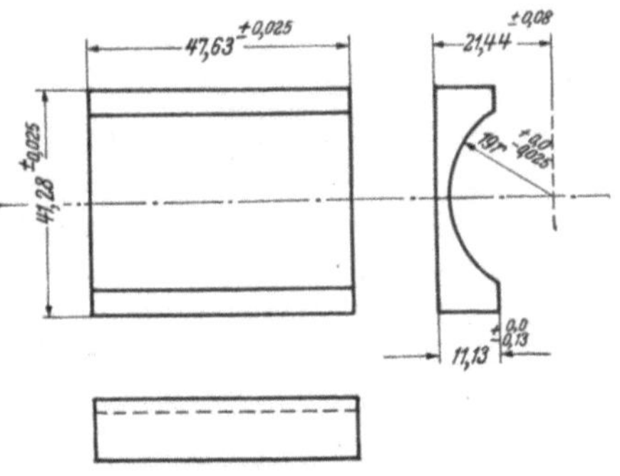

Abb. 204. Formstück mit gewölbter Fläche (C. G. Goetzel).

---

[1] Goetzel, C. G.: Am. Inst. min. metallurg. Engrs., Techn. Publ. Nr. 1920, (1945).

Zahlentafel 86. *Dichteverteilung in einem Formteil mit gewölbter Oberfläche, gepreßt unter Benutzung eines glatten Unterstempels; erste Lösung (C. G. Goetzel).*

Form	Teilstück	Dichte g/cm³	Raumerfüllung %
Fertigform .... 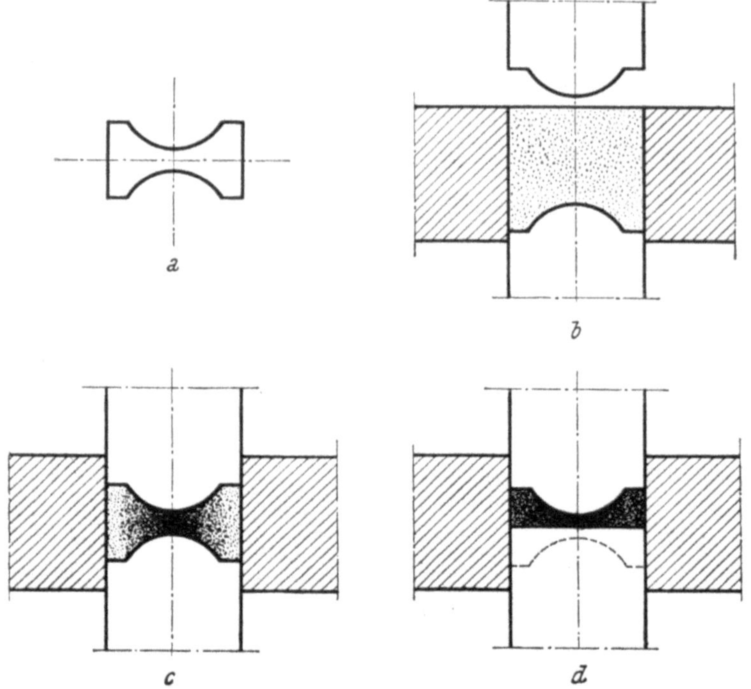	A	6,63	84,2
	B	7,23	91,9
	C	7,75	98,5
	D	7,25	92,1
	E	6,68	84,9
	Gesamtstück	7,20	91,5

Füllhöhe berücksichtigt wurde. Unter Beachtung dieser Tatsache preßte C. G. Goetzel daher zunächst ein Teil wie in Abb. 205 a

Abb. 205a bis d. Schematische Darstellung des Preßvorganges für ein Teil nach Abb. 204 (2. Lösung), (C. G. Goetzel).
a) vorgeformtes Teil,
b) Werkzeug für ein derartiges Teil in Füllstellung,
c) Werkzeug in Preßstellung,
d) Werkzeug für das auf Fertigformpressen des Teils.

wiedergegeben mit geringem Preßdruck vor (Abb. 205 b, c). Nach einer Vorsinterung bei etwa 1100° wurde dieser Körper in einem

Zahlentafel 87. *Dichteverteilung in einem Formteil mit gewölbter Oberfläche, gepreßt unter Benutzung eines vorgeformten Teiles mit beiderseits gewölbten Flächen gleicher Radien; zweite Lösung* (C. G. Goetzel).

Form	Teilstück	Dichte g/cm³	Raumerfüllung %
vorgeformtes Teil ...	A'	3,71	47,1
	B'	4,18	53,1
	C'	5,26	66,9
	D'	4,23	53,8
	E'	3,77	47,9
	Gesamtstück	4,04	51,3
Fertigform	A	7,07	89,9
	B	7,34	93,2
	C	7,57	96,2
	D	7,30	92,8
	E	7,01	89,0
	Gesamtstück	7,27	92,4

Werkzeug gemäß Abb. 205 d mit sehr hohem Preßdruck fertig gepreßt. Es zeigt sich, daß auch jetzt noch gewisse Dichteunterschiede vorhanden sind, wie aus Zahlentafel 87 ersichtlich ist, in welcher die Dichtewerte der einzelnen Teilabschnitte für das vorgepreßte und fertiggepreßte Teil zusammengestellt sind. Preßt man aber einen Körper mit verschiedenen Krümmungsradien vor, dann erhält man ein Fertigteil mit verhältnismäßig sehr guter Dichteverteilung, wie Zahlentafel 88 zeigt.

Zahlentafel 88. *Dichteverteilung in einem Formteil mit gewölbter Oberfläche, gepreßt unter Benutzung eines vorgeformten Teils mit beiderseits gewölbten Flächen verschiedener Radien; endgültige Lösung* (C. G. Goetzel).

Form	Teilstück	Dichte g/cm³	Raumerfüllung %
vorgeformtes Teil .	A'	3,74	47,5
	B'	4,41	56,0
	C'	4,68	59,5
	D'	4,44	56,4
	E'	3,80	48,3
	Gesamtstück	4,14	52,5
Fertigform	A	7,27	92,4
	B	7,35	93,4
	C	7,44	94,5
	D	7,37	93,7
	E	7,29	92,6
	Gesamtstück	7,33	93,1

Die bisherigen Ausführungen betreffen Preßteile, die einseitig praktisch geradflächig oder nur schwach gewölbt sind. Bei beiderseits profilierten Preßteilen wird die Konstruktion der Preßwerkzeuge noch schwieriger. Will man ein Teil, wie in Abb. 206 a schematisch dargestellt ist, gleichmäßig dicht pressen, dann ist es notwendig, auch den Oberstempel zu unterteilen. Allerdings werden die Einzelstempel im Oberteil in diesem Falle nicht so wie die Unterstempel getrennt gesteuert, sondern man begnügt sich lediglich mit einer Abfederung des Stempels 5 (Abb. 206 b).

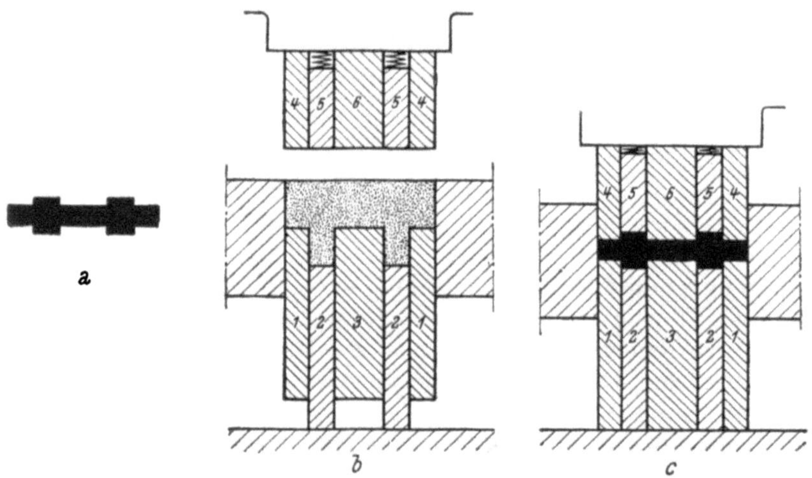

Abb. 206a bis c. Schematische Darstellung eines Preßwerkzeugs für das Pressen eines beiderseits profilierten Teiles.
a) Preßling, b) Werkzeug in Füllstellung, c) Werkzeug in Preßstellung.

Während des Preßvorganges verschiebt sich der den vorspringenden Stellen entsprechende Stempel 5 nach oben (Abb. 206 c). Bei derartigen Konstruktionen ist besonders darauf zu achten, daß die Höhenunterschiede zwischen den einzelnen Abstufungen nicht zu groß werden. Ein Teil, wie in Abb. 210, S. 401, wiedergegeben, bei dem sehr große Höhenunterschiede in der Preßrichtung auftreten, kann nur in mehreren Preßstufen unter Benutzung eines Vorpreßlings gleichmäßig dicht gepreßt werden.

Bohrungen und Durchbrüche können nur in Preßrichtung angebracht werden. Sie können wegen der hohen Preßdrücke nur dann mitgepreßt werden, wenn sie nicht zu kleine Querschnitte haben und nicht zu lange und zu dünne Stempel erfordern. Bei der Anbringung von Durchbrüchen und Bohrungen ist darauf zu achten, daß die verbleibende Wandstärke im Preßling nicht zu klein wird. Bohrungen quer zur Preßrichtung lassen sich nicht oder nur mit sehr komplizierten Matrizenanordnungen mitpressen.

Bei Anwendung der Doppelpreßtechnik sind entsprechende Nachpreßwerkzeuge erforderlich, welche maßlich meist etwas vom Vorpreßwerkzeug abweichen, da bei der Vorsinterung der Preßlinge ein Schwinden, oftmals aber auch ein Schwellen stattfindet. Die Nachpreßwerkzeuge haben meist gesenk-, bzw. prägewerkzeugartigen Charakter. Nur in Fällen, wo die Möglichkeit einer Keilwirkung gegeben ist, wird man eine Unterteilung der Stempel vorsehen. Kalibrierwerkzeuge, die lediglich zum Aufmaßpressen der fertig gesinterten Teile dienen, sind ebenfalls wie geschlossene Gesenke konstruiert.

Sehr eingehende Ausführungen über Gestaltungsrichtlinien für Sintereisen- und Sinterstahlteile, sowie eine große Anzahl von Ausführungsbeispielen sind in neueren Arbeiten amerikanischer Autoren zu finden[1-18]. In diesem Zusammenhang sei auch nochmals auf die Literaturzusammenstellung auf S. 376 verwiesen.

3. Das Sintern der Teile.

Für die Sinterung von Fertigteilen aus Sintereisen und Sinterstahl sind die in der Eisen-Pulvermetallurgie üblichen Sinter-

---

[1] Seelig, R. P.: Metals & Alloys 12, 1049, S. 744-48.

[2] Seelig, R. P. u. E. C. Gordon: Machine Design 13, 1941, S. 42-44.

[3] Anonym: Product Engineering 12, 1941, S. 192-93, S. 496-500; 14, 1943, S. 472-75.

[4] Wulff, J.: Powder Metallurgy, Am. Soc. Met., Cleveland (Ohio) 1942, S. 244-58.

[5] Seelig, R. P.: s. Powder Metallurgy, Am. Soc. Met., Cleveland (Ohio) 1942, S. 264-70.

[6] Anonym: Machinery, New York 48, 1942, S. 111-18; 49, 1942, S. 148-52.

[7] Langhammer, A. J. u. M. F. Smith: Metal Progr. 41, 1942, S. 335-37, s. Powder Metallurgy, Am. Soc. Met., Cleveland (Ohio) 1942, S. 259-63.

[8] Langhammer, A. J. u. T. L. Robinson: Modern Ind. Press., Mai 1943, S. 24-28.

[9] Victor, M. T. u. C. A. Sorg: Metals & Alloys 19, 1944, S. 584-89, Western Mach. Steel World 37, 1946, S. 248-57.

[10] Hradecky, R. u. R. P. Seelig: Iron Age 156, 1945, Nr. 13, S. 50-54 u. 132.

[11] Seelig, R. P.: Steel 117, 1945, S. 116-23.

[12] Birdsall, G. W.: Steel 117, 1945, S. 106-08, S. 150-58.

[13] Langhammer, A. J.: Product Engng. 16, 1945, S. 877.

[14] Schwarzkopf, P. u. A. Reis: American Machinist 89, 1945, S. 1077 u. 1184.

[15] Langhammer, A. J.: Am. Inst. min. metallurg. Engrs., Techn. Publ. Nr. 1788, 1945.

[16] Lenel, F. V.: Am. Inst. min. metallurg. Engrs., Techn. Publ. Nr. 1788, 1945.

[17] Squire, A.: Office of Technical Serv., US Dep. Com., Washington 1944, Pep. RB 49080, s. Powder Metallurgy, Brooklyn 1947.

[18] Schwarzkopf, P., C. G. Goetzel u. F. M. Demarest: Met. Progr. 49, 1946, S. 539-47.

einrichtungen gebräuchlich (s. S. 289 ff.)[1,2]. Auch hier ist vor allem Wert auf größte Wirtschaftlichkeit zu legen. Für die Sinterung von kleinen Teilen haben sich bestens Durchsatzöfen, welche mit Molybdänheizleitern ausgerüstet sind, bewährt. Bei den hohen Sintertemperaturen von 1200 bis 1300° C zeigt das Molybdän als Heizleiterwerkstoff ganz hervorragende Dauerhaftigkeit und ist den meisten anderen bekannten Widerstandslegierungen überlegen. Bei der Sinterung kohlenstoffhaltiger Preßlinge ist zu berücksichtigen, daß bei diesem Vorgang nicht nur eine Verfestigung der Teile durch Zusammensintern der einzelnen Eisenpulverkörner erfolgen soll, sondern daß auch durch Diffusionsvorgänge eine chemische Bindung des zunächst nur mechanisch eingebrachten Kohlenstoffs erreicht werden muß. Der Frage des Schutzgases, der Sinterbehälter und des Einpackmaterials kommt daher viel größere Bedeutung zu, als bei der Sinterung anderer pulvermetallurgischer Erzeugnisse. Als Schutzgas hat sich gereinigter Wasserstoff gut bewährt, obzwar es vom Standpunkt der Wirtschaftlichkeit gesehen billigere Schutzgase gibt, die ebenfalls entsprechen. Die Reaktionen, die sich bei der Sinterung von kohlenstoffhaltigen Körpern unter Wasserstoffatmosphäre abspielen, sind recht verwickelter Art. Gewisse Anhaltspunkte über den Ablauf der Reaktionen können den Untersuchungen von W. Baukloh und Mitarbeitern über die Wasserstoffentkohlung von geschmolzenen Stählen entnommen werden[3,4,5]. Mehr vom Gesichtspunkt des Pulvermetallurgen aus gesehen, wurde die Frage der Sinteratmosphäre und des Packungsmaterials von F. Körber und Mitarbeitern[6,7] untersucht. Danach zeigt sich, daß beim Sintern kohlenstoffhaltiger Eisenpreßlinge in stehendem Wasserstoff oder im Vakuum bei Verwendung keramischer Packung (Quarzsand, grober Korund) mit einer ziemlich starken Entkohlung zu rechnen ist. Der Kohlenstoffabbrand ist dabei unabhängig von der Menge des eingesetzten Kohlenstoffs. Er ist hauptsächlich auf die Reaktion des Kohlenstoffs mit dem im Eisenpulver vorhandenen Sauerstoff zurückzuführen. Er kann

---

[1] Webber, H. M.: s. Powder Metallurgy, Am. Soc. Met., Cleveland (Ohio) 1942, S. 292-303.

[2] Koehring, R. P.: Met. Progr. 41, 1942, S. 657-62, s. Powder Metallurgy, Am. Soc. Met., Cleveland (Ohio) 1942, S. 278-91.

[3] Baukloh, W., W. v. Kronenfels u. H. Guthmann: Stahl u. Eisen 54, 1934, S. 1334-1336.

[4] Baukloh, W. u. H. Guthmann: Z. Metallkde. 28, 1936, S. 34-40.

[5] Baukloh, W.: Gas- u. Elektrowärme, 1943, Heft 1, S. 5-8.

[6] Wiemer, H.: Persönliche Mitteilung, 1944.

[7] Körber, F., H. Wiemer u. W. Fischer: Arch. Eisenhüttenwes. 17, 1943-1944, S. 43-52.

also in mehr oder weniger weiten Grenzen konstant gehalten werden. Da die Entkohlung bei der Sinterung unter Wasserstoff und im Vakuum ziemlich gleichmäßig über den ganzen Querschnitt erfolgt, kann bei genügend hohem Kohlenstoffeinsatz mit der Ausbringung reproduzierbarer Sinterstähle mit gleichbleibendem Endkohlenstoffgehalt gerechnet werden. Eine Entkohlung kann bei der Sinterung durch Einpacken in Kokspulver vermieden werden. Bei Preßlingen mit niedrigem Kohlenstoffgehalt tritt dabei Aufkohlung ein. Da bei dieser Art der Sinterung nur schwer zu überwachende Reaktionen eintreten, dürfte dieser Weg, zumal die Aufkohlung nicht gleichmäßig über den ganzen Querschnitt erfolgt, nicht zu empfehlen sein. Durch Sintern im Kohlenoxydstrom kann man ebenso gute Ergebnisse erzielen, wie bei der Sinterung unter Wasserstoff.

Recht günstig liegen die Entkohlungsverhältnisse auch bei der Sinterung unter gespaltenem Ammoniak, wie Untersuchungen von R. Chadwick und E. R. Broadfield[1] zeigen. Bestimmt wurde der Kohlenstoffabbrand an Preßlingen aus Elektrolyteisenpulver (Sauerstoffgehalt etwa 0,2%) und verschiedenen Graphitmengen (Preßdruck 6,3 t/cm², Sinterzeit 1 Stunde, Sintertemperatur 1125°). Ein Teil der Versuchsergebnisse ist in Zahlentafel 89 zusammengestellt.

Zahlentafel 89. *Einfluß verschiedenartiger Sinterbedingungen auf den Kohlenstoffabbrand bei der Sinterung von Stählen unter gespaltenem Ammoniak* (R. Chadwick u. E. R. Broadfield).

Sinterbedingungen	C-Gehalt nach einstündiger Sinterung bei 1125°, in % Graphitzusatz		Kohlenstoffabbrand %
	1 %	2 %	
normale Sinterung*, Teile offen in Cr-Ni-Schiffchen eingelegt.......	0,75	1,60	22
Teilweiser Schutz des Sintergutes durch Einpacken in Asbestpappe.	0,87	1,75	13
Teilweiser Schutz des Sintergutes durch Einlegen in geschlossene Graphitschiffchen	0,92	1,80	9
Zusatz von 1% Propan zum Schutzgas	1,0	2,0	0
Feuchtigkeit in der Ofenatmosphäre (durch Einführen von Wasser in die Kühlzone des Ofens erzeugt) ...	0	0,15	96

* Gasdurchgang 5 Liter/Min.

[1] Chadwick, R. u. E. R. Broadfield: Iron Steel Inst., Spec. Rep. Nr. 38, London 1947, S. 123-141.

Neben Wasserstoff als Schutzgas, welches den Nachteil des etwas hohen Preises hat, werden mit Erfolg auch teilweise verbranntes Leuchtgas, Generatorgas und Naturgas benutzt (s. S. 305). Besonders in amerikanischen Veröffentlichungen ist häufig von teilweise verbranntem Methan (Naturgas), Propan und Butan allein oder in Verbindung mit gespaltenem Ammoniak, die Rede[1]. Man nützt die aufkohlenden Eigenschaften dieser Gase bei der Sinterung aus und kann auf diese Weise aus Weicheisenpreßlingen in einer Sinter- und Kohlungsoperation Sinterstahlkörper erhalten. Diese Art der Sinterung erfordert genaueste Überwachung der Sinteratmosphäre, da von der Konzentration der im Schutzgas enthaltenen, aufkohlend wirkenden Komponente die Höhe des Kohlenstoffgehaltes im Fertigteil bestimmt wird. Man soll auf diese Weise Stähle mit reproduzierbaren Kohlenstoffgehalten von 0,1 bis 1,2% herstellen können, die man direkt aus der Sinterhitze härten kann[2].

Um die Entkohlung bei der Sinterung unter Wasserstoff möglichst zu vermeiden, hat sich in der Praxis die Sinterung in geschlossenen Graphitschiffchen bewährt. Dabei bildet sich eine Wasserstoff-Kohlenoxyd-Atmosphäre aus, welche die Entkohlung, bis auf die durch den Sauerstoffgehalt des Eisenpulvers bedingte, verhindert. Damit die Teile nicht mit den Wänden der Sinterkästen in Berührung kommen, werden sie in irgend eine hochfeuerfeste, keramische Masse von entsprechender Körnung eingepackt. Schmelzkorund in der Körnung von 1 bis 3 mm hat sich für diesen Zweck bestens bewährt.

C. Anwendungsbeispiele.

Was heute die Pulvermetallurgie auf dem Gebiete der Herstellung von Fertigteilen aus Sintereisen und Sinterstahl zu leisten vermag, soll nun zusammenfassend an Hand der zahlreichen Veröffentlichungen und an einzelnen Beispielen gezeigt werden[1]. Der leitende Grundgedanke, der eine Fertigung von Maschinenteilen auf dem Sinterwege nahelegte, war, wie schon gesagt, neben der Einsparung von Rohstoffen vornehmlich die Vermeidung kostspieliger Zerspanungsarbeit. Ein Maschinenelement, welches sehr viel spanabhebende Arbeit erfordert und welches in sehr großen Mengen gebraucht wird, sind *Zahnräder*. Es war daher eine aussichtsreiche Aufgabe, Zahnräder, und zwar vor allem solche, die nicht zu großer Beanspruchung ausgesetzt sind, wie z. B. *Ölpumpenräder*, in Fahrzeug- und Flugzeugmotoren auf dem

---

[1] Kalischer, P. R.: Iron Age 149, 1942, S. 46-51, 12. Feb.
[2] Margolies, A. S.: Iron Age 157, 1946, S. 60-63, 28. Feb.

Sinterwege herzustellen. Dieses pulvermetallurgische Anwendungsgebiet wurde in Amerika bald erkannt, worüber in einer Reihe
von Veröffentlichungen berichtet wird[1-6]. In Europa ist erst im
Verlauf des zweiten Weltkrieges eine Fertigung von Ölpumpenrädern aufgenommen worden.

Ölpumpenräder haben meist geringe Zähnezahlen (etwa 8
bis 20) bei Modulen von 2 bis 5 und Durchmessern von etwa 30
bis 60 mm. Sie wurden früher aus Gußeisenrohlingen aus dem
Vollen herausgearbeitet, wobei etwa 60% des Rohstoffes durch
Zerspanung verloren ging. Heute werden die Räder durch Pressen
und Sintern von Eisenpulver-Graphitmischungen hergestellt. Bei
dieser Formgestaltung des Rades ergibt sich der Vorteil, daß
man die Zähne mit fehlerlosen Evolventenprofilen ohne Hinter-
schneidung an Wurzel und Grundkreis herzustellen vermag, da
kein Spielraum für die Schneid- oder Stoßwerkzeuge notwendig
ist. Die Matrizen und Stempel können verhältnismäßig einfach
mittels einer Räumnadel hergestellt werden. Da von der Oberflächenbeschaffenheit der Preßwerkzeuge die Lebensdauer und die
Maßhaltigkeit der Preßlinge abhängt, werden die Matrizen nach
dem Härten geläppt. Die mit einem Druck von etwa 4 t/cm² gepreßten Räder werden nicht zu hoch gesintert, so daß keine vollständige Bindung des eingebrachten Graphites erfolgt. Dieser
gewährleistet nachträglich eine zusätzliche Schmierung beim
Lauf. Nach der Sinterung werden die Zahnräder sofort mit Öl
getränkt und kalibriert. Außendurchmesser und Stirnflächen
werden meist geschliffen, da die Tolenranzen bei diesen Massen
sehr eng gehalten werden müssen. Die Zähne selbst werden nicht
mehr behandelt und können bis auf sehr kleine Abweichungen
der Evolventenkurve angepaßt werden. Wird die Oberfläche der
Zähne mittels eines gehärteten Gegenrädchens durch Abwälzen
geglättet, dann ist die Oberflächenbeschaffenheit noch besser als
bei mechanisch hergestellten Rädern. Die technologischen Daten
von Ölpumpenrädern, die sich bewährt haben, sind z. B.:

Dichte . . . . 6,0 bis 6,8 g/cm³,
Gesamtkohlenstoff . . . 0,8 „ 1,4%,
davon freier C . . . . . 0,5 „ 1,0%,
Brinellhärte . . . . . . 60 „ 85 kg/mm²,

[1] Lenel, F. V.: Met. & Alloys 12, 1940, S. 471-478.
[2] Anonym: Automotive Ind. 82, 1940, S. 158-159.
[3] Wulff, J.: Met. Progr. 38, 1940, S. 665-668 u. 720.
[4] Kalischer, P. R.: Iron Age 149, 1942, S. 41-46 u. 46-51, 5. u. 12. Feb.
[5] Anonym: Machinery, London 61, 1942, S. 203-206.
[6] Lenel, F. V.: s. Powder Metallurgy, Am. Soc. Met., Cleveland (Ohio) 1942, S. 502-11.

Zugfestigkeit . . . . . 15 bis 25 kg/mm²,
Dehnung . . . . gering,
Druckfestigkeit . . . . 80 bis 90 kg/mm²,
Schlagfestigkeit . . . . wie bei Gußeisen.

Trotz der geringen Härte ist die Verschleißfestigkeit sehr gut (s. dazu die Ausführungen auf S. 320). Es wäre interessant, auch Räder mit höherer Festigkeit, die gegebenenfalls nach der Doppelpreßtechnik aus Sinterstahl hergestellt wurden, an stärker beanspruchten Stellen einzusetzen. Solche Räder, die eine Dichte von 7,0 bis 7,5 g/cm³ bei einem Gehalt von 0,6 bis 0,8% an gebundenem Kohlenstoff, einer Härte von 150 bis 200 kg/mm², einer Zugfestigkeit von 40 bis 60 kg/mm² und einer Dehnung von 1,5 bis 3% aufweisen, dürften wohl dazu geeignet sein, auch in stark beanspruchten Maschinen eingesetzt zu werden. Eine Reihe von gesinterten Ölpumpenrädern zeigt Abb. 207.

Abb. 207.   Gesinterte Ölpumpenräder.

Die vorderen zwei kleinen Räder ebenso wie die beiden darüber befindlichen sind Rohlinge. Sie werden vor dem Einbau an Stirnflächen und am Außenradius noch um etwa 0,3 mm abgeschliffen. Das dritte Rad rechts ist bereits derart bearbeitet und ist einbaufähig. Ebenso sind die beiden größeren Räder rechts oben einbaufähig. Die vier kleinen Bohrungen bei dem einen wurden ebenso wie der Absatz durch spanabhebende Bearbeitung angebracht. Die Nut in der Wellenbohrung wurde dagegen mitgepreßt.

Zwei weitere Anwendungsfälle von Sintereisenteilen, bei denen es besonders auf ein günstiges Verschleißverhalten ankommt, mögen in den folgenden Ausführungen besprochen werden. Beide Fälle sind ein schöner Beweis für die häufig sehr unerwarteten Eigenschaften des Sintereisens (s. auch die Ausführungen auf S. 313 bezüglich des Zusammenhanges zwischen Härte und Verschleißverhalten bei Sinterkörpern).

K. Konopicky[1] versuchte nämlich, die üblicherweise aus Kunstharz bestehenden Flügel von Preßluftmotoren durch Sintereisen zu ersetzen. Die Flügel (Länge 58 mm, Breite 13 mm, Stärke 3 mm) wurden mit einem Preßdruck von etwa 4 t/cm² gepreßt und bei etwa 1200° gesintert. Ihre Festigkeit betrug etwa 10 bis 16 kg/mm² bei einem Porositätsgrad von 25 bis 30%. Derartige Flügel zeigten nach sechswöchigem Lauf, was der doppelten Betriebsdauer normaler Teile aus Kunstharz entspricht, noch keinerlei Zerstörungserscheinungen und konnten weiter verwendet werden. Bemerkenswert wenig wurde auch die Lauffläche des Gehäuses beansprucht, die trotz der langen Laufzeit keinerlei Schleifmarken erkennen ließ, während eine gleiche Büchse bei Verwendung von Kunstharzflügeln schon nach drei Wochen unbrauchbar war. Nach K. Konopicky scheinen poröse Sinterteile überall dort ein gutes Verhalten zu zeigen, wo sie einer reibenden Beanspruchung ausgesetzt sind. Während bei Vollmaterial durch die Fliehkräfte der Ölfilm weggedrückt wird, tritt bei porösen Teilen das Öl an den Verschleißflächen durch die Poren aus und bildet so einen schützenden Film.

Eine ähnliche Verschleißbeanspruchung liegt bei einem zweiten Anwendungsfall vor. Bei der Lösung der Aufgabe, eine auf sehr große Stückzahlen abgestellte Fertigung maßlich mit Lehren zu kontrollieren, hat man mit Erfolg *Lehren* aus Sintereisen eingesetzt[2]. Die Herstellung solcher, in großen Stückzahlen benötigten

Abb. 208. Lehren aus Sintereisen (Th. Hövel).

Meßgeräte nach dem Sinterverfahren war außerordentlich wirtschaftlich. Abb. 208 zeigt derartige Lehren in der Ansicht. Die Lehren wurden in üblicher Weise auf Schleifmaß gepreßt und gesintert. Um den Verschleiß auf ein Minimum zu beschränken, wurden die Körper im Bereich der Meßfläche einer zweifachen Pressung unterworfen, während der übrige Teil infolge der Einfachpressung wesentlich poröser blieb und im Fertigzustand als Ölspeicher diente. Die Lehren wurden vor ihrer Anwendung durch eine Einsatzhärtung im Bereich der Meßfläche gehärtet. Durch diese Behandlung konnte erreicht werden, daß die eigentlichen

---

[1] Konopicky, K.: Legierungselement Luft, erscheint demnächst.
[2] Hövel, Th.: Persönliche Mitteilung, 1945.

Meßflächen Härten von 55 bis 60 R_C aufwiesen. Vor der Ingebrauchnahme wurden die Lehren mit Öl getränkt. Das Öl dringt auch durch den dichteren Teil der Lehre hindurch und wirkt so an den Meßflächen schmierend und verschleißhemmend. Die praktischen Erfahrungen, die mit diesen Sintereisenlehren gesammelt wurden, sind zufriedenstellende. So konnten z. B. mit einfachen Stahllehren im Mittel etwa 62.000 Teile geprüft werden, während mit Sintereisenlehren bis zu 88.000 Teile kontrolliert werden konnten.

Der während des zweiten Weltkrieges stark angestiegene Bedarf an *Kolbenringen* für Verbrennungsmotoren hat insbesondere in England Bestrebungen zur Folge gehabt, diese Ringe aus Sinterstahl herzustellen. Da es sich beim Kolbenring um ein verhältnismäßig einfaches Formstück handelt, das in sehr hohen Stückzahlen benötigt wird, schien das pulvermetallurgische Verfahren sehr geeignet zu sein. Für eine Sinterfertigung sprachen auch folgende Umstände:

1. bei den im Gußverfahren hergestellten Graugußringen ist verhältnismäßig viel Zerspannungsarbeit erforderlich,

2. es ist schwierig, auf dem Gußwege Ringe herzustellen, die hohe Bruchfestigkeit und hohen Elastizitätsmodul bei gleichzeitig besten Laufeigenschaften aufweisen.

Bei Sinterstahl kann man die Porosität bzw. Ölaufnahmefähigkeit und den Gehalt an freiem Graphit, also jene Faktoren, welche einerseits die Festigkeits- und andererseits die Laufeigenschaften bestimmen, in verhältnismäßig weiten Grenzen variieren. Nach Durchführung eingehender Versuche wurden in England, von der British Piston Rings Ltd., Conventry, in großem Maßstab Kolbenringe aus sogenannten „graphitiertem Sinterstahl" gefertigt, die sich im praktischen Betrieb voll bewährt haben sollen. Nach J. A. Judd[1] besteht die Ausgangspulvermischung aus mittelfeinem Elektrolyt- oder Schwammeisenpulver, dem 15 bis 25% eines weißen Gußeisenpulvers und entsprechende Mengen feinsten Graphits zugefügt wird. Die Mischung wird auf automatischen, hydraulischen 250 t-Pressen mit einem Druck von 8 t/cm² zu Ringen verpreßt (Leistung 6 Stück pro Minute) und diese in gasbeheizten Förderbandöfen (s. Abb. 149, S. 300) unter gespaltenem Ammoniak als Schutzgas bei etwa 1120° C gesintert. Bei dieser Sintertemperatur erfolgte noch keine vollständige Bindung des zugesetzten Graphits; die Abkühlung wird so geleitet, daß sich ein für das Laufverhalten besonders günstiges Gefüge ausbildet und der Ring entsprechende

---

[1] Judd J. A.: Machinery, London **69**, 1946, S. 109-112, J. Inst. Automobile Engng. **15**, 1946, S. 83-100, Iron Steel Inst., Spec. Rep. Nr. 38, London, 1947, S. 117-22.

Festigkeits- und Elastizitätseigenschaften bekommt, die er auch bei den verhältnismäßig hohen Betriebstemperaturen beibehält. Da die Ringe sich bei der Sinterung etwas verziehen, müssen sie vorsichtig kalibriert werden. Selbstverständlich ist auch bei den Sinterstahlringen eine geringfügige Nachbearbeitung erforderlich. Bei der Prüfung der Eigenschaften der fertigen Kolbenringe wurde von J. A. Judd festgestellt, daß mit zunehmender Dichte der E-Modul fast linear ansteigt, während die Festigkeit rascher zunimmt. Beispielsweise hatten Ringe mit einer Dichte von $7,0\,g/cm^3$ und einer entsprechenden Porosität von etwa 7% eine Bruchfestigkeit von $55\,bis\,63\,kg/mm^2$ und einen E-Modul von $14.000\,bis\,15.500\,kg/mm^2$. Bei praktischen Laufversuchen entsprachen, trotz der strengen englischen Prüfbedingungen, die Ringe voll allen Anforderungen, während in Deutschland mit derartigen Ringen keine so günstigen Ergebnisse erzielt wurden. Durch Legierungszusätze, z. B. in Form von chromlegiertem Gußeisen, dürfte es aber vielleicht gelingen, auf pulvermetallurgischem Wege Kolbenringe wirtschaftlich zu fertigen, welche den entsprechenden Gußeisenringen, was Laufeigenschaften und Festigkeit betrifft, überlegen sind. Die Frage, ob es möglich ist, auf dem Sinterwege billigere und qualitativ bessere Kolbenringe zu fertigen, wird entscheidend dafür sein, ob auch in normalen Zeiten das pulvermetallurgische Verfahren beibehalten wird.

Wie groß das Anwendungsgebiet von Sintereisen- und Sinterstahlteilen heute im Fahrzeug- und Gerätebau ist, geht aus einer weiteren Anzahl von Veröffentlichungen hervor[1-7].

Die Entwicklung wurde natürlich im Kriege stark vorwärts getrieben, da insbesondere die Rüstungs- und Munitionsindustrie als Großverbraucher von verhältnismäßig einfachen Formteilen auftrat. Daneben war aber auch ein großer Bedarf in der Fahrzeug- und Flugzeugindustrie, im Feingerätebau und in vielen anderen Industriezweigen vorhanden. Charakteristische Fertigmaßteile, die auf pulvermetallurgischem Wege hergestellt werden, erscheinen in großer Zahl in Firmenprospekten[8]. Es sind dies, um nur einige

---

[1] Peters, F. P.: Met. & Alloys 14, 1941, S. 721-730 u. 733.

[2] Seelig, R. P.: Met. & Alloys 12, 1940, S. 744-748.

[3] Wulff, J.: s. Iron Age 148, 1941, S. 29(35 u. 100, 30. Okt.

[4] Anonym: Automobile Engnr. 32, 1942, S. 266-268.

[5] Kalischer, P. R.: Iron Age 149, 1942, S. 41-46 u. 46-51, 5. u. 12. Feb.

[6] Perry, H. W.: Aircraft Engng. 15, 1943, S. 305-306.

[7] Lenel, F. V.: Automobile Engnr. 33, 1943, S. 415-418.

[8] Prospekt der Firmen: American Electro Metal Corp., Yonkers (New York); Powder Metallurgy Corp., Long Island City (New York); Chrysler Corp., Detroit; General Motors Corp., Morain Prod. Div., Dayton (Ohio).

Beispiele zu nennen: Kugel- und Rollenlagerringe, Hebel, Kreuz-
köpfe, Nockenwellen, genutete Muttern, Lagerstützschalen, Unter-
lagsscheiben, Segmentscheiben, Verschlußringe für Wälzlager,
Kolbenringe und viele andere. Abb. 209 zeigt eine Reihe von
gesinterten Maschinenteilen, wie Käfige für Wälzlager, Unterlags-
ringe, Klemmkegelhälften, Profilmuttern, Kerbzahnbüchsen, Mit-
nehmerscheiben, Führungsringe, Rollen, Düsen, Anschlagnocken,
Federteller, konische Ringe, Ventilteller, Führungsschienen und
andere, die in sehr großen Stückzahlen gefertigt wurden. In Abb. 210

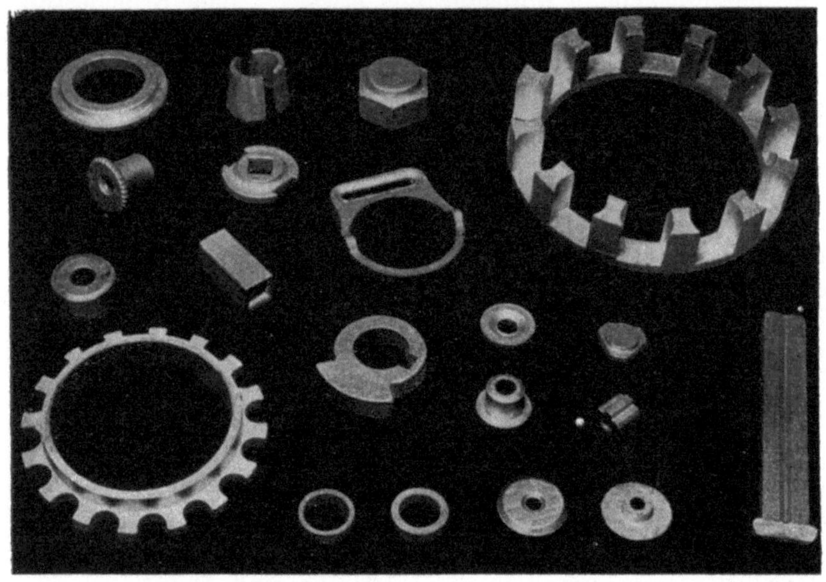

Abb. 209. Verschiedene auf dem Sinterwege gefertigte Maschinen- und Geräteteile.

ist ein Doppel-T-Anker für den Stromerreger von Feldtelephonen
in verschiedenen Fertigungsstufen wiedergegeben. Bei diesem
Teil, ebenso wie bei dem in Abb. 204 wiedergegebenen Polstück,
werden insbesondere für den Radius der gewölbten Flächen sehr
enge Maßtoleranzen gefordert. Da auch eine hohe Dichte und
gleichmäßige Dichteverteilung im Fertigstück verlangt wird,
kann das Pressen derartiger Teile nicht in einem Preßgang erfolgen.
Es muß, wie schon auf S. 388 beschrieben, zunächst ein vorgeformtes Teil gepreßt werden, welches nach einer Vorsinterung
in einem zweiten Preßgang auf Fertigform verdichtet wird. Das
Preßwerkzeug für das Doppel-T-Formstück besteht aus mehreren
unterteilten Stempeln, welche getrennt gesteuert werden und
welche erlauben, die für die verschiedenen Abstufungen erforderlichen Pulverfüllhöhen einzustellen.

Bei den bisher besprochenen Maschinenteilen werden nicht allzu große Anforderungen in bezug auf die Festigkeit gestellt.

Dagegen werden die in Abb. 211 gezeigten Teile, welche größtenteils aus Waffen verschiedener Art stammen, mechanisch stark beansprucht. Es handelt sich um verschiedene Abzugselemente (Abzugsbügel, Abzugsgabel), Verschlußstücke, Kastenboden und Zubringer für das Munitionsmagazin von Handfeuerwaffen und andere mehr.

Die meisten dieser Teile werden wegen der hohen mechanischen Anforderungen und der engen Maßtoleranzen nach dem Doppelpreßverfahren hergestellt. Bei einem Kohlenstoffgehalt von 0,65 bis 0,80 % im Fertigteil und einer Dichte

Abb. 210. Doppel-T-Anker aus Fernsprechgeräten in verschiedenen Fertigungsstadien (C. G. G o e t z e l)

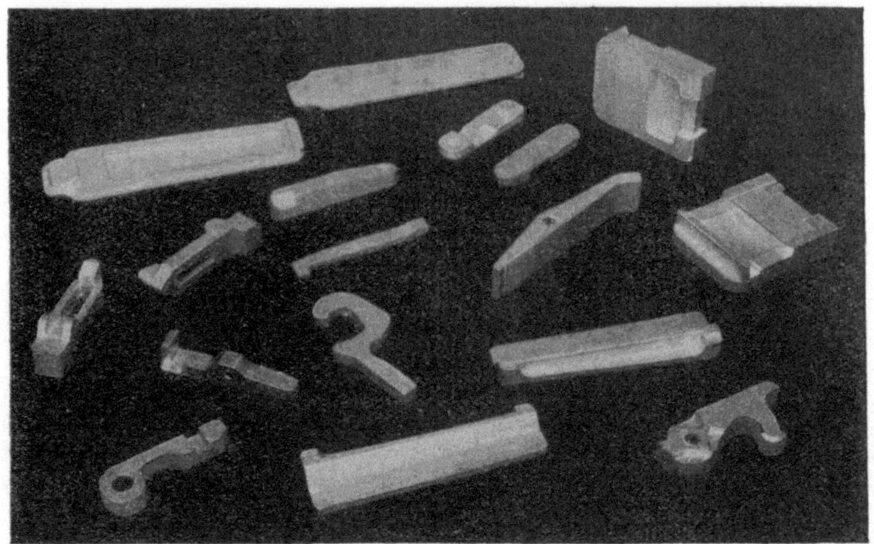

Abb. 211. Verschiedene auf dem Sinterwege gefertigte Waffenteile.

Kieffer u. Hotop, Sintereisen.   26 von 7,2 bis 7,4 g/cm³ liegen die mechanischen Eigenschaften in den Grenzen von:

Härte . . . . 170 bis 200 kg/mm²,
Zugfestigkeit . . . . . 50 ,, 65 kg/mm²,
Dehnung . . . . 4 ,, 5%,
Schlagfestigkeit . . . . 2,2 ,, 3,0 mkg/cm².

Die meisten der in Abb. 211 gezeigten Teile werden noch geringfügig spanabhebend bearbeitet und oberflächenbehandelt oder auch gehärtet.

Ein Großverbraucher von Preßteilen aus Sintereisen während des zweiten Weltkrieges war die Munitionsindustrie. Neben Geschoßkernen und Granatführungsringen waren es vor allem Zünderteile für Granaten, wie Bodenstücke, Zünderspitzen und -kappen,

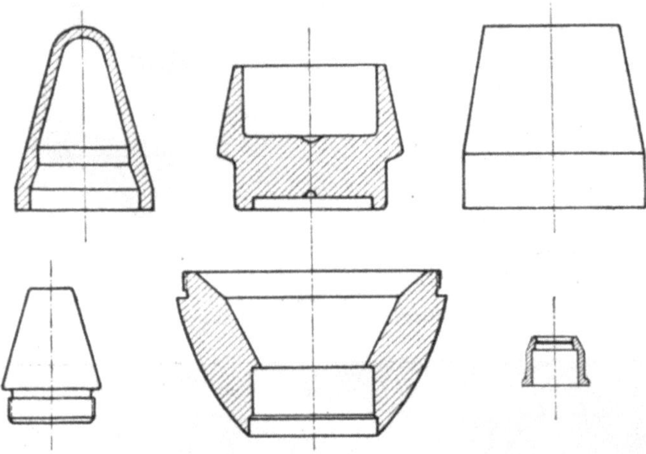

Abb. 212. Verschiedene gesinterte Geschoßteile im Schnitt; teilweise spanabhebend bearbeitet (Th. Hövel).

Zwischenstücke u. a. m., die in großen Mengen wirtschaftlich aus Sintereisen gefertigt wurden. Eine Auswahl von Zünderteilen aus Sintereisen werden in Abb. 212 im Schnitt gezeigt. Alle Teile werden nach der Sinterung noch mehr oder weniger spanabhebend bearbeitet und mit Gewinden versehen. Da es sich meist um kompliziert geformte Teile mit schrägen und gewölbten Flächen handelt, wurden ähnlich wie auf S. 388 beschrieben, zunächst Rohteile vorgepreßt und diese nach einer Vorsinterung in einem anderen, jetzt schon der Fertigform angepaßtem Preßwerkzeug nachverdichtet. Trotz dieser Arbeitsweise dürfen natürlich die Anforderungen in bezug auf mechanische Eigenschaften und Dichtegleichmäßigkeit nicht zu hoch gestellt werden. Nichtsdestoweniger waren die Teile voll der Stoßbeanspruchung wie sie im Geschoß auftritt, gewachsen.

Die Erfahrungen, die man beim Aufformpressen von Teilen aus Pulvern im Kriege gesammelt hat, können sehr nutzbringend auch für die Friedensfertigung ausgenützt werden. In Abb. 213 sind eine Reihe von Gebrauchsgegenständen gezeigt, welche bereits in ziemlichen Umfang gefertigt werden. Für derartige Teile wie Griffe, Beschläge, Schloßteile, Schlüssel, Ventilräder u. a. m. genügen natürlich meist die Festigkeitseigenschaften von Sintereisen. Da auch nicht zu große Forderungen in bezug auf die Maßhaltigkeit wie bei Maschinenteilen aus Sinterstahl gestellt

Abb. 213. Beschläge- u. Installationsteile aus Sintereisen.

werden, kann man die Grenze des Verfahrens wesentlich weiter ziehen. Dagegen sind in Abb. 214 Teile des Maschinen- und Ge-

Abb. 214. Maschinen- und Geräteteile aus Sinterstahl.

rätebaues wiedergegeben, bei welchen aus Verschleißgründen Sinterstahl der gegebene Werkstoff ist. Bei einigen dieser Teile werden auch hohe Ansprüche bezüglich der Maßgenauigkeit gestellt.

Zahlentafel 90. *Mechanische Eigenschaften von normal hergestellten Sinterstählen mit verschiedenen Kohlenstoffgehalten bei Anwendung der Einfach- und Doppelpreßtechnik.*

Material	Fertigsinter-temperatur °C	Einfachpreßverfahren Preßdruck 6 t/cm²			Doppelpreßverfahren Preßdruck 6 + 6 t/cm²		
		Zugfestigkeit kg/mm²	Dehnung %	Härte kg/mm²	Zugfestigkeit kg/mm²	Dehnung %	Härte kg/mm²
Sinterstahl mit 0,2% C	1220	15 bis 25	5 bis 7	70 bis 90	24 bis 34	8 bis 10	100 bis 120
,, ,, 0,4% C	1220	24 bis 34	4 bis 6	90 bis 110	30 bis 40	5 bis 7	130 bis 150
,, ,, 0,6% C	1220	37 bis 47	3 bis 5	120 bis 140	45 bis 55	3 bis 5	180 bis 200
,, ,, 0,8% C	1220	50 bis 60	2 bis 4	160 bis 180	65 bis 75	2 bis 4	240 bis 260

Zusammenfassend ist nochmals festzustellen, daß man sich beim Einsatz von Sintereisen und Sinterstahl im Maschinen- und Gerätebau von den überkommenen Güteanforderungen hinsichtlich der Festigkeitseigenschaften für den bisher verwendeten Schmelzwerkstoff freimachen muß. Insbesondere ist der Einsatz aus wirtschaftlichen Gründen zu erwägen, wenn zeitraubende und teure Zerspanungsarbeit eingespart werden soll. Über die Eignung des Sinterwerkstoffes entscheidet weniger die durch Zerreißprüfung ermittelte Zugfestigkeit und Dehnung, sondern letzten Endes die Bewährung des betreffenden Sinterteils in der Praxis. Um dem Maschinenkonstrukteur gewisse Anhaltspunkte bezüglich der mechanischen Eigenschaften von Sinterstahl in Abhängigkeit vom Kohlenstoffgehalt zu geben, sind in Zahlentafel 90 die Grenzwerte für Zugfestigkeit, Dehnung und Härte bei Anwendung des Einfach- und Doppelpreßverfahrens übersichtlich zusammengestellt. In diesem Zusammenhang sei nochmals auf die Ausführungen auf S. 223 ff. verwiesen. Daß sich Fertigteile aus Sintereisen und Sinterstahl bestens bewährt haben, ist eine nicht mehr bestreitbare Tatsache. Es ist zu erwarten, daß den Werkstoffen Sintereisen und Sinterstahl in der Zukunft noch viele neue Anwendungsgebiete erschlossen werden.

D. Die Vergütungs- und Oberflächenbehandlung von Sintereisen und Sinterstahl.

(Unter Mitarbeit von Dr. Ing. K. Konopicky.)

Gerade bei den Maschinenteilen aus Sintereisen und Sinterstahl, denen dieses Kapitel gewidmet ist, wird man häufig der Forderung begegnen, daß die Eigenschaften dieser Teile durch eine nach der Schlußsinterung bzw. -pressung vorzunehmende zusätzliche Behandlung noch zu verbessern sind, damit die Teile im Gebrauch allen Ansprüchen genügen. In gleicher Weise wie bei normalen Stählen pflegt man Sinterstahlteile zu vergüten, gegebenenfalls einsatzzuhärten und gegen Korrosionseinflüsse zu schützen. Wenn man auch bei Sintereisen und Sinterstahl in mancher Hinsicht das gleiche Verhalten erwarten kann wie bei regulinischem Material, so ergeben sich infolge der immer verbleibenden Restporosität doch gewisse Unterschiede bei den üblichen Nachbehandlungen wie Härten, Vergüten, Zementieren, Nitrieren sowie Herstellung metallischer und nichtmetallischer Deckschichten und Überzüge als Korrosionsschutz, so daß es angebracht erscheint, diese Frage im Rahmen des vorliegenden Kapitels kurz zu behandeln.

1. Härtung und Vergütung von Sinterstahl.

Wie schon in Kap. 5, S. 170ff., erwähnt, wurden die ersten Versuche zur Herstellung von Sinterstahl in großtechnischem Maßstab von E. K. Offermann[1] durchgeführt. Dabei wurde auch die Frage der Härtbarkeit und Vergütbarkeit geprüft. Es ergab sich, daß die Härtbarkeit und Durchhärtung der gesinterten Carbonylstähle geringer ist als die von geschmolzenen Vergleichsstählen. Auch die Vergütungsfähigkeit der gesinterten Carbonylstähle ist geringer als die der Vergleichsstähle. Ein gesinterter manganfreier Carbonylstahl hatte eine geringere Anlaßbeständigkeit, geringere Streckgrenze und Festigkeit sowie geringere Dehnung, Einschnürung und Kerbschlagzähigkeit als die entsprechenden technischen Stähle. Ein gesinterter manganhaltiger Carbonylstahl hatte zwar die gleiche Anlaßbeständigkeit wie die Vergleichsstähle, jedoch war bei gleicher Festigkeit Dehnung und Einschnürung geringer. Diese Untersuchungsergebnisse von E. K. Offermann besitzen heute nur noch historisches Interesse, da niemand, außer in Sonderfällen, daran denken wird, Stahl auf dem Sinterwege herzustellen und anschließend zu schmieden und zu walzen und in der üblichen Weise Fertigkörper zu gewinnen. Bei der Herstellung von Sinterstahlteilen kommt es ja gerade darauf an, die Vorteile, die im Preß- und Sinterverfahren durch Einsparen spanabhebender Bearbeitung gegeben sind, soweit wie möglich auszunutzen. Viel wichtiger als die Vergütung von geschmiedeten und gewalzten Sinterstählen, wie sie E. K. Offermann untersuchte, erscheint daher die Vergütungsbehandlung

---

[1] Offermann, E. K.: Mitt. Kohle-Eisenforschung 1, 1936, S. 85-120.

Zahlentafel 91. *Festigkeitseigenschaften von Vergütungsstählen nach DIN 1667*
chemischer Zusammensetzung und

Material	Behandlungszustand
Vergütungsstahl **C 22** **(0,19 bis 0,25% C)**	a) normal geglüht .... b) in Wasser abgeschreckt von 860° und ange- lassen bei 450° .... c) wie b) angelassen bei 700° ....
Sinterstahl **mit 0,275% C** **(Dichte ∼ 7,54 g/cm³)**	a) gesintert und im Ofen abgekühlt .... b) in Öl abgeschreckt von 860° und angelassen bei 320° .... c) wie b) angelassen bei 704° .... d) in Wasser abgeschreckt von 830° und ange- lassen bei 320° ....
Vergütungsstahl **C 45** **(0,42 bis 0,50% C)**	a) normal geglüht .... b) in Wasser abgeschreckt von 840° und ange- lassen bei 450° .... c) wie b) angelassen bei 700° ....
Sinterstahl **mit 0,52% C** **(Dichte ∼ 7,47 g/cm³)**	a) gesintert und im Ofen abgekühlt............ b) in Öl abgeschreckt von 830° und angelassen bei 320° .... c) wie b) angelassen bei 704° .... d) in Wasser abgeschreckt von 830° und ange- lassen bei 320° ....
Vergütungsstahl **C 60** **(0,57 bis 0,65% C)**	a) normal geglüht .... b) in Wasser abgeschreckt von 800° und ange- lassen bei 450° .... c) wie b) angelassen bei 700° ....
Sinterstahl **mit 0,64% C** **(Dichte ∼ 7,43 g/cm³)**	a) gesintert und im Ofen abgekühlt .... b) in Öl abgeschreckt von 830° und angelassen bei 427° .... c) wie b) angelassen bei 704° .... d) in Wasser abgeschreckt von 830° und ange- lassen bei 320° ....
Stahl **mit 0,8% C**	a) normal geglüht ....
Sinterstahl **mit 0,87% C** **(Dichte ∼ 7,33 g/cm³)**	a) gesintert und im Ofen abgekühlt .... b) in Öl abgeschreckt von 830° und angelassen bei 427° .... c) wie b) angelassen bei 704° .... d) in Wasser abgeschreckt von 830° und ange- lassen bei 320° ....

im Vergleich mit Sinterstählen aus Elektrolyteisen und Graphit ähnlicher Wärmebehandlung (P. Schwarzkopf).

Sintertemperatur ^{0}C	Technologische Eigenschaften			
	Zugfestigkeit σ_B kg/mm²	Streckgrenze σ_S kg/mm²	Dehnung δ_5 %	Brinellhärte kg/mm²
	42 bis 50	> 24	> 27	120 bis 143
	62	38	18	177
	53	32	24	152
1100	40	27	23,5	124
	47	36	22,5	134
	37	25	34	120
	58	46	13	158
	60 bis 72	> 34	> 17	171 bis 206
	84	50	10	240
	65	32	19	185
1100	47	29	17	137
	59	41	14,5	146
	41	29	25	126
	86	72	8	311
	70 bis 85	> 39	> 14	200 bis 243
	97	60	9	277
	72	41	17	206
1100	49	30	11,5	132
	68	51	13	161
	46	33	16	132
	96	77	8	218
	85 bis 95	40 bis 50	5 bis 10	240 bis 270
1100	59	44	7	158
	77	61	5,5	177
	49	38	9,5	135
	107	93	4,0	245

von Maschinenteilen aus kohlenstoffhaltigem Sinterstahl, die nach der Sinterung keinerlei spanloser Verformung unterworfen wurden.

Wie schon häufiger betont, haben derartige Teile immer noch eine gewisse Restporosität, die zwar häufig schon unter 10% liegt, jedoch ausreichend ist, um bei der Vergütungsbehandlung gewisse Vorsichtsmaßnahmen erforderlich zu machen. Im Hinblick auf diese Porosität sind die Sinterstahlteile etwas empfindlich gegenüber dem Medium, in dem die Vergütungsbehandlung vorgenommen wird. Vergütungsbehandlungen in Salzbädern scheiden völlig aus, da es praktisch unmöglich ist, das bei der Behandlung in die Poren eindringende Salz nachträglich wieder restlos zu entfernen. Daher müßte man mit mehr oder weniger starken Korrosionserscheinungen an den vergüteten Sinterstahlteilen rechnen. Auch eine Vergütungsbehandlung in gasbeheizten oder elektrischen Öfen ohne besondere Schutzgasatmosphäre ist nicht zu empfehlen. Es kommt infolge der Porosität gegebenenfalls zu unregelmäßiger Entkohlung, wenn nicht sogar zu einer inneren Verzunderung der Teile. Die Vergütungsbehandlung muß daher unbedingt unter Schutzgas vorgenommen werden, und zwar am besten in einem möglichst neutralen Schutzgas, um unkontrollierbare, durchgreifende Ent- oder Aufkohlung zu vermeiden. Unter Beachtung dieser Grundregel lassen sich mit Sinterstahl ähnliche Vergütungseffekte erzielen wie bei regulinischem Material. Es ist dabei vorausgesetzt, daß es bei der Sinterung gelang, eine gleichmäßige Verteilung des Kohlenstoffs und die Ausbildung normalen Gefüges zu erreichen. Unter Beachtung der früheren Ausführungen (s. S. 175ff.) ist diese Forderung aber nicht allzu schwierig zu erfüllen.

In jüngster Zeit sind im englischen und amerikanischen Schrifttum Zahlenunterlagen über die durch Vergütung von Sinterstahl erreichbaren Festigkeitseigenschaften veröffentlicht worden[1, 2, 3]. Die Versuchsergebnisse, die an Mischungen aus Elektrolyteisenpulver und Graphit von G. Stern erhalten wurden, sind in Zahlentafel 91 zusammengestellt. Vergleicht man die in Zahlentafel 91 angegebenen Werte des Sinterzustandes mit denen von Zahlentafel 90, S. 404, die größtenteils auf eigene Untersuchungen zurückgehen, so fallen insbesondere die ausgezeichneten Dehnungswerte, die von amerikanischen Autoren gefunden wurden, ins Auge. In der Zahlentafel 91 sind zum Vergleich der Festigkeitseigenschaften der verschiedenen

---

[1] Schwarzkopf, P.: Product Engineering, Febr. 1946.

[2] Stern, G.: Trans. Am. Inst. min. metallurg. Engrs. **166**, 1946, S. 556-573.

[3] Squire, A.: Office of Technical Serv., US Dep. Com., Washington 1944, Rep PB 4418, 4419, s. Powder Metallurgy, Brooklyn 1947, s. Metal Powder Rep. **1**, 1947, S. 138-140.

Sinterstähle diejenigen etwa gleichbehandelter erschmolzener Vergütungsstähle nach DIN 1667 angeführt. In der amerikanischen Originalarbeit sind statt der DIN-Stähle die amerikanischen Normstähle SAE 1035 bis SAE 1080 angeführt.

Sehr eingehende Untersuchungen über das Verhalten von Sinterstählen bei der Vergütung wurden auch von R. Chadwick und E. R. Broadfield[1] durchgeführt. Aus Elektrolyteisenpulver und 1% Graphit wurden mit Preßdrücken von 3,1 bis 9,4 t/cm² Preßlinge hergestellt und diese eine Stunde lang bei 1125⁰ unter gespaltenem Ammoniak gesintert. Nach dem Abkühlen wurden die Probekörper neuerlich unter Schutzgas auf 800 bis 820⁰ erwärmt, in Öl abgeschreckt und bei verschiedenen Temperaturen angelassen. Aus der Fülle von Versuchsergebnissen wurden einige in Kurvenform dargestellt. Abb. 215 zeigt Kurven, welche den Zusammenhang zwischen Porosität des Sinterkörpers (Preßdruck) und Härte für verschiedene Behandlungszustände wiedergibt. Mit abnehmender Porosität steigen erwartungsgemäß auch die bei der Vergütung erzielbaren Härten an. Die extrapolierten Werte für die Porosität Null entsprechen etwa den Härten für den geschmolzenen Werkstoff. In Abb. 216 ist der Zusammenhang zwischen Härte und Zug-

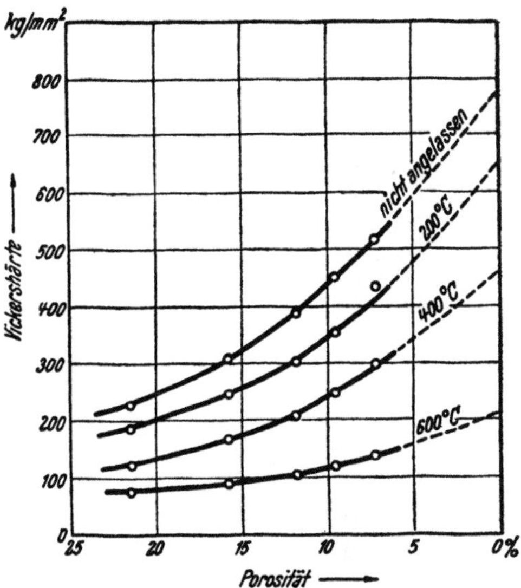

Abb. 215. Härte vergüteter Sinterstähle in Abhängigkeit von der Porosität und Anlaßtemperatur (R. Chadwick u. E. R. Broadfield).

festigkeit in Abhängigkeit von der Anlaßtemperatur und dem Preßdruck dargestellt. Während die Härte mit steigender Anlaßtemperatur abnimmt, zeigen die Kurven für die Zugfestigkeit bei einer Anlaßtemperatur von etwa 350⁰ einen Höchstwert. Auch an Sinterstählen aus Schwammeisen- und DPG-Schleuderpulver kann man bei bestimmten Anlaßtemperaturen, jedem Preßdruck entsprechend, Höchstwerte für die Zugfestigkeit erreichen (Abb. 217). Zum besseren Vergleich der einzelnen Pulversorten ist auch nochmals die Kurve für den Sinterstahl aus Elektrolyteisenpulver mit ein-

---

[1] Chadwick, R. u. E. R. Broadfield: Iron Steel Inst., Spec. Rep. Nr. 38, London 1947, S. 123-41.

gezeichnet. Das Schaubild zeigt, daß Schwammeisen-Sinterstahl bei der Vergütung die besten Festigkeitswerte ergibt, während der Schleuderpulver-Sinterstahl sich in dieser Beziehung nicht so günstig verhält, wobei sich allerdings bei der genaueren Untersuchung der Probekörper an der Oberfläche ein Netzwerk von Härterissen zeigte.

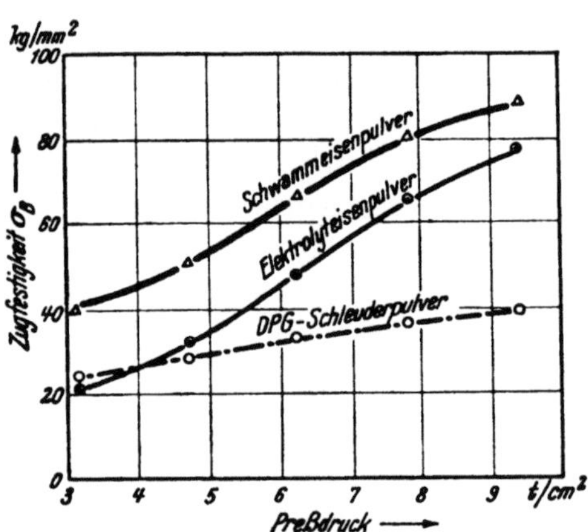

Abb. 217. Zugfestigkeit von Sinterstählen aus verschiedenen Eisenpulvern in Abhängigkeit vom Preßdruck und von den Vergütungsbedingung (vergütet auf maximale Festigkeit) (R. Chadwick u. E. R. Broadfield).

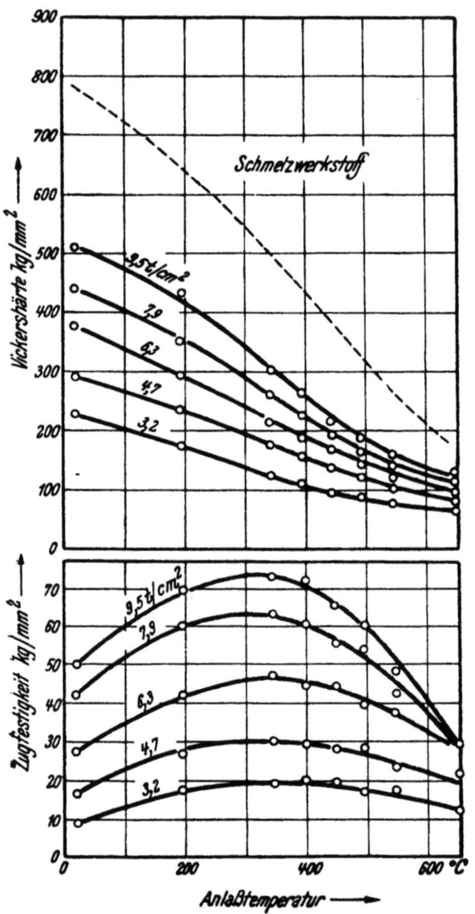

Abb. 216. Mechanische Eigenschaften von Sinterstahl in Abhängigkeit vom Preßdruck und von der Anlaßtemperatur (R. Chadwick und E. R. Broadfield).

2. Zementieren von Sinterstahl.

Bei der Besprechung der Zementation von Sinterstahl erscheint es angebracht, die wichtigsten Tatsachen der Zementation von normalem Stahl vorweg zu nehmen, um die Unterschiede klarer herauszuarbeiten. Die Zementation von Stählen kann bekanntlich durch gasförmige, feste oder flüssige kohlenstoffhaltige Mittel erreicht werden. Dabei sind für die Kohlenstoffaufnahme zwei verschiedene Vorgänge zu unterscheiden:

a) Reaktion an der Oberfläche,

b) Aufnahme des Kohlenstoffes in den Randschichten.

Der erste Vorgang, die Kohlenstoffadsorption, wird bestimmt durch die Lage des Gleichgewichts zwischen den Bestandteilen des Zementierungsmittels. Sie ist abhängig von Temperatur, Zeit und Gasdruck bei der Behandlung, ferner von der Zusammensetzung und der Menge des Aufkohlungsmittels sowie schließlich von der Zusammensetzung des aufzukohlenden Stahles.

Der zweite Vorgang, die Kohlenstoffaufnahme in der Randschicht, wird bestimmt durch die Löslichkeit des Kohlenstoffs im Eisen sowie durch die Diffusion des Kohlenstoffs im Eisen. Er ist abhängig von der Behandlungstemperatur und -zeit, sowie der Zusammensetzung des verwendeten Stahles.

Die Verteilung des Kohlenstoffs in der zementierten Randschicht sowie der maximale Kohlenstoffgehalt der äußeren Schicht sind abhängig von dem Verhältnis der Geschwindigkeit, mit der das kohlenstoffabgebende Medium an der Oberfläche reagiert und der Geschwindigkeit der Kohlenstoffdiffusion im Stahl. Ist die Diffusionsgeschwindigkeit größer als die Reaktionsgeschwindigkeit, so findet keine Kohlenstoffabscheidung statt. Der Kohlenstoffgehalt der äußersten Schicht steigt nicht über etwa 0,9 %, und man erhält eine stetige Kohlenstoffverteilung bei beträchtlicher Eindringtiefe. Dies ist zumeist bei der technischen Zementation der Fall, da bei allen Kohlenoxyd enthaltenden bzw. abgebenden Zementationsmitteln die Reaktionsgeschwindigkeit klein ist. Ist hingegen die Diffusionsgeschwindigkeit geringer als die Reaktionsgeschwindigkeit, so findet Kohlenstoffabscheidung an der Oberfläche statt. Dann ist naturgemäß auch die Eindringtiefe bei gleicher Zeit geringer und damit steigt der maximale Kohlenstoffgehalt oft weit über 1 % an. Es ist dies ein Vorgang, der bei der Zementation mit Kohlenwasserstoffen abläuft.

Es ist eigentlich selbstverständlich, daß die Eindringtiefe mit steigender Einsatzdauer und höherer Einsatztemperatur ansteigt, während der Kohlenstoffgehalt der äußersten Randschicht schon nach verhältnismäßig kurzer Zeit dem erwähnten Grenzwert von 0,9 % zustrebt. Die Zusammensetzung des Stahls beeinflußt die Diffusionsgeschwindigkeit und damit die Einsatztiefe in einem gewissen Umfang, hingegen ist der Kohlenstoffgehalt des Stahls selbst auf die Diffusionsgeschwindigkeit und damit die Einsatztiefe nahezu bedeutungslos; mit zunehmendem Kohlenstoffgehalt nimmt aber bei Annäherung an die Sättigungsgrenze die Menge an aufgenommenem Kohlenstoff stark ab. Da die Zementation durch festen Kohlenstoff allein verhältnismäßig gering ist, kommt der Gasphase eine wichtige Rolle zu; man hat insbesondere gefunden, daß Zusätze von Karbonaten die Zementation wesentlich begünstigen. Soweit die allgemeinen Gesetzmäßigkeiten. Bezüglich Einzelheiten theoretischer Natur sei unter anderem auf die Monographie von W. Seith[1] verwiesen.

Versuche von K. Konopicky[2] über die Zementation an Sintereisenkörpern zeigten, daß diese im wesentlichen völlig analog dem regulinischen Material erfolgt. Die Porosität wirkt sich im Sinne einer wesentlich höheren Diffusionsgeschwindigkeit aus, so daß man eine viel größere Eindringtiefe und eine viel flachere Verteilung der Kohlenstoffkonzentration erhält. Man kann sich den Zementationsvorgang beim Sinterkörper so vorstellen, daß z. B. Kohlenoxyd in die Poren eindringt, daß jedoch jeder Zusammenstoß eines CO-Moleküls mit der Wand zu dessen Zersetzung und Übergang des C-Atoms in das Eisen führt. Die C-Atome diffundieren dann in dem betreffenden Korn in normaler Weise ins Innere. Die Einzelkörner müßten eigentlich Schalen von aufgekohltem Stahl besitzen, deren Dicke nach dem Inneren des Werkstückes zu abnimmt. Auch

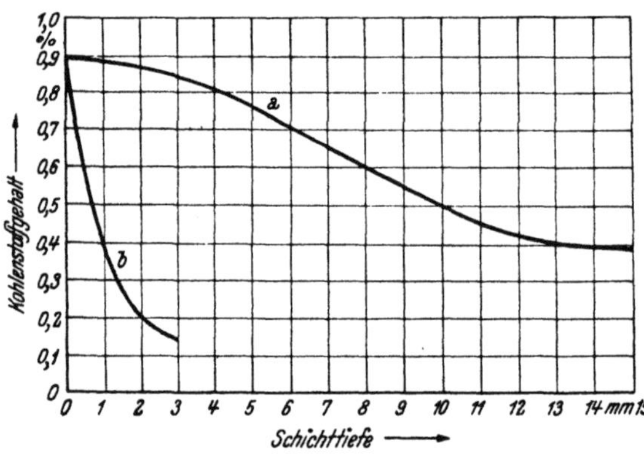

Abb. 218. Kohlenstoffverteilung nach der Aufkohlung von Sintereisen (a) und Weicheisen (b) im Einsatz (K. Konopicky).

Poren ohne Verbindung mit außen können, wenn sie mit O_2- oder H_2-haltigen Gasen gefüllt sind, vom Kohlenstoff auf Grund der Reaktionsgleichgewichte „durchschwommen" werden. Aus Abb. 218 wird auf Grund dieser Versuchsunterlagen der Unterschied im Verhalten des regulinischen und Sintermaterials bei der Zementation bezüglich der erreichten Eindringtiefe und Kohlenstoffverteilung in der Randschicht besonders deutlich.

Daß sich durch Aufkohlung hergestellte Sinterstähle ganz ähnlich verhalten wie der geschmolzene Werkstoff, geht aus Versuchen von J. F. Kahles[3] hervor, welcher Carbonylsinterstähle,

---

[1] Seith, W.: Diffusion in Metallen, Berlin: Springer-Verlag, 1939, S. 55-56; s. A. Slattenschek: Härterei-Technische Mitteilungen, Herausg. von P. Riebensam, Union deutsche Verlagsges., Roth & Co., Berlin: 1942, Bd. 1, Bd. 2, 1943, S. 110-122.

[2] Konopicky, K.: Legierungselement Luft, erscheint demnächst.

[3] Kahles, J. F.: Amer. Soc. Met., Preprint Nr. 13, 1946.

die durch Zementation mit festen Aufkohlungsmitteln hergestellt worden waren, in bezug auf ihren Austenitumwandlungspunkt untersuchte. Er fand, daß zwischen Carbonylsinterstählen mit etwa 0,8 bis 0,9% C und einem entsprechenden geschmolzenen Stahl kein Unterschied besteht.

Eine neuere Arbeit von G. Stern und J. Greenberg[1] befaßt sich ebenfalls mit der Einsatzhärtung von Sinterstahl. Untersucht wurden zwei verschiedene Sinterstähle, von denen der eine aus Reduktionspulver und der andere aus Elektrolyteisenpulver mit einer Sinterdichte von 7,02 bzw. 7,46 g/cm^3 und einem Kohlenstoffgehalt im Sinterzustand von 0,16 bzw. 0,26% hergestellt worden waren. Ein Teil der untersuchten Proben wurde in feste Aufkohlungsmittel eingepackt, eine Stunde bei 900° karburiert, nach Ofenabkühlung bis auf Raumtemperatur erneut in neutraler Atmosphäre auf 850° erhitzt und entweder in Öl oder Wasser abgeschreckt. Ein anderer Teil wurde ebenfalls bei 900° einer Gasaufkohlung unterworfen und sonst in gleicher Weise, wie oben ausgeführt, behandelt. Bei dem Sinterstahl aus Reduktionspulver ergab sich für die eingepackten Proben eine Eindringtiefe von 0,23 mm und für die gasaufgekohlten Proben eine solche von 0,3 mm. Für die Proben aus Elektrolyteisenpulver wurde bei den entsprechenden Einsatzbehandlungen 0,3 mm bzw. 0,36 mm Eindringtiefe festgestellt. Bei der Gefügeuntersuchung ergab sich für den einsatzgehärteten Sinterstahl aus Reduktionspulver eine flache, fleckige und untereutektoide Zementationsschicht. Wahrscheinlich ist diese Erscheinung auf die geringe Dichte in Verbindung mit dem niedrigen Ausgangskohlenstoffgehalt des Sinterstahls zurückzuführen, die zwar ein rasches Eindringen des Kohlenstoffes, aber eine sehr geringe Kohlenstoffanreicherung in der Einsatzschicht erlauben. Die Fleckigkeit der Schicht wird von den genannten Forschern auf geringe Kupfergehalte zurückgeführt, die der Sinterstahl aufgewiesen haben soll. Der Sinterstahl aus Elektrolyteisenpulver weist hingegen eine normale untereutektoide Zementationsschicht auf. Bei Härtung in Wasser bzw. Öl ergibt sich beim Sinterstahl aus Reduktionspulver, der 0,5% Mn aufwies, erwartungsgemäß martensitisches bzw. troostitisch-martensitisches Gefüge. Im Gegensatz dazu weisen die in Öl abgeschreckten Proben des Sinterstahls aus Elektrolyteisenpulver feines perlitisches Gefüge auf. Das völlige Fehlen eines Härtungszwischengefüges in diesem Fall ist zweifellos darauf zurückzuführen, daß dieser Stahl keinerlei Mangan und Silizium enthalten hat.

---

[1] Stern, G. u. J. Greenberg: Powder Met. Bull 1, 1946, S. 18-23; Iron Age 157, 1946, Nr 17, S. 56-61.

Bei der Härteprüfung stellte sich heraus, daß es im Hinblick auf die Porosität von Sinterstahl unzweckmäßig ist, die Prüfung als Rockwell-C-Prüfung durchzuführen, weil sie zu stark streuenden und irreführenden Werten führt. Bewährt hat sich die Härtemessung nach der Rockwell-15 N- bzw. 3 ON- bzw. RA-Skala. Die wahren Härtewerte, die gewissermaßen von der Porosität unbeeinflußt sind, erhält man nach den genannten Forschern mittels der Mikro-Härteprüfung oder durch Messung der Vickershärte. Wenn man die nach den verschiedenen Härteverfahren ermittelten Werte in RC-Werte umrechnet, so erhält man bei Wasserabschreckung im Falle des Sinterstahls aus Reduktionspulver übereinstimmend RC-Werte zwischen 55 und 56 und bei einem Sinterstahl aus Elektrolyteisenpulver Werte zwischen 57 und 60. Die entsprechenden Werte bei Ölabschreckung sind 47 bis 54 bei dem Sinterstahl aus Reduktionspulver und 29 bis 37 bei dem Sinterstahl aus Elektrolyteisenpulver.

Besonders eingehend untersuchten auch F. Körber und Mitarbeiter[1] die Vorgänge der Kohlenstoffdiffusion in Sinterkörpern. Sie beobachteten zunächst den Einfluß pulverförmiger Bodenkörper aus Weicheisenpulver, von Gemengen aus Weicheisenpulver mit Roheisenpulver und solchen aus Weicheisenpulver mit Graphit auf die Kohlenstoffabscheidung. Weiterhin wurde der Einfluß gepreßter Bodenkörper aus den gleichen Pulvern und Pulvermischungen unter den gleichen Versuchsbedingungen untersucht. Abschließend wurden Versuche mit Stahlproben verschiedenen Kohlenstoffgehaltes zum Vergleich herangezogen.

Es ergab sich, daß beim Überleiten von Kohlenoxyd über reines Eisenpulver zwei Höchstwerte der Kohlendioxydbildung vorhanden sind, und zwar ein schwächer ausgeprägter im Temperaturgebiet um 500^0 und ein stärkerer bei 900^0. Nach der Boudouard'schen Kurve wäre aber unter der Annahme einer rein katalytischen Wirkung des Bodenkörpers die Ausbildung von nur einem Höchstwert zu erwarten.

Bei Zusatz von Roheisenpulver zum Weicheisenpulver wird mit steigendem Kohlenstoffgehalt im Bodenkörper bis zu 1,5% C der Höchstwert um 500^0 immer stärker ausgeprägt, wogegen der bei 900^0 immer schwächer wird und bei 1,2% C nicht mehr vorhanden ist. Die Zersetzung über Roheisenpulver allein hat grundsätzlich den gleichen Verlauf.

Die thermische Zerlegung des Kohlenoxyds über graphithaltigem Eisenpulver als Bodenkörper verläuft nicht parallel zu den Ergeb-

---

[1] Körber, F., H. Wiemer u. W Fischer: Arch. Eisenhüttenwes. **17**, 1943-1944, S. 43-52.

nissen, die mit entsprechenden Mischungen aus Weicheisen und
weißem Roheisenpulver erhalten wurden, sondern zeigt fast völlige
Übereinstimmung mit den über reinem Eisenpulver erhaltenen
Werten. Man muß daher in Übereinstimmung mit S. Hilpert und
Th. Dieckmann[1] sowie H. Tutiya[2] diesen Zementit als reaktions-
beschleunigende Ursache für den Kohlenoxydzerfall ansehen.

Versuche mit Stahlproben als Bodenkörper zeigen eine gewisse
Übereinstimmung der Zersetzungskurven mit den über pulver-
förmigen Bodenkörpern, doch wirkt sich der Zerteilungsgrad des
Bodenkörpers durch die dadurch bedingte Größe der wirksamen
Oberfläche sehr stark aus. Es steht eigentlich zu erwarten, daß die
Ergebnisse an gepreßten Bodenkörpern zwischen jenen an Pulver
und jenen an regulinischem Material liegen, da durch das Pressen
das Pulver auf eine Raumerfüllung von 80 bis 90% verdichtet wird.
Die erhaltenen Ergebnisse sind aber mit den entsprechenden
Versuchen über pulverförmige Bodenkörper in eindeutiger Über-
einstimmung, d. h., daß überraschenderweise selbst hochverdichtete
Preßlinge mit einer Raumerfüllung von 90% sich bezüglich ihres
Einflusses auf den thermischen Zerfall des Kohlenoxyds genau so
verhalten wie locker aufgeschüttete Pulver, also noch eine ähnlich
starke Oberflächenwirkung beobachten lassen.

Bei der Gefügeuntersuchung der als Bodenkörper eingesetzten
Preßlinge ergab sich, daß die Weicheisenpreßkörper fast gleichmäßig
über den ganzen Querschnitt schwach aufgekohlt waren. Die Preßlinge mit einem Zusatz von 1,5% C als Roheisen ließen erkennen, daß
trotz der verhältnismäßig kurzen Sinterzeit (eine Stunde bei 1200°)
der eingebrachte Kohlenstoff schon gleichmäßig verteilt war, so
daß sich ein Gefüge ergab, wie es auch bei geschmolzenem Stahl
gleichen, übereutektoidischen Kohlenstoffgehalts erhalten wird.
An der Probe mit 1,5% Graphitzusatz zeigt sich, daß der eingebrachte Graphit bei der hohen Sintertemperatur zum weitaus
größten Teil vom Eisen gelöst (nach der Analyse ergab sich 1,04%
gebundener Kohlenstoff und 0,04% freier Kohlenstoff) und bei der
Abkühlung als Korngrenzenzementit sowie in perlitischer Form
ausgeschieden wurde. Interessant ist das unterschiedliche Gefüge,
das man erhält, wenn man den Kohlenstoff anstatt in Form von
Graphit in Form von Roheisen einsetzt. Obwohl bei beiden Proben
das gleiche Weicheisenpulver verwendet wurde, führte die Einbringung des Kohlenstoffes über Graphit zu einem erheblich feineren

---

[1] Hilpert, S. u. Th. Dieckmann: Ber. dtsch. chem. Ges. **48**, 1915,
S. 1281.

[2] Tutiya, H.: Sci. Pap. Inst. Tokio **10**, 1929, S. 69; s. Chem. Abstr. 1929,
S. 3620.

Korn. Das kann vielleicht dadurch erklärt werden, daß der Graphit sich bei der hohen Temperatur sehr viel langsamer löst als der als Roheisen eingebrachte Kohlenstoff, so daß immer noch vorhandene Graphitreste einem schnellen Kornwachstum entgegenwirken.

3. Nitrieren von Sintereisen und Sinterstahl.

Eisen nimmt in Gegenwart von Ammoniak bei höheren Temperaturen Stickstoff unter Bildung von Eisennitriden auf. Nach den grundlegenden Untersuchungen von A. Fry[1] lassen sich hierbei folgende Ergebnisse erzielen:

a) Man erreicht sehr große Oberflächenhärten, ohne daß Verziehen des Werkstücks eintritt. Die Härte und Verschleißfestigkeit sind größer als bei irgend einer anderen Wärmebehandlung. Die Stärke der nitrierten Schicht beträgt etwa 0,7 mm, die Härte fällt vom Rand zum Kern des nitrierten Werkstückes ohne schroffen Übergang allmählich ab, die Randschicht haftet fest auf dem Kern.

b) Die physikalischen Eigenschaften des Kerns bleiben unverändert. Die Härte des nitrierten Werkstückes wird durch Erhitzen auf 500° nicht beeinträchtigt.

c) Nachteilig ist eine deutliche Sprödigkeit der nitrierten Schichten.

Eine eingehende Untersuchung über die Reaktionen zwischen Gasphase und Werkstoffoberfläche sowie über die Stickstoffeinwanderung beim Nitrieren von Weicheisen ist von W. Liestmann[2] durchgeführt worden. Auf diese Arbeit sei bezüglich theoretischer Einzelheiten verwiesen.

Beim Nitrieren von legierten Stählen treten die Nitride in sehr fein verteilter Form auf, wodurch die Gleitebenenblockierung und somit auch die Härte wesentlich größer wird als bei unlegierten Stählen, in denen das Eisennitrid in Form großer Nadeln auftritt. Die Höhe der Nitriertemperatur beeinflußt durch mehr oder weniger starke Zusammenballung der Nitridteilchen die Härte; die Zusammenballung beginnt bei 500° und erreicht bei 600° ein erhebliches Ausmaß, wodurch bei dieser Temperatur eine starke Härteverminderung stattfindet. Ferner ist ein Teil der beim Nitrieren sich bildenden Nitride bei dieser und insbesondere bei höherer Temperatur unbeständig, so daß die N-Aufnahme immer geringer wird. Alle nitrierten Werkstücke zeigen ein geringfügiges Wachsen (Stärkenzunahme von 0,001 bis 0,02 mm). Bei der eingangs (s. S. 5) besprochenen Herstellung von mittelalterlichen Waffen durch mehr-

---

[1] Fry, A.: Kruppsche Monatsh. 4, 1923, S. 137-149; Stahl u. Eisen 43, 1923, S. 1271-1279.

[2] Liestmann, W.: Arch. Eisenhüttenwes. 7, 1933-1934, S. 131.

faches Zerfeilen und Feuerschweißen von Stahlteilen spricht
K. Daeves[1] die Vermutung aus, daß durch die Mitverwendung
von organischen stickstoffhaltigen Substanzen eine zonenmäßige
Nitrierung der einzelnen Pulverteilchen eintritt.

Die beim Nitrieren von Eisenpulverpreßlingen und Sintereisenkörpern erhaltenen Ergebnisse entsprechen den Erwartungen.
Nicht nur die Kaltpreßkörper, sondern auch die Sinterkörper
nehmen in überraschend hohem Ausmaß Stickstoff auf. Bei längeren
Einwirkungszeiten kann sogar quantitative Nitridbildung nahezu
erreicht werden. Preßkörper nehmen ebenso rasch Stickstoff auf
wie loses Eisenpulver; eine deutliche Abnahme der Stickstoffaufnahme tritt erst bei gesinterten Proben auf, die oberhalb 1000
bis 1100° gesintert werden[2]. Diese Erscheinung ist zweifellos auf
die mit steigender Sintertemperatur insbesondere bei Verwendung
von Feinstpulvern zunehmende Dichtesteigerung zurückzuführen.
Je poröser also die zu nitrierenden Körper sind, um so gleichmäßiger und tiefer ist die Nitrierung. Parallel mit der Stickstoffaufnahme geht ein beträchtliches Wachsen der Preß- bzw. Sinterkörper, wobei Längenänderungen von 5% und mehr häufig zu
beobachten sind.

Das starke Wachstum ist naturgemäß von einer starken Zunahme der Porosität begleitet. Der Stickstoff ist praktisch vollkommen gleichmäßig verteilt. Es fehlen bei der Makrohärteprüfung
der porösen Sinterkörper die charakteristischen wesentlichen Härte-
steigerungen, die man bei regulinischem Material durch Nitrierung
erzielt. Mit der Umwandlung in Nitrid ist in bekannter Weise
eine wesentliche Verbesserung der Korrosionsfestigkeit verbunden.

Die geringe Verschweißungsneigung von Nitridschichten wird
übrigens gemäß einem Patentvorschlag von H. Vogt[3] ausgenützt,
um die Vorteile des selbstschmierenden Sintereisenlagers mit dem
Vorteil der geringeren Abnützung und des geringeren Reibungs-
koeffizienten zu verbinden. Gemäß dem Vorschlag des obigen
Patentes wird das Nitrieren so geführt, daß (durch die kurze Ein-
wirkungszeit bedingt) nur oberflächlich die harten, aber spröden
Nitridschichten entstehen, die auf der unveränderten, weicheren
Unterlage gewissermaßen schwimmen.

4. Oxydieren von Sintereisen und Sinterstahl.

Die Oxydation von Eisen und Stahl wurde in ausgedehntem
Maße im Zusammenhang mit der Frage der Zunderung untersucht.

---

[1] Daeves, K.: Rdsch. dtsch. Techn. **20**, 1940, Nr. 26, S. 1-2.
[2] Konopicky, K.: Legierungselement Luft, erscheint demnächst.
[3] D.R.P. 741535 (1936).

Nicht nur durch legierungstechnische Maßnahmen, sondern auch durch Schutzüberzüge aller Art, sucht man der Oxydation und Zunderung, durch die alljährlich unvorstellbar große Mengen an Eisen und Stahl der Wirtschaft verloren gehen, normalerweise zu begegnen. Interessant ist es nun, daß die Frage der Oxydation in der Eisen-Pulvermetallurgie in einem teilweise ganz anderen Licht erscheint. Natürlich sucht man auch bei Fertigteilen aus Sintereisen und Sinterstahl der Oxydation und Verzunderung zu begegnen. Welche Wege man dabei einschlägt, wird in den noch folgenden Abschnitten besprochen. Darüber hinaus hat aber eine absichtlich vorgenommene Oxydation von Sintereisen recht interessante und beachtenswerte Anwendungsmöglichkeiten eröffnet. Auf Seite 344 wurde erwähnt, daß F. V. Lenel[1] vorschlug, Sintereisenlagerkörper einer Wasserdampfbehandlung zu unterziehen, um so die Verschleißfestigkeit, Härte und Fließgrenze der Lagerkörper erheblich zu verbessern Die Teile werden nach F. V. Lenel meistens so hergestellt, wie es für Ölpumpenräder üblich ist. Nach Sinterung der mit ca. 3 t/cm² gepreßten, kohlenstofffreien oder graphithaltigen Teile bei etwa 1100⁰ werden sie in eine Kammer eingebracht und einem gleichmäßigen Dampfstrom ausgesetzt. Der Behälter, in dem die Teile eingeschlossen sind, wird in einen Ofen eingesetzt und ungefähr eine Stunde auf 580⁰ gehalten. Als Ergebnis dieser Dampfbehandlung überziehen sich die Innenseiten jeder Pore oder jedes kleinen Kanals mit einer dünnen Schicht von Fe_3O_4. Während der Dampfbehandlung gebildete Oxydschichten haften sehr fest auf den Eisenteilchen und bilden so korrosionsfeste Deckschichten. Nach der Bildung dieser Oxydhäute werden dieselben nicht mehr weiter von dem Wasserdampf angegriffen, so daß die Reaktion von selber aufhört. Der Gehalt an Eisenoxyd kann maximal 30%

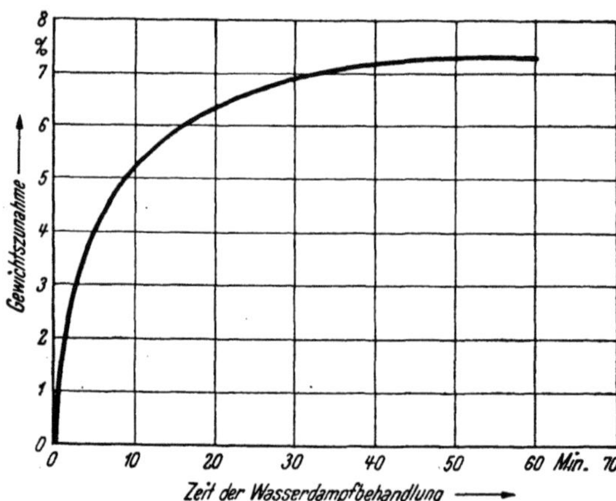

Abb. 219. Gewichtszunahme während der Wasserdampfbehandlung von Sintereisen (Preßdruck 3 t/cm², Sintertemperatur 1100⁰, einstündige Wasserdampfbehandlung bei 580⁰) (F. V. Lenel).

---

[1] Lenel, F. V.: s. Iron Age 148, 1941, S. 29-35 u. 100, 30. Okt., s. Powder Metallurgy, Am. Soc. Met., Cleveland (Ohio) 1942, S. 512-19.

erreichen. Aus Abb 219 geht die Gewichtszunahme während der Wasserdampfbehandlung von Sintereisen der oben beschriebenen Art hervor. Wohlgemerkt gelten diese Versuchsergebnisse nur für die bei 3 t/cm² Preßdruck erreichte Porosität. Während man bei sehr porösen Körpern (Preßdruck etwa 1,5 t/cm²) bei der Oxydation ungefähr eine Gewichtszunahme von 12,1% erreichen kann, geht sie mit zunehmender Verdichtung der Sinterkörper schnell zurück, wie aus Abb. 220 nach Untersuchungen von K. Konopicky[1] hervorgeht. Danach kommt die Reaktion mit Wasserdampf bei einem Porositätsgrad von etwa 10% zum Stillstand. Sinterkörper mit einem Porositätsgrad unter 10% lassen sich nur oberflächlich in Fe_3O_4 umwandeln.

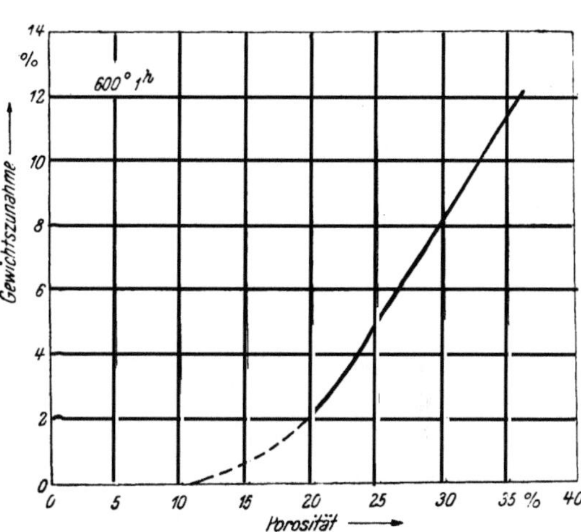

Abb. 220. Abhängigkeit der Gewichtszunahme bei der Behandlung mit überhitztem Wasserdampf von der Porosität des Sinterkörpers (K. Konopicky).

Die Erklärung dafür dürfte darin zu suchen sein, daß die Bildung des Fe_3O_4 unter Volumenzunahme stattfindet und bei Porositätsgraden unter 10% das weitere Eindringen des Wasserdampfes derartig verzögert wird, daß die Poren von der Oberfläche her schon früher geschlossen werden.

Im Falle der Dampfbehandlung eines Eisen-Graphit-Körpers mit 2% Graphit ergibt sich im Gefügebild eine innige Mischung von Ferrit und Perlit, unterbrochen durch gelegentliche Einschlüsse von körnigem Zementit oder Graphit, wobei über den ganzen Querschnitt ein Netzwerk von Hohlräumen und Oxydschichten zu sehen ist In gewissen Teilen schließt sich das Oxyd dicht an die Perlitzone an, woraus sich ergibt, daß bei der Dampfbehandlung keine nennenswerte Beeinflussung des Kohlenstoffs durch den Sauerstoff eintritt.

Die Eigenschaftsveränderung des wasserdampfbehandelten Materials gegenüber dem unbehandelten geht aus folgenden Daten hervor. Unabhängig vom aufgewandten Preßdruck zeigen alle dampfbehandelten Proben eine Härte von R_B 100. Nichtbehandelte, mit 8 t/cm² gepreßte Proben weisen im Vergleich eine Härte von

---

[1] Konopicky, K.: Legierungselement Luft, erscheint demnächst.

HR_B 68 auf. Die Zugfestigkeitswerte fallen durch die Dampfbehandlung bei kohlenstofffreien Körpern von 19,7 kg/mm² auf
15,5 kg/mm², bei Eisen-Graphit-Sinterkörpern von 32,2 kg/mm² auf
28,8 kg/mm² ab. Für die Herstellung der letzteren waren feingemahlene, entkohlte Stahlspäne unter Zumischung von ca. 2%
Graphit benutzt worden. Unter Druckbelastung zeigen die dampfbehandelten Proben eine Fließgrenze von annähernd 56 kg/mm²
gegenüber 28 kg/mm² der unbehandelten. Im einzelnen geht das

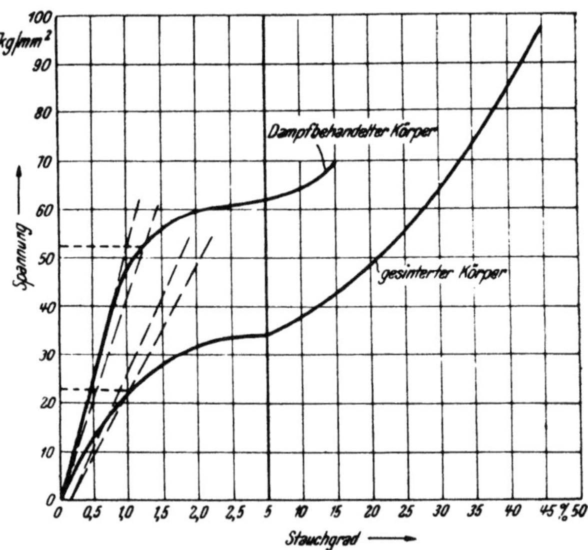

Abb. 221. Druckfestigkeit von Sintereisen ohne und mit
Wasserdampfbehandlung bei bestimmten Stauchgraden
(F. V. Lenel).

unterschiedliche Verhalten der dampfbehandelten und nicht-
behandelten Proben bei Stauchversuchen aus Abb. 221 hervor.
Nicht nur der Verschleiß, sondern auch der Korrosionswiderstand
erweisen sich bei dem neuen Material als erheblich besser. Während
unbehandelte Sinterkörper nach einigen Tagen Lagerung in einer
feuchten Atmosphäre Rostanflug zeigen, weisen dampfbehandelte
Körper selbst nach einigen Monaten Lagerung unter denselben
Bedingungen keine Anrostungen auf. Die aufgezählten Eigenschaften,
die durch Wasserdampfbehandlung von Sintereisen erreicht werden
können, und zwar nach F. V. Lenel unabhängig von der eingesetzten
Pulverart, sind in der Tat beachtlich und scheinen berufen zu
sein, über die schon von F V. Lenel vorgeschlagenen Anwendungsfälle (s. S. 344) hinaus noch in der Zukunft bei weiteren Anwendungsgebieten eine Rolle zu spielen.

Abgesehen von diesem wichtigen Anwendungsfall der Oxydation von Sintereisen hat sich, ebenfalls im Verlauf der letzten Jahre, eine Möglichkeit ergeben, durch Oxydation die Eigenschaften von Sintereisen und Sinterstahl beachtlich zu verbessern. In diesem zweiten Fall wird jedoch die Oxydation nicht als Schlußbehandlung, sondern als Zwischenoxydation vorgenommen, die durch eine nachfolgende Sinterbehandlung rückgängig gemacht wird. Dabei ergeben sich auf Grund der durch diese Behandlung bedingten Gefügeänderungen des Sintereisens recht interessante Eigenschaftsverbesserungen. Über Einzelheiten dieser aussichtsreichen Methode wird auf S. 535 berichtet.

5. Tränken von Sintereisen und Sinterstahl.

Formkörper aus Sintereisen oder Sinterstahl weisen, wie schon früher eingehend besprochen wurde, eine gewisse Porosität auf, welche hauptsächlich abhängig ist von der Korngrößenverteilung des Ausgangspulvers, von der Höhe des angewandten Preßdrucks und von der Höhe der Sintertemperatur. Die Poren eines Sintereisen- oder Sinterstahlskelettkörpers können ohne Schwierigkeiten mit anderen flüssigen Metallen oder Metallegierungen, deren Schmelzpunkt unterhalb des Eisenschmelzpunktes liegt und die keine niedrig schmelzenden Entektika mit dem Eisen bilden, durch Tränken oder Seigern ausgefüllt werden. Metalle, die sich für diesen Zweck besonders gut eignen, sind z. B. Kupfer, Blei, Silber sowie deren Legierungen (s. S. 514). Man gelangt bei der Tränkung mit diesen Metallen, welche bei normaler Temperatur fast keine Löslichkeit für Eisen haben, zu verbundmetallartigen, dichten Werkstoffen mit besonderen physikalischen und chemischen Eigenschaften.

Das Tränkverfahren wurde bereits von C. L. Gebäuer[1] für die Herstellung von Kontaktwerkstoffen und von H. Baumhauer[2] für die Herstellung der sogenannten Seigerhartmetalle empfohlen. P. Melchior[3] beschrieb kupfergetränkte Sintereisenkörper als Werkstoffe mit besonderen elektrischen Eigenschaften. In neuester Zeit sind eine Reihe von Veröffentlichungen erschienen[4-12], die sich

---

[1] A.P. 1342801 (1917), 1346192 (1916), 1395269 (1918).

[2] D.R.P. 443911 (1922).

[3] Melchior, P.: s. F. Sauerwald: Z. Metallkde. **21**, 1929, S. 22-24.

[4] Goetzel, C. G.: Powder Met. Bull. 1, 1946, S. 37-43.

[5] Kopecky, E. S.: Iron Age **157**, 1946, S. 50-53, 2. Mai.

[6] Peters, F. P.: Materials & Methods **23**, 1946, S. 987-991.

[7] Prospekt der American Electro Metal Corp., Yonkers (N. Y.) „Sinteel G".

[8] A.P. 2401221 (1943).

[9] Squire, A.: Office of Technical Serv., US Dep. Com., Washington 1944, Rep. PB 4060 und PB 49080, s. Powder Metallurgy, Brooklyn 1947.

Zahlentafel 92. *Mechanische Eigenschaften von kupfergetränkten*

Volumverhältnis Fe/Cu	Raumerfüllung %	Streckgrenze kg/mm²	Zugfestigkeit kg/mm²
88/12	98,9	37,3	45,8
84/16	98,0	27,1	37,8
80/20	98,1	28,1	37,3
79/21	98,1	19,4	37,4
77/23	98,0	17,9	36,9
72/28	98,8	17,1	32,2
55/45	98,8	16,9	32,3
geschmolzenes Kupfer	100,0	—	19 bis 24
geschmolzenes Elektrolyt-eisen	100,0	7 bis 14	25 bis 28
Sintereisen aus Elektrolyt-eisenpulver	88,0	8,7	14,1

eingehend mit der Herstellung und den Eigenschaften von kupfergetränkten Sintereisen- und Sinterstahlformkörpern befassen.

Nach C. G. Goetzel[4] geht man bei der Herstellung von kupfergetränkten Körpern so vor, daß man zunächst aus Eisenpulver poröse Formlinge preßt, diese vorsintert und hierauf die Skelettkörper in Berührung mit Kupferpulver über die Schmelztemperatur des Kupfers erhitzt. Infolge der Kapillarwirkung der Poren des Skelettkörpers wird das flüssige Kupfer wie von einem Schwamm aufgesaugt. Die Tränkung kann in Muffelöfen oder in Durchsatzöfen erfolgen, wobei der Reinheit der Ofenatmosphäre und der Tränkungsdauer besondere Bedeutung zukommen. Meist wird der zu tränkende Körper in passenden Graphit- oder Keramikformen mit Kupferpulver überschichtet und dann über den Kupferschmelzpunkt erhitzt. An Stelle von Kupferpulver kann man auch Kupferspäne oder andere billige Kupferabfälle verwenden. Es besteht auch die Möglichkeit, das flüssige Metall von einer beliebigen Seite aus in den Skelettkörper einseigern zu lassen; so kann man beispielsweise selbst lange Formkörper durch senkrechtes Eintauchen nur einer Ecke oder einer kleinen Fläche in das Kupferbad voll tränken. Für den Tränkungsvorgang selbst ist es gleichgültig, ob man einen Sintereisen- oder Sinterstahlkörper benützt. In beiden Fällen erhält man bei entsprechend durchgeführter Tränkung praktisch porenfreie, dichte Teile, deren mechanische Eigenschaften, ins-

---

[10] Northcott, L. u. C. J. Leadbeater: Iron Steel Inst., Spec. Rep. Nr. 38, London 1947, S. 142-150.

[11] Chadwick, R., E. R. Broadfield u. S. F. Pugh: Iron Steel Inst., Spec. Rep. Nr. 38, London 1947, S. 151-157.

[12] Cordiano, J. J.: Trans. Electrochem. Soc. 85, 1944, S. 97-106.

Sintereisenkörpern in Abhängigkeit vom Kupfergehalt (C. G. Goetzel).

Dehnung %	Einschnürung %	Brinellhärte kg/mm²	Kerbschlagzähigkeit Nach Izod mkg
7,0	8,0	164	—
24,0	31,5	104	—
25,0	32,0	—	1,7
28,0	36,7	91	—
34,0	36,7	85	—
32,0	32,3	68	—
32,0	—	—	—
30 bis 40	50 bis 60	40 bis 50	7,0
40 bis 60	70 bis 90	45 bis 90	4,2
10,5	9,8	40	—

besondere Zugfestigkeit und Dehnung, wesentlich höher liegen als die der porösen Ausgangskörper.

C. G. Goetzel verweist auf interessante Ausscheidungs-vorgänge bei kupfergetränkten Sintereisenkörpern, welche es er-möglichen, durch entsprechende Wärmebehandlung eine weitere Verfestigung durch Ausscheidungshärtung bei derartigen Teilen zu erzielen. Bedingt sind diese Vorgänge durch die verschiedene Löslichkeit von Eisen in Kupfer bei der Tränkungstemperatur und in der Kälte. (Löslichkeit bei 1100°: etwa 8%, bei 20° praktisch 0). Durch Messung der elektrischen Leitfähigkeit kann man die Aus-scheidungsvorgänge verfolgen (s. S. 518).

In Zahlentafel 92 sind die mechanischen Eigenschaften einer Reihe von kupfergetränkten Sintereisenkörpern mit verschiedenen Kupfergehalten zusammengestellt. Als Ausgangspulver für die Herstellung der Eisenskelettkörper diente normales Elektrolyt-eisenpulver. Zum Vergleich sind in der Zahlentafel auch die Werte für geschmolzenes Kupfer und Elektrolyteisen sowie für un-getränktes Sintereisen aus Elektrolyteisenpulver mit angeführt. Beachtenswert ist die Tatsache, daß die Werte für Streckgrenze, Zugfestigkeit und Brinellhärte sogar wesentlich höher liegen als die Werte für die einzelnen geschmolzenen Werkstoffe. Dehnung und Einschnürung sind niedriger als beim Schmelzwerkstoff, liegen aber trotzdem beträchtlich höher als beim entsprechenden un-getränkten Sintereisenkörper aus Elektrolyteisenpulver (s. auch Zahlentafel 52, S. 216). Über die mechanischen Eigenschaften von kupfergetränkten Sinterstahlkörpern mit verschiedenen Kohlenstoff- und Kupfergehalten gibt Zahlentafel 93 Auskunft. Die Stahl-

Zahlentafel 93. *Mechanische Eigenschaften von kupfergetränkten Sinterstahlkörpern in Abhängigkeit vom Kupfer- und Kohlenstoffgehalt.* (C. G. Goetzel).

Kohlenstoff %	Kupfer %	Streckgrenze kg/mm²	Zugfestigkeit kg/mm²	Dehnung %	Einschnürung %	Kerbschlagzähigkeit nach Izod mkg
0,2	30	56,3	64,7	3	3	0,42
	25	61,9	66,8	3	—	0,56
	20	66,1	67,5	3	2	0,42
0,4	30	56,3	61,2	3	2	0,42
	25	57,7	62,6	3	—	0,28
	20	61,2	61,9	3	2	0,28
0,6	25	32,3	54,1	4	4	0,42
	20	51,3	68,2	4	4	—
	15	54,8	67,5	4	4	—
	10	55,5	57,0	4	4	—
1,1	25	45,0	53,0	4	4	0,42
	20	57	68,9	4	4	—
	15	54,8	67,5	2	2	—
	10	—	56,3	1	1	—
Sinterstahl mit 0,64% C	—	30	49	11,5	—	—

Zahlentafel 94. *Mechanische Eigenschaften von vergüteten, kupfergetränkten Sinterstahlkörpern in Abhängigkeit vom Kohlenstoff- und Kupfergehalt sowie von der Vergütungsbehandlung* (C. G. Goetzel).

Kohlenstoff %	Kupfer-Volum %	Wärmebehandlung	Streckgrenze kg/mm²	Zugfestigkeit kg/mm²	Dehnung %	Einschnürung %
0,2	30	Wasserhärtung	—	71,7	—	—
	25	,,	69,6	73,1	2	—
	20	,,	69,6	73,8	2	—
0,4	30	Wasserhärtung	68,2	73,1	3	2
	25	,,	59,8	73,1	3	1
	20	,,	72,4	84,4	3	2
	20	Ölhärtung	68,2	75,2	—	—
0,6	25	Ölhärtung	46,4	58,4	3	3
	20	,,	53,4	68,2	—	—
	15	,,	54,1	65,4	2	2
	10	,,	52,7	63,3	2	2
	10	Wasserhärtung	76,6	80,7	—	—
1,1	25	Ölhärtung	54,8	61,2	2	2
	20	,,	55,5	74,5	2	2
	15	,,	59,1	70,3	—	—
	10	,,	56,3	61,2	—	—
	10	Wasserhärtung	—	73,1	—	—
Kohlenstoff-Sinterstahl mit 0,64% C	—	Wasserhärtung	77	96	8	—
		Ölhärtung	51	68	13	—

skelettkörper wurden von C. G. Goetzel durch Pressen und Sintern einer Mischung von Elektrolyteisenpulver und entsprechenden Zusätzen von Graphit hergestellt. Die Tränkung mit Kupfer geschah in der früher beschriebenen Weise. Die Proben wurden von der Tränktemperatur im Ofen langsam abgekühlt, so daß der Stahlkörper ein normales perlitisches Gefüge aufwies. Auch bei kupfergetränkten Sinterstahlkörpern sind im Vergleich mit den ungetränkten Skelettkörpern gute Festigkeitswerte bei allerdings verhältnismäßig niedrigen Dehnungen zu beobachten.

Kupfergetränkte Sinterstahlkörper kann man ohne Schwierigkeiten normalen Vergütungsbehandlungen unterziehen. Das Abschrecken bei der Härtung kann dabei unmittelbar nach der Tränkung erfolgen, wobei es allerdings schwierig ist, die richtige Härtetemperatur zu treffen. Günstiger ist es, die Körper nach langsamer Abkühlung wieder auf Härtetemperatur zu erhitzen und dann abzuschrecken. Als Abschreckflüssigkeit ist Öl besser geeignet als Wasser. Nach dem Härten können die Teile normal angelassen werden. Bei kupfergetränkten Sintereisenkörpern ist auch die Einsatzhärtung möglich. In Zahlentafel 94 sind eine Reihe von Festigkeitswerten zusammengestellt, welche bei verschiedenen Vergütungsbehandlungen von kupfergetränkten Sinterstahlkörpern mit verschiedenen Kohlenstoffgehalten erhalten wurden. Auch bei kupfergetränkten Sinterstahlkörpern tritt bei entsprechender Wärmebehandlung der Effekt der Ausscheidungshärtung in Erscheinung.

Neben den besseren mechanischen Eigenschaften von kupfergetränkten Sintereisen- und Sinterstahlkörpern ist auch das günstige Korrosionsverhalten bemerkenswert. Die Korrosionsbeständigkeit kann noch durch nachträglich aufgebrachte galvanische Überzüge verbessert werden, wobei man oft ohne die meist erforderliche Zwischenverkupferung auskommt. Eine Gefahr der Korrosion von innen heraus durch eingedrungenen Elektrolyt, welche bei ungetränkten porösen Sinterkörpern gegeben ist, besteht nicht mehr, da die Poren beim Tränkkörper fast restlos durch Kupfer ausgefüllt sind.

Durch die bei W-Cu-Ni-Schwermetallegierungen bekanntgewordene Technik der „Selbstlötung"[1] kann man kupfergetränkte Einzelformstücke durch Zusammensetzen und Erhitzen über den Kupferschmelzpunkt leicht vereinigen. Auf diese Weise kann man komplizierte Formstücke, deren Fertigung nach den üblichen pulvermetallurgischen Verfahren nicht möglich wäre (z. B. Zahnräder

---

[1] Price, G. H. S., C. J. Smithells u. S. V. Williams: J. Inst. Met. 62, 1938, S. 239-254.

mit versetzten Zähnen), einfach herstellen. Selbstverständlich ist auch die Lötbarkeit mit normalen Weichloten eine sehr gute. Kupfergetränkte Sintereisen- und Sinterstahlkörper sind leicht mechanisch bearbeitbar, was insofern von Wichtigkeit ist, weil bei der Tränkung mit unreinem Kupfer oft eine nicht ganz einwandfreie Oberfläche erhalten wird. Um die Nachbearbeitung zu umgehen und saubere, maßgenaue Oberfläche zu erhalten, wurde vorgeschlagen, als Tränkungsmetall nicht Kupfer, sondern Kupferlegierungen, z. B. solche, welche bereits einige Prozent Eisen in fester Lösung enthalten, zu verwenden[1]. Man vermeidet dadurch, daß die Tränkungslegierung, die bereits mit Eisen gesättigt ist, den Skelettkörper angreift. Auch Zinn, Silizium, Chrom, Phosphor u. a. kommen als Zusätze in Frage.

Für gewisse Anwendungsgebiete ist vielleicht auch die im Vergleich zum ungetränkten Sinterkörper bessere elektrische und Wärmeleitfähigkeit des kupfergetränkten Körpers sowie dessen besondere magnetischen Eigenschaften von Interesse.

Ob es wirtschaftlich ist, kupfergetränkte Sintereisen- oder Sinterstahlformkörper herzustellen, hängt ganz vom Verwendungszweck ab. Es ist wohl zu berücksichtigen, daß bei Anwendung der Tränkung der grundlegende Leitgedanke des pulvermetallurgischen Herstellungsverfahrens, nämlich das „Aufformpressen" von Fertigteilen, die keine wesentliche Nachbearbeitung und Nachbehandlung mehr erfordern, teilweise durchbrochen wird. Durch Vereinigung mit einem schmelzmetallurgischen Verfahren dürfte die Wirtschaftlichkeit des rein pulvermetallurgischen Verfahrens zumindest bei einfachen Teilen im ungünstigen Sinne beeinflußt werden. Vorteilhaft dürfte das Tränkverfahren bei komplizierten Teilen sein, sowie bei Sinterkörpern, von denen besondere thermische, magnetische oder elektrische Eigenschaften verlangt werden.

6. Korrosionsschutz von Sintereisen und Sinterstahl.

Während die bisher aufgeführten Oberflächenbehandlungen, wie Zementieren, Nitrieren und Oxydieren vornehmlich den Zweck verfolgen, auch die Festigkeitseigenschaften der Oberfläche zu verbessern, wobei gleichzeitig in den beiden letzten Fällen ein gewisser Korrosionsschutz erreicht wurde, dienen die nunmehr noch zu besprechenden Verfahren ausschließlich der Verbesserung des Korrosionswiderstandes. Die Verfahren, die hier in Frage kommen, wie Erzeugung metallischer Deckschichten durch Elektrolyse oder Diffusion, Emaillieren, Phosphatieren und schließlich Aufbringung von Kunstharzüberzügen entsprechen weitgehend

---

[1] A.P. 2401221 (1943).

denen, die für geschmolzenes Material seit Jahren angewandt werden[1]. Sie bedürfen lediglich gewisser zusätzlicher Vorsichtsmaßnahmen, die durch die Porosität des Sintermaterials begründet sind. Im einzelnen ergibt sich dadurch folgendes Bild.

a) Metallische Deckschichten.

Als Korrosionsschutz durch elektrolytische Metallniederschläge[2] kommt für Sintereisen und Sinterstahl vornehmlich Verkupfern, Vernickeln und Verchromen in Betracht. Bekanntlich dienen derartige Überzüge häufig nicht nur dazu, einen Werkstoff gegenüber korrodierenden Einflüssen zu schützen, sondern auch dazu, dem Gegenstand ein besseres Aussehen zu verleihen. Die wichtigste Voraussetzung für gutes Haften eines auf einer Metallfläche aufgetragenen Schutzüberzuges ist die völlige Sauberkeit. Eine Reinigung der Oberfläche von Sinterteilen durch Beizen mittels Säuren ist praktisch wegen der metallisch blanken Oberfläche unmittelbar nach der Sinterung nicht nötig. Dagegen ist eine Entfettung der Oberfläche unter Umständen erforderlich. Bekanntlich sind dafür alkalische und organische Lösungsmittel in Gebrauch. Im Hinblick auf die Porosität des Sinterwerkstoffes dürfte die Anwendung der ersteren nicht zu empfehlen sein, da in den Poren verbleibende Spuren Anlaß zur Korrosion von innen heraus geben könnten. Auch bei Verwendung geeigneter organischer Reinigungsmittel ist der Frage einer möglichst guten Beseitigung aller Spuren des Mittels vor der Elektrolyse volle Aufmerksamkeit zu schenken. Aber selbst bei Beachtung dieser Gesichtspunkte dürfte die Erzeugung metallischer Deckschichten durch Elektrolyse auf Sintereisen und Sinterstahl bei einem Porositätsgrad von schätzungsweise mehr als 10% kaum möglich sein, da sonst bei der Elektrolyse die Badflüssigkeit tiefer in die Poren eindringt und später zu Korrosionserscheinungen führt. Jedenfalls scheinen erste eigene Versuchserfahrungen stark für diese Ansicht zu sprechen. Bei Porositätsgraden deutlich unter 10% dürfte man aber mit elektrolytischen Überzügen auch bei Sintereisen und Sinterstahl Aussicht auf Erfolg haben.

Bei der Erzeugung metallischer Deckschichten mittels des Schoopschen Spritzverfahrens[3] fällt der Nachteil des Eindringens Salzen der Badflüssigkeit wie bei der Elektrolyse zwar fort,

---

[1] Bauer, O., O. Kröhnke u. G. Masing: Der Korrosionsschutz metallischer Werkstoffe, Hirzel, Leipzig: 1940, Bd. III.

[2] Schlötter, M. in O. Bauer, O. Kröhnke u. G. Masing: Der Korrosionsschutz metallischer Werkstoffe, Hirzel, Leipzig: 1940, Bd. III, S. 393-485.

[3] Schoop, M. V. u. H. Günther: Das Schoopsche Metallspritzverfahren, Stuttgart: 1917.

und es dürfte unter der Voraussetzung einer zunächst vorgenommenen gründlichen Entfettung der Oberflächenschicht möglich sein, einen einwandfrei haftenden Überzug zu erhalten, insbesondere, da die Poren zweifellos die Haftung fördern werden. Man muß aber berücksichtigen, daß man durch Aufspritzen geschmolzener Metallpartikelchen, wie von M. Schlötter[1] nachgewiesen wurde, nicht zu einem homogenen und dichten Überzug kommen kann.

Von den Metalldiffusionsverfahren zur Erzeugung einer metallischen Schutzschicht ist am bekanntesten das Inkromieren nach G. Becker, K. Daeves und W. Steinberg[2,3]. Nach diesem Verfahren läßt man Chromchlorürdämpfe bei Temperaturen oberhalb 1000° auf die zu schützenden Gegenstände einwirken. Hierbei tritt eine Wechselbeziehung zwischen dem Chromchlorür und dem Eisen ein, indem sich metallisches Chrom an der Oberfläche des Eisens abscheidet, während das gebildete Eisenchlorür oder Eisenchlorid verdampft. Das an der Oberfläche abgeschiedene Chrom diffundiert unter dem Einfluß der Temperatur in das Innere des aus Eisen bzw. Stahl geeigneter Zusammensetzung bestehenden Gegenstandes ein. Nach der normalerweise üblichen Inkromierungszeit von acht Stunden bei 1040° erhält man Oberflächenschichten, deren Chromgehalt an der äußersten Oberfläche etwa 30 bis 35% beträgt, während der Chromgehalt in einer Tiefe von 0,1 mm 12% beträgt.

Eigene Versuche und solche von K. Konopicky[4] haben ergeben, daß man bei der Inkromierung von kohlenstofffreiem Sintereisen etwas größere Eindringtiefen erhält als bei der gleichen Behandlung von geschmiedetem oder gewalztem Eisen bzw. Stahl. Diese „Überlegenheit" ist jedoch nicht so groß, als daß man bisher davon in der Praxis Gebrauch gemacht hätte. Infolgedessen liegen auch keine Erfahrungen über den erzielten bzw. erzielbaren Korrosionsschutz von inkromiertem Sintereisen vor.

b) Das Emaillieren von Sintereisen und Sinterstahl.

Naturgemäß kann auch das Emaillieren, d. h. das Überziehen des Werkstoffes mit einer geschmolzenen Silikatmasse, als Korrosionsschutz für Sintereisen herangezogen werden. So ist es ohne weiteres möglich, Formteile wie z. B. Tür- und Fenstergriffe, Schlüsselschilder, Beschläge u. a. mehr mit einem Emailüberzug zu versehen, um sie vor dem Rosten zu schützen und um ihr Aus-

---

[1] Schlötter, M.: Prometheus, 1916, S. 290.

[2] Becker, G., K. Daeves u. F. Steinberg: Stahl u. Eisen **61**, 1941, S. 189-194; Z. VDI. **85**, 1941, S. 127-129.

[3] Daeves, K., G. Becker u. F. Steinberg: Metallwirtsch. **20**, 1941, S. 217-220.

[4] Konopicky, K.: Legierungselement Luft, erscheint demnächst.

sehen zu verbessern. Allerdings sind unter Berücksichtigung der Porosität des Werkstoffs auch bei der Emaillierung gewisse Richtlinien zu beachten. Zunächst ist eine Oberflächenreinigung der Teile vor dem Aufbringen der Emailschicht durch Beizen in Säure — wie das sonst bei Eisengegenständen üblich ist — unbedingt zu vermeiden. Es ist fast unmöglich, die letzten Spuren von Säure und Salzen aus den Hohlräumen zu entfernen. Diese geringen Mengen von Verunreinigungen in der Oberfläche können mannigfache Emaillierfehler verursachen. Im allgemeinen wird man die Formstücke unmittelbar nach der Sinterung emaillieren. Die Teile sind dann noch ohnedies durch die reduzierende Glühbehandlung metallisch blank. Sollte sich durch längere Lagerung ein Rostanflug gebildet haben, so ist dieser ausschließlich mittels Sandstrahlgebläses zu entfernen. Der Auftrag des Grundemails erfolgt mit Vorteil durch Aufspritzen des Schlickers. Der Auftrag durch Tauchen ist nicht zu empfehlen, da die Poren der Teile bei der Trocknung das Anmachwasser hartnäckig zurückhalten, was zu Rostbildung Anlaß geben könnte. Als Grundemail kann jeder für die Emaillierung von Stahlblech übliche Versatz benützt werden. Da Sinterteile eine ziemlich rauhe, durch Poren zerklüftete Oberfläche aufweisen, sind auch Versätze, welche sehr geringe Mengen von Haftoxyden (Kobalt- und Nickeloxyd) enthalten, verwendbar. Auch borarme, ja sogar borfreie Grundemailversätze eignen sich sehr gut zum Emaillieren von Sintereisen. Die Grundemailschicht haftet an der porösen Sintereisenoberfläche infolge der sehr innigen mechanischen Verzahnung außerordentlich fest, wobei noch hinzukommt, daß die Ausbildung der Haftschicht zwischen Email und Metall auch durch chemische Reaktionen bei geringsten Zusätzen an Haftoxyden wegen der vergrößerten Oberfläche außerordentlich begünstigt wird. Als Deckemail eignen sich die für die Blechemaillierung üblichen Weiß- oder Farbemails, die auf normale Weise auf das aufgebrannte Grundemail aufgebracht werden.

Sintereisenteile können auch mit Puderemails, wie sie für die Gußemaillierung benützt werden, emailliert werden. Die vollkommen haftoxydfreie Grundfritte haftet an der porösen Oberfläche der Teile außerordentlich fest. Dadurch wird bewirkt, daß auch das nachher aufgebrachte Deckemail außerordentlich schlagfest ist. Für weniger beanspruchte Teile und bei Verwendung von dunklen Emails kann man sogar ganz ohne Grundierung auskommen, ohne ein Abplatzen befürchten zu müssen, auch wenn der Ausdehnungskoeffizient der Deckfritte ungünstig liegt. Überhaupt kommt dem Ausdehnungskoeffizienten der Emails bei der Emaillierung von Sintereisen eine geringere Bedeutung zu als bei der Blechemaillierung,

da die rauhe poröse Oberfläche des Sinterwerkstoffs eine sehr gute
Haftung der Emailschicht gewährleistet.

c) Die Phosphatierung von Sintereisen und Sinterstahl.

Das Wesen des Phosphatschutzes besteht in der Erzeugung
einer schwer löslichen Phosphatschicht. Es kommt dabei darauf
an, durch chemische Wechselwirkung zwischen Eisen und Phosphor-
säure über die Zwischenprodukte primäres und sekundäres Eisen-
phosphat möglichst schnell zur Abscheidung des unlöslichen tertiären
Salzes und damit zur Einleitung des eigentlichen Phosphatierungsprozesses zu gelangen. Die Ausführung technischer Einzelheiten
würde in diesem Rahmen zu weit führen. Es muß auf das Spezialschrifttum[1] verwiesen werden.

Auch für die Erzeugung einer dichten Phosphatschicht ist eine
gründliche Reinigung der zu schützenden Oberfläche auf chemischem
sowie physikalischem Weg von grundlegender Bedeutung. Schon
hierbei ergeben sich ebenso wie bei den bisher besprochenen Ober-
flächenschutzverfahren infolge der Porosität des Sintereisens genügend Probleme. Verstärkt werden diese aber dadurch, daß die
Phosphatierungsflüssigkeiten, die unter anderem stets freie Phosphor-
säure und verschiedene Salze enthalten, bei zu großer Porosität
zu tief in die Werkstücke eindringen können und dann die Bildung
einwandfreier Deckschichten unmöglich machen. In solchen Fällen
muß man nachträglich sogar mit verstärkter Korrosion rechnen.
Auch hier ändert sich das Bild sofort, wenn man Sintereisenkörper
mit sehr geringer Porosität vor sich hat. Dann kann die Salz-
lösung nur in die äußerste Schicht eindringen, aus welcher sie wieder
entfernt werden kann. Es ist damit zu rechnen, daß in der Zukunft
auch bei Sintereisen- und Sinterstahlteilen besondere Bedeutung
den verschiedenen Schnellverfahren des Phosphatierungsprozesses
zukommen werden, von denen das „Bondern" und das „Atramen-
tieren" die bekanntesten Verfahren sind. Das Tiefbondern mit
nachfolgendem Fetten bzw. Lacken hat sich bei der Erzeugung
von Pistolengeschoßen aus Sintereisen beispielsweise schon bewährt

d) Oberflächenschutz durch Öle, Fette, Paraffin, Lacke.

Da der Rostschutzwert reiner Phosphatschichten, die längere
Zeit atmosphärischer Beanspruchung ausgesetzt sind, begrenzt ist,
kann die Schutzwirkung mittels organischer Überzüge verbessert
werden. Insbesondere die bei den Schnellverfahren erzeugte
Phosphatauflage soll nicht unbedingt einen Korrosionsschutz

---

[1] Eisenstecken, F. u. W. Hartmann in O. Bauer, O. Kröhnke u.
G. Masing: Der Korrosionsschutz metallischer Werkstoffe, Hirzel, Leipzig:
1940, Bd. III, S. 345-375.

bilden; sie ist meistens nur als Grundierung für Lacküberzüge gedacht, ferner soll sie Unterrostungs- und Fehlstellen vermeiden, die eventuell durch Fett oder Handschweiß entstehen können. In der Tat bildet die Phosphatschicht infolge ihrer Saugfähigkeit eine gute Verankerungsfläche für Öle, Fette, Paraffin und Lacke und stellt damit neben ihrer anfänglich in Erscheinung tretenden Rostschutzwirkung heute in erster Linie einen verbesserten Haftgrund für die erwähnten Nachbehandlungsmittel dar. Voraussetzung dafür ist allerdings ein feinkristallines Gefüge der Phosphatauflage. Ganz besondere Bedeutung kommt von den Nachbehandlungsmitteln vor allen Dingen Lacküberzügen aus den verschiedenen Kunstharzen zu, die übrigens bei sorgfältigster Reinigung der Oberfläche der Sinterteile auch ohne vorausgegangene Phosphatierung als zuverlässige Deckschichten in Frage kommen. Bezüglich technischer Einzelheiten dieses hochinteressanten und noch in voller Entwicklung begriffenen Gebiets muß auf das Spezialschrifttum verwiesen werden[1]. So wirkt die Ölung bei Sintereisenlagern und die Paraffinierung bei Führungsringen und Maschinenteilen in ausreichendem Maße korrosionsschützend.

Zusammenfassend ergibt sich, daß die Vergütungs- und Oberflächenbehandlung von Sintereisen und Sinterstahl weitgehend derjenigen von regulinischem Material entspricht. Man kann also die bekannten einschlägigen Verfahren sinngemäß auf die Behandlung von Sintereisen und Sinterstahl übertragen. Wichtig ist allerdings, daß man dabei stets Bedacht nimmt auf die bei Sintereisen und Sinterstahl immer vorhandene mehr oder weniger große Porosität. Besondere Aufmerksamkeit erfordern Porositätsgrade der Werkstücke oberhalb 10%, die gegebenenfalls die Durchführung von Oberflächenbehandlungen in Frage stellen. Bei Porositätsgraden deutlich unter 10% ist dagegen kaum mit unangenehmen Überraschungen zu rechnen.

XII. Anwendung des Sinterverfahrens bei Eisen- und Stahllegierungen mit besonderen physikalischen und chemischen Eigenschaften.

Eine Aufgabe, der sich die Pulvermetallurgie bereits frühzeitig zuwandte und zu deren Lösung sie besonders berufen zu sein schien, war die Schaffung von Werkstoffen mit höchstem Reinheitsgrad, von denen besonders hochwertige physikalische und chemische

---

[1] Hessen, R. u. G. Schultze in O. Bauer, O. Kröhnke u. G. Masing: Der Korrosionsschutz metallischer Werkstoffe, Hirzel, Leipzig: 1940, Bd. III, S. 248-313.

Eigenschaften erwartet werden konnten. Bekanntlich läßt sich beim Erschmelzen von Werkstoffen, auch bei saubersten Ausgangsmaterialien und sauberster Schmelzführung, wie z. B. bei der Vakuumschmelzung, das Eindringen von Verunreinigungen aus der Tiegelwand und aus der Schlacke usw. nie ganz umgehen, so daß erschmolzene Werkstoffe immer einen gewissen Grad von Verunreinigungen aufweisen, den man nicht weiter erniedrigen kann. Im Gegensatz dazu läßt sich eine derartige Fremdstoffaufnahme sowie eine Beeinflussung durch unerwünschte Gase bei Anwendung des Sinterverfahrens bereits mit verhältnismäßig einfachen Mitteln vermeiden, so daß, entsprechende Beschaffenheit der Ausgangsstoffe vorausgesetzt, Werkstoffe mit wesentlich höheren Reinheitsgraden erzielbar sind, als sie sich im Schmelzverfahren gewinnen lassen. Die Entwicklungsarbeiten in dieser Richtung, die sich außer auf hochschmelzende Metalle besonders auf Eisen und verschiedene Eisenlegierungen erstreckten, hatten bereits im vorigen Jahrzehnt die Schaffung eines Reinsteisens und von Werkstoffen auf der Basis Eisen-Nickel-Molybdän und Eisen-Nickel-Kobalt zur Folge, die sich vermöge ihres günstigen physikalischen und chemischen Verhaltens als Werkstoffe der Hochvakuumtechnik einführen konnten und bewährt haben. Ebenso finden solches Reinsteisen und nach dem gleichen Verfahren erzeugte Eisen-Nickel-Legierungen wegen ihrer besonders hochwertigen magnetischen Eigenschaften Verwendung als magnetische Werkstoffe. Im Laufe der Entwicklung konnte die Sintertechnik auch bei einer Reihe weiterer physikalisch oder chemisch beanspruchter Eisenlegierungen der Technik Boden gewinnen. Es sind dies insbesondere die Dauermagnete vom Mishimatyp, die korrosionsbeständigen Stähle auf der Eisen-Chrom-Nickel-Basis, die verschiedensten zunderfesten Legierungen und Heizleiterwerkstoffe und schließlich die Bimetalle. Untersucht man die Gründe, die zum Vordringen der Pulvermetallurgie in diese Gebiete geführt haben, so findet man, daß neben dem ursprünglichen Ziel der Erreichung besonders hochwertiger Eigenschaften auch wirtschaftliche Gründe hierbei mitsprechen. Dies trifft beispielsweise für die pulvermetallurgische Herstellung korrosionsbeständiger Stähle zu. Hier dürfte es wohl nicht die Aufgabe des Sinterverfahrens sein, mit dem im großtechnischen Maßstab erzeugten Walzmaterial in Konkurrenz zu treten. Wenn der Pulvermetallurgie auf diesem Gebiet überhaupt eine Zukunft beschieden ist, so nur durch Ausnutzung ihrer wirtschaftlichen Gestaltungsmöglichkeiten, mit deren Hilfe unter Einsparung kostspieliger Zerspanungsarbeit korrosionsbeständige Maschinen- und Geräteteile erzeugt werden können (s. S. 496 ff.). Auch bei Magneten auf der Eisen-Nickel-Aluminium-Basis brachte der Übergang zur Sintertechnik gewisse Vorteile bezüglich der Formgebung. Wenn sich bei diesem Werkstoff das Sinterverfahren in den letzten sechs Jahren durchsetzen konnte, so hängt dies in erster Linie jedoch auch damit zusammen, daß die maßgenaueren sowie feinkörnigeren, bruchfesten und lunkerfreien Sintermagnete besser und wirtschaftlicher bearbeitbar sind als die Gußmagnete, so daß der Bearbeitungsausschuß merklich herabgesetzt werden konnte. Ähnlich liegen die Verhältnisse bei den zunderfesten Legierungen und Heizleiterwerkstoffen. Wenn man auch von der pulvermetallurgischen Herstellung derartiger Werkstoffe die Erhöhung der Temperaturfestigkeit erwartete, so war es auch hier wieder die infolge der Feinkörnigkeit verbesserte Bearbeitbarkeit, insbesondere der hochlegierten Eisen-Aluminium bzw. Eisen-Chrom-Aluminium-Legierungen, die dem Sinterverfahren einen gewissen Vorteil sicherten. Neben diesen Gründen dürfen eine Anzahl weiterer Vorteile der Sintertechnik, die gerade für die häufig mit teuren Metallen hochlegierten und bezüglich ihrer Eigenschaften hochgezüchteten physikalischen Werkstoffe von großer Wichtigkeit sind, nicht übersehen werden. Es sind dies vor allem die Ausbildung sehr einfacher Fertigungsverfahren wie im Falle der Bimetallerzeugung, das sehr wirtschaftliche Ausbringen an Fertigmaterial und letzten Endes die für manche physikalischen Werkstoffe sehr wichtige Möglichkeit, enge Analysengrenzen viel genauer als im Schmelzverfahren einhalten zu können. Diese aufgezählten Vorteile sichern der Pulvermetallurgie zweifellos eine recht aussichtsreiche Stellung bei der heute zum Teil noch in ihren Anfängen stehenden Entwicklung physikalisch und chemisch beanspruchter Sinterwerkstoffe.

A. Werkstoffe für die Vakuumtechnik.

Bei der Bewertung eines für Vakuumzwecke vorgesehenen Werkstoffes spielen neben den allgemeinen physikalischen, chemischen und technologischen Eigenschaften eine ganze Reihe weiterer Werkstoffmerkmale eine Rolle, die normalerweise nur von untergeordneter Bedeutung sind. Eigenschaften, wie leichte Entgasbarkeit, geringer Dampfdruck, geringe Zerstäubbarkeit, chemische Indifferenz bzw. Affinität gegenüber anderen Werkstoffen und letzten Endes auch ein bestimmter Ausdehnungsverlauf sind in der Vakuumtechnik meistens für die Anwendung bestimmend. Den genannten Forderungen genügen weitgehend die hochschmelzenden Metalle Wolfram, Molybdän und Tantal, aber auch Reinstnickel, weshalb diese Werkstoffe lange Zeit in der Vakuumtechnik führend waren. Die Verwendung von Eisen für vakuumtechnische Zwecke wäre aus Gründen der Rohstoffeinsparung und auch wegen einer Reihe vakuumtechnisch sehr günstiger Eigenschaften, über die das Eisen verfügt, an sich sehr wünschenswert gewesen. Der Einsatz scheiterte jedoch lange Zeit daran, daß handelsübliches Reineisen wegen der Reaktion zwischen den immer vorhandenen Kohlenstoff- und Oxydmengen bei höheren Temperaturen ständig Gas abgibt. Für abgeschmolzene Vakuumgefäße ist solches Eisen daher nicht zu verwenden, da eine ausreichende Entgasung praktisch unmöglich ist. Lediglich in den Fällen, wo bei Quecksilberdampfgroßgleichrichtern das Vakuumgefäß in dauernder Verbindung mit der Pumpe bleibt, konnte sich normales Reineisen als Werkstoff einführen.

1. Reinsteisen für vakuumtechnische Zwecke.

Der Gebrauch des Eisens als allgemein verwendbarer Vakuumwerkstoff setzt jedoch wesentlich höhere Reinheitsgrade voraus, so daß dieses Ziel nur durch Schaffung eines Reinsteisens erreicht werden konnte. Als Herstellungsmethode für ein derartiges Reinsteisen kam nach dem eingangs Gesagten nur das Sinterverfahren als sauberstes Verfahren in Frage, wobei als selbstverständliche Voraussetzung die sauberste Beschaffenheit des Ausgangspulvers natürlich hinzukam. Seine Gehalte an üblichen Begleitelementen müssen so gering wie nur eben möglich sein. Pulver, die dieser Forderung genügen, gibt es zwar verschiedene. Wegen seiner großen Reinheit, seiner wirtschaftlichen Herstellung und seiner günstigen Verarbeitungseigenschaften hat sich für den vorliegenden Zweck jedoch das Carbonyleisenpulver und in kleinerem Umfange Elektrolyteisen durchgesetzt.

In eingehenden Arbeiten befaßten sich L. Schlecht, W. Schubardt und F. Duftschmid[1, 2] sowie E. K. Offermann[3] mit der Frage der Verarbeitungs- und Einsatzmöglichkeit des Carbonyleisens. Auf die Struktur dieses Eisenpulvers, seine physikalische und chemische Beschaffenheit sowie sein Sinterverhalten wurde bereits an anderer Stelle dieses Buches eingegangen (s. S. 169ff.), weshalb hier auf diese Ausführungen verwiesen sei. Auf das Verhalten der wesentlichen, in Carbonyleisenpulver vorhandenen Begleitelemente Kohlenstoff und Sauerstoff, die für den betrachteten Anwendungszweck an sich sehr störend wären, sei jedoch etwas genauer ein-

---

[1] Schlecht, L., W. Schubardt u. F. Duftschmid: Z. Elektroch. **37**, 1931, S. 485-492.

[2] Duftschmid, F., L. Schlecht u. W. Schubardt: Stahl u. Eisen **52**, 1932, S. 845-849.

[3] Offermann, E. K.: Mitt. Kohle-Eisenforschung 1, 1936, S. 85-120.

gegangen. Durch die Zersetzungsbedingungen bei der Gewinnung des Eisenpulvers hat man es in der Hand, den Gehalt an Kohlenstoff und Sauerstoff in gewissen Grenzen zu variieren und so den gewünschten Verhältnissen anzupassen. Es sind Carbonyleisensorten mit den verschiedensten Gehalten an Kohlenstoff im Bereich von etwa 1,0 bis 1,9% und Sauerstoff im Bereich von 1 bis 4,3% herstellbar. Bei der gemeinsamen Sinterung entsprechender Pulvergemische wirken nun diese beiden Elemente aufeinander ein. Verfolgt man den Ablauf der Gasentwicklung bei der Reaktion im Verlauf der Sinterung genauer, so bemerkt man, daß sich die Gaszusammensetzung zeitlich und auch mit steigender Temperatur ständig ändert. Bereits bei tiefen Temperaturen entweichen gewisse Mengen Wasserstoff und Methan, was in dem Vorhandensein einer gewissen Menge von adsorbiertem Wasserdampf seine Ursache hat. Die eigentliche Reaktion zwischen Kohlenstoff und Sauerstoff setzt erst bei 400° ein und zieht sich bis zu hohen Sintertemperaturen hin. Zahlentafel 95 zeigt die Gaszusammensetzung bei

Zahlentafel 95. *Änderung der Gaszusammensetzung beim Sintern von Carbonyleisen* (F. Duftschmid, L. Schlecht u. W. Schubardt).

Temperatur °C	Verhältnis $CO_2 : CO$
500 bis 600	66% : 34%
600 bis 700	50% : 50%
700 bis 800	35% : 65%
800 bis 850	16% : 84%
850 bis 900	12% : 88%
900 bis 950	10% : 90%
950 bis 1000	8% : 92%

verschiedenen Temperaturen. Aus ihr entnimmt man, daß z. B. bei einer Sinterung bei ca. 850° das Gas stets eine Zusammensetzung von etwa 12 Vol.% CO_2 und 88 Vol.% CO hat. Dies besagt, daß bei der Erhitzung Kohlenstoff und Sauerstoff im Verhältnis 2 : 3 miteinander reagieren. Diese Tatsache ist für die Herstellung eines möglichst kohlenstoff- und sauerstofffreien Eisens von Bedeutung, da man den Kohlenstoff- und Sauerstoffgehalt des Ausgangspulvers diesem Verhältnis entsprechend einzustellen hat, um einen möglichst geringen Gehalt an diesen Verunreinigungen im Fertigprodukt zu erzielen. Für den Fall, daß man bei der Sinterung. andere Temperaturen anwendet, ändert sich natürlich das Verhältnis dieser beiden Gasmengen, so daß man bezüglich der Zusammensetzung des Ausgangspulvers eine entsprechende Berichtigung anbringen muß. Die Abb. 222 und 223 zeigen nach Versuchen von E. K. Offermann die Abnahme des Kohlenstoff- und Sauerstoffgehaltes einer Pulvermischung, deren Ausgangsgehalte an Kohlenstoff und Sauerstoff dem obigen Verhältnis 2 : 3 entsprachen, mit zunehmender Sinterdauer bei verschiedenen Sintertemperaturen. Die Reaktion war bei Temperaturen von 800 bis 900° nach etwa fünf Stunden und bei 1050° nach etwa einer Stunde praktisch beendet. Der Kohlenstoffgehalt lag dann unter 0,03%, während der Sauerstoffgehalt weniger als 0,015% betrug.

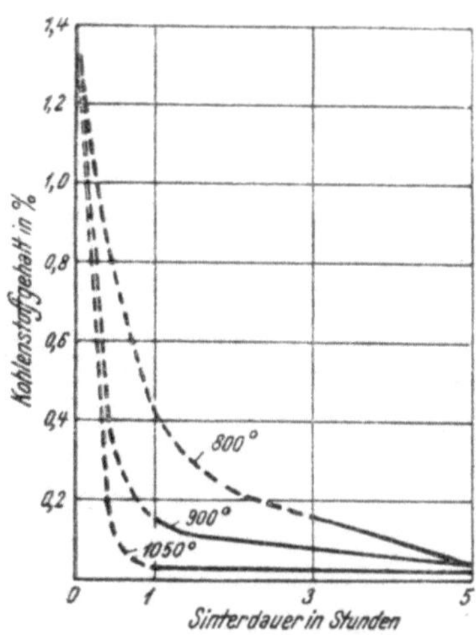

Abb. 222. Abhängigkeit des Kohlenstoffgehaltes von Carbonyleisen von den Sinterbedingungen (E. K. Offermann).

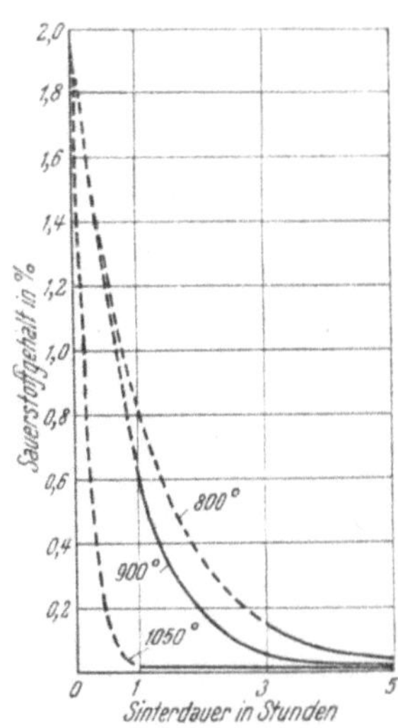

Abb. 223. Abhängigkeit des Sauerstoffgehaltes von Carbonyleisen von den Sinterbedingungen (E. K. Offermann).

Die ursprünglichen Versuche über die Einsatzmöglichkeiten dieses Eisenpulvers zielten auf eine hüttenmännische Verarbeitung ab, um auf diese Weise zur großtechnischen Gewinnung von Stählen mit höchsten Reinheitsgraden zu kommen. Der Wegfall der Pulverpressung gestattet ohne weiteres, das Sinterverfahren den Stahlwerkseinrichtungen anzupassen. Man braucht nicht kleinere, in ihrem Ausmaß durch die vorhandenen Pressen begrenzte Preßkörper zu verarbeiten, sondern kann das Pulver in Formen entsprechender Größe einfüllen, durch Rütteln oder Schwingungen verdichten und kommt so leicht zu Blöcken von mehreren Tonnen Gewicht. Bei der Herstellung größerer Blöcke ist es geboten, hohe und schmale Formen zu wählen, um eine gleichmäßige Durchsinterung und Schrumpfung zu gewährleisten. Für die hüttenmännische Verarbeitung ist es sehr wichtig, daß die Sinterung in jeder beliebigen Ofenatmosphäre erfolgen kann, denn durch die Kohlenstoff- und Sauerstoffreaktion umgibt sich das Sintergut mit einer eigenen Schutzatmosphäre, die den Körper vor unerwünschten Einflüssen schützt. Da diese Reaktion jedoch im Laufe der Sinterung abklingt, ist es natürlich erforderlich, die Temperatur und Dauer der Sinterung so zu wählen, daß bis zu diesem Zeitpunkt der Körper fertig gesintert ist.

Wenn auch die Verarbeitbarkeit eines derartig erzeugten Eisens sowie gleichartig erzeugter legierter und unlegierter Carbonylstähle gut waren, so zeigen die Untersuchungen von E. K. Offermann doch, daß sich die an sich bemerkenswerten Eigenschaften des Carbonyleisens bei einer hüttenmännischen Verarbeitung nicht voll entwickeln können und dem Eisen in dieser Richtung kein besonderes Anwendungsgebiet erschlossen wird. Ein nach diesem Verfahren gewonnenes Eisen kann man lediglich als Reineisen im üblichen technischen Sinn bezeichnen. Wie Zahlentafel 96 nach

Zahlentafel 96. *Festigkeitseigenschaften von gesintertem, gewalzten und normalgeglühtem Carbonyleisen im Vergleich zu gleichartig behandelten, geschmolzenem Elektrolyteisen.*

	Nach E. K. Offermann	Nach L. Schlecht, W. Schubardt u. F. Duftschmid	Elektrolyteisen
Streckgrenze kg/mm² ...	16 bis 20	11 bis 17	7 bis 14
Zugfestigkeit kg/mm² ...	28 bis 32	20 bis 28	24,5 bis 28
Dehnung % (l = 10d) ..	33 bis 28	40 bis 30	40 bis 60
Einschnürung %	82 bis 78	80 bis 70	70 bis 90
Brinellhärte kg/mm²	70 bis 85	56 bis 80	45 bis 90
Erichsen-Tiefung mm (bei 1 mm dickem Blech)	11,7	12,25	n b.
Kerbschlagzähigkeit mkg cm²	0,5 bis 24	n. b.	n. b.

Untersuchungen von F. Duftschmid, L. Schlecht und W. Schubardt sowie E. K. Offermann zeigt, entsprechen seine technologischen Eigenschaften im wesentlichen denen eines gleichartig behandelten erschmolzenen Elektrolytreineisens. Seine Gehalte an Kohlenstoff und Sauerstoff dürften jedoch noch zu hoch sein, um dieses Eisen als Hochvakuumwerkstoff verwenden zu können.

Man kommt mit Carbonyleisen jedoch zu wesentlich höheren Reinheitsgraden, wenn man dazu übergeht, die zur Verarbeitung notwendigen Glühbehandlungen unter Wasserstoffatmosphäre vorzunehmen, worauf schon F. Duftschmid, L. Schlecht und

W. Schubardt in ihrer Arbeit hinweisen. Durch die mehrfachen
Reaktionsmöglichkeiten zwischen Kohlenstoff, Wasserstoff und
Sauerstoff gelingt es, ein Reinsteisen zu gewinnen, dessen Gehalte
an Begleitelementen sowie Kohlenstoff und Sauerstoff nur in der
Größenordnung von 0,01 bis 0,001% liegen. In dieser Form ent-
faltet dieses Eisen sehr hochwertige, besonders auf physikalischem
Gebiet liegende Eigenschaften, die es zu einem wichtigen Werkstoff
seiner Art gemacht haben. Zur Herstellung eines solchen Eisens
kann man verschiedene Wege einschlagen. Man kann einmal die
ohne besondere Schutzgasbehandlung erzeugten Eisensinterkörper
in einer Wasserstoffatmosphäre glühen oder kann zusätzlich die
Sinterung bereits unter Wasserstoff ablaufen lassen. Letzten Endes
besteht auch die Möglichkeit, das Ausgangspulver vor der eigentlichen Sinterung bei Temperaturen von etwa 600° unter Wasserstoff
zu glühen. Es ist natürlich klar, daß, je intensiver und häufiger
solche Wasserstoffglühungen erfolgen, der Reinigungseffekt um
so größer wird. Für ein derartig hergestelltes Reinsteisen, das
unter dem Namen „Ommeteisen"[1] im Handel ist, werden folgende
Gehalte an Verunreinigungen angegeben:

$$0,001\% \text{ C,}$$
$$0,01\ \% \text{ Mn,}$$
$$0,01\ \% \text{ Si,}$$
$$0,002\% \text{ P,}$$
$$0,002\% \text{ S}$$

Die technologischen Eigenschaften stimmen im wesentlichen
mit den in Zahlentafel 96 genannten Werten überein. Die
physikalischen Materialkonstanten sind aus Zahlentafel 97 zu
entnehmen. In diesen Werten kommt, wie ein Vergleich mit den
im Schrifttum[2, 3] genannten Daten ergibt, die hervorragende
Reinheit des Werkstoffes zum Ausdruck. Besonders sind es jedoch
die magnetischen Eigenschaften, über die im Abschnitt B dieses
Kapitels (S. 452ff.) zusammenfassend berichtet wird, die diesem
Werkstoff ebenso wie sein gutes vakuumtechnisches Verhalten[4]
eine besondere Rolle als physikalischer Werkstoff zugewiesen
haben.

Bezüglich seines vakuumtechnischen Verhaltens entspricht ein
solches Reinsteisen weitgehend den Anforderungen dieser Technik.

---

[1] Prospekt der Metallwerk Plansee G. m. b. H. Reutte (Tirol).

[2] Landolt-Börnstein: Physikalisch-chemische Tabellen, Berlin:
Springer-Verlag, 1935.

[3] Gmelins Handbuch der anorganischen Chemie, 8. Auflage, System
Nummer 59: Eisen, Verlag Chemie, Berlin: 1929.

[4] Espe, W. u. M. Knoll: Werkstoffkunde der Hochvakuumtechnik, Berlin:
Springer-Verlag, 1936, S. 59ff.

Zahlentafel 97. *Vergleich der technologischen und*

	Dimension	Reinsteisen	Reinstnickel
Dichte bei 20° C	g/cm³	7,88	8,85
Reinheitsgrad	%	9,998	99,87
Schmelzpunkt..................	°C	ca. 1530	1452
Magn. Umwandlungspunkt	°C	768	ca. 360
Zerreißfestigkeit ungeglüht .... rekristallisiert	kg/mm²	63 15 bis 25	78 bis 80 40
Warmfestigkeit bei 800° C	kg/mm²	2	10
Dehnung { ungeglüht .... geglüht	%	1,5 40 bis 60	ca. 2 40 bis 50
Streckgrenze ungeglüht .... geglüht	kg/mm²	15 bis 18 7 bis 14	60 10
Elastizitätsmodul	kg/mm²	21000	22000
Brinellhärte ungeglüht .... geglüht	kg/mm²	45 bis 80 45 bis 65	bis 220 80 bis 90
Lineare Wärmeausdehnung 0 bis 100° C	mm/m	$12,5 \cdot 10^{-6}$	$13 \cdot 10^{-6}$
Wärmeleitfähigkeit bei 20° C .... „ 800° C	Cal/cm. sec°	0,18 0,07	0,215 0,17
Spez. Wärme (0 bis 100° C)	Cal/g°	0,111	0,106
Spez. elektr. Widerstand bei 20° C .... „ 500° C .... „ 1000° C	Ohm.mm²/m	0,103 0,54 1,17	0,10 0,36 0,50

physikalischen Eigenschaften verschiedener Vakuumwerkstoffe.

Fe-Ni-Mo-Legierung 58% Ni, 22% Fe, 20% Mo	Wolfram	Molybdän
8,8	19,2 bis 19,4	10,3
—	99,98 bis 99,99	99,98 bis 99,99
1320	ca. 3400	ca. 2630
—	keinen	keinen
bis 105 77 bis 84	bis 400 110	140 bis 250 70 bis 120
42	80 bis 120	60 bis 80
5 25 bis 35	1 bis 4 —	2 bis 5 10 bis 25
bis 80 33 bis 36	ca. 150 72 bis 83	41 bis 61 50 bis 60
25000	37000 b. 41000	30000 b. 33500
280 207	350 —	160 bis 185 147
$10,7 \cdot 10^{-6}$	$4,4 \cdot 10^{-6}$	$5,5 \cdot 10^{-6}$
0,04 —	0,38 —	0,35 —
—	0,034	0,062
1,10 1,15 1,19	0,055 0,183 0,030	0,048 0,134 0,274

Durch das fast vollständige Fehlen der Eisenbegleitelemente treten unerwünschte Entgasungseffekte nicht auf, so daß es nunmehr in abgeschmolzenen Vakuumgefäßen als Elektrodenbaustoff Verwendung finden kann. Der Entgasungsvorgang mittels Hochfrequenz wird durch die magnetischen Eigenschaften sogar in günstiger Weise unterstützt, da infolge der Hysterewärme ein schneller Temperaturanstieg erfolgt. Die Verdampfungsgeschwindigkeit des Sintereisens bei Erhitzung bzw. bei Ionenbombardement (sogenannte Kathodenzerstäubung) ist wegen des relativ hohen Schmelzpunktes und des niedrigen Dampfdruckes in den meisten Gasen, vor allem aber in dem vakuumtechnisch wichtigen Quecksilberdampf, geringer als die der anderen Werkstoffe. Diese wird, wie Abb. 224 erkennen läßt, nur noch von Aluminium unterboten, das aber wegen seines niedrigen Schmelzpunktes ungeeignet ist. Reinsteisen kommt vor allem für Anoden in Elektronenröhren mit empfindlichen Oxydkathoden, als Richtzylinder und für Kalotten in Röntgenröhren, sowie als Elektroden in Ionenröhren zur Verwendung. Da eine Kathodenzerstäubung der Elektroden sich besonders

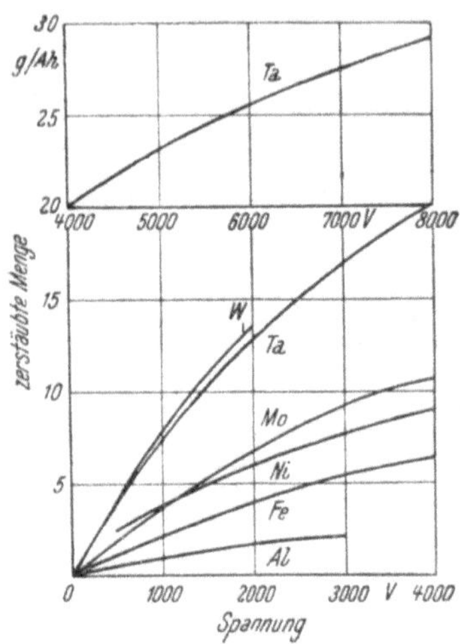

Abb. 224. Kathodenzerstäubung von Metallen in Quecksilberdampf von 18° in Abhängigkeit von der Spannung (A. Günther-schulze).

in allen Röhren unangenehm bemerkbar macht, bei denen lichtabsorbierende Beschläge die Ausnutzung von Leuchterscheinungen schon nach kurzer Betriebsdauer herabsetzen, ist Reinsteisen vor allem geeignet für die Elektroden von Glimmgleichrichtern, Hochspannungsleuchtröhren, Glimmlampen und Hochfrequenzamplitudenlampen, auch wenn kein Quecksilberdampf, sondern andere Gase, wie Edelgase, zur Füllung der Rohre Verwendung finden.

In chemischer Hinsicht ist wichtig, daß Reinsteisen auch bei hohen Temperaturen weitgehend unempfindlich gegen flüssiges und dampfförmiges Quecksilber ist. Das fast gänzliche Fehlen von Verunreinigungen macht das Sintereisen für die Verwendung in Röhren mit Oxydkathoden sehr geeignet. Diese Kathoden sind sehr empfindlich gegen die Einwirkung gewisser Gase, die aus den Elektrodenmetallen herausdampfen und die Emissionsfähigkeit der Kathode herabsetzen. Gesintertes Reinsteisen kann, wie die Erfahrung lehrt, in solchen Röhren selbst in unmittelbarer Umgebung der Kathode verwendet werden, ohne daß eine „Vergiftung" der Kathode zu befürchten ist. Es muß allerdings darauf hingewiesen werden, daß Reinsteisen eine gewisse Neigung zum Rosten hat. Es empfiehlt sich daher, den Werkstoff durch Einölen oder Paraffinieren vor Feuchtigkeit zu schützen. Es ist selbstverständlich, daß diese Schutzschichten vor dem Einbau des Werkstoffs durch sorgfältigste Entfettung entfernt werden müssen.

Ein weiterer Vorteil des Eisens als Vakuumwerkstoff gegenüber anderen Stoffen dieser Art ist auch, wie schon betont, durch seine magnetischen Eigenschaften gegeben. Auf die hiermit zusammenhängende gute Entgasbarkeit wurde bereits hingewiesen. Wichtig ist diese Eigenschaft aber auch für alle die Fälle, wo entweder eine Abschirmung von magnetischen Feldern oder eine Bewegung von Röhrenteilen im Vakuum erfolgen soll, die man bei Eisen sehr gut auf magnetischem Wege vornehmen kann. Es lassen sich auf diese Weise Spritz- und Tauchzündungen für Quecksilbergleichrichter sowie Schalthebel in Hochvakuumschaltern ausbilden.

Das Fehlen von Verunreinigungen an den Korngrenzen dieses Materials bedingt, daß es außerordentlich weich ist. Die Verarbeitbarkeit des Eisens, das meistens in Form von Blechen oder Drähten verwendet wird, ist gut. Es ist tiefziehfähig und leicht niet- und falzbar. Man muß aber bei derartigen verfestigenden Bearbeitungen grundsätzlich darauf achten, daß das Material wegen seiner hohen Reinheit eine sehr starke Neigung zur Rekristallisation hat. Will man das Eisen für stark temperaturbeanspruchte Konstruktionsteile einsetzen, so muß man Sorge tragen daß keine unerwünschten Rekristallisationseffekte auftreten. Ein solcher Fall liegt z. B. bei den Drähten der Eisen-Wasserstoff-Widerstände vor. Man kann die Rekristallisation des Eisens dadurch verhindern, daß man ihm in sehr feinverteilter Form reaktionsträge Fremdstoffe, wie z. B. Al_2O_3 beigibt, die das Kornwachstum hemmen.

2. Eisen-Nickel-Molybdän-Legierungen.

Neben den einleitend genannten Metallen und dem oben besprochenen Reinsteisen sind in der Hochvakuumtechnik auch Legierungen der hochschmelzenden Metalle mit Eisen und Nickel im Gebrauch. Derartige Werkstoffe konnten sich recht gut einführen, da sich im Röhrenbau häufig die Möglichkeit bietet, die teuren hochschmelzenden Metalle durch wohlfeilere zu ersetzen. Von derartigen Legierungen hat sich insbesondere eine Eisen-Nickel-Molybdän-Legierung mit etwa 22% Eisen, 58% Nickel und 20% Molybdän bewährt, die unter dem Namen „Hastelloy" bzw. „A-Legierung" im Handel ist[1]. Dieser Werkstoff zeichnet sich vor allem durch eine gute Warmfestigkeit bei mittleren Temperaturen aus, die der des Molybdän nahekommt, so daß er häufig als Austauschwerkstoff für Molybdän verwendet wird[2]. Ursprünglich wurde diese Legierung in Amerika als salzsäure- und schwefelsäurebeständige Legierung mit gewissen Gehalten an Mangan, Vanadin und Silizium im Schmelzwege erzeugt. Erst später erkannte man ihre Eignung für Zwecke der Hochvakuumtechnik. In Europa setzte sich diese Legierung von vornherein als gesinterter Werkstoff durch. Ähnlich wie bei Reinsteisen wurde mit diesem Herstellungsverfahren auch eine wesentlich höhere Reinheit und Gasfreiheit erzielt.

Bei der Erzeugung von gesinterten Eisen-Nickel-Molybdän-Legierungen geht man im Interesse eines hohen Reinheitsgrades zweckmäßig von Eisen- und Nickelcarbonylpulvern sowie Molybdänpulver mit einer für die Glühlampenindustrie üblichen Reinheit aus. Es ist wichtig, daß die Pulverkomponenten durch intensives Mischen in der Mühle innig miteinander vermengt werden, um so die notwendige Voraussetzung für eine genügende Homogenisierung beim Sintern zu schaffen. Die Pulver werden üblicherweise mit einem Druck von 3 bis 4 t/cm² verpreßt. Neben der Sinterung bei entsprechender Temperatur und genügend langer Zeit[3], sind bei diesem Mehrstoffsystem unter Umständen noch besondere Maßnahmen erforderlich, um zu einem genügend homogenen Körper zu kommen. Über die Einzelheiten des Sintervorgangs wurde bereits an früherer Stelle (s. S. 168) berichtet, weshalb an dieser Stelle darauf nicht nochmals eingegangen wird. Die Abb. 77a bis c, S. 170 zeigen sehr schön, wie durch mehrfache Sinterung und anschließende spanlose Verarbeitung mit eingeschalteten Zwischenglühungen schließlich ein völlig homogener Werkstoff erzielt wird.

Die Verarbeitbarkeit dieser Eisen-Nickel-Molydbän-Legierung ist etwas besser als die von Molybdän. Der Werkstoff ist leicht zu Feindraht zu ziehen, was im Hinblick auf den Ziehsteinverschleiß von Vorteil ist. Nach einer Weichglühung bei 1100 bis 1150⁰ läßt er sich gut biegen, wickeln und zu Geweben verarbeiten. Die Anwendung dieser Legierung in Vakuumgefäßen stößt auf keine Schwierigkeiten. Durch die Wahl des Ausgangsmaterials und die Herstellungsbedingungen, die den bei Reinsteisen üblichen entsprechen, erzielt man einen hohen Reinheitsgrad und auch praktisch völlige Gas-

---

[1] Erzeuger: Metallwerk Plansee G. m. b. H. Reutte (Tirol).

[2] Espe, W. u. M. Knoll: Werkstoffkunde der Hochvakuumtechnik, Berlin: Springer-Verlag, 1936, S. 97.

[3] Kelley, F. C.: Electrical Engnrg. **61**, 1942, S. 468-475.

freiheit. Die technologischen und physikalischen Eigenschaften dieser Legierung sind in Zahlentafel 97 auf Seite 440 in Vergleich mit anderen Werkstoffen der Vakuumtechnik zusammengestellt. Man sieht, daß sich die technologischen Eigenschaften, vor allem aber die Warmfestigkeit bei 500 bis 800°, wie schon erwähnt, der des Molybdäns recht gut annähern. Dieses geht besonders aus Abb. 225 hervor, in der die Zugfestigkeit in Abhängigkeit von der Dehnung für eine Anzahl warmfester Werkstoffe aufgetragen ist. Diese Eisen-Nickel-Molybdän-Legierung übertrifft viele warmfesten Legierungen der Technik und wird ihrerseits nur von Molybdän sowie Wolfram übertroffen. Aus diesem Grund verwendet man diesen Werkstoff an Stelle von Molybdän häufig für Wickel- und Geflechtgitter in Mehrgitterröhren, wobei berücksichtigt werden muß, daß das Material sich schlecht schweißen läßt, daher nur für Falzgitter einsetzbar ist. Besonders bewährt hat sich Eisen-Nickel-Molybdän bei der Massenfertigung von Gittern, die mit Rücksicht auf geringe Durchgriffstreuung eine große Formbeständigkeit haben

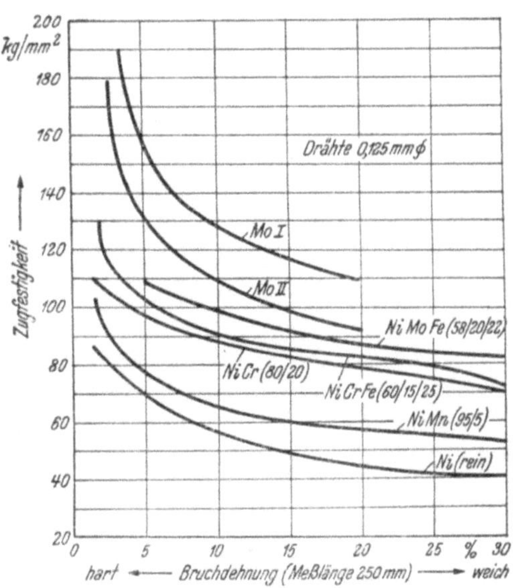

Abb. 225. Zugfestigkeit in Abhängigkeit von der Bruchdehnung für verschiedene warmfeste Legierungen (W. Espe u. M. Knoll).

sollen. Auch konnte man Eisen-Nickel-Molybdän-Legierungen wegen ihrer Indifferenz gegenüber heißen Erdalkalioxyden, die es im Gegensatz zu Wolfram und Molybdän besitzt, mit Erfolg als Kerndraht zum Bau von Oxydkathoden verwenden. Ein Durchbiegen von spiralförmigen Kathoden konnte selbst nach 200-stündiger Betriebszeit noch nicht beobachtet werden. Ebenso traten keine Reaktionen zwischen dem Eisen-Nickel-Molybdän-Kerndraht und der Oxydbedeckung auf, da ähnlich wie bei Reinsteisen keine Verunreinigungen aus dem Kerndraht das Oxydmaterial vergiften können.

3. Eisen-Nickel-Kobalt-Legierungen.

Eine wichtige Werkstoffgruppe der modernen Hochvakuumtechnik sind die sogenannten Einschmelzlegierungen für Glas-

Metall- und Keramik-Metallverbindungen. Es ist eine sehr häufige Aufgabe in der Hochvakuumtechnik, durch die Glaswandung eines Vakuumgefäßes metallische Stromzuführungen vakuumdicht hindurchzuführen oder an die Glasgefäße irgendwelche Kappen oder Ringe anzuschmelzen. Wenn eine solche Verbindung, zu deren Herstellung Glas und Metall bei Temperaturen von etwa 700 bis 1100° in Berührung gebracht werden, mechanisch entsprechen und einwandfrei vakuumdicht sein soll, müssen eine Anzahl wichtiger Voraussetzungen erfüllt sein. Vor allem dürfen durch die Ein- oder Anschmelzung des Metalls keine gefährlichen Spannungen im Glas entstehen. Ferner muß das Glas an der Metalloberfläche vakuumdicht haften und außerdem muß die Einschmelzung blasenfrei sein, um ein Hineindiffundieren von Gas in den Vakuumraum zu verhindern[1, 2]. Während die Blasenfreiheit der Einschmelzstelle direkt mit der Reinheit und Gasfreiheit des Einschmelzmetalls zusammenhängt, ist für ein gutes Haften des Glases an der Metalloberfläche deren Benetzbarkeit maßgebend Die Erfahrung hat gelehrt, daß reine Metalloberflächen von Glas nicht benetzt werden, sondern daß diese oxydbedeckt sein müssen. Diese Metalloxyde können sich im Glas lösen und so die Bildung eines „Zwischenglases" an der Trennschicht bewirken, durch das gewissermaßen ein allmählicher Übergang von einem zum anderen Medium bewirkt wird. Die Lösbarkeit der Metalloxyde in Glas ist verschieden groß. Gut gelöst werden Kupferoxydul und auch Kobaltoxyd, während die Lösbarkeit von Eisen- und Nickel-Oxyden im allgemeinen geringer ist. Schließlich wird noch die Spannungsfreiheit einer Einschmelzung abgesehen von eventuellen Kühlspannungen durch das Ausdehnungsverhalten der beiden zu erschmelzenden Werkstoffe bedingt. Die Ausdehnungscharakteristik beider Werkstoffe sollte demnach zumindest bis zum Erreichen des Erweichungspunktes möglichst gut aufeinander abgestimmt sein.

Als Werkstoff für Einschmelzzwecke sind eine ganze Anzahl im Gebrauch, von denen Nickel-Eisen-Kobalt-Legierungen besonders genannt seien. Diese Legierung zeigt infolge ihres Kobaltgehaltes ein gutes Haftvermögen am Glas (Bildung von Kobaltoxyden). Andererseits gewährleistet sie durch den charakteristischen Ausdehnungsgang eine gute Spannungsfreiheit. In ganz ähnlicher Weise wie bei den meisten Gläsern durchläuft die Ausdehnungskurve, wie es auch von den reinen Eisen-Nickel-Legierungen bekannt ist, nach einem fast linearen Teil im Gebiet der magnetischen

---

[1] Espe, W. u. M. Knoll: Werkstoffkunde der Hochvakuumtechnik, Berlin: Springer-Verlag, 1936, S. 226ff.

[2] Espe, W.: Feinmech. u. Präz. 47, 1939, S. 225-230, 247-250 u. 253-264.

Umwandlung einen Knickpunkt und steigt anschließend steil an. Die Möglichkeit, die Lage des Knickpunktes und die Größe der Ausdehnung durch Wahl des Kobalt- bzw. Nickelgehaltes zu beeinflussen und somit das Ausdehnungsverhalten dem des Glases anzupassen, gab in Verbindung mit der guten Haftfähigkeit diesem Werkstoff ein ausgedehntes Anwendungsgebiet. Diese Legierungen wurden von H. Scott[1] sowie ferner von W. Hessenbruch[2], K. Schichtel und U. Wilke-Dörfurt[3] eingehend untersucht.

H. Scott konnte zeigen, daß die Lage des Knickpunktes im wesentlichen durch den Summengehalt von Kobalt und Nickel bestimmt ist, während die Größe der Ausdehnung im unteren Teil der Kurve durch das Verhältnis von Nickel zu Kobalt beeinflußt werden kann. Aus Abb. 226 geht hervor, in welchem Maße durch eine verschiedenartige Zusammensetzung der Legierung die Ausdehnungscharakteristik geändert werden kann. Für das einwandfreie Verhalten der Verschmelzung ist es natürlich außerdem wichtig, daß

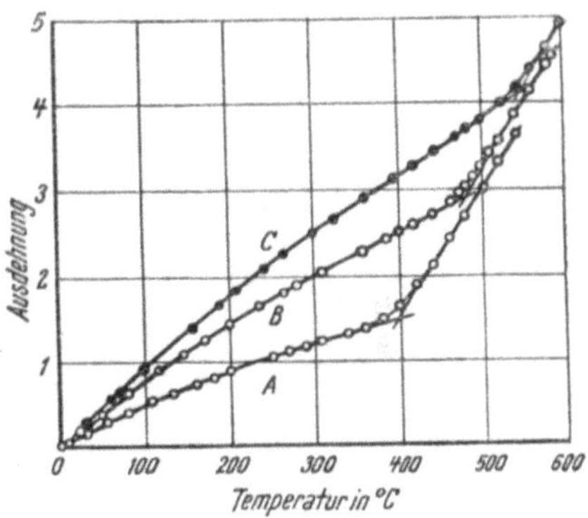

Abb. 226. Ausdehnungskurven von Eisen-Nickel-Kobaltlegierungen in Abhängigkeit von der Zusammensetzung (W. Hessenbruch):
A: 26,6 % Ni, 17,4 % Co, Rest Fe,
B: 28,5 % Ni, 23,3 % Co, Rest Fe,
C: 23,6 Ni, 29,6 % Co, Rest Fe.

in ihrem Temperaturarbeitsbereich keine irreversible Gefügeumwandlung und damit auch keine Änderung des Ausdehnungsverhaltens eintritt, durch die die Metall-Glas-Verbindung auf alle Fälle zerstört werden würde. Bei Eisen-Nickel-Kobalt-Legierungen läßt sich, wie H. Scott fand, durch eine entsprechende Wahl des Verhältnisses von Nickel- und Kobaltgehalt diese Gefügeumwandlung in einen weit unter Raumtemperatur liegenden Temperaturbereich verschieben, so daß sie für die Einschmelzung unwirksam bleibt. Dies zeigt Abb. 227 in sehr anschaulicher Weise. Sie läßt erkennen, in welchem Umfang die wichtigsten Einschmelzeigenschaften der Legierung durch eine entsprechende Variation des Nickel- und Kobaltgehaltes geändert werden können. Die Kurve des

---

[1] Scott, H.: Trans. Amer. Inst. min. metallurg. Engr., 1930, S. 506; Min. & Metallurgy 16, 1935, S. 229; J. Franklin Inst. 220, 1935, S. 733.
[2] Hessenbruch, W.: Z. Metallkde. 29, 1937, S. 193-195.
[3] Schichtel, K. u. U. Wilke-Dörfurt: Z. Metallkde. 36, 1944, S. 147-148.

optimalen Kobaltgehaltes gibt diejenigen Kobaltgehalte an, bei denen die γ—α-Umwandlung noch unterhalb — 100⁰ liegt. Aus diesem Schaubild kann man die zur richtigen Anpassung des Metalls an das Glas jeweils notwendige Zusammensetzung der Legierung entnehmen. In der Praxis haben sich Legierungen mit etwa 29% Ni und 17% Co unter den Namen „Sivar 48", „Kovar" bzw. „Fernico" eingeführt, die sich dem Ausdehnungsverhalten der wichtigen Ein-

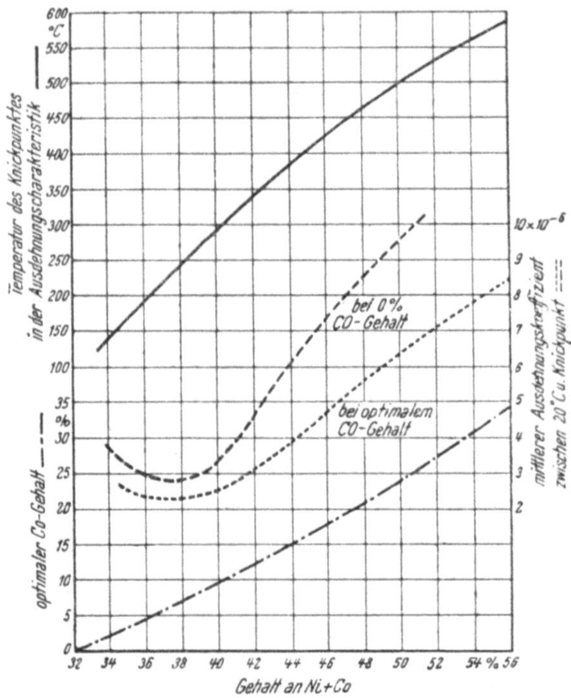

Abb. 227. Ausdehnungskurven von Eisen-Nickel-Kobaltlegierungen in Abhängigkeit vom Gehalt an Ni + Co und Kurve für den optimalen Kobaltgehalt (H. Scott).

schmelzgläser anpassen. Die Abb. 228 zeigt, in welch hohem Maße bei Gläsern der Röhrenindustrie Übereinstimmung zwischen den Ausdehnungskurven erzielbar ist.

Die Herstellung dieser Eisen-Nickel-Kobalt-Legierungen erfolgt häufig im Schmelzverfahren. Natürlich weisen derartig hergestellte Werkstoffe immer Verunreinigungen auf, die durch eine sorgfältige, reinigende Vorbehandlung beseitigt werden müssen. Man hat schon frühzeitig versucht, diese Legierungen auf dem Sinterwege herzustellen und mit diesem Verfahren ähnlich wie bei den anderen besprochenen Vakuumwerkstoffen einen guten Erfolg gehabt [1,2]. Die eben genannten „Sivar"-Legierungen sind derartige fabrikationsmäßig auf dem Sinterwege gewonnene Werkstoffe. Ein besonderer Vorteil, der sich mit diesem Herstellungsverfahren verbindet, ist der, daß diese Legierungen praktisch kohlenstofffrei sind und infolgedessen beim Einschmelzen keine Neigung zur Gasabgabe zeigen.

Das Sinterverfahren gleicht in seinen wesentlichen Gesichtspunkten den Verhältnissen bei den zuvor besprochenen Eisen-Nickel-Molybdän-Legierungen. Auch in diesem Fall handelt es sich um ein Mehrstoffsystem, bei dessen Sinterung man für eine genügende Homogenisierung Sorge tragen muß. Als Pulver kommen im Hinblick auf die erwünschte Reinheit in erster Linie Carbonyleisen- und Carbonylnickelpulver in Frage, während als

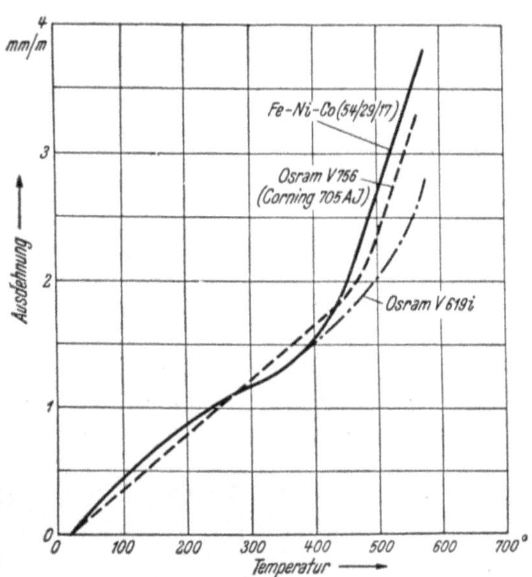

Abb. 228. Ausdehnungskurven von Eisen-Nickel-Kobaltlegierungen mit 29% Ni, 17% Co im Vergleich zu der Ausdehnung einiger passender Gläser.

Kobaltpulver ein aus Kobaltoxalat durch Reduktion gewonnenes Pulver verwendet werden kann. Nach intensivem Mischen und Verpressen der Pulver erfolgt die Sinterung bei Temperaturen zwischen 1100 und 1200°. Als Schutzatmosphäre ist Wasserstoff geeignet. Um eine gute Diffusion der Legierungspartner ineinander zu erreichen, empfiehlt es sich, die Sinterbehandlung nach zwischengeschalteten Durchschmiedungen mehrfach zu wiederholen. Ein so verarbeitetes Material ist homogen. Es läßt sich einwandfrei zu Feindraht und Feinblech verarbeiten und ist auch gut tiefziehfähig. In seinen physikalischen Eigenschaften, die aus Zahlentafel 98 hervorgehen, entspricht das Material im wesentlichen dem Schmelzwerkstoff. Abb. 229 gibt das Mikrogefüge einer gesinterten Eisen-Nickel-Kobalt-Legierung wieder. Wegen des Mangels an kornwachstumhemmenden Substanzen ist die Rekristallisationsneigung des Sinterwerkstoffes größer als die der Schmelzlegierung, was bei der Ver-

---

[1] Burger, E. E.: Gen. Electr. Rev. **49**, 1946, Heft 12, S. 22-24.
[2] Kelley, F. C.: Electrical Engnrg. **61**, 1942, S. 468-475.

Zahlentafel 98. *Physikalische Eigenschaften der Eisen-Nickel-Kobalt-legierungen im Vergleich zu anderen Einschmelzlegierungen.*

Werkstoff	Ausdehnungsbeiwert (x 10⁻⁷)		Knick-punkt-temperatur ⁰ C	Spez.-elektr. Widerstand bei 20⁰ C (Ohm mm²/m)	Wärme-leitfähigkeit bei 20⁰ C (Cal/cm × sec × ⁰)
	20 bis 100⁰ C	20 bis 450⁰ C			
Fe-Ni-Co-Leg. 29% Ni/17% Co	48	49	425	0,5	ca. 0,09
Fe-Ni-Co-Leg. 26% Ni/23% Co	60	75	500	0,42	—
Nickeleisen 48% Ni/52% Fe	89	—	460	0,45	0,038
Wolfram..........	40 bis 45	42 bis 47	keinen	0,06	0,38
Molybdän........	48 bis 52	55 bis 59	keinen	0,06	0,35
Platin	90	95	keinen	0,108	0,167

arbeitung beachtet werden muß Die erschmolzenen Legierungen besitzen grundsätzlich einen gewissen Mangangehalt, der im Hinblick auf eine gute Desoxydation notwendig ist. Gesinterte Eisen-

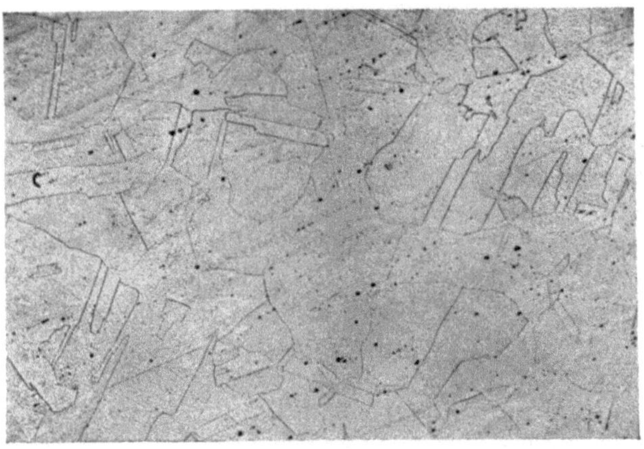

Abb. 229. Mikrogefüge einer gesinterten Eisen-Nickel-Kobalt-legierung mit 29% Ni und 17% Co (× 50).

Nickel-Kobalt-Legierungen weisen dagegen kein Mangan auf. Da Mangan die Umwandlungstemperatur des Metalls beeinflußt, besteht für Sinterlegierungen dieser Art die Gefahr einer unerwünschten Verschiebung der Umwandlung nicht, so daß sich das Sinter-material in dieser Hinsicht durch große Gleichmäßigkeit aus-zeichnet. Der Reinheitsgrad der Sivarlegierungen ist im allgemeinen so hoch, daß unerwünschte Gasblasenbildungen nur sehr selten auftreten.

Eisen-Nickel-Kobalt-Legierungen haben eine verbreitete Anwendung in der Einschmelztechnik gefunden. In neuerer Zeit sind diese Werkstoffe häufig bei der Herstellung von Ganzmetallröhren verwendet worden. Den Aufbau einer Einschmelzung in einer solchen Röhre zeigt schematisch Abb. 230. In Amerika wird für Einschmelzzwecke auch eine Eisen-Molybdän-Kupfer-Legierung mit 5 bis 20% Mo, 1% Cu empfohlen, die ebenfalls ein für die genannten Zwecke günstiges Ausdehnungsverhalten zeigt. Die erschmolzene Legierung zeigt jedoch recht ungünstige Verarbeitungseigenschaften. J. Kurtz[1] sinterte derartige Legierungen bei 1200° und gewann Körper, die sich infolge

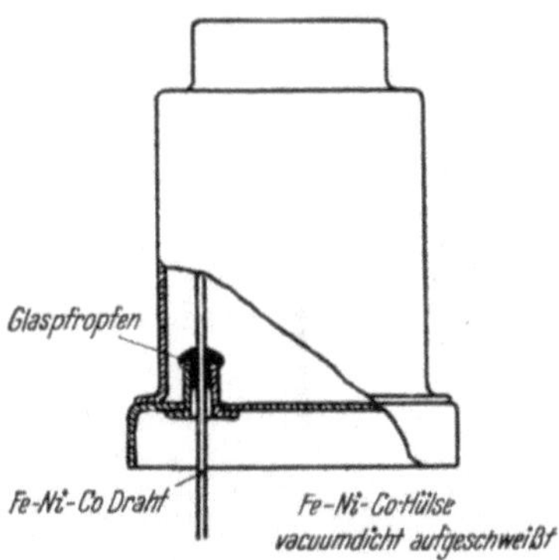

Abb. 230. Schema einer Eisen-Nickel-Kobalt-Einschmelzung in Ganzmetallröhren (W. Espe u. M. Knoll).

eines erheblich feineren Korns einwandfrei verarbeiten ließen. Einige von ihm an gesinterten Legierungen mit verschiedenem Molybdängehalt beobachtete physikalische und technologische Eigenschaften sind in Zahlentafel 99 zusammengestellt.

Zahlentafel 99. *Physikalische und technologische Eigenschaften von gesinterten Eisen-Molybdän-Kupfer-Legierungen mit verschiedenen Molybdän-Gehalten (J. Kurtz).*

	Zusammensetzung in %			
Mo	5	10	15	20
Fe	94	89	84	79
Cu	1	1	1	1
Sinterdichte g/cm³	7,49	6,96	7,42	8,03
Porosität %	6,6	13,3	7,6	0,4
Schwindung %				
linear	21,6	8,8	18,5	16,8
volumen	53,2	41,3	46,6	45,2
Wärmeausdehnungsbeiwert				
$\times 10^{-6}$ (20 bis 600° C)	12,62	11,04	10,0	9,15
Härte (R_B) nach dem Glühen	50	81	84	87
Dichte des gezogenen Drahtes				
g/cm³	8,34	8,42	8,77	8,88

[1] Kurtz, J.: s. Iron Age 148, 1941, S. 29-35 u. 100, 30. Okt., s. Powder Metallurgy, Am. Soc. Met., Cleveland (Ohio) 1942, S. 497-501.

B. Werkstoffe mit besonderen magnetischen Eigenschaften.

Die heute in der Technik gebräuchlichen magnetischen Werkstoffe, wie sie z. B. als weichmagnetische Werkstoffe auf der Reineisen-, Eisen-, Silizium- und Eisen-Nickel-Basis im Elektromaschinen-, Wandler- und Relaisbau sowie als Dauermagnete in Form von Chrom-, Chrom-Kobaltstählen sowie Eisen-Nickel-Aluminium-Legierungen eine sehr umfangreiche Verwendung finden, werden fast ausschließlich im Schmelzwege erzeugt Sofern sie eine solche Verarbeitung zulassen, werden sie durch Schmieden und Walzen sowie spangebende Bearbeitung in die Gebrauchsform gebracht. Die Entwicklung der letzten 20 Jahre hat jedoch gezeigt, daß die Pulvermetallurgie in gewissen Fällen auch bei der Erzeugung magnetischer Werkstoffe Vorteile mit sich bringen kann, die, soweit es jedenfalls das Gebiet der Dauermagnete anbetrifft, in jüngster Zeit bereits zum Aufbau größerer Fertigungen führten. Auf eine Besprechung der zur Charakterisierung eines magnetischen Werkstoffes herangezogenen Kenngrößen muß im Rahmen dieses Buches verzichtet werden. Es sei auf das einschlägige Schrifttum verwiesen[1, 2, 3].

1. Massekerne.

Den ältesten Anwendungsfall der Pulvermetallurgie im weiteren Sinne auf dem Gebiet der magnetischen Werkstoffe stellen wohl die sogenannten „Massekerne" dar. Bei diesen Kernen handelt es sich um die magnetisch wirksamen Eisenkerne von Induktionsspulen aller Art der Fernmelde- und Hochfrequenztechnik, die aus bestimmten, weiter unten erläuterten Gründen aus Eisenpulver, das mit elektrisch isolierenden Zusätzen vermischt ist, durch Formpressen hergestellt werden. Obwohl diesen Massekernen eine wesentliche Stufe der Fertigung von pulvermetallurgischen Werkstoffen, nämlich die Sinterbehandlung fehlt, rechnet man sie dennoch wegen ihrer Herstellungsweise aus Metallpulvern allgemein zu den pulvermetallurgischen Erzeugnissen.

a) Geschichtliche Entwicklung.

Ihren Ursprung hatte die Entwicklung der Massekerntechnik in der Notwendigkeit, in den von mittel- und hochfrequenten Strömen durchflossenen Stromkreisen der Fernmelde- und Hochfrequenztechnik (Fernmeldeleitungen, Abstimmkreise, Sieb-

---

[1] Messkin, W. S. u. A. Kussman: Die ferromagnetischen Legierungen, Berlin: Springer-Verlag, 1932.

[2] Becker, R. u. W. Döring: Ferromagnetismus, Berlin: Springer-Verlag. 1939.

[3] Zumbusch, W.: Arch. Eisenhüttenwes. 14, 1940-1941, S. 127-131.

ketten usw.) im Interesse der Übertragsgüte sowohl die Dämpfung als auch die Frequenzverzerrungen herabzusetzen. Diese Aufgabe läßt sich außer durch Maßnahmen wie Erniedrigung des ohmschen und kapazitiven Widerstandes durch die Erhöhung der Induktivität des betreffenden Kreises lösen, eine Forderung, die nur durch die Einführung eisenkernerfüllter Induktionsspulen in wirtschaftlichem Maße erfüllbar ist. Die Tatsache, daß auf einen derartigen Kern hochfrequente Wechselfelder einwirken und daß trotzdem ein bestimmtes Frequenzband dämpfungsarm und verzerrungsfrei übertragen werden soll, stellt jedoch besondere Anforderungen an die elektrischen und magnetischen Eigenschaften des Kernmaterials.

Einerseits soll die Permeabilität des Kernes möglichst hoch und konstant sein, um eine hohe und bei verschieden starker Aussteuerung gleichbleibende Induktivität der Spule zu gewährleisten. Andererseits müssen die Energieverluste, die durch die bei der Wechselmagnetisierung auftretenden Wirbelströme, die magnetische Hysterese und die magnetische Nachwirkung entstehen und die nicht nur zur Dämpfung sondern vor allem wegen ihrer Frequenzabhängigkeit zu den nichtlinearen Verzerrungen beitragen, möglichst klein gehalten werden. Zur Erreichung dieses Ziels muß man sowohl einen hohen ohmschen Widerstand zur Unterdrückung der Wirbelströme als auch eine möglichst schmale und weitgehend linear verlaufende Hystereseschleife des Kernmaterials anstreben[1, 2]. Diese Forderung ist im Bereich hoher Frequenzen nicht mehr mit massiven oder auch lamellierten Kernen zu erfüllen. Ganz besonders der mit dem Quadrat der Frequenz ansteigende Wirbelstromverlust bedingt eine weitergehende elektrische Kernunterteilung als sie durch Blechschichtung in wirtschaftlichem Maße erzielbar ist.

Die Entwicklungsarbeiten auf dem Gebiet der Kernwerkstoffe führten dann im Jahre 1916 zu einer ganz bedeutenden Verbesserung, als man dazu überging, Eisenpulver, das mit Isolier- und Bindemitteln innig vermischt war, je nach den gewünschten Eigenschaften mit Drücken von 1 bis 20 t/cm² zu Kernen der gewünschten Form zu pressen. Diese als „Massenkerne" bezeichneten Kernwerkstoffe stellten eine technisch sehr befriedigende Lösung des Problems dar. Durch die nunmehr mit Hilfe des Isoliermittels erzielte sehr feine elektrische Unterteilung des Kernes war einerseits die Ausbildung der Wirbelströne wegen ihrer Beschränkung auf die einzelnen, gegeneinander isolierten Eisenpulverteilchen stark abge-

---

[1] Siehe **Six**, W.: Philips Techn. Rdsch. 1, 1936, S. 357-361.
[2] Siehe **Snoek**, J. L.: Philips Techn. Rdsch. 2, 1937, S. 77-83.

schwächt. Andererseits hatte die hohe innere Entmagnetisierung der magnetisch ebenfalls voneinander getrennten Pulverteilchen eine sehr schmale, ziemlich linear verlaufende Hystereseschleife des Kerns zur Folge, so daß dadurch in einem größeren Feldstärkenbereich eine konstante Permeabilität und auch kleine hysteresebedingte Verluste erzielt wurden. Die von einem Massekern erreichbaren elektrisch-magnetischen Eigenschaften hängen natürlich außer von der äußeren Gestalt (freie Polenden) und der Beschaffenheit des Isoliermittels in entscheidender Weise von den magnetischen und mechanischen Eigenschaften des verwendeten Pulvers ab. Es war für die Entwicklung der Massekerntechnik von grundsätzlicher Bedeutung, diese physikalischen Zusammenhänge zu klären, da es erst hiermit möglich wurde, die Kerneigenschaften den verschiedensten Anforderungen anzupassen.

b) Beeinflussung der elektrisch-magnetischen Eigenschaften durch die Herstellungsbedingungen.

Die an Eisenpulver in Abhängigkeit vom Verdichtungszustand, von der Teilchengröße und den wahren magnetischen Eigenschaften des Eisens erzielbaren magnetischen Werte sind verschiedentlich Gegenstand von Untersuchungen gewesen[1]. B. Speed und G. W. Elmen[2], berichten über die magnetischen Eigenschaften von Elektrolyteisenpulverpreßlingen gemäß Zahlentafel 100 und 101. Während in Zahlentafel 100 die Eigenschaften von angelassenem, nicht insoliertem Material zusammengefaßt sind, gibt Zahlentafel 101 Werte, die an geglühtem und vollständig isoliertem Material beobachtet wurden. Die Zahlen der Tafel 100 zeigen einerseits deutlich die sehr flach verlaufenden Induktionskurven, lassen andererseits aber auch den großen Einfluß des Verdichtungszustandes auf eine zunehmende Versteilung der Kurve erkennen. Demgegenüber zeigen die an isoliertem Material ermittelten Werte der Tafel 101 sehr gut, in welch hohem Maße die Konstanz der Permeabilität bei kleinen Feldern erreicht wird.

Daß sich die scheinbaren magnetischen Eigenschaften eines Eisenpulvers bei sonst gleichen Bedingungen bezüglich Verdichtungszustand und Teilchengröße in einer Erhöhung der Eigenschaften des Pulveragglomerats mit zunehmenden wahren Eigenschaften auswirken, ist leicht verständlich. Zunächst deutet natürlich die für Massekerne gestellte Forderung einer hohen Permeabilität auf einen möglichst weichmagnetischen Werkstoff hin. Da sich aber

---

[1] v. Auwers, O.: Gmelins Handbuch der anorganischen Chemie, Syst.-Nr. 59, Teil D, S. 1451, 1477, 1505, 1516.

[2] Speed, B. u. G. W. Elmen: J. Amer. Inst. electr. Engng. 40, 1921, S. 596-609.

Zahlentafel 100. *Magnetische Eigenschaften von Elektrolyteisenpulver in Abhängigkeit vom Druck* (B. Speed u. G. W. Elmen).

Druck in Atm.	Dichte g/cm³	Widerstand Ohm.mm²/m	H_{max} Oersted	B_{max} Gauß	μ	Koerz. Kraft Oersted	Remanenz Gauß	Hystereseverlust pro cm³ und Zyklus in Erg
20000	7,4	7	57,4	13650	238	5,5	5780	24350
			8,14	4060	500	2,95	1960	2910
			0,70	105	150	0,09	8	2,0
11500	7,1	12	57,6	10800	184	7,0	4200	21700
			10,2	2950	290	3,45	1270	2340
			0,94	99	105	0,08	7	1,7
7500	7,0	19	56,	9600	170	5,90	3330	16900
			8,9	2180	245	2,90	860	1420
			1,1	99	90	0,07	7	1,6
4000	6,1	78	62,0	5890	95	5,75	1750	10100
			8,7	1300	150	2,3	425	690
			0,72	50	70	0,06	4	0,72

die magnetischen Vorgänge im Hinblick auf kleinste Hystereseverluste möglichst im Gebiet der reversiblen Vorgänge abspielen
sollen, kann unter Umständen ein magnetisch härteres Material

Zahlentafel 101. *Magnetische Eigenschaften eines mit einem Druck von etwa
15 t/cm² gepreßten, vollständig isolierten Elektrolyteisens* (B. Speed u.
G. W. Elmen).

Widerstand Ohm.mm²/m	H_{max} Oersted	B_{max} Gauß	μ	Koerz.-Kraft Oersted	Remanenz Gauß	Hystereseverlust pro cm³ und Zyklus in Erg	Untersuchungsmethode
6000	59,9	8260	136,0	7,25	1725	15550	Ballist.
	29,9	4680	156,5	5,55	1187	6165	Galvan.
	10,0	1210	121,0	1,96	25	531	
	1,00	62	62,0	0,04	3,1	0,72	
	0,155	8,8	56,5	0,002	0,1	0,00386	
	0,146	8	54,8			0,00294	Brücke
	0,0913	5	54,8			0,000803	
	0,0365	2	54,8			0,000071	

besser am Platze sein, da bei ihm irreversilbe Vorgänge noch nicht
bei so niedrigen Feldstärken auftreten, wie es bei sehr weichmagnetischen Stoffen der Fall sein kann.

Was den Einfluß der Korngröße anbetrifft, so wirkt sich die Verwendung des Pulvers mit größeren Teilchen in magnetischer Hinsicht in einer Verminderung der inneren Entmagnetisierung und damit in einer Erhöhung der Permeabilität aus. Allerdings steigen damit auch die Hystereseverluste an. Von wesentlich größerem Einfluß hinsichtlich der Verluste können bei der Wahl eines gröberen Pulvers jedoch die nunmehr in stärkerem Maße auftretenden Wirbelströme werden. Daher ist man bezüglich der Korngröße zu einem dem vorgesehenen Verwendungszweck sehr wohl angepaßten Kompromiß gezwungen.

Vergleicht man die in Zahlentafel 100 u. 101 mitgeteilten Widerstandswerte, die für die Ausbildung der Wirbelströme von so großer Bedeutung sind, so erkennt man den außerordentlichen Einfluß einer guten elektrischen Isolation der einzelnen Teilchen. Ohne sie ist eine ausreichende Verkleinerung der Wirbelstromverluste bei der verhältnismäßig guten Leitfähigkeit der verwendeten Pulver nicht zu erzielen. Die Forderungen, die an ein gutes Isoliermittel zu stellen sind, betreffen hauptsächlich die sichere elektrische und magnetische Trennung der Teilchen und die Gewährleistung eines beständigen, mechanischen Zusammenhanges des gepreßten Kernes. Für diese Aufgabe sind eine Unmenge Verfahren und Mittel vorgeschlagen worden[1]. Häufig verwendet man Schellack oder Kunstharz, die mit den Pulvern innig vermischt werden und dann, gegebenenfalls unter Anwendung von Wärme, verpreßt werden. Sofern Phenolderivate als isolierendes Bindemittel in Anwendung kommen, erfolgt das Pressen in der Kälte mit anschließender Härtung in Formaldehyd. Ebenfalls wird das Aufbringen einer Schicht aus Wasserglas mit anschließender Beigabe eines organischen Bindemittels geübt. Ferner wird vorgeschlagen, die Eisenteilchen selbst zu oxydieren oder mit leicht oxydierbaren Metallen wie beispielsweise Aluminium zu überziehen[2]. Über die in der Praxis üblichen Isolierungsverfahren berichtet F. R. Hensel[3]. Der Gehalt an Isolierstoff hat natürlich neben seiner Bedeutung für den Wirbelstromverlust auch einen Einfluß auf die erzielbaren magnetischen Werte, da ja letzten Endes durch ihn die magnetisch wirksame Dichte des Kernes bestimmt wird. Abb. 231 zeigt nach einer angenäherten Berechnung die wechselseitigen Beziehungen zwischen der wahren Kernpermeabilität und der wirksamen Permeabilität. Man erkennt, daß die wirksame Permeabilität mit steigendem Isolierstoffgehalt mehr und mehr unter die wahre Kernpermeabilität herabgedrückt

---

[1] Siehe Metal Powder Rep. 1, 1947, S. 106-107.
[2] D.R.P. 341678 (1916); D.R.P. 364451 (1917).
[3] Hensel, F. R.: F. I. A. T., Final Rep. Nr. 792, 1946.

wird. Da man im allgemeinen einen Isolierstoffgehalt von 2 % des Gesamtvolumens als absolutes Minimum ansehen muß, kann selbst bei größerer wahrer Permeabilität im Pulverkorn eine wirksame Permeabilität von höchstens etwa 150 erreicht werden. Der Gehalt an Isolierstoff ist nun nicht nur einseitig durch die geforderten elektrisch-magnetischen Eigenschaften bestimmt, sondern richtet sich auch nach dem zu erzielenden mechanischen Zusammenhang. Höherpermeables Eisenpulver ist meistens mechanisch so weich, daß allein durch die Deformation der Teilchen eine gute Kernfestigkeit erreicht wird und nur eine geringe Menge an Isolierbindemittel notwendig ist. Harte Pulver dagegen lassen sich durch Deformation nicht genügend verdichten, so daß hier ein weit höherer, unter Umständen bis zu 40% be-

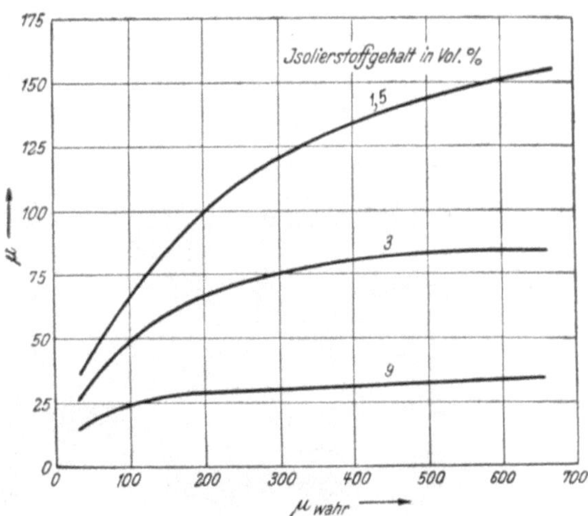

Abb. 231. Wirksame Permeabilität von Massekernen mit verschiedenem Isolierstoffgehalt (M. Kersten).

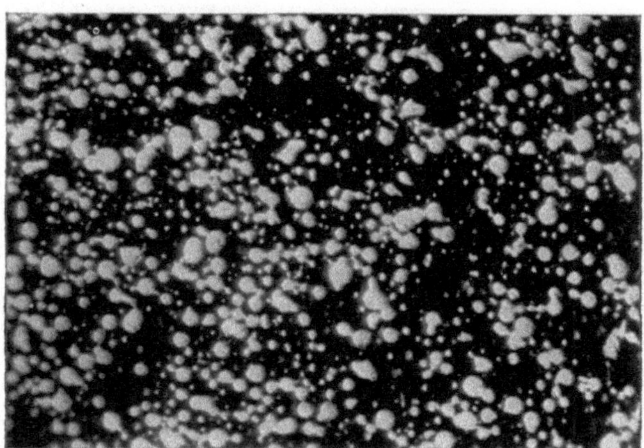

Abb. 232. Gefüge eines Massekernes mit kugeligen Eisenteilchen (× 400).

tragender Gehalt an Isoliermittel erforderlich ist. Wichtig ist auch, daß die Isolierschicht beim darauffolgenden Pressen nicht leidet, damit keine metallische Verbindung zwischen den verschiedenen Körnern auftreten kann. Hier bewähren sich Eisenpulver mit möglichst kugelförmiger Gestalt am besten, da sie selbst bei hohen Preßdrücken die Isolation kaum verletzen, während spratzige und scharfkantige Pulver sich leicht durch die Isolierhülle hindurchdrücken. Abb. 232 zeigt einen aus kugeligem Pulver aufgebauten Massekern mit sauber voneinander isolierten Teilchen, während in

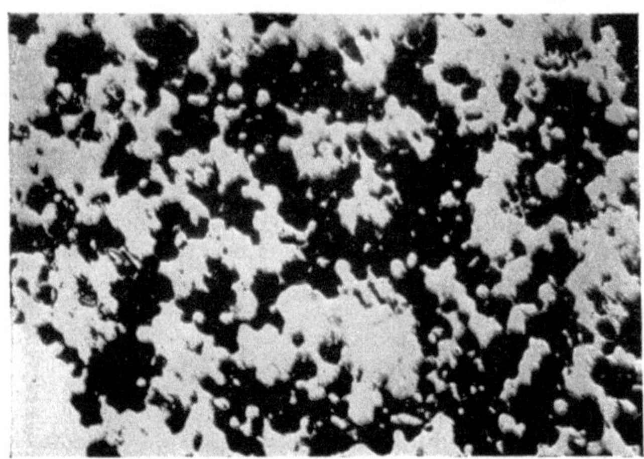

Abb. 233. Gefüge eines Massekernes mit spratzigen Eisenteilchen
(× 400).

Abb. 233 ein Kern gezeigt ist, der aus gröberem Pulver mit spratziger Korngestalt besteht, bei dem deutlich größere Kornzusammenballungen zu erkennen sind. Die elektrischen und magnetischen Eigenschaften beider Kerne sind demgemäß auch unterschiedlich.

Das zur Herstellung der Massekerne dienende Pulver besteht meistens aus Eisen oder besonderen ferro-magnetischen Legierungen. Über die auf diesem Gebiet besonders in letzter Zeit geleistete Entwicklungsarbeit berichten eingehend G. R. Polgreen[1] sowie S. E. Buckley[2]. Während sich im Ausland neben Schwamm- und Elektrolyteisenpulver und nach mechanischen Verfahren erzeugte Pulver auch hochpermeables Eisen-Nickel-Legierungspulver eingebürgert haben, wird in Deutschland fast ausschließlich Carbonyleisenpulver verwendet, das sich infolge seiner Reinheit für diese Zwecke als ganz besonders hochwertig erwiesen hat. Die außer-

---

[1] Polgreen, G. R.: Iron Steel Inst., Spez. Rep. Nr. 38, London 1947. S. 52-58.

[2] Buckley, S. E.: Iron Steel Inst., Spez. Rep. Nr. 38, London 1947, S. 59-63.

ordentlich geringe Teilchengröße dieses Pulvers und vor allem seine ideale Kugelgestalt sind weitere Faktoren, die sich auf die magnetisch-elektrischen Eigenschaften der Kerne, die Verpreßbarkeit und die Isolationsfragen sehr günstig auswirken. Je nach den Herstellungsbedingungen kann Carbonyleisen als ein mechanisch hartes Pulver mit entsprechend niedriger Permeabilität aber auch geringen Hystereseverlusten gewonnen werden. Ähnlich wirkt ein Stickstoffgehalt[1]. Durch eine nachträgliche Glühbehandlung dagegen erhält man ein weiches Pulver mit hoher Permeabilität, bei allerdings auch höheren Hystereseverlusten. Dies ist insofern von Bedeutung, als man auf diese Weise die wahren magnetischen Eigenschaften des Pulvers beeinflussen und damit die Permeabilität und das Hystereseverhalten des Pulvers dem jeweiligen Verwendungszweck anpassen kann. Man pflegt in der Praxis Mischungen aus Carbonyleisenpulver mit verschiedenen Eigenschaften (z. B. weich, mittelhart, hart) anzuwenden, um Kerne zu erhalten, die auf die verschiedensten Frequenzgebiete abgestimmt sind[2]. Ein ähnlicher Vorschlag[3] bezieht sich auf Kerne aus Elektrolyteisen, bei denen auch aus Anpassungsgründen von einem Gemisch aus weichgeglühtem und hartem, ungeglühtem Elektrolyteisenpulver, gegebenenfalls auch hartem Eisen-Silizium-Pulver ausgegangen wird.

Ein besonderes Interesse seitens der Massekerntechnik gewannen natürlich nach dem Bekanntwerden ihrer hervorragenden magnetischen Eigenschaften die Eisen-Nickel-Legierungen. Die Hauptschwierigkeit, die sich anfangs ihrer Verwendung entgegenstellte, war die Überführung dieser Legierungen in Pulverform (s. auch Kap. 2, S. 20). In der USA, wo diese Werkstoffgruppe eine besondere Bedeutung erlangen konnte, wurde versucht, durch versprödende Zusätze oder auch durch besondere Walzverfahren eine gute Zerkleinerung zu erzielen (s. Kap. 2, S. 21). Außer einer möglichen Zerkleinerung im Wirbelschlagverfahren gelingt die Überführung derartiger Legierungen in Pulverform nach einem Vorschlag der IGF[4] durch Anwendung des bekannten Carbonylverfahrens auf entsprechende Eisen-Nickel-Carbonylgemische. Während ursprünglich für Massekernzwecke eine Legierung mit 78,5% Ni und 21,5% Fe (Permalloy) in Gebrauch war, wird in neuerer Zeit über eine Legierung mit 81% Ni, 17% Fe und 2% Mo berichtet[5], die nach V. E. Legg und F. J. Given eine

[1] Pfeil, L. B.: Iron Steel Inst., Spec. Rep. Nr. 38, London 1947, S. 47-58.
[2] Hensel, F. R.: F. I. A. T., Final Rep. Nr. 792, 1946.
[3] D.R.P. 352009 (1920).
[4] D.R.P. 626083 (1933).
[5] Legg, V. E. u. F. J. Given: Bell Syst. Techn. J. **19**, 1940, S. 385-406, s. Metal Progr. **38**, 1940, S. 284 u. 304-05, s. Elektrotechn. Z. **63**, 1942, S. 144.

höhere Permeabilität und einen höheren elektrischen Widerstand aufweist als das reine Permalloy und deshalb in den USA. ebenfalls für Massekerne eingesetzt wurde.

Vor einigen Jahren wurde aus Japan ein weiterer Werkstoff auf der Basis Fe-Si-Al unter dem Namen „Sendust" bekannt, der nach japanischen Angaben außerordentlich hohe magnetische Eigenschaften sowie einen hohen spezifischen Widerstand aufweist. Wegen seiner Sprödigkeit ist dieses Material leicht in Pulverform zu überführen und gewann damit besonders in Japan das Interesse der Massekerntechnik. Charakteristisch für diesen Werkstoff ist in magnetischer Hinsicht aber, daß der Bereich der reversiblen magnetischen Vorgänge infolge der hohen Anfangspermeabilität und der bereits bei sehr kleinen Feldstärken erreichten Maximalpermeabilität schon bei Feldstärken von etwa 20 m AW/cm überschritten wird. Die Folge ist, daß bei diesem Werkstoff beim Eintreten in den Irreversibilitätsbereich wegen der Änderung des Hystereseverhaltens die Kerneigenschaften in starkem Maße von der Aussteuerung abhängig werden[1].

Die mit den verschiedenen, heute verwendeten Pulvern bei Massekernen erzielbaren Werte der wirksamen Permeabilität, des Hystereseverlustbeiwertes, des Wirbelstrom- und Nachwirkungsverlustbeiwertes sind in Zahlentafel 102 zusammengestellt. Man erkennt aus den Zahlen neben dem Einfluß der wahren magnetischen Eigenschaften der verschiedenen Werkstoffe, vor allem an den Werten für den Wirbelstromverlust, sehr deutlich den Einfluß der Korngröße. Bei extrem kleinen Pulverteilchen, wie z. B. beim Carbonyleisen erreicht man einen um eine Größenordnung kleineren Wert für den Wirbelstromverlust, was für das Gebiet der hohen und höchsten Frequenzen von sehr großer Bedeutung ist.

Zum Pressen der Kerne werden sowohl hydraulische als auch mechanische Pressen verwendet. Das mit einem Isolationsmittel vermischte Pulver wird mit einem Druck von 10 bis 15 t/cm², in besonderen Fällen sogar mit Drücken bis zu 20 t/cm² zu fertigen Formkörpern verpreßt, die gegebenenfalls anschließend thermisch behandelt werden. Im Hinblick auf die Größe der Kerne kommen Pressen mit einer Gesamtpreßkraft von 100 bis 2500 t zur Anwendung. Die hohen Preßdrücke erfordern natürlich besonders sorgfältig konstruierte und aus Sonderstählen gebaute Preßwerkzeuge. Als durchschnittliche Lebensdauer der Matrizen werden 6000 bis 10.000 Pressungen angegeben. Während des Krieges wurde auch ein Spezial-Strangpreßverfahren[2] zur Erzeugung von

---

[1] Siehe Kiessling, G. u. O. Ludl: Elektrotechn. Z. **63**, 1942, S. 413-416.
[2] Hensel, F. R.: F. I. A. T., Final Rep. Nr. 792, 1946.

Zahlentafel 102. *Magnetische Eigenschaften verschiedener Massekern und Isoperme* (K. Sixtus).

Werkstoff und Zusammensetzung	Korndurchmesser (mm)	μ	Hysterese-verlustbeiwert h (cm/kA)	Wirbelstrom-verlustbeiwert w (μ s)	Nachwirkungs-verlustbeiwert n ($^0/_{00}$)	$\dfrac{\text{Ohm} \cdot \text{mm}^2}{\text{m}}$
Carbonyleisen C_1	0,005	13	1,4	0,014	0,65	0,1
Carbonyleisen C_3		15	3,0	0,050	0,80	0,1
Carbonyleisen A_1	0,010	40	45	0,030	8,5	0,1
Carbonyleisen A_2		60	60	0,040	12	0,1
Permalloy (81% Ni, Fe)		75	50	3,8	2,8	0,16
Molybdän-Permalloy (81% Ni, 2% Mo, Fe)	0,10	125	45	2,1	3,8	0,40
Sendust (9,5% Si, 5,5% Al) ..		65	38	0,26	6,5	0,80
Ausscheidungsisoperm (36% Ni, 11% Cu, Fe)	0,06 (Bandstärke)	60	30	2,3	4,3	0,68
Texturisoperm (50% Ni, Fe)	0,045 (Bandstärke)	90	35	23,	1,7	0,46

Massekernen mit Erfolg angewendet. Da bis zu 12 Kerne gleichzeitig gepreßt werden können, eignet sich dieses Verfahren besonders für die Massenfertigung, wobei gleichmäßige Güte der Kerne ein weiterer Vorteil ist. Die Abb. 234 zeigt eine Auswahl von Massekernen, wie sie heute großtechnisch hergestellt werden.

Abb. 234. Verschiedene Formen von Massekernen.

Während die Kerne für Pupin- und Filterspulen meist Ringform besitzen, benutzt die Hochfrequenztechnik zwecks Vereinfachung der Herstellung Kernformen, in die die vorher gewickelten Spulen eingeschoben werden können. Bei solchen Topfkernen ist der magnetische Kreis fast vollständig geschlossen, so daß eine höhere Permeabilität als bei offenen Kernen erzielt wird.

2. Weichmagnetische Werkstoffe.

a) Überblick.

Als magnetisch weich bezeichnet man solche Werkstoffe, die eine leichte und meistens auch hohe Magnetisierbarkeit besitzen, deren Induktionskurve also bereits im Bereich kleiner Felder steil ansteigt. Im Zusammenhang hiermit erscheint meistens eine kleine Koerzitivkraft, die ihrerseits wiederum eine schmale Hystereseschleife mit kleinem Hystereseverlust bedingt. Zugleich steigt mit einer solchen Kurvenform normalerweise die Permeabilität. Das Hauptanwendungsgebiet der weichmagnetischen Werkstoffe liegt dort, wo die magnetische Durchflutung stromdurchflossener Wicklungen verstärkt werden soll. Als Beispiele seien genannt die Kerne von Transformatoren, Wandlern, Übertragern und Drosselspulen der Stark- und Schwachstrom- sowie der Fernmeldetechnik, die magnetisch wirksamen Teile der Elektromotoren und Generatoren sowie die zur Betätigung von Schwachstromkontakten dienenden Relais. Ohne Berücksichtigung der besonderen Anforderungen auf den verschiedenen Einzelgebieten strebt man an weichmagnetischen Werkstoffen besonders folgende Eigenschaften an:

1. Möglichst hohe Permeabilität und damit kleine Koerzitivkraft,
2. möglichst niedrige Verluste.

Da die Erniedrigung des Hystereseanteils der Verluste bereits durch die Permeabilitätsforderung im wesentlichen erfaßt wird, verlangt die zweite Forderung insbesondere ein Herabsetzung der Wirbelstromverluste. die bei sonst gleichen Verhältnissen der Leitfähigkeit des Werkstoffes proportional sind.

Der ursprünglich fast ausschließlich für weichmagnetische Zwecke verwendete Werkstoff war Eisen. Für Anwendung in Wechselstromkreisen ist unlegiertes Eisen wegen der hohen, durch die große Leitfähigkeit des Eisens bedingten Wirbelstromverluste jedoch ungeeignet. In dieser Hinsicht verhalten sich die seit 1900 bekanntgewordenen Eisen-Silizium-Legierungen mit ihrem erhöhten Widerstand wesentlich günstiger Diese Legierungen gaben eigentlich den Anlaß zu umfangreichen Entwicklungsarbeiten auf dem Gebiet der weichmagnetischen Werkstoffe, die mit der Einführung der bekannten hochlegierten Eisen-Nickel-Legierungen ihre Krönung fanden. Außer diesen beiden wichtigsten Werkstoffgruppen konnten sich neuerdings besonders in Deutschland Eisen-Chrom-Aluminium-Legierungen einführen, die nach dem neuesten Stand recht beachtliche Eigenschaften aufweisen[1].

Die bekannte Legierung „Sendust", die als Massekernwerkstoff eine gewisse Bedeutung fand (s. S. 460), konnte sich trotz ihrer hervorragenden magnetischen Eigenschaften bei gleichzeitig rohstoffmäßig sehr günstiger Zusammensetzung als weichmagnetischer Werkstoff für normale Zwecke des Elektro- und Fernmeldewesens nicht einführen. Dies hängt wohl damit zusammen, daß diese Legierung nicht walzbar ist und somit nicht in die für die meisten weichmagnetischen Anwendungsfälle notwendige äußere Form gebracht werden kann.

Die Entwicklungsarbeiten auf dem Gebiet der weichmagnetischen Werkstoffe haben grundlegende Erkenntnisse über die Ausbildung der magnetischen Eigenschaften erbracht, mit deren Hilfe die Werkstoffe durch Wahl entsprechender Glühbehandlungen, Ver-

---

[1] D.R.P. 731409 (1939); 736436 (1939); 737312 (1940).

Zahlentafel 103. *Magnetische Eigenschaften einer Anzahl*

Werkstoff	Ungefähre Zusammensetzung in %	H_c (Oersted)	μ_a	μ_{max}
Armco-, Ame-, schwedisches Holzkohleneisen, Hyperm 0	Fe, geringer Gehalt an C, O_2	1,0 bis 1,3	300	5000
Hyperm 0 (0,5 Oe)	Fe, C, O_2	0,5	300	10000
Din 6400, IV	4 Si, Fe	0,3 bis 0,5	400	8000
Hyperm 4	3 bis 4 Si, Fe	0,3	400	15000
Hyperm 5	3 bis 4 Si, Fe	0,2	500	25000
Hyperm 7	3 bis 4 Si, Fe	0,15	1000	30000
Hyperm 20 (ähnlich Trafoperm 20/05)	20 Cr, 5 Al, Fe	0,5	650	10000
Sendust.................	9,5 Si, 5,5 Al, Fe	0,05	30000	120000
Hyperm 36 (ähnlich Permenorm 3601)	36 Ni, Fe	0,3	2000	12000
Hyperm 50 (ähnlich Permenorm 4801)	50 Ni Fe	0,1	2500	17000
Mu-Metall (ähnlich Hyperm 766)	76 Ni, 5 Cu, 2 Cr, Fe	0,06	10000	100000
Leg. 1040 (ähnlich Hyperm 702)	72 Ni, 14 Cu, 3 Mo, Fe	0,02	30000	100000
Eisen-Kobalt	49 Co, 2 V, Fe	2,0	800	4500

formungen beim Walzen, durch Ausbildung von Texturen und magnetische Vorzugslagen außerordentlich verbessert werden konnten. Vor allem lernte man die starke Empfindlichkeit der magnetischen Eigenschaften gegenüber gewissen Beimengungen und Verunreinigungen kennen. Insbesondere sind es die Elemente Kohlenstoff, Sauerstoff und Schwefel, die bereits bei kleinen Gehalten eine beträchtliche Erniedrigung der Eigenschaften herbeiführen können. Abb. 235 und 236 zeigen beispielsweise die Beeinflussung der Wattverluste von Transformatorenblech und des Hystereseverlustes von reinem Eisen sowie einer 4%igen Eisen-Silizium-Legierung durch Kohlenstoff und Sauerstoff sowie durch Schwefel. Dem planmäßigen Studium des Einflusses solcher Verunreinigungen und ihrer Beseitigung durch geeignete Herstellungsverfahren sowie durch geeignete Reaktionen bei der Glühbehandlung des Materials haben eine ganze Reihe von Arbeiten gegolten[1].

---

[1] Smithells, C. J.: Beimengungen und Verunreinigungen in Metallen. (Erweiterte deutsche Bearbeitung von W. Hessenbruch.) Berlin: Springer-Verlag, 1931, S. 204 ff.

handelsüblicher weichmagnetischer Werkstoffe (K. Sixtus).

B_5 Gauß	B_{10} Gauß	B_{25} Gauß	B_{100} Gauß	B_s Gauß	V_{10} Watt/kg b. 0,35 mm Blech	Ohm . $\dfrac{mm^2}{m}$
14000	15000	16000	18000	21500	3,0	0,12
15000	16000	16500	18500	21500	1,6	0,12
12500	13500	14700	17000	20000	0,8 bis 1,3	0,5
13400	14000	14800	17000	20000	0,8	0,5
15000	16000	17500	19000	20000	0,55	0,45
16700	17000	17500	19000	20000	—	0,5
6500	8000	9000	10500	11500	—	1,3
—	—	—	—	10000	—	0,8
10800	12500	13000	13000	13000	0,6	0,75
13800	14700	15400	15500	15500	0,5	0,55
7100	7200	7200	7300	7200	$V_3 = 0,05$	0,6
6000	6000	6000	6000	6000	$V_3 = 0,015$	0,6
16000	18500	22000	24000	24000		0,26

Mit der Beherrschung dieses Problems und der Übersetzung der gewonnenen Kenntnisse in die Praxis konnte wohl ein mindestens ebenso großer Beitrag zur Frage der Verbesserung der magnetischen Eigenschaften von weichmagnetischen Werkstoffen geleistet werden wie durch legierungsmäßige oder sonstige Entwicklungsarbeiten. Zahlentafel 103, in der die wichtigsten elektrischen und magnetischen Eigenschaften weichmagnetischer Werkstoffe zusammengestellt sind, zeigt, welches Gütebild man heute bei einer Reihe handelsüblicher Werkstoffe und bei einigen Spezialwerkstoffen erreicht hat. Bezüglich weiterer Einzelheiten muß auf eine Anzahl von zusammenfassenden Werken und Arbeiten[1-5] verwiesen werden, in denen die

[1] Messkin, W. S. u. A. Kussmann: Die ferromagnetischen Legierungen, Berlin: Springer-Verlag, 1932.

[2] Kussmann, A.: Arch. Elektrotechn. **29**, 1935, S. 257-332.

[3] v. Auwers, O.: Gmelins Handbuch d. anorg. Chemie, Eisen, Teil D, Verlag Chemie, Berlin: 1932.

[4] Becker, R. u. W. Döring: Ferromagnetismus, Berlin: Springer-Verlag, 1939.

[5] Sixtus, K.: Feinmech. u. Präz. **45**, 1941, S. 139-145 u. 153-160.

sehr zahlreichen Arbeiten auf diesem Gebiet ihren Niederschlag gefunden haben.

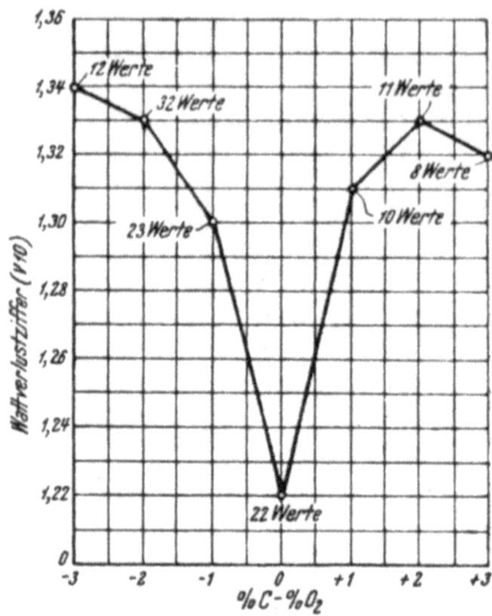

Abb. 235. Abhängigkeit des Wattverlustes von Transformatorenblech vom Kohlenstoff- und Sauerstoffgehalt (W. Eilender und W. Oertel).

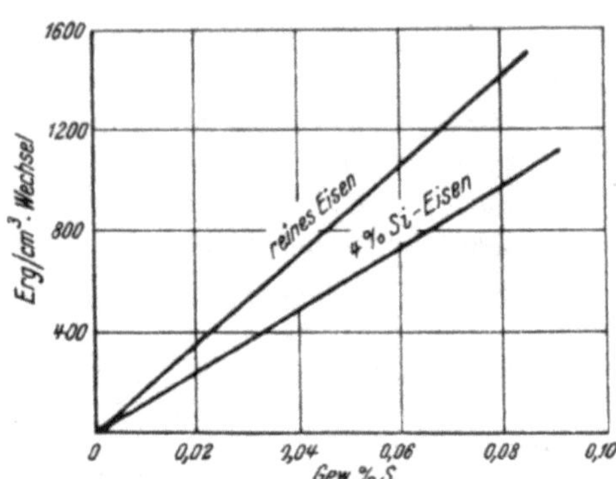

Abb. 236. Abhängigkeit des Hysteresever-lustes von reinem Eisen und von 4%igem Siliziumeisens vom Schwefelgehalt (C. J. Smithells).

b) Die Anwendung des Sinterverfahrens für die Erzeugung weich-magnetischer Werkstoffe

α) Reinsteisen. Die Erkenntnisse über die Bedeutung des Reinheitsgrades für die magnetischen Eigenschaften legten die Anwendung des Sinterverfahrens zur Erzeugung magnetischer Werkstoffe nahe. Die Erfahrungen, die man in dieser Hinsicht inzwischen gesammelt hat, zeigen, daß der Reinheitsgrad der meisten Eisenpulver nicht so hoch ist, daß in magnetischer Hinsicht eine technisch interessierende Überlegenheit derartiger gesinterter Werkstoffe erzielt wird. Lediglich mit den Carbonylpulvern konnte ein praktischer Erfolg bei der sintertechnischen Herstellung weichmagnetischer Legierungen erzielt werden. F. Duftschmid, L. Schlecht und W. Schubardt[1] berichteten als erste über die magnetischen Eigenschaften von gesinterten Carbonyleisen. Ihre Ergebnisse sind in Zahlentafel 104 zusammengestellt. Diese Eigenschaften wurden an einem in Wasserstoff gesinterten und anschließend ebenfalls in Wasserstoff geglühten Carbonyleisen gemessen. Der Werkstoff hatte also einen sehr intensiven Reinigungsprozeß durch-

---

[1] Duftschmid, F., L. Schlecht u. W. Schubardt: Stahl u. Eisen 52, 1932, S. 845-849.

gemacht. Von den Verfassern wurden in neuerer Zeit ebenfalls Untersuchungen über die Eigenschaften von Carbonyl-Reinsteisen angestellt Bei der Herstellung des Eisens wurde von sorgfältig reduzierend vorgeglühtem Pulver ausgegangen, die Sinterung und anschließende Wärmebehandlung ebenfalls in Wasserstoff durch-

Zahlentafel 104. *Magnetische Eigenschaften von reinem Carbonyleisen*
(F. Duftschmid, L. Schlecht u. W. Schubardt).

Koerzitivkraft H_c .... 0,08 Oersted
Permeabilität μ_a 3000
Maximalpermeabilität μ max 20000
Remanenz B_R .... 6000 Gauß
Sättigung B_s .... 22000 Gauß

geführt. Wie Zahlentafel 105 erkennen läßt, wurden besondere nach Glühungen bei hohen Temperaturen die von F. Duftschmid, L. Schlecht und W. Schubardt ermittelten Werte der Maximalpermeabilität sogar übertroffen, während die Koerzitivkraft durchwegs bei etwas höheren Werten lag. Nach den bisher mit diesem

Zahlentafel 105 *Verlauf der magnetischen Eigenschaften von Carbonylreinsteisen in Abhängigkeit von der Glühtemperatur und -dauer.*

Glühtemperatur ° C	Glühdauer h	μ_a	μ_{max}	H_c Oersted	B_{150} Gauß
850	1	2800	18500	0,33	20500
	5	2700	21000	0,20	20200
	10	2900	24000	0,22	20500
1050	1	2100	22000	0,24	20500
	5	2800	24000	0,20	19900
	10	2250	28000	0,16	20200
1250	1	1750	24000	0,27	20100
	5	2000	29000	0,18	20500
	10	2000	32500	0,10	20300

Eisen gesammelten Erfahrungen dürfte es möglich sein, für die Anfangspermeabilität Werte von etwa 2000—2500, für die Maximalpermeabilität dagegen Werte von 20.000—30.000 bei Koerzitivkräften von etwa 0,1 Oersted laufend einzuhalten. Zwar sind an Eisen gelegentlich noch wesentlich höhere Werte erzielt worden[1, 2]. Zur kritischen Bewertung der Carbonyleiseneigenschaften muß man sich jedoch vor Augen halten, daß es sich bei jenen Werten

---

[1] Messkin, W. S. u. A. Kussmann: Die ferromagnetischen Legierungen, Berlin: Springer-Verlag, 1932, S. 208.
[2] Cioffi, P. P.: Phys. Rev. **39**, 1932, S. 363.

meistens um Laboratoriumswerte handelt, während sich nach den bisherigen Erfahrungen bei Carbonyleisen die genannten Eigenschaften fabrikationsmäßig und, was ebenfalls sehr wichtig ist, ohne einen allzugroßen technischen Aufwand einhalten lassen. Man kann mit Recht hier von einem technischen Fortschritt gegenüber den handelsüblichen Reinsteisensorten sprechen. Das Carbonyleisen weist Werte auf, die an die der bekannten Eisen-Nickel-Legierungen nahezu heranreichen, wobei das Eisen noch den Vorzug der höheren Sättigung aufweist. Sofern der natürlich sehr niedrig liegende elektrische Widerstand nicht störend ins Gewicht fällt, könnte daher ein Austausch von Eisen-Nickel-Legierungen durch Carbonyleisen möglich und auch wirtschaftlich sein.

β) *Eisen-Nickel-Legierungen.* Zur Herstellung von Eisen-Nickel-Legierungen kann man, wie F. Duftschmid, L. Schlecht und W. Schubardt zeigten[1], sich ebenfalls vorteilhaft des Sinterverfahrens bedienen. Bei einem solchen Werkstoff spielt aber die Frage einer guten Homogenisierung eine ausschlaggebende Rolle. Die Sintertemperatur und -dauer sowie anschließende Glühbehandlungen sind wegen der dadurch erzielten mehr oder weniger vollständigen Homogenisierung von größerem Einfluß als etwa bei der Sinterung von Reinsteisen. Zur Herstellung dieser Legierungen kann man selbstverständlich von den im gewünschten Verhältnis gemischten Eisen- und Nickelcarbonylpulvern ausgehen. Es bedeutet aber eine besondere Erleichterung für den Homogenisierungsprozeß, wenn man die Möglichkeit des Carbonylverfahrens der Herstellung sogenannter Mischpulver, die durch gemeinsame Zersetzung von Eisen- und Nickelcarbonylen gewonnen werden, ausnützt. Diese Pulver bestehen im einzelnen Korn bereits aus einer Eisen-Nickel-Legierung, deren Konzentration man durch Wahl der Ausgangssubstanzen den gewünschten Verhältnissen anpassen kann. Die Homogenisierung geht in einem solchen Pulver natürlich wesentlich leichter vonstatten. Die Güte der Mischkristallbildung wirkt sich auf die magnetischen Werte in erheblichem Maße aus. Einer ungenügend homogenisierten, gesinterten Eisen-Nickel-Legierung kann man beinahe den Charakter der bekannten Isoperm-Legierungen zuschreiben. Bei eigenen Untersuchungen wurde wiederholt beobachtet, daß derartige Proben neben allgemein sehr niedrig liegenden magnetischen Werten vor allem einen relativ flachen Anstieg der Permeabilitätskurve zeigen und bei Anfangspermeabilitäten von 1000 bis 1500 Permeabilitätskonstanz bis zu Feldstärkewerten von 0,5 Oersted aufweisen. Ein

---

[1] Duftschmid, F., L. Schlecht u. W. Schubardt: Stahl u. Eisen **52**, 1932, S. 845-849.

charakteristisches Ergebnis über den Ablauf der Diffusion und deren Einfluß auf die magnetische Güte gibt Zahlentafel 106. Die mitgeteilten Werte beziehen sich auf eine Eisen-Nickel-Legierung mit 50% Nickel, die einmal aus den Einzelkomponenten durch mechanische Mischung gewonnen wurde, zum anderen unter Verwendung eines Mischpulvers hergestellt wurde. Im letzteren Falle wurde zwecks Einstellung der gleichen Zusammensetzung dem Pulveransatz eine geringe Menge Carbonylnickel beigesetzt. Aus den

Zahlentafel 106. *Einfluß des Diffusionsablaufs auf die magnetischen Eigenschaften gesinterter Carbonyleisen-Nickellegierungen mit 50% Ni (Glühdauer 3 Stunden).*

Glühtemperatur ^{0} C	Mech. Mischung der Pulver			Verwendung von Mischpulver		
	μ_a	μ_{max}	H_c Oersted	μ_a	μ_{max}	H_c Oersted
850	900	7200	0,34	2680	25500	0,112
1050	1940	12000	0,211	2500	39000	0,098
1250	2800	38000	0,091	3200	53000	0,053

Pulvern wurden Stäbe gepreßt, diese bei 1200^0 unter Wasserstoff gesintert und nach dem Walzen jeweils 3 Stunden bei Temperaturen zwischen 850 und 1250^0 unter Wasserstoff geglüht. Man erkennt an den Werten deutlich, daß bei der durch mechanische Mischung hergestellten Legierung erst durch eine zusätzliche Glühung oberhalb 1200^0 ein genügender Homogenisierungsgrad mit entsprechenden magnetischen Werten erzielt wird, während bei dem Vergleichswerkstoff aus dem Mischpulver offensichtlich schon während der Sinterung eine fast vollständige Mischkristallbildung erreicht wird, so daß sich schon bei niedrigen Glühtemperaturen günstige Werte einstellen.

F. Duftschmid, L. Schlecht und W. Schubardt untersuchten in ihren Arbeiten die magnetischen Eigenschaften gesinterter Eisen-Nickel-Legierungen sehr eingehend. Die von ihnen gewonnenen in Zahlentafel 107 und Abb. 237 dargestellten Ergebnisse zeigen, daß ähnlich wie bei Carbonyleisen die gesinterten Legierungen bezüglich ihrer magnetischen Güte den gleichartig zusammengesetzten erschmolzenen Legierungen überlegen sind und sich den bekannten Permalloy-Legierungen annähern. Auch für diese Legierungen ist ähnlich wie bei Carbonyleisen die Gleichmäßigkeit der magnetischen Gütewerte charakteristisch. Die Eigenschaften gesinterter weichmagnetischer Werkstoffe, die aus Carbonylpulvern gewonnen sind, legen im Interesse einer Rohstoffeinsparung den Austausch hochlegierter Werkstoffe nach Art der Permalloy-Legierungen

Zahlentafel 107. *Permeabilität gesinterter Carbonyleisen-Nickel-Legierungen mit verschiedener Zusammensetzung* (F. D u f t s c h m i d, L. S c h l e c h t n. W. S c h u b a r d t).

Feldstärke in Oersted	4ʰ auf 1100⁰ erhitzt und langsam abgekühlt		4ʰ auf 1100⁰ erhitzt, nach Abkühlung auf 650⁰ an Luft abgekühlt 78 % Ni, 22 % Fe
	42 % Ni 58 % Fe	50 % Ni 50 % Fe	
0,005	9500	8200	14700
0,010	13600	13250	27300
0,025	24200	33000	80100
0,050	31000	55500	—
0,100	32000	—	—
Maximal-Permeabilität ..	33200	56200	85900
erreicht bei Feldstärke	0,078	0,056	0,029
Koerzitivkraft ...	0,038	0,037	0,021

durch die gesinterten Werkstoffe nahe. In einem gewissen Rahmen dürfte man von dieser Möglichkeit auch Gebrauch machen können.

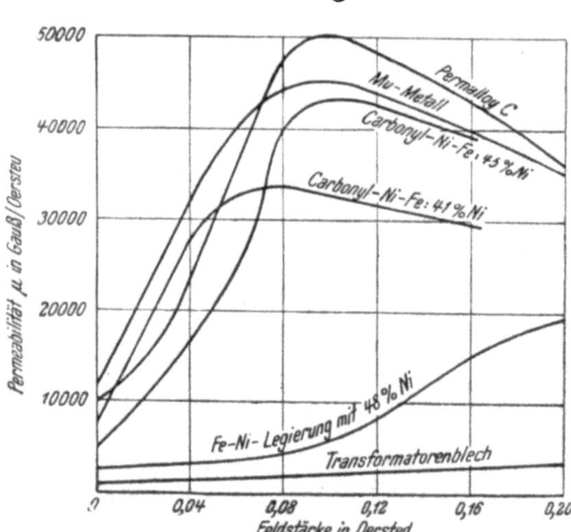

Abb. 237. Permeabilitätskurven von handelsüblichen und gesinterten Eisen-Nickel-Legierungen (F. D u f t - schmid, L. S c h l e c h t u. W. S c h u b a r d t).

Hierbei muß man jedoch berücksichtigen, daß die Herstellungskosten höher liegen als bei den im Schmelzverfahren erzeugten Werkstoffen, womit natürlich eine gewisse Beschränkung auf besondere Anwendungsfälle verbunden ist.

γ) Eisen-Silizium- bzw. Eisen-Silizium-Aluminium-bzw.Eisen-Chrom-Aluminium-Legierungen. Wie bereits eingangs erwähnt wurde, konnte abgesehen von Reinsteisen und Eisen-Nickel-Legierungen das Sinterverfahren bei der Erzeugung anderer weichmagnetischer Werkstoffe, jedenfalls sofern diese in

Blechform für übliche Zwecke verwendet werden, keine Bedeutung erlangen. Hierfür sind sowohl sintertechnische als auch wirtschaftliche Gründe maßgebend. Sowohl die Eisen-Silizium-Legierungen, als auch die Eisen-Chrom-Aluminium- und letzten Endes die unter dem Namen „Sendust" bekannten Eisen-Silizium-Aluminium-Legierungen enthalten sämtlich Legierungskomponenten, die zur Bildung sehr beständiger Oxyde neigen. Man kann zwar durch geeignete Maßnahmen, wie Sinterung im reinsten Wasserstoff oder im Vakuum bzw. durch Beifügung von Hydriden die mit dem Auftreten der Oxyde verbundenen Störungen mehr oder weniger beseitigen und genügend homogene Körper erzeugen. Für normale Anwendungsfälle wird das Sinterverfahren durch diese Methoden aber zu kompliziert und bleibt damit nicht genügend wirtschaftlich. In diesem Zusammenhang sei erwähnt, daß von den Verfassern im Rahmen eigener Untersuchungen über das Sinterverhalten verschiedener weichmagnetischer Werkstoffe auch die Sendustlegierung (5,5% Si, 8,5% Al, Rest Fe) auf dem Sinterwege erzeugt wurde. Obgleich ein Werkstoff mit homogenem und äußerst feinkörnigem Gefüge erzielt wurde, erwies sich auch das Sintermaterial als vollkommen unverformbar, so daß mit diesem Herstellungsverfahren ein Fortschritt in Bezug auf eine mögliche Verwendung dieser Legierung nicht erzielt werden konnte.

δ) *Polschuheisen für gesinterte Dauermagnete.* Die Erzeugung gesinterter Eisen-Nickel-Aluminium-Dauermagnete warf für die sintertechnische Herstellung weichmagnetischer Werkstoffe ein neues Problem auf. Das Sinterverfahren bietet die Möglichkeit, die bei Eisen-Nickel-Aluminium-Magneten meistens notwendigen Polschuhe ebenfalls auf pulvermetallurgischem Wege zu erzeugen und während der Herstellung der Magnete mit diesen durch Pressen und Sinterung zu verbinden, so daß fertige Magnetsysteme in äußerst wirtschaftlicher Weise erzeugt werden können. Für Polschuhzwecke in Dauermagneten erfüllen im allgemeinen ganz normale Weicheisensorten die in magnetischer Hinsicht zu stellenden Ansprüche. Bei der pulvermetallurgischen Herstellung eines solchen Polschuheisens muß man eine Reihe von Besonderheiten beachten. Zunächst muß das Sinterverhalten eines solchen Werkstoffes so abgestimmt sein, daß sich an den Trennstellen zwischen Magnet und Polschuh eine metallisch und mechanisch einwandfreie Bindungsschicht ausbildet, damit mechanische und thermische Beanspruchungen, wie sie bei der Verarbeitung und Wärmebehandlung der Magnete auftreten können, das System nicht schädigen. Der Polschuhwerkstoff muß also ein auf den Dauermagnetwerkstoff abgestimmtes Schwundverhalten und Ausdehnungsverhalten zeigen.

Zahlentafel 108. *Magnetische Eigenschaften eines gesinterten, nicht*

Al-Gehalt %	Dichte g/cm³	μ_a	μ_{max}	H_c	F 25
0	6,7	190	980	7,4	9800
1	6,64	250	1150	2,5	10800
2	6,78	260	1650	2,5	11500
3	6,85	170	2150	2,2	9800
5	6,75	100	450	2,6	7000

Der Polschuhwerkstoff muß ferner bezüglich seiner Zusammensetzung so aufgebaut sein, daß er im Verlauf der Wärmebehandlung des Magneten, die er ja mitmachen muß, keine Güteverschlechterung durch unerwünschte Gefügeänderungen erfährt. Vor allem muß man aber Sorge tragen, daß das Weicheisen beim Sintern genügend dicht wird. Da das Eisen im unverformten Zustand benutzt wird, ist diese Dichtsinterung unbedingt erforderlich, da man ohne diese keine ausreichenden magnetischen Eigenschaften erzielen kann. Außerdem ist ein möglichst dichter Werkstoff für den Polschuhteil erforderlich, um eine durchgreifende Oxydation dieses Teils bei der notwendigen und meist in oxydierender Atmosphäre erfolgenden Wärmebehandlung zur Erzeugung magnetischer Bestwerte für den Dauermagnetteil zu verhindern. Ein solches Dichtsintern erzielt man am besten dadurch, daß man Legierungskomponenten auswählt, die nach Möglichkeit während der Sinterung eine bestimmte Menge flüssiger Phase bilden.

Eigene Erfahrungen mit den verschiedensten Polschuhwerkstoffen haben ergeben, daß ein unlegiertes Eisen im allgemeinen nicht den Forderungen genügt. Es bleibt bei der Sinterung zu porös. Die Magnetisierungskurve steigt verhältnismäßig flach an und erreicht bei Feldstärken von 25 Oersted erst Induktionswerte von 9000 Gauß. Dementsprechend liegt auch die Permeabilität sehr niedrig, während meist recht hohe Koerzitivkräfte von 6 bis 10 Oersted beobachtet werden. Das Schrumpfverhalten weicht von dem des Magneten erheblich ab. Auch verzundert ein solches poröses Eisen bei der oben erwähnten Wärmebehandlung durch und durch. Praktisch ausreichend bewährt haben sich dagegen nach W. Hotop und W. Zumbusch niedrig legierte Eisen-Aluminium-Legierungen[1] und auch Eisen-Silizium-Legierungen. Die Sinterung derartiger Werkstoffe erfordert zwar eine gewisse Aufmerksamkeit, da in beiden Fällen die Legierungskomponenten schwer reduzierbare Oxyde bilden. Man muß deswegen sauberste

---

[1] Dtsch. Pat. Anm. D 90430 (1943).

verdichteten Polschuheisens auf der Basis Fe-Al, bzw. Fe-Si.

Fe-Si-Legierungen

Si-Gehalt %	Dichte g/cm³	μ_a	μ_{max}	H_c	B_{25}	B_{150}
0	6,7	190	980	7,4	9800	—
1	6,85	240	1050	3,2	11100	17850
2	6,89	320	1280	2,8	11000	17500
3	7,00	380	1800	1,6	11200	17000
5	7,00	460	2600	1,1	11800	17200

Sinterbedingungen einhalten. Dies bedeutet für die Herstellung der Polschuhe jedoch keine besondere Erschwerung, da für die Dauermagnete selbst ohnehin die gleiche Forderung gilt. Bezüglich der Pulver ist natürlich die Forderung zu stellen, daß sie möglichst sauber sein sollen. Die als Legierungszusätze zur Herstellung des Polschuheisens meistens verwendeten hochprozentigen Ferro-Legierungen sollen von vornherein möglichst geringe Gehalte an Oxyden aufweisen. Ebenso muß das Eisen weitgehend sauerstofffrei sein. Bei den üblicherweise zur Anwendung kommenden Gehalten an Aluminium bzw. Silizium haben sich die gleichen Sintertemperaturen und Sinterzeiten als zweckmäßig erwiesen, die auch bei der Sinterung der Dauermagnetwerkstoffe angewandt werden. Die Konzentration der Vorlegierungen, mit deren Hilfe man die Komponenten einbringt, wählt man so, daß bei der Sinterung diese Legierungskomponente flüssig wird. Auf diese Weise kommt man zu verhältnismäßig guten Dichtewerten. Die so erzeugten Polschuhwerkstoffe sind sehr feinkristallin und spangebend zu bearbeiten, so daß im Zuge der Magnetfertigbearbeitung die erforderlichen Bohrungen und Gewinde angebracht werden können. In Zahlentafel 108 sind die mit einem derartigen legierten Eisen nach einer für die Dauermagnete üblichen Wärmebehandlung erzielbaren Eigenschaften zusammengestellt. Diese Werte liegen natürlich infolge der niedrigen Dichte unterhalb der für gewalzte Eisen-Silizium bzw. Eisen-Aluminium-Legierungen[1] bekanntgewordenen. Immerhin lassen die Zahlen erkennen, daß durch die Elemente Silizium und Aluminium eine deutliche Gütesteigerung gegenüber dem einfachen Eisen erzielt wird. Aus dem System Eisen-Aluminium hat sich eine Legierung mit 3 % Aluminiumgehalt am beste erwiesen, während bei den Eisen-Silizium-Legierungen ein Gehalt von 5 % die magnetisch günstigsten Eigenschaften zur Folge hat. Die Erfahrungen haben gezeigt, daß diese beiden Werkstoffe den Forde-

---

[1] **Messkin**, W. S. u. A. **Kussmann**: Die ferromagnetischen Legierungen, Berlin: Springer-Verlag, 1932, S. 232.

Zahlentafel 109. *Magnetische Eigenschaften*

Proben-bezeich-nung	Eisenpulver	Preßdruck t/cm²	Sinter-temperatur °C	Sinterzeit Stunden
A[1]	amerikanisches Erzeugnis (wasserstoff-geglüht)...........	5,5	1300	1
B	Elektrolyteisen	5,5	1400	1
C	Elektrolyteisen	5,5	1150	3
D[2]	Elektrolyteisen	5,5	1150	3

[1] Erzeugnis der Metal and Plastic Compacts Ltd.

rungen, die man an ein Polschuheisen stellen muß, genügen. Vor allem braucht man bei der Benutzung der Eisen-Silizium-Legierungen in den Magnetsystemen keine von normalem Eisen abweichende Konstruktions- bzw. Dimensionierungsmaßnahmen zu treffen, was bei Eisen-Aluminium-Legierungen mit ihren etwas ungünstigeren magnetischen Eigenschaften besonders bei abnormal großen Magneten mit langen Eisenwegen gegebenenfalls schon erforderlich werden kann.

ε) *Sonstige magnetisch beanspruchte Sintereisenteile.* In neuerer Zeit ist auch der Gedanke aufgetaucht, gesinterte, nicht verformte Eisenkörper als magnetisch beanspruchte Teile in verschiedenen elektrotechnischen Geräten, wie Relais, Kleinmotoren und -generatoren (Stator- und Rotorteile) u. a., zu verwenden[1, 2]. Die Wirtschaftlichkeit der Formgebung der häufig komplizierten Teile läßt das Sinterverfahren hier aussichtsreich erscheinen, zumal auch die Forderungen, die in magnetischer Hinsicht an derartige Teile gestellt werden, nicht zu hohe sind. In den meisten Fällen genügt — sofern Wirbelstromverluste keine Rolle spielen — ein Eisen von der Qualität des Armco-Eisens (s. Zahlentafel 103, S. 464).

Für die Erreichung ausreichender magnetischer Eigenschaften sind bei der Herstellung solcher Teile drei Faktoren von besonderer Wichtigkeit:

1. Das verwendete Pulver soll eine möglichst hohe Reinheit besitzen.

2. Die Enddichte des Formkörpers muß möglichst hoch sein.

3. Die Dichteverteilung im Formkörper muß so homogen wie möglich sein.

---

[1] Oliver, D. A.: Iron Steel Inst., Spec. Rep. Nr. 38, London 1947, S. 63-66.

[2] Hradecky, R. u. R. P. Seelig: Iron Age **156**, 1945, Nr. 13, S. 50-54 und 132.

[3] Lenel, F. V.: Am. Inst. min. metallurg. Engrs., Techn. Publ. Nr. 1788 (1945).

von Sintereisen (D. A. O l i v e r).

Sinter-atmosphäre	Sinterdichte g/cm³	Maximal-Permeabilität μ max	H für μ max	B für μ max	spezifischer elektrischer Widerstand Ω mm²/m
gespalte-nes Am-moniak	6,40	650	8,9	5750	20
„	7,00	900	6,4	5800	n. b.
„	6,80	1630	4,2	6750	16
„	7,46	2510	3,6	9000	14

[2] Die Probe erfuhr eine Zwischenglühung und wurde bei 950° schlußgeglüht.

Die erste Forderung legt die Anwendung von Elektrolyt- und Carbonyleisenpulver nahe, von denen das letztere wegen seiner guten Sintereigenschaften den Vorzug verdient. Allerdings bereitet seine ungenügende Kantenfestigkeit häufig Schwierigkeiten. Nach eigenen Erfahrungen haben sich Mischungen aus Carbonyl- und Elektrolyteisenpulver bewährt. Die weitaus wichtigste Einfluß-größe bei magnetisch beanspruchten Sintereisenteilen ist aber die Dichte, die möglichst mehr als 90% der Reindichte betragen soll. Man kann dies, ähnlich wie bei den Polschuhteilen für gesinterte Verbundmagnetsysteme, durch geeignete Legierungszusätze erreichen, die beim Sintern eine flüssige Phase bilden. Sofern man jedoch bei unlegiertem Eisen die erforderliche Dichte erzielen will, muß man Mehrfachpressungen und -sinterungen oder gegebenenfalls auch Heißpressungen anwenden. Die Dichteverteilung ist insofern von Wichtigkeit, weil sich nur in einem gleichmäßig dichten Körper ein genügend streufreier Fluß ausbilden kann. Für eine sorgfältige Durchpressung komplizierter geformter Teile ist also besonders Sorge zu tragen.

Die fertig gesinterten und kalibrierten Körper werden gewöhnlich einer geeigneten Schlußglühung unterworfen, mit der auch die von den Preßvorgängen herrührenden und für die magnetischen Eigenschaften ungünstigen Kaltverformungen und mechanischen Verspannungen abgebaut werden. Abb 238 und Zahlentafel 109 zeigen nach D. A. O l i v e r[1] die Eigenschaften, die an verschiedenen Sintereisenlegierungen beobachtet wurden. Der spezifische elektrische Widerstand derartiger Körper liegt etwa 20 bis 60% höher als beim kompakten Eisen. Für Teile, die durch Wechselfelder beansprucht werden, dürften diese Werte nicht immer ausreichend sein.

Es liegt hier natürlich der Gedanke nahe, statt des reinen Eisens, ein siliziumlegiertes Eisen einzusetzen. Nach eigenen Unter-

[1] Oliver, D. A.: Iron Steel Inst., Spec. Rep. Nr. 38, London 1947, S. 63-66.

suchungen erreicht der spezifische elektrische Widerstand einer solchen Sinterlegierung mit 4% Silizium Werte von 0,55 bis 0,60 $\Omega\,\text{mm}^2/\text{m}$. Gleichzeitig bewirkt der Siliziumzusatz eine bemerkenswerte Verbesserung der magnetischen Eigenschaften und zwar erreicht die Maximalpermeabilität Werte bis zu 4000. Die Anfangspermeabilität liegt etwa bei 350, während die Koerzitivkraft Werte von 1,0 bis 1,4 Oersted erreicht. Körper mit diesen Eigenschaften waren nach einer Doppelpressung mit jeweils 6 t/cm², einer vierstündigen Sinterung bei 1220% unter Wasserstoff und einer anschliessenden vierstündigen Schlußglühung bei 1050⁰ unter Wasserstoff mit nachfolgender Ofenabkühlung hergestellt worden. Über weitgehend ähnliche Ergebnisse berichtet auch D. A. Oliver[1].

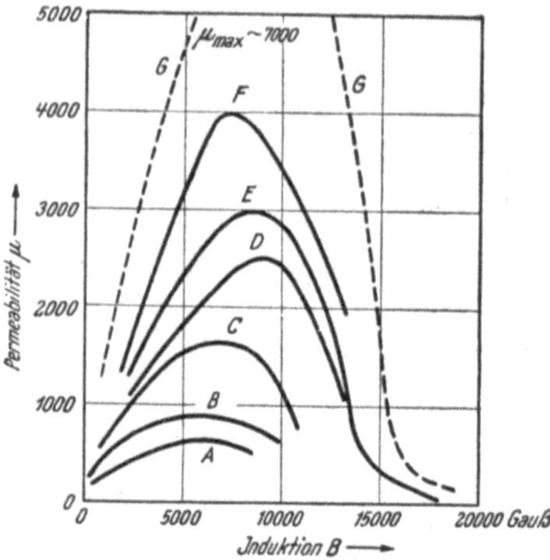

Abb. 238. Permeabilitätskurven verschiedener Sintereisenwerkstoffe (D. A. Oliver und eigene Untersuchungen):
A, B, C und D: siehe Zahlentafel 109,
E: Sintereisen(Sonderqualität Pomet 300),
F: Sintereisen mit 4% Silizium; nach eigenen Untersuchungen,
G: Armcoeisen (amerikanische Werte).

3. Dauermagnetische Werkstoffe.

a) Einführung.

Die Sinterung von Dauermagnetwerkstoffen des Mishima-[2, 3] bzw. Hondatyps[4, 5] als Ergänzung des Schmelzverfahrens hat sich in neuerer Zeit durchgesetzt. Werkstoffe dieser Art enthalten bekanntlich außer Eisen als wichtigste Legierungselemente Nickel und Aluminium sowie gegebenenfalls Kobalt und in geringen Mengen Kupfer bzw. Titan. Die bekanntesten dieser Legierungen enthalten diese Elemente etwa in folgenden Mengen: 12 bis 33% Nickel, 5 bis 14% Aluminium, 5 bis 20% Kobalt, 0 bis 12% Titan, 0 bis 6%

---

[1] Oliver, D. A.: Iron Steel Inst., Spec. Rep. Nr. 38, London 1947, S. 63-66.
[2] Mishima, T.: Magnetic properties of Iron-Nickel-Aluminium alloys. Ohm. Juli 1932, s. Stahl u. Eisen **53**, 1933, S. 79.
[3] Jap. P. 93787 (1931), 96748, 97456/58, D.R.P. 671048 (1931).
[4] Honda, K., H. Masumoto u. Y. Shirakawa: Sc. Rep. Toh. Univ. (1) **23**, 1934, Nr. 3, S. 365/72.
[5] Jap. P. 110203, 111703, 111704 (1933), Dtsch. Pat. Anm. K 132321, Kl. 18d.

Kupfer[1]. Normalerweise werden Magnete aus diesen Legierungen im Formguß hergestellt, da die Legierungen wegen ihrer Härte, Sprödigkeit und Grobkörnigkeit nicht spanlos bearbeitet werden können. Das Formgießen bringt eine Reihe Schwierigkeiten. Die durch den Aluminiumgehalt sehr zähflüssige Schmelze gestattet keine komplizierte Formgebung. Kleine Magnete sind deshalb schlecht gießbar, was bei der hohen spezifischen magnetischen Leistung des Werkstoffes und die dadurch meistens bedingten kleinen Magnetvolumina oft eine unerwünschte Beschränkung bedeuten kann. Schließlich neigen die Legierungen zur Lunkerbildung, so daß die nutzbare magnetische Energie oft unter den einzuhaltenden Grenzwert absinkt. Zur Erzielung der erforderlichen Maße werden die Magnete durch Schleifen auf Fertigform gebracht. Diese spanabhebende Bearbeitung bereitet aber ebenfalls Schwierigkeiten, da der Werkstoff mit seiner spröden, grobkristallinen Struktur leicht zur Rißbildung und Ausbröckelungen neigt. Hierdurch entsteht nicht selten, überhaupt bei komplizierten Formen, ein beträchtlicher Ausschuß. Natürlich verbietet sich bei diesem Bearbeitungsverhalten die Anbringung von Bohrungen und Gewinden, so daß der Einbau gegossener Magnete in die Apparate bzw. die Befestigung von Polschuhen auf Schwierigkeiten stößt und häufig komplizierte Klemm- und Schraubverbindungen erforderlich macht. Wenn diese Magnetwerkstoffe, hauptsächlich die der Art Alni 90 und Alni 120[2] sich trotz der aufgezählten unerwünschten Eigenschaften vermöge ihrer hervorragenden Güte in großem Umfang einführen konnten und sich auch als hinreichend wirtschaftlich erwiesen haben, so war man doch immer bestrebt, Verfahren zu finden, mit denen das Bearbeitungsverhalten der Magnete verbessert werden konnte. Man hat beispielsweise versucht, durch gießtechnische Maßnahmen wie Spritz- und Schleudergießen einen Fortschritt hinsichtlich einer Kornverfeinerung zu erzielen. Diese Bestrebungen haben jedoch zu keinem nennenswerten Erfolg geführt.

Eine technisch recht gute Lösung wurde allerdings gefunden, als man dazu überging, erschmolzene und anschließend zerkleinerte Eisen-Nickel-Aluminium- und Eisen-Nickel-Aluminium-Kobalt-Magnetlegierungen nach Art der Massekerntechnik unter Beimischung eines plastischen Bindemittels (Kunstharz oder duktiles Metall) zu Magnetkörpern zu verpressen, die sehr maßgenau hergestellt werden können[3]. Der Magnetguß wird vor der Zerkleinerung zwecks Er-

---

[1] Zumbusch, W.: Arch. Eisenhüttenwes. **14**, 1940-1941, S. 127-131.
[2] DIN-Blatt 1668, Juli 1944.
[3] Dehler, H.; Stahl und Eisen **62**, 1942, S. 983-86. Elektrotechn. Z. **62**, 1941, S. 601-606.

reichung günstigster magnetischer Eigenschaften wärmebehandelt. Es bereitet keine Schwierigkeiten, spanabhebend zu bearbeitende Konstruktionsteile und Polschuhstücke mit einzupressen, so daß derartige Preßmagnete in verarbeitungstechnischer Hinsicht manche Erleichterung brachten. Ein wirtschaftlicher Vorteil liegt besonders darin, daß man zu einer sehr guten Ausnutzung des Rohmaterials kommt, da die Gießknochen und -trichter, die beim Magnetformguß das Ausbringen auf zirka 35 bis 50% senken, in Preßmagneten ohne weiteres mit verwendet werden können. Die magnetischen Eigenschaften werden durch den Gehalt an Bindemitteln und durch die innere Entmagnetisierung des Pulverkörpers ähnlich wie bei Massekernen um einen gewissen Betrag erniedrigt. Die Koerzitivkraft wird hiervon nicht betroffen, da sie formunabhängig ist. Dagegen wird die Remanenz bei den handelsüblichen Preßmagneten um bis zu 30% gegenüber dem gleichlegierten Gußwerkstoff ermäßigt. Um den gleichen Betrag liegt auch die nutzbare Energie tiefer. Diese Güteabweichung ist immerhin schon so groß, daß es nicht ohne weiteres möglich ist, eine Magnetform wahlweise als Guß- oder als Preßmagneten herzustellen. Die Anwendung der Preß- magnete setzt eigens für diesen Werkstoff entworfene Magnet- konstruktionen voraus, die in ihren Querschnitten stärker dimen- sioniert sein und auch das andersartige Streuverhalten der Preß- magnete berücksichtigen müssen.

Der Gedanke, Eisen-Nickel-Aluminium-Magnete auf dem Sinter- wege herzustellen, hat nach den Erfahrungen, die man mit anderen Sinterwerkstoffen gewonnen hatte, viel für sich. Die beim Sintern meistens erzielbare beachtliche Feinkörnigkeit des Gefüges ließ eine wesentlich bessere Bearbeitbarkeit und Bruchfestigkeit er- warten. Ebenso sprechen natürlich auch das hohe Materialaus- bringen, die Lunkerfreiheit und die größere Maßgenauigkeit für das Sinterverfahren. Man sieht, daß bei diesem Problem fast aus- schließlich wirtschaftliche Gesichtspunkte von Bedeutung sind. Die Frage der Verbesserung der Eigenschaften, die bei den früher besprochenen Werkstoffen häufig das wichtigste Moment war, tritt hier in den Hintergrund. Im Hinblick auf die stoffliche Zu- sammensetzung des Magnetwerkstoffes, der das schwer sinterbare Aluminium in größeren Mengen enthält, konnte man eine Güte- verbesserung auch nicht ohne weiteres erwarten.

Mit der Frage der Sinterung dieses Werkstoffes und den ge- sammelten Erfahrungen befassen sich eine Anzahl Arbeiten[1-8].

<hr>

[1] D.R.P. 679594 (1934); s. A.P. 2192741/42/43/44.
[2] Kieffer, R.: Metall u. Erz 37, 1940, S. 67-70 u. 88-92.
[3] Kieffer, R. u. W. Hotop: Stahl u. Eisen 60, 1940, S. 317-327.

Der Sinterung haben sich zunächst manche Schwierigkeiten in den Weg gestellt. Die magnetischen Eigenschaften werden bekanntlich sehr empfindlich durch den Werkstoffzustand beeinflußt. Der Sinterprozeß muß also so geführt werden, daß unter allen Umständen eine vollständige Homogenisierung und gute Mischkristallbildung erzielt wird. Die bei den anderen komplexen Sinterwerkstoffen üblichen Verfahren einer Mehrfachsinterung mit zwischengeschalteten Verformungen, die den Homogenisierungsprozeß bekanntlich sehr unterstützen, konnten hier keine Anwendung finden, da man ja normalerweise Fertigformkörper mit möglichst genau einzuhaltenden Maßen zu gewinnen wünscht. Der Homogenisierungsprozeß muß also ganz und gar im Verlauf der Sinterung zu Ende geführt werden. Dieses erfordert besondere Maßnahmen, da der Werkstoff in seinem Aluminiumgehalt eine stark sinterungshemmende Komponente enthält.

b) Einzelheiten über die Herstellung von Eisen-Nickel-Aluminium-Sintermagneten.

Bei der Herstellung von gesinterten Eisen-Nickel-Aluminium-Magneten sind an sich drei Wege grundsätzlich möglich:

1. Pulverisieren einer geschmolzenen Fertiglegierung mit anschließendem Pressen und Sintern.

2. Herstellung einer Pulvermischung aus den einzelnen Komponenten, Pressen des Pulvergemisches zu Formkörpern mit anschließender Sinterung.

3. Herstellung eines Pulveransatzes, der das Aluminium in Form einer erschmolzenen, zerkleinerten Vorlegierung enthält, anschließend Pressen und Sintern des Pulvergemisches.

Der erste Weg erinnert an die Herstellung von Pulver-Kunstharz-Magneten. In Abweichung von dieser Fertigungsart hat man hier jedoch das Legierungspulver ohne Kunstharzbeimischung zu verarbeiten. Wegen der Sprödigkeit und Härte des Pulvers und der dadurch bedingten mangelnden Plastizität lassen sich jedoch selbst bei hohen Drücken keine genügend formbeständigen Preßlinge erzielen. Da die Plastizität bekanntlich mit steigender Temperatur zunimmt, hat man auch versucht, Eisen-Nickel-Aluminium-

<hr>

[4] **Howe**, G. H.: Iron Age **145**, 1940, S. 27-31, 11. Jan., s. Powder Metallurgy, Am. Soc. Met., Cleveland (Ohio) 1942, S. 530-36.

[5] **Ritzau**, G.: Wissenschaftl. Veröffentl. Siemens Werke, Werkst. Sonderh. 1940, S. 37-43.

[6] **Hotop**, W.: Stahl u. Eisen **61**, 1941, S. 1105-1109.

[7] **Kalischer**, P. R.: Amer. Inst. min. metallurg. Engrs. Techn. Publ. 1302, 1941.

[8] **Kalischer**, P. R.: s. Powder Metallurgy, Am. Soc. Met., Cleveland (Ohio) 1942, S. 537-46.

Legierungspulver im Heißpreßverfahren zu verarbeiten. Die Möglichkeit dieses Weges wurde von R. Kieffer bewiesen[1]. Das Pulver wurde bei Temperaturen zwischen 1100 und 1200⁰ in gasdicht abgeschlossenen Eisenbüchsen mit hohem Druck verdichtet. Die magnetischen Werte erreichen etwa 70 bis 80% der Werte einer entsprechenden Gußlegierung. Allerdings waren bei diesen Versuchen besondere Vorsichtsmaßregeln wegen der mit steigender Temperatur sehr rasch zunehmenden Oxydationsneigung der Legierung zu treffen, die einer wirtschaftlichen Ausnutzung des Heißpreßverfahrens entgegenstehen.

Der zweite Weg, den man gewöhnlich bei der Sinterung von Mehrstoffsystemen anwendet, hat sich bei Sintermagneten ebenfalls als nicht gangbar erwiesen. Das Haupthindernis bieten in diesem Falle vornehmlich die schlechten Sintereigenschaften und der niedrige Schmelzpunkt des Aluminiums. Schon bei der Pulverisierung des Aluminiums überziehen sich die Pulverteilchen mit einer Oxydhaut. Bei höheren Temperaturen steigt dann die Oxydationsneigung sehr schnell an. Auch wenn die Sinterung in inerter oder reduzierender Atmosphäre erfolgt, nimmt das Aluminium den in den Schutzgasen meistens vorhandenen restlichen Sauerstoff und Stickstoff begierig auf, so daß es zu einer weiteren Oxydation und Nitridbildung kommt. Mit dieser Erscheinung muß man bei der Fabrikation immer rechnen, da es sich aus wirtschaftlichen und ofentechnischen Gründen sehr schwer durchführen ließe, mit den erforderlichen hochreinen Schutzgasen zu arbeiten, wie es in diesem Falle erforderlich wäre. Man hat also grundsätzlich mit einer außerordentlichen Erschwerung der Sinterung durch Gasreaktionen zu rechnen. Außerdem wirkt sich der niedrige Schmelzpunkt des Aluminiums ungünstig aus. Nach einer Faustregel beginnt die Reaktionsfähigkeit fester Metalle bei etwa zwei Drittel ihrer absoluten Schmelztemperatur merklich zu werden. Da die anderen Komponenten des Magnetwerkstoffes jedoch erst im Bereich oberhalb 1400⁰ schmelzen, kann man eine beginnende Diffusionsneigung bei ihnen erst bei Temperaturen um 1000⁰ erwarten. Diese Temperaturen liegen aber bereits weit über dem Schmelzpunkt des Aluminiums. Man hat diese Komponente also schon sehr frühzeitig als flüssige Phase vorliegen, so daß in Verbindung mit der Oxydationsneigung dieses Metalls sehr leicht Entmischungserscheinungen und Aluminiumverluste durch Verdampfen auftreten können.

Der dritte der oben genannten Wege ermöglichte, die Nachteile

---

[1] Kieffer, R. u. W. Hotop: Pulvermetallurgie und Sinterwerkstoffe, Berlin: Springer-Verlag, 1943, S. 354.

des Aluminiums (starke Oxydationsempfindlichkeit, zu niedriger Schmelzpunkt) praktisch auszuschalten Die mit dieser Methode erzielten Fortschritte waren so eindeutig, daß sich dieses Herstellungsverfahren heute ausschließlich durchgesetzt hat. Wenn man das Aluminium in Form einer auf dem Schmelzwege gewonnenen und anschließend zerkleinerten Vorlegierung einsetzt, deren Komponenten aus Aluminium, Eisen oder Nickel bestehen, so ist ein solches Pulver weit weniger oxydationsempfindlich. Mit der Wahl einer solchen Vorlegierung (Schmelzpunkt 1100 bis 1200⁰) verbindet sich aber auch der wichtige Umstand, daß nunmehr eine frühzeitig flüssig werdende Aluminiumphase nicht mehr auftritt. Über die Wahl der Vorlegierung kann man verschiedener Meinung sein[1,2,3]. An sich braucht die Vorlegierung zunächst nur der Forderung zu genügen, daß sie sich gut zu Feinpulver zerkleinern läßt. Dieser Forderung genügen sowohl Legierungen aus dem System Eisen-Aluminium als auch aus dem System Nickel-Aluminium. G. W. Howe[1] empfiehlt eine 50%ige Eisen-Aluminium-Legierung. Von G. Ritzau[2] werden sowohl Eisen-Aluminium- als auch Nickel - Aluminium - Legierungen in Erwägung gezogen. G. Ritzau weist insbesondere auf die Bedeutung des Schmelzverhaltens der Legierung hin. Nach ihm soll der Schmelzpunkt der Vorlegierung möglichst von gleicher Größenordnung sein wie der Schmelzpunkt des resultierenden Werkstoffes. Hierdurch wird das Auftreten größerer Mengen flüssiger Phase vermieden, der G. Ritzau die Auslösung von Entmischungserscheinungen zuschreibt.

Gut bewährt haben sich Eisen-Aluminium-Legierungen mit Gehalten von 40 bis 53% Al, die gut pulverisierbar sind und bei Temperaturen zwischen 1100 und 1200⁰ flüssig werden. Einer solchen flüssigen Komponente kann man — entsprechendes Schutzgas vorausgesetzt — im Gegensatz zu einer niedrig schmelzenden reinen Aluminiumphase eine ausgesprochen diffusionsfördernde Wirkung zuschreiben, da ihr Schmelzbereich in einem Gebiet liegt, wo auch die anderen Legierungspartner bereits eine starke Diffusionsneigung haben. Im Verlauf der Sinterung verschwindet bei diesem Metallsystem die flüssige Phase in dem Maße, wie die Mischkristallbildung fortschreitet, so daß am Schluß der Sinterung ein homogener fester Körper vorliegt. Das Auftreten der flüssigen Phase bewirkt ein gutes Dichtsintern des Körpers, das im Interesse der magnetischen Güte von großer Bedeutung ist. Mit der flüssigen Eisen-Aluminium-

---

[1] Howe, G. H.: Iron Age **145**, 1940, S. 27-31, 11. Jan.
[2] Ritzau, G.: Wissenschaftl. Veröffentl. Siemens Werken, Werkst. Sonderh. 1940, S. 37-45.
[3] Hotop, W.: Stahl u. Eisen **61**, 1941, S. 1105-1109.

Phase dürfte es auch zusammenhängen, daß der Preßdruck bei der Erzeugung dichter Magnete keine so entscheidende Rolle spielt. Nach eigenen Erfahrungen genügen zur Herstellung einwandfreier Magnete Drücke von 3 bis 8 t/cm². G. W. Howe[1] und P. R. Kalischer[2] bevorzugen dagegen höhere Preßdrücke bis zu etwa 16 t/cm². Nach P. R. Kalischer sind bei einem Preßdruck von 9,5 t/cm² optimale magnetische Werte zu erzielen. Eigene Preßdruckuntersuchungen sind in Zahlentafel 110 enthalten. Danach ist zwischen dem aufgewandten Preßdruck und der erzielten Dichte zowie den magnetischen Eigenschaften fast kein Zusammenhang su erkennen. Lediglich das Schrumpfverhalten der Magnete wird sehr merklich beeinflußt. Voraussetzung dabei sind allerdings einwandfreie Sinterverhältnisse, insbesondere reinstes Schutzgas.

Zahlentafel 110. *Linearer Schwund, Dichte und magnetische Eigenschaften von Eisen-Nickel-Aluminium-Sintermagneten bei Anwendung verschiedener Preßdrücke bei der Herstellung.*

Preßdruck t/cm²	Linearer Schwund %	Dichte g/cm³	Remanenz B_r Gauß	Koerzitivkraft H_c Oersted	Energiewert $BH_{max} \cdot 10^{-6}$ Gauß . Oersted
3,0	11,2	6,75			
4,9	8,9	6,77			
6,0	8,1	6,78			
7,0	7,2	6,79	5700 bis 6600	570 bis 480	1,10 bis 1,25
8,1	6,3	6,78			
9,2	5,4	6,76			
10,1	4,9	6,77			
Gußlegierung gleicher Zusammensetzung		6,9	6500	510	1,25

Wenn auch die Eisen-Aluminium-Vorlegierung eine merklich herabgesetzte Oxydationsneigung aufweist, so ist ihre Affinität zu Sauerstoff und Stickstoff bei der Sintertemperatur doch noch so groß, daß besondere Vorkehrungen für die Sinterung getroffen werden müssen. Das bei der Sinterung verwendete Schutzgas, meistens Wasserstoff, muß sorgfältig gereinigt und von Sauerstoff, Stickstoff und Wasserdampf befreit werden. Hierfür eignen sich die üblichen, aus der Literatur bekannten Methoden der Abbindung des Sauerstoffs und Stickstoffs und der Trocknung. Bei fabrikationsmäßiger Erzeugung von Sintermagneten bleiben diese Verfahren

---

[1] Howe, G. H.: Iron Age **145**, 1940, S. 27-31, 11. Jan.
[2] Kalischer, P. R.: Amer. Inst. min. metallurg. Engrs. Techn. Publ. 1302, 1941.

durch mancherlei Betriebseinflüsse, z. B. Beschicken und Ent-
laden der Öfen jedoch nicht voll wirksam. G. W. Howe schlug
deshalb vor, die Magnete in einem verschlossenen, unter leichtem
Wasserstoffdruck stehenden Eisenkasten zu sintern, um so beim
Sintern und Abkühlen des Gutes eine Verunreinigung und Aufnahme
von Sauerstoff zu vermeiden. Besonders bewährt hat sich ein
Vorschlag von R. Kieffer und W. Hotop[1], wonach die Sintermagnete in Eisenschiffchen so verpackt werden, daß das Schutzgas
unbedingt eine Schicht eines pulverförmigen Fangstoffes passieren
muß, bevor es an die Magnete gelangen kann. Auf diese Weise
wird der Wasserstoff vor dem Eindringen in das Schiffchen durch
den getterartig wirkenden Fangstoff nochmals besonders gereinigt[2].
Als Fangstoff eignen sich alle Stoffe mit hoher Affinität zu Sauer-
stoff und Stickstoff, die bei pulverförmiger Beschaffenheit über
einen genügend hohen Schmelzpunkt verfügen, damit sie bei der
Sinterung nicht schmelzen und so das Schiffchen fest verschließen.
In der Praxis haben sich insbesondere hocheisenhaltige, gepulverte
Ferro-Aluminium-Legierungen mit 20 bis 30% Al bewährt. Um
Spuren von Kohlenstoff abzubinden, empfiehlt es sich auch, dem
Gettermaterial eine gewisse Menge Titanpulver beizumengen[3].
Mit dem „Getterprinzip" konnten die Schwierigkeiten bei der Her-
stellung von Eisen-Nickel-Aluminium-Magnet-Legierungen so weit
behoben werden, daß man genügend homogene Magnete mit nahezu
vollwertigen magnetischen Eigenschaften erhält, ohne besonders
hohe Preßdrücke anwenden zu müssen.

Von P. R. Kalischer wurde vorgeschlagen, die Magnetlegierung
während der Sinterung durch beigemischte wasserstoffabgebende
Stoffe gewissermaßen aus dem Innern heraus vor Oxydation zu
beschützen. Einen solchen Effekt kann man mit Hilfe verschiedener
Metallhydride erreichen[4]. Die Hydride haben die Eigenschaft,
beim Erhitzen den mit dem Metall legierten Wasserstoff abzu-
geben[5, 6]. Nach P. R. Kalischer eignen sich für pulvermetallurgische Zwecke besonders die Hydride des Titans und Zirkons,
die beide gegen atmosphärische Einflüsse sehr beständig sind.

---

[1] D.R.P. 762089 (1942).

[2] Über das Getterprinzip und Fangstoffe in der Technik s. M. Littmann:
Getterstoffe und ihre Anwendung in der Hochvakuumtechnik, C. F. Winter-
sche Verlagsbuchhandlung, Leipzig: 1938.

[3] Garvin, S. J.: Iron Steel Inst., Spec. Rep. Nr. 38, London 1947, S. 67-72.

[4] Kalischer, P. R.: Am. Inst. min. metallurg. Engnrs., Techn. Publ.
1302, 1941.

[5] s. Skaupy, F.: Metallkeramik, 3. Auflage, Verlag Chemie, Berlin: 1943,
S. 28-29.

[6] Sieverts, A.: Z. Metallkde. 21, 1929, S. 41.

P. R. Kalischer hatte mit Titanhydrid, daß er in Mengen bis zu 2% der Sintermagnetlegierung beimischte, sehr gute Erfolge. Der Wasserstoff wird in den Hydriden bei ihrer Zersetzung in atomarer Form frei. In diesem Zustand ist er ein sehr intensiv wirkendes Reduktionsmittel, das sogar vorhandenes Aluminiumoxyd zu reduzieren vermag. Gleichzeitig vermag das im Magnetwerkstoff verbleibende Titan gegebenenfalls auch vorhandene Kohlenstoffreste abzubinden, was zu einer weiteren Verbesserung der magnetischen Eigenschaften beiträgt.

Von den Verfassern wurden ebenfalls Versuche über die Wirksamkeit von Titanhydrid in Magnetlegierungen angestellt. Bereits bei Mengen von 0,1% Ti konnte eine deutliche Wirkung in Bezug auf eine Verbesserung der magnetischen Eigenschaften beobachtet werden. Ein Maximum des Titanhydrideinflusses wurde bei etwa 0,5% Titanhydridgehalt festgestellt. Höhere Gehalte an Hydrid führten meistens wieder zu einer Verschlechterung der Eigenschaften, was mit einem Wirksamwerden der im Magnetkörper verbleibenden Titanmengen erklärt werden muß. Von den hochlegierten Eisen-Nickel-Aluminium-Kobalt-Legierungen ist bekannt, daß Titan die Induktionswerte herabsetzt. Ein durchaus ähnlicher Effekt wurde auch hier bei reinen Eisen-Nickel-Aluminium-Maneten beobachtet. denen höhere Gehalte an Titanhydrid beigefügt

Zahlentafel 111. *Magnetische Eigenschaften von Sintermagneten des Typs Alni 90 und Alni 120, die unter Verwendung von 0,5% Titanhydrid hergestellt wurden (Wärmebehandlung: 1220° Preßluft, 1 Stunde 660° Luft).*

Werkstoff		B_R Gauß	H_c Oersted	$BH_{max} \cdot 10^{-6}$ Gauß . Oersted	Kurvenfüllbeiwert $\dfrac{BH_{max}}{B_R \cdot H_c}$
Alni 90	Mittelwerte	7400	320	1,0	0,42
	Höchstwerte	7700	340	1,18	0,45
Alni 120	Mittelwerte	6000	520	1,2	0,39
	Höchstwerte	6500	530	1,34	0,39

waren. In Zahlentafel 111 sind die an Magneten mit 0,5% TiH_2 ermittelten Eigenschaftswerte zusammengestellt. Die Werte lassen deutlich erkennen, daß eine gute Durchsinterung des Körpers erfolgt ist und somit die Eigenschaften der Gußlegierung voll erreicht werden können.

Über die Wahl der zur Magnetherstellung geeigneten Pulver ist das wichtigste aus den bisherigen Ausführungen bereits abzuleiten. Die beschriebenen Sinterverhältnisse verlangen grundsätzlich höchste Reinheit, vor allem weitgehende Sauerstoffreiheit der Pulver. Als Vorlegierung kommt am besten eine im Hochfrequenzverfahren erschmolzene gut desoxydierte und schlackenfreie Ferrolegierung mit ca. 50% Al zur Verwendung. Diese sollte zweckmäßig nicht mehr als 0,06% C, 0,20% Si, 0,20% Al_2O_3 und 0,06% SiO_2 aufweisen.

Als geeignete Korngröße hat sich eine solche von 60 bis 90 μ erwiesen. Feinere Pulver neigen im allgemeinen zu stärkerer Oxydation und haben meistens eine ca. 20 bis 40%ige Erniedrigung der magnetischen Werte zur Folge. Als Nickelpulver hat sich Carbonylnickel bestens bewährt. Das gleiche gilt von Carbonyleisen. Diese Pulver werden in sorgfältig vorgeglühtem Zustand verwendet und sind fast frei von Kohlenstoff und Sauerstoff. Von den Verfassern wurden andere Eisenpulver auf ihre Eignung in Sintermagneten untersucht. Hierzu ist ganz allgemein zu sagen, daß mit dem Einsatz minder reiner Eisensorten meist ein stärkerer Güteabfall verbunden ist. Abgesehen vom Sauerstoffgehalt scheiden alle jene Pulver für Zwecke der Sintermagnetfertigung aus, die zu hohe Gehalte an Verunreinigungen haben. Es sind dies die meisten im Schleuder- bzw. Druckverdüsungsverfahren gewonnenen Pulver mit Reinheitsgraden eines normalen Thomas- oder SM-Eisens, sowie das Schwammeisenpulver. Wirbelschlagpulver ist bedingt brauchbar, wenn es die Reinheit des für Gußmagnete allgemein verwendeten Armco-Eisens hat. Das gleiche gilt von feinerem Elektrolyteisenpulver. Bei diesem stört der meistens sehr hohe Ausgangsgehalt an Sauerstoff. Ihn muß man durch eine sehr sorgfältige Reduktion weitgehend entfernen, doch gelingt es meistens mit fabrikationsmäßigen Mitteln nicht, ihn unter 0,2% zu senken. In diesen Mengen wirkt der Sauerstoff jedoch noch ziemlich störend. Zahlentafel 112 gibt einen Überblick über die gewonnenen Ergebnisse und zeigt, daß mit dem Einsatz derartiger Eisensorten zum Teil recht beachtliche Güteverluste verbunden sind.

Die Verarbeitung des Sintermagnetpulvers erfolgt nach den in der Pulvermetallurgie üblichen Methoden. Die Pulveransätze müssen innigst gemischt werden. Das Pressen geschieht im allgemeinen auf hydraulischen Pressen mittels hartmetallausgekleideter Matrizen (s. Abb. 136, S. 283). Die günstigsten Sintertemperaturen liegen zwischen 1200 und 1330°. P. R. Kalischer[1] fand jedoch, daß man zu unwirtschaftlich langen Sinterzeiten kommt (s. Zahlen-

____

[1] Kalischer, P. R.: s. Powder Metallurgy, Am. Sec. Met., Cleveland (Ohio) 1942, S. 537-546.

Zahlentafel 112. *Einfluß verschiedener Eisenpulversorten auf die magnetische Güte von Sintermagneten des Typs Alni 120 (Wärmebehandlung 1220° Preßluft, 1 Stunde 660° Luft).*

Eisenpulver	Dichte g/cm³	Remanenz B_R Gauß	Koerzitivkraft H_c Oersted	Energiewert $BH_{max} \cdot 10^{-6}$ Gauß.Oersted	Kurvenfüllbeiwert $\dfrac{BH_{max}}{B_R \cdot H_C}$
DPG-Schleuderpulver.........	5,97	4350	508	0,67	0,30
Reduktionspulver.........	6,20	4860	511	0,79	0,32
Hametag-Wirbelschlagpulver ...	6,73	5410	523	0,93	0,33
Elektrolyteisenpulver.........	6,58	5300	540	0,92	0,33

tafel 113), wenn man die Sinterung der Magnete an der unteren Temperaturgrenze von 1200° vornimmt. Zwecks Herabsetzung der Sinterzeit soll man also die Sintertemperatur möglichst hoch wählen. Hierbei muß man aber darauf achten, daß man nicht in das heterogene Zustandsgebiet Fest-Flüssig gelangt. Blasenbildungen an den Körpern sowie Entmischungserscheinungen und ein sehr unregelmäßiger Schwund sind meistens die Folge. Die Sinterung kann in den bekannten molybdänbeheizten Durchsatzöfen erfolgen

Zahlentafel 113. *Einfluß der Sinterzeit auf die Güte von Eisen-Nickel-Aluminium-Magnetlegierungen* (P. R. Kalischer).

Zusammensetzung: 25% Ni, 10% Al, 2% TiH₂, Rest Fe₂,
Preßdruck: 15,7 t cm²,
Sintertemperatur: 1200° C,
Sinteratmosphäre: Wasserstoff.

Sinterzeit h	B_R Gauss	H_C Oersted	$BH_{max} \cdot 10^{-6}$ Gauss . Oersted
5	4250	200	0,30
10	3400	300	0,38
15	3750	360	0,45
20	5750	410	0,72

(s. Abb. 145, S. 296). Da die Eisenschiffchen, die man verwendet, bei den hohen Sintertemperaturen meistens eine starke Klebneigung haben, benutzt G. H. Howe Kästen aus einem Verbundmetall (Eisen mit einem Belag aus einer Eisenpulver-Tonerdemischung) Gut haben sich nach G. H. Howe[1] auch Schiffchen

---

[1] Howe, G. H.: Iron Age **145**, 1940, S. 27-31, 11. Jan.

aus einer gesinterten Eisen-Aluminium-Mischung bewährt. Von R. Kieffer und W. Hotop[1] wurde vorgeschlagen, die Eisenschiffchen ihrerseits wieder in Schiffchen aus Graphit einzusetzen, von denen die ersteren durch eine Lage Tonerde isoliert sind. Solche Graphitschiffchen gleiten sehr gut, was insbesondere für eine Großfertigung von Bedeutung ist.

c) Eigenschaften gesinterter Eisen-Nickel-Aluminium-Magnete.

Die unter Verwendung von Carbonylpulver und mit Hilfe des Getterverfahrens gesinterten Magnete zeichnen sich sowohl durch saubere Oberflächen als auch große Gleichmäßigkeit in den Abmessungen und den magnetischen Werten aus. In Zahlentafel 114 sind die magnetischen Eigenschaften zusammengestellt, die an Sintermagnetlegierungen des Typs Alni 90 und Alni 120 laufend zu erreichen sind. Man sieht aus der Gegenüberstellung mit den Werten des Gußmaterials, daß praktisch die Eigenschaften der Gußlegierungen erreicht werden. Dies ist ein sehr wichtiges Moment, da hiermit ohne weiteres Austauschmöglichkeiten zwischen Guß-

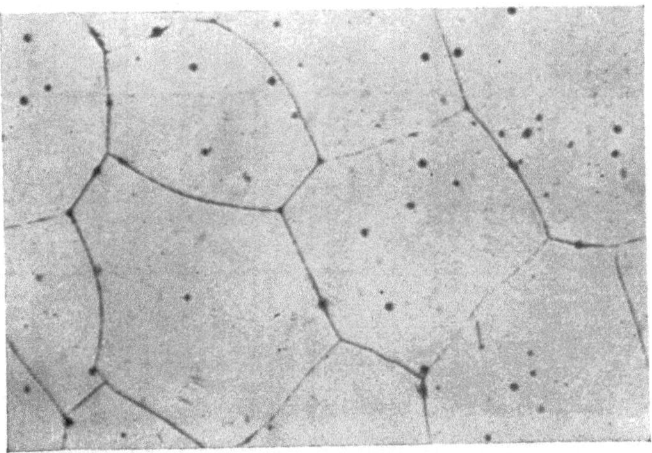

Abb. 239. Mikrogefüge einer Gußmagnetlegierung mit 27 % Ni,
13 % Al, Rest Fe (× 150).

und Sintermagneten gegeben sind, ohne durch Formänderungen infolge anderer Kurvencharakteristik eingeschränkt zu sein. Sintermagnete besitzen, wie der Vergleich zwischen Abb. 239 und 240 zeigt, ein sehr feinkörniges Gefüge. Beachtenswert ist die geringe Porosität und Verunreinigung des Sintergefüges. Das Bruchgefüge der Sintermagnete, das in Abb. 241 in Vergleich zu dem Bruch eines Gußmagneten gezeigt ist, läßt ebenfalls die außerordentliche

[1] D.R.P. 750820 (1942).

Zahlentafel 114. *Magnetische Eigenschaften von Sintermagneten im Vergleich zu Gußmagneten gleicher Zusammensetzung.*

Legierung mit	Herstellungs-art		Remanenz B_R Gauß	Koerzitivkraft H_c Oersted	Energiewert $BH_{max} \cdot 10^{-6}$ Gauß . Oersted	Kurven-füllbeiwert $\dfrac{BH_{max}}{B_R \cdot H_c}$	Dichte g/cm³
28% Ni 14% Al (Al-Ni 120)	gesintert	Höchstwerte*	6500	560	1,3	0,39	6,8
		Mittelwert-bereich	6000 bis 5500	480 bis 530	1,1 bis 0,95	0,36 bis 0,33	6,6
	gegossen	Höchstwerte*	7000	560	1,35	0,40	7,0
		Mittelwert-bereich	6300 bis 5800	480 bis 530	1,20 bis 1,05	0,37 bis 0,34	6,9
22% Ni 12% Al (Al-Ni 90)	gesintert	Höchstwerte*	7800	360	1,25	0,48	6,8
		Mittelwert-bereich	7700 bis 7300	280 bis 330	1,1 bis 0,85	0,44 bis 0,42	6,7
	gegossen	Höchstwerte*	7900	350	1,25	0,46	7,05
		Mittelwert-bereich	78007 bis 400	180 bis 250	1,0 bis 0,75	0,44 bis 0,42	6,95

* Die mitgeteilten Einzelwerte brauchen nicht gleichzeitig aufzutreten.

Feinkörnigkeit erkennen. Das Bruchgefüge eines Sintermagneten ist metallisch glänzend. Durch die Feinkörnigkeit ist eine gute Bruchfestigkeit bedingt. Sie beträgt etwa 100 bis 140 kg/mm²

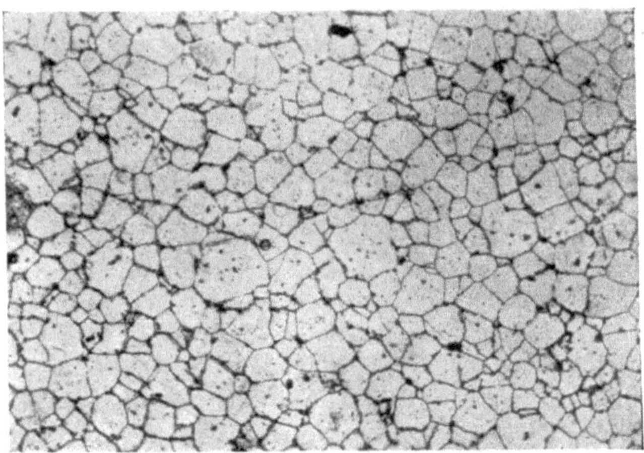

Abb. 240. Mikrogefüge einer Sintermagnetlegierung mit 27 % Ni, 13 % Al, Rest Fe (× 150).

gegenüber 20 bis 50 kg/mm² bei Gußlegierungen. Dies macht den Sinterwerkstoff ganz besonders für mechanisch hochbelastete Magnetsysteme geeignet wie sie etwa in Läufern von hochtourigen, permanentmagnetisch erregten Generatoren verwendet werden.

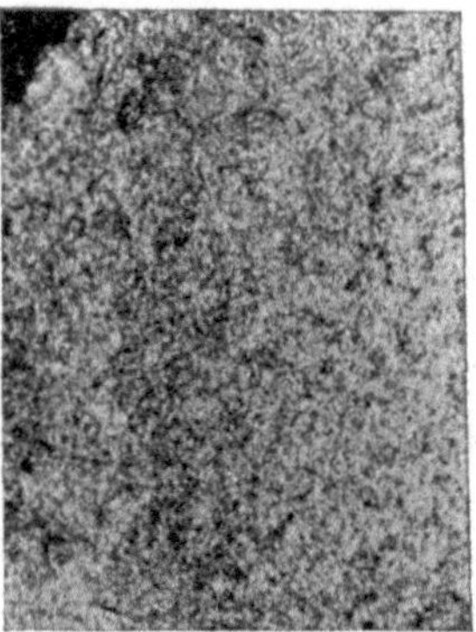

Abb. 241. Bruchgefüge von Eisen-Nickel-Aluminium-Dauermagneten; links Gußlegierung, rechts Sinterlegierung (× 6).

In solchen Anwendungsfällen ist auch die Lunkerfreiheit der Sintermagnete sehr wichtig, da gesinterte Formkörper aus diesem Grunde eine wesentlich geringere Unwucht aufweisen.

Die verschiedenen mechanischen Eigenschaften der Sintermagnete haben sich, wie früher schon angedeutet, in stärkerem Maße auf die Verarbeitung der Magnete ausgewirkt. Die Oberfläche der Sinterkörper ist viel sauberer und auch maßgenauer als die der Gußmagnete. Man kann aus diesem Grunde vielfach Schleifarbeiten einsparen, da man im allgemeinen nur die Flächen zu bearbeiten braucht, die aus magnetischen oder montagetechnischen Gründen besonders genaue Maße verlangen. Zu einer weiteren Herabsetzung der Schleifarbeit tragen auch die engen Toleranzen, mit der die Magnete gewonnen werden, bei. Außerdem zeigen Sintermagnete beim Arbeiten nicht das lästige Ausbröckeln der Kanten. Sie sind genügend kantenfest und neigen nicht zu Rißbildung. Feine Kanten und Ecken können daher mit jeder gewünschten Genauigkeit geschliffen werden. In geringem Umfang ist sogar eine spangebende Bearbeitung möglich, sofern man Hartmetallwerkzeuge verwendet. Diese Bearbeitungstechnik hat sich jedoch nur auf einige wenige Spezialfälle beschränkt, da doch ein relativ hoher Arbeitsaufwand erforderlich ist, so daß diese Technik im allgemeinen nicht genügend wirtschaftlich ist. Ein Warmkalibrieren von Sintermagneten in Hartmetallmatrizen bzw. -gesenken läßt sich erfolgreich durchführen.

Der wichtigste bearbeitungstechnische Vorteil erwächst den Sintermagneten aber aus der Möglichkeit, Polstücke oder Rückschlußstücke aus weichmagnetischen, spangebend leicht bearbeitbarem Material auf pulvermetallurgischem Weg zu erzeugen und beim Sinterprozeß mit dem Magnetkörper zu einem festen Ganzen zu verbinden. Auf die mit diesem Problem zusammenhängenden Werkstofffragen wurde bereits in dem Abschnitt über weichmagnetische Sinterwerkstoffe eingegangen. Wie schon eingangs erwähnt wurde, ist die Befestigung von Polschuhteilen bei Eisen-Nickel-Aluminium-Magneten immer ein unerfreuliches Problem gewesen, das bisher nur in Form solcher „kombinierter Sintermagnete“ in technisch einwandfreier Weise gelöst worden ist. Derartige Magnetsysteme sind nicht nur raumsparender und leichter aufzubauen und verarbeitungsmäßig einfacher zu handhaben, sondern auch mit besseren magnetischen Ausnutzungsgraden herzustellen, da bei einer solchen gesinterten Alni-Weicheisen-Kombination magnetische Belange der Formgebung immer besser berücksichtigt werden können, als es bisher bei der üblichen Montagetechnik üblich war. Abb. 242 läßt erkennen, welche bedeutenden Fortschritte man bezüglich der äußeren Gestaltung solcher Magnete mit Hilfe der Sintertechnik erzielt. Es macht keine Schwierigkeiten, komplizierte Teile wie etwa das in der Abb. 242 gezeigte

Motorengehäuse (links oben) zu formen. Eine konsequente Ausnutzung der in diesem Fertigungsverfahren steckenden Möglichkeiten führt zweifellos zu einer überlegenen Wirtschaftlichkeit
der Sintermagnete. Im Rahmen der Wirtschaftlichkeitsbetrachtungen über Sintermagnete fällt auch noch ins Gewicht, daß man
nicht unwesentliche Metalleinsparungen erzielt. Man muß bedenken,
daß beim Sinterverfahren mehr als 95% des eingesetzten Rohmaterials ausgenutzt werden, während bei Gußverfahren 50 bis
65% des eingesetzten Rohmaterials als meist schlecht verwertbarer
Schrott anfallen.

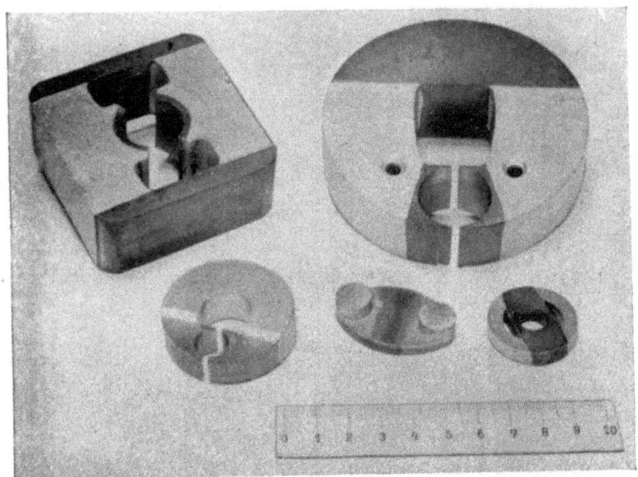

Abb. 242. Verschiedene, auf dem Sinterwege hergestellte Dauermagnetsysteme in Magnet-Weicheisen-Verbundausführung.

Die Notwendigkeit, für jede Magnetform eine meistens teure
Matrize zu erstellen, wirkt sich natürlich ungünstig auf die Preisgestaltung bei kleinen Magnetserien aus. Hierin liegt auch begründet, daß die Sintertechnik das Gußverfahren nie verdrängen
wird, sondern stets nur als eine wertvolle Ergänzung dieses Verfahrens betrachtet werden muß. Der Sintermagnet ist insbesondere
dann wirtschaftlich, wenn größere Stückzahlen (über 5000 bis
10.000 Stück) zu erzeugen sind. Ebenso kann man das Sinterverfahren dann mit Erfolg einsetzen, wenn das Stückgewicht der
Magnete kleiner als etwa 60 Gramm ist. Allerdings sind, wie aus
Abb. 243 und Abb. 244, die eine kleine Auswahl von erzeugten
Sintermagnetformen zeigen, zu sehen ist, auch große Magnete, an
die besondere, gießtechnisch nicht zu beherrschende Forderungen
gestellt werden, mit Erfolg im Sinterverfahren hergestellt worden.

d) Gesinterte Dauermagnete verschiedener Zusammensetzung.

Die bisherigen Ausführungen über Sintermagnete bezogen sich ausschließlich auf reine Eisen-Nickel-Aluminium-Magnete. Man

Abb. 243. Auswahl einiger im Sinterverfahren hergestellter Dauermagnete.

Abb. 244. Gesinterte Dauermagnete.

ist natürlich schon immer bestrebt gewesen, auch die hochlegierten komplexen Magnetlegierungen auf der Eisen-Nickel-Aluminium-Kobalt-Basis mit Zusätzen an Kupfer oder Titan auf pulvermetallurgischem Wege zu erzeugen. Von G. H. Howe[1] sind bereits beachtenswerte Eigenschaften beobachtet worden.

Neuerdings berichtet auch S. J. Garvin[2] über gesinterte Alnico-Magnetlegierungen mit verschiedenen Zusätzen, wie z. B. Kupfer und Titan. Die Sinterung dieser komplexen Legierungen bereitet natürlich beträchtlich größere Schwierigkeiten, als die der ternären Fe-Ni-Al-Legierungen. Insbesondere ist hier die Wahl geeigneter Vorlegierungen von Wichtigkeit. S. J. Garvin empfiehlt besonders eine Kobalt-Aluminium-Vorlegierung, die gegenüber reinem Kobaltpulver den Vorteil größerer Wirtschaftlichkeit hat. In Zahlentafel 115 sind die Werte für verschiedene gesinterte Alnico-Magnetlegierungen im Vergleich zu den entsprechenden Guß-legierungen zusammengestellt.

Zahlentafel 115. *Magnetische Eigenschaften erschmolzener und gesinterter Alnico-Legierungen* (S. J. Garvin).

Werkstoff	Herstellungs-verfahren	Remanenz B_R Gauss	Koerzitivkraft H_c Oersted	Energie-produkt $BH_{max} \cdot 10^{-6}$ Gauss . Oersted
Standard Alnico-Legierung	gegossen	7100 bis 7900	580 bis 480	1,4 bis 1,8
	gesintert	6400 bis 7700	550 bis 450	1,4 bis 1,66
Alnico-Legierung mit hoher Koerzitivkraft	gegossen	6300 bis 7200	660 bis 550	1,4 bis 1,8
	gesintert	5800 bis 6400	640 bis 590	1,4 bis 1,66
Alnico-Legierung mit hoher Remanenz	gegossen	8000 bis 8800	420 bis 320	1,3 bis 1,7
	gesintert	7300 bis 8000	450 bis 350	1,3 bis 1,45
Alcomax II	gegossen	12700	570	4,3
	gesintert	11200	560	3,3
Hycomax	gegossen	8500	790	2,7
	gesintert	7600 bis 8200	820 bis 760	2,4 bis 2,8

Von weiteren Untersuchungen auf diesem Gebiet seien noch die sintertechnische Herstellung der von W. Köster[3] erstmalig untersuchten Eisen-Kobalt-Wolfram- und Eisen-Kobalt-Molybdän-Legierungen und der Eisen-Nickel-Kupfer-Legierungen[4,5], sowie auch der Kobalt-Nickel-Kupfer-Legierungen erwähnt[6]. Alle die ge-

[1] Howe, G. H.: Iron Age 145, 1940, S. 27-31, 11. Jan.

[2] Garvin, S. J.: Iron Steel Inst., Spec. Rep. Nr. 38, London 1947, S. 67-72.

[3] Köster, W.: Stahl u. Eisen 53, 1933, S. 849-856; Arch. Eisenhüttenwes. 6, 1932-1933, S. 17-23.

[4] Dahl, O., J. Pfaffenberger u. N. Schwartz: Metallwirtsch. 14, 1936, S. 665-670.

[5] Neumann, H., A. Büchner u. H. Reinboth: Z. Metallkde. 29, 1937, S. 173-185.

[6] Dannöhl, W. u. H. Neumann: Z. Metallkde. 30, 1938, S. 217-31.

nannten Werkstoffe lassen sich leicht auf dem Sinterwege herstellen. Die möglichst reinen Pulver werden gut gemischt, mit Drücken von 2 bis 4 t/cm² gepreßt und bei 1150 bis 1300⁰ bzw. 950 bis 1100⁰ bei den Eisen-Nickel-Kupfer-Legierungen im Vakuum oder Wasserstoff gesintert. Die gesinterten Legierungen zeichnen sich durch eine noch bessere Duktilität als die erschmolzenen Werkstoffe aus, so daß ihre Verarbeitung keine Schwierigkeiten bereitet. Die magnetischen Eigenschaften sind gegenüber den Schmelzlegierungen jedoch nicht verbessert Die Eisen-Kobalt-Wolfram- bzw. Eisen-Kobalt-Molybdän-Legierungen haben bekanntlich keine technische Bedeutung erlangt, da sie durch die billigeren Mishima-Legierungen schnell verdrängt wurden. Die Eisen-Nickel-Kupfer-Werkstoffe und besonders die Kobalt-Nickel-Kupfer-Legierungen dagegen haben sich ein gewisses technisches Anwendungsgebiet errungen, für das sich gegebenenfalls die gute Verarbeitbarkeit des Sinterwerkstoffes, der im übrigen einwandfrei zu Feindraht verarbeitet werden kann, noch positiv auszuwirken vermag. Über die Sinterung der letztgenannten Legierungen und deren Eigenschaften berichtet R. Steinitz[1].

Von P. P. Alexander[2] sind gesinterte Zirkon-Nickel-Legierungen mit Gehalten an Kobalt und Eisen für dauermagnetische Zwecke vorgeschlagen worden. Die pulverförmigen Ausgangsstoffe sollen dabei zweckmäßig durch Reduktion der entsprechenden Oxyde mittels Kalziumhydrid gewonnen werden. Über die Eigenschaften und die Bewährung dieses Magnetwerkstoffes ist jedoch im Schrifttum bisher nichts Genaues erwähnt worden.

In jüngster Zeit wurde eine Entwicklung auf dem Gebiet der Dauermagnetwerkstoffe bekannt, die durch eine interessante Ausschöpfung der in der Pulvermetallurgie liegenden Möglichkeiten die Entwicklungsrichtung auf dem Gebiet der Dauermagnetwerkstoffe gegebenenfalls in ganz neue Bahnen zu lenken vermag. Nach einem Patentvorschlag[3] der Société d'Electrochimie, d'Electrométallurgie et des Aciéries Electriques d'Ugine weisen Eisen- und Eisen-Kobalt-Pulver, die in einem besonderen Verfahren mit äußerst kleinen Primärteilchen gewonnen werden, keine weichmagnetischen Eigenschaften auf, sondern zeigen vermutlich infolge Wirksamwerdens einer besonderen Oberflächenbeschaffenheit der einzelnen Pulverteilchen ausgesprochen dauermagnetische Eigenschaften. Die an einem derartigen Eisenpulver oder an einem Eisen-Kobaltpulver mit höherem Kobaltgehalt beobachteten magnetischen Eigenschaften entsprechen, jedenfalls was den Energiewert BHmax anbelangt,

---

[1] Steinitz, R.: Powder Met. Bull. 1, 1946, S. 54-47.
[2] A.P. 2184769 (1937).   [3] E. P. 590392 (1947).

weitgehend den Werten der Eisen - Nickel - Aluminium - Legierungen nach Art des Alni 120 oder der Eisen-Nickel-Aluminium-Kobaltlegierung mit 9 bis 12% Co. Die Entmagnetisierungskurven derartiger Magnete sind in Abb. 245 im Vergleich zu den Kurven der genannten Werkstoffe dargestellt. Bemerkenswert an diesen Magneten ist die Tatsache, daß sie im Zuge der Herstellung, ähnlich wie Massekerne, keinerlei Wärmebehandlung erfahren. Diese muß vermieden werden, um die Beschaffenheit des Pulvers durch einen solchen Vorgang nicht zu stören. Die Magnete sind also bereits nach dem Pressen gebrauchsfertig. Die Herstellungstechnik dieser Magnete ist demgemäß relativ einfach. Sofern das Pulvergewinnungsverfahren sich als genügend wirtschaftlich erweist, dürften diese Magnete,

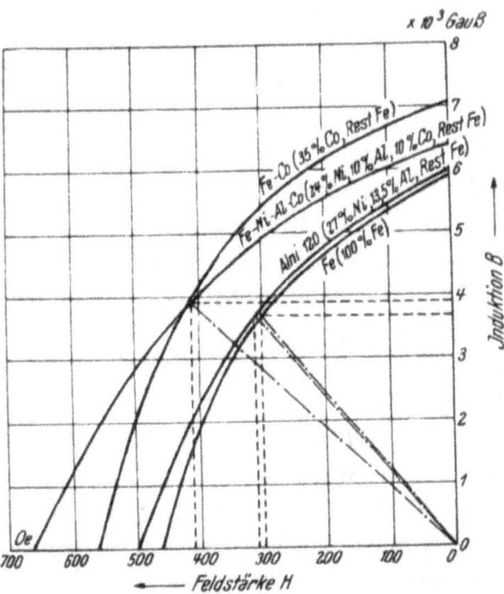

Abb. 245. Entmagnetisierungskurven eines Eisen- bzw. Eisen-Kobalt-Pulvermagneten im Vergleich zu den Kurven handelsüblicher Al-Ni- bzw. Al-Ni-Co-Magnete.

nicht zuletzt aus Rohstoffgründen, eine bemerkenswerte Zukunft haben. Der weiteren Entwicklung derartiger Werkstoffe wird man daher mit Interesse entgegensehen können.

C. Werkstoffe mit besonderem Korrosions- und Zunderverhalten.

1. Korrosionsbeständige Werkstoffe auf der Basis Eisen-Chrom-Nickel.

Der Gedanke, chemisch beanspruchte Werkstoffe auf dem Sinterwege herzustellen, hat erst in neuerer Zeit Boden gewonnen und steht mit den Erfolgen, die diese Fertigungstechnik inzwischen bei anderen Werkstoffen erzielte, im Zusammenhang. Die mittlerweile auf diesem Gebiet eingetretene Entwicklung läßt erkennen, daß auch für die Verwendung korresionsbeständiger Sinterlegierungen wirtschaftliche Gründe maßgebend sind. Insbesondere trifft dies für die in der letzten Zeit hauptsächlich in den USA. sich anbahnende stärkere Verwendung von gesinterten Eisen-Chrom-Nickel-Stählen mit 18% Cr und 8% Ni zu. Bei den für die Pulvermetallurgie üblichen Arbeitsverfahren kann es, wie schon eingangs betont, nicht im Sinne dieser Verfahrenstechnik liegen, mit dem im großtechnischen Maßstab erzeugten Walzmaterial in Konkurrenz zu treten, zumal auch nicht etwaige besonders hochwertige chemische Eigenschaften des Sintermaterials diese Entwicklungsrichtung wirtschaftlich rechtfertigen würden. Man wird dem gesinterten Werkstoff wohl am meisten gerecht, wenn man ihn zur Erzeugung von Sinterstahlfertigteilen verwendet. Ein technisches Bedürfnis für derartige korrosionsbeständige Teile wurde schon bei Besprechung der Filter sichtbar (s. S. 373). In Amerika scheint man neuerdings dazu überzugehen, Maschinenteile und Massenartikel aus gesintertem rostfreien Stahl herzustellen[1, 2, 3]. Den Anstoß dazu haben offenbar die Erfolge bei der Erzeugung von gesinterten Massenteilen aus unlegiertem Stahl gegeben[4].

Das Problem der pulvermetallurgischen Herstellung von Teilen aus 18-8-Stählen hat eine gewisse Ähnlichkeit mit der Erzeugung von Sintermagneten. Auch hier handelt es sich darum, Körpern aus einem Mehrstoffsystem, dessen eine Komponente schwer reduzierbare Oyxde bildet, lediglich durch die Sinterung ausreichende Eigenschaften zu verleihen. Im Gegensatz zu den Sintermagneten bildet sich bei diesem System während der Sinterung keine flüssige Phase, die bei den Sintermagneten als diffusionsfördernd erkannt wurde. Die sintertechnische Herstellung eines solchen Stahles erfordert mit Rücksicht auf die Oxydationsneigung des Chroms auch wieder besondere Aufmerksamkeit bei der Pulverwahl. Wenn man den Werkstoff aus den einzelnen Pulverkomponenten aufbaut, empfiehlt sich die Verwendung von Carbonyleisen, während für das Chrom zweckmäßigerweise ein reines Elektrolytchrom zur Anwendung kommt. Die Metallpulver werden im gewünschten Mischungsverhältnis feinst gemahlen und anschließend verpreßt. Für die Sinterung muß man auch hier reinstes Wasserstoffgas als Schutzatmosphäre verwenden. Das bei den Sintermagneten beschriebene Prinzip der Verwendung von Fangstoffen am Sintergut kann man natürlich auch vorteilhaft bei diesem Material in Anwendung bringen. Wenn man genügend lange, etwa 3 bis 6 Stunden bei Temperaturen zwischen 1250 bis 1400° sintert, erhält man schließlich einen oxydfreien und homogenen Körper[5]. Man erkennt

---

[1] Wulff, J.: s. Iron Age 148, 1941, S. 29-35 u. 100, 30. Okt., s. Powder Metallurgy, Am. Soc. Met., Cleveland (Ohio) 1942, S. 137-44 u. 310-13.

[2] Anonym: Chem. Eng. News 24, 1946, S. 1842.

[3] Anonym: Iron Age 158, 1946, S. 138-39. 19. Sept.

[4] Cone, E. F.: Iron Age 133, 1934, S. 27, 21. Juni.

dies sehr gut daran, daß das Bruchaussehen allmählich metallisch glänzend erscheint und bei etwa 20facher Vergrößerung keine grünlichen Chromoxydhäute im Bruchgefüge mehr sichtbar sind. Sofern es im Hinblick auf den Verwendungszweck des Materials angängig ist, kann man die Gefügeausbildung durch zwischengeschaltete Verformungen unterstützen. Im Falle der Herstellung von Fertigteilen ist dieses Verfahren natürlich nicht anwendbar. Man kann in diesen Fällen durch Beigabe von Ruß und durch Anwendung von Wasserstoffunterdruck bei der Sinterung die Ausbildung der diffusionshemmenden Chromoxydhäute recht gut unterdrücken. Auch die Verwendung von Hydriden empfiehlt sich. Besonders günstig soll sich zur Herstellung solcher Legierungen bei kürzester Diffusionszeit die abwechselnde Anwendung von Vakuum- und Wasserstoffsinterung erwiesen haben[1].

Bei Eisen-Chrom-Nickel-Legierungen kann das Chrom auch ganz oder teilweise in Form reinen Chromoxyds eingesetzt werden. Nach Untersuchungen von H. H. Meyer[2] verläuft die Reduktion eines Oxyds schneller und vor allem auch bei niedrigeren Temperaturen, wenn Stoffe vorhanden sind, die das zu reduzierende Metall zu lösen vermögen. Das reduzierte Metall diffundiert in diesem Fall in den anderen Stoff ein und ist so vor einer erneuten Oxydation geschützt. Derartige Vorgänge können sich in dem System Eisen-Nickel-Chrom abspielen, da sowohl Eisen als auch Nickel Chrom zu lösen vermögen. Nach den Untersuchungen von H. H. Meyer kann man beispielsweise bei elfstündiger Reduktionsdauer bei 1350^0 in Anwesenheit von Carbonyleisen zu einer 95%igen Reduktion des Chromoxyds kommen. G. Grube u. K. Ratsch[3] gewannen bei ähnlichen Untersuchungen im Verlauf einer 100stündigen Behandlung einer Eisen-Chromoxyd-Mischung bei 1200^0 unter reinem Wasserstoff eine nahezu sauerstofffreie, homogene Legierung. Diese Vorgänge können natürlich auch mit den gleichen Mitteln wie weiter oben beschrieben, nämlich durch Zugabe von Ruß oder Anwendung von Wasserstoffunterdruck, in ihrem Ablauf beträchtlich unterstützt werden.

Außer dieser beschriebenen Herstellungsart des 18-8-Stahles, bei der von den Pulverkomponenten ausgegangen wurde, kommt auch die Anwendung fertiger Legierungspulver in Frage. Man gewinnt solche Pulver durch Zerkleinern von Feil- und Drehspänen

[5] Kelley, F. C.: Electrical Engnrg. **61**, 1942, S. 408-475, s. Powder Metallurgy, Am. Soc. Met., Cleveland (Ohio) 1942, S. 60-66.
[1] D.R.P. 635644 (1933).
[2] Meyer, H. H.: Mitt. Kais.-Wilh.-Inst. Eisenforschg. **13**, 1931, S. 199-204.
[3] Grube, G. u. K. Ratsch: Z. Elektroch. **45**, 1939, S. 838-843.

oder sonstigen Verarbeitungsabfällen erschmolzener 18-8-Legierungen. Die Zerkleinerung erfolgt vornehmlich in Wirbelschlagmühlen. Es ist im allgemeinen nicht schwierig, dieses Pulver, das vor der Verwendung einer Entspannungsglühung unterworfen wird, zu verarbeiten. Die Preßbarkeit eines solchen Pulvers ist gut. Wenn man bei der Sinterung die vorstehenden beschriebenen Methoden bezüglich Ofenatmosphäre oder Beifügung besonderer Reduktionsmittel wie Ruß anwendet, erzielt man leicht Körper mit ausreichenden Eigenschaften.

Über ein neueres Verfahren zur Gewinnung von rostfreiem Stahlpulver, welches bereits auf S. 58 beschrieben wurde, berichtet J. Wulff[1, 2]. Das auf diesem Wege gewonnene Pulver ist gut preßbar. Die Fülldichte liegt zwischen 2,9 und 3,6 g/cm³. Bei einem Preßdruck von 5,5 t/cm² erreicht man eine Preßdichte von 7 g/cm³. Die Sinterung verläuft bei Einhaltung geeigneter Bedingungen bezüglich Sauberkeit und Schutzatmosphäre einwandfrei. Der Einsatz von Titanhydrid oder metallischem Kalzium begünstigt nach J. Wulff den Sinterprozeß.

Über die chemischen und technologischen Eigenschaften solcher gesinterter, rostbeständiger Werkstoffe liegen noch verhältnismäßig wenig Erfahrungen. vor. W. Köster u. R. Kieffer[3] fanden an 0,5 mm starkem Blech mit einer Zusammensetzung von 18% Cr, 8% Ni, Rest Fe, das unter Verwendung von Glatzel-Chrompulver (Magnesiumreduktion von Chromsalzen) hergestellt war, bei Salzwassersprühversuchen die gleiche Korrosionsbeständigkeit wie bei marktgängigen 18-8-Stählen. Ein wichtiger Vorteil der Sinterlegierungen in chemischer Hinsicht ist der, daß sie sich praktisch kohlenstofffrei herstellen lassen und infolgedessen die Gefahr einer interkristallinen Korrosion von vornherein ausgeschlossen ist. Über die technologischen Eigenschaften gesinterter 18-8-Stähle, die unter Verwendung des von ihm entwickelten Pulvergewinnungsverfahrens erzeugt wurden, berichtet J. Wulff[4]. Die Werte, die er nach vierstündiger Sinterung bei verschiedenen Temperaturen zwischen 600 und 1400° C beobachtete, sind in den Abb. 246 zusammengestellt. Bei 1250° gesinterte Körper wiesen demnach eine Zugfestigkeit von ca. 28 kg/mm² bei Dehnungen von 24% auf. Bei einer Steigerung der Sintertemperatur auf 1375° wächst die

---

[1] Wulff, J.: s. Iron Age 148, 1941, S. 29-35 u. 100, 30. Okt., s. Powder Metallurgy, Am. Soc. Met., Cleveland (Ohio) 1942, S. 137-44.

[2] A.P. 2407862 (1941).

[3] Köster, W. u. R. Kieffer: Unveröffentlichte Versuche, 1933.

[4] Wulff, J.: Powder Metallurgy, Am. Soc. Met., Cleveland (Ohio) 1942, S. 137-144.

Festigkeit auf 44 kg/mm² bei einer Dehnung von ca. 48%, während sich die Dichte auf wenige Prozent der Reindichte annähert. Diese letzten Werte sind für unverformte Körper sehr bemerkenswert.

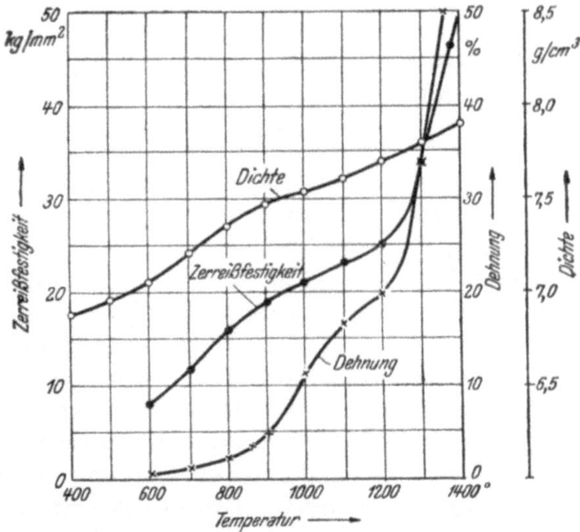

Abb. 246. Festigkeitseigenschaften und Dichte von Sinterkörpern aus 18/8 Cr-Ni-Legierungspulver in Abhängigkeit von der Sintertemperatur (Preßdruck 4,6 t/cm², Sinterzeit 4 Stunden) (J. Wulff).

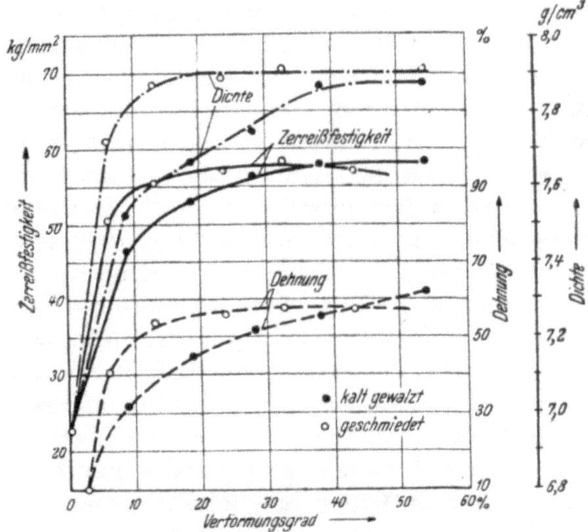

Abb. 247. Festigkeitseigenschaften und Dichte von Körpern aus 18/8 Cr-Ni-Legierungspulver in Abhängigkeit vom Verformungsgrad (Preßdruck 4.6 t/cm², Sinterzeit 4 Stunden) (J. Wulff).

Bei spanloser Verformung, die sowohl in Form eines Gesenkschmiedens als auch in Form einer Kaltwalzung durchgeführt wurde, steigen nach J. Wulff die nach einer Sinterung bei 1250⁰ erzielbaren Werte, wie Abb. 247 erkennen läßt, stark an und nähern sich den Werten des kompakten Materials. Durch eine etwa 10%ige Verformung werden bei Festigkeiten von mehr als 55 kg/mm² Dehnungen von 50% erzielt.

2. Heizleiterlegierungen.

Die Herstellung von gesinterten Heizleiterlegierungen hat mit den bisher besprochenen korrosionsfesten Werkstoffen und den Sintermagneten insofern vieles gemeinsam, als es sich bei diesen Werkstoffen ebenfalls grundsätzlich um Legierungen handelt, die eine oder mehrere oxydationsempfindliche Legierungskomponenten enthalten. Der Gedanke, Heizleiterlegierungen auf der Basis Eisen-Chrom-Aluminium auf dem Sinterwege herzustellen, wurde 1937 in einem amerikanischen Patentvorschlag[1] ausgesprochen Ein Vorteil, der sich mit der pulvermetallurgischen Herstellung solcher Werkstoffe verbindet, dürfte die mit der größeren Feinkörnigkeit verbundene erleichterte Verarbeitbarkeit dieser Werkstoffe sein, die insbesondere für die Eisen-Chrom-Aluminium-Legierungen von Bedeutung ist. Ebenso lassen sich die zur Erhöhung der Lebensdauer üblich gewordenen Zusätze von Alkalimetallen und der seltenen Erden in genauer dosierter Form und ohne große Abbrandverluste einbringen. Dieser letzte Gedankengang hat in einem deutschen Patent[2] seinen Niederschlag gefunden. In welchem Umfang Heizleiterwerkstoffe gemäß den genannten beiden Patentvorschlägen oder auch Heizleiterwerkstoffe auf der Basis Nickel-Chrom bzw. Nickel-Eisen-Chrom bisher auf dem Sinterwege gefertigt wurden, ist aus der Literatur nicht bekannt geworden. In jüngster Zeit wurde von den Verfassern der Gedanke, Heizleiterlegierungen auf dem Sinterwege zu erzeugen, erneut aufgegriffen. Abgesehen von einigen Versuchen an Nickel-Chrom-, Eisen-Nickel-Chrom- und Eisen-Chrom-Aluminium-Legierungen, die deren einwandfreie Herstellbarkeit auf dem Sinterwege ergaben, konzentrierten sich die Versuche unter dem Druck der Nachkriegsverhältnisse in der Hauptsache auf die Systeme Eisen-Aluminium, Eisen-Aluminium-Titan, Nickel-Eisen-Aluminium und Nickel-Aluminium, die bisher als Heizleiterwerkstoffe keine Bedeutung gefunden hatten, deren eventuell mögliche Anwendung jedoch nochmals überprüft werden sollte. Die Untersuchungen erstreckten

---

[1] A.P. 2 192 742 (1937).
[2] Dtsch.Pat.Anm. 74579, Kl 40b (1940).

sich bei den verschiedenen Werkstoffen im allgemeinen auf Legierungen mit 5 bis 10% Al.

Zur Frage der Sinterung dieser Systeme kann auf die in den Abschnitten über Dauermagnete bzw. korrosionsbeständige Werkstoffe gemachten Ausführungen verwiesen werden, da bei diesen Metallsystemen im wesentlichen die gleichen Verhältnisse vorliegen. Als Eisenpulver kam meistens ein sehr sorgfältig reduziertes Elektrolyteisen mit einem Restsauerstoffgehalt von 0,12 bis 0,18% und einer Korngröße von weniger als 0,06 mm zur Verwendung. Das Nickel wurde in Form von Carbonylnickel und das Aluminium in Form einer 50%igen Eisen-Aluminium-Vorlegierung eingesetzt. Die Sinterung muß bei Temperaturen oberhalb 1250⁰ genügend lang und vor allem auch in sauberster Atmosphäre so lange durchgeführt werden, bis sich ein sauberes, metallisch glänzendes Bruchgefüge der Sinterkörper ausgebildet hat. Die Körper der meisten untersuchten Legierungen erwiesen sich mit Ausnahme einer Eisen-Aluminium-Legierung mit 15% Al als genügend verformbar, so daß sie zu Feindraht gezogen werden konnten. Man verarbeitet die Sinterstäbe ähnlich wie Wolfram und Molybdän in Rundhämmermaschinen und zieht sie schließlich mit Hartmetallziehsteinen oder bei kleineren Durchmessern mit Diamantziehsteinen. Bei Anwendung sauerstoffhaltiger Pulver oder eines schlecht gereinigten Schutzgases bedecken sich die Stäbe mit einer weißen Aluminiumoxydschicht. Solche Stäbe sind auch im Innern entlang den Korngrenzen stark oxydiert und lassen sich meistens kaum verformen.

Über die Eigenschaften gesinterter Heizleiterlegierungen ist, wie erwähnt, bisher nicht viel bekannt geworden. Bei den eigenen Versuchen an Werkstoffen auf der Basis Eisen-Nickel-Chrom sowie Eisen-Chrom-Aluminium konnte festgestellt werden, daß sich am verformten Material im wesentlichen die gleichen Eigenschaften einstellen wie bei den Gußlegierungen. Es zeigen sich fast immer sehr geringe Abweichungen in den elektrischen Eigenschaften. Bei einer 80-20-Nickel-Chrom-Legierung konnte unter oben genannten Prüfbedingungen eine Lebensdauer von 120 Stunden beobachtet werden, ein Wert, der mit an den Schmelzlegierungen dieser Art ermittelten in guter Übereinstimmung steht[1]. Man kann gegebenenfalls von gesinterten, zunderfesten Legierungen eine etwas höhere Temperaturbeständigkeit erwarten, da man diese Werkstoffe weitgehend kohlenstofffrei halten kann Kohlenstoff ist in hitzebeständigen Legierungen bekanntlich einer der ärgsten Schädlinge,

---

[1] s. Hessenbruch, W. u. W. Rohn: Elektrowärme **9**, 1933, S. 294-297.

da er durch seine reduzierende Wirkung die Ausbildung einer schützenden Oxydschicht leicht zu stören vermag.

Über die an den untersuchten Nickel-Aluminium- und Nickel-Eisen-Aluminium-Legierungen beobachteten elektrischen und Lebensdauereigenschaften unterrichtet Zahlentafel 116. Auch hier zeigen die Werte gegenüber dem erschmolzenen Werkstoff keine

Zahlentafel 116. *Elektrische Eigenschaften und Lebensdauer von gesinterten Nickel-Eisen-Aluminium-Legierungen.*

Zusammensetzung			Spezifisch-elektrischer Widerstand bei Raumtemperatur	Widerstandsverhältnis $\varrho_{1000}/\varrho_{20}$	Lebensdauer in Stunden (1050°)
Ni	Fe	Al			
100	—	—	0,10	5,0	35
95	—	5	0,41	1,61	27
94	—	6	0,51	1,53	40
70	25	5	0,61	1,95	20
70	24	6	0,70	1,50	24
50	45	5	0,78	1,50	10
50	44	6	0,95	1,42	12,4
30	65	5	0,83	1,19	13,6

Besonderheiten. Man sieht, daß die Zunderbeständigkeit des reinen Nickels, ausgedrückt durch die bei 1050° nach dem deutschen Normverfahren ermittelte Lebensdauer, durch Zusätze von Aluminium nicht eindeutig beeinflußt wird, während sie bei Zusatz von Eisen deutlich abnimmt[1].

Es ist bekannt, daß die Hitzebeständigkeit von Eisen an Luft durch Aluminiumzusatz bedeutend verbessert werden kann. Abb. 248 gibt Ergebnisse von Zunderversuchen an Eisen-Aluminium-Legierungen nach N. A. Ziegler[2] wieder, nach denen Legierungen mit mehr als 6% Al eine sehr beträchtliche Zunderfestigkeit aufweisen.

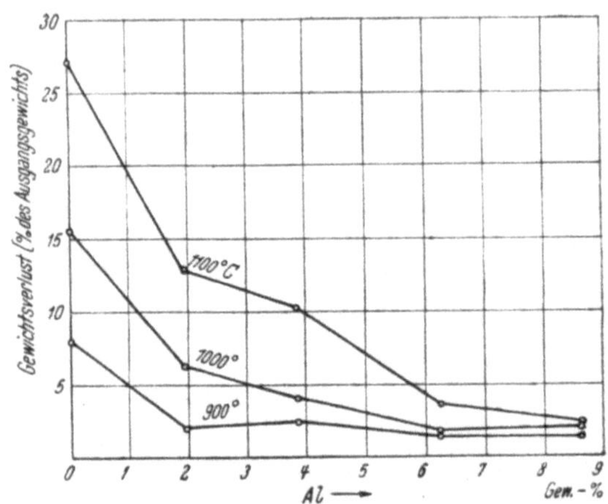

Abb. 248. Einfluß des Aluminiumgehaltes auf den Zunderverlust von Eisen (N. A. Ziegler).

[1] s. Hessenbruch, W.: Elektrowärme **9**, 1933, S. 294-297.

[2] Ziegler, N. A.: Trans. Amer. Inst. min. metallurg. Engrs. **100**, 1932, S. 267-271.

Auch C. Sykes und G. W. Bampfylde[1] stellten in einer eingehenden Untersuchung über die Eigenschaften erschmolzener Eisen-Aluminium-Legierungen eine sehr bemerkenswerte Zunderfestigkeit der Werkstoffe bei höherem Aluminiumgehalt fest. Ähnliche Beobachtungen machten A. Portevin, E. Prevet und N. Jolivet[2] sowie A. Haussmann[3]. Wenn trotz dieser großen Hitzebeständigkeit hochlegierte Eisen-Aluminium-Werkstoffe bisher keine praktische Anwendung fanden, so ist der Grund hierfür in einer außerordentlichen Empfindlichkeit solcher Legierungen gegen Verletzung der gebildeten Oxydhaut und in ihrer starken Neigung zur Bildung von Aluminiumnitriden zu suchen. Letzten Endes bereitet auch die Verarbeitung der hoch aluminiumhaltigen Legierungen nicht unbeträchtliche Schwierigkeiten. Nach den Untersuchungen von C. Sykes und J. W. Bampfylde[1] sind geschmolzene Legierungen mit weniger als 5% Al ohne weiteres verformbar. Die höherlegierten Werkstoffe setzen jedoch ein sehr sorgfältig überwachtes Temperatur- und Verformungsprogramm voraus, wenn eine spanlose Verarbeitung überhaupt gelingen soll. Im Gegensatz dazu konnten die Verfasser hier eine deutliche Verbesserung bei den gesinterten Werkstoffen feststellen. Legierungen mit 10% Al sind ohne weiteres verformbar und sind in laufender Fabrikation zu Draht mit 0,4 mm Durch-

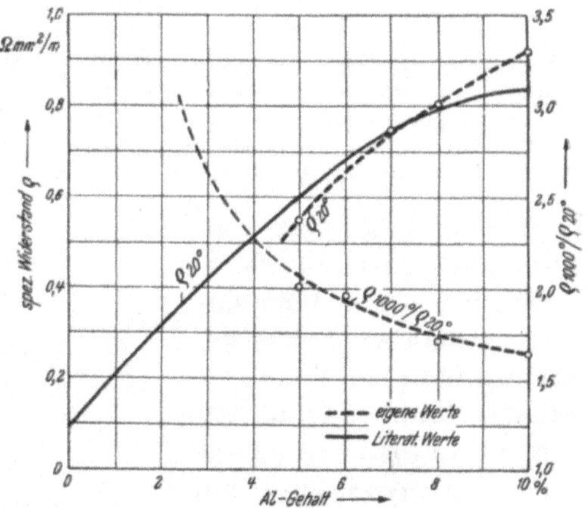

Abb. 249. Spezifischer elektrischer Widerstand von erschmolzenen und gesinterten Eisen-Aluminium-Legierungen und Widerstandsverhältnis $\varrho_{1000}/\varrho_{20}$ in Abhängigkeit vom Aluminiumgehalt.

messer und weniger verarbeitet worden. Zweifelsohne wirkt sich hier das sehr feinkörnige Sintergefüge selbst der hoch aluminiumhaltigen Legierungen in günstigem Sinne aus. Über die verschiedenen Eigenschaften gesinterter Eisen-Aluminium-Legierungen geben die Abb. 249 bis 251 Auskunft. Die elektrischen Eigenschaften, insbesondere der spezifisch elektrische Widerstand bei Raumtemperatur, weichen, wie Abb 249 zeigt, für die verschiedensten

<hr>

[1] Sykes, C. u. G. W. Bampfylde: J. Iron Steel Inst. **130**, 1934, S. 389-418.

[2] Portevin, A., E. Prevet u. H. Jolivet: Rev. Mét. **31**, 1934, S. 223.

[3] Haussmann, A.: Stahl u. Eisen **51**, 1931, S. 65-67.

Aluminiumgehalte im Bereich von 5 bis 10% nur wenig von den aus der Literatur bekannten Werten ab. Legierungen mit 10% Al zeigen Werte des spezifischen Widerstandes, die sich den Werten der bekannten Widerstandswerkstoffe nähern und lassen eine wirtschaftliche Verwendung einer solchen Legierung möglich erscheinen. Verhältnismäßig störend ist allerdings der bei Eisen-Aluminium-Legierungen zu beobachtende starke Temperaturanstieg des Widerstandes, für den das in Abb. 249 in Abhängigkeit vom Aluminiumgehalt dargestellte Verhältnis des spezifischen Widerstandes bei 1000° und 20° ein Maßstab ist. Man sieht, daß sich bei einer Legierung mit 10% Al bei Erhitzung auf

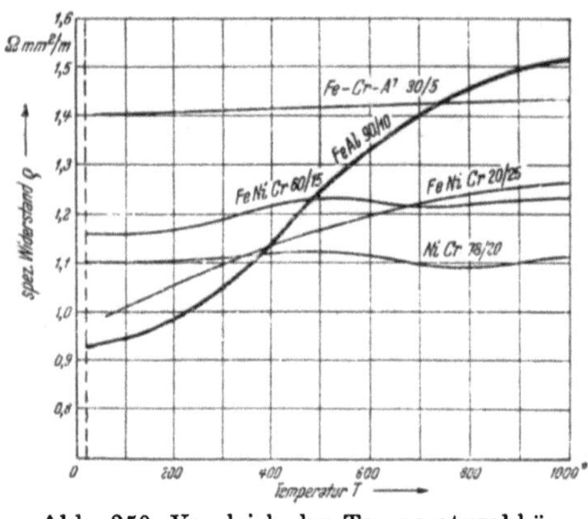

Abb. 250. Vergleich der Temperaturabhängigkeit des Widerstandes einer gesinterten Eisen-Aluminium-Legierung mit 10% Al mit verschiedenen handelsüblichen Heizleiterwerkstoffen.

1000° der Widerstand um 60 bis 65% erhöht. Dieser Wert liegt weit über dem bei normalen Heizleiterwerkstoffen zu beobachtenden und macht bei höheren Leistungen wegen der großen Anfahrströme unter Umständen Anlaßhilfsmittel erforderlich. Abb. 250 zeigt im Vergleich zu verschiedenen üblichen Heizleiterwerkstoffen die Widerstandstemperaturabhängigkeit einer Eisen-Aluminium-Legierung mit 10% Al. Das gute Zunderverhalten von Legierungen mit höherem Aluminiumgehalt wurde im wesentlichen

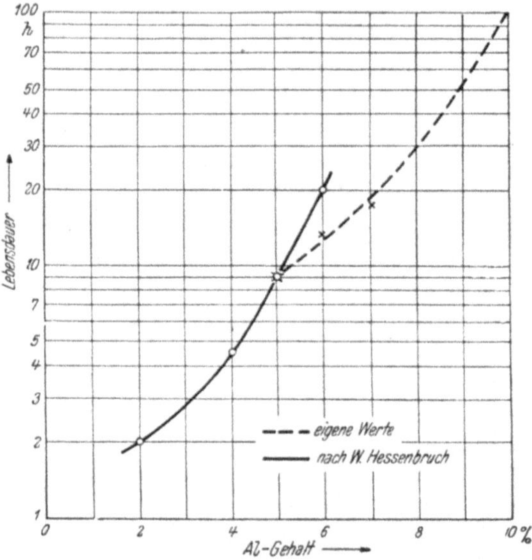

Abb. 251. Lebensdauer einer Eisen-Aluminium-Legierung in Abhängigkeit vom Aluminiumgehalt, bestimmt am geschmolzenen u. gesinterten Werkstoff.

bestätigt gefunden. In Abb. 251 sind die von W. Hessenbruch[1]

---

[1] s. Hessenbruch, W.: Elektrowärme **9**, 1933, S. 294-297.

im Konzentrationsbereich bis zu 6% mitgeteilten Werte der Lebensdauer bei 1050⁰ durch Werte aus eigenen Untersuchungen vervollständigt worden. Die beiden Kurven passen sich verhältnismäßig gut aneinander an. Bei hohen Aluminiumgehalten sind Lebensdauern erzielbar, die denen der normalen 80-20-Chrom-Nickel-Legierungen vergleichbar sind. Über die technologischen Eigenschaften einer 10%igen Eisen-Aluminium Legierung in den verschiedensten Verarbeitungszuständen unterrichtet Zahlentafel 117.

Zahlentafel 117. *Festigkeitseigenschaften von gesinterten Eisen-Aluminium-legierungen mit 10% Al bei verschiedenen Verformungsgraden (geglüht und ungeglüht).*

	gesintert	gehämmert 1,4 $\oslash$	gezogen (ungeglüht)		gezogen (geglüht)	
			0,6 $\oslash$	0,4 $\oslash$	0,6 $\oslash$	0,4 $\oslash$
Dichte g/cm³ .	6,2	6,5	6,65	6,68	n. b.	n. b.
Festigkeit kg/mm²	17,3	85	90	110	60	85
Dehnung % . . .	1,5	2,0	1,5	1,0	10	6
Härte kg/mm² .	52	n. b.	n. b.	n. b.	n. b.	n. b.

Die dort mitgeteilten Werte gelten für Raumtemperatur. Bei erhöhten Temperaturen nimmt die Festigkeit ähnlich wie bei Eisen-Chrom-Aluminium-Legierungen stark ab, was in der Praxis eine sorgfältige Unterstützung der Heizelemente erforderlich macht. Erfahrungen über ein andersartiges Verhalten der Sinterlegierung in den verschiedensten Glühatmosphären liegen zur Zeit noch nicht in ausreichendem Maße vor.

Wenn auch die elektrischen Eigenschaften der hochlegierten Eisen-Aluminium-Werkstoffe von denen der normalen Heizleiterlegierungen in verschiedener Hinsicht abweichen, so konnte sich ein solcher gesinterter Werkstoff in der Nachkriegszeit in Österreich doch in gewissem Umfang einführen.

D. Sonstige Werkstoffe mit besonderen Eigenschaften.

1. Bimetalle.

Bimetalle sind bekanntlich schichtweise aus zwei Werkstoffen mit verschiedenem Ausdehnungsverhalten aufgebaute Verbundmetalle, die bei Erhitzung eine temperaturabhängige Biegung erfahren, mit deren Hilfe Temperaturregelungen, Schalteffekte und sonstige Steuerungen durchgeführt werden können. Für die Wahl der Bimetallkomponenten ist der Wärmeausdehnungsverlauf der beiden zu verbindenden Metalle entscheidend. Die Ausbiegung wird um so größer sein, je mehr sich die Ausdehnung beider Werkstoffe unterscheidet. Im benutzten Temperaturbereich soll außerdem der Ausdehnungsverlauf beider Komponenten nach Möglichkeit keine Änderung erfahren, d. h. die Ausdehnungskurve soll möglichst geradlinig sein, damit das Bimetall einen eindeutigen Durchbiegungsgang ohne Knickpunkte zeigt. Wenn die Erwärmung des Bimetalls durch Stromdurchgang vorgenommen wird, spielt außerdem auch die Leitfähigkeit des Materials eine Rolle. Im Laufe der Zeit haben sich verschiedene Bimetallkombinationen in der Technik eingeführt. Meistens besteht die schwachdehnende Komponente aus einer 36%igen Eisen-Nickel-Legierung, während für die andere Komponente die verschiedensten eisen- und nichteisenhaltigen Werkstoffe wie Flußeisen, Eisen-Nickel-Legierungen, Messing und Konstantan Verwendung fanden Bimetalle, bei denen die stark dehnende Komponente aus einer 20 bis 30%igen Eisen-Nickel-Legierung besteht, haben eine gewisse Bedeutung erlangt, nachdem es gelang, durch Zusätze von Molybdän oder Mangan die bei Eisen-Nickel-Bimetallen auftretenden Knickpunkte im Ausdehnungsverlauf zu beseitigen. Abb. 252 zeigt die Wärmeausbiegung verschiedener Eisen-Nickel-Bimetalle.

Zur Herstellung der Bimetalle geht man meistens so vor, daß die beiden Bleche durch Löten, Schweißen oder durch Aufeinanderwalzen miteinander verbunden werden. Gesinterte Bimetalle auf der Eisen-Nickel-Basis lassen sich nach G. Hamprecht und L. Schlecht[1] in der Weise herstellen, daß man Carbonyleisen - Nickel - Pulver-

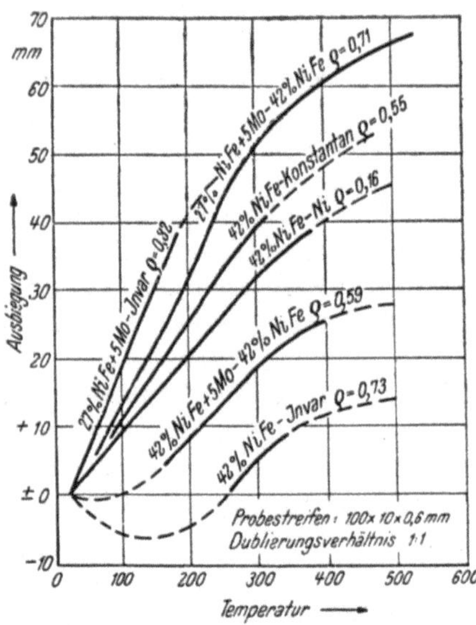

Abb. 252. Wärmeausbiegung verschiedener Bimetalle (W. Rohn).

mischungen der gewünschten Zusammensetzung je zur Hälfte schichtweise in eine Form füllt und sintert. Man erhält einen aus den beiden Stoffen bestehenden Körper, den man ohne Schwierigkeiten verarbeiten kann. Abb. 253 zeigt eine Halbzeugstange aus Bimetall, die auf diesem Wege gewonnen wurde. Nach G. Ham-

---

[1] Hamprecht, G. u. L. Schlecht: Metallwirtsch. 12, 1935, S. 281-284.

precht u. L. Schlecht kann man aber auch die zweite Bimetall-
komponente auf bereits verdichtetes Material aufschütten und in einer
Glühbehandlung aufsintern und diesen Körper dann anschließend
verwalzen. Mit diesen beiden Herstellungsverfahren eröffnen sich
wirtschaftlich erscheinende Wege für die Erzeugung von Bimetallen.

Von den Verfassern
wurde bei eigenen Ver-
suchen festgestellt, daß
sich bei einer derarti-
gen Erzeugung von Bi-
Metallen die für die
Gleichmäßigkeit des Er-
zeugnisses sehr wich-
tige Legierungszusam-
mensetzung mit einer
weit höheren Genauig-

Abb. 253. Halbzeugstange aus gesintertem Bimetall
(G. Hamprecht u. L. Schlecht).

keit einhalten läßt, als es bei der Erschmelzung der Fall ist. Es
bereitet keine Schwierigkeiten, die Trennschicht zwischen den
beiden Komponenten durch geeignete Maßnahmen beim Pressen
sauber einzuhalten. Die ausgewalzten, gesinterten Bimetalle besitzen
darüber hinaus eine ganz hervorragend gute Haftfähigkeit der
Schichten. Man ist bei Bimetallen nicht unbedingt auf Carbonylpulver angewiesen. Versuche mit sauber reduziertem Elektrolyteisen
haben ein gleich gutes Ergebnis gebracht. Man muß in diesem Falle
nur dafür Sorge tragen, daß die Pulver gut durchmischt sind und
im Interesse der Gefügeausbildung bei genügend hohen Temperaturen
(ca. 1300⁰ C) gesintert werden. Das Einbringen von Zusätzen
bereitet keine Schwierigkeiten. Die Eigenschaften weichen von
denen der im Normalverfahren erzeugten Werkstoffe kaum ab.
Die hohe beobachtete Gleichmäßigkeit und vor allem auch das
sehr hohe Ausbringen an Fertigmaterial stellen einen unter Umständen interessanten Vorteil des Sinterverfahrens gegenüber dem
Schmelzverfahren dar.

2. Eisengebundene Diamantmetallwerkstoffe.

In neuerer Zeit finden in zunehmendem Maße für die verschiedensten Bearbeitungsvorgänge diamantbestückte Werkzeuge Anwendung, nachdem es gelungen ist, durch pulvermetallurgische
Arbeitsverfahren das Problem der Bindung zwischen dem Diamant
und dem Werkzeug zu lösen und außerdem auf diese Weise den
billigeren Diamantboart oder das aus weniger wertvollen Diamanten
durch Zerkleinerung gewonnene Pulver zu verwenden. Der Diamant
als härtester aller bekannten Werkstoffe hat schon frühzeitig für

Bearbeitungszwecke in Form von Bohr-, Schneid-, Zieh-, Härte-prüf- und Abrichtgeräten Anwendung gefunden. Von der Jahres-Erzeugung, die 1921 nach R. Spies[1] ca. 1600 kg betragen haben soll, wurde etwa die Hälfte für Industriezwecke verwendet. Man pflegte die Diamanten mit niedrig schmelzenden Loten mit dem Werkzeugträger aus Eisen oder Stahl zu verbinden oder befestigte sie durch vorsichtiges Einpressen, Einhämmern oder Einwalzen in einer weicheren Grundmasse[2]. Auch verwendete man zur Erzeugung von Schleifscheiben grobporige Gußeisenscheiben, auf die eine Paste aus Öl und feingeschlemmtem Diamantboart aufgebracht wurde. Bei zahnärztlichen Werkzeugen bevorzugte man meistens eine elektrolytische Abbindung der Diamanten, die durch Behandlung mit Metallsalzen oder Graphit leitend gemacht und in einem elektrolytischen Bad durch abgeschiedenes Nickel miteinander und mit dem Grundkörper verbunden wurden. Die Gußeisenscheiben und die elektrolytisch hergestellten Diamant-werkzeuge stellen gewissermaßen den Übergang zu den eigentlichen gesinterten Diamantmetallwerkstoffen dar. In der Herstellungs-technik sehr verwandt zu den Diamantmetall-Sinterwerkstoffen sind die kunstharzgebundenen Diamantwerkzeuge, die sich ins-besondere zum Läppen und Polieren von Hartmetallwerkzeugen und Matrizen eingeführt haben[3]. Der pulvermetallurgische Weg zur Herstellung von Diamantwerkzeugen wurde schon im Jahre 1922 beschritten. Von O. Diener[4] u. E. Gauthier[5] wurde damals vorgeschlagen, als Einbettungsmasse für den Diamanten Elektrolyt-eisen- und Stahlpulver neben anderen Metallpulvern zu verwenden. Obwohl sich zwischenzeitlich die Diamantmetallwerkzeuge und Bohrkronen mit Hartmetallbindung stärker in den Vordergrund geschoben haben, finden neuerdings wieder eisengebundene Diamant-metallegierungen verstärktes Interesse.

Für die Herstellung von gesinterten Diamantwerkstoffen wird der Diamantboart durch Mischen in ein metallisches Bindemittel eingebettet, das dann durch den Sinterprozeß mit dem eigentlichen Werkzeugträger verbunden wird. Hierdurch wird eine einwand-freie Bindung zwischen den Diamantteilchen, dem Werkzeug-träger und dem Bindemittel erzielt. Aus der großen Zahl der mög-

---

[1] Spies, R.: Werkzeugmaschine **42**, 1938, S. 528-538.
[2] Anonym: Schleif- u. Poliertechn. **16**, 1939, S. 114-117; s. D.R.P. 4024 (1870).
[3] Siehe Elektr. Rev. **37**, 1934, S. 79. — F.P. 803 212 (1936), 803 213 (1936); Schweiz.Pat. 170 525 (1932).
[4] D.R.P. 386 776 (1922).
[5] A.P. 1 625 463 (1922).

lichen Bindemassen[1] aus Metallen haben sich insbesondere eisenhaltige Legierungen (Eisen, Eisen-Nickel, Eisen-Nickel-Chrom) sowie Legierungen auf der Kupferbasis, ferner Wolfram- und Molybdänlegierungen (Wolfram-Kupfer-Nickel, Molybdän-Kupfer-Kobalt) und endlich die Sinterhartmetalle bewährt. Um eine genügend feste Bindung der Diamantteilchen in der Bindemasse zu erzielen, muß man das gepreßte Gemenge bei genügend hohen Temperaturen zu einem möglichst porenfreien Körper zusammensintern. Hierfür sind grundsätzlich drei Wege möglich:

1. Man wählt ein Bindemittel, in dem bei den angewandten Sintertemperaten eine flüssige Phase auftritt.

2. Tritt beim Sintern der Mischung keine flüssige Phase auf, wie es z. B. bei Eisen-Nickel, Eisen-Nickel-Chrom-Bindung der Fall ist, so tränkt man den verhältnismäßig porigen Sinterkörper anschließend mit niedrig schmelzenden Metallen oder Legierungen, wie z. B. Kupfer, Zinn, Blei, Bronze usw., um die Poren zu füllen und die Hohlräume zwischen Diamant und Bindemetall zu verschließen.

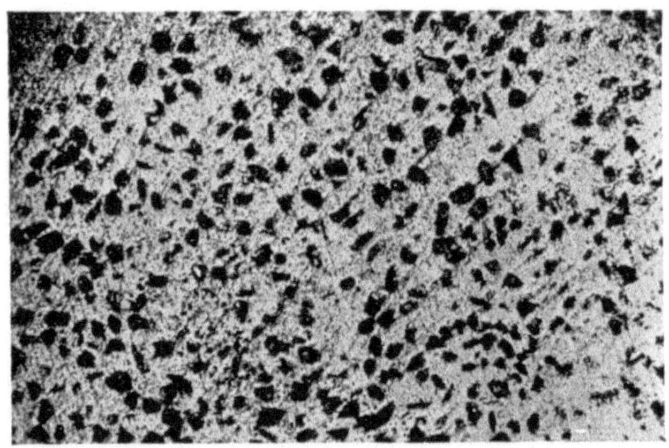

Abb. 254. Gefüge eines Diamantmetallbelags (× 6).

3. Man wendet die Drucksinterung an, so zum Beispiel bei Wolfram-Kupfer-Nickel- und Hartmetallbindung. Nach diesem Verfahren gelangt man zu sehr dichten Körpern und einer hervorragenden Einbettung, selbst wenn bei der Sinterung keine flüssige Phase auftritt.

Das Gefüge eines nach dem dritten Verfahren gewonnenen Diamantmetallbelages mit einer porenfreien Grundmasse, zeigt Abb. 254.

---

[1] s. Kieffer, R. u. W. Hotop: Pulvermetallurgie und Sinterwerkstoffe, Berlin: Springer-Verlag, 1943, S. 372ff.

Die Größe der Diamantmetallkristalle ist sowohl für die bei dem Bearbeitungsprozeß in der Zeiteinheit abgenommene Materialmenge als auch für die Oberflächengüte des bearbeiteten Werkstückes maßgebend. Die Arbeitsleistung steigt gewöhnlich mit der Korngröße der Diamanten, während die Oberflächenbeschaffenheit mit abnehmender Korngröße besser wird. Für Grobschliff und zum Abtragen größerer Materialmengen eignen sich Diamantkörnungen von 0,15 bis 0,5 mm, während man für feine Arbeiten Körnungen von 0,15 bis 0,05 mm bevorzugt. Für feinste Oberflächenbearbeitungen kommen allerdings noch wesentlich feinere Körnungen in Frage. Mit ihnen lassen sich Hochglanzpolituren und schartenfreie Kanten erzielen.

Ein Vergleich der Leistung von Diamantmetallwerkzeugen in Abhängigkeit von der Beschaffenheit des Bindemittels zeigt, daß die eisengebundenen Werkzeuge ähnlich wie die kupfergebundenen weniger verschleißfest sind als Wolfram-Kupfer-Nickelbindungen, die ihrerseits wieder von den Werkzeugen mit Hartmetallbindung übertroffen werden. Die Griffigkeit, bzw. die Schleifwirkung pro Zeiteinheit ist jedoch bei den Werkzeugen mit weicher Grundmasse höher. In Auswertung dieser Erkenntnis benutzt man für Werkzeuge, von denen höchste Verschleißfestigkeit verlangt wird, wie z. B. Abrichtwerkzeuge[1] und Bohrkronen für Gesteinsbohrungen[2], vorzugsweise Hartmetall oder Wolframlegierungen als Einbettmassen. Hier könnte gegebenenfalls aber auch der Einsatz von Sinterstahl oder gesinterten eisenhaltigen Stelliten erwogen werden.

Diamantsintermetallwerkzeuge haben eine ständig steigende Anwendung gefunden. Über die verschiedenen Anwendungsarten berichten R. Kieffer u. W. Hotop[3] sowie F. Rollfinke[4]. Insbesondere benutzt man die Diamantmetallwerkzeuge für alle Fälle der Hartbearbeitung in Form von Schleif-, Bohr- und Abrichtwerkzeugen. Man verwendet sie z. B. für Gesteinsbohrer, zum Bearbeiten von Glas (optische Linsen) und keramischen Werkstoffen (Sintertonerde) sowie Halbedelsteinen. Einsatzgehärtete und nitrierte Sonderstähle, Kaltwalzen, Tiefziehwerkzeuge, Ziehsteine, Lehren und Matrizen für Pulverpressungen lassen sich mit Diamantmetallwerkzeugen mit höchster Genauigkeit und bester Oberflächengüte bearbeiten. Die Werkzeuge mit Diamantmetall-

---

[1] Siehe Urbanek, F.: Schleif- u. Poliertechn. 17, 1940, S. 2-4.

[2] Welow, W. C.: Trans. Amer. Inst. min. metallurg. Engrs. Techn. Publ. 1172, 1940.

[3] Kieffer, R. u. W. Hotop: Pulvermetallurgie und Sinterwerkstoffe, Berlin: Springer-Verlag, 1943, S. 368ff.

[4] Rollfinke, F.: Maschinenbau 19, 1940, S. 109-110.

belägen lehnen sich in ihrer formlichen Ausbildung meistens an die üblichen genormten Werkzeugformen an[1]. Abb. 255 zeigt als Beispiel eine Reihe von Diamantmetallschleifwerkzeugen, während Abb. 256 ein in eine Patrone (Morsekegel 1) gepreßtes Diamantmetallabrichtwerkzeug zeigt, bei dem der Diamantmetallkopf einmal aus Diamantmetall mit gleichmäßig verteiltem Diamantboart aufgebaut ist, während im anderen Fall in das Bindemetall einige wenige größere Diamantsplitter patronenartig hintereinander eingebaut sind.

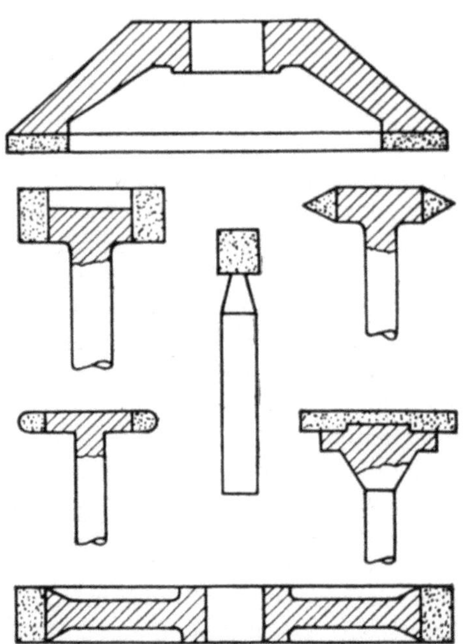

Abb. 255. Schleifwerkzeuge mit Belägen aus Diamantmetall.

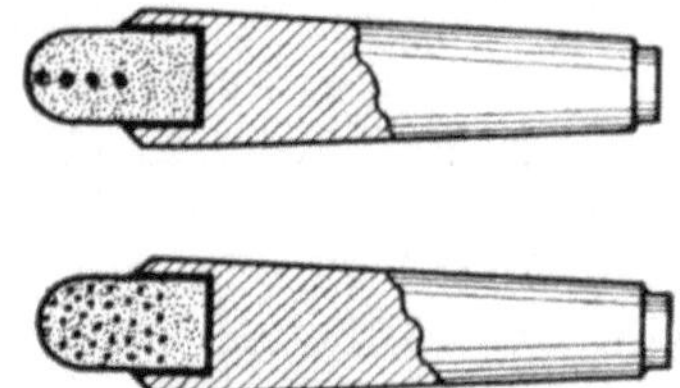

Abb. 256. Abrichtwerkzeug mit verschiedenartig aufgebauten Köpfen aus Diamantmetall.

3. Gesinterte Schweißstäbe.

Als weitere Anwendung der Sintertechnik ist die Herstellung von Schweißstäben aus Metallpulvern erwähnenswert. Die ersten Arbeiten hierüber wurden etwa im Jahre 1929 bekannt. Man versuchte die beim Schweißprozeß durch die schwerfließende Schlacke und starke Oxydbildung auftretenden Schwierigkeiten durch gesinterte Schweißstäbe zu umgehen. Nach Versuchen von L. Schlecht, W. Schubardt u. F. Duftschmid[2] werden solche Schweißstäbe vornehmlich aus reinen Carbonylmetallpulvern hergestellt. Beim Schweißvorgang werden die Carbonylmetalle besonders leichtflüssig, so daß sich allenfalls gebildete Schlacken und Oxyde nicht im Innern der Schweißnaht ablagern, sondern auf die Oberfläche gespült werden, wo sie leicht entfernt werden

---

[1] Siehe Meyer, A.: Schleif- u. Poliertechn. 15, 1938, S. 81-85.
[2] D.R.P. 526581 (1929), 580398 (1931); A.P. 1972463 (1931).

können. Man erreicht mit Sinterstäben eine sehr gleichmäßige Naht mit guten mechanischen Eigenschaften. Die beim Schweißen üblichen Flußmittel bzw. Schlackenbildner wie Borax, Silikate, Chloride, Fluoride kann man bei gesinterten Schweißstäben bereits den Ausgangspulvern in pulverisierter Form heimischen und einsintern. Dadurch erhält man diese Stoffe in feinster Verteilung, was für den Materialübergang und die Ausbildung der Schweißnaht sehr von Vorteil ist.

Bei der Herstellung solcher Schweißstäbe bedient man sich der normalen pulvermetallurgischen Arbeitsverfahren. Die Metallpulver werden mit den pulverisierten Flußmitteln und den Legierungszusätzen — letztere meist in Form von zerkleinerten Ferrolegierungen — gemischt. Die Pulvergemenge werden dann zu Vierkantstäben mit einem Gewicht von 2 bis 5 kg verpreßt. Nach der Sinterung, die bei Temperaturen um 1200⁰ C erfolgt, kann man die Stäbe durch Hämmern und Ziehen zu Rundstäben des gewünschten Durchmessers verarbeiten. Für eine großtechnische Herstellung von Sinterschweißstäben ist der kleine Vierkantpreßling natürlich nicht wirtschaftlich genug. Man wendet vorteilhafter das von L. Schlecht, W. Schubardt u. F. Duftschmid sowie E. K. Offermann[1, 2, 3] beschriebene Verfahren der Sinterung von durch Rütteln in Kokillen geformten Großblöcken an, die mit den üblichen Stahlwerksmitteln durch Schmieden, Drahtwalzen und Ziehen weiterverarbeitet werden (s. S. 435). Eine besondere Schwierigkeit tritt nach W. Köster, R. Kieffer und C. Ballhausen[4] bei Sinterschweißelektroden dann auf, wenn es sich darum handelt, kohlenstofflegierte Stäbe mit bestimmtem C-Gehalt herzustellen. Während der Sinterung reagiert der in Form von Ruß oder Graphit vorliegende Kohlenstoff mit dem Restsauerstoff der Metallpulver und den Flußmitteln, wobei letztere in mehr oder weniger hohem Maße reduziert werden. Durch Wahl schwer reduzierbarer Schlacken und Sinterung in neutraler Atmosphäre lassen sich diese Schwierigkeiten beheben und einwandfreie Kohlenstoffsinterstähle erhalten.

Nach diesen anfänglichen Arbeiten hat die Sinterschweißelektrode längere Zeit hindurch keine Rolle gespielt. Erst in neuerer Zeit hat sie in den USA. wegen der im Kriege nicht ausreichenden

[1] Schlecht, L., W. Schubardt u. F. Duftschmid: Z. Elektroch. **37**, 1931, S. 485-492.

[2] Duftschmid, F., L. Schlecht u. W. Schubardt: Stahl u. Eisen **52**, 1932, S. 845-849.

[3] Offermann, E. K.: Mitt. Kohle-Eisenforschung 1, 1936, S. 85-120.

[4] Unveröffentlichte Arbeiten, 1933-1934.

Ziehkapazität wieder an Bedeutung gewonnen[1]. Man bedient sich bei den neuen Versuchen, die ausschließlich auf die Herstellung legierter Schweißstäbe (18/8 Cr-Ni) ausgerichtet sind, des in den letzten Jahren sehr entwickelten Strangpreßverfahrens.

F. G. Daveler[2] berichtet über ein Verfahren, einen unlegierten Eisendraht mit einer Pulvermischung zu ummanteln, deren Zusammensetzung dem 18/8 Cr-Ni-Stahles entspricht. Diese Ummantelung kann man zweckmäßig durch Strangpressen vornehmen. Hierzu wird die Pulvermischung mit geeigneten Plastifizierungsmitteln versehen und dann gemeinsam mit dem Kerndraht stranggepreßt. Anschließend werden die Stäbe gesintert und in üblicher Weise mit einem Flußmittel ummantelt. Die Sinterung solcher Stäbe mit Drahtseele kann bei verhältnismäßig niedrigen Temperaturen erfolgen und vor allem auch kurzzeitig durchgeführt werden. Die Sinterung verfolgt nur das Ziel, dem Metallpulvermantel eine für den Transport und die Handhabung der Stäbe ausreichende mechanische Festigkeit zu geben. Die eigentliche Legierungsbildung erfolgt bei einem derartigen Schweißdraht erst im Augenblick der Schweißung.

Einen anderen Weg zur Herstellung von gesinterten 18/8-Schweißstäben beschritten F. C. Kelley u. F. E. Fisher[3].

Einer aus den einzelnen Legierungskomponenten aufgebauten Pulvermischung werden Stärke und Wasser zugesetzt. Durch Kochen und anschließendes Reifenlassen dieser Mischung erhält man eine plastische Masse, die, vorgepreßt und in der Strangpresse verarbeitet, genügend formbeständige Preßkörper ergibt. Nach dem Trocknen werden die auf Länge zugeschnittenen Stäbe in einem Ofen mit reinstem Wasserstoff als Schutzgas und unter einer Stahlwolle-, bzw Ferrochrom-, bzw. Ferrosilizium-Getterschicht eine Stunde bei 1300° C gesintert. Die fertigen Stäbe werden in üblicher Weise mit Flußmitteln ummantelt. Bemerkenswert ist bei diesen Elektroden der andersartige Materialtransport beim Schweißen. Das Material schmilzt nicht tropfenweise von der Elektrode ab, sondern geht in Form feinster Spritzer über, so daß sich eine sehr glatte Schweißnaht bildet. Bezüglich ihrer technologischen und chemischen Eigenschaften unterscheidet sich eine solche Naht nicht von einer mit gewöhnlichem Material hergestellten.

Gesinterte Schweißstäbe haben zweifellos eine Anzahl Vorteile. Besonders zeichnen sich solche Elektroden, wie oben bereits erwähnt, durch saubere, glatte Schweißnähte aus, die gute mechanische

---

[1] Daveler, F. G. u. P. H. Aspen: Welding J., 24, 1945, S. 842-44.
[2] Daveler, F. G.: Materials & Methods 23, 1946, S. 1317-1320.
[3] Kelley, F. C. u. F. E. Fisher: Iron Age 158, 1946, S. 68-72, 19. Dez.

Festigkeit und Biegungsfähigkeit aufweisen. F. C. Kelley und
F. E. Fisher stellten bei den von ihnen hergestellten Stäben auch
eine Energieeinsparung fest, die in einem gegenüber normalen
Elektroden um 15% niedrigeren Schweißstrom zum Ausdruck
kam. Diese Vorteile haben aber die der Sinterelektrode bis heute
anhaftenden wirtschaftlichen Nachteile nicht voll überwinden
können, weshalb es bisher nur zu einem vereinzelten Einsatz bei
Engpässen im Edelstahl-Drahtzug kam.

XIII. Sinterlegierungen des Eisens mit verschiedenen Elementen des periodischen Systems.

Wie schon in der Einleitung zum zweiten Teil des Buches angedeutet, (s. S. 309) sollen in diesem Kapitel die wichtigsten Legierungen des Eisens besprochen werden, die bis jetzt als Werkstoff
noch keine besondere Anwendung gefunden haben. Die Frage,
ob und in welcher Form die zu besprechenden Legierungen nutzbar
gemacht werden können, muß naturgemäß offen bleiben. Außer
den in den vorhergehenden drei Kapiteln erwähnten Legierungen
sind schon viele weitere Kombinationen des Eisens mit anderen
Elementen auf dem Sinterwege hergestellt worden. Der Wunsch,
über die Mannigfaltigkeit der untersuchten Systeme einen ge-
ordneten Überblick zu geben, läßt es ratsam erscheinen, die Besprechung an Hand des periodischen Systems vorzunehmen. Soweit
keine oder nur unerhebliche Ergebnisse über bestimmte Systeme
im Schrifttum vorliegen, werden sie ohne Kommentar übergangen.
Sinterlegierungen, die schon technische Anwendung finden, werden
der Vollständigkeit halber in diesem Kapitel nochmals mit aufgeführt; bezüglich Einzelheiten wird jedoch in diesem Falle nur
kurz auf die entsprechende Stelle in den vorhergehenden drei
Kapiteln verwiesen.

A. Sinterlegierungen des Eisens mit Elementen der ersten, zweiten und dritten Gruppe des periodischen Systems.

1. Erste Gruppe: Hauptgruppe: Lithium, Natrium, Kalium,
Rubidium, Cäsium.
Nebengruppe: Kupfer, Silber, Gold.

Die Elemente der Hauptgruppe weisen praktisch keine Legier-
barkeit mit Eisen auf. Wegen ihres niedrigen Schmelzpunktes und
ihrer leichten Oxydierbarkeit ist die Herstellung von Kombinationen
dieser Elemente mit Eisen auf dem Sinterwege bisher im Schrifttum

nicht beschrieben worden. Die Erzeugung von Tränkungskörpern ist nach Versuchen der Verfasser möglich; vielleicht ergibt sich für solche Körper einmal ein praktisches Interesse für Reduktions- oder Desoxydationszwecke oder als Fangstoff. Von den Metallen der Nebengruppe sind bisher lediglich Kupfer und Silber zur Herstellung von Sinterlegierungen herangezogen worden.

a) Eisen — Kupfer.

Gemäß dem Zustandsdiagramm[1] weisen Eisen-Kupfer-Legierungen im festen Zustand eine ausgedehnte Mischungslücke zwischen Grenzmischkristallreihen geringer Ausdehnung auf. Die Löslichkeit von Kupfer in Eisen beträgt bei 1000^0 weniger als 9% und bei 650^0 weniger als $0,4\%$. Das Zustandsdiagramm ist entscheidend für den Weg, den man bei der Herstellung von Sinterlegierungen zweckmäßig wählt. Da Kupferpulver auf dem Markt in beliebiger Feinheit und Reinheit zur Verfügung steht, kommt als erster Weg zur Herstellung der Sinterlegierungen die Mischung der Pulver im gewünschten Verhältnis, Verpressen der Pulvermischung und Sinterung unterhalb des Kupferschmelzpunktes in Frage. Bei Legierungen auf der Eisenseite (etwa bis zu 25% Cu) ist auch Sinterung oberhalb des Kupferschmelzpunktes möglich.

Der Schmelzpunktunterschied und die weitgehende Unmischbarkeit im festen Zustand ermöglichen als zweiten Weg der Herstellung von Eisen-Kupfer-Sinterlegierungen die bekannte Tränkungsmethode, die in der allgemeinen Pulvermetallurgie mit Erfolg, z. B. bei der Herstellung von Wolfram-Kupfer oder Wolfram-Silber-Verbundsintermetallen[2] angewandt wird. Ein poröser Sintereisenkörper wird danach mit flüssigem Kupfer getränkt. Durch zweckentsprechende Wahl der Preß- und Sinterbedingungen und der Körnung des verwendeten Eisenpulvers hat man es in der Hand, Körper mit verschiedenem Porenvolumen und daher Kupfergehalte in dem Tränkkörper zwischen 50 und 15% zu erzeugen. Die Möglichkeit. die beiden Komponenten ganz oder teilweise in Form von Oxyden oder Salzen einzusetzen, die vor oder während der Sinterung unter Wasserstoff reduziert werden, sei ebenso wie die Möglichkeit, die Komponenten gemeinsam elektrolytisch oder aus der Gasphase niederzuschlagen, nur am Rande erwähnt.

Aus Mischungen von Kupfer- und Eisenpulver, also nach dem ersten der oben skizzierten Verfahren, stellten als erste F. Sauer-

---

[1] Hansen, M.: Der Aufbau der Zweistofflegierungen, Berlin: Springer-Verlag, 1936, S. 560.

[2] Kieffer, R. u. W. Hotop: Pulvermetallurgie und Sinterwerkstoffe, Berlin: Springer-Verlag, 1943, S. 320ff.

wald u. E. Jaenichen[1,2] Sinterlegierungen her, die unterhalb des Kupferschmelzpunktes gesintert wurden.

Sehr eingehend untersuchten L. Northcott und C. J. Leadbeater[3] sowie R. Chadwick, E. R. Broadfield und S. F. Pugh[4] derartige Legierungen. Die Eigenschaften der Eisen-Kupfer-Sinterkörper sind abhängig vom Kupfergehalt, von der Beschaffenheit der Ausgangspulver, insbesondere von der Korngröße und von der Sintertemperatur. R. Chadwick und Mitarbeiter[5] prüften Eisen-Kupfer-Sinterlegierungen mit Kupfergehalten bis 35%. Als Ausgangspulver dienten vorzugsweise feinste, wasserstoffreduzierte oder elektrolytisch hergestellte Eisen- und Kupferpulver (mittlere Korngröße 16 bis 50 μ). Die Pulvermischung wurde mit Preßdrücken von 4,7 bzw. 7,9 t/cm² zu Formkörpern verpreßt und diese eine Viertelstunde bei 1120⁰ unter gespaltenem Ammoniak gesintert. Abb. 257 zeigt die Abhängigkeit der Zugfestigkeit, Dehnung, Härte und Porosität vom Kupfergehalt und Preßdruck. Mit steigendem Kupfergehalt steigen die Festigkeitswerte an, während die Porosität abnimmt. Bei einem Kupfergehalt von etwa 25% zeigt die Festigkeit einen Höchstwert. Wie bei den meisten Sinterkörpern, die mit flüssiger Phase gesintert werden (z. B. Hartmetall, W-Cu-Ni-Schwermetall), hat der Preßdruck keinen wesentlichen Einfluß auf den Festigkeitsverlauf. Bei Körpern mit mehr als 15% Kupfer tritt praktisch eine Dichtsinterung ein (siehe unterste Kurve der Abb. 257).

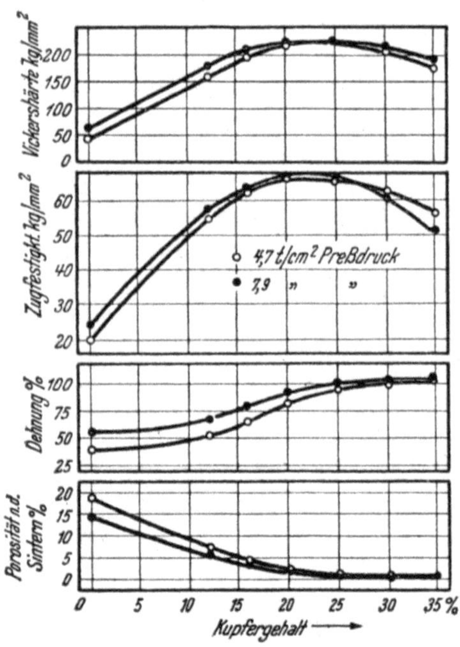

Abb. 257. Einfluß des Kupfergehaltes auf die mechanischen Eigenschaften von Eisen-Kupfer-Sinterkörpern (R. Chadwick, E. R. Broadfield u. S. F. Pugh).

[1] Sauerwald, F. u. E. Jaenichen: Z. Elektroch. 31, 1925, S.18-24.
[2] Kelley, F. C.: Iron Age 157, 1946, S. 57-60, 15. Aug.
[3] Northcott, L. u. C. J. Leadbeater: Iron Steel Inst., Spec. Rep. Nr. 38, London 1947, S. 142-50.
[4] Chadwick, R., E. R. Broadfield u. S. F. Pugh: Iron Steel Inst., Spec. Rep. Nr. 38, London 1947, S. 151-57.

Die Höhe der Sintertemperatur ist von ausschlaggebendem Einfluß auf die Dichtsinterung, d. h. es ist von Bedeutung, ob die Sinterung unterhalb, knapp oberhalb oder wesentlich über dem Kupferschmelzpunkt erfolgt. In Abb. 258 wird die Abhängigkeit der Festigkeitseigenschaften und Porosität von der Höhe der Sinter-

temperatur und des Preßdrucks dargestellt. Die Ausgangspulvermischung (75 Teile Eisen, 25 Teile Kupfer) bestand wieder aus feinsten, wasserstoffreduzierten Pulvern. Gesintert wurde eine Viertelstunde bei 1060, 1090 und 1120° unter gespaltenem Ammoniak.

Erwartungsgemäß weisen die über dem Kupferschmelzpunkt gesinterten Proben die höchsten Festigkeitswerte und die niedrigsten Porositäten auf. Das Absinken der Werte bei den mittleren Kurven (Sintertemperatur 1090°) im Gebiete der höchsten Preßdrücke ist wahrscheinlich auf die schon häufiger erwähnten Schwelleffekte zurückzuführen.

Durch Tränken von Sinter eisen- oder Sinterstahlteilen mit Porositätsgraden von 10 bis 40% kann man ohne Schwierigkeiten Tränkkörpei mit Kupfer oder Kupferlegierungen in technischem Maßstab herstellen. Bereits P. Melchior[1] tränkte Eisensinterkörper mit

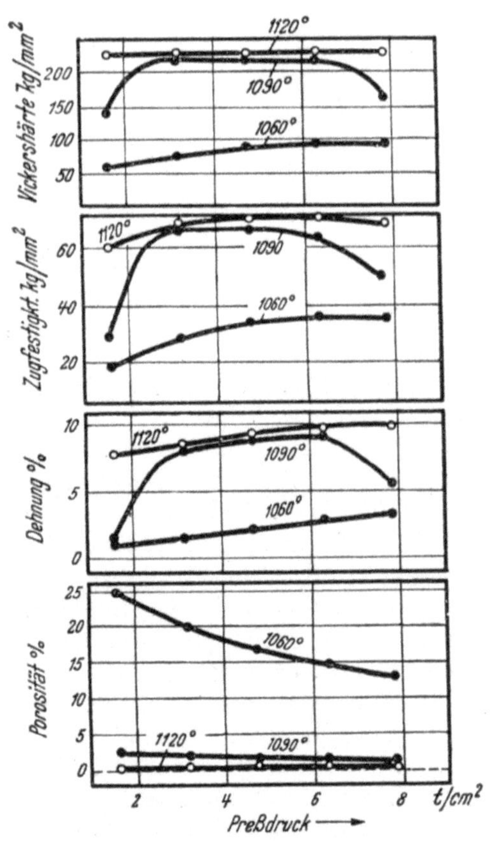

Abb. 258. Einfluß der Sintertemperatur und des Preßdrucks auf die mechanischen Eigenschaften von Eisen-Kupfer-Sinterkörpern (75% Fe + 25% Cu) (R. Chadwick, E. R. Broadfield u. S. F. Pugh).

einem Porenvolumen von etwa 50% bei 1100° mit Kupfer. Die dabei erhaltenen Verbundkörper, bei denen die Poren des Eisenskelettkörpers gleichmäßig und vollständig mit Kupfer ausgefüllt waren, zeigten eine Brinellhärte von 90 bis 120 kg/mm² und eine elektrische Leitfähigkeit von 17 m/mm².

Die praktische Durchführung des Tränkverfahrens sowie die

---

[1] Melchior, P.: s. F. Sauerwald, Z. Metallkde, 21, 1929, S. 22-24.

Zahlentafel 118. *Elektrische Leitfähigkeit von kupfergetränkten Sintereisen-*
(C. G. Goetzel).

Volumverhältnis Fe/Cu	Raumerfüllung %	Wärmebehandlung
55/45	94,6	im Ofen abgekühlt
65/35	98,5	,, ,, ,,
70/30	96,8	,, ,. ,,
75/25	97,7	,, ,, ,,
80/20	96,6	,, ,, ,,
75/25	96,1	auf 833° erhitzt und in Wasser abgeschreckt .
75/25	96,1	Ausscheidungshärtung durch 1-stündiges Anlassen bei 500° ....

[1] Leitfähigkeit von geschmolzenem Kupfer: 58,2
Leitfähigkeit von geschmolzenem Eisen:　10,0

Eigenschaften der Tränkkörper wurden bereits auf S. 421 ff
eingehend beschrieben. Praktische Anwendung haben derartige
Werkstoffe für hochfeste und korrosionsbeständige Maschinen- und
Geräteteile[1], für elektrische Kochplatten, für Ziehsteinfassungen[2],
als Böden von Elektrokochgeschirren und als Basis für Diamantmetall gefunden Kupfergetränkte Sinterkörper aus 18/8 Cr-Ni-Stahl
finden als Kontakte und Stauchelektroden Verwendung.

Da Kupfer bei den üblichen Tränktemperaturen von 1100°
etwa 8,5% Eisen zu lösen vermag, die Löslichkeit bei normaler
Temperatur aber sehr gering ist, sind kupfergetränkte Sintereisen-
und Sinterstahlkörper bei entsprechender Wärmebehandlung aus-
scheidungshärtbar, worauf bereits P. Melchior[3] und später
C. G. Goetzel[4] sowie F. G. Kelley[5] hingewiesen haben. Nach
C. G. Goetzel kann der Ausscheidungsvorgang durch Messung
der Veränderung der elektrischen Leitfähigkeit verfolgt werden,
was aus Zahlentafel 118, in welcher die Werte für die elektrische
Leitfähigkeit von kupfergetränkten Sintereisenkörpern in Abhängigkeit vom Kupfergehalt und von der Wärmebehandlung zusammengestellt sind, hervorgeht. In Zahlentafel 119 sind entsprechend
dazu die Werte für kupfergetränkten Sinterstahl angeführt.

Im Schliffbild von kupfergetränktem Sintereisen- oder Sinterstahl
erscheinen an Stelle der Poren das Tränkmetall. (Abb. 259.) Bei

---

[1] Prospekt der American Electro Metal Corp., Yonkers (N. Y) „Sinteel G".
[2] Erzeugnis der Metallwerk Plansee G. m. b. H. Reutte (Tirol).
[3] Melchior, P.: s. F. Sauerwald, Z. Metallkde. 21, 1929, S. 22-24.
[4] Goetzel, C. G.: Powder Met. Bull 1, 1946, S. 37-43.
[5] Kelley, F. C.: Iron Age 157, 1946, S. 57-60, 15. Aug.

körpern in Abhängigkeit vom Kupfergehalt und von der Wärmebehandlung

Theoretische Leitfähigkeit[1] $\dfrac{m}{\Omega.\mathrm{mm}^2}$	Tatsächliche Leitfähigkeit $\dfrac{m}{\Omega.\mathrm{mm}^2}$	% der theoretischen Leitfähigkeit %
31,69	10,62	33,5
26,87	11,25	41,8
24,45	9,86	40,3
22,05	9,94	45,0
19,64	9,49	48,3
22,05	7,11	32,2
22,05	11,67	52,8

entsprechender Ätzung zeigte das Eisenskelett bei Sinterstahlkörpern mit etwa 0,8% C perlitisches Gefüge.

Bei Eisen-Kupfer-Sinterkörpern, die wesentlich oberhalb des
Kupferschmelzpunktes gesintert wurden, tritt die charakteristische
Abrundung der Körner des Skelettkörpers in Erscheinung[1]. Bei
sehr starker Vergrößerung sieht man die schon von P. Melchior[2]

Zahlentafel 119. *Elektrische Leitfähigkeit von kupfergetränkten Sinterstahlkörpern
mit 0,75% Kohlenstoff in Abhängigkeit vom Kupfergehalt* (C. G. Goetzel).

Volum-verhältnis	Raum-erfüllung	Theoretische Leitfähigkeit[1] $\dfrac{m}{\Omega.\mathrm{mm}^2}$	Tatsächliche Leitfähigkeit $\dfrac{m}{\Omega.\mathrm{mm}^2}$	% der theoretischen Leitfähigkeit
55/45	95,8	29,30	9,66	33,0
65/35	97,7	24,06	9,46	39,3
70/30	98,0	21,43	9,18	42,8
75/25	96,3	18,81	8,46	45,0
80/20	95,4	16,19	7,63	47,1

[1] Leitfähigkeit von geschmolzenem Kupfer: 58,2
Leitfähigkeit von geschmolzenen perlitischem Stahl mit 0,75 % C: 5,68.

beobachteten Randzonen an den Eisenkörnern, die aus einer Eisen-
Kupfer-Legierung bestehen und aus der sich beim Erstarren Kupfer
ausscheidet. Entsprechend dazu beobachtet man in der Kupferphase
feinste Eisenausscheidungen. (Abb. 260.) Bei Verwendung von

---

[1] Northcott, L. u. C. J .Leadbeater: Iron Steel Inst., Spec. Rep.
Nr. 38, London 1947, S. 142-50.

[2] Melchior, P.: s. F. Sauerwald, Z. Metallkde. **21**, 1929, S. 22-24

Kupfer-Blei, Messing oder Bronze als Tränkmetall lassen sich im Schliffbild in der Tränkmasse naturgemäß die Phasen erkennen,

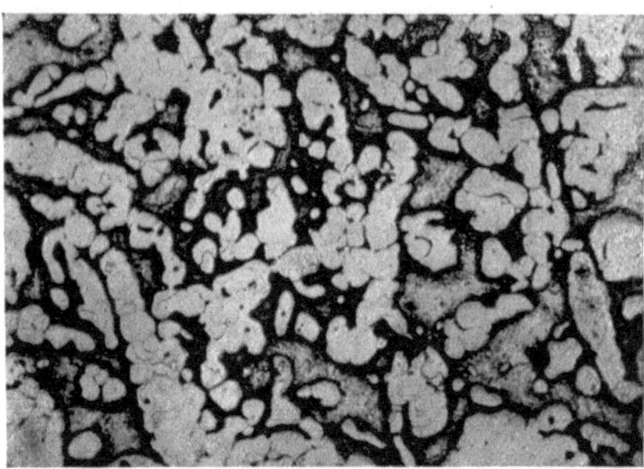

Abb. 259. Eisen-Kupfer-Sinterkörper durch Tränkung eines porösen Eisenskelettkörpers mit Kupfer hergestellt (etwa 30 Volumprozent Cu) (× 150).

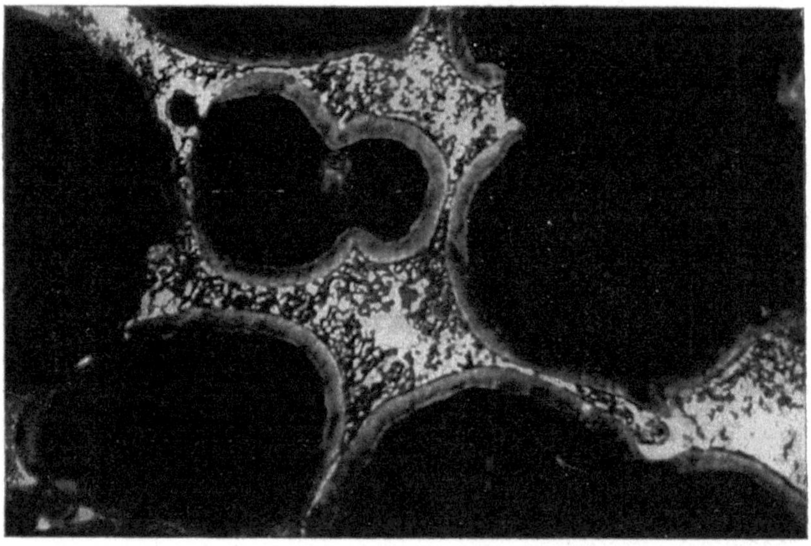

Abb. 260. Eisen-Kupfer-Sinterkörper mit etwa 25 % Kupfer (Sintertemperatur 1100°, Sinterzeit 4 Stunden), (× 2000) (L. Northcott u. C. J. Leadbeater).

aus denen das Tränkmetall gemäß seiner Zusammensetzung und dem Zustandsdiagramm besteht.

b) Eisen — Silber.

Die beiden Metalle sollten nach M. Hansen[1] sowohl im flüssigen als auch festen Zustand praktisch unlöslich ineinander sein. C. G. Fink und V. S. de Marchi[2] konnten aber einwandfrei nachweisen, daß Eisen etwa 0,5 bis 1% Silber im festen Zustand zu lösen vermag. Sie stellten entsprechende Legierungen ebenso wie G. J. Comstock[3] auf dem Sinterwege her. Dabei gingen sie von Eisenpulver mit einer Korngröße < 0,04 mm und Silberpulver (Korngröße 0,04 bis 0,09 mm) aus und verpreßten die zu untersuchenden Pulvermischungen mit einem Preßdruck von 5,6 t/cm². Die Formkörper wurden in einem elektrischen Rohrofen in reinem, sauerstofffreiem Wasserstoff bei ungefähr 950° vier Stunden gesintert und dann langsam in Wasserstoff abgekühlt. Untersucht wurden nur Legierungen mit kleinen Prozentsätzen von Silber oder Eisen, vornehmlich, um die Löslichkeitsverhältnisse im festen Zustand aufzuklären. Diese gesinterten Stäbe wurden kalt gewalzt — wobei mehrere Male zwischengeglüht wurde — bis sie von dem Originalquerschnitt von 19 × 6 mm² auf 0,4 mm starke Bänder heruntergewalzt waren. Diese Bänder wurden zum Schluß 4 Stunden lang bei 950° geglüht und sehr langsam in dem gereinigten Wasserstoff abgekühlt. Auf Grund von Leitfähigkeitsmessungen ließ sich einwandfrei feststellen, daß Eisen mindestens 0,5% Silber (zwischen 0,5 bis 1%) im festen Zustand zu lösen vermag. Auf die geringe Löslichkeit von Silber in Eisen sind nach C. G. Fink und V. S. de Marchi das gute Haften von elektrolytisch abgeschiedenen Silberniederschlägen auf Eisen ohne Kupferunterlage und ferner auch die verhältnismäßig guten Schweißverbindungen zwischen Silber und Eisen zurückzuführen. Sie dürfte ferner dafür verantwortlich sein, daß sich Sinterverbundkörper aus 80% Silber und 20% Eisen einwandfrei kalt zu Blech walzen lassen, wie von G. J. Comstock gezeigt wurde. Interessant ist schließlich noch in diesem Zusammenhang, daß sich bei Korrosionsversuchen mit 1/10 n Salzsäure- und Essigsäurelösungen Legierungen mit 0,5 bis 1% Ag als bedeutend edler erwiesen als reines Eisen. Bezüglich der Herstellung von Eisen-Silber-Verbundkörpern durch Tränkung eines porösen Eisenskelettkörpers mit Silber gilt das gleiche wie für Kupfer, da sich Kupfer und Silber in ihrem Verhalten Eisen gegenüber weitgehend ähnlich sind. Verbundmetalle aus Cr-Ni-(18/8)-Stahl und Silber sind als Kontaktwerkstoffe bekannt.

---

[1] Hansen, M.: Der Aufbau der Zweistofflegierungen, Berlin: Springer-Verlag, 1936, S. 28.

[2] Fink, C. G. u. V. S. de Marchi: Electrochem. Soc. Preprint for the Meeting at Rochester, 12/15. Okt. 1938.

[3] Comstock, G. J.: Met. Progr. **35**, 1939, S. 576-581.

2. Zweite Gruppe: Hauptgruppe: Beryllium, Magnesium, Kalzium, Strontium, Barium.

Nebengruppe: Zink, Kadmium, Quecksilber.

Sinterlegierungen des Eisens mit den genannten Metallen sind im Schrifttum bis auf Eisen-Magnesium-[1], Eisen-Kalzium-[2] und Eisen-Zink-Legierungen bisher nicht beschrieben worden. Die Herstellung von Tränkungskörpern ist in fast allen Fällen möglich.

a) Eisen — Zink.

Die Herstellung von Eisen-Zink-Legierungen scheiterte lange Zeit an dem starken Schmelzpunktsunterschied der beiden Metalle und insbesondere an dem hohen Dampfdruck des Zinks. Durch Tränken von Eisenskelettkörpern gelingt es jedoch, Eisen-Zink-Verbundkörper herzustellen. Nach dem Tränken kann man die verbundmetallartigen Körper einer Diffusionsglühung unterziehen, insbesondere, wenn man durch geeignete Maßnahmen (Druckgefäß) eine Verdampfung des niedrig schmelzenden Metalls verhindert. Man gelangt so zu homogenen Eisen-Zink-Mischkristallen. Eisen-Zink-Legierungen mit verhältnismäßig hohen Zinkgehalten wurden von J. Schramm[3] auf dem Sinterwege in der Weise hergestellt, daß zunächst eine Zink-Eisen-Vorlegierung mit 15% Fe erzeugt wurde, die nach der Abkühlung feinst zerkleinert und mit Eisenpulver (Carbonyleisenpulver) auf den gewünschten Eisengehalt gemischt wurde. Von dem pulverförmigen Gemisch wurden unter Anwendung eines Druckes von etwa 3 t/cm² kleine zylindrische Preßlinge erzeugt, die zunächst eine Stunde bei 300 bis 400° unter Wasserstoff geglüht, dann in Röhren aus Supremaxglas luftdicht eingeschlossen und schließlich weitere 10 bis 20 Stunden bei 800 bis 750° gesintert wurden. Die beste Glühtemperatur ist von der Zusammensetzung abhängig: Bei den eisenarmen Legierungen liegt sie tiefer, bei den eisenreichen höher. Durch Gewinnung einer Reihe von Legierungen des Systems Eisen-Zink auf dem Sinterwege konnte J. Schramm die Gleichgewichtsverhältnisse im gesamten System Eisen-Zink klären, was bis dahin nicht möglich war, da wegen der starken Schmelzpunktsunterschiede der beiden Komponenten und dem hohen Dampfdruck des Zinks nur ein beschränkter Teil des Systems auf dem Schmelzwege zugänglich war.

---

[1] Stürzer, H.: Diplomarbeit, T. H. Graz 1947.

[2] Müller, R., K. Nitsche, H. Stürzer u. H. Zahabi: Unveröffentlichte Arbeiten 1947.

[3] Kieffer, R. u. W. Hotop: Pulvermetallurgie und Sinterwerkstoffe, Berlin: Springer-Verlag, 1943, S. 206.

b) *Eisen — Quecksilber.*

Daß sich poröses Sintereisen mit Quecksilber tränken läßt. war schon erwähnt worden (s. S. 374). Auch auf die technische Ausnutzungsmöglichkeit war bei dieser Gelegenheit verwiesen worden. Auf Grund eigener Erfahrungen geht man bei der Erzeugung derartiger Tränkkörper zweckmäßig von frisch gesinterten porösen Eisenkörpern aus und tränkt mit auf 200 bis 300° erwärmtem Quecksilber. Es empfiehlt sich, die Eisenkörper vor dem Tränken mit einer geringen Menge von Kupferpulver zu versetzen und dieselben auf 1200 bis 1300° zu erhitzen, um einen dünnen Kupferfilm auf den Ferritkristallen zu erhalten. Dem Kupferfilm entlang durchdringt das Quecksilber leichter den Eisenskelettkörper.

3. Dritte Gruppe: Hauptgruppe: Bor, Aluminium, Seltene Erden.

Nebengruppe: Gallium, Indium, Thallium.

Von den genannten Elementen ist in Verbindung mit Eisen bisher nur das Aluminium auf dem Sinterwege legiert worden.

a) *Eisen — Aluminium.*

Legierungen aus dem System Eisen-Aluminium spielen eine sehr bedeutsame Rolle in der Eisen-Pulvermetallurgie. Dabei wird das Aluminium meistens in Form einer gepulverten Eisen-Aluminium-Vorlegierung (etwa 50% Al, 50% Fe) in die Sinterlegierungen eingebracht. Die wichtigsten, schon technisch verwandten aluminiumhaltigen Sintereisenlegierungen wurden in Kap.12 besprochen, und zwar Eisen-Nickel-Aluminium-Legierungen für Dauermagnete auf S. 479ff, Eisen-Aluminium- und Eisen-Chrom-Aluminium-Legierungen für Heizleiter auf S. 500ff.

Durch geringe Aluminiumgehalte (0,5 bis etwa 3%) läßt sich die Festigkeit von reinem Sintereisen für einfache Maschinenteile nach Untersuchungen von W. Hotop deutlich verbessern. Auch in diesem Falle wird das Aluminium in Form einer gepulverten Eisen-Aluminium-Vorlegierung mit ca. 50% Al in die Sinterlegierung eingebracht. Es ist selbstverständlich, daß man wegen der großen Oxydationsempfindlichkeit des Aluminiums für sehr saubere Sinterbedingungen sorgen muß, wenn man oxydfreie Sinterkörper erzielen will. Derartige Körper haben dann auch recht annehmbare Dehnungswerte, wie aus Zahlentafel 120 hervorgeht.

In diesem Zusammenhang dürfte es angebracht sein, auch Sintereisenlegierungen mit absichtlich zugesetztem Al_2O_3 zu besprechen. Kleine Gehalte (einige Zehntel Prozent) an Al_2O_3 können das Kornwachstum von reinem Sintereisen verhindern

(Verwendung eines derartigen Sintereisens in Eisenwasserstoffwiderständen!). Es handelt sich um eine ähnliche Wirkung, wie sie Thoriumoxyd in Wolframdrähten ausübt.

Zahlentafel 120. *Festigkeitseigenschaften von unverformten Eisen-Aluminium-Sinterkörpern in Abhängigkeit vom Aluminiumzusatz.*

Zusammensetzung	Preßdruck t/cm²	Zugfestigkeit kg/mm²	Dehnung %
ohne Zusatz.............	4	10,4	3,4
	6	17,5	5,8
+ 1,5% Aluminium......	4	16,3	3,7
	6	31,0	10,9
+ 2,5% Aluminium......	4	24,8	5,7
	6	35,6	11,1

Sintereisenlegierungen mit bis zu 5% Al_2O_3 sind durch Hämmern und Schmieden warmverformbar, höhere Al_2O_3-Gehalte lassen eine Warmverformung der entsprechenden Sinterlegierungen nach eigenen Untersuchungen nicht mehr zu. Derartige Fe-Al_2O_3-Werkstoffe sind gelegentlich als warmfeste Werkstoffe vorgeschlagen worden[1,2]. Auch hat man vermutet, daß sie eine erhöhte Dauerstandfestigkeit gegenüber reinem Eisen aufweisen würden. Eindeutige Versuchsresultate in dieser Hinsicht stehen aber noch aus.

Mischungen zwischen Al_2O_3-Pulver und Eisenpulver mit mehr als 50% Al_2O_3 lassen sich gegebenenfalls zu einem Werkstoff sintern. Zweckmäßig wählt man Sintertemperaturen dicht unterhalb des Eisenschmelzpunktes, insbesondere bei höheren Al_2O_3-Gehalten als 75%. Man muß bei der Herstellung derartiger Verbundkörper anstreben, das Eisen in Form von Filmen auf den Korundkörpern niederzuschlagen, damit sich die Mischung überhaupt verpressen läßt. Dafür kommen folgende Wege in Frage: Zersetzung von Eisencarbonyl auf feinstem Al_2O_3-Mehl oder Mischen von Al_2O_3-Pulver mit Eisensalzen und nachfolgende Reduktion der Mischung unter Wasserstoff. Die zweite Behandlung muß gegebenenfalls mehrere Male wiederholt werden. Eisen-Sinterkörper mit Aluminium oxyd wurden von G. H. Howe als Schiffchen bei der Herstellung von Sintermagneten verwendet (s. S. 486).

---

[1] Siehe Metal Powder Rep. 1, 1947, S. 76.
[2] Hensel, F. R., E. I. Larsen u. E. F. Swazy: s. Powder Metallurgy Am. Soc. Met., Cleveland (Ohio) 1942, S. 483-92.

B. Sinterlegierungen des Eisens mit Elementen der vierten und fünften Gruppe des periodischen Systems.

1. Vierte Gruppe: Hauptgruppe: Titan, Zirkon, Hafnium, Thorium.

Nebengruppe: Kohlenstoff, Silizium, Germanium, Zinn, Blei.

Von den Elementen der Hauptgruppe kommt lediglich bisher dem Titan in der Eisen-Pulvermetallurgie eine gewisse Bedeutung zu. Die Elemente der Nebengruppe sind bis auf Germanium in mehr oder weniger großem Umfange, vornehmlich natürlich der Kohlenstoff, zur Herstellung von Sintereisenlegierungen herangezogen worden.

a) Eisen — Titan.

Auf dem Sinterwege hergestellte Zweistofflegierungen auf der Eisenseite sind im Schrifttum bisher nicht behandelt worden, wenn man davon absieht, daß W. Kroll[1, 2] auf dem Sinterwege Titanlegierungen herstellte, die 2 bis 9% Fe enthielten. Seine Untersuchungen zielten darauf ab, festzustellen, wie die Verformbarkeit von reinem Titan durch Zusätze von Eisen, Nickel, Kobalt, Chrom, Molybdän, Wolfram, Tantal, Vanadin, Beryllium, Silizium, Zirkon, Kupfer, Aluminium und Mangan beeinflußt wird. Infolge der Affinität des Titans zu allen Gasen mit Ausnahme der Edelgase stellt die Herstellung von Eisen-Titanlegierungen auf dem Sinterwege ein Problem dar, das nicht einfach zu lösen ist. Es dürfte sich auf alle Fälle empfehlen, bei der Herstellung von Legierungen auf der Eisenseite das Titan in Form von Titanhydrid einzubringen und als Eisenpulver das reinste Pulver zu wählen, das auf dem Markt ist (Carbonyleisenpulver). Die Sinterung müßte zweckmäßig entweder im Hochvakuum oder unter mittels Ferrotitan gereinigtem Wasserstoff oder schließlich durch abwechselnde Wärmebehandlung im Hochvakuum bzw. Wasserstoff[3] durchgeführt werden.

Auf den Einsatz von Titanhydrid bei der Herstellung von Sinterstahl wurde schon auf S. 383 verwiesen. Auch bei der Herstellung von Dauermagnetlegierungen auf der Basis Eisen-Nickel-Aluminium haben sich kleine Titanhydridzusätze bewährt (s. S. 484). Geschmolzene Eisen-Titan-Legierungen mit genügend hohem Titangehalt sind bekanntlich infolge des Vorhandenseins der intermetallischen Verbindung Fe_3Ti (ca. 22% Ti) sehr spröde und lassen

---

[1] Kroll, W.: Z. anorg. allg. Ch. **234**, 1937, S. 42-50.
[2] Kroll, W.: Z. Metallkde. **29**, 1937, S. 189-192.
[3] D.R.P. 635644 (1934).

sich leicht zerpulvern. Derartige gepulverte Vorlegierungen können
bei der Erzeugung titanhaltiger Sintermagnete eingesetzt werden
(s. S. 493). Selbstverständlich kann man auch von ternären Eisen-
Titan-Aluminium-Vorlegierungen ausgehen.

b) Eisen — Kohlenstoff.

Bezüglich der Einbringungsmöglichkeit des Kohlenstoffs in
Sintereisen sowie der Eigenschaften von kohlenstoffhaltigem Sinterstahl, Gußeisen und Eisen-Graphitmischungen sei auf frühere
Ausführungen verwiesen (s. S. 172, 227, 251, 363 und 381). In
diesem Abschnitt sollen die gesinterten Eisen-Kohlenstofflegierungen
lediglich vom Standpunkt des Eisen-Kohlenstoff-Zustandschau-
bildes (Abb. 261) betrachtet werden.

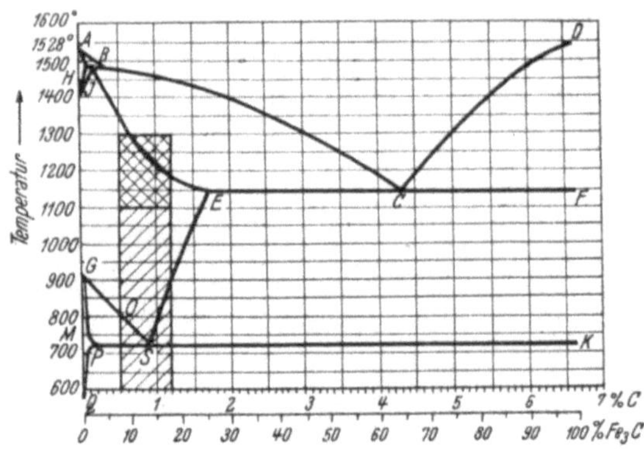

Abb. 261. Eisen-Kohlenstoff-Diagramm.

Das in der Vakuum-
technik verwendete
Reinsteisen aus Carbo-
nylpulver (s. S. 435)
besteht ebenso wie das
Reinsteisen für magne-
tisch weiche Werkstoffe
aus reinem Ferrit. Bei
geringen Kohlenstoffmen-
gen von einigen Hundert-
stel Prozent und längerem
Glühen können geringe
Perlitmengen im Gefüge
als Verunreinigungen auf-
treten. Maschinenteile aus Sinterstahl haben üblicherweise
Kohlenstoffgehalte von 0,5 bis 1 % C, die in gebundener Form
vorliegen. Werden die Sinterkörper genügend lange und hoch genug
gesintert, so befinden sie sich im Gefügegleichgewicht. Es tritt
Ferrit neben Perlit auf, bei 0,9 % C reiner Perlit (s. Abb. 82, S. 176).
Zahnräder und Maschinenteile, die unter Umständen 1 bis 1,5 % C
enthalten, weisen bei genügend hoher Sintertemperatur sekundären
Zementit neben Perlit auf. Bei niedrigerer Sintertemperatur kann
auch freier Graphit neben Perlit auftreten. In Abb. 261 ist schraffiert
das Konzentrationsgebiet angedeutet, innerhalb dessen die üblichen
Sinterstähle liegen Gleichzeitig ist das Temperaturgebiet gekennzeichnet, innerhalb dessen man sich zweckmäßig bei der Sinterung
von Kohlenstoffstahl bewegt. Es geht daraus hervor, daß bei der
Sinterung von Eisen-Kohlenstofflegierungen vorübergehend das
Eisen-Kohlenstoff-Eutektikum (Ledeburit) als flüssige Phase auftreten kann, falls man Gußeisenpulver bzw. Graphit als Kohlungsmittel verwendet. Sintert man im γ-Bereich, so ist eine genügend

lange Sinterzeit erforderlich, um Gefügegleichgewicht zu erzielen. Bei einer Sintertemperatur von etwa 1300⁰ C befindet man sich oberhalb 0,6% C im betrogenen Gebiet IBEG, d. h. es tritt bei der Sinterung eine geringe Menge flüssiger Phase auf, die eine schnelle Diffusion des Kohlenstoffs in relativ kurzer Sinterzeit erlaubt.

Auf S. 363 wurden massive, durch Heißpressen hergestellte Sintereisenlager mit 6% C beschrieben. Die Zusammensetzung dieser Lagerkörper liegt damit rechts von der Ledeburitvertikalen. Die Körper befinden sich aber nicht im Gefügegleichgewicht, da bei der Herstellung aus lauftechnischen Gründen bewußt durch Wahl einer niedrigen Heißpreßtemperatur auf ein Verbundmaterial Ferrit-Graphit hingearbeitet wird. Die Möglichkeit, nicht im Gleichgewicht befindliche Gefüge auf dem Sinterwege zu erzeugen, ist überhaupt einer der großen Vorzüge des Sinterverfahrens, auf den schon vor Jahren W. Guertler[1] aufmerksam machte. Diese Möglichkeit, die immer dann von Interesse ist, wenn es gilt, Legierungen aus Bestandteilen zusammenzusetzen, die in geschmolzenem Zustand wegen Verbindungs- oder Mischkristallbildung Eigenschaften haben, die man nicht wünscht, oder wenn man Metalle kombinieren will, von denen das eine verdampft ehe das andere schmilzt oder die im flüssigen Zustande auseinanderlaufen, dürfte zweifellos auch in der Eisen-Pulvermetallurgie noch manchen interessanten Anwendungsfall erschließen.

c) Eisen — Silizium.

Infolge seiner leichten Oxydierbarkeit ist die Herstellung von siliziumhaltigen Sintereisenlegierungen fast noch schwieriger als von Eisen-Aluminium-Legierungen. Nur unter saubersten Sinterbedingungen gelingt es, die Bildung von SiO_2 zu verhüten. Daher wird das Silizium von den Sinterfachleuten meistens als unerwünschter Legierungspartner empfunden. Schon in den Pulvern, besonders in Feinstpulvern liegt allfällig legiertes Silizium häufig als sinterungshemmendes SiO_2 vor. Bei feuchter Sinteratmosphäre neigt der Rest des Siliziums dann zur weiteren Bildung diffusionshemmender Oxydhäute. Daß SiO_2-Gehalte, insbesondere, wenn sie in Form von Filmen die Pulverteilchen umgeben, die Preßeigenschaften des Pulvers deutlich verschlechtern, ist eine im Schrifttum häufig erwähnte Tatsache.

Auf siliziumhaltige Sintereisenlegierungen für weichmagnetische Zwecke wurde schon auf S. 471 verwiesen.

---

[1] Guertler, W.: s. F. Sauerwald, Z. Metallkde. **21**, 1929, S. 22-24.

d) Eisen — Zinn.

Infolge des großen Schmelzpunktunterschiedes von Eisen und Zinn ist die Herstellung von Sinterlegierungen aus diesen beiden Metallen durch Mischung der Pulver — geeignetes Zinnpulver steht an sich zur Verfügung — nicht unbedingt zu empfehlen, zumindest nicht bei höheren Zinngehalten. Bei der Sinterung, die natürlich oberhalb des Zinnschmelzpunktes stattfinden müßte, würde nämlich der Zinnanteil aus den Preßlingen ausschwitzen. Eisen-Zinn-Legierungen lassen sich aber nach eigenen Untersuchungen in einem ziemlich weiten Bereich nach der Tränkungsmethode herstellen. Da wegen der Löslichkeit von Zinn in Eisen — sie beträgt nach M. Hansen[1] bei 1200° etwa 18% — und der Bildung von intermediären Phasen die Gefahr besteht, daß sich die Poren des Skelettkörpers leicht verstopfen, so daß im Inneren ungetränktes Eisen zurückbleibt, empfiehlt es sich, den Skelettkörper aus möglichst grobem Eisenpulver mit hohem Porenvolumen aufzubauen. Der bei Eisen-Zinn gegebenenfalls zu beobachtende Effekt der inhomogenen Tränkung gilt grundsätzlich für alle Seigerkörper, wenn das Tränkmetall von dem Grundkörper unter Mischkristall- oder Verbindungsbildung aufgenommen wird.

e) Eisen — Blei.

Eisen und Blei sind sowohl im flüssigen als auch im festen Zustand praktisch unlöslich ineinander[2]. Infolge des großen Schmelzpunktunterschiedes der beiden Metalle ist die Herstellung von Sinterkörpern aus den Metallen nach der Pulvermischungsvariante ebenso wie bei Zinn nicht zu empfehlen Bewährt hat sich in diesem Falle bei geringeren Bleigehalten (etwa bis 10%), das Blei in Form von Bleioxyd einzusetzen, das in reduzierender Sinteratmosphäre dann zu feinverteiltem Blei reduziert wird (s S. 258). Wegen der Unlöslichkeit der beiden Metalle im festen Zustand ist der Weg der Tränkung zur Herstellung von Verbundkörpern ohne irgendwelche Schwierigkeiten möglich, auch wenn man von kleinem Porenvolumen des Eisenskelettkörpers ausgeht. Abb. 262 zeigt das Gefüge eines Eisen-Blei-Tränkkörpers mit etwa 35% Pb. Das Gefüge ist kennzeichnend für alle Tränkkörper auf der Eisenbasis, wo ähnliche Löslichkeitsverhältnisse vorliegen wie beim Blei.

2. **Fünfte Gruppe:** Hauptgruppe: Vanadin, Niob, Tantal.
Nebengruppe: Stickstoff, Phosphor, Arsen,
Antimon, Wismut.

---

[1] Hansen, M.: Der Aufbau der Zweistofflegierungen, Berlin: Springer-Verlag, 1936, S. 740.

[2] Hansen, M.: Der Aufbau der Zweistofflegierungen, Berlin: Springer-Verlag, 1936, S. 716.

Sinterlegierungen des Eisens mit Metallen der Hauptgruppe sind bisher im Schrifttum noch nicht behandelt worden. Zur wirtschaftlichen Herstellung der Legierungen dürfte es sich empfehlen, die hochschmelzenden Metalle in Form gepulverter Ferrolegierungen einzusetzen.

Von den Elementen der Nebengruppe scheint Eisen-Stickstofflegierungen für die Zukunft noch einige Bedeutung zuzukommen. Die Nitrierung ist eine typische Oberflächenbehandlung. Bezüglich Einzelheiten sei daher auf die Ausführungen auf S. 416 verwiesen.

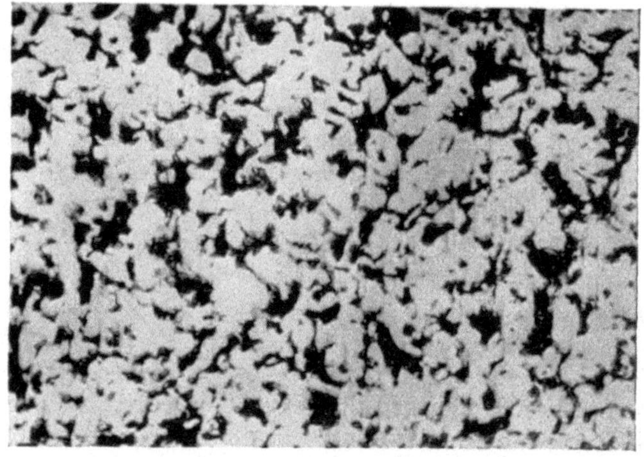

Abb. 262. Eisen-Blei-Tränkkörper mit etwa 35 % Blei.

a) Eisen — Phosphor.

Nach F. V. Lenel[1] ist die Herstellung vo nkohlenstofffreien Eisen-Phosphor-Sinterkörpern mit einem Phosphorgehalt bis 2,5 % ohne Schwierigkeiten möglich. Man geht von einem beliebigen Eisenpulver aus, welchem entsprechende Mengen von Ferrophosphorpulver zugemischt werden. Die Sinterung der Preßlinge erfolgt knapp unterhalb des Schmelzpunktes des Eisen-Eisenphosphideutektikums, also vorzugsweise zwischen 1060 bis 1140° in reduzierender Atmosphäre. Kohlenstofffreie Eisen-Phosphorsinterkörper mit einem Phosphorgehalt bis zu 1,5 % zeichnen sich durch ihre guten Festigkeitseigenschaften aus. Bei höheren Phosphorgehalten und insbesondere bei Anwesenheit von Kohlenstoff nimmt die Festigkeit ab und die Körper werden spröde. Nach Angaben von F. V. Lenel hatte ein Fe-P-Sinterkörper mit 1,5 % P eine Zugfestigkeit von 37,3 kg/mm². Der entsprechende phosphorfreie Eisensinterkör per hatte nur eine Festigkeit von 13,8 kg/mm².

---

[1] A.P. 2226520 (1939).

C. Sinterlegierungen des Eisens mit Elementen der sechsten, siebenten und achten Gruppe des periodischen Systems.

1. Sechste Gruppe: Hauptgruppe: Chrom, Molybdän, Wolfram, Uran.

Nebengruppe: Sauerstoff, Schwefel, Selen, Tellur, Polonium.

Sinterlegierungen des Eisens mit Metallen der Hauptgruppe sind bis auf Uran im Schrifttum beschrieben worden. Da die Herstellung von reinem Uranpulver keine besonderen Schwierigkeiten bereitet[1, 2, 3], dürfte die Aufklärung des noch nicht genau untersuchten, kohlenstofffreien Systems Eisen-Uran auf dem Sinterwege von Interesse sein.

Bezüglich der Elemente der Nebengruppe interessieren in der Eisen-Pulvermetallurgie besonders die Kombinationen Eisen-Sauerstoff und Eisen-Schwefel. Von den übrigen drei Elementen ist in Verbindung mit Sintereisen im Schrifttum bisher noch nicht die Rede gewesen.

a) Eisen-Chrom und Eisen-Chrom-Nickel.

Die genannten Legierungen lassen sich leicht durch Sinterung von gepreßten Eisen-Chrom- bzw. Eisen-Chrom-Nickel-Pulvergemengen bei 1250 bis 1350⁰ unter reinstem Wasserstoff herstellen. Durch Zusatz von Kohlenstoff in Form von Ruß und Anwendung eines Kohlenoxyd- oder Wasserstoffunterdrucks kann die sinterungs- und diffusionshemmende Wirkung gegebenenfalls vorhandener Chromoxydhäute weitgehend verhindert bzw. aufgehoben werden. Das Chrom wird in Form von Elektrolytchrompulver oder gepulvertem Chrom nach Glatzel, das Nickel in Form des sehr reinen Carbonylpulvers eingesetzt. Nach H. H. Meyer[4] ist auch die Zugabe des Chroms in Form von Chromoxyd möglich. Besondere Sorgfalt ist aber dann darauf zu verwenden, daß auch das gesamte Chromoxyd restlos reduziert wird, wozu unter Umständen sehr lange Sinterzeiten erforderlich sind[5]. Wegen der Verwendungsmöglichkeit der gesinterten Legierungen für korrosionsfeste Teile und Heizleiterwerkstoffe wurden sie schon auf S. 495 ff. ausführlich behandelt. Es sei daher bezüglich weiterer Einzelheiten auf die dortigen Ausführungen verwiesen.

[1] Kroll, W.: Z. Metallkde. 28, 1936, S. 30-33.

[2] Driggs, F. H. u. W. C. Liliendahl: Industr. Engng. Chem. 22, 1930. S. 516-519.

[3] Alexander, P. P.: Met. & Alloys 9, 1938, S. 270-274.

[4] Meyer, H. H.: Mitt. Kais.-Wilh.-Inst. Eisenforschg. 13, 1931, S. 199-204.

[5] Grube, G. u. K. Ratsch: Z. Elektroch. 45, 1939, S. 838-843.

b) Eisen-Chrom-Aluminium.

Gesinterte Eisen-Chrom-Aluminium-Legierungen, bekannt als Heizleiterwerkstoffe, wurden auf S. 500 ff. erwähnt.

c) Eisen-Wolfram und Eisen-Molybdän.

Eisen-Wolfram-Legierungen werden zweckmäßig durch Sinterung gepreßter Gemenge von reinstem Carbonyleisenpulver und Wolframpulver (Wolfram aus der Glühlampenindustrie) hergestellt. Die Diffusionsgeschwindigkeit des Wolframs in Eisen ist erheblich geringer als die von Wolfram und Molybdän in Nickel. Bei Legierungen mit 10 bis 20% W ist eine sechsstündige Sinterung bei 1250° notwendig, um zu einer festen Lösung zu gelangen. Durch mehrtägiges Feinstmahlen der Eisen-Wolfram-Pulvergemenge und durch mechanische Zwischenverformung der Sinterkörper kann die Diffusion verbessert werden. Dabei entstehen bisweilen Mischkristalle von mehreren Millimeter Länge. Legierungen mit 10 bis 25% W sind leicht walz- und schmiedbar. Legierungen mit 30 bis 40% W können noch heiß bei 1250 bis 1300° gewalzt bzw. geschmiedet werden. Geschmolzene Legierungen gleichen Wolframgehaltes lassen sich nicht mehr schmieden und walzen, was wahrscheinlich auf den unvermeidbaren Kohlenstoff- und Siliziumgehalt der geschmolzenen Legierungen zurückzuführen ist. Von 1300° abgeschreckte Proben zeigen bis zu 32% W ferritisches Gefüge. Die abgeschreckten Legierungen weisen im Gegensatz zu den heterogenen, langsam abgekühlten Legierungen in diesem Bereich keine Rostneigung auf. Die gesinterten Legierungen haben die gleiche Brinellhärte wie die entsprechenden geschmolzenen Legierungen. Wie zu erwarten, lassen sich die durch Ausscheidungshärtung erzielbaren Vergütungseffekte in diesem System bei den gesinterten Legierungen im gleichen Umfang erzielen, wie bei den geschmolzenen[1].

Die Herstellung gesinterter *Eisen-Molybdän-Legierungen* erfolgt zweckmäßig ebenso wie die der Eisen-Wolfram-Legierungen. Als Ausgangspulver kommt wieder einerseits Carbonyleisenpulver, andererseits Molybdänpulver höchsten Reinheitsgrades aus der Glühlampenindustrie in Frage. Die Diffusionsgeschwindigkeit der Komponenten ist geringer als bei der entsprechenden Nickellegierung. Nach vier- bis sechsstündigem Sintern bei 1300° kommt man zu homogenen Mischkristallen, soweit diese nach dem Zustandsdiagramm zu erwarten sind. Legierungen mit Molybdängehalten bis 25% sind warmwalzbar[1].

---

[1] Kieffer, R. u. W. Hotop: Pulvermetallurgie und Sinterwerkstoffe, Berlin: Springer-Verlag, 1943, S. 203-204.

J. Kurtz[1] sinterte *Eisen-Molybdän-Kupfer-Legierungen* mit Molybdängehalten von 5, 10, 15 und 20% bei Kupfergehalten von 1% jeweils ein Stunde bei 1200° unter Wasserstoff. Die gesinterten Legierungen weisen gegenüber geschmolzenen Legierungen gleicher Zusammensetzung ein erheblich feineres Korn und eine weit bessere Bearbeitbarkeit aus. J. Kurtz empfiehlt diese Legierungen wegen ihrer Ausdehnungscharakteristik für Glas - Metall - Verschmelzungen.

Im Prinzip auf die gleiche Weise lassen sich *Eisen-Kobalt-Molybdän-* und *Eisen-Kobalt-Wolfram-Legierungen* herstellen. Diese Legierungen sind bis jetzt in der Technik noch nicht in größerem Umfang verwandt worden. Bekannt sind zwar die guten dauermagnetischen Eigenschaften dieser Legierungen, die von W. Köster[2] im Jahre 1931 entdeckt wurden. Da die betreffenden Legierungen in ihrer magnetischen Leistung aber durch die kurze Zeit später erschienenen Mishimalegierungen übertroffen wurden, kamen sie überhaupt nicht zum Einsatz. Wegen ihrer besseren mechanischen Eigenschaften wurde die Herstellung der in Frage stehenden Dauermagnetlegierungen auf dem Sinterwege in Vorschlag gebracht[3].

Gesinterte *Eisen-Nickel-Molybdän-Legierungen* mit 22% Fe, 58% Ni, 20% Mo haben sich ebenso wie eisenfreie Legierungen mit 80% Ni, 20% Mo bzw. 75% Ni, 25% Mo wegen ihrer befriedigenden Warmfestigkeit, der praktischen Gasfreiheit und der chemischen Reinheit als Konstruktionswerkstoff in Entladungsgefäßen bewährt[4]. Bezüglich Einzelheiten dieser Werkstoffe sei auf die Ausführungen auf S. 443 verwiesen.

d) Eisen-Sauerstoff.

Eisen-Sauerstoff-Verbindungen dienen in der Eisen-Pulvermetallurgie als Ausgangsmaterial für die Erzeugung von Reduktionspulvern (s. S. 40 ff.). Die Reduktionsbedingungen bringen es mit sich, daß meistens im Pulver noch eine gewisse Menge Sauerstoff zurückbleibt, wodurch das Preß- und Sinterverhalten, wie früher häufiger erwähnt wurde, wesentlich beeinflußt wird. Stark hemmend wirken sich insbesondere grobmechanische Eisenoxydeinschlüsse aus. Da die Löslichkeit von Sauerstoff in Eisen bei Zimmertemperatur fast Null ist, dürfte es sich bei den Reduktionsprodukten

---

[1] Kurtz, J.: s. Iron Age **148**, 1941, S. 29-35 u. 100, 30. Okt., s. Powder Metallurgy, Am. Soc. Met., Cleveland (Ohio) 1942, S. 497-501.

[2] Köster, W.: Arch. Eisenhüttenwes. **6**, 1932-1933, S. 17-34; Stahl u. Eisen **53**, 1933, S. 849-856.

[3] D.R.P. 673877 (1931).

[4] Espe, W. u. M. Knoll: Werkstoffe der Hochvakuumtechnik, Berlin: Springer-Verlag, 1936, S. 97.

um mehr oder minder fein verteilte mechanische Gemenge von Eisen und Fe_3O_4 handeln. Eine zusammenfassende Darstellung der wichtigsten Arbeiten über das System Eisen-Sauerstoff bis zum Jahre 1936 findet sich bei M. Hansen[1].

In der Eisen-Pulvermetallurgie spielt die Zwischen- oder Nach-oxydation von Sinterkörpern eine erhebliche Rolle. Um eine Verbesserung der Zugfestigkeit und Dehnung von porösem Sintereisen zu erzielen, ist mit Erfolg eine teilweise Oxydation der Preßlinge an Luft bei etwa 400 bis 500° vor dem Fertigsintern vorgenommen worden[2]. Durch die Erhitzung der Preßkörper an Luft, Wasserdampf oder anderen sauerstoffhaltigen Gasgemengen überziehen sich die inneren und äußeren Oberflächenpartien über den ganzen Querschnitt der Preßkörper mit einem dünnen Fe_3O_4-Film. Da die Oxydbildung mit einer Volumenzunahme verbunden ist, bildet sich zusätzlich zu den schon beim Pressen erhaltenen Schweiß-stellen zwischen den Pulverteilchen eine große Anzahl von Oxyd-brücken zwischen benachbarten Kristallen aus. Beim nachfolgenden Sintern unter reduzierenden Bedingungen entsteht feines, schwamm-artiges Eisenmaterial, das gewissermaßen als „Zement" wirkt und Keime für ein verstärktes, meist von einer Schwindung begleitetes Kornwachstum bildet. In umfangreichen Laboratoriumsversuchen haben H. Wiemer u. R. Hanebuth[3] den Einfluß einer Vor-oxydationsbehandlung auf die technologischen und physikalischen Eigenschaften von Weicheisensinterkörpern untersucht. Ihre Untersuchungen erstreckten sich auf Preßkörper aus Hametagpulver, Schwammeisenpulver und DPG-Schleuderpulver verschiedener Körnung. Die im einzelnen angestellten Versuche, die sämtlich mit Proportionalflachstäben ausgeführt wurden, und die dabei erzielten physikalischen und mechanischen Werte sind in Zahlentafel 121 zusammengestellt. Sämtliche Pulver wurden vor dem Verpressen betriebsmäßig unter Wasserstoff vorgeglüht und die mit verschieden hohem Druck hergestellten Preßlinge bei 400 bis 500° in ruhender Luft bis zur Graufärbung voroxydiert. Nach Erkalten der vor-oxydierten Proben wurden sie anschließend 2 Stunden bei 1100° unter strömendem Wasserstoff gesintert. Wie aus Zahlentafel 121 hervorgeht, ergibt sich bei sämtlichen Pulvern in eindeutiger Weise durch die Voroxydationsbehandlung eine Steigerung der Zugfestig-keit, Dehnung und Schlagbiegearbeit. Die Härte und Dichte bleiben hingegen von der Voroxydation praktisch unbeeinflußt. Bei keinem

---

[1] Hansen, M.: Der Aufbau der Zweistofflegierungen, Berlin: Springer-Verlag, 1936, S. 703.

[2] Hanebuth, R.: Persönliche Mitteilung, 1941.

[3] Wiemer, H. u. R. Hanebuth: Persönliche Mitteilungen, 1944.

Zahlentafel 121. *Eigenschaften von Sinterkörpern (Proportionalflachstäben) aus Eisenpulvern verschiedener Herstellungsart und Kornbeschaffenheit in normalem und voroxydiertem Zustand* (H. Wiemer u. R. Hanebuth).

Preßdruck t/cm²	Dichte g/cm³		Härte kg/mm²		Zugfestigkeit kg/mm²		Dehnung %		Schlag-biegefestigkeit mkg/cm²		Paraffin-aufnahme %	
	nicht	vor-[1]	nicht	vor-[1]	nicht	vor-[1]	nicht	vor-[1]	nicht	vor-[1]	nicht	vor-[1]
	oxydiert		oxydiert		oxydiert		oxydiert		oxydiert		oxydiert	
Hametagpulver　2	5,73	5,50	27,2	31,0	4,1	7,6	0,8	2,9	0,27	0,46	3,05	3,16
4	6,38	6,43	43,7	45,7	11,2	13,2	5,1	8,7	0,59	1,22	2,00	1,76
6	6,83	6,95	55,5	63,3	15,8	16,8	7,7	12,0	1,10	2,74	1,22	0,89
8	7,14	7,22	73,9	77,9	18,7	19,9	9,3	13,5	1,96	3,00	0,79	0,51
Schwammeisenpulver　4	6,36	6,31	53,9	53,1	11,7	12,7	4,7	6,2	0,57	0,81	1,60	1,47
6	6,87	6,85	73,6	73,6	15,4	16,3	6,3	7,2	1,45	1,48	0,65	0,51
8	7.09	7,08	94,5	93,4	20,4	20,3	8,3	11,2	2,61	3,46	0,24	0,28
DPG-Schleuderpulver < 0,15　4	6,65	6,65	56,3	57,0	11,5	13,7	4,3	6,6	0,73	1,17	1,24	1,16
6	7,07	7,12	71,2	76,7	12,4	17,0	4,8	7,4	1,06	1,65	0,79	0,57
8	7,29	7,36	103	95,0	22,1	28,2	10,2	10,4	2,88	3,49	0,46	0,28
DPG-Schleuderpulver < 0,06　4	6,62	6,56	59,5	55,8	13,6	13,6	5,9	6,2	1,09	1,25	1,46	1,50
6	6,97	7,01	74,4	76,4	14,5	17,2	4,9	9,4	1,71	2,34	0,76	0,63
8	7,31	7,34	99,7	101	28,6	28,8	10,1	11,3	2,86	3,71	0,39	0,18

[1] Die Stäbe wurden etwa eine halbe Stunde bei 400 bis 500⁰ in strömender Luft bis zur Graufärbung voroxydiert.

der zur Untersuchung herangezogenen Pulver ist die gleiche Steigerung der Zugfestigkeit, Dehnung und Schlagbiegearbeit festzustellen, wie beim Hametagpulver. Am nächsten kommt ihm das Schleuderpulver in der Körnung $< 0,15$ mm. Die geringste Verbesserung ist beim Schwammeisenpulver zu beobachten.

Von H. Wiemer wurde der Sauerstoffgehalt der verschiedenen Pulver nach dem Heißextraktionsverfahren ermittelt. Interessant ist, daß dabei bezüglich des Sauerstoffgehaltes die gleiche Reihenfolge der Pulver festgestellt werden konnte, die sich auch gegenüber der Voroxydationsbehandlung gezeigt hatte. Das Pulver mit dem niedrigsten Gesamt-Sauerstoffgehalt (Hametagpulver) weist die besten Voroxydationseffekte auf. Der Einfluß der Voroxydationsbehandlung auf die Gefügeausbildung konnte erst einwandfrei von H. Wiemer nachgewiesen werden. nachdem ein besonderes Ätzverfahren entwickelt worden war. Die Korngrenzenätzung mit alkoholischer Salpetersäure liefert nämlich keinen eindeutigen Befund. Nach zahlreichen Versuchen gelang es, durch Anlassen der zuvor mit alkoholischer Salpetersäure geätzten Proben an Luft auf 200 bis 300° bei den voroxydierten Sinterkörpern in allen untersuchten Fällen gegenüber den nicht oxydierten ein deutlich gröberes Korn festzustellen. Diese Grobkornbildung war wiederum in guter Übereinstimmung mit dem technologischen Befund beim Hametagpulver am ausgeprägtesten, während sie am wenigsten beim Schwammeisenpulver in Erscheinung trat. An den Schliffproben war weiterhin zu erkennen, daß die einzelnen Kristallite bei der Grobkornbildung stellenweise um die ursprünglich vorhandenen Poren herumgewachsen waren, diese also eingeschlossen und sie somit als eigentliche Fehlstellen weitgehend ausgeschaltet hatten. So ist es auch zu erklären, daß die voroxydierten Proben gegenüber den nicht oxydierten bei gleicher Dichte zumeist eine etwas geringere Paraffin- oder Ölaufnahme zeigen, da ja durch das Kornwachstum ein Teil der Poren von ihrer ursprünglichen Außenverbindung abgeschnitten worden ist. Es ist offensichtlich, daß vornehmlich durch diese Kornvergrößerung, unterstützt durch die teilweise Ausschaltung der Fehlstellen, die Festigkeit und insbesondere die Zähigkeit der entsprechenden Sinterkörper eine Steigerung erfahren muß, die ja auch immer wieder beobachtet werden konnte. Aus der Fülle der von H. Wiemer hergestellten Gefügeaufnahmen seien als typisches Beispiel die beiden Gefügebilder gemäß Abb. 263 und Abb. 264 herausgegriffen, die den Einfluß der Voroxydationsbehandlung auf das Gefüge von Sinterkörpern aus Hametagpulver (Preßdruck 2 t/cm²) zeigen.

Angeregt durch die oben beschriebenen Versuche an Sinter-

eisen wurden von den Verfassern Voroxydationsversuche an kohlenstoffhaltigem Sinterstahl durchgeführt, um festzustellen, ob auch
hier eine Verbesserung der Festigkeit und Dehnung zu beobachten

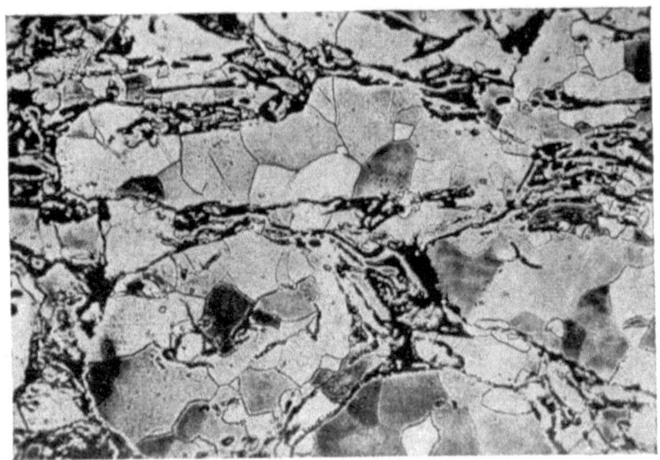

Abb. 263. Nicht voroxydierter Eisen-Sinterkörper (×100)
(H. Wiemer u. R. Hanebuth).

ist. Bei Anwendung der Doppelpreßtechnik für die Herstellung
von Sinterstahl (s. S. 227) ergeben sich verschiedene Möglichkeiten,

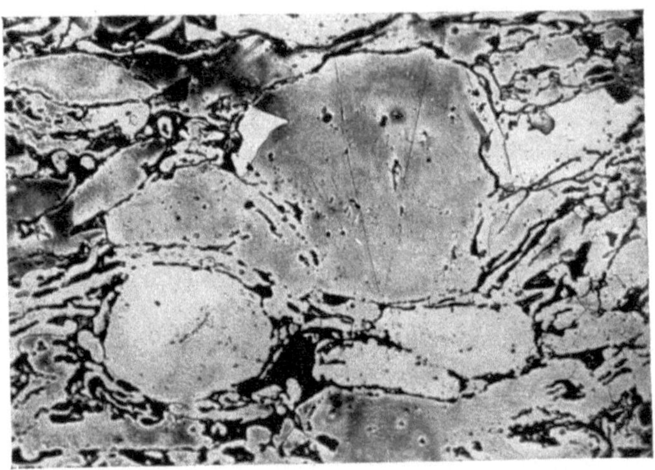

Abb. 264. Voroxydierter Eisen-Sinterkörper (×100) (H. Wiemer
und R. Hanebuth).

die Voroxydationsbehandlung zwischen den einzelnen Arbeitsstufen
einzuschalten. Verpreßt wurde eine Pulvermischung bestehend
aus 75% DPG-Schleuderpulver $< 0,15$ mm, 25% Gußeisenpulver

$< 0,15$ mm und $0,3\%$ Graphit. Die Voroxydationsbehandlung bestand in einem halbstündigen Glühen bei 500° an ruhender Luft. Die Sinterung erfolgte im Molybdän-Durchsatzofen unter Wasserstoffschutzatmosphäre, wobei die Sinterzeit eine halbe Stunde bei der Vorsinterung und $1\frac{1}{2}$ Stunden bei der Fertigsinterung betrug. Bei letzterer waren die Probekörper in Graphitschiffchen in körnigem Sinterkorund eingepackt. Durch Einschaltung der Voroxydationsbehandlung an verschiedenen Stellen der Fertigstellung der Körper nach der Doppelpreßtechnik ergaben sich zwei Versuchsgruppen (Versuche 2 bis 3). Die Vornahme der Oxydationsbehandlung bei Proben, die nach der Einfachpreßtechnik her-

Zahlentafel 122. *Eigenschaften von unbehandelten und voroxydierten Sinterstahlkörpern.*

Vers.-Nr.	Art der Behandlung	C-Gehalt %	Dichte g/cm³	Härte kg/mm²	Zugfestigkeit kg/mm²	Dehnung %	Schlagbiege-festigkeit mkg/cm²
1	ohne Vorbehandlung	0,68	7,10	189	48,2	3,8	1,84
2	6 t/cm² vorgepreßt, ½ St. 500° oxydiert, 6 t/cm² nachverdichtet, 1220° fertig gesintert	0,72	7,05	195	62,6	3,1	0,70
3	6 t/cm² vorgepreßt, 900° vorgesintert, ½ St. 500° oxydiert, 6 t/cm² nachverdichtet, 1220° fertig gesintert.......	0,72	7,07	193	69,6	3,1	0,31
4	6 t/cm² gepreßt, ½ St. 500° oxydiert, 1220° fertig gesintert	0,65	6,52	210	79,8	3,7	0,32

gestellt waren, ergab eine weitere Versuchsgruppe (Versuch 4). Zum Vergleich wurden schließlich noch Proben aus derselben Pulvercharge nach der Doppelpreßtechnik hergestellt, die keiner Voroxydationsbehandlung unterworfen wurden (Versuch 1). Die bei den verschiedenen Versuchsreihen erhaltenen Ergebnisse der Dichte, Zugfestigkeit, Dehnung, Schlagbiegefestigkeit und Härte sind in Zahlentafel 122 zusammengestellt. Es ergibt sich daraus, daß die Voroxydationsbehandlung auf den Kohlenstoffgehalt der Sinterkörper keinen merkbaren Einfluß ausübt. Eingesetzt waren $1,02\%$ C, im Sinterkörper schwankt der Kohlenstoffgehalt in den üblichen Grenzen um einen Mittelwert von $0,7\%$. Auffallend ist bei sämtlichen Versuchsgruppen eine Steigerung der Zugfestigkeit durch die Voroxydationsbehandlung, die bei Anwendung der Einfachpreßtechnik (Versuch 4) rund 80% beträgt. Die Dehnung wird durch die Voroxydation bei kohlenstoffhaltigem Sinterstahl nur unwesentlich beeinflußt. Sie nimmt in einigen Fällen sogar etwas ab. Außerordentlich stark, und zwar im ungünstigen Sinne wird durch die Voroxydation die Schlagbiegefestigkeit beeinflußt. Die voroxydierten Teile können praktisch gegen Schlag nur wenig beansprucht werden und gehen schon bei einer sehr geringen Belastung zu Bruch. Die Härte ändert sich etwa im gleichen Verhältnis wie die Zugfestigkeit. Alles in allem scheint sich auf Grund dieser Versuchsergebnisse kohlenstoffhaltiger Sinterstahl gegenüber einer Voroxydationsbehandlung in gewisser Hinsicht doch anders zu verhalten, als Sinterkörper aus Weichseisenpulver. Es dürfte sicherlich von Interesse sein, wenn dieser Frage durch weitere Versuche nochmals nachgegangen würde.

Nach einem Patentvorschlag von H. Vogt[1] wirkt sich eine Behandlung von Preßlingen mit oxydierenden Säuren oder sauerstoffhaltigen Salzen ähnlich aus, wie eine Voroxydation durch Glühen an Luft.

Eine absichtliche Oxydation von Sintereisen und Sinterstahl mit Wasserdampf führte F. V. Lenel[2] durch, um verschleißfestere und oxydationsbeständigere Werkstoffe zu erzeugen. Unter anderem wurden derartige Werkstoffe von ihm für Lagerzwecke vorgeschlagen (s. S. 344). Da es sich bei dieser Nachbehandlungstechnik um eine Oberflächenbehandlung der fertigen Sinterkörper handelt, wurde sie im Kap. 11 näher besprochen. Es sei daher auf die entsprechenden Ausführungen auf S. 418 verwiesen.

e) Eisen-Schwefel.

Als Ausgangsmaterial für die Herstellung von Sintereisen mit absichtlich zugesetztem Schwefelgehalt eignet sich Eisensulfid, das sich bekanntlich leicht herstellen und zu Pulver zerkleinern läßt. Schwefelhaltiges Sintereisen wurde vor einiger Zeit als Werkstoff für Sintereisenlager vorgeschlagen. Zusätze unter 0,5% Schwefel sollten die Zugfestigkeit und Dehnung von Sintereisen verbessern. Dies konnte durch Versuche an Sinterkörpern aus Schwammeisenpulver, dem kleine Eisensulfidgehalte zugesetzt wurden, von R. Schwalbe u. H. Will[3] bestätigt werden, wie aus Zahlentafel 123 hervorgeht. Über behauptete günstigere Lauf-

---

[1] D.R.P. 745 806 (1938).

[2] Lenel, F. V.: s. Iron Age 148, 1941, S. 29-35 u. 100, 30. Okt., s. Powder Metallurgy, Am. Soc. Met., Cleveland (Ohio) 1942, S. 512-19.

[3] Schwalbe, R. u. H. Will: Persönliche Mitteilungen, 1943.

eigenschaften dieser Werkstoffe liegen jedoch noch keine einwandfreien Ergebnisse vor.

Zahlentafel 123. *Eigenschaften von Sintereisenkörpern mit verschiedenen Zusätzen von Eisensulfid* (H. Will).

Zusammensetzung	Preßdruck t/cm^2	Sinterdichte g/cm^3	Härte kg/mm^2	Zugfestigkeit kg/mm^2	Dehnung %
Schwammeisen ohne Zusatz	6	6,84	57,2	19,6	6,9
Schwammeisen + 0,25% Eisensulfid	6	6,84	63,8	21,9	8,8
Schwammeisen + 0,5% Eisensulfid	6	6,83	60,5	21,8	7,9
Schwammeisen + 1% Eisensulfid	6	6,82	62,1	21,1	8,1

2. Siebente Gruppe: Mangan, Rhenium.

Gesinterte Eisen-Mangan-Legierungen sind bekannt und gelegentlich im Schrifttum beschrieben. Die Herstellung von Eisen-Rhenium-Sinterlegierungen scheint aus dem Grunde bisher unterlassen worden zu sein, weil das Rhenium vorläufig noch ein zu teures Element darstellt. An sich ist es in Pulverform und einwandfreier Beschaffenheit ohne weiteres zugänglich[1].

a) Eisen-Mangan.

Bei der Herstellung von Eisen-Mangan-Sinterlegierungen wird das Mangan entweder in Form von gepulvertem Mangan, Ferromangan oder feinstem Braunstein bei gleichzeitiger Anwesenheit von Kohlenstoff als Reduktionsmittel eingesetzt. Bei einer Sinterung unter Wasserstoff ist die Anwesenheit von Kohlenstoff zur Reduktion nicht erforderlich, weil eine Reduktion des Braunsteins durch Wasserstoff bis zu Metall dann stattfindet, wenn gleichzeitig ein Metall vorhanden ist, das Mangan unter Mischkristallbildung zu lösen vermag, wobei die dabei freiwerdende Energie den Fehlbetrag deckt, der die vollständige Reduktion durch Wasserstoff verhindert. Dies ist beim System Eisen-Mangan der Fall. E. K. Offermann[2] benutzte Manganzusätze bis 1,5% bei der Herstellung von Carbonyl-Sinterstahl, um die Ausbildung annormalen Gefüges zu vermeiden (s. S. 174). Obwohl in dieser Hinsicht Erfolge erzielt wurden, hatte die Zugabe von Mangan

---

[1] Noddack, J. W.: Z. anorg. allg. Ch. 215, 1933, S. 129.
[2] Offermann, E. K.: Mitt. Kohle-Eisenforschung 1, 1936, S. 85-120.

doch verschiedene Nachteile, gleichgültig, ob das Mangan in Form von Braunstein oder als Ferromangan zugegeben wurde. So nahm bei praktisch gleichem Kohlenstoffgehalt von 1,5% der Gehalt an freiem Kohlenstoff schon bei 0,5% Manganzusatz sprunghaft zu. Die Einschlüsse waren dabei oft sehr grob und wiesen nur eine mäßige Verformbarkeit auf. Höherprozentige Eisen-Manganstähle, die von E. K. Offermann hergestellt wurden, ließen sich ab etwa 8% Mangan nicht mehr schmieden. Da die Menge der Einschlüsse mit wachsendem Mangangehalt zunimmt, scheint bei gesinterten, manganhaltigen Stählen das Mangan nicht vollständig an Eisen, bzw. Kohlenstoff gebunden zu sein.

3. Achte Gruppe: Eisenmetalle: Nickel, Kobalt.

Platinmetalle: Ruthenium, Rhodium, Palladium, Osmium, Iridium, Platin.

Von den genannten Metallen spielt in Sinterlegierungen vornehmlich das Nickel eine bedeutende Rolle. Zweistofflegierungen des Eisens und Kobalts sind praktisch noch nicht in Erscheinung getreten, in Drei- und Mehrstoffsinterlegierungen des Eisens bildet Kobalt jedoch ein wichtiges Legierungselement.

Gesinterte Legierungen des Eisens mit den Platinmetallen sind bis heute nicht untersucht worden, obwohl die Herstellung von Sintereisenlegierungen mit den leicht in Form von reinsten Pulvern erhältlichen Edelmetallen keine irgendwie gearteten Schwierigkeiten bereiten dürfte.

a) Eisen-Nickel.

Bei der Herstellung von Eisen-Nickel-Sinterlegierungen geht man zweckmäßig von den Carbonylpulvern aus, die sich durch ihre besondere Reinheit und Feinheit auszeichnen. Mit besonderem Vorteil verwendet man Mischpulver, die durch gemeinsames Zersetzen der flüssigen Carbonylgemische erzeugt werden. Die gemeinsame Zersetzung der flüssigen Carbonylgemische hat den Vorzug, daß eine fraktionierte Destillation des stets eisenhaltig anfallenden Nickel-Carbonyls nicht notwendig ist. Über die Herstellung und die Eigenschaften von gesinterten Fe-Ni-Legierungen berichten eingehend L. Delisle u. A. Finger[1].

Gesinterte Eisen-Nickel-Legierungen werden als weichmagnetische Werkstoffe und als Werkstoffe für Bimetalle verwendet (s. S. 468 bzw. S. 506). An wichtigen Mehrstoff-Sintereisenlegierungen mit dem Legierungselement Nickel seien in diesem Zusammenhang aufgezählt Eisen-Nickel-Aluminium-Legierungen für

---

[1] Delisle, L. u. A. Finger: Am. Inst. min. metallurg. Engnrs., Techn. Publ., Nr. 2046, 1946.

Dauermagnete (s. S. 476ff.), Eisen-Nickel-Kobalt-Legierungen für Einschmelzzwecke (s. S. 445ff.) und Eisen-Nickel-Molybdän- Legierungen als warmfeste Werkstoffe in der Vakuumtechnik (s. S. 443ff.).

b) Eisen-Kobalt.

Die Herstellung von Eisen-Kobalt-Legierungen bereitet an sich keine Schwierigkeiten. Das Kobalt wird zweckmäßig in Form von doppelt gereinigtem Kobaltoxalat eingesetzt, das vorher durch Wasserstoff reduziert wird. Wie schon oben erwähnt, spielen in der Eisen-Pulvermetallurgie lediglich kobalthaltige Mehrstoff-Legierungen eine Rolle. Ihre Herstellung und Verwendung wurde auf S. 445ff. und S. 493 beschrieben.

Anhang

Verzeichnis der pulvermetallurgischen Fachwortbegriffe.

Allgemeine Begriffe.

Bindemittel: Anorganische oder organische Zusatzstoffe, die zur Erzielung eines besseren Zusammenhalts des Preßlings dienen.

Dichte:

Teilchendichte: Rohdichte eines Teilchens (stimmt bei porenfreien Teilchen mit der Reindichte des entsprechenden kompakten Werkstoffes überein.

Fülldichte: Masse der Raumeinheit lose gefüllten Pulvers.

Klopfdichte: Masse der Raumeinheit eines durch Klopfen möglichst dicht gelagerten Pulvers.

Preßdichte: Masse der Raumeinheit eines Pulvers nach Anwendung des Preßdruckes.

Sinterdichte: Masse der Raumeinheit eines Stoffes nach Durchführung der Sinterung.

Reindichte: Masse der Raumeinheit des zu vergleichenden kompakten, hinsichtlich der Massenverteilung homogenen Stoffes.

Hilfsmetall: Metallischer Zusatzstoff, der zur Verbesserung der mechanischen Eigenschaften von Sinterkörpern und gegebenenfalls zur Herabsetzung der Sintertemperatur dient.

Poren: Im Preßling oder Sinterkörper vorhandene oder sich bildende Hohlräume. Man unterscheidet Fein- und Grobporen sowie offene und geschlossene Poren.

Feinporen: Poren, die mit unbewaffnetem Auge nicht mehr erkennbar sind ($< 20\,\mu$).

Grobporen: Poren, die mit unbewaffnetem Auge erkennbar sind ($> 20\,\mu$).

Offene Poren: Poren, die mit dem umgebenden Medium in Verbindung stehen.

Geschlossene Poren: Poren, die in sich abgeschlossen sind und kein Medium eindringen lassen.

Porenvolumen: Volumen der Poren eines Preß- und Sinterkörpers. Man unterscheidet das scheinbare, das geschlossene und das Gesamtporenvolumen.
Scheinbares Porenvolumen: Volumen der offenen Poren.
Geschlossenes Porenvolumen: Volumen der geschlossenen Poren.
Gesamtporenvolumen: Volumen aller vorhandenen Poren.
Porosität: Vorhandensein von Poren. Man unterscheidet hier ebenfalls Fein- und Grobporosität.
Porositätsgrad: Zahlenmäßige Angabe in Prozent über den Anteil des Porenvolumens am Gesamtvolumen des Körpers.
Pulvermetallurgie: Verfahrenszweig der angewandten Metallkunde, der die Herstellung von Körpern aus Pulvern von Metallen, Metalloiden oder Metallverbindungen umfaßt, wobei die Pulver durch Druck und Wärmeeinwirkung ohne vollständiges Schmelzen, gegebenenfalls jedoch unter Auftreten von Teilschmelzungen in feste Körper überführt werden.
Raumerfüllung: Verhältnis der Preß- bzw. Sinterdichte zur Reindichte in Prozent.
Sintermetall, Sinterlegierung: Durch pulvermetallurgische Arbeitsverfahren gewonnenes Metall oder Metall-Legierung.
Volumen:
Füllvolumen: Volumen von 100 g lose gefüllten Pulvers.
Klopfvolumen: Volumen, das eine Menge von 100 g Pulver nach einer durch Klopfen erzielten möglichst dichten Packung einnimmt.
Preßvolumen: Volumen eines Preßlings, der mit bestimmtem Druck gepreßt wurde, bezogen auf 100 g Pulvereinsatz.
Vorlegierung: Erschmolzene Legierung, die zur Gewinnung von Pulvern dient, mit deren Hilfe meistens schwer sinterbare Legierungskomponenten in den Sinterkörper eingebracht werden.

Pulver und Pulverbehandlung.

Brückenbildung: Auftreten von Hohlräumen in lose gefülltem Pulver, hervorgerufen durch gegenseitiges Abstützen der Pulverteilchen.
Fließverhalten: Unter bestimmten Bedingungen gemessene Ausflußzeit einer bestimmten Pulvermenge aus einem trichterförmigen Meßgefäß mit bestimmtem Durchmesser der Ausflußöffnung.
Formfaktor: Verhältnis von Länge zu Breite eines Pulverteilchens im mikroskopischen Bild.
Korngestalt: Durch die Herstellungsverfahren bedingte charakteristische äußere Gestalt der einzelnen Pulverteilchen. Man unterscheidet z. B. kugelige, stabförmige, schwammige, spratzige und tellerförmige Teilchen.
Korngröße: Durchmesser des kugelförmig gedachten Pulverkornes, daß sich gleichartig verhält, wie das richtige Teilchen.
Bei Anwendung der Siebanalyse: Die Korngröße ist bestimmt durch die Maschenweite des Siebes, welches das Korn gerade noch passiert.
Kornhäufigkeit: Mengenmäßiger Anteil einer bestimmten Korngröße oder Kornklasse an der Gesamtmenge eines Pulvers.
Korngrößenbestimmung: Die Ermittlung der Korngröße, z. B. durch Siebanalyse, mikroskopische Beobachtung oder durch Windsichtung.
Korngrößenverteilung: Zahlenmäßige Angabe in Prozent über den Anteil der verschiedenen in einem Pulver vorhandenen Korngrößen.
Kornklasse: Korngrößengebiet mit bestimmten oberen und unteren Grenzwert der Korngröße.

Maschenweite: Lichter Abstand der Drähte eines Metallsiebes voneinander in mm.

Maschenzahl: Anzahl der Maschen eines Siebes pro cm^2 Fläche.

Normsieb: Sieb zur Bestimmung der Korngrößenverteilung von Pulvern mit genormter Maschenweite nach DIN 1171.

Oberfläche, spezifische: Summe der Oberfläche aller Teilchen in einer Pulvermenge von 1 g.

Primärteilchen: Einzelkristall in einem polykristallinen Pulverteilchen.

Pulver:

Grobpulver: Pulver mit einer Korngröße von mehr als 60 μ.

Feinpulver: Pulver mit einer Korngröße von weniger als 60 μ.

Feinstpulver: Pulver mit einer Korngröße von weniger als 6 μ.

Rauhigkeit: Bezeichnung für die Beschaffenheit der Oberfläche des einzelnen Pulverteilchens.

Man unterscheidet:

Rauhigkeit erster Art: Sie ist bei Beobachtung im Mikroskop sowie Übermikroskop erkennbar.

Rauhigkeit zweiter Art: Sie ist atomarer Natur und betrifft den Feinbau der Oberfläche in atomaren Dimensionen.

Sekundärteilchen: Bezeichnung für ein polykristallines Pulverkorn.

Siebanalyse: Genormtes Verfahren zur Bestimmung der Korngrößenverteilung eines Pulvers durch Absiebung durch übereinander angeordnete Siebe mit verschiedener Maschenweite sowie das Ergebnis dieser Messung.

Preßvorgang.

Füllfaktor: Zahl, die angibt, um wieviel Mal höher die Füllhöhe als die gewünschte Preßlingshöhe gewählt werden muß.

Füllhöhe: Notwendige Höhe der Pulverfüllung in einer Matrize zwecks Erzielung einer gewünschten Preßlingshöhe.

Pressen:

Heißpressen: Pressen eines Pulvers, Kaltpreßlings oder Sinterkörpers bei gleichzeitiger Temperatureinwirkung.

Heißnachpressen: Pressen eines Sinterkörpers bei gleichzeitiger Temperatureinwirkung.

Kalibrieren: Nachpressen eines Sinterkörpers auf genaues Fertigmaß.

Kaltnachpressen: Eine zwischen zwei Sinterbehandlungen eingeschobene Kaltpressung eines Sinterkörpers.

Kaltpressen: Herstellen von Pulverpreßlingen durch Druckanwendung bei Raumtemperatur.

Preßbarkeit: Verhalten eines Pulvers beim Pressen hinsichtlich der mit einem bestimmten Druck erreichten Preßdichte, Dichteverteilung und Kantenbeständigkeit des erhaltenen Preßkörpers.

Verdichtbarkeit: Eigenschaft des Pulvers, sich gegenüber Druckanwendung hinsichtlich der erreichten Dichte und der Dichteverteilung verschieden zu verhalten.

Kantenbeständigkeit: Von der Pulverbeschaffenheit und der Höhe des Preßdruckes abhängiger Widerstand des Preßlings gegenüber Beschädigung der Kanten und Ecken.

Preßzusatz: Organische oder anorganische Stoffe, die meistens zwecks Verbesserung der Preßeigenschaften dem Pulver vor dem Verpressen beigemischt werden.

Sintervorgang.

Sinterhaut: Durch den Sinterprozeß bedingte, in ihren Eigenschaften vom Kern abweichende Ausbildung der Oberfläche eines Sinterkörpers.

Sintern: Vorgang der Überführung eines Pulverkonglomerates in einen festen Körper durch eine Warmbehandlung, bei der der Körper nicht schmilzt bzw. nur Teilschmelzungen des eventuell vorhandenen Legierungspulvers auftreten.

Man unterscheidet:

Kaltsintern: Sintervorgang, bei dem die Verfestigung bzw. Legierungsbildung bei Raumtemperatur erfolgt.

Vorsintern: Ein bei verhältnismäßig niedrigen Temperaturen ablaufender Sintervorgang zur Erzielung einer für mechanische Bearbeitung ausreichenden Festigkeit.

Fertigsintern: Sinterung, die zur Gewinnung der gewünschten endgültigen technologischen Eigenschaften angewandt wird.

Drucksintern: Fertigsintern eines Pulvers oder Preßlings unter gleichzeitiger Druckanwendung.

Trockensintern: Sintervorgang, bei dem keine flüssige Phase auftritt.

Schmelzsintern: Sintervorgang, bei dem ein oder mehrere, jedoch nicht alle Legierungskomponenten während der Sinterung flüssig werden.

Sintertemperatur: Temperatur, bei der die Sinterung durchgeführt wird.

Sinterungsgrad: Bei der Sinterung erreichter Grad der Annäherung der Eigenschaften eines Sinterkörpers an die entsprechenden Eigenschaften des kompakten Werkstoffes.

Sinterzeit: Zeitdauer, während welcher sich der Körper auf Sintertemperatur befindet.

Namenverzeichnis

Sachverzeichnis